꿈의 인문학

O ORÁCULO DA NOITE
꿈의 인문학

인간의식의 진화에서
꿈의 역할은 무엇인가

싯다르타 히베이루
Sidarta Ribeiro

조은아 옮김

흐름출판

베라로 인해

나탈리아, 에르네스토, 세르히호를 위해

루이자와 키마를 위해

우리 조상의 이름과

우리를 잇는 일곱 번째 세대의 이름으로,

꿈, 기억 그리고 운명에 대해 글을 썼다.

自정의 시계들이 많은 시간을 낭비하고 있을 때
나는 율리시스의 동료 선원들보다 더 멀리 가리라,
인간의 기억이 닿는 곳, 그 너머에 있는 꿈의 영토로.
내가 해저 세상에서 구해온 몇 개의 파편은,
내 이해로는 다함이 없다.
어느 원시 식물학에서 비롯된 풀,
온갖 동물,
죽은 자와의 대화,
늘 가면을 쓰고 있는 얼굴들,
아주 오래된 언어에서 나온 말들,
그리고 때로는 공포,
그날이 우리에게 줄 수 있는 그 어떤 것과도 다른.
나는 전부가 되거나 아무것도 되지 않으리라.
둘 중 다른 하나가 되리라.
내가 깨어 있느라 모르는 사이에
그가 그 다른 하나를 들여다본다.
그는 그 꿈을 가늠해보고는 체념하고 웃는다.
-호르헤 루이스 보르헤스

예측과 관련해서, (…)

꿈은 종종 의식보다 훨씬 더 유리한 위치에 있다.

-카를 융

설령 신이 존재하지 않는다고 해도, 신은 어디에 있는가?

-페르난도 페소아,《불안의 서》

그림 A 이집트 기자Giza의 거대 스핑크스 앞발 사이에 세워진 꿈의 석비

그림 B 기자의 거대 스핑크스 앞발 사이에 세워진 꿈의 석비

그림 C 우주를 꿈꾸는 비슈누, 인도 데오가르의 다샤바타라 사원

그림 D 「파라오의 꿈을 해석하는 요셉」(1894),
레지널드 아서

그림 E 사도 바울의 마케도니아인 환상. 기원후 51년에 바울이 군중에게 설교한 곳으로 추정되는 그리스 베리아에 세워진 제단의 왼쪽에 있는 모자이크 작품

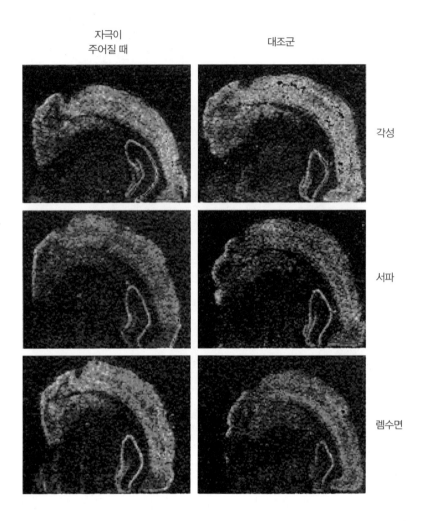

자극이
주어질 때

대조군

각성

서파

렘수면

그림 F 낮에 받은 인상: 분자적 주간잔재. 새로운 자극을 경험하지 않은 대조군 동물은
수면 중에 전초기유전자 Zif-268의 발현이 감소한다. 새로운 자극을 경험한 동물은 렘수면
해당 유전자의 발현이 재유도된다. 위 이미지는 대뇌 반구의 전두 피질에 해당한다. 색
척도는 유전자 발현의 증가와 감소에 따라 각각 적색에서 청색으로 나타난다.

그림 G 알브레히트 뒤러가 폭우가 내리는 꿈을 꾼 뒤에 그린 수채화(1525). 이것은 꿈에서 영감을 얻은 것이 명백한 작품으로, 가장 오래된 시각 예술 중 하나이다.

그림 H 「야곱의 꿈」(1966), 마르크 샤갈

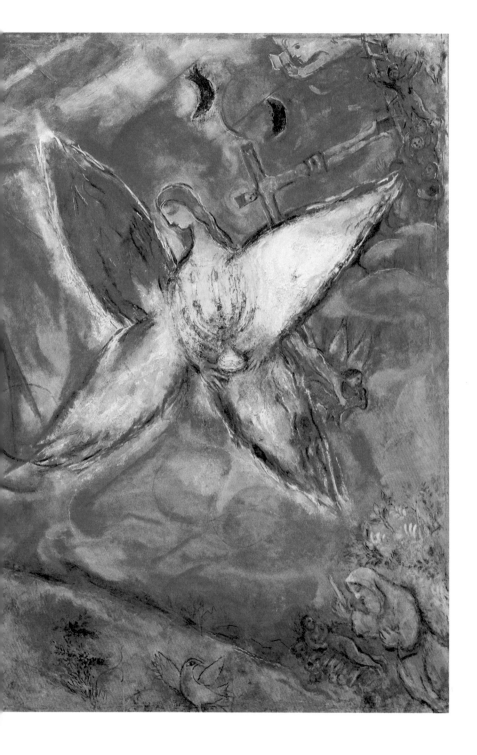

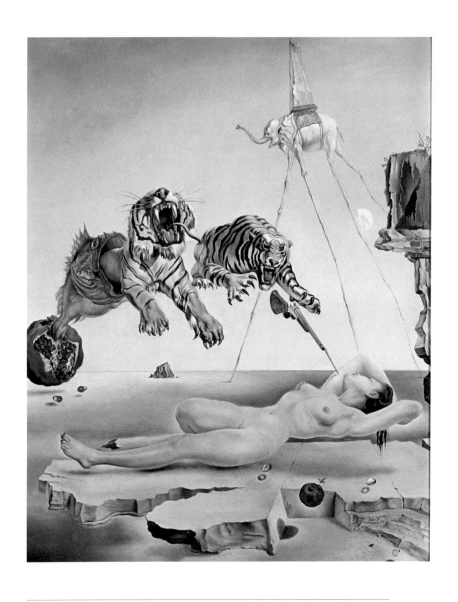

그림 I 살바도르 달리의 「잠에서 깨기 직전 석류 주변을 날아다니는 꿀벌이 불러온 꿈」(1944). 작가는 프로이트 이론에서 영감을 받은 편집광적 비판 방법paranoiac-critical method을 통해 의미의 다양성을 추구했다.

그림 J 라코타족이 묘사한 리틀 빅혼 전투. 킥킹 베어kicking Bear의 그림(1898). 왼쪽에 사슴 가죽옷을 입은 인물이 커스터 중령이다. 왼쪽 상단의 전사한 군인들 뒤로 유령처럼 스케치한 형상들은 전투에서 사망한 자들의 영혼이다. 가운데에 있는 인물들은 시팅 불Sitting Bull, 레인 인 더 페이스Rain-in-the-Face, 크레이지 호스Crazy Horse, 킥킹 베어이다.

그림 K 아모스 배드 하트 불Amos Bad Heart Bull의 그림(1890년경)으로, 온몸에 점을 그리고 전투의 중심에 선 크레이지 호스를 묘사하고 있다.

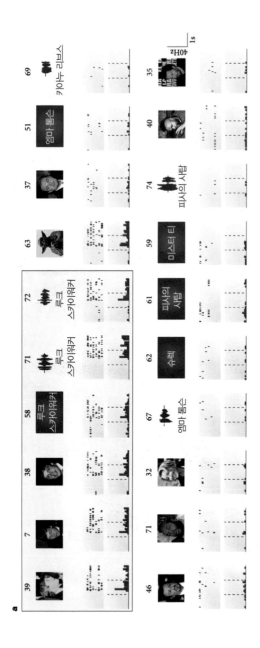

그림 L 해마 뉴런의 활동으로 부호화된 정신적 산물. '루크 스카이워커'라는 개념이, 즉 이미지, 문자 이름, 소리로 제시될 때 선택적으로 반응하는 해마 뉴런은 루크의 친구이자 스승인 제다이 마스터 요다의 이미지가 제시될 때도 활성화된다.

일러두기

– 이 책의 원서는 포르투갈어이며, 한국어판은 대니얼 한Daniel Hahn이 번역한 영어판을 저본
　으로 삼아 번역했다.

– 사진, 그래프, 인포그래픽은 루이스 이리아Luiz Iria의 작품이다.

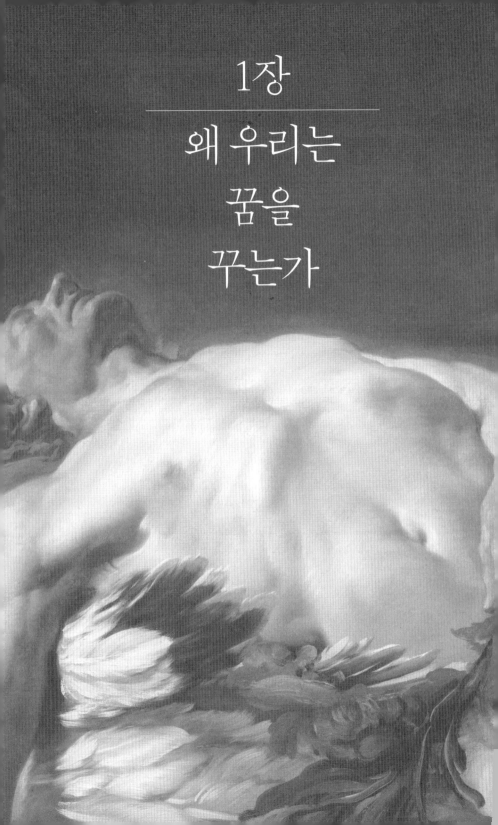

1장

왜 우리는
꿈을
꾸는가

．
．
．
．

다섯 살 소년은 악몽을 꾸며 불안한 시기를 보내고 있었다. 꿈속에서 그는 우중충한 도시의 잿빛 하늘 아래에서 아무런 연고 없이 홀로 지냈다. 꿈은 대부분 음침한 건물을 미로처럼 빙 둘러싼 진흙투성이 골목에서 전개되었다. 강제수용소처럼 철조망으로 둘러싸인 도시에는 수시로 번개가 내리쳤다. 소년과 그 도시의 아이들은 매번 식인 마녀들이 사는 으스스한 서택으로 보내졌다. 한 아이가 3층 건물로 들어가고 남은 아이들이 불 꺼진 창문들을 바라보는데 갑자기 창문 하나가 환해지더니 아이와 마녀들의 그림자가 나타났다. 곧이어 소름 끼치는 비명이 들려왔다. 꿈은 그렇게 끝났다. 그리고 매일 밤 사소한 부분까지 똑같은 꿈이 반복되었다.

　　잠들기가 무서워진 소년은 다시는 잠들지 않겠다고 엄마에게 선언했다. 그는 자기 방 침대에 혼자 가만히 누워서 졸음과 필사적으로 싸웠다. 하지만 번번이 잠에 무릎을 꿇었고, 어김없이 꿈이 다시 시작되었다. 소년은 자기가 선택을 받아 마녀들의 집으로 보내질지도 모른다는 두려움에 압도당해 반복되는 꿈의 서사를 막지 못하고 매번 똑같은 몽환의 덫에 걸려들었다. 엄마는 아들에게 졸음이 오면 꽃이 가득한 정원을 생각하며 차분히 잠들어보라고 진지하게 일러주었다. 그러나 자정의 어두운 장막이 드리워지면 악몽은 새벽이 오는 것을 절대 허락하지 않겠다는 듯 끈질기게 되돌아왔다.

얼마 지나지 않아 소년은 훌륭한 전문가에게 심리치료를 받기 시작했다. 이 시기에 그가 기억하는 것은 상담실의 매력적인 나무 상자에 보관된 보드게임들이었다. 그러던 어느 날 심리치료사가 꿈을 통제할 수 있다는 사실을 넌지시 알려주었다. 그 후 마녀들이 등장하던 악몽은 다른 꿈으로 대체되었다.

대체된 꿈 역시 불쾌하기는 마찬가지였다. 하지만 예상치 못한 편집으로 간담을 서늘케 하는 히치콕 특유의 스릴러만큼 무섭지는 않았다. 소년은 마치 본인이 주인공인 영화를 감상하듯 자신이 아닌 외부의 시선으로 그 꿈을 경험했다. 꿈은 매일 밤 공항에서 시작해 늘 같은 방식으로 끝났다. 흑발의 성인 남자가 소년과 동행하며 미치광이 범죄자를 찾는 것을 도와주었다. 소년은 끝내 범인을 찾지 못하고 남자와 함께 그 자리를 떠났다. 그때 엄청난 불안감이 밀려왔고 '카메라'가 움직이더니 터미널 천장의 벽과 벽 사이에 거대한 거미처럼 거꾸로 매달려 있는 범죄자를 비추었다……. 가장 충격적인 것은 범죄자가 내내 그곳에 있었는데도 더 일찍 발견하지 못했다는 사실이었다.

몇 차례 더 심리치료를 받으면서 꿈을 통제하는 방법에 관해 대화를 나눈 후, 소년은 악몽보다는 모험담에 가까운 세 번째 서사를 만들어냈다. 꿈속은 여전히 위험으로 가득했지만, 두려움과 불안감은 전보다 훨씬 덜했다. 소년은 〈정글북〉의 주인공 모글리가 되어 영국 식민지 시대 복장을 하고 인도 정글로 호랑이 사냥을 떠났고, 그와 동시에 그런 자신의 모습을 삼인칭 시점으로 지켜보았다. 이번에는 흑발의 남자가 처음부터 함께했다. 우거진 숲을 통과하니 절벽과 거친 바다가 나타났다. 오른쪽에는 깎아지른 듯한 절벽으로 둘러싸인 작은 섬이 우뚝 솟아 있었고, 그 뒤로 잿빛 하늘과 대비되는 눈부신 석양이 지고 있었다. 날이 어두워지자 남자의 얼굴은 거의 보이지 않았다. 육지와 섬을 연결하는 둑을 발견한 소년은 호랑이가 저기에 숨어 있을 거라며 놈을 궁지에 몰아넣자고 제안했다. 남자가 소년에게 동의하고는 이제부터는 혼자 가야 한다고 말했다. 소년은 소총을 쥔 채로 거센 폭풍이 몰아치고 포말이 들끓는 연녹색 바다 위에서 균형을 잡으며 둑을 건너기 시작했다. 구름 사이로 석양이 드러나자 수평선이 주황색과 빨간색, 보라색으로 물들었다. 소년은 섬에 발을 디뎠다. 어느덧 녹음이 짙은 숲을 마주한 그는 나뭇잎 뒤에 호랑이가 있다고 상상하며 소총을 겨누었다. 그러다 문득 호랑이가 등 뒤에 있음을 깨달았다. 궁지에 몰린 것은 다름 아닌 그 자신이었다.

소년은 두려움을 느낄 새도 없이 곧장 바다에 뛰어들었다. 그는 절벽 아래로 떨어졌고, 따뜻한 몸이 차가운 수면에 부딪히는 순간 생생함이 고조되면서 삼인칭이던 시점이 순식간에 일인칭으로 바뀌었다. 소년은 그것이 꿈이라는 사실을 인지한 채로 주위를 둘러싼 캄캄한 바다를 바라보았다. 잠시 모든 것이 납덩이처럼 느껴졌다. 소년은 섬을 둘러싼 바다를 헤엄치기 시작했다. 그러다 자신과 나란히 헤엄치고 있는 거대한 상어를 발견하고 두려움에 휩싸였다. 충격과 긴장감에 시간이 더디게 흐른다 싶더니 일순간 모든 것이 평온해졌다. 소년은 거대한 상어와 함께 어둠이 짙어지는 바다와 하늘 사이를 차분히 헤엄쳐 나갔다. 밤새 헤엄치고 또 헤엄쳤지만, 이튿날까지 아무 일도 일어나지 않았다.

호랑이와 상어가 나오고 나서 얼마 지나지 않아 이런 꿈들은 소년을 영원히 떠났고 다시는 돌아오지 않았다. 악몽이 사라지고 잠에 대한 두려움이 사그라들자 소년의 집에 평온한 밤이 찾아왔다.

명확한 수수께끼

수많은 상징과 풍부한 디테일을 어떻게 이해해야 할까? 한 가지 이야기가 반복되는 것을 어떻게 설명할 수 있을까? 이러한 일련의 꿈들이 느닷없이 등장했다 사라지는 현상은 뭐라고 설명할 수 있을까? 잠들기가 무서울 정도로 끔찍한 악몽을 반복하는 문제를 해결하려면 어떤 노력을 해야 할까? 이 같은 질문에 답하려면 우선 꿈의 유래와 기능을 이해해야 한다.

우리는 깨어 있을 때, 즉 밤이든 낮이든 눈을 뜨고 있는 동안에 다양한 형태와 소리, 맛, 냄새, 감촉을 잇달아 경험한다. 깨어 있을 때 우리의 시선은 주로 외부를 향한다. 그리고 밤이든 낮이든 두 눈이 꼭 감겨 있는 동안에는 일반적으로 현실의 화면이 꺼지는 무의식 상태로 들어간다. 잠은 우리에게 매우 친숙하고 기운을 회복시키며 기억에 거의 남지 않아서 사고가 부재하는 상태로 여겨진다. 잠은 살아 있지 않은 상태, 일상에서 경험하는 작은 죽음으로 여겨지지만, 이것은 사실이 아니다. 그리스 신화에 등장하는 잠의 신 히프노스는 죽음의 신 타나토스의 쌍둥이 형제이고, 둘은 밤의 여신 닉스의 자식이다. 히프노스가 선사하는 질 좋은 수면은 일시적이고 대개는 즐거우며 인간의 정신적·육체적 건강을 위해 꼭 필요하다.

하지만 우리가 꿈을 꾼다고 표현하는 흥미로운 상태에서는 완전히 다른 일이 일어난다. 우리의 꿈을 만들고 지배하는 것은 모르페우스다. 그리스의 시인 헤시오도스에 따르면 모르페우스는 히프노스의 형제 또는 아들이고, 로마의 시인 오비디우스에 따르면 모르페우스는 신의 메시지를 왕에게 전달하고 자신의 형제 무리인 오네이로이Oneiroi를 이끈다. 검은 날개를 단 이 영혼들은 밤마다 박쥐 떼처럼 날아다니며 뿔과 상아로 만들어진 두 개의 문을 통과한다. 그들이 뿔의 문을 통과하면, 내면의 진실을 덮고 있는 베일이 투명해지면서 예언적이고 신성한 꿈이 만들어진다. 반면 아무리 얇아져도 절대 투명해지지 않는 상아의 문을 통과하면, 거짓되거나 무의미한 꿈으로 유도된다.

고대 사람들이 꿈의 안내를 있는 그대로 받아들였다면, 우리는 이처럼 기억하기 어려운 환상에 대해 훨씬 더 무지했을 것이다. 대부분 꿈이 무엇인지는 알지만, 아침에 깨어나서 그 꿈을 기억하는 사람은 드물다. 보통 우리는 러닝타임이 제각각이고 대개 시작은 불확실하나 결말은 확실한 영화를 보듯 꿈을 꾼다. 다시 말해 꿈은 기억의 조각으로 구성된 현실의 모조품이다. 우리가 꿈의 주인공으로 참여한다고 해서 서사를 구성하는 사건의 순서까지 통제할 수 있는 것은 아니다. 우리는 시나리오나 연출에 대한 지식 없이 꿈이 이끄는 대로 연기하면서 놀라움은 물론 큰 기쁨을 경험하기도 한다. 하지만 깊은 좌절감이나 실망감을 느낄 때도 흔하다.

꿈은 당연히 꿈꾸는 사람의 최대 관심사를 반영하겠지만, 대체로 예측할 수 없는 방향으로 전개된다. 사건의 논리는 현실과 비교해서 불규칙하고 일관성이 없다. 꿈의 이미지들은 또한 우리가 깨어 있는 동안 경험할 수 없는, 비논리적이면서 전환이 갑작스럽다는 특징을 갖는다. 꿈에 나오는 사람이나 장소는 다른 사람이나 장소로 쉽게 바뀌며, 이는 심적 표상이 갖는 자유로운 변화의 힘을 보여준다. 끊어질 듯 이어지는 상징의 연결은 공백, 파편화, 압축, 전위轉位 등이 특징인 시간 감각을 설정함으로써 복합적이며 때로는 모순된 의미의 사건들을 잇따라 창조해낸다. 꿈 이야기는 무궁무진하고 특이한데다 비현실적이며 혼란스럽다.

꿈은 꿈꾸는 사람의 인지적·감정적 맥락에 따라 해석이 달라질 수 있다. 소년은 왜 마녀와 범죄자, 호랑이, 상어에 대한 꿈을 잇달아 꾸었을까? 당시 화면에 자주 등장했던 월트 디즈니의 〈백설 공주와 일곱 난쟁이〉에 나오는 늙고 사악한 마녀나 스티븐 스필버그의 〈죠스〉에 나오는 상어가 그런 끔찍한 만남을 주선했다고 설명하면 충분할까? 너무나 명확하고 감정적인 악몽의 요소와 플롯은 무엇을 의미할까? 정말 뭔가를 의미하기는 하는 걸까? 그 뒤에 논리라는 게 있을까? 꿈은 설명할 수 없는 인간의 실존적 현상일까, 아니면 신비롭고 이해하기 힘든 수수께끼일까? 꿈은 우연일까, 필연일까?

소년이 첫 번째 악몽을 꾸기 몇 달 전인 어느 일요일 해가 질 무렵에 그의 아버지가 심장마비로 쓰러져 세상을 떠났다. 소년의 어머니는 침착하게 대처했지만, 남편 없이 두 아이를 먹여 살리기 위해 매일같이 일하면서 자투리 시간에 대학 수업까지 듣다가 몇 달 지나지 않아 극심한 우울증에 빠지고 말았다. 소년의 남동생은 몇 달이 지나고 나서야 아버지가 어디 있는지 물었다.

마녀들이 등장하는 끔찍한 악몽의 반복은 가족의 고통이라는 맥락 속에 있었다. 소년은 고아가 된 기분뿐 아니라 죽음에 대한 공포에서 비롯된 외로움을 너무나 생생히 체험했고, 불현듯 그 감정이 진짜라는 것을 깨달았다. 그는 끝이 보이지 않는 캄캄한 터널 안에 있었다. 돌이킬 수도 없고 금방 나아질 수도 없는 상황이었다. 반복되는 꿈은 그 당시 견고하고 불가피해 보이던 막다른 길을 표현하고 있었다.

전문가의 개입은 그에게 긍정적인 영향을 주었다. 치료를 시작하고 얼마 지나지 않아 마녀가 나오던 꿈은 형사와 범죄자가 나오는 꿈으로 바뀌었다. 공포 대신 긴장감을 느꼈고, 마녀에게 제물로 바쳐지는 냉혹한 상황은 어려운 임무를 수행하는 상황으로 바뀌었으며, 소년은 아버지와 치료사처럼 흑발의 어른 친구를 얻었다. 꿈의 배경은 강제수용소 같은 보육원이 아닌 공항, 즉 먼 여정을 시작하는 장소로 바뀌었다.

세 번째 꿈에서 소년은 호랑이를 사냥하고 상어와 함께 헤엄쳤다. 긴장감은 모험심으로 대체되었고, 아버지 같은 존재와의 이별은 필연적인 일로 받아들여졌으며, 명료한 결말은 상어에게 잡아먹히지 않으리라는 확신을 남겼다. 삶이 혼자만의 여정이라는 깨달음은 주황, 빨강, 보랏빛으로 기억되었다. 꿈속의 황혼은 잊히지 않는 오래전 일요일, 그의 아버지가 쓰러졌던 그 순간과 똑같은 빛깔로 물들어 있었다.

소음, 서사 그리고 욕망

비록 그 꿈이 삶에서 발생한 단발성 사건으로 설명될 수 있다고 하더라도 그 소년, 즉 과거의 내가 경험한 일련의 꿈은 충격적인 기억 너머의 환상적이고 은유적인 차원을 포함한다. 기억의 재활성화가 수면과 꿈의 인지 기능에 뿌리를 두고 있다면, 꿈의 서사가 갖는 복잡한 상징성은 어떻게 설명할 수 있을까? 깨어 있을 때 겪은 일이 똑같이 재현되는 꿈은 드물다. 대개는 비논리적인 요소와 예상치 못한 연관성이 끼어들게 마련이다. 꿈은 친숙하거나 친숙하지 않은 존재, 사물, 장소 들에 의해 해체되고 구성되는 주관적 서사이며, 보통 이야기의 전개를 지켜보기만 하는 주체의 자기상自己像과 영향을 주고받는다. 꿈의 강도는 희미하고 불분명한 느낌부터 생생한 이미지, 예상치 못한 반전과 전환으로 이루어진 복잡한 서사까지 매우 다양하다. 시종일관 유쾌하거나 불쾌한 꿈도 있지만, 일반적으로는 갖가지 감정이 뒤섞인다. 꿈은 아주 가까운 미래에 일어날 사건들을 예측하기도 한다. 특히 어려운 시험을 하루 앞둔 학생들이 그렇듯 극도의 불안과 기대감을 느낄 때 꾸는 꿈은 흔히 맥락과 주제를 암시하는 세부 사항들로 가득 채워진다.

꿈의 서사를 전부 보여줄 수는 없겠지만, 전형적인 서사가 있다는 것은 분명한 사실이다. 전형적인 플롯 중에서 벌거벗고 있다든지, 시험 준비를 못 한다든지, 회의에 완전히 늦는다든지, 이가 빠진다든지, 여행 중에 중요한 사람과 헤어졌는데 아무리 찾으려 해도 찾을 수 없다든지 하는 제법 불쾌한 꿈들은 불완전한 것이 특징이다. 주로 친인척과 가까운 친구, 주기적으로 상대하는 사람들이 등장하지만, 낯선 사람이 나오기도 하고 특정 시기에는 모르는 사람이 숱하게 나오기도 한다.

조금이라도 자기 성찰을 하는 사람이라면 꿈의 세 가지 기본 유형을 금세 떠올릴 것이다. 바로 나쁜 꿈, 좋은 꿈, 어떤 목표를 추구하는 (대개는 헛수고로 돌아갈) 꿈이다. 첫 번째 유형인 악몽은 불쾌한 상황을 통제하거나 회피할 힘이 없음을 보여준다. 두려움은 악몽을 꿀 만한 분위기를 조성하고, 악몽은 두려운 결과를 미룸으로써 지속된다. 꿈속에서 죽는 경우가 거의 없는 것은 보통 그런 일이 일어나기 전에 잠에서 깨기 때문이다. 이는 자신이 살아 있다는 믿음과 양립할 수 없는 뇌의 표상을 활성화하는 것이 꿈에서조차 대단히 어려워서일 것이다.

좋은 꿈은 악몽과 정반대로 일말의 갈등도 남아 있지 않은 만족스러운 상황임을 나타낸다. 이런 유형의 꿈은 흔히 깨어 있는 삶에서는 불가능한 욕구를 실현함으로써 비현실적이기는 해도 완전한 만족감을 준다. 하지만 극단적인 기쁨이나 두려움만으로는 우리가 꾸는 대부분의 꿈을 설명할 수 없다. 이처럼 강렬한 감정을 꿈꾸려면 깨어 있을 때도 그것을 경험해야 한다. 꿈에 실체를 부여하는 것은 우리의 기억이며, 살아 있지 않고서는 꿈꿀 수도 없다. 꿈에 관한 신경생물학 연구의 선구자인 조너선 윈슨Jonathan Winson은 이렇게 말한다.

"꿈은 지금 당신에게 무슨 일이 일어나고 있는지를 보여준다."

꿈꾸는 법을 다시 배우다

잠에서 깨자마자 꿈을 기록하는 것은 꿈꾸는 삶을 매우 풍요롭게 하는 간단한 습관이다. 단 며칠이면 꿈을 기억하지 못하던 사람도 꿈 일기를 몇 장씩 채울 수 있다. 꿈 일기는 꿈에 관한 기억을 자극하기 위해 고대부터 권장되던 방법이다. 5세기 마크로비우스라는 학자에 따르면, 꿈 연구는 기본적으로 신뢰할 만한 꿈 이야기를 기록하는 데 달려 있다. 20세기 정신과 의사인 지그문트 프로이트와 카를 융은 이런 기록들에 대한 해석을 심층심리학이라는 새로운 정신과학 영역으로 발전시켰다.

하지만 모두가 정신분석가의 소파에 앉아 꿈에 관해 이야기하고 그것을 해석하기 위해 많은 시간을 허비할 필요는 없다. 잠들기 전 자신에게 가벼운 암시를 주고, 잠에서 깬 후에는 침대에 가만히 누워서 판도라의 보물 상자가 열리기만을 기다리면 된다. 자기 암시는 잠들기 전에 딱 1분만 이렇게 반복하면 된다.

"나는 꿈을 꾸고 그것을 기억해서 말할 것이다."

잠에서 깨면 일단 종이와 연필을 손에 들고 꿈을 기억해내려고 노력한다. 처음에는 불가능할 것 같겠지만, 곧 어떤 모습이나 장면이 희미하게라도 떠오를 것이다. 기억의 메아리를 증폭시키려면 정신을 집중해서 꿈을 붙잡고 늘어져야 한다. 이렇게 떠올린 첫 기억은 비록 부서지기 쉽고 단편적일지라도 퍼즐의 첫 조각 또는 풀리지 않은 실타래의 첫 가닥으로 유용하게 쓰인다. 기억이 재활성화되면 그와 관련된 다른 기억들도 모습을 드러낸다.

첫날은 관련 없는 몇몇 문장이 드문드문 생각난다. 하지만 일주일이 지나면 여러 개의 꿈이 동시다발로 떠올라서 일기를 가득 채울 수 있다. 사실 우리는 밤에는 물론 깨어 있을 때도 꿈을(상상이라고 불리기는 하지만) 꾼다.

의식의 깊숙한 곳에 뛰어들려면 꿈을 꿔야 한다. 이 과정에서 우리는 조각조각 이어 붙인 감정을 경험한다. 소소한 어려움과 걱정거리, 일상의 승패가 꿈의 파노라마를 만들어내며 이는 삶에서 가장 중요한 것들과 공명하지만, 전체적으로는 말이 안 될 때가 많다. 삶이 순탄하게 흘러갈 때는 악몽의 까다로운 상징적 표현을 해석하기가 쉽지 않다.

최상위 부자들조차 개인의 실존적 의미를 담은 반복적인 악몽을 마음대로 거부할 수 없다. 인간다운 삶의 경계에서 간신히 살아남은 사람들, 낮이고 밤이고 자신의 삶을 진심으로 두려워하는 사람들, 당장 내일 먹고 입고 살 곳이 없는 수십억 명의 사람들에게 꿈은 하루하루를 몹시 고통스럽게 만들 수 있다. 전쟁의 생존자나 기결수, 구걸하는 사람들에게 꿈은 욕구의 양극단에 있는 삶과 죽음, 기쁨과 고통의 화려한 그림자를 넘나드는 롤러코스터다.[1]

나치의 아우슈비츠 집단학살 수용소에서 살아남은 이탈리아의 작가이자 화학자 프리모 레비는 극심한 고통을 겪고 토리노로 귀향한 뒤에 반복해서 꾼 악몽에 관해 이야기했다.

그것은 세부적으로 다르지만 실제로는 하나인 꿈 안의 꿈이다. 나는 일터나 푸른 전원, 다시 말해 긴장감이나 고통 따위는 없어 보이는 평화롭고 느긋한 환경에서 가족 또는 친구들과 테이블에 둘러앉아 있다. 하지만 나는 재앙이 임박했음을 직감하며 깊고 미묘한 괴로움을 느낀다. 꿈속의 풍경, 담벼락, 사람 등 주변에 있는 모든 것이 매번 다른 방식으로 서서히 혹은 잔인하게 무너지고 부서지는 사이, 고통은 더 강렬해지고 더 명확해진다. 모든 것이 혼돈으로 바뀌고 이제 나는 짙은 잿빛을 띠는 무無의 한가운데에 홀로 있다. 이제 나는 이것이 무엇을 의미하는지 안다. 사실은 늘 알고 있었다. 또다시 라거(lager, 독일어로 수용소라는 뜻-옮긴이) 안이다. 라거 밖에는 진짜가 없다. 남은 것이라고는 짧은 휴식과 감각의 기만, 그리고 가족과 고향과 꽃이 만발한 자연이 나오는 꿈뿐이었다. 이내 평화로운 내부의 꿈이 끝나고 이어지는 외부의 꿈에서 냉담한 목소리가 익숙하게 들려온다. 고압적이지 않으면서 짧고 차분한 한마디. 그것은 아우슈비츠의 새벽을 알리는 명령이자 두려워하며 기다리던 이국의 언어다.

"브스타바흐(Wstawàch, 폴란드어, '일어나')."**2**

프리모 레비는 손목에 '174517'이라는 숫자가 새겨진 채로 1987년 자신이 살던 건물의 계단에서 떨어져 사망했다. 경찰은 사인을 자살로 처리했다.

세상의 불면증에 저항하다

라틴어 '솜니움somnium'에서 유래한 포르투갈어 '소뉴sonho'는 영어 드림dream처럼 꿈 말고도 여러 뜻이 있는데, 전부 잠들었을 때가 아니라 깨어 있을 때 경험하는 것들이다. 사람들은 무언가를 열망하거나 성취했다는 의미로 "'일생의 꿈dream of a lifetime' 또는 '아메리칸 드림American dream'을 이루었다" 같은 문장을 흔히 사용한다. 모든 사람은 미래를 위한 계획이라는 의미에서 꿈을 갖고 있다. 누구나 자신에게 없는 것을 갈망한다. 우리는 왜 기쁨과 공포를 모두 일으킬 수 있는 야간 현상인 꿈이라는 단어를 우리의 바람을 나타낼 때에도 사용할까?

요즘 광고들은 하나같이 꿈이 행동의 원동력, 즉 겉으로 드러나는 행위의 사적 동기라고 강조한다. 여기서 말하는 꿈은 엄밀히 말해서 욕망desire이라는 단어에 더 가깝다. 브라질의 한 라디오 방송국에서 방영된 '하나님 나라의 만국교회Universal Church of the Kingdom of God' 광고는 이러한 사실을 아주 명확히 보여준다. "이곳은 믿음으로써 꿈을 실현하는 공간입니다." 꿈과 행복의 관계성은 놀라운 힘을 갖는다. 칠레 산티아고의 한 신용카드 광고는 기적을 약속한다. "우리는 당신의 모든 꿈을 실현합니다." 미국의 어느 공항 출국장에는 화창한 날에 행복한 미소를 지으며 카리브해를 항해하는 연인의 사진이 커다랗게 걸려 있다. 그 위에는 수수께끼 같은 문구가 적혀 있다. "당신의 꿈은 당신을 어디로 데려갈까요?" 그 밑에 신용카드 회사의 로고가 보인다. 누군가는 이 광고를 보면서 꿈이 우리를 아주 멋진 목적지, 완벽하면서 지나치게 바람직한 장소로 데려다줄 수 있는 보트 항해 같다는 결론을 내릴 수 있다. "꿈이 곧 욕망이고 돈이다"라는 방정식에는 숨은 변수가 있다. 바로 어디든 갈 수 있고 어떤 모습으로든 존재할 수 있으며 무엇이든 가질 수 있는 자유다. 밤이라는 느슨한 규칙의 세계에서는 가장 비천한 사람도 자유롭게 꿈꿀 수 있지만, 대낮에는 마법의 신용카드를 가진 자만이 꿈꿀 권리를 갖는다.

대다수 노동자들은 잠자고 꿈꿀 시간이 부족한 상태로 매일 똑같은 일과를 반복한다. 이는 현대 문명사회를 위협하는 중대한 문제다. 코로나19 팬데믹의 여파로 재택근무가 늘어나면서 잠자고 꿈꿀 기회가 어느 정도 회복되었다 하더라도 세계화된 산업계에서 꿈과 동기부여의 관련성과 꿈의 하찮음은 여전히 확연하게 대조되고, 시민들은 수면을 잡기 힘든 사냥감인 양 쫓아다닌다. 21세기의 잃어버린 수면을 찾기 위해 수면 추적기, 최첨단 매트리스, 청각 자극 장치, 바이오센서가 부착된 잠옷, 호흡을 편안하고 리듬감 있게 조절하도록 돕는 로봇, 다양한 의학적 치료법이 동원된다. 팬데믹 이전부터 빠르게 성장 중이던 수면건강 산업은 최근 300~400억 달러의 가치를 지닌 것으로 평가되었다.[3] 그러나 불면증은 여전히 성행 중이다. 시간은 늘 부족하고, 매일같이 울려대는 알람 소리에 깨어나지만 졸음은 쏟아지고 할 일은 늘어나기만 하고, 내면을 돌아볼 기회가 부족해서 꿈을 기억하는 사람은 거의 없다. 불면증이 만연하고 하품이 일상이 된 시대에 우리는 꿈의 존재 가치에 의문을 제기하는 지경에 이르렀다.

그럼에도 우리는 꿈을 꾼다. 자주 꾸고 많이 꾼다. 도시의 불빛과 소음, 끝없는 삶의 고난과 눈앞에 펼쳐진 슬픔에도 불구하고 우리는 게걸스레 꿈을 꾼다. 의심 많은 개미는 이렇게 자유롭게 꿈꾸는 사람을 두고 이솝 우화의 베짱이처럼 게으른 예술가라고 말할 것이다. 17세기 초, 윌리엄 셰익스피어는 "우리는 꿈의 재료 그 자체이다We are such stuff as dreams are made on."[4]라고 썼다. 한 세대 뒤에 나온 스페인의 극작가 페드로 칼데론 데라바르카는 〈인생은 꿈입니다〉라는 연극을 통해 운명을 개척할 자유를 극적으로 표현했다.[5] 이 연극에서 꿈은 브레이크도 없고 통제력도 없는 상상의 산물로, 우리로 하여금 두려움에서 벗어나 자유롭게 창조하고 잃어버리고 발견하게 해준다.

"내게는 꿈이 있습니다I Have a Dream"라는 말로 유명한 연설에서 마틴 루터 킹 목사는 인종 통합과 정의의 필요성을 미국 정치 논쟁의 한복판으로 가져왔다. 주로 아프리카 노예들에 의해 건설된 나라에서 그들의 후손들은 '아메리칸 드림'을 이루도록 강요받았지만, 그 꿈을 누리지는 못했다. 미국 시민의 권리를 위한 비폭력 운동을 꾸준히 이끌어온 킹 목사는 1964년에 노벨 평화상을 받았고, 4년 뒤 총격으로 사망했다. 킹 목사는 죽었지만 그의 꿈은 죽지 않고 번성하여 미국의 인종 간 불평등을 줄이기 위한 지평을 넓혀나갔다. 버락 오바마 대통령의 이민자 합법화 프로그램을 통해 16세 이전에 미국에 들어와 체류 허가를 받은 70여만 명은 도널드 트럼프 대통령의 시대를 맞으면서 유년기와 청소년기를 보낸 나라에 남기 위해 필사적으로 투쟁해야 했다. 이들 대부분은 멕시코, 엘살바도르, 과테말라, 온두라스에서 태어났다. 이 글을 쓰는 지금도 그들은 불확실한 상태로 살고 있으며, '드리머dreamer'라고 불린다.

이 강력한 힘에는 설명이 필요하다. 꿈의 실체는 무엇일까? 꿈은 어디에 쓰일까? 이 질문에 답하려면 먼저 꿈이 어떻게 시작했고 어떻게 진화했는지를 어느 정도 이해해야 한다. 인류의 조상에게 꿈의 세계가 환상에 불과하다는 자각은 매일 아침 새롭게 되살아나는 수수께끼였을 것이다. 하지만 언어, 종교, 예술이 출현하면서 꿈에 등장하는 정체불명의 상징에 새로운 의미를 부여하게 되었다. 신기하게도 이 의미들은 여러 문화권에서 매우 비슷하게 나타났다. 이 사실은 꿈을 해독할 때 중요한 단서로 쓰인다.

꿈의 발생과 관련된 가장 오래된 역사적 증거를 살펴보려면 문명의 시초로 거슬러 올라가야 한다. 고대의 위대한 문화들은 모두 거북이 등, 점토판, 신전의 벽, 파피루스 같은 특이한 물건에 꿈이라는 현상을 새겨두었다. 꿈은 보통 미래를 보여주거나 불길한 징조를 알려주거나 운세를 말해주거나 신들의 의도를 예측할 수 있는 신탁oracle으로 여겨졌다. 꿈은 고대 그리스에서 매우 진지하게 받아들여졌고 의학과 정치의 중심으로 자리 잡았다. 이보다 더 오래된 이집트와 메소포타미아 같은 고대 문명에서도 같은 일이 벌어졌다.

3000년도 더 전에 점토판에 새겨진 〈투쿨티 니누르타Tukulti Ninurta 서사시〉[6]에는 아시리아의 왕(성서 속 노아의 증손자 니므롯으로 추정됨)이 바빌로니아 왕 카슈틸리아시 4세를 상대로 벌인 정복 전쟁에 관한 내용이 담겨 있다. 여기에는 바빌로니아가 지배하던 여러 도시의 신들이 카슈틸리아시 4세의 악행에 화를 참지 못하고 그를 벌하기 위해 신전을 떠나는 과정이 적혀 있다. 바빌로니아의 수호신 마르두크조차 아시리아의 공격이 정당하다고 판단하여 바벨탑 신화에 영감을 준 거대한 지구라트(ziggurat, 메소포타미아 각지에서 발견되는 하늘과 지상을 연결하기 위해 지은 높은 탑으로 일종의 신전-옮긴이)의 성소를 떠나버렸다. 침략군에 포위된 카슈틸리아시 4세는 긍정적인 징조를 찾으려 했지만 끝내 아무것도 찾지 못하고 절망했다. "내 꿈이 무엇이든 참으로 끔찍하구나." 여기서 꿈은 바빌로니아의 몰락을 의미했다.

투쿨티 니누르타와 카슈틸리아시 4세는 역사적 인물이고, 전쟁도 실제로 있었던 일이다. 기원전 1225년, 바빌로니아는 함락되어 약탈당하고 성벽이 파괴되었으며 왕은 사로잡혀 굴욕을 당했다. 투쿨티-니누르타는 습격을 마무리하기 위해 마르두크 신전의 대표 신상을 없애고 신을 납치하여 수년간 이어지는 긴 여정에 데려가라고 명령했다. 당시에는 이런 식의 납치가 비교적 흔한 일이었다. 신이 조각상에 존재한다고 굳게 믿었기 때문이다. 〈투쿨티 니누르타 서사시〉는 통치자에게 신뢰감을 부여하는 데 꿈이 어떻게 이용되었는지를 실증하는 프로파간다의 좋은 예이다. 결과적으로, 이는 또한 우리가 실제 꿈 자체에 접근할 수 없다는 문제를 명확히 보여준다. 즉, 우리는 꿈 그 자체, 꿈꾼 사람의 머릿속에서 일어나는 일차적 경험에 접근하지 못하고 꿈을 꾸었다고 주장하는 사람의 주관적 설명에 의존할 수밖에 없다는 것이다. 투쿨티-니누르타와 카슈틸리아시 4세의 충돌에서 꿈은 패자를 탓하며 승자의 정복 전쟁을 손쉽게 정당화했다.

꿈에 관한 이야기는 진위와 상관없이 이집트 정치에서도 중심을 차지했다. 그 구체적인 예로 '꿈의 석비Dream Stele'를 들 수 있다. 이것은 기자에 있는 거대 스핑크스의 앞발 사이에 놓인 약 3.6미터가 넘는 사각의 화강암 덩어리다. 석비에는 상형문자가 새겨져 있으며 기원전 1400년경에 만들어진 것으로 추정된다. 비문碑文에 따르면, 어느 날 젊은 왕자 투트모세가 사막의 모래에 파묻혀 일부만 드러나 있던 거대한 조각상의 그늘 밑에서 잠이 들었다. 꿈에 스핑크스가 나타나 자기를 보호해주면 왕위에 오르게 해주겠다고 약속했다. 젊은 왕자는 스핑크스 주위에 벽을 쌓으라고 명령했고, 이후 투트모세 4세로 파라오의 자리에 올랐다. 2010년 꿈의 석비에 묘사된 벽의 흔적 일부가 발견되었다.

밤의 신탁

현실에서의 행동을 정당화하기 위해 꿈에서 신에게 허락을 구하는 관행은 인류의 역사와 함께 쭉 이어져왔다. 꿈의 예언적 성격은 이집트 《사자의 서》와 수메르의 《길가메시 서사시》 같은 청동기 시대(기원전 5000~기원전 3000년 전)부터 전해 내려온 주요 문서에 남아 있다.[7] 그 외에도 《일리아드》, 《오디세이아》, 《성경》, 《코란》에서도 충분히 찾아볼 수 있다. 전설에 따르면, 부처의 어머니로 잘 알려진 마야는 상아가 여섯 개 달린 흰 코끼리가 하늘에서 내려와 자신의 옆구리로 들어오는 꿈을 꾼 후 부처를 잉태했다.[8] 흰 코끼리는 신들의 총애를 입었다는 징표로서 아이의 특별함을 예언했다. 이와 비슷하게 중국의 철학자 공자는 어머니가 전쟁의 신의 아이를 갖는 꿈을 꾸고 그를 잉태했다고 한다.[9] 고대 후기에 아르테미도로스[10](2세기)와 마크로비우스[11](5세기)는 꿈이 내용, 원인, 기능에 따라 각각 다른 범주에 속한다는 견해를 퍼뜨렸다.

아르테미도로스는 현재 튀르키예에 속하는 그리스의 식민도시 에페소에서 태어났지만, 로마에 살면서 학자, 의사, 꿈 해석가로 유명해졌다. 그는 소아시아와 그리스, 이탈리아를 여행하며 에게해 제도와 파르나소스산의 험준한 바위투성이 마을에 흩어져 사는 사람들에 관해 연구했고, 여기서 얻은 지식과 폭넓은 독서를 바탕으로 꿈에 관한 고전 학술논문인 〈오네이로크리티카Oneirokritika〉를 썼다. 다섯 권짜리 이 논문은 지금까지 남아 있으며,[12] 좋은 사례로 쓸 만한 꿈들을 수집하고 그 꿈을 초래한 원인에 대해 광범위한 이론을 제시한다. 아르테미도로스에 따르면 꿈 해석가는 직업과 건강 상태, 사회적 지위, 취미, 나이 등 꿈꾼 사람의 이력을 알아야 할 뿐만 아니라 그 사람이 꿈의 구성 요소 하나하나를 어떻게 느끼는지 확인해야 한다. 꿈의 내용이 타당한지 확인하려면 꿈꾼 사람을 참고해야 한다.

더 나아가 아르테미도로스는 꿈이 현재(enhypnia, 엔히프니아)나 미래(oneiroi, 오네이로이, 오네이로스의 복수형)의 상황을 설명할 수 있으며, 그 의미를 명확히 하려면 정확히 분류해야 한다고 주장했다.

꿈의 두 가지 유형인 엔히프니아와 오네이로스 사이에는 중요한 차이점이 있다. (…) 오네이로스는 미래의 사건과 관련이 있고 엔히프니아는 현재의 사건과 관련이 있다. (…) 예언적 꿈oneiroi의 범주에서 어떤 것은 직접적이고 어떤 것은 우의적이다. 직접적인 꿈은 말 그대로 꿈에서 본 것과 결과가 일치한다. 예를 들면, 항해 중이던 한 남자가 조난을 당하는 꿈을 꾸고 나서 실제 그 상황에 처한 자신을 발견했다. 잠에서 깼을 때 배는 완전히 가라앉아 사라졌고, 그는 몇몇 사람들과 함께 간신히 살아남았다. (…) 반면 우의적인 꿈은 다른 수단을 이용해 무언가를 보여주며, 여기서 마음은 고유한 특성대로 수수께끼 같은 말을 한다.[13]

아르테미도로스는 프로이트보다 거의 2000년이나 앞서서 꿈이 갖는 의미의 다양성이 얼마나 중요한지를 언급했다.

위장병이 있어서 의술의 신 아스클레피오스에게 처방을 받고 싶어 하던 남자가 꿈에서 신전에 들어가자 아스클레피오스가 오른손 손가락을 내밀며 먹으라고 권했다. 남자는 대추 다섯 개를 먹고 병을 고쳤다. 최상급 대추야자 열매는 '손가락'이라고 불린다.[14]

암브로시우스 테오도시우스 마크로비우스는 로마 제국이 쇠락하고 비잔틴 제국으로 존속하던 시대의 철학자이자 문법학자였다. 그의 출생과 경력에 대해서는 알려진 바가 거의 없지만 그의 작품은 후대에도 계속 영향을 미쳤다. 마크로비우스는 아르테미도로스처럼 꿈과 꿈 이론을 책으로 엮었을 뿐 아니라 학자로서 그것을 연구했다. 그는 로마의 집정관 키케로가 3세기 전에 쓴 《스키피오의 꿈》이라는 소설을 주제로 꿈을 연구했다. 마크로비우스는 《스키피오의 꿈에 관한 주해 Commentary on the Dream of Scipio》에서 중세의 신학 사상이 광범위하게 받아들인 꿈 분류법을 제안했다.[15] 마크로비우스는 환영幻影을 지칭하기 위해 ①비숨(visum, 그리스어로는 판타스마phantasma)이라는 용어를 사용했고, 꿈꾸는 사람이 자신을 둘러싼 '유령'을 상상할 때 각성과 수면 사이의 전환에 "예언적 의미는 없다"고 여겼다. ②악몽을 지칭하는 인솜니움(insomnium, 그리스어로 엔히프니온enhypnion) 역시 예언적 의미는 없고 오히려 감정적이거나 육체적인 문제를 반영한다고 여겨졌다. ③비시오(visio, 그리스어로 호라마horama)는 현실이 되는 예언적 꿈이고, ④오라쿨룸(oraculum, 그리스어로 크레마티스모스chrematismos)은 존경받는 인물이 미래를 보여주고 조언하는 꿈이며, ⑤솜니움(그리스어로 오네이로스)은 이상한 상징들이 있어서 해석가가 개입해야만 이해할 수 있는 불가사의한 꿈이다.

마크로비우스가 앞서 언급한 두 가지 범주의 꿈은 미래와 상관없이 현재나 과거의 영향만 받는다. 뒤이어 언급한 세 가지 범주의 꿈은 미래에 일어날 사건에 대한 비시오/예언, 오라쿨룸/계시, 해석이 필요한 솜니움/상징을 통해 앞으로 일어날 일에 초점을 맞춘다. 신기하게도 꿈의 예언적 속성은 오늘날 미국, 아시아, 아프리카에 무수히 많은, 이른바 원시 문화에서 되풀이되는 특징이다.[16] 이 집단들은 서로 이질적임에도 조상 때부터 내려온 꿈의 예언 가능성이라는 공통된 믿음을 지키는 것으로 보이며, 모든 해석가는 꿈을 운명의 열쇠로 보고 예측의 근거, 예언의 수단, 아직 오지 않았지만 곧 다가올 무언가에 접근하는 통로로, 그리고 영적인 위험의 경고로 간주한다. 북아메리카의 몇몇 토착 문화에서는 아직도 아사베이키쉬(asabikeshiinh, 오지브웨족 말로 거미줄)라고 부르는 드림캐처를 만든다. 버드나무로 만든 둥근 테에 그물을 엮고 깃털과 씨앗, 주술적 물건으로 장식하는 공예품인데, 악몽을 부르는 악한 힘을 거미줄처럼 모조리 잡아내는 보호물로서 보통은 잠든 아이의 머리맡에 매단다.

아메리카 원주민 문화는 원주민 전체를 이끌 수 있는 예언적 꿈이 잘 기록된 몇 가지 사례를 가지고 있다. 대표적인 사례로 1840년 코만치 추장이 꿈에서 본 예언적 환영을 들 수 있다.[17] 당시 버펄로 험 프Buffalo Hump는 18세기 스페인 선발부대를 물리친 용맹한 원주민 부족인 코만치족의 페나테카 부족 중 하나를 이끄는 강력한 군소 추 장이었다. 코만치족은 텍사스, 뉴멕시코, 오클라호마, 콜로라도, 캔자 스를 포함한 미 남서부 대초원의 상당 부분을 차지하는 코만체리아 Comanchería 지역을 수 세기 동안 지배했다. 최남단이라는 지리적 특성 으로 인해 페나테카는 백인들과 가장 인접한 코만치 부족 중 하나였다. 이로 인해 대초원 남부에 살던 버펄로의 소멸부터 천연두와 콜레라의 대유행에 이르기까지 백인들로부터 직접적인 영향을 받았다. 그러다 보니 버펄로 험프도 동시대의 다른 원주민들처럼 사람뿐만 아니라 의 복과 가재도구 등 백인과 관련된 것은 전부 피하게 되었다.[18]

1840년 3월 샌안토니오에 평화사절단으로 파견된 페나테카 부족의 추장 여러 명이 학살당하면서 긴장감이 고조되었다. 그리고 얼 마 지나지 않아 버펄로 험프는 꿈속에서 피비린내 나는 밤의 계시, 즉 원주민들이 텍사스 사람들을 공격하여 바다로 몰아넣는 엄청난 초자 연적 힘을 경험했다. 그의 환영은 몇 주 만에 대초원을 들불처럼 가로 지르며 코만체리아 전역으로 퍼져 나갔다. 여름 동안 버펄로 험프는 지 원자를 모집하여 전사 400명과 전시에 물자를 지원할 여성과 아이들 600명을 결집시켰다. 이들은 8월 초 대초원에서 남진을 시작했고 사 흘 후 백인 정착민들이 건립한 텍사스 공화국의 영토를 침략했다. 8월 6일에는 바다로부터 40킬로미터, 샌안토니오와는 160킬로미터 이상 떨어진 도시 빅토리아를 급습했다. 그들은 창고를 약탈하고 집을 불태 우고 말 수천 마리를 훔쳤으며 사람도 10여 명이나 죽였다.

이와 같은 승리에도 불구하고 꿈의 예언은 여전히 실현되지 않 았다. 버펄로 험프는 환영을 실현하기 위해 해안으로 진군했고 8월

8일 텍사스에서 두 번째로 큰 항구가 있는 린빌이라는 부유한 소도시를 포위했다. 전투복을 갖춰 입은 수백 명의 무장 기마병들이 장엄한 반달 대형으로 다가오는 것을 본 주민들은 절망에 휩싸였다. 곳곳에서 작은 충돌이 발생하여 주민 세 명이 사망하자 린빌 사람들은 항구에 정박해 있던 배를 타고 바다로 나갔다. 겁에 질려 도망치던 사람들은 자신들의 도시가 완전히 파괴되는 도무지 믿기지 않는 광경을 지켜보았다. 이것은 버펄로 험프의 꿈에서 일어난 것과 똑같았다. 미국 땅에서 원주민이 백인을 공격한 사례로는 최대 규모였다. 린빌은 복구되지 못하고 현재까지 유령 도시로 남아 있다.

신비주의에서 정신생물학까지

각양각색의 수많은 사람이 꿈에서 신탁의 기능을 목격했고, 지금도 목격하는 이유는 무엇일까? 이성 자체를 거부하는, 누가 봐도 얼토당토않은 이런 발상은 어디서 비롯된 걸까? 논리적인 설명이 조금이라도 가능할까, 아니면 산더미처럼 쌓인 무의미한 우연과 미신 위에 세워진 오해에 불과할까? 꿈이 미래에 일어날 사건을 예측한다는 견해를 과학적으로 설명할 수 있을까? 이러한 질문에 대한 대답은 간단하지 않으며 그와 관련된 여러 요인을 고려해야만 답을 얻을 수 있다. 이러한 시도의 출발점에서 우리는 정신분석의 창시자인 지그문트 프로이트의 연구를 만난다.

프로이트는 1856년 오늘날 체코에 해당하는 모라비아에서 태어났다. 어릴 때부터 명석했던 그는 스물다섯 살에 수련을 마치고 의사가 되었다. 19세기 말, 당시 신경해부학계를 주름잡던 두 인물이 있었다. 독일계 오스트리아인으로 신경병리학자이자 덥수룩한 수염이 특징인 테오도르 마이네르트Theodor Meynert와 이탈리아의 병리학자 카밀로 골지Camillo Golgi, 둘 다 최고 권위를 가진 보수주의자들이었다. 그 시대의 선봉에 선 프로이트는 초반에는 스페인 출신의 산티아고 라몬 이 카할Spaniard Santiago Ramón y Cajal과 비슷한 길을 걸었다. 카할은 뉴런(그림1)을 발견하여 신경계에 대한 이해를 넓힌 공로로 1906년에 노벨 생리의학상을 받았다.

프로이트는 1895년에 쓴 미완성작인 '과학적 심리학을 위한 초고Project for a Scientific Psychology'에서[19] 뇌 조직을 개별 세포들의 연결망으로 묘사해 '활성화activity'의 이동을 설명했고, 현재는 이 활성화를 전기 자극, 뉴런의 활동전위, 신경 발화와 같은 다양한 동의어로 부른다. 활동전위는 갑작스럽고 일시적인 세포막의 탈분극(그림1)을 가리키는 과학 용어이다. 프로이트는 활성화가 같은 경로를 따라 여러 번 반복되면 해당 경로의 강화와 기억 생성으로 이어진다고 제안했다. 이것은 신경과학의 장기長期 강화 메커니즘으로 물이 흐르면 흐를수록 물길의 저항이 감소하는 것과 비슷하며 다음에서 설명하듯이 1970년에 경험적으로 확인되었다.[20]

신경계에 대한 상당한 통찰력에도 불구하고 프로이트는 신경과학의 창시자 중 한 명이 아닌 새로운 심리학의 창시자로 널리 알려졌다. '과학적 심리학을 위한 초고'를 쓰기 10년 전, 프로이트는 파리의 살페트리에르 병원에서 신경학자 장 마르탱 샤르코Jean-Martin Charcot에게 수련을 받던 중 최면술을 활용한 히스테리 치료의 효과가 일시적이라는 것을 확인했다. 그는 최면술을 그만두고 실어증으로 알려진 발화 장애를 더 깊이 연구했고, 마침내는 꿈 이야기와 자유연상법에 근거한 치료법을 개발했다. 이후 아버지가 돌아가시고 과거에 인식하지 못했던 기억과 생각을 보여주는 몹시도 생생하고 상징적인 꿈을 꾸기 시작

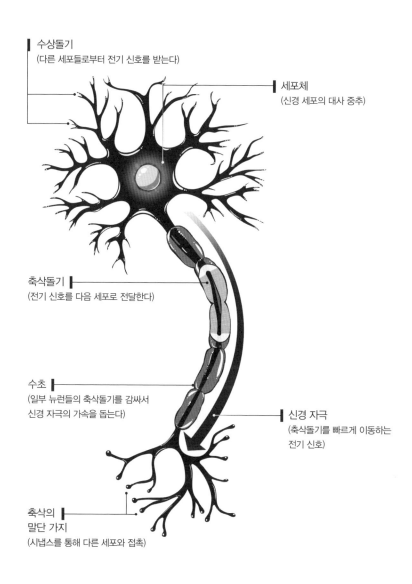

수상돌기
(다른 세포들로부터 전기 신호를 받는다)

세포체
(신경 세포의 대사 중추)

축삭돌기
(전기 신호를 다음 세포로 전달한다)

수초
(일부 뉴런들의 축삭돌기를 감싸서
신경 자극의 가속을 돕는다)

신경 자극
(축삭돌기를 빠르게 이동하는
전기 신호)

축삭의
말단 가지
(시냅스를 통해 다른 세포와 접촉)

그림1 신경 세포는 크게 수상돌기dendrite, 세포체cell body, 축삭돌기axon로 구성된다.
뉴런에서 나온 전기 신호는 수상돌기를 통해 다음 세포로 들어가서 세포체에 모였다가
축삭돌기로 전달된 뒤 축삭 말단을 통해 다른 뉴런으로 이동한다. 인간의 뇌에는 약
860억 개의 뉴런이 있고, 각 뉴런은 다른 뉴런들과 평균적으로 1만 번 접촉한다(시냅스).[21]

하면서 그는 '무의식' 개념을 만들어냈다. 이 아이디어의 발전은 진정한 혁명으로 이어졌다.

북아메리카의 인지과학자이자 20세기 정신 작용을 컴퓨터에서 재창조한 선구자 마빈 민스키에 따르면, 프로이트는 인공지능 분야에서 최초의 훌륭한 이론가였고, 정신 기관을 모든 정신 현상을 만들어내는 유일 체계가 아닌 다양한 부품으로 구성된 기계처럼 생각했다.[22] 민스키는 인공지능은 독립적인 병렬 시스템의 집합체여야 한다고 주장하면서 정신분석이 자신의 연구에 깊은 영향을 미쳤다고 고백했다. 프로이트에 따르면, 인간의 성격personality은 원초아, 자아, 초자아의 세 가지 요소로 구성되며, 이들의 작용은 밀접하게 관련되어 있지만 서로에게 적대적일 때가 매우 많다.[23] 원초아(라틴어로 id, '그것'이라는 뜻)는 무의식으로서 본능적 욕구 충족과 관련된 원초적 충동을 일으키며, 알다시피 이것은 시상하부와 편도체처럼 즉각적이고 강력하게 욕구를 충족시키려는 쾌락원칙pleasure principle을 지배하는 뇌의 피질 하부에 의해 좌우된다. 이 개념은 우리를 욕망하게 하고, 특히 욕구 충족을 추구하게 하는 신경 회로와 일치한다.[24] 프로이트에게 원초아는 비이성적이고 태어날 때부터 존재하며 현재를 살면서 욕구의 강력한 힘으로 현실에 도전한다. 물이 말랐다고 목마름이 멈추지 않는 것처럼.

자아(라틴어로 ego, '나'라는 뜻)는 말하자면 실제 사실로 한정된 현실원칙reality principle이 지배하는 지각적·인지적·실행적 기능을 통해 원초아와 현실 사이의 접점을 만드는 의식적 과정에 해당한다. 한계에 직면한 자아는 계획된 행동을 통해 그것을 바꾸려고 시도하며, 과거의 경험에 비추어 미래를 구체적으로 그리려고 애쓴다. 자아가 신체적 한계, 자아상, 자서전적 기억으로 구성된다면, 그것의 위치는 뇌의 해마, 측두두정피질, 내측 전전두피질을 포함할 것이다.[25]

또한 전전두피질은 프로이트 이론에서 성격의 세 번째 요소인 초자아superego에 직접 관여한다. 자아는 현실원칙에 따라 신체를 지배할 뿐 아니라 원초아의 충동과 초자아의 도덕성이 충돌하는 것을 조율해야 하는데, 여기서 초자아는 부모나 친밀한 양육자로부터 아이들에게 전달되어 내재화된 문화적 규범을 반영한다. 초자아는 검열, 자제, 당혹감, 비판의 근원으로서 원초아의 충동과 전력을 다해 싸운다. 이러한 기능들은 의사를 결정하고 선택사항을 평가하고 원치 않는 행동을 억제하는 데 필요한 다양한 전전두피질 영역의 활성화와 일치한다.[26]

초자아와 원초아의 충돌을 완화하기 위해 자아는 억압repression, 억제suppression, 부정denial, 보상compensation, 전치displacement, 합리화rationalization, 욕구의 승화sublimation 등 심적 고통을 줄여주는 여러 방어기제를 사용한다. 원초아가 어린아이라면, 초자아는 습관, 대표적 일화에 대한 기억, 언어화될 수 있는 명백한 규칙에서 자신을 드러내 보이는 내면의 아버지다.

자서전적 기억은 시간이 지나면서 축적되고 결합하여 산더미처럼 쌓이지만, 의식을 차지하는 것은 기억의 아주 작은 일부일 뿐이다. 기억은 자아와 초자아로부터 끊임없이 소환되며, 매 순간 뉴런 집단의 선택적 활동으로 인해 일시적으로 활기를 띠는 심리적 복합체를 구성한다. 그러나 가능한 사고의 총체는 평생 쌓인 모든 기억의 산물일 뿐 아니라 그 기억의 가능한 모든 재조합의 산물로서 오직 대다수 뉴런 집단이 정지 상태일 때만 잠재적이고 지속적으로 존재할 수 있다. 프로이트는 심적 표상의 바다에 '무의식'이라고 이름 붙이고, 꿈을 무의식에 접근하기 위한 왕도라고 정의했다.

이러한 정신분석학적 치료법은 환자가 자유롭게 자신에 대해 이야기하고 꿈을 기억하고 꿈에서 연상되는 생각들을 떠올리는 등 환자에게 귀 기울이는 수용적 태도를 기본으로 한다. 이 치료법의 목적은 환자의 잠재기억을 자세히 살펴보며 온갖 신경증적 증상과 관련된 트라우마의 근원에 대한 단서를 찾는 것이었다. 트라우마는 일반적으로 성적 의미를 띠며 어린 시절에 경험한 폭력적인 상황이나 부모와 자녀 사이의 모순된 감정들이 반향을 일으켜 생긴 불쾌한 기억과 관련이 있다고 프로이트는 주장했다. 원초아와 초자아의 충돌로 병리적 증상이 생겨난다. 정신분석 과정에서 자아가 트라우마를 인식하면 그것을 극복하고 달래고 길들일 가능성이 열린다.

　　프로이트 박사의 환자들은 빈의 베어르그가세 19번지에 있는 그 유명한 상담실의 편안한 소파에 누워 있으면서도 유럽의 정신 질환 치료법을 개발하는 데 앞장서고 있다는 사실을 깨닫지 못했을 것이다. 내면으로 들어가 자유롭게 자신의 삶을 소리 내어 이야기하는 관습은 많은 문화에서 자연스럽게 행해졌지만, 19세기 가부장적이던 오스트리아-헝가리 제국에서는 강력하게 억압되었다. 그러나 20세기에 영혼으로 향하는 창을 다시 연 것은 과학적·사회적으로 엄청난 사건이었다.

　　프로이트의 환자들은 그들이 사랑하는 분석가가 과학계의 권위로 분명히 인정받고 있었으므로, 프로이트가 곧 과학계로부터 비난받고 사회적으로 배척되리라곤 상상조차 하지 못했다. 애초부터 프로이트는 당시 신경학이 꽉 잡고 있던 의학계의 반대에 부딪혔다. 정신적·신체적 증상이 한낱 생각에서 기인할 수 있으며 꼭 뇌 병변의 결과일 필요는 없다는 발상은 신경학자들의 구미에 맞지 않았다. 그래도 어린 아이들에게 성욕이 있다는 주장만큼 충격적이지는 않았다. 그는 옳고 그름을 떠나 개인적·직업적 결함들로 비난받고, 기자와 학자와 온갖 도덕주의자들에게 공격당했으며, 결국은 위험한 유대계 지식인으로 낙인찍혀 나치 정권에 쫓기는 신세가 되었다.[27] 프로이트는 1938년에 런

던으로 망명했고 2차 세계대전이 시작된 지 며칠 만에 세상을 떠났다.

전쟁 이후 정신분석이 미주 전역으로 퍼지면서 미국 의대에서 상당한 비중을 차지했지만, 결국은 정신약리학에 밀려 대부분 설 자리를 잃고 말았다. 정신분석학적 치료법을 적용할 환자를 찾기가 어렵고, 환자의 이야기를 듣지 않고도 외견상으로 정신착란을 멈출 수 있는 약물이 출현한 데다, 극심한 사상적 박해와 편협성까지 더해져 정신분석의 지지자들이 고립되고 해체되면서 프로이트의 공로는 결국 주류 과학계에서 지워지고 말았다. 반증할 수 있는 명제만이 과학이라고 여겼던 오스트리아의 유력 철학자 칼 포퍼는 1960년대에 정신분석 이론은 "그야말로 검증할 수도, 반박할 수도 없기에 과학이 아니다"[28]라며 가차 없이 평가절하했다. 포퍼에게 정신분석은 경험적 내용이 없고 결과적으로 완전히 자의적인 형이상학적 명제였다. 20세기 과학계에서 프로이트는 좋게 말하면 시인, 나쁘게 말하면 사기꾼이었다. 마르크스는 주식 시장과 관련이 있고 다윈은 신新창조론자들과 관련이 있듯이, 그는 신경심리학[29]과 관련이 있는 것으로 여겨졌다.

프로이트 사상은 과학적으로는 패배했으나 문화적으로는 압도적 승리를 거두었다. 인간의 마음에 관한 그의 이론은 정신분석학적 관행, 인문과학, 예술을 통해 서양 문화에 깊숙이 스며들었고 무의식, 자아, 억압, 오이디푸스 콤플렉스 같은 용어를 일상어로 편입시켰다. 무의식의 요소를 개인적 차원에서 집단적 차원으로 확대한 융 이론의 전문 용어는 그만큼 성공하지 못했지만, 대화 중에 '집단 무의식'이라는 표현을 듣고 놀라는 사람은 없을 것이다. 미국과 인도, 한국의 학생들을 대상으로 꿈의 특성에 관한 연구 프로젝트를 진행한 결과, 꿈은 대부분 감춰진 진실을 드러내고 억압된 감정을 표출하게 한다는 명제에 부합하는 것으로 나타났다. 세 국가에서 꿈의 정신분석학적 개념은 모든 학

문 분야에서 선택받았으며, 이론적으로 신경과학과 더 밀접한 다른 이론들보다 훨씬 앞서나갔다.[30]

그렇다고 연구에 참여한 사람들이 전부 심리학을 전공한 학생이거나 프로이트가 쓴 책의 열렬한 독자였던 것은 아니다. 프로이트의 견해는 대중의 무지에도 불구하고, 심지어 그 무지로 인해 이례적으로 퍼져 나갔다. 프로이트의 견해는 대중화와 적응을 거치며 주류 대중문화로 변모했고 일반인들 사이에도 쉽게 침투했지만, 지금까지도 반대측 전문가들의 공격을 유산처럼 가지고 있다. 20세기 과학은 프로이트의 이론을 불신했지만 그 외의 분야는 거의 다 받아들였다. 모두가 프로이트주의자이면 프로이트주의자는 없는 것이나 마찬가지다.

의학계의 주류 흐름을 거스르던 프로이트의 명제들은 20세기 말부터 과학적으로 검증되기 시작했다. 가장 눈에 띄는 사례는 원치 않는 기억에 대한 의식적 억압을 수치화할 수 있고 그것이 뇌에서 실제로 일어나는 현상임을 선구적 방식으로 설명하고 입증한 것이다. 미국의 신경과학자인 존 D. 가브리엘리와 마리 테레즈 배니치가 각각 이끄는 두 연구팀이 《사이언스》에 게재한 기능적 자기공명영상fMRI 실험들은 원치 않는 기억에 대한 의도적 억압과, 기억과 감정을 처리하는 뇌 영역인 해마와 편도체의 비활성화가 비례한다는 것을 보여주었다.[31] 신기하게도 이러한 비활성화는 지향성에 관여하는 전두엽 피질의 활성화와 일치한다. 이것은 한때 의식하고 있던 기억이 어떻게 무의식으로 사라질 수 있는지, 정확히 말하면 잊히는 과정이 아니라 묻히는 과정을 설명하는 신경생물학적 메커니즘을 보여준다.

무의식과 유사한 아이디어는 이전의 몇몇 연구에서도 찾아볼 수 있지만, 무의식이라는 개념이 심리학의 중심을 차지하게 된 것은 프로이트와 그의 제자 그리고 그의 경쟁자인 카를 융의 연구 덕분이었다.

동물 행동학의 창시자이자 노벨 생리의학상 수상자인 오스트리아의 동물학자 콘라트 로렌츠는 1948년에 이미 정신분석학을 진지하게 받아들일 필요가 있다고 권고했다.

> 정신의학에서 유래한 심리학 연구는 현저하게 고립되고 단절되어 있다. 이 분야가 어떤 심리학 분야보다 과학으로 분류되어야 할 가치가 있음에도 불구하고……. 지그문트 프로이트와 카를 융이 구축한 이론 체계를 우리가 아무리 거부한다 해도…… 깊이 있는 두 심리학자가 관찰자, 그야말로 천부적인 관찰자로서 인간이 축적해온 지식의 돌이킬 수도, 빼앗을 수도 없는 사실을 최초로 확인했다는 데는 이견이 있을 수 없다.[32]

무의식으로 가는 왕도

정신분석학은 기본적으로 꿈을 근거로 인간의 마음을 이해하는 데 기여하며, 꿈 해석에 없어서는 안 될 전환점이다. 프로이트는 꿈을 해석하려면 먼저 꿈꾼 사람의 주관적 경험을 살펴야 한다고 주장하면서, 깨어 있는 동안 겪은 일에 대한 기억이 꿈을 구성하는 뼈대가 된다고 말했다. 프로이트 이론에서 주간잔재day residue라고 불리는 이 기억을 중심축으로 꿈꾼 사람의 감정들이 뭉쳐 강력한 상징성을 지닌 심상을 만들어낸다. 프로이트는 깨어 있을 때의 상황과 반대인 꿈 이야기들을 꼼꼼히 분석하고 환자가 의식하는 가장 내밀한 동기를 바탕으로 새로운 치료법을 개발할 수 있었다. 프로이트는 꿈을 인간 정신을 연구하는 특별한 도구로 여겼는데, 깨어있을 때보다 꿈속에서 도덕적 검열이 덜하기 때문이다. 꿈에 나타나는 어린 시절과 현재 사이의 갈등은 현재에 깨어 있는 동안 접하는 현실과 상관없이 환상적인 정신의 영역에서 간단한 욕구를 실현함으로써 해결되기도 한다.

프로이트는 꿈과 현실이 만들어내는 불협화음의 최극단에서 꿈과 정신질환의 관계가 밀접하다는 의견을 내놓았다. 정신과 의사이자 조현병 연구의 선구자인 오이겐 블로일러Eugen Bleuler와 에밀 크레펠린Emil Kraepelin도 프로이트의 견해에 동의했다. 프로이트는 일부 환자들의 꿈은 물론 자신의 꿈까지 철저하고 광범위하게 분석한 뒤, 꿈이 꿈꾸는 사람의 욕망과 두려움을 반영한다고 밝혔다. 그는 주관적인 자기 보고, 자유연상, 꿈과 환상에 대한 해석, 억압된 기억과 욕구, 상징적 연관성에 대한 의식적 확인을 바탕으로 한 치료법을 만들었다.

한 세기 가까이 신경과학 분야에서 무시되었던 프로이트 이론은 1989년에 주간잔재의 전기생리학적 상관관계가 처음으로 확인되고 나서야 뇌와 정신에 관한 과학적 논쟁의 장으로 돌아갈 수 있었다. 프로이트가 등장하기 훨씬 전부터 사람들은 꿈이 미래에 대해 뭔가를 말해준다고 믿었다. 프로이트가 등장한 후에는 꿈을 모호하지만 유의미한 과거의 반영으로 보기 시작했다. 그가 세상을 떠나고 80여 년이 지난 지금, 두 개념 모두 옳다는 증거가 쌓이고 있다. 수면과 꿈의 일반 이론은 구불구불한 궤적을 따라 한 걸음씩 나아가며 형태를 갖추었고, 꿈은 과거와 미래를 융화함으로써 현재의 생존에 중요한 도구로 기능한다고 말한다.

바로 이 이론이 이 책의 뼈대다. 이것을 보여주려면 서파수면 slow-wave sleep과 렘수면REM, rapid eye movement sleep으로 불리는 수면의 주요 단계를 확인한 선구적 연구들을 되짚어봐야 한다. 우리는 정신 기능이 껐다 켜지는 동안 이런 일이 일어나고 있다는 사실조차 인식하지 못하는 뇌 조직의 비밀을 풀어야 한다. 밤의 전반부를 지배하는 서파수면 중에는 소량의 전기에너지가 뇌 자체에서 아주 간헐적으로 발생한다. 그 결과 생생하지 않은 기억들을 뒤섞는다. 이때 심상의 부재와 정상적 사고가 공존한다. 빛과 형태를 잃어버리는 서파수면과 대조적으로 렘수면은 기억을 열심히 반향하며 뇌 활성을 활발히 지속하는 것이 특징이다. 이러한 반향이 꿈을 만드는 재료이다.

　　그런데 과연 꿈에 이점이 있을까? 꿈의 화려함은 단지 우연한 진화에 불과한 걸까, 아니면 뭔가 심오한 이유라도 있는 걸까? 프로이트는 꿈의 서사에 꿈꾼 사람의 주관적 경험과 관련된 의미가 숨어 있다는 것을 확인했다. DNA 이중나선을 공동으로 발견하여 노벨상을 받은 영국의 생물학자 프랜시스 크릭은 이러한 흐름에 맞서서 1983년에 스코틀랜드의 수학자 그레임 미치슨Graeme Mitchison과 함께 이렇게 주장했다. "꿈은 기이하고 지나치게 연상적이며, 대뇌피질에 있는 신경들의 무작위 활성화에서 비롯되므로 무의미한 것이 분명하다." 한 세기 가까이 동안 수면의 신경 기전과 꿈의 주관성에 관한 포괄적 설명 사이에 존재하는 차이는 반反프로이트적 설명 모델을 촉발시켰다. 이 모델은 최소한의 자기 성찰을 가능하게 하는 가장 기본적인 관찰마저 단절시켰다. 크릭에게 꿈은 그저 무작위로 모인 기억의 파편일 뿐이었다. 꿈은 새로운 기억을 저장할 공간을 확보하기 위해 무관한 기억을 지우는 데서 비롯되었다. 다시 말해 꿈은 기억이 아닌 망각을 위해 존재했다. 이는 기억 형성에 필요한 용량을 반드시 남겨두려는 대뇌피질의 세계가 역학습(또는 탈학습)을 발생시켜서 무작위적 활성화를 통해 최근에 획득한 기억의 침식을 촉진했기 때문이다.[33] 이 이론에서 꿈의 내용은 본질적으로 무의미하다. 즉 누군가가 자신과 관련 있는 꿈을 꾸더라도 그 사람과 관련이 없다는 결론으로 이어졌다. 그리고 이러한 결론은 인간의 의식을 이해하는 과정에서 꿈의 중요성을 부정했다.

　　크릭의 아이디어는 기발했으나 며칠 동안 같은 꿈을 반복해서

꾸는 현상을 설명하지 못했다. 되풀이되는 악몽은 고통스러운 상황을 겪고 트라우마가 생긴 사람들에게 가장 흔히 나타나는 증상이다.[34] 대뇌피질에 뉴런과 시냅스 연결이 셀 수 없이 많다는 것을 고려할 때, 꿈이 반복됨으로써 뉴런이 거의 동일한 패턴으로 활성화되는 현상의 피질의 무작위적 활성화로만 설명하는 것은 불가능하다. 다시 말해, 꿈이 오직 우연히 발생한다면 반복은 불가능할 것이다. 망각의 필요성은 수면의 중요한 부분 중 하나이지만, 꿈 현상을 전체적으로 설명하기에는 턱없이 부족하다.

귀중한 흉터

꿈을 뜻하는 독일어 트라움traum과 상처를 뜻하는 그리스어 트라우마trauma는 어원이 전혀 다른데도 신기할 정도로 매우 비슷하다. 기억은 곧 흉터이고, 수면 중 꿈의 형태로 나타나는 기억의 활성화에는 원인과 의미가 있다. 꿈의 기능과 원인을 철저히 밝히려면 가장 최근에 일어난 종種의 진화가 기록으로 남은 인류 역사 전체를 포함한다는 사실을 유념하면서 분자생물학, 신경생리학, 의학에서 심리학, 인류학, 문학에 이르는 긴 여정을 따라가야 한다.

수면과 꿈에 관한 이론이라면 첫째, 현상의 일부가 아닌 전체를 고려해야 한다. 둘째, 수면과 꿈의 각 단계가 갖는 다양한 기능을 구별해야 한다. 셋째, 이 단계들이 오랜 시간에 걸쳐 유전적·문화적 이점을 제공한 과정에 대해 그럴듯한 서사를 제시해야 한다. 이러한 기능들은 층층이 누적되어 그것들이 나타난 연대순에 따라서만 이해될 수 있다. 이러한 개념적 도구들을 하나하나 뚜렷이 구분하면 꿈을 명확히 해독할 수 있다. 이 여정이 끝날 때쯤 '자각몽自覺夢'이라는 인간의 특별한 의식 상태가 등장하는데, 그 속에서 꿈꾸는 사람은 매일 밤 상영되는 내면의 영화에 주연이나 조연으로 출연하는 반자발적 배우일 뿐 아니라 아주 사적인 초대박 블록버스터의 작가이자 제작자, 감독이다.

하지만 이렇게 특별한 꿈들을 따져보기 전에 먼저 누구든 손만 뻗으면 닿을 만한, 우리가 매일 밤 꾸면서도 관심을 거의 두지 않는, 오늘날 대다수 사람들이 무시하는 신탁으로 구축된 우리 조상들의 꿈부터 되찾아야 한다. 융의 믿음에 따르면 꿈의 예견적 기능은 다음과 같다.

> 꿈은 마치 예행 연습이나 스케치 또는 미리 대충 짜놓은 계획처럼…… 미래에 알게 될 것에 대한 무의식적 기대다. 예견적 꿈의 존재는 부정할 수 없다. 예견적 꿈은 실제로 의학적 진단이나 기상예보보다 더 예견적이지 않으므로 예견적이라고 불러서는 안 된다. 예견적 꿈은 어떤 상황에서 실제 행동과 일치할 수 있지만 모든 세부 사항에서 일치할 필요는 없는 확률 조합에 불과하다.[35]

그다음 우리의 목표는 꿈이 '다음 날 일어날 사건을 위해 꿈꾸는 사람을 준비시키는' 방식과 관련된 기본 메커니즘을 더 깊고 자세히 이해하는 것이다.[36] 이 책은 꿈을 연결고리로 한 인간 정신의 짧은 역사가 어떻게 이루어졌는지를 주제로 한다. 이 여정이 가능하려면 최대한 전 세계의 서사를 고려해야 한다. 게다가 불완전함, 전치, 압축, 등장인물의 다양성, 예상치 못한 복귀, 분명한 설명이 없는 세부 사항들, 심지어 관련 있는 세부 사항들의 부족함도 감안해야 한다. 길을 잃지 않고 이야기와 추측의 씨실을 엮기 위해 우리는 불신을 잠시 접어두는 동시에 궁극적으로 모든 것을 의심하려는 의지를 합쳐야 한다. 무엇보다 불완전할 수밖에 없지만 이해를 도와줄 증거를 수집하고, 이에 대해 올바른 관점을 얻을 때까지 전전긍긍하지 말고 자연스러운 흐름에 몸을 맡겨야 한다.

출발 전에 마지막으로 경고하자면, 이 책은 반복적이고 열정적이며 필연적인 자기 성찰로의 초대이다. 나는 독자들이 이 책의 격려를 받아 일어나기 전에 몇 분 더 침대에 머물며 깊은 내면으로의 여행을 기억하고 자세히 기록하기를 바란다. 꿈의 다차원으로 뛰어드는 것은 오늘날엔 거의 완전히 잊힌 예술이지만, 그렇게 함으로써 우리 조상의 꿈꾸고 말하는 습관을 활성화할 수 있고 또 그렇게 해야만 한다.

2장

조상들의
꿈

대다수 동물과 달리 우리는 과거에 대한 기억을 근거로 가능한 미래를 그려보는 능력이 매우 뛰어나다. 정신이 마치 꿈처럼 시공간을 초월하여 어떤 제약 없이 온갖 상상을 하는 동안에도 우리는 비교적 복잡하고 정밀한 운동기능을 수행할 수 있다. 꿈이 깨어 있는 삶에 침투함으로써 우리에게 몽상하는 능력이 생겨난 걸까?

이 질문에 답하려면 석기 시대에 우리 조상들이 어떤 꿈을 꾸었는지부터 물어야 한다. 또한 그 꿈들이 문명의 발전 과정에서 어떻게 변형되었는지, 그 꿈들과 깨어 있는 삶의 관계가 어떻게 점진적으로 재구성되었는지도 이해해야 한다. 간단히 말해서 우리는 현재에 국한되어 있던 인식이 과거와 미래로 확장된 변천사를 짜 맞추어야 한다.

꿈은 320만 년 전 지금의 에티오피아에 살던 오스트랄로피테쿠스 아파렌시스의 화석인 리틀 루시와 같은 인류의 가장 오래된 조상들과 우리 사이를 가르는 11억 6800만 일의 밤 대부분을 몹시 어지럽혔을 것이다. 석기 시대의 밤은 얼마나 신비롭고 황홀했을까? 결빙기와 해빙기를 거치는 내내 지독히 긴 밤은 몽환적 황홀감과 공포로 반짝였고, 아침이면 같은 질문이 끝없이 반복되었다. 그게 정말 진짜였을까?

조상들의 꿈을 합리적으로 추측해보려면 그들과 우리의 정신 사이에 상당한 연속성이 있다고 가정해야 한다. 어쨌든 호모 사피엔스는 적어도 31만 5000년 동안 해부학적으로 동일했다.[1] 게다가 몇몇 증거에 따르면, 그들과 유전적으로 가까운 대표 아종인 유럽 및 후기 서아시아의 네안데르탈인과 시베리아의 데니소바는 문화적 공통점[2]도 갖고 있다.[3] 따라서 가장 오래된 조상들 역시 우리처럼 자는 동안 꿈을 꾸었다고 추정할 수 있다.

돌과 뼈에 대한 꿈

선사 시대의 꿈이 어땠을지 상상해보자. 조상들의 돌을 향한 집착으로 짐작하건대, 그들은 몸체가 되는 몸돌과 몸돌에서 떼어낸 격지로 뾰족한 날을 만들고 싶어 했을 것이고, 동굴 입구와 가까운 거주지에서 했던 활동에 대한 꿈을 반복적으로 꾸었을 것이다. 돌과 뼈로 만든 한층 더 세련된 도구들은 문화 톱니바퀴, 즉 문화적 래칫의 출현을 증명한다. 이것은 인류의 진화 과정에서 새로운 기술과 사상이 특정 시기에 크게 퇴행하는 일 없이 거의 지속해서 발전하는 현상을 설명하기 위해 미국의 심리학자 마이클 토마셀로Michael Tomasello가 제안한 개념이다. 인체를 컴퓨터에 비유하면, 지난 30만 년 동안 인류의 생물학적 하드웨어는 거의 변하지 않았지만 문화적 소프트웨어는 빠른 속도로 발전했다고 할 수 있다. 적응적 사고의 축적은 마치 한 방향으로만 돌아가는 톱니 장치인 래칫과 같았다. 우리를 동굴에서 꺼내준 것은 바

로 문화였다. 특정 시기와 장소에서 혁신이 나타나고 버려지고 재발견
되었지만, 어느 시점부터 적응적 사고의 빠른 전파는 도구 제작이 새로
운 기술과 재료, 용도로 확장되었음을 의미했다.

선사 시대의 꿈은 대부분 돌로 이루어졌지만, 대략 5만 년 전부
터 1만 년 전까지 상부 구석기 시대의 놀라운 벽화 예술을 찾아 동굴
가장 깊숙이 숨겨진 곳까지 들어가지 않았다면 그림은 완성되지 못했
을 것이다. 문자가 출현하기 전이라 꿈에 대한 확실한 기록은 없으나,
조상들이 동굴 벽화에 그려 넣은 존재들은 그들의 현실뿐만 아니라 꿈
속에도 나타났을 것이다. 동굴 벽처럼 조상들의 머릿속도 들소, 오록스,
매머드, 말, 사자, 곰, 사슴, 코뿔소, 아이벡스, 각종 조류 등 그들의 세상
을 구성하는 가지각색의 동물로 북적였을 것이다.

캐나다, 탄자니아, 뉴기니, 인도, 피레네, 몽골의 오지브웨족, 마
사이족, 비르호르족, 켈트족, 두카족 같은 다양한 문화 공동체에서 신성
시하는 동물에 대한 기록이 공통으로 발견된다는 것은 결코 우연이 아
니다. 인류의 가장 오래된 그림 가운데 일부는 동물의 모습을 본뜬 인
간과 동물의 결합체이며, 프랑스 피레네산맥의 레 트루아 프레르Les
Trois Frères 동굴에서 발견되어 유명해진 1만 4000년 전의 형상(그림
2의 A, B, C)처럼 사슴뿔이나 들소의 머리를 가지고 있다. 학자들은 이
그림들과 너불어 당시에 사용한 가면과 털, 사슴뿔을 상부 구석기 시대
의 샤머니즘 또는 동물들로 변신할 수 있다는 믿음의 유력한 증거로 해
석했다. 이러한 증거는 오늘날에도 다양한 수렵채집 사회에서 쉽게 찾
아볼 수 있다. 이는 야수의 왕 또는 뿔 달린 신을 숭배했다는 단서가 되
기도 했다. 인류의 가장 오래된 신들 중 하나로 추정되는 야수의 왕은
사냥의 수호자로서, 비슷한 몇몇 신화의 전신(예를 들어 켈트 신화에서는
케르눈노스, 그리스 신화에서는 판으로 불리는 야생의 왕)이며, 그중 일부는

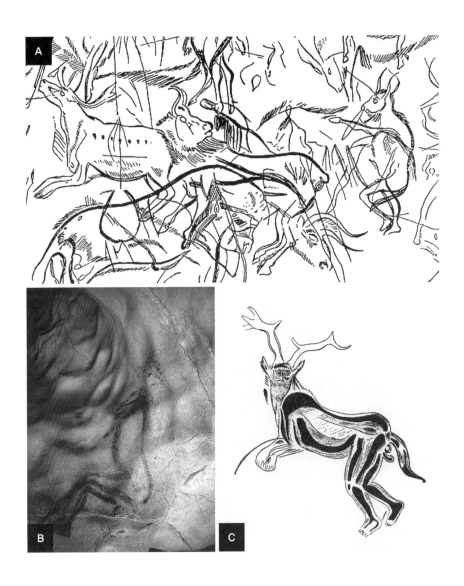

그림2 프랑스 피레네산맥의 레 트루아 프레르 동굴에서 발견된 1만 4000년 전 동물의 형태를 본뜬 그림.

A 그림의 우측에 두드러져 보이는 '작은 주술사the small sorcerer'로 알려진 동물 그림은 들소의 머리에 인간의 다리를 하고 피리를 부는 듯한 모습이다.[4]

B 주술사로 알려진 동물 그림의 사진.[5]

C 20세기 초에 아베 앙리 브뢰이가 그린 주술사. 바위에 새겨진 그림은 사슴의 뿔, 부엉이의 눈, 곰의 발, 말 또는 늑대의 꼬리, 인간의 다리, 발기한 음경으로 구성되어 있다.[6]

여전히 북극 주변의 여러 수렵 공동체에 남아 있다.

조상들이 야생동물과 친밀한 것은 놀라운 일이 아니다. 1만 7000년 전에 프랑스의 라스코 동굴과 스페인의 알타미라 동굴이 훗날 유명세를 안겨준 벽화들로 아름답게 꾸며졌을 때도 인간과 동물이 직면한 도전 과제들은 비슷했다. 여기서 필수 과제를 꼽자면 먹기, 먹히지 않기, 번식하기 이렇게 세 가지로 요약할 수 있다. 영양분과 뼈, 이빨, 털을 얻기 위해서는 사냥이 불가피했지만 이로 인해 우리는 죽음의 위협에 끊임없이 시달려야 했다. 수천 년 동안 돌에 대한 꿈은 물론 굶주림과 추격, 분노, 극심한 공포, 피로 얼룩진 먹잇감과 포식자에 대한 꿈도 아주 흔했을 것이다.

서유럽과 동아시아 전역에 퍼져 있는 많은 유적지를 보면 구석기 시대의 유라시아에 살던 다양한 인구 집단이 놀라운 상징적·문화적 연속성을 가지고 있었음을 알 수 있다. 곰의 뼈가 가득한 동굴 안에서 의도적으로 분류한 것이 분명한 장골과 두개골들이 발견되자 일부 학자들은 영양소가 풍부한 뇌와 골수를 제물로 바친 것이라고 해석했으며, 이는 수천 년 동안 야수의 왕이 야생동물을 제물로 받았을지도 모른다는 주장으로 이어졌다. 순록의 뼈를 봉납하는 의식은 시베리아와 독일에서도 발견되었고,[7] 매머드의 뼈는 우크라이나와 중앙 러시아에서 집짓기와 종교 세의에 사용되었다.[8] 벨기에에서는 2만 6000년 전에 황토를 칠한 곰의 뼈가 발견되었는데, 이는 동물의 사체가 단순히 실용적 가치를 넘어 원시 신앙의 의미를 갖는다는 견해를 뒷받침했다.[9]

죽은 동물이 환생할 수 있도록 뼈와 뿔을 매장하는 고대의 사냥 의식은 북극에 사는 사람들에 의해 여전히 행해지고 있다.[10] 북유럽 사람들(밤에 잡아먹혀도 다음 날 아침이면 되살아나는 토르의 염소들)과 셈족(《성경》의 〈에스겔〉 37장 1~14절에 나오는 마른 뼈의 골짜기)처럼 머나면 문화 공동체에서도 똑같이 반복되어왔다. 거의 모든 고고학적 발견이 다양한 행동 양식에 대한 적은 단서를 제공하기 때문에 지난 간빙기에 활동한 사냥꾼들의 종교적 의도를 부정하기는 어렵다. 이러한 의도는 사냥꾼들의 열의로 이어져 사냥을 도왔다고 추정하는 것이 타당하다. 홍적세의 거대한 원시동물에 맞서고 그들을 점차 없애버리려면 엄청난 용기가 필요했다. 우리 조상들이 동굴 벽에 묘사한 상당수의 장면은 꿈에서 예견한 운명을 실현하고 있다는 불가사의한 확신과 날카로운 창으로 무장한 조직적인 인간 무리가 잡아먹은 동물들을 폭넓게 보여준다.

불, 상징 그리고 원형

태곳적 깊은 물에서 재료를 가져와 세상을 만드는 창조자, 하늘로 날아오르는 마법, 인간과 동물의 기원, 세상의 중심에 뜬 무지개처럼 지극히 평범한 우주 창조의 신화들은 구석기 시대부터 시작되었을 것이다. 풍요의 상징인 남근과 외음, 다수의 '비너스'는 상부 구석기 시대에 처음 등장한다. 적어도 35만 년 전부터 인간의 삶에 존재했던 불[11]은 석기 시대에 꿈의 서사를 구성하는 또 하나의 중요한 요소였다.[12] 음식을 조리하고 몸을 데우는 데 사용되던 불은 집단 모임의 중심이 되었고, 아마도 우리 조상들의 최초 대화의 장이 되었을 것이다. 불은 또한 포식자들의 접근을 저지하고 수면을 보장하여 꿈꾸는 데 필요한 안전과 시간을 더 많이 확보해주었다.

융은 꿈에 등장하는 몇 가지 상징에서 뚜렷이 드러나는 문화적 보편성을 인류의 본능이 보편적 상징으로 표현된 것이라고 보았다. 이러한 원형의 생물학적 증거는 아직 발견되지 않았지만, 지난 10년 동안 학습행동의 세대 간 전파를 촉진할 수 있는 분자 메커니즘을 이해하는 데는 주목할 만한 진전이 있었다. 반면, 다양한 문화들 간에 공유되는 상징들은 인간이 일생에서 경험하는 중요한 사건들과 자주 연관되어 있다. 여러 문화에서 공통으로 나타나는 꿈 중에 다수는 타고난 행동 양식 대신 인간이 지구에서 경험하는 것들의 근본적 유사성을 반영할 뿐이다. 어머니, 아버지, 현명한 노인, 창조, 홍수 등은 역사 전반에 존재하는 서사와 등장인물이다. 우리가 살아가는 방식이 곧 우리의 꿈을 규정하며 가장 중요한 획기적 사건은 출생, 사춘기, 성생활, 출산, 투쟁, 질병, 죽음으로 어디에서나 같다. 이 같은 심오한 삶의 진리가 특별히 인간에게만 해당하는 것은 아니다. 이것은 영장류뿐 아니라 모든 동물에게 똑같이 유효하게 적용된다.

오직 인간에게만 해당하는 한 가지는 깨어 있을 때 겪은 일뿐 아니라 꿈에서 겪은 일도 언어로 서술한다는 것이다. 인류가 다양한 어휘와 복잡한 화법, 암기하고 상기해서 말하는 능력을 얻으면서 서사는 훨씬 더 복잡하고 흥미로워졌다. 꿈은 밤마다 새로운 이미지와 아이디어, 갈망, 두려움의 원천이 되어 인간의 서술하는 능력을 키우는 데 중요한 역할을 했다. 꿈이 그 사람의 삶에서 벌어지는 일을 반영한다면, 혈거인들은 짝짓기를 하고 자식을 돌보고 죽음을 맞이하는 것은 물론, 과일과 식물 뿌리를 수집하고 무기와 도구를 만들고 사냥을 계획하여 실행하고 무리 안팎의 다른 인간들과 협력하거나 충돌하는 자신들의 일상을 꿈꿨을 것이다.

꿈은 우리 조상들의 영화였고, 현실이 될 수 있다는 점에서 더 매혹적이었다. 인간의 의식이 기나긴 여명기를 거쳐온 지난 몇백만 년 동안, 선사 시대의 우리 조상들은 꿈의 무한한 복제 세상에 놀라 깨어나는 흐릿한 순간을 수없이 경험했을 것이다. 꿈에서 사로잡은 난폭한 매머드가 새벽과 함께 희미해지다가 햇볕에 소멸하는 모습을 보면서 분노하지 않은 사람이 몇이나 있었겠는가? 아니면 반대로 현실에서 거대한 매머드를 사냥하겠다는 강한 동기부여와 함께 깨어난 사람은 또 얼마나 많았겠는가? 선사 시대의 우리 조상들은 깨어 있을 때만큼 생생한 경험에 이끌려 평화와 사랑을 이루며 전쟁을 벌이고 격렬히 싸운 것이 틀림없다. 그들은 꿈이 허구라는 사실을 태양이 떠오를 때마다 깨달았겠지만, 이러한 깨달음은 일찍이 꿈이 가짜여도 현실의 흐름에 영향을 줄 수 있으리라는 확신으로 이어졌을 것이다.

꿈은 날마다 동요를 일으켰을 것이다. 깨어있는 삶에서의 중요한 결정들이 꿈의 심상으로 나타난 길조나 흉조에 의해 좌우되기 시작했다. 나중에 일어날 일을 자주 꿈꾸는 사람들은 무리에서 높은 평가를 받기 시작했다. 수많은 문화권에서 흔히 볼 수 있듯 동굴에 살던 우리 조상들은 조언이나 전조의 성질을 띠고 있어서 꿈꾼 사람과 그 주변 사람들의 삶의 항로에 결정적 영향을 미칠 수 있는 '비범한 꿈'과 평범한 꿈을 구별했을 것이다. 새로운 세계로의 성공적인 항해는 곧 특별한 전문 분야가 되었다. 이것이 종교와 의학, 철학의 조상인 무속신앙의 시초다.

상부 구석기 시대의 특정 시기에 '영혼soul' 또는 '정신spirit' 같은 분신分身의 개념이 꿈을 통해 최초로 등장했다. 19세기 독일 철학자인 프리드리히 니체는 그러한 무의식의 도약을 다음과 같이 설명했다.

가공되지 않은 원시 문화의 시대에 인간은 꿈에서 제2의 현실 세계를 접할 수 있다고 생각했다. 이것이 바로 모든 형이상학의 기원이다. 꿈이 없었다면 인간은 현실 세계를 분리할 기회를 얻지 못했을 것이다. 신체와 영혼의 분리도 꿈에 대한 가장 오래된 시각들과 연결되어 있으며 영적 환영, 즉

혼령에 대한 어쩌면 신을 향한 모든 믿음의 기원일 수도 있다.[13]

사회학의 창시자이자 호주 토착민들의 종교적 삶을 연구한 프랑스 출신 학자인 에밀 뒤르켐은 조상들이 꿈을 통해 영혼이라는 관념을 갖게 되었다고 말한다.

어떤 사람이 잠자는 동안 먼 곳에 있는 친구와 대화하는 자신을 본다면, 그는 친구 역시 두 개의 존재로 이루어지며 하나는 어딘가에서 자고 있고 다른 하나는 꿈에 나타난 것이라고 생각한다. 이런 경험을 반복함으로써 특정 조건에서 자기가 사는 몸을 떠나 이리저리 돌아다닐 힘을 가진 분신, 즉 또 다른 자아가 우리 각자에게 있다는 생각이 점차 발전한다.[14]

불 주변과 동굴 안에서 주술사들은 자신을 불태우고, 길을 발견하고, 공기보다 가벼워지고, 어둠 속에서 앞을 내다보고, 꿈을 해석하고, 병을 고칠 수 있었다. 그들을 가장 불안하게 한 것은 죽은 친족에 관한 꿈이었다. 사랑했던 사람을 사후에 다시 만났는데 어찌 혼란을 겪지 않을 수 있겠는가.

사후 세계에 대한 조상들의 믿음

30만 년 이상 보존된 호모 에렉투스의 머리뼈와 턱뼈가 중국 저우커우디엔周口店에서 발견되었지만, 10만 년보다 더 전에 호모 사피엔스가 의도적으로 만든 무덤이 존재했는지에 대해서는 합의된 바가 없다.[15] 모스크바에서 동쪽으로 약 193킬로미터 떨어진 숭기르Sungir에 있는 매머드 사냥꾼들의 유적지에는 성인 남자 한 명과 청소년 두

명이 묻힌 아주 정교한 무덤이 있다. 그들의 유해는 창과 가죽옷, 부츠, 모자, 여우 이빨 목걸이뿐 아니라 매머드 상아로 만든 팔찌와 조각상, 수천 개의 작은 구슬과 같은 다양한 부장품과 함께 묻혀 있었다. 눈에 잘 띄는 적갈색 토양으로 뒤덮인 무덤들은 3만여 년 전의 것으로 밝혀졌다. 피와 생명을 상징하기 위해 산화철을 이용해 뼈에 그린 그림은 그때부터 전 세계로 퍼졌으며, 이는 사후 세계에 대한 믿음을 보여준다. 인공 눈으로 장식한 머리뼈, 동물의 뿔, 조개껍데기, 장신구, 사회적 또는 주술적 권위를 나타내는 그 밖의 상징물들을 비롯한 음식과 물건이 무덤 안에 놓이기 시작했다. 무덤이 떠오르는 태양을 향하는 것은 부활에 대한 기대를 암시한다. 이 관습은 지금까지도 수렵채집인들 사이에서 유지되고 있다. 브라질 최북단의 아마파에 있는 경이로운 아마존판 스톤헨지, 즉 태양이 12월 극점[16]을 지나는 방향에 맞춰 원형으로 배치된 멘히르(menhir, 대형 수직 돌조각-옮긴이) 안에서는 아리스테Aristé 문화의 유골 단지가 발견되었다.

　시체를 땅속에 묻는 매장 풍습은 인간의 문화와 동물의 정신 기능을 명확히 구분했다. 동굴 벽화를 그리는 것도 동물은 하지 않는 행위였다. 동굴 벽화를 최초로 제작한 종種은 불과 3만 7000년 전에 사라진 우리의 친척, 네안데르탈인으로 추정된다. 현재 가장 오래된 동굴 벽화는 스페인 동굴에서 발견되었고, 6만 4000년도 더 전에 만들어졌다. 호모 사피엔스는 그로부터 2만 년 후에야 아프리카에서 유럽 지중해 지역으로 이주했다.[17]

　상부 구석기 시대의 인상적인 벽화들은 보통 거주지에서 한참 떨어진 동굴 깊숙한 곳에서 발견된다. 접근성이 떨어지는 이러한 도전적인 위치 선정은 이 장소들이 때때로 아주 신중하게 사용되었음을 시사하며, 선사 미술의 중요한 의례 기능이 땅 밑에서 이루어졌음을 보여준다. 종합해보면, 이러한 인간의 문화적 요소들은 3만 년 전부터 9000년 전까지 거의 비슷하게 유지되면서 사후 세계에 대한 믿음과 꿈이 곧 삶과 죽음 사이의 관문이라는 믿음이 뒤섞인 곳에서 '동굴 종교'를 형성했을 것이다. 일부 문화권에서 주술사들은 이 관문을 통해 시공간을 넘나들며 다른 사람들이 보지 못하는 것을 보는 기술에 특화되어 있었다. 이 같은 지혜의 통로는 보통 죽음과 부활을 상징하는 꿈을 따라 들어가야 한다. 주술사들은 육체적 시련과 궁핍함을 통해 신비한 환각을 얻고 노래와 고귀한 이름, 신성한 수호자, 계통적 계시 형태의 지식을 늘리고자 한다.[18] 다른 문화권에는 주술사의 도움 없이 꿈을 통해 영적 세계와 직접 소통하는 사람도 있다.[19]

굶주림이 끝나는 꿈

　　2만 5000년 전으로 추정되는 마지막 빙하기에 점진적으로 새로운 종들의 '인위 선택'이라는 중대한 변화가 시작됐다.[20] 야생동물을 길들이고 교배하면서 인간과 자연의 관계가 급변했고, 지구상에서 우리가 차지하는 위치는 물론 영적 세계와의 관계도 영원히 바꾸어버린 문화 혁신이 일어났다. 먼저 우리는 늑대의 친화력을 이용하여 그들을 개로 바꾸었는데, 이는 사냥을 돕고 집을 지키기에 가장 적합한 품종을 선택한 결과였다.[21] 그다음은 고기와 우유, 털, 노동력을 얻기 위해 돼지와 닭, 양, 염소, 말, 황소 같은 각종 초식동물과 잡식동물을 가축으로 길들였다.[22] 이러한 가축화와 더불어 가축을 지키고 짐을 끌어줄 개들의 품종을 선택했다. 동물들이 집 안으로 들어가자 9만 년 이상 지속된 마지막 빙하기가 저물기 시작했다. 거대한 지표면을 덮고 있던 빙하가 녹고 동식물이 빠르게 성장하면서 수렵채집인들은 먹을거리가 넘쳐나는 진정한 낙원을 맞이했다. 구석기 시대 말에 우리 조상들은 늑대부터 가젤, 물고기, 연체동물까지 움직이는 것은 무엇이든 잡아먹었고 견과류와 과일로 식단을 보충했다.

2만 3000년에서 1만 1000년 전, 비옥한 초승달 지대(현대 이집트 북동부에서 레바논, 이스라엘, 팔레스타인, 요르단, 시리아, 이라크에서 이란고원까지 이어지는 지역-옮긴이)에서 식용 가능한 곡물과 풀이 발견되면서 운명의 변화가 확정되었다. 우리는 식물뿐 아니라 발효에 사용되는 균류와 박테리아의 새로운 종들도 인위적으로 선택하기 시작했다. 그리고 이어진 1000년 동안 식물의 성장을 활발히 촉진시켜 수확하는 방법을 발견했다. 이와 동시에 수렵채집인들은 군집 생활을, 양치기와 농부들은 정착 생활을 시작했다. 유목 수렵인 사회에서 고정적 또는 반고정적인 지역 기반의 농업 사회로 전환됨으로써 인간의 시간 관념은 더 멀리 확장됐다. 구석기 시대 내내 우리 조상들은 계절에 따라 이주하는 동물 무리의 움직임을 예측하기 위해 달의 모양과 위치를 정확히 추정하는 방법을 알아야 했다. 그러나 신석기에는 훨씬 더 복잡하고 질서 정연한 일련의 행동을 수행하는 능력이 필요했는데, 이러한 능력 덕분에 싹을 틔워 작물을 키우고 열매를 얻을 수 있었다. 이는 굶주림을 퇴치하는 대변혁의 토대가 되었다. 그러나 식량을 자체적으로 생산하려면 시간의 흐름을 훨씬 더 정확하게 인식해야 했고, 농사에 수반되는 노동은 그 장래성만큼이나 막대했으며 결과는 불확실했다.

예기치 못한 문제로 수개월의 노력을 허비하는 일 없이 작물을 효율적으로 재배하고 수확하기 위해서는 환경 변화를 예측하고 수 세대에 걸쳐 지식을 축적하여 문화적 래칫을 가속하는 능력을 고도로 발전시켜야 했다. 거대한 매머드를 사냥하던 시대에는 용기를 불어넣고 무리의 전략에 영감을 주는 꿈을 중시했다면, 농업의 발명 이후에는 우기와 가뭄, 범람과 썰물, 추위와 더위를 어느 때보다 정밀히 인식하면서 자연의 순환 패턴을 파노라마로 보여주는 동찰의 꿈을 중시했다. 쟁기질하고 거름을 주고 씨를 뿌리고 물을 주고 수확하기 위해 겹겹이 형성된 사회의 상호의존성에 대한 꿈도 있었을 것이다. 같은 마을에 사는 농부들뿐 아니라 수확기마다 풍요의 신들과 동맹을 맺는 모습을 묘사하는 장엄한 꿈을 꾸던 시절이기도 했다.

곡물은 저장만 잘하면 수십 년이 지나도 멀쩡했다. 곡물 재배는 수 세대가 살아온 마을의 저장고를 발달시키고 그곳을 거주지로 정착시켰다. 농업의 높은 생산성은 인구 폭발로 이어졌고 수십 명에 불과하던 씨족 집단을 수백, 수천 명이 사는 도시로 크게 확장시켰다. 쟁기, 도자기, 베틀처럼 농업과 관련된 복잡한 도구들도 발명되었다. 종자와 품종에 대한 인위적 선택은 가축화를 가속화하고 새로운 품종을 무수히 만들어냈다. 자연환경은 주변 환경을 창조하기 시작한 존재들이 그 어느 때보다 인위적이고 계획적으로 구축한 정원, 과수원, 건물, 도로 같은 공간에 자리를 내주었다.

이러한 변화로 복잡성이 증가하고 꿈의 영향이 불가피해지고 주요 상징에 참신함이 더해졌다. 신석기 시대의 조각상과 소형 입상과 그림들은 여성의 모습을 풍부하게 보여줄 뿐 아니라 남근과 황소를 비롯한 가축 그리고 여러 순환 구조를 보여준다. 농경사회에서 씨앗이 '죽음' 이후 비옥한 땅의 자궁에 묻혔다가 새로 태어나 열매를 맺고 사람들에게 먹혀서 다시 죽음을 맞이하듯 죽음이 새 생명의 순환 가능성으로 받아들여지면서 망자 숭배는 풍요를 기원하는 숭배와 밀접한 관계로 확장되었다.

순환적 시간 개념이 농업과 우주의 순환에서 영감을 받았다면, 이주의 필요성만큼 중요했던 공간 개념은 정착지와 농경지가 생겨나면서 고정된 지리적 기준점으로 강조되기 시작했고, 이는 세계의 중심과 같은 표현의 시작으로 이어졌다. 이제 우리 대 그들, 여자 대 남자, 어머니 대 아버지, 낮 대 밤, 여름 대 겨울, 삶 대 죽음 등 상징의 삶에서 가장 중요한 근본적 대립에 대한 최초의 고고학적 증거를 목격한다.

죽은 자의 부상

구석기와 신석기 사이의 과도기에 레반트(Levant, 팔레스타인과 시리아, 요르단, 레바논 등이 있는 지역-옮긴이)의 나투프Natufian 문화에서 시신을 황토로 덮고 태아의 자세로 매장한 무덤을 만든 것처럼 망자 숭배는 여러 지역으로 널리 퍼졌다. 구석기 시대부터 해오던 두개골 매장도 더욱 빈번해졌다. 신석기가 시작되면서 최초의 신전들이 지어졌고, 그중 하나인 튀르키예의 괴베클리 테페Göbekli Tepe의 매력적인 석조 건축물들은 종교가 농업보다 먼저 등장했음을 보여주는 핵심 증거다. 1만 1000년 전 광활한 아나톨리안 고원에 지어진 이 유적지에는 메갈리스(megalith, 고대인들이 세운 거석-옮긴이)가 있는데, 높이가 약 6미터에 가깝고 무게는 20톤이며 거미와 전갈, 뱀, 사자가 새겨져 있다. 유적지 일부만 발굴된 상황에서 거주 흔적은 없고 포식자들의 성상이 우위를 차지한다는 것은 괴베클리 테페가 일상생활과 무관한 종교적 기능을 제공했음을 시사한다. 독일의 고고학자인 클라우스 슈미트Klaus Schmidt의 유명한 표현에 따르면, "먼저 신전이 지어지고, 그다음에 도시가 세워졌다".[23]

튀르키예 아나톨리안 고원에 있는 하실라르Hacilar와 차탈 휘이크Catal Huyuk의 유적지에는 9000년 전에 매장된 보석과 무기, 가재도구, 직물, 점토와 돌로 만든 조각상이 있다. 벽에는 여성, 황소 머리, 가습, 뿔, 흉포한 동물, 반인반수가 그려져 있다. 지금의 이스라엘에 해당하는 예리코시市에서는 시신을 집 마루 밑에 묻었다. 하지만 두개골은 나중에 다시 꺼내어 석고를 바르고 조개로 눈 모양을 장식한 뒤 머리카락과 수염을 그렸는데, 이는 사후 세계를 모방하려는 명백한 시도로 보인다. 팔레스타인에 있는 다수의 발굴지에서는 약 4500년 전에 인간의 뼈로 만든 여성의 조각상들이 발견되었다. 이는 망자와 다산 숭배가 섞여 있었음을 시사한다.

당시에는 태양과 뱀, 물결 모양의 파도와 같은 기본 상징이 사용되었을 뿐 아니라 가축을 제물로 바치는 풍습도 널리 퍼졌다. 농업으로 식량이 남아돌자 전문성을 기르는 데에 투자하기 시작했고, 집단 구성원들은 밭 갈기와 목축, 사냥, 낚시, 요리, 육아, 교육, 전투, 기도, 통치 등 각자의 역할에 어느 때보다 전념할 수 있었다. 이러한 분업은 기본적으로 혁신적인 신기술인 야금술과 도예에 의존했다. 두 기술은 삶의 모든 영역에 영향을 미쳤다. 다양한 문화에서 광부와 대장장이는 물론 주술사의 수호신이기도 한 불의 신이라는 새롭고 신비한 존재가 나타났다. 그때부터 지금까지 금속제 생산은 경제·군사·기술 활동의 중심이었다. 성경에 따르면 기원전 6세기에 바빌로니아 왕 네부카드네자르 2세Nebuchadnezzar II가 꾼 꿈에는 금, 은, 동, 철이 다양한 시대의 명칭으로 등장했다. 이 금속 분류법은 고대에 인도와 유럽 같은 먼 지역까지 퍼졌으며, 약간 변형된 형태로 오늘날까지 남아 있다.

새로운 생활 방식은 새로운 상징을 만들었다. 지하 광산은 광물의 원천이었을 뿐 아니라 망자의 세계로 묘사되기도 했다. 기념비적인 무덤과 신전이 이집트, 멕시코, 페루 등 사방에 지어졌다. 처음에는 언덕 모양이었다가 종교적 열의가 어느 때보다 뜨거워지면서 대규모 장례를 치르기에 적합한 인공 산으로 축조되었다.

피라미드와 묘지

이집트에서 왕족이 아닌 사람들을 위해 피라미드에 앞서서 마스타바mastaba라는 '영생의 집'을 짓기 시작했다. 이로써 망자에 대한 관심이 생겨나고 다른 지역으로 널리 퍼져 나갔다. 아랍어로 '직사각형의 벤치'를 뜻하는 마스타바는 최고위직 관리부터 최하위층인 농노까지 사회 전반에 폭넓게 사용되었기 때문에 사후에 누리는 사치의 심각한 계층화를 보여주는 기록으로서 보존되어왔다. 최고급 마스타바에는 장례용 탁자, 오락거리, 공구, 무기, 솥, 항아리, 옷과 가발을 넣은 화려한 가방, 화장실용품이 갖춰진 욕실, 화장품, 세면기, 디오라마(diorama, 배경 위에 축소 모형을 설치하여 특정 장면을 재현한 것-옮긴이) 그리고 이 모든 것을 묘사한 벽화 등 사후의 삶에 필요한 물건으로 가득 채운 방이 여러 개 있었다. 일부 마스타바에서는 돌로 만든 두상이 발견되었는데, 무덤이 약탈당할 경우에 미라를 대신해 영혼이 기거할 장소를 제공하기 위한 것으로 보인다.

벽돌과 역청으로 만든 5층 건물 높이의 거대한 지구라트 인근에 있는 우르Ur에서 2천여 개의 무덤으로 이루어진 4500년 전의 묘지가 발굴되었다. 그중 왕족의 것으로 추정되는 16개의 무덤에는 풍족한 식량, 황소가 끄는 수레, 오락용 게임, 악기, 화장품처럼 눈에 띄는 부장품이 묻혀 있었다. 금, 은, 청금석, 조개껍데기, 역청으로 만든 조각품, 반지 같은 것도 있었다. 이런 부장품들은 평범한 사람처럼 행동하는 황소, 사자, 가젤, 염소 그리고 무시무시한 전갈 인간 등 반은 인간이고 반은 짐승인 혼종들을 장식했다. 커다란 구덩이에는 무장한 남성들과 호화롭게 꾸민 여성들을 포함한 73구의 유해가 보존되어 있었다. 이는 대규모 인신공양의 증거로, 집단 매장은 사후의 삶에도 사회의 중요 인물들과 동행하며 그들을 수행할 병사와 하인들이 필요했음을 시사했다.

신석기 시대와 청동기 시대에 지리적으로 멀리 떨어진 집단 간의 교류가 늘어나면서 전 세계에 망자 숭배가 성행했다. 이집트 남부에서 장례에 쓰이던 피라미드는 나일강을 따라 현재 수단으로 불리는 누비아까지 퍼져 나갔다. 6000년 전에 바위를 파서 만든 몰타섬 북부의 지하 묘역에는 7천여 구의 유해가 묻혔다. 이 할사플리니 지하 묘역 Hypogeum of Hal Saflieni은 신석기의 지중해 문화의 영향을 받아 만들어진 공동묘지로, 크레타섬과 트로이섬에서 찾아볼 수 있다. 북유럽의 고인돌과 멘히르를 닮은 거대 무덤의 메갈리스로 유명하다. 이것은 밤이면 무덤을 떠나 마음대로 배회할 수 있는 영혼들을 위한 거처였다. 프랑스의 라보Lavau라는 마을 근처에 있는 봉분 안에서 발견된 기원전 5세기의 호화스러운 무덤은 청동기 말에 켈트족이 망자를 얼마나 생각했는지를 보여준다. 봉분에는 이륜 전차와 보석, 고급 의복, 와인을 곁들인 연회의 흔적뿐 아니라 에트루리아의 솥, 디오니소스 신을 그린 그리스의 항아리처럼 지중해에서 유래한 물건들도 들어 있다.

아메리카 대륙도 다르지 않았다. 기원전 8000년에서 1400년 사이에 아마존 강어귀부터 프라타강 수원지까지 무덤이 퍼져갔다. 이 무덤들은 조개껍데기(포르투갈어로 삼바키sambaquis), 또는 흙(포르투갈어로 세리토스cerritos)으로 지어진 30미터 높이의 구조물이다.[24] 브라질 산타카타리나주의 자부치카베이라 제2 유적지Jabuticabeira II에는 높이가 30미터에 육박하고 길이는 400미터, 너비는 243미터가 넘는 대형 삼바키가 있다. 1000년의 점령기 동안 4만 3천 구 이상의 시신이 묻힌 것으로 추정된다.[25] 캐나다에서 테네시주까지 무덤이 널리 퍼지는 동안에도 멕시코 유카탄반도에서는 사람을 제물로 바치고 세노테cenote라고 불리던 동굴에 던져버렸다. 세노테는 물에 반쯤 잠긴 채 그물처럼 얽혀 있는 매우 아름답고 무시무시한 동굴들이다. 이 동굴들은 공룡을 멸종시킨 소행성 충돌의 영향으로 약해진 석회석에 물이 스며들어 형성되었고, 죽음의 신들이 지배하는 시발바Xibalbá라는 지하계를 상징했다. 마야 문헌인《포폴 부흐Popol Vuh》는 쌍둥이 영웅인 스발란케Xbalanké와 우나푸Hunahpu가 시발바를 찾아가는 여정을 이야기한다. 거기서 그들은 신들을 물리치고 지상계의 승리를 되찾음으로써 태양과 달을 창조했다. 유럽인이 아닌 마야인이 번역한 버전에서 스발란케와 우나푸는 한 영웅의 두 가지 측면 또는 영웅과 그의 영혼을 뜻하는 분신이다.[26]

영혼을 위한 횃대

영혼이라는 개념은 문화적 장벽을 뛰어넘어 널리 퍼져 나갔다. 노예와 백인의 사망률이 매우 높았던 17, 18세기 자메이카는 장례 의식에 골몰했다.[27] 서아프리카와 흑인 디아스포라의 영향을 받은 아메리카 대륙의 일부 지역, 특히 브라질과 쿠바, 아이티는 망자의 영혼에 관심이 많았다. 브라질 바이아주의 칸돔블레Candomblé, 쿠바의 루쿠미 Lucumi, 아이티의 부두Voodoo에서도 비슷한 믿음이 두드러지게 나타났다. 아주 초기부터 기독교와 영혼의 운명에 대한 깊은 관심에서 나타난 종교 혼합주의가 특징인 브라질의 움반다Umbanda에서는 꿈을 신 또는 망자의 영혼과 대화할 수 있는 통로라고 믿는다.[28]

17세기에 중앙아프리카를 속속들이 여행한 기독교 선교사들은 음분두Mbundu 민족이 영혼의 환생을 믿는다고 증언했다.[29] 그들은 망자가 산자의 삶에 영향을 미치고 그것을 통제하고 축복하며 종종 저주하기도 한다고 믿었던 탓에 죽은 사람이 꿈에 나타나면 망자의 집인 무덤이나 보통 집에서 멀리 떨어져 있는 사원에 음식을 대접하는 것은 물론 가축이나 사람을 제물로 바치는 등의 숭배 의식을 이행했다. 망자의 생일은 며칠씩 이어지는 복잡한 장례식과 비슷하게 치러지는 것이 특징이었다.[30] 무덤 위에는 영혼이 주위를 둘러볼 수 있게 작은 창을 낸 소형 피라미드를 얹었다.

지역에 따라 수없이 변형되었음에도 불구하고 서아프리카에는 초자연적 존재에 대한 공통된 믿음이 두 가지 유형으로 나타났다. 첫 번째 유형은 특정 가문이 아닌 전체 문화와 관련된 강력한 존재이며 산과 강, 호수 같은 두드러진 지리적 특성에 깃들어 있는 보편적인 지역 신들이다. 두 번째 유형은 특정 가문의 돌아가신 조상의 영혼이며 무덤이나 제단뿐 아니라 성물함이나 부적 같은 물건에도 기거한다.

영국의 민속학자인 메리 킹슬리가 19세기 말에 일찍이 보고한 바에 따르면, 중앙아프리카의 팡족Fang은 사람에게 네 개의 영혼이 있다고 믿었다. 그것은 바로 사후에 존재하는 영혼, 육신의 그림자인 영혼, 야생동물 안에 사는 영혼, 매일 밤 육신을 벗어나 꿈속을 여행하며 다른 영혼들을 만나 모험을 떠나는 영혼이다.[31] 잠에서 깰 때 네 개의 영혼이 전부 돌아와야만 건강할 수 있는데, 주술적 의미로 사용하는 물건에 고리가 달려 있으면 육신 밖을 떠돌던 영혼이 자칫 방심하다 그 고리에 걸려들어 큰 해를 입을 수 있었다. 그런 경우에는 주술사의 도움을 받아 붙잡힌 영혼을 빼낸 뒤 아픈 사람에게 돌려보내야 했다.

팡족은 전통적으로 조상들을 상징하는 비에리Byeri라는 목제 조각상을 그들에게 바치고 숭배했다. 그들은 산 자를 보호하기 위해 조상의 두개골과 손가락이 담긴 성물함, 약초 용기, 피와 고기 같은 공물을 넣은 그릇에 이 조각상을 넣었다. 각 가문은 기도를 올리고 동물을 제물로 바침으로써 사냥, 전쟁, 이주처럼 공동체의 중요한 문제를 조상들에게 물어보았다. 그 대답은 대개 꿈이나 환각성 식물에 의한 환각을 통해 얻었다. 비에리 숭배는 20세기에 내리막길로 접어들었고 브위티 Bwiti라는 또 다른 조상 숭배에 자리를 내주었다.³² 브위티 의식은 가봉 남부의 아프리카 신앙들과 기독교의 혼합체이며, 강력한 환각성 뿌리 인 이보가Iboga를 섭취하여 영적 메시지를 얻는다.

모든 대륙에는 어느 정도 의도성을 가지고 망자의 장기를 추출 한 뒤 시신을 건조하고 방부 처리하여 보존하는 관행이 존재했다.³³ 인 간 문화에서 두드러지는 망자를 향한 집착은 포획된 상태에서 관찰된 침팬지들의 애도 행위³⁴에서는 물론 아프리카 정글³⁵의 야생동물 사이 에서도 어렴풋이 관찰된다. 구성원이 사망하면 그 즉시 무리 전체가 큰 타격을 입으며, 가장 가까운 친족들은 몇 시간씩 슬퍼한다. 죽은 새끼가 마치 살아 있기라도 한 것처럼 말라붙은 사체를 데리고 다니는 어미에 관한 사례도 기록되어 있는데, 이런 행동은 길면 몇 주씩 이어지기도 한다.

과거와의 지속적인 연결성은 명확하다. 멤피스에 있는 네크로 폴리스의 사제들, 불의 열기로 시신을 빠르게 건조하는 기발한 방식을 사용한 필리핀의 이발로이Ibaloi 등 각양각색의 사람들에 의해 수행된 조상들의 미라화는 모두 유사성이 있다. 고대의 메소포타미아, 나일강 계곡, 사하라 사막 이남의 아프리카에서 망자를 신처럼 숭배했음을 보 여주는 증거가 넘친다. 이후 중앙아프리카와 마야 문명, 아즈텍 문명에 서도 매우 비슷한 현상이 나타났다. 잉카인들은 미라가 된 통치자들을 사회적으로 살아 있는 것처럼 대하고 과거의 권위와 지식이 담긴 보고 로 여겼다. 축제가 열리거나 외국인들이 방문할 때면 미라를 꺼내어 운 반한 뒤 음식을 대접하고 그의 말씀에 귀 기울였다.³⁶

페루의 안데스산맥 북부에 살던 모체Moche는 잉카 제국보다 1000년 전에 이미 중요한 인물을 미라로 만들고 호화로운 무덤 안이나 그 근처에 인신공양을 했다. 모체보다 5000년 전, 이집트보다 2000년 전에 등장한 친초로Chinchorro는 아타카마 사막에 시신을 묻는 법을 터득했다. 죽은 자의 시신을 살아 있는 모습 그대로 보존하려는 시도는 인류 사이에 널리 퍼졌으며, 이는 추상적 사고가 얼마나 구체적으로 표현되었는지를 보여준다.

농경사회로의 전환은 망자 숭배를 퍼뜨리는 동시에 수메르와 헤브라이의 전설 그리고《포폴 부흐》에도 등장하는 홍수와 같은 중요한 신화로 이어졌다.[37] 폭우와 번개가 혈거인들을 놀라게 하여 천둥의 신을 숭배하게 했다면, 폭풍에 이어 발생한 홍수는 용수로와 곡식 저장고를 비롯해 수확물 전체를 초토화시켜, 몇 달이나 심지어 몇 년에 걸친 노력을 물거품으로 만들고 도시 전체를 쓸어버릴 수 있었다. 이 문제는 인류의 가장 오래된 문헌의 하나인《슈루팍의 가르침The Instructions of Shuruppak》에도 등장한다. 이것은 지금의 이라크에 해당하는 유프라테스강 인근의 도시에서 수메르 필경사들이 제작한 문헌이다. 4500년 전의 점토판에 쐐기문자로 새겨진 이 문헌을 통해 슈루팍왕은 자신의 이름을 딴 도시국가의 마지막 통치자로서 아들 지우수드라Ziusudra에게 조언과 가르침을 전한다. 슈루팍이라는 도시가 실제로 존재했고 약 5000년 전에 홍수로 인해 파괴되었으므로, 지우수드라는 성서의 신화와 역사적 인물 사이 중간쯤에 위치하는 수메르의 노아라고 할 수 있다.《슈루팍의 가르침》에서도 꿈은 신과 인간의 매개체로 등장한다. 지우수드라의 꿈에는 지혜의 신 엔키Enki가 나타나 홍수를 경고하고 방주를 지어 그의 가족과 동물을 종별로 한 쌍씩 구하라고 지시한다.

점토판이나 석재에 상징을 새겨 이야기와 대화, 규범을 영속화하는 기술은 수메르와 이집트에서 급작스럽게 발달한 것으로 보인다.

글쓰기의 발명은 지식의 축적 과정을 더욱 가속화하고 인간 의식의 진화 과정을 빠르게 변화시켰다. 그때부터 새로운 상징이 손쓸 수 없이 증식하며 문화적 래칫을 돌린 덕에 5000년도 채 안 되어 우리는 컴퓨터와 인터넷에 도달했다.

신들의 기원

기술 발전에도 불구하고 꿈과 점 그리고 주술은 최근까지도 인류의 역사적 진보와 궤를 같이했다. 고대 이집트부터 전해 내려온 다수의 문헌은 삶이 아닌 죽음을 위한 안내서이다. 《사자의 서》는 원문 그대로 해석하면 빛으로 나아가기 위한 책이라는 뜻으로, 원래는 기도문과 마법의 주문 그리고 유한한 삶과 영원한 존재의 틈새를 안전하게 이동하기 위한 실용적 지침이 적힌 파피루스 모음집이며 오직 정의로운 사람에게만 주어진다. 안내서이자 통행증인 《사자의 서》에서 망자는 오시리스(이집트 신화에 나오는 죽음과 부활의 신-옮긴이)에게 죄와 악행을 "저지르지 않았음"을 맹세하는 부정 고백을 해야 했고, 여기서 '죄'라는 개념이 명확히 드러난다. 오시리스 신은 살해된 뒤 자신의 아들인 호루스로 다시 태어난다. 이 부활은 파라오 왕조의 계승과 직접적으로 관련이 있다. 사망한 통치자의 영혼이 하늘로 옮겨져 살아 있는 신이 죽은 신으로 바뀌었을 때, 그는 이집트에 대한 통수권을 왕위 계승자에게 물려주었다.

충분한 역사적 증거들로 미루어보아 신들은 수천 년간 인간의 행동을 좌지우지했고, 지금까지도 수십억 명의 생각과 행동에 계속 영향을 미치고 있다. 우리가 두 손으로 귀와 눈을 가리지 않는 한, 신에 대한 믿음은 설명이 필요한 놀라운 사실임이 분명하다. 미국의 심리학자인 프린스턴대학의 줄리언 제인스Julian Jaynes에 따르면, 역사가 시작되면서부터 3000여 년 전까지 수많은 도시국가가 세워지고 성장하고 무너지는 동안 호메로스의 트로이를 비롯해 신이 통치자에게 직접 전달한 환각과 구두 명령에 관한 자료가 많이 기록되었다. 이 역사적 증거를 진지하게 받아들이려면 먼저 우리 조상들이 왜 목소리를 듣고 환영을 보았는지를 설명해야 한다.

제인스는 역사의 첫 2000년을 포함해 그보다 앞선 시기부터 존재해온 신의 보편성을 설명하면서 최초의 신은 사람들이 깨어 있을 때, 특히 잠들어 있을 때 그들의 마음속에서 계속 되풀이되는 조상의 심적 표상에서 유래한다고 주장했다. 4000년 전의 이집트 문장은 "아메넴헤트Amenemhet 1세 국왕 폐하께서 옳다고 주장하신 가르침이 꿈에서 계시의 형태로 그의 아들에게 전해졌다"[38]라고 명시한다. 이 생각엔 프로이트적 영감이 있다. "무리의 원부primal father는 나중에 신격화되기 전까지는 영생의 존재가 아니었다."[39] 집단의 우두머리 또는 다윈이 제안하고 프로이트가 채택한 용어인 원시 부족의 아버지는 사망한 후에도 살아 있을 때만큼이나 사회적 삶의 중심이기 때문에 사람들의 꿈에 나타날 수밖에 없다. 집단의 우두머리가 밤에 환각으로 나타나면, 나머지 구성원들은 놀란 나머지 그가 아직 어떤 평행세계에 살아 있다고 생각할 것이다. 망자가 명령이나 경고, 유용한 조언을 해줄 때마다 사후 세계에 대한 믿음은 더없이 견고해졌다.

바이킹의 섬망

구석기 시대에서 수만 년이 지나고 고대 이집트로부터 약 4000년이 지난 후, 운명론적인 고대 북유럽 문화는 꿈에서 시각화할 수 있는 신성한 운명이라는 개념을 자체적으로 발전시켰다. 이러한 꿈들은 드라움스크록draumskrök, 즉 불합리하고 터무니없는 꿈의 환상에서 마구 뒤섞인 혼란스러운 정보와 달리 신뢰할 만한 전조를 제공했다.[40] 11세기 이전에 편찬된 고대 북유럽의 주요 시詩 모음집《에다 Poetic Edda》에 수록된 〈스키르니르의 시The Ballad of Skirnir〉는 고대 북유럽의 예정된 미래라는 개념을 명시한다. "내 운명은 지난 반나절 사이에 빚어졌고, 그렇게 전 생애가 결정되었다." 고대 북유럽의 모험담은 수백 가지 상징적 꿈을 포함하며, 그중 다수는 예언적이다.[41] 가장 유명한 모험담 중 하나는 노르웨이 남부의 어느 왕국 출신으로 흑왕 할프단Halfdan the Black과 결혼한 9세기의 역사적 인물, 랑힐Ragnhild에 관한 것이다. 그녀는 정원에 있다가 망토에 가시가 박히는 꿈을 꾸었다. 랑힐이 뽑아낸 가시는 땅속 깊이 뿌리를 내리며 자라나 거대한 나무가되었고, 가지를 아주 높이 뻗었으나 두꺼운 나뭇잎에 가려 거의 보이지 않았다(그림3). 나무의 하단부는 빨간색, 줄기는 초록색, 가지는 흰색이었다. 웅장한 윗가지들은 무한히 뻗어나가더니 노르웨이는 물론 그 너머까지 뒤덮어버렸다.[42]

몇 년 후 랑힐은 이 나무를 자신의 후손이 스칸디나비아 역사에서 갖게 될 엄청난 영향력을 상징하는 전조로 해석했는데, 872년에 아들인 미발왕美髮王 하랄Harald Fairhair이 노르웨이 최초의 왕이 되었기 때문이다. 빨간색은 권력투쟁으로 흘린 피, 초록색은 미래 왕국의 번영, 흰색 가지는 수 세대에 걸쳐 노르웨이를 통치한 랑힐의 후손들을 상징했다. 이 이야기는 위대한 지도자들의 부모가 전통적으로 보고하는 꿈의 형식에 꼭 들어맞으며[43] 이러한 꿈은 대체로 붓다, 공자, 예수의 삶에서 찾아볼 수 있듯이 그들의 위대함을 미리 알려준다.

그림3 〈랑힐 여왕의 꿈〉(1899), 에릭 베렌스키올드

영혼에게 의견을 묻다

망자를 여전히 살아있고 현명하고 권위가 충만한 존재로 기억하고 보존한 결과, 단기간에 어마어마한 양의 지식이 축적되었다. 이는 왕성한 상상력이 만들어낸 꿈이나 환각을 통해 조상의 영혼으로부터 영감 혹은 조언을 얻거나 대화를 하며 치유하는 등 다른 동물에게서 찾아볼 수 없는 정신 작용을 통해 내적으로 활성화되는 기억 은행을 형성했다. 망자 숭배는 2000년 전 스파르타쿠스의 로마에서와 마찬가지로 지금까지도 브라질 이타파리카섬의 에군군Egungun 의식에 남아 있다. 꿈과 관련된 티베트의 관습은 꿈을 통한 정신 작용의 긴 역사에 뿌리를 두고 있으며, 본Bön교와 불교뿐 아니라 불교 이전의 민간신앙에도 존재한다. 티베트인은 정신적 문제에 직면하면 꿈에서 수호신을 만나 답을 구한다.

망자와 신에 대한 숭배는 종교의 주춧돌이었고, 이러한 존재들과의 소통은 꿈의 주요한 기능이 되었다. 꿈은 인류 최초의 위대한 문명인 수메르, 이집트, 바빌로니아, 아시리아, 페르시아, 중국, 인도의 고대 신화에서 핵심 역할을 했다. 꿈 해석을 위한 최초의 안내서는 꿈에서 일어난 사건과 그것이 담고 있는 현실적 의미를 연결한《이스카 자치추Iškar Zaqīqu》처럼 3000년 전 아시리아 제국에서 전조적 꿈의 모음집을 제작하면서 등장했다. 그리고 꿈을 근거로 미래를 예견하는 신관이 오랜 세월에 걸쳐 번성하기 시작했다. 길몽이나 흉몽을 야기하는 신성한 영감이나 악한 영감에 대한 믿음에 더하여, 원하던 꿈을 꿀 수 있도록 "마음속에 씨앗을 심는" 포란抱卵의 가능성에 대한 믿음도 널리 퍼졌다. 중국의 주공周公[44]이 지은 꿈 백과《주공해몽周公解夢》부터 이슬람의 전통[45]과 쐐기문자로 적힌 메소포타미아 문헌[46] 그리고 갠지스 강둑에 기반을 둔 베다 철학의《우파니샤드》[47]까지 미래를 예견하는 꿈의 위력에 대한 믿음이 전 세계 곳곳으로 퍼져 나갔다. 이러한 꿈의 능력은 미리 정해진 운명이라는 관념과 함께 오랫동안 해몽을 부추겼다.

예를 들어, 4000여 년 전에 쓰인《길가메시 서사시》에서 수메르의 도시국가인 우루크Uruk의 왕 길가메시는 꿈을 통해 자신의 경쟁자이자 고대 야수의 왕Lord of Beasts의 메소포타미아 버전인 엔키두Enkidu의 존재를 알게 된다. 그들은 결투를 하고난 뒤 친구가 되어 영웅적 행보를 함께한다. 그러다 오만으로 가득 차서 이슈타르Ishtar 또는 이난나Inanna로 불리는 풍요의 여신에게 도전한다. 얼마 지나지 않아 엔키두는 신들에게 저주를 받고 병에 걸려서 죽는 꿈을 꾼다. 절망한 길가메시는 죽음에 대한 공포에 사로잡히고, 결국 영생을 얻고자 망자의 왕국을 여행하기로 한다. 그가 죽음의 강을 건너던 중에 만난 지우수드라(수메르의 노아)가 말한다. "가라, 네가 6일 낮과 7일 밤을 깨어 있을 수 있는지 보자!" 하지만 계속 잠드는 바람에 길가메시의 영생의 꿈은 실패한다.[48]

헬레니즘 전통에서 예지몽은 가장 오래된 이야기들에서 반복적으로 발견된다. 호메로스의《일리아드》에서 꿈은 그리스가 트로이를 파멸시키는 이야기를 구성하는 데 필수적인 역할을 한다.[49] 헤쿠바 여왕은 트로이의 왕인 프리암의 셋째 아들을 낳은 후, 그 아이가 트로이를 불태울 횃불이라는 꿈을 꾼다. 이 아이가 바로 훗날 헬레네를 납치하여 분쟁을 일으킨 파리스다. 베르길리우스의《아이네이드》에 따르면, 전쟁 직후 율리시스의 전사들이 그리스군의 침공을 돕기 위해 목마에 숨어서 성문을 열었을 때 아이네이아스는 죽은 헥토르가 재앙이 시작되었음을 경고하는 꿈을 꾼다. 트로이에서 이탈리아로 도망쳐 로마의 혈통을 확립한 아이네이아스는 화염에 휩싸인 도시를 바라보며 트로이의 마지막 왕비 헤쿠바의 예지몽이 실현되는 광경을 목격한다.

그렇다고 호메로스식 꿈이 전부 미래에 대한 예언은 아니다. 때로 환영은 실망으로 끝나기도 한다. 트로이가 포위된 사이, 제우스는 그리스군의 총지휘관인 아가멤논에게 지금 당장 트로이를 공격하면 대승을 거둘 것이라며 그를 현혹하는 꿈을 보낸다. 이에 아가멤논은 공격을 감행하지만 끔찍한 패배를 당한다. 오, 신성하고 교활한 신의 말씀이여…….

꿈에 나온 제국들

꿈은 신화 속 인물이 겪는 삶의 여정에서 실마리 역할을 할 뿐 아니라, 인간 통치자들의 역사에서도 핵심 역할을 한다. 기원전 3000년, 수메르의 고대 도시 키시Kish의 왕 우르자바바Ur-Zababa 밑에서 술을 따르던 시종인 아카드Akkad의 사르곤Sargon이 메소포타미아를 통일한 뒤 인류 최초의 황제가 되는 이야기는 불길한 꿈을 중심으로 펼쳐진다. 사르곤은 이난나 여신이 피로 물든 강에 우르자바바를 익사시키는 꿈을 꾼다. 그 꿈의 의미를 깨달은 우르자바바는 겁에 질려 사르곤을 죽이라고 지시하지만, 결국은 사르곤이 승리한다.[50]

셈족인 아카드인들은 수메르인들을 계승하고 그들의 문명을 받아들임으로써 설형문자와 메소포타미아 신들의 문화적 래칫을 돌렸다. 사르곤의 딸인 엔헤두안나(Enheduanna, En: 여사제, hedu: 장신구, anna: 천상의)는 우르라는 도시의 달의 신 난나Nanna에게 바쳐진, 아카드 제국에서 가장 중요한 사원의 제사장이었다. 엔헤두안나의 찬가와 기도문, 시詩가 개인의 창작물로 인정받으면서 그녀는 인류 최초의 작가가 되었다. 일인칭 시점으로 쓴 〈이난나, 가장 너른 마음을 가진 여인 Inanna, Lady of Largest Heart〉이라는 시에서 엔헤두안나는 천상의 문을 통과하는 신비로운 꿈을 묘사하면서, 금성에 해당하는 사랑의 여신 이난나가 "전 우주에서 가장 위대한 운명"을 가진 것에 대해 칭송했다.[51]

바빌로니아인들은 히브리인들을 비롯한 서양 민족들과 친밀한 관계를 맺음으로써 엔헤두안나의 작품을 널리 퍼뜨리고 성서의 찬송가와 호메로스 찬가에 영향을 미쳤다. 이러한 문화적 연속성은《토라》,《성경》,《코란》에 등장하는 꿈에 엄청난 영향력을 끼쳤다. 동서양의 문화는 전쟁과 이주에 따라 양방향으로 흘렀다. 과거의 신화 속 메소포타미아에서 족장 아브라함Abraham은 우르에서 태어나 오늘날의 튀르키예와 이스라엘에 해당하는 지역들로 이주했다. 기원전 6세기, 네부카드네자르 2세는 예루살렘을 점령하고 유대인 수천 명을 바빌로니아로 강제 추방했다. 1000킬로미터쯤 떨어진 이 고대 도시에서 포로의 신분으로 60년 가까이 고통받던 유대인들은 페르시아 제국의 창립자 키루스 대제Cyrus the Great가 바빌로니아를 점령하면서 해방을 맞이했다. 레반트로 돌아간 유대인들은 엔헤두안나의 작품을 통해 바빌로니아의 풍성한 문화를 전파했다.

문자를 기록하기 시작한 이래로 줄곧 지배계급인 상류층은 정치적·종교적 목적으로 꿈을 보존해왔다. 신과 왕의 소통을 위해 꿈을 이용하던 관습은 대대로 이어지며 유형의 문화유산을 남겼다. 꿈을 이용한 사례는 기원전 2125년경 수메르의 구데아Gudea 왕이 만든 점토 실린더에 설형문자로 잘 기록되어 있다. 이는 여태껏 발견된 것들 중 가장 크고 수메르에서 가장 긴 글일 뿐 아니라 인류 역사를 통틀어 가장 오래된 기록이다.[52] 가운데에 구멍을 뚫어 돌려가며 읽을 수 있는 60센티미터 높이의 점토 실린더가 들려주는 구데아 왕의 기이한 꿈은 하늘만큼 키가 크고 신의 머리와 새의 날개 그리고 하반신에 거대한 물결이 있는 남자가 등장하면서 시작한다. 양옆에 사자를 거느린 거인이 무언가를 말하고 싶어 하는 듯했지만, 구데아 왕은 그의 말을 이해할 수 없었다. 꿈에서 구데아 왕은 아침에 깨어나 빛나는 첨필尖筆을 들고 점토판 위에 별이 반짝이는 하늘을 묘사하며 이에 대해 논하는 한 여인을 떠올렸다. 그때 한 전사가 청금석 명판을 가지고 오더니 그 위에 사원의 도면을 그렸다. 전사가 그에게 벽돌 틀과 새 바구니를 건네는 동안, 순혈의 당나귀는 발굽으로 땅을 긁었다.

이튿날 잠에서 깬 구데아 왕은 꿈의 의미를 알 수 없어 혼란스러웠다. 그는 예언과 해몽의 여신인 난셰Nanshe에게 물어보기로 했다. 그는 일련의 의식을 행하며 난셰의 사원으로 향했고, 그곳에 도착해서 꿈에 대해 설명했다. 그리고 니누르타 신을 상징하는 거인이 신전을 지어 에닌누Eninnu 신에게 경의를 표하라고 지시한 것이라는 답을 들었다. 사원과 신성한 별들을 천문학적으로 정렬시키라고 권한 여인은 니다바Nidaba 여신을 상징했다. 건축 계획을 구체적으로 지시한 전사는 건축의 신인 닌두브Nindub였다. 당나귀는 신이 알려준 건축 작업을 시작하고 싶어 안달이 난 구데아 자신이었다. 기초공사와 건축자재에 대한 세부 사항은 영혼을 달래는 의식을 통해 얻은 다음 꿈들에 명시되었다. 사원은 기르수Girsu에 지어졌고, 오늘날 이라크에 남아 있는 도시의 잔해 밑에서 구데아 실린더Gudea cylinder가 발견되었다.[53]

오랜 시간에 걸쳐 대규모 건축물을 짓는 것은 신성한 일이었다. 구데아 왕 이후 15세기가 지난 기원전 6세기에 설형문자가 새겨진 점토 원기둥은 나보니두스Nabonidus 왕이 달의 신 신Sin을 섬기고자 사원을 재건하던 중 마르두크가 꿈에 나타나 그를 인도한 일화를 들려준다. 사원은 실제로 재건되었고 그 잔해가 튀르키예 남부의 하란에 남아 있으며, 그것은 성서의 아브라함 족장이 우르를 떠난 후 여행한 도시와 일치한다.

모든 히브리 예언자들이 꿈의 예지력을 인정한 것은 아니지만, 히브리의 신인 야훼의 존재를 비롯한 꿈 이야기는 제이콥과 솔로몬의 이야기에서 핵심 역할을 한다.[54] 또한 유대교와 기독교, 이슬람교의 성전에는 요셉이라는 고대 히브리인이 파라오의 불길한 꿈 두 가지를 정확히 해석하여 이집트의 재상 자리에 올랐다고 적혀 있다.

첫 번째 꿈에서 파라오는 나일 강둑 위에 서서 살진 암소 일곱 마리가 뒤따라온 야윈 암소 일곱 마리에게 잡아먹히는 광경을 보았다. 두 번째 꿈에서는 파라오가 통통한 밀 이삭 일곱 개가 싹을 틔우는 것을 보고 있는데, 비쩍 마른 이삭 일곱 개가 뒤이어 싹을 틔우더니 큰 이삭들을 삼켜버렸다. 요셉은 두 가지 꿈 모두 일곱 해의 풍년이 그치면 일곱 해의 흉년이 이어진다는 메시지를 담고 있다고 해석했다. 그는 파라오에게 곡물 저장고를 지으라고 조언했다. 이 이야기는 4000여 년 전 나일강 계곡에서 일어난 극심한 가뭄과 이를 해소하기 위해 이집트가 국가 차원에서 한 조치들로 여겨진다.

수 세기가 지나고 또 다른 파라오가 불길한 꿈을 꾸었다. 내로라하는 현자들은 갓 태어난 아이가 자라서 포로로 잡힌 이스라엘 민족을 해방하고 왕위에 오를 것이라는 암울한 해석을 내놓았다. 파라오는 그 꿈에 대비하고자 그즈음 태어난 히브리의 남자아이들을 전부 나일강에 빠뜨려 죽이기로 했지만, 파라오의 딸은 바구니에 담겨 강에 버려진 한 아기를 발견하여 모세라는 이름으로 입양했다. 성인이 된 모세는 자신의 백성들을 이끌고 이집트를 탈출하여 가나안으로 향함으로써 꿈속의 예언을 일부 실현했다.

꿈은 페르시아의 역사에서도 중요한 역할을 했다. 그곳에서는 조로아스터교의 사제들이 꿈의 상징과 의미를 해석하는 전문가로 여겨졌다. 기원전 5세기 그리스의 역사가 헤로도토스에 따르면,[55] 메디아

Media의 왕 아스티아게스Astyages는 딸 만다네Mandane가 소변을 너무 많이 누어서 아시아 전역에 강물이 넘치는 꿈을 꾸었다. 조로아스터교 사제들은 만다네의 아들이 아스티아게스를 밀어낼 것이라며 그 꿈을 불길한 징조로 해석했고, 이로 인해 왕은 페르시아의 중간계층 남성에게 딸을 시집보냈다. 만다네가 건강한 아이를 낳아 키루스라는 이름을 지어줄 무렵 아스티아게스는 두 번째 꿈을 꾸었는데, 딸의 자궁에서 거대한 포도나무가 뻗어 나와 아시아 전역을 뒤덮는 꿈이었다. 조로아스터교 사제들은 손자가 할아버지를 상대로 반란을 일으킬 꿈이라고 해석했다. 아스티아게스는 키루스를 처형하라고 명령했지만 아이는 살아남아 훗날 왕을 폐위하고 세계에서 가장 큰 제국을 건립했다.

30년 후 키루스는 중앙아시아의 초원에서 마사게타이Massagetae 부족과 전투를 벌이다 죽기 직전에 페르시아 통치자의 아들 다리우스Darius가 거대한 날개를 펼쳐 아시아와 유럽 전체를 그늘로 뒤덮는 꿈을 꾸었다. 그는 반란을 예견하는 꿈일까 봐 두려워서 다리우스를 체포했지만, 키루스는 얼마 지나지 않아 전사하고 말았다. 꿈이 예언한 대로 청년 다리우스가 왕위에 올라 페르시아 제국을 전성기로 이끌었다. 이후 수십 년 동안 다리우스와 그의 아들이자 키루스의 외손자인 크세르크세스Xerxes는 그 유명한 페르시아의 그리스 침공에 일조하여, 동서양의 문화 혼합주의라는 엄청난 결과를 만들어냈다. 헤로도토스에 따르면, 호메로스의 오만한 아가멤논이 신들로부터 거짓된 예지몽을 받았듯이 크세르크세스도 세계를 제패하는 꿈을 거듭 꾸고는 유혹에 못 이겨 그리스 사람들을 정복하려는 필멸의 노력을 시작하고야 말았다. 크세르크세스가 꿈에 대해 말하자 전쟁을 관장하던 아르타바누스Artabanus 장군은 꿈은 그저 심상일 뿐 신의 대답이 될 수 없다며 회의적인 반응을 보였다. 그러자 크세르크세스는 아르타바누스에게 자신의 침소에서 자고 나서 어떤 꿈을 꾸었는지 알려달라고 요청했다. 정말 놀랍게도 황제와 똑같은 꿈을 꾼 아르타바누스는 이튿날 아침 형편없는 전쟁 계획에 동조하게 되었다. 페르시아는 몇 년의 준비 끝에 그리스를 침공하여 아테네를 불태웠지만 결국은 역공을 당하고 말았다.

크세르크세스가 패배하고 1세기 반이 지났을 무렵 마케도니아의 왕 알렉산더 3세는 역방향으로 침략을 시작하여 시리아, 이집트, 아시리아, 바빌로니아, 페르시아 제국을 정복하고 머나먼 인도에까지 이르렀다. 알렉산더 대왕이 남긴 광란의 궤적은 강한 상징성을 지닌 다양한 예지몽의 영향을 받았다. 알렉산더는 지금의 레바논에 해당하는 페니키아의 전략적 요충지 티레Tyre항港을 포위하고 피비린내 나는 공성전을 펼치던 와중에 꿈을 꾸었는데, 그 꿈에서 헤라클레스로부터 티레를 함락하려면 초인적 힘이 필요할 거라는 전망을 들었다. 7개월째 치열한 공방을 이어가던 무렵, 알렉산더는 공격을 피해 달아나는 사티르(satyr, 그리스 신화에 등장하는 반은 사람이고 반은 짐승인 숲의 정령−옮긴이)를 몇 번이고 놓치는 두 번째 꿈을 꾸었다. 그러다 마침내는 자신의 방패 위에서 춤을 추는 사티르를 붙잡았다. 알렉산더의 총애를 받던 예언가가 이 이야기를 듣더니 '사티르'(그리스어로 사티로스)를 사sa와 티로스Tyros로 나누고는 "티로스는 너의 것이다"라는 뜻이라고 해석했다. 알렉산더는 더욱 분발하여 티레를 함락했다.[56]

치유의 꿈

고대의 꿈은 치료의 수단으로 쓰이기도 했다. 무수한 기형과 질병에 시달리던 주인공 타부−우툴벨Tabu-utul-Bel의 불행을 서술한 아카드의 〈고난을 겪는 의인의 시The Poem of the Righteous Sufferer〉에서처럼 누군가 건강을 회복하면 대개는 꿈 덕분이라고 여겼다. 바빌로니아의 욥Job이라고 할 수 있는 그는 죽음을 앞두고 바빌로니아의 수호신 마르두크가 자신을 구하는 꿈을 잇달아 꾸었다. 그는 정신이 혼미한 상태에서 마르두크와 악마의 전투를 지켜보았고, 끝내는 병마를 이겨냈다.

　고대 지중해의 주요 문명들은 꿈으로 치료법을 발전시켰다고 해도 과언이 아니다.[57] 의술의 신 아스클레피오스에게 바치는 경이로운 신전들이 그리스와 로마에 지어지자 진단과 치료, 신성한 지침을 받으려는 순례자들의 발길이 이어졌다. 병자들은 각자 예지적 환각을 잘 볼 수 있도록 신전에 가서 잠을 자라는 지시를 받고서 꿈 품기(dream incubation, 그리스어로 에그코이메시스egkoimesis, 라틴어로 인쿠바티오 incubatio) 의식을 치렀다.[58] 잠에서 깬 병자가 사원의 한 사제에게 꿈에 대해 설명하면, 사제는 병자의 꿈에서 질환에 적합한 치료법을 암시하는 징조를 찾으며 경청했다. 더러는 아폴로의 아들이자 진실과 치유, 예언의 신 아스클레피오스가 몸소 나타나 치료법을 일러주는 특별한 경우도 있었다. 테라코타나 점토로 신체 일부를 표현한 수많은 봉헌물이 아스클레피오스의 신전에서 발견되었는데, 이는 치료가 대개 신의 영역이었음을 보여준다.[59] 고대 이집트에서는 이와 흡사한 의식들이 세라피스Serapis 신을 중심으로 수 세기에 걸쳐 지속되었다. 중세 비잔틴 제국은 물론 특유의 변화를 겪은 이슬람 세계에도 비슷한 관습이 있었다.

망상에 빠진 로마

　고대 로마에서는 꿈이 사회적 삶에 미치는 영향력이 전례 없는 수준에 도달했다. 꿈을 통해 신과 소통할 수 있다는 믿음이 널리 퍼지면서 꿈 이야기는 정치적 행위에 정당성 또는 부당성을 부여하는 데 자유롭게 이용되기 시작했다. 로마의 전기 작가 수에토니우스Suetonius는 로마의 초대 황제 아우구스투스의 신성神性을 강조하기 위해 꿈을 수도 없이 언급했다. 어느 밤 저명한 귀족인 아우구스투스의 어머니 아티아Atia가 아폴로 신전에 갔다가 깔개 위에서 잠이 들었다. 그녀는 아폴로가 뱀의 모습을 하고 찾아오는 꿈을 꾼 뒤 아이를 가졌다. 임신 중에 아티아는 자신의 창자가 "별에 가닿고 땅과 바다를 가로지르며 뻗어나가는" 꿈을 꾸었고, 그녀의 남편은 아내의 배에서 태양이 태어나는 꿈을 꾸었다.[60] 같은 해 로마의 원로원 의원들은 로마 공화국을 구해낼 왕이 태어나는 꿈을 꾸었고, 율리우스 카이사르는 옥타비우스라고 부르던 양자 아우구스투스를 정치 후계자로 지명하도록 종용하는 꿈을 꾸었다. 아우구스투스는 카이사르를 암살한 주범들을 죽음으로 이끈 필리피 전투에서 친구가 꿈을 꾸고 경고해준 대로 자신의 막사에서 간신히 도망쳐 부상할 기회를 얻었다. 그러다 보니 아우구스투스 황제는 꿈에 극도로 민감할 수밖에 없었다. 그는 꿈에서 영감을 받아 1년에 한 번 거지로 분장하고 구걸하는 습관을 갖게 되었고, 예지몽을 꾼 사람은 누구나 그 내용을 광장에서 공유해야 한다는 법안을 통과시키기도 했다.

통치자의 신격화에 역사적 숙명론을 더하는 데 이용된 꿈들 중에서 가장 극적인 사례는 카이사르와 그의 아내 칼푸르니아Calpurnia의 첫 번째 꿈과 관련이 있다. 율리우스 카이사르가 암살당하기 며칠 전, 어느 예언가로부터 종교적 축일인 3월 15일에 심각한 위험을 맞닥뜨릴 것이라는 끔찍한 경고를 전해 들었다. 예언은 입소문을 타고 로마 전역으로 퍼졌고, 카이사르의 정치적 야망에 대한 불만이 커지고 있던 원로원에까지 다다랐다. 원로원 의원들을 더욱 놀라게 한 것은 율리우스 카이사르를 둘러싼 개인 숭배가 늘어나고 있다는 점이었다. 이러한 현상은 한 종파가 사치스러운 축제를 열어 그의 조각상과 초상을 기념하고 신격화하면서 명확히 드러났다. 실제로 카이사르의 가족은 그가 비너스(그리스 신화의 아프로디테-옮긴이)의 아들이자 트로이 출신인 아이네이아스의 자손이라고 주장했고, 그의 군대가 이뤄낸 눈부신 승리는 신의 은총을 보여주는 징표라는 소문이 퍼져 나갔다. 율리우스 카이사르의 정치적·종교적 위상이 지나치게 높아지자 원로원은 그를 죽이기 위한 음모를 꾸몄다.

기원전 44년 3월 14일 밤, 카이사르는 마법처럼 구름을 뚫고 하늘로 들어 올려진 뒤 주피터(그리스 신화의 제우스-옮긴이)의 환대를 받으며 따스한 손을 꼭 맞잡는 꿈을 꾸었다. 나쁜 꿈 같지는 않았다. 그와 반대로 참으로 아름다운 꿈이었다. 그러나 그의 옆에 있던 칼푸르니아는 끔찍한 악몽을 꾸었다. 집 앞쪽이 무너지고 있었고 그녀는 칼에 찔려 피투성이가 된 율리우스를 보며 비통해했다.[61] 이튿날 아침, 그녀는 원로원에 가지 말라고 남편을 설득했다. 카이사르는 일정을 취소하는 것도 고려했지만, 공모자 한 사람과 점술가들의 상서로운 점괘를 믿고 계획대로 움직이기로 했다. 폼페이 극장에 도착한 율리우스는 다수의 원로원 의원들을 비롯한 수십 명의 남자들에게 둘러싸인 뒤 23개의 칼에 찔려 잔인하게 살해당했다.

장례식은 대규모 군중의 분노를 유발했다. 로마의 광장 포룸 forum 안에서 처형과 희생제, 시신 화장이 이루어졌고 군중은 무기와 부적, 보석, 옷가지를 불 속에 집어 던졌다. 소동이 걷잡을 수 없이 커지고 화염이 크게 번지면서 포룸의 상당 부분이 파괴되었다. 대중의 엄청난 반발에 직면한 암살자들은 율리우스 카이사르가 로마에서 공식적으로 신격화된 최초의 역사적 인물이 되어가는 것을 지켜볼 수밖에 없었다. 그는 '디버스 율리우스(Divus Julius, 신성한 자 율리우스)'로 불리게 되었고, 아우구스투스는 디비 필리우스(Divi Filius, 신성한 자의 아들)라는 이름을 얻었다. 우리 조상들은 어떤 심리적 여정을 거쳤길래 이처럼 환상적인 이야기를 태곳적부터 비교적 최근까지 평범하게 여길 수 있었을까? 이 질문에 답하려면 선사 시대부터 역사 시대까지 우리가 거쳐온 길을 더 자세히 알아봐야 한다.

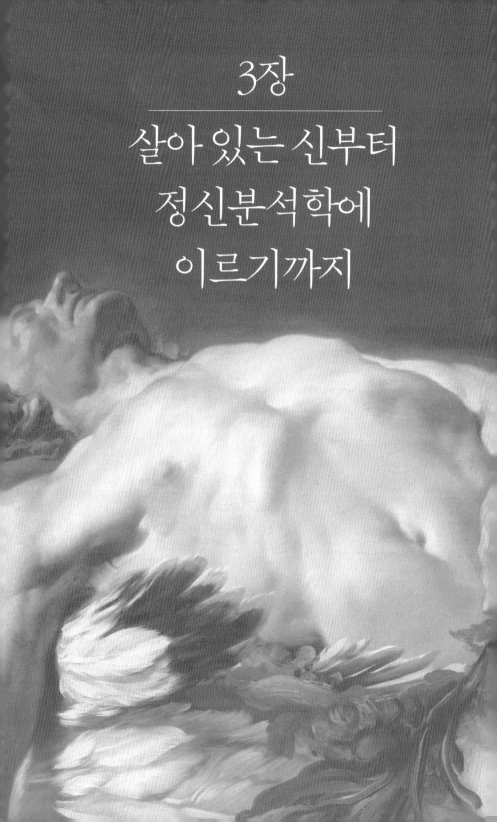

3장

살아 있는 신부터
정신분석학에
이르기까지

시작은 그리움, 즉 향수였다. 수십만 년 전 구석기에 시작되어 우리의 꿈속에 견고히 뿌리내린 망자를 위한 장례식은 신석기 말까지 수천 년 간 점점 더 복잡해졌다. 우리 조상들은 돌과 조개를 쌓아 만든 작은 무더기에서 시작하여 청동기에는 거대한 피라미드와 지구라트를 축조하기에 이르렀다. 망자 숭배는 매우 효과적인 심리 처리 방식이었고, 이 방식을 통해 인간 집단은 살아 있는 신이 수십만 명을 직접 통치하거나 (이집트) 직계 대리인을 통해 통치하는(메소포타미아) 상태에 이를 수 있었다. 통치자들은 그들의 시조에 대한 건국 신화를 보존함과 동시에 전 왕조에 걸쳐 축적된 지식에서 자양분과 영감을 얻었다. 이러한 믿음과 당시 존재했던 세속적 권력을 전부 갖춘 데다 현실의 육체노동에서도 완전히 벗어나는 대신 터무니없이 무거운 종교·행정·군사 업무에 시달렸던 파라오는 수면과 각성 사이를 떠다니며 현실과 가상의 권력에 대한 망상을 지속하며 끝없는 무아지경 속에서 살았는지도 모른다.

이 새로운 의식 유형은 수천 년 동안 파라오는 물론 사회에서도 사상 최대로 늘어났을 것이다. 사람들은 상상 속 장면들과 무관한 행위를 하면서 상상을 이어나가는 일을 어렵지 않게 할 수 있었다. 말 그대로 뇌의 특정 영역에서만 꿈꾸는 것이 가능해지면서 상징의 세계에서 생각한 것을 현실의 세계로 옮길 때의 결과를 깨어 있는 상태로 예상해볼 수 있는 다용도의 심리 공간이 만들어졌다. '깨어 있는 꿈waking dream'이라고 부르는 이 새로운 의식 유형은 식량 생산은 물론 전쟁 계획에도 유용했으며 천문학과 수학, 글쓰기 같은 지식의 영역에 곡물의 저장과 거래, 건축 기술, 교통수단을 새로 편입시키는 원동력이 되었다. 원시 집단에서부터 파라오들이 집권하기까지 나일 강둑에서 허구의 이야기를 구성하여 그것을 큰 집단에 퍼뜨리고 실제 삶에서 실현하는 능력은 피라미드 건설에도 영향을 미쳤다.

문자의 발명은 중앙 권력의 시공간적 한계를 확장시켰다. 이는 신의 명령과 법을 거대한 석비에 새기는 관습으로 상징화되었으며, 이는 통치자가 국민에게 전하는 것이었다. 석비를 사용하면서 문화 영토의 경계가 훨씬 더 광범위해졌고 이러한 지리적 확대는 다양한 신들을 숭배하는 문화를 촉진했다. 가장 오래된 문헌들에 신과 망자의 영혼이 적잖이 등장하는 것으로 보아, 문학의 부상은 이 과정에 대한 역동적 증거를 제공한다.

하지만 역설적이게도 문자를 사용하면서 신과 조상에 대한 숭배는 종말을 맞이하고 꿈이 쇠퇴하기 시작했다. 그 후로는 신을 달래거나 신의 목소리를 듣기 위해 수면, 조각상, 금식, 희생물 또는 어떤 물질로 환각을 일으켜 무아지경에 빠질 필요가 없었다. 손수 새긴 신묘한 표식을 쳐다보는 것만으로도 신과 그들의 직계 대리인의 말씀을 읽을 수 있고, 가장 오래된 기록에 서술되어 있는 신의 말씀을 듣는 것까지

가능해졌기 때문이다. 돌에 새긴 권위자의 말은 수천 년간 원형을 유지하며 제국 주변의 여러 지역에 아주 정확히 전달될 수 있었다. 수 세대에 걸쳐 머릿속에서 들리던 신의 명령을 통해 구전 형식으로 저장되고 축적되던 지식은 글쓰기가 발전하면서 그 쓸모를 점차 잃어갔다. 우리 조상들은 신들로부터 전해 들은 명령을 돌이나 점토에 기록하는 방법을 발명하는 동시에 이러한 명령들과 무관한 것들이 늘어나는 데 필요한 환경을 만들었고, 신의 명령이 인간에게 미치던 영향력은 완전히 사라졌다.

이집트와 메소포타미아 문헌에서 신들의 죽음에 관한 이야기는 문자를 기록하기 시작했을 때부터 등장하지만, 신들의 침묵에 대한 불평은 기원전 1200~기원전 800년 무렵에야 널리 퍼지기 시작했다. 이 시기에 인구 폭발과 이주, 전쟁, 기근, 가뭄, 전염병, 자연재해[1]와 함께 심각한 사회·경제·환경 위기가 닥치면서 크노소스(기원전 1250년경), 미케네(기원전 1200년경), 우가리트(기원전 1190년경), 메기도(기원전 1150년경), 이집트(기원전 1100년경), 아시리아(기원전 1055년경), 바빌로니아(기원전 1026년경), 트로이(기원전 950년경) 같은 도시와 제국이 붕괴했다. 이러한 도시와 제국들은 대부분 재건되거나 새로운 신 또는 부활한 신들과 함께 재편되었다. 그러나 부활한 신을 믿는 유사한 문화 소프트웨어를 가진 사람들이 늘어나면서 완전히 새로운 모순을 창조했다.

자신의 무덤, 무엇보다 영생을 원하는 이집트의 하층민들 사이에 새로운 의식이 확산했다. 이 과정에서 하층민들이 망자에 대한 처우의 불평등을 자각하고 분노를 표출하면서 사회 갈등이 촉발되었다. 이 시기의 기록에 따르면 사람들은 다른 세계를 위한 통행증도 없이 갑작스레 최후를 맞이할까 봐 두려워하고 절망했지만, 영생에 대한 약속은

《사자의 서》에 나오는 보호와 안내의 주문이 담긴 정성스러운 부장품 비용을 감당할 수 있는 사람들만을 위한 특권이었다.

신의 말씀이 입에서 입으로 전해지면서 이는 대수롭지 않게 여겨졌다. 더는 환각 속에서 신의 목소리를 들을 필요가 없었다. 신의 말씀을 견고하고 오래가는 물질의 표면에 새김으로써, 꿈을 꾸거나 무아지경에 빠지거나 광기에 사로잡히지 않고도 한 사람의 머릿속에서 다른 사람의 머릿속으로 이야기를 퍼뜨릴 수 있었기 때문이다. 게다가 전례 없는 참사들이 발생하고 사회를 지탱하는 공급망의 취약성이 드러나면서 신의 지혜는 새로운 문제의 해결책도 찾지 못하는 낡고 고장 난 퇴물로 전락하고 말았다. 바로 이 시기에 문명이 대대적으로 붕괴하면서 청동기 시대가 종식되고 수많은 중앙 권력이 해체되었다. 이렇게 트로이와 미케네, 크레타섬의 미노스 문명이 사라졌다. 가뭄과 홍수, 해일, 결핍, 이주, 전쟁의 시대였다. 이러한 혼돈과 예측 불가능한 상황에서 신들은 더는 답을 주지 못하고 침묵했다. 인간은 이제 자신의 문제를 스스로 풀어야 했다.

몇 세기 동안 과도기를 거친 뒤 기원전 800년에서 기원전 200년경 사이에 문화는 믿을 수 없는 변화를 겪었다. 20세기 독일의 철학자이자 심리학자 카를 야스퍼스는 이 시기를 '축의 시대Axial Age'(기원전 900년부터 기원전 200년까지 세계의 주요 종교와 철학이 탄생한 시기-옮긴이)라고 불렀다. 이 시기에는 아테네, 로마, 바빌로니아, 페르시아, 마케도니아, 마우리아 왕조를 포함한 아프로-유라시아 곳곳에서 문명이 번성했다. 《일리아드》, 《오디세이아》, 플라톤의 《국가》, 〈창세기〉, 《아베스타Avesta》(조로아스터교의 경전-옮긴이), 《마하바라타 Mahabharata》(고대 인도의 대서사시-옮긴이)와 같은 고대 문학의 주요 문헌 수백 편이 이 시기에 쓰였다. 음소문자(하나의 문자 기호가 하나의 낱소리를 나타내는 문자 체계-옮긴이)를 이용한 글쓰기의 강화와 새로운 문학 양식, 그리고 기원전 4세기 플라톤의 아카데미아와 기원전 3세기 알렉산드리아 도서관 같은 최초의 고등교육 기관 덕에 다문화의 발전과 통합이 가속화했다. 신들에게 속했던 세상이 점차 인간에게로 넘어갔다.

《일리아드》와 《오디세이아》는 이러한 변화를 아주 명확하게 보여주는 전형적인 예다. 미래에 대한 계획 없이 주로 신의 명령에 따라 행동하는 아킬레스는 고대의 사고방식을 보여주는 전형적 예인 반면, 새로운 사고방식을 가진 오디세우스는 깨어 있는 동안 끊임없이 그려본 전략을 이용해 목표를 달성한다. 새로운 내성적內省的 사고방식은 여전히 신의 목소리를 들을 수 있음에도 강력한 내적 대화를 구성하기 시작한다. 이 대화는 미래를 상상하고 계획할 수 있도록 현실적이고 실용적이다. 우리 인간은 거대한 목마를 만들고 오랫동안 잊고 있던 연인의 품으로 돌아가기 위해 항해를 하거나 일찍 퇴근하여 촛불을 밝힌 저녁 식사로 여자친구를 놀라게 하는 등 몽상을 통해 교묘하지만 아주 효과적인 계획을 다양하게 세울 수 있다. 이제 인간은 신의 말을 거의 듣지 않고 자기 자신과 끊임없이 대화를 나눈다.

터무니없어 보일 수 있지만, 인간의 자기 성찰이 비교적 새로운 현상이라는 이론은 IBM 토머스 J. 왓슨 연구소의 아르헨티나 연구팀이 유대-기독교와 그리스-로마의 문헌에 담긴 의미를 분석함으로써 어느 정도 확증을 얻었다. 심리학자 줄리언 제인스의 주장처럼 의식적 자아로의 변화, 그러니까 인간이 신이 아닌 자기 자신의 말을 들도록 조건화된 것이 정말 최근이라면 역사적 기록, 즉 문자의 출현 이후 인류가 제작한 문헌들에 그 사실이 나타나야 한다. 자신의 모습을 스스로 상상하고 반영하는 자기 성찰적 자아의 역사는 기껏해야 3000년 정도일 것이다.

이 가설을 시험하기 위해 물리학자 기예르모 체키Guillermo Cecchi와 마리아노 시그먼Mariano Sigman은 컴퓨터 과학자 카를로스 디우크Carlos Diuk, 디에고 슬레작Diego Slezak과 팀을 꾸려 객관적인 방식에 따라 단어 간 거리를 정량적이고 자동적으로 측정할 수 있는 수학적 기법을 이용하여 고대 문헌을 연구했다. 이를 바탕으로 다수의 문헌을 검토한 결과, 의미가 가까운 단어 쌍(고양이와 쥐, 엄마와 딸, 사랑과 열정)은 동일 문헌에서 발견되는 경우가 많고, 의미가 먼 단어 쌍(고양이와 헬리콥터, 쌀과 시, 꽃과 천정天頂)은 그렇지 않은 것으로 관찰되었다. 이 방식을 이용하면 모든 단어 쌍의 의미론적 거리가 하나의 숫자에 상응하므로, 특정 키워드와 문헌에 포함된 모든 단어의 평균 거리를 계산할 수 있다. 가설을 시험하기 위해 연구자들은 고대 문헌에서 볼 수 없는 용어이므로 각 연구에 널리 내포된 그 존재를 탐색하기에 이상적인 '내성introspection'이라는 단어를 특정 키워드로 선택했다. 연구자들은 이렇게 문헌에 적힌 단어 하나하나와 내성이라는 단어의 거리를 측정하고 평균 거리를 계산함으로써 각 문헌을 분석했다.

분석 결과,[2] 내성이라는 개념은 유대-기독교와 그리스-로마의 문학사에서 갈수록 더 널리 퍼졌고, 각 문명의 문화가 확장되던 시기에는 가파르게 성장했음(그림4)을 알 수 있었다. 내성적 행위의 확산을 증명하는 것은 불가능하지만, 이 결과를 통해 우리는 호메로스 시대(기원전 8세기) 사람들이 율리우스 카이사르(기원전 1세기) 사람들보다 훨씬 덜 내성적이었다고 상상해볼 수 있다. 나중에 보겠지만, 고대 문헌들의 구조에 관한 최근의 연구 역시 인간의 사고방식이 지난 3000년 동안 급속히 변했다는 견해를 뒷받침한다.

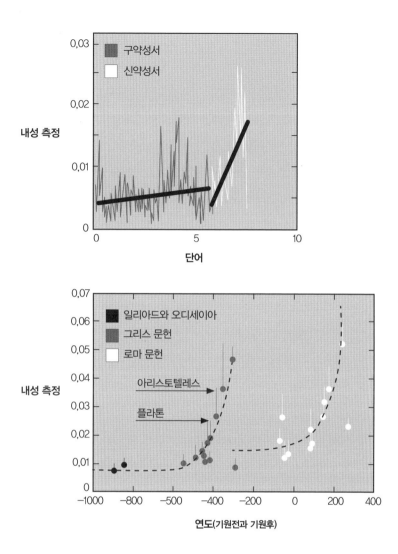

그림4 유대−기독교와 그리스−로마 문화 기록에서 시간 경과에 따라 내성의 의미론적 측정치가 증가한다.

꿈의 번영과 쇠락

이러한 변화를 가장 확실히 보여주는 예가 바로 꿈의 지위가 느리면서도 거침없이 추락한 것이다. 기원전부터 기원후 1세기까지 꿈의 효능에 대한 믿음은 점점 약해졌다. 한편, 기원전 5세기에 고타마 붓다 Gautama Buddha는 인생의 모든 것이 꿈이라고 주장함으로써 실존주의를 통해 꿈이라는 문제의 폭을 크게 넓혔다. 현실 자체가 꿈이라는 이 견해는 고대 인도에 뿌리를 두고 있다. 힌두교의 신, 비슈누Vishnu에 대한 전설 중 하나는 그가 뱀 세샤Shesha에게 기대어 누워 "꿈꾸는 우주가 곧 현실이 되는" 모습을 묘사한다.

하지만 붓다는 꿈의 상징적 해석도 자신의 문화권에 소개했다. 젊은 왕자 고타마 싯다르타는 특권층인 크샤트리아의 삶을 포기하고 최고로 엄격한 금욕주의를 따르려고 하던 무렵에 아내 고파Gopa가 꾼 예지적 악몽을 철저히 비문학적으로 해석했다.

전설에 따르면,³ 훗날 붓다가 될 왕자는 끔찍한 고통에 시달리는 아내를 외면했다. 간신히 잠든 그녀는 나무를 뿌리째 뽑아버리는 거친 돌풍 밑에서 산들이 떨고 있는 꿈을 꾸었다. 하늘의 별이 지평선 위로 쏟아져 내렸다. 고파는 의복, 장신구, 왕관이 모두 벗겨져 나체가 된 자신을 보았다. 그녀의 머리카락이 잘려 나갔고 부부의 침상이 부서졌으며 값비싼 보석으로 뒤덮인 왕자의 의관은 온 바닥에 널려 있었다. 운석들이 캄캄한 도시로 떨어졌다.

겁에 질린 고파가 남편을 깨웠다.

"저하, 저하." 그녀가 외쳤다.

"무슨 일이 일어나려는 걸까요? 끔찍한 꿈을 꾸었어요! 제 두 눈은 눈물로 가득하고 제 가슴은 두려움으로 가득하답니다."

"무슨 꿈인지 말해보시오." 왕자가 대답했다. 고파는 꿈에서 본 것을 전부 이야기했다. 왕자가 미소를 지었다.

"기뻐하시오, 고파." 그가 말했다.

기뻐하시오. 땅이 흔들리는 걸 보았소? 그렇다면 언젠가 신들이 당신 앞에 스스로 고개를 숙일 것이오. 달과 태양이 하늘에서 떨어지는 걸 보았소? 그렇다면 머지않아 당신은 악마를 무찌르고 무한히 칭송받을 것이오. 나무가 뿌리째 뽑히는 걸 보았소? 그렇다면 당신은 욕망의 숲에서 벗어날 방법을 찾을 것이오. 머리카락이 짧게 잘렸소? 그렇다면 당신을 사로잡은 욕정의 그물에서 풀려날 것이오. 내 의관과 보석이 널려 있었소? 그렇다면 나는 구원의 길 위에 있는 것이오. 운석들이 어두워진 도시의 하늘을 빠르게 가로지르고 있었소? 그렇다면 내가 무지한 세상, 눈먼 세상에 지혜의 빛을 가져다줄 것이고, 내 말을 믿는 자들은 기쁨과 더할 나위 없는 행복을 알게 될 것이오. 행복해하시오, 고파, 비애를 떨쳐버리시오. 당신은 곧 남다른 영광을 얻을 것이오. 주무시오, 고파, 주무시오. 당신은 아주 멋진 꿈을 꾸었소.⁴

며칠 후, 싯다르타는 밤을 틈타 슬며시 궁을 빠져나갔다.

6년 동안 청년은 가파른 강독 위에서 거친 날씨에 노출된 채 야생동물 사이에서 명상과 고립, 금식의 삶을 이어나갔다. 제자들이 몰려들었지만, 그가 육체적 고행을 포기하자 모두 떠나버렸다. 그 후 싯다르타는 자신이 깨달음을 얻었음을 알려주는 꿈을 잇달아 꾸었다.

밤이 찾아왔다. 그는 잠이 들었고, 다섯 가지 꿈을 꾸었다.

첫 번째 꿈에서 그는 온 세상을 침상으로 삼아 히말라야를 머리에 베고 누워 오른손은 서해에 담그고 왼손은 동해에 담그고 발은 남해로 뻗은 자신을 보았다.

다음 꿈에서 그는 배꼽에서 나온 갈대가 빠르게 자라더니 이내 하늘에 닿는 것을 보았다.

다음 꿈에서 그는 벌레들이 자기 다리 위로 기어 올라와 다리를 완전히 뒤덮는 것을 보았다.

다음 꿈에서 그는 온 지평선을 뒤덮은 새들이 자신을 향해 날아오는 것을 보았는데, 새들이 그의 머리 가까이 다가오니 황금으로 만들어진 것처럼 보였다.

마지막으로 그는 오물과 배설물이 가득한 산기슭에 있는 자신을 보았다. 산꼭대기까지 올라갔다가 내려왔는데도 그는 오물과 배설물에 더럽혀지지 않았다.

잠에서 깨어난 그는 이 다섯 가지 꿈에서 궁극의 지식을 얻어 부처가 될 날이 도래했음을 깨달았다.[5]

여기서 주목할 점은 그의 꿈에 대한 불교적 해석이 고대 브라만교의 전형적인 문자 그대로의 해석과 상당히 다르게 상징적이라는 사실이다. 예를 들어, 배설물이 가득한 산에 대한 꿈을 문자 그대로 해석한다면 복잡한 정화의식이 필요할 것이다. 불교의 시각에서 보면 꿈에서 싯다르타가 옷가지와 물건, 특히 관계를 뒤로하고 떠나는 것은 영적 경험을 방해하는 욕망과 기대를 벗겨낸다는 의미이다.

꿈의 예언이라는 뿌리 깊은 전통의 발상지인[6] 중국에서 기원전 4세기의 철학자 장자는 꿈이라는 문제를 새로운 방식으로 보여주었다.

옛날에 나, 장자는 나비가 되는 꿈을 꾸었는데, 진짜 나비처럼 이리저리 나부끼며 마음껏 즐기느라 그것이 장자인 줄 몰랐다. 갑자기 잠에서 깬 나는 진짜 장자, 나 자신으로 돌아왔다. 이제는 내가 나비 꿈을 꾼 것인지, 아니면 나비가 내 꿈을 꾸는 것인지 모르겠다.[7]

이러한 예리한 철학적 의심을 플라톤은 단 한 번도 하지 않았다. 그는 국가 운영에 꿈과 광기를 위한 공간은 없다고 결론지었다.[8] 아테네의 위대한 철학자에게 진리는 오직 논리적 사고 활동에서만 나올 수 있었고, 환상에 불과한 외형의 장막을 넘어 완벽한 현실의 모습을 추론하는 것이 우선이었다. 플라톤의 진리는 깨어 있는 동안 철저히 사고한 결과물이지 수면이나 질병, 중독으로 야기된 꿈 같은 환영의 결과물이 아니다.

수천 년간 이어진 꿈이라는 신비한 전통에도 불구하고 아리스토텔레스는 경이로우면서도 평범한 꿈의 생물학적 본질을 인식하고 인정했다.[9] 플라톤의 수제자였던 그는 이론을 뛰어넘는 관찰 가능한 사실의 가치, 즉 귀납법이 연역법보다 우위에 있음을 지적했다. 다른 고대 철학자들처럼 아리스토텔레스도 꿈의 내용을 설명해줄 결정적 요인은 깨어 있을 때의 경험에서 기인한다고 인정했고, 약 2000년 후 프로이트는 이것을 '주간잔재'라고 불렀다. 그렇다면 꿈은 현실의 부정확한 복사본, 즉 본의 아니게 생생한 과거의 기억일 것이다.

그리스의 로고스logos라는 개념과 계몽주의 시대의 이성理性에 대한 믿음 사이에는 긴 과도기가 있었고, 당시 꿈이 역사에 미치는 영향력은 크고 작음에 관계없이 몹시 다양했다. 꿈은 신이 의지를 드러내는 강력한 수단으로서 기독교의 탄생과 발전에 핵심 역할을 했다. 〈마태복음〉에 따르면, 하나님은 아기 예수를 보호하기 위해 몇 차례 꿈을 이용했는데, 세 동방박사의 꿈에 나타나 헤롯 왕에게 가지 말고 너희 나라로 돌아가라고 경고했고 잠든 요셉을 인도하기 위해 천사들을 보냈다.[10] 꿈의 천사는 이전에도 요셉을 설득하여 혼전에 임신한 마리아를 아내로 맞이하게 하고, 비둘기의 모습을 한 성령으로 잉태되었다고 주장하면서 언젠가 이 아이가 사람들을 죄로부터 구원할 테니 마리아의 아들을 양자로 들이라고 명령했다. 또한 헤롯 왕이 몹시 노하여 남자아이들을 모조리 죽이라고 명령하자 요셉은 갓 태어난 아들을 지키기 위해 하나님의 천사들이 이끄는 대로 이집트에서 도망쳐 이스라엘로 돌아갔고 마침내는 갈릴리로 향했다.

예수가 직접 꾼 꿈에 대한 기록은 없지만, 복음서들은 예수의 삶의 방향은 물론 역사의 방향까지도 바꿀 수 있었던 꿈에 대해 언급한다. 예수는 '유대인들의 왕'이 되었다는 이유로 본디오 빌라도 총독 앞으로 끌려갔다. 〈마태복음〉에 따르면, 빌라도는 예수를 재판하다가 아내의 메시지를 받았다. "그 의로운 사람 때문에 오늘 꿈자리가 이래저래 사나웠으니, 그 사람 일에 관여하지 마세요." 그러나 군중은 예수를 십자가에 매달아 죽이기로 했고, 빌라도는 이 일에서 손을 떼버렸다.[11]

〈사도행전〉에 따르면, 20여 년 후 바울은 일행과 함께 소아시아 곳곳을 돌아다니며 기독교를 전파했고, 그의 여정은 꿈 하나로 완전히 바뀌었다. 바울은 자다가 마케도니아 남자가 도움을 청하는 꿈을 꾸었다. 잠에서 깬 그는 이 꿈을 신의 계시로 생각하고 마케도니아로 떠났으며, 전도의 사명을 성공적으로 수행하여 유대인 인구보다 훨씬 더 많은 사람에게 기독교 신앙을 퍼뜨렸다.[12]

이슬람교에서 꿈 해석은 늘 좋은 평판을 누렸다. 예언자 무함마드는 꿈을 알라신과 진정한 소통을 가능하게 하는 영적 활동으로 인식했다. 어느 유명한 일화에서 무함마드는 검은 양 떼와 흰 양 떼가 차례로 따라오는 꿈을 꾸었다. 잠시 후, 두 양 떼가 완전히 뒤섞여서 그들을 분리하는 것이 불가능해졌다. 이슬람교는 검은 양 떼를 아랍인들로, 흰

양 떼를 비아랍인들로 해석하면서 이슬람교가 인종을 넘어 전 세계로 퍼지리라는, 명백한 정치적 취지의 결론에 이르렀다.

이슬람 역사에서 꿈은 예언과 점술의 맥락으로 등장하여 통치자에게 정당성을 부여하는 데 자주 이용되며 특정 문제의 해결책으로 (이스티카라istikhára, 어려운 삶의 결정에 직면했을 때 하나님의 인도를 구하는 무슬림의 낭송 기도문—옮긴이) 언급되기도 한다. 꿈의 중요성은 자기성찰을 강조하는 이슬람의 종파인 수피교에서 정점에 이른다. 수행자들은 종종 신비한 황홀경에 도달하려 애쓰며 예언자나 다른 영적 조언자들의 꿈이 자신들이 깨어 있을 때의 행동을 이끌어주기를 바란다. 12세기 학자인 나짐 알딘 쿠브라Najm al-Din Kubra는 꿈에서 환영을 본 경험을 바탕으로 수피 종단을 설립하고 그 주제에 관한 여러 주요 논문을 썼다. 케르만 출신인 샤 니마툴라 왈리Shah Ni'matullah Wali 역시 수피의 사상가이자 종단의 설립자이며 수니파 사람들에 의해 성인聖人으로 추앙받고 있다. 14세기 튀르크의 정복자 티무르(별칭으로 타메를란Tamerlane이라고도 함)의 출현부터 19세기 셋 아마드Syed Ahmad의 성전, 1924년 오스만 제국의 칼리프 제도 폐지 그리고 2010년 파키스탄의 종교 갈등까지, 그는 이처럼 다양한 역사적 순간에 예언으로 여겨진 꿈에서 영감을 받아 시를 썼다.[13]

이슬람교는 오늘날까지도 꿈을 중시하지만, 기독교는 중세 시대에 꿈의 예언에서 이교도의 흔적을 보기 시작한 교회와 성직자 중심의 기독교가 발전하면서 꿈의 영향력을 점차 축소했다. 수백 년에 걸친 이러한 변화는 하늘의 꿈(신이 보여주는 미래에 대한 꿈)과 자연 또는 동물의 꿈(생리학적 또는 심리학적 원인에서 비롯된 꿈)이 근본적으로 상반된다는 인식을 가져다주었다. 신학자이자 철학자인 성 아우구스티누스는 354년에 현재 알제리 북동부에 해당하는 지중해 인근 지역에서 태어났는데, 교회가 신플라톤주의를 수용하는 데 엄청난 영향을 주었다. 그의 방대한 연구는 기억과 꿈, 욕구, 고통, 죄책감의 기원 같은 여러 심리학적 주제를 다루었다. 그가 흥미를 느낀 주제 중 하나는 성애적 꿈이었다. 이는 깨어 있는 삶에서 금욕 생활을 하고 성적 사고를 억눌렀음에도 불구하고(어쩌면 그랬기 때문에) 피할 수 없는 결과였다.

성 아우구스티누스는 신에게 말을 걸면서 꿈의 자율성에 놀란 이유를 설명한다.

> 주여, 이번 잠에서는 분명 진정한 제가 아니었지 않습니까? 잠든 저와 잠에서 깬 제가 어찌나 다르던지……. 눈을 감는다고 이성이 멈추는 것은 결코 아닐 겁니다. 신체감각이 깨어 있으면 잠들기가 거의 불가능하지요. 그렇다면 저희가 맹세한 약속을 유념하고 엄격히 순결을 지키며 이러한 유혹에 저항하고 동조하지 않음에도, 잠든 동안 그런 일이 왜 그리도 자주 일어날까요? 그러나 저희의 바람과 다른 일이 일어날 때와 저희가 잠에서 깨어 의식 속에서 평화를 되찾을 때는 확연히 다릅니다. 일어난 일과 의지의 큰 격차에서 유감스럽게도 저희는 저희가 직접 행하지 않은 어떤 일이 어떻게든 일어난 것을 깨닫습니다.[14]

성 아우구스티누스는 꿈을, 개인의 의지에 따른 행위가 아니므로 책임감이나 죄책감을 느낄 필요가 없는 비자발적 사건으로 여김으로써 성애적 문제를 해결했다. 죄를 꿈꾸는 것은 죄가 아니다.

수도승과 악마

우리의 증조부와 증조모 세대까지 사람들은 대개 해가 지자마자 잠자리에 들었다. 아득한 옛날부터 밤은 늘 두려움의 대상이었다. 특히 달빛이 없는 밤이나 어둠이 끝나지 않을 것 같은 겨울에는 더더욱 그랬다. 고대와 중세 시대에 밤은 야생동물은 물론 취객과 도둑, 노상강도, 살인자, 그리고 때로는 침략군의 것이었다. 그래서 밤이 오면 사람들은 모닥불 주위나 장벽 뒤, 집, 농장, 성, 여관, 선술집, 매음굴 안으로 모여들었다. 중세 시대를 거치는 동안, 인쿠비incubi와 수쿠비succubi로 불리는 악마들이 사람과 성적 관계를 맺기 위해 각각 여성과 남성의 꿈에 나타날 수 있다는 믿음이 퍼지기 시작했다. 밤의 위험성과 꿈의 환상성을 의식하기 시작하여 어둠의 시기가 무서운 환상으로 가득해지고 보호를 위한 명상과 기도, 주문을 사용한 것도 놀라운 일은 아니다.[15]

　성인들은 대개 밤에 일차 수면과 이차 수면으로 나누어 자는 경우가 흔했는데, 자정쯤 짧게 깨어 있는 시간에 기도와 식사, 실 잣기, 대화, 애정 행위를 했다. 하지만 기독교 수도사들의 수면 습관은 엄격히 통제되었고, 아침 기도를 위해 새벽 2시에 일차 수면을 끝냈다. 이것은 베네딕토회 수도사들이 이차 수면에서 일반적으로 나타나는 꿈이 풍부한 단계, 즉 렘수면을 박탈당했다는 뜻이다. 렘수면을 통째로 빼앗기면 신기하게도 보상을 위한 수면 반동이 격렬해져서 이후 수면 시간과 강렬한 꿈이 늘어난다. 가장 오래된 가톨릭 수도회인 성 베네딕토회는 이차 수면을 금지했지만 저녁에 잠깐 눈을 붙이는 것은 허용했다. 11세기, 프랑스 베네딕토회의 수도사 라울 글라베르Raoul Glaber는 안 그래도 미신을 믿는 데다 졸음이 쏟아지는 상황에서 악마가 종소리를 무시하고 이차 수면의 "달콤한 휴식"에 항복하라며 유혹하는 바람에 괴로웠던 일을 기록으로 남겼다. 그러나 꿈에 밤의 악마가 나타나 성적으로 유혹하리라는 두려움과 함께 천사와 성인들이 나타나 신의 의도를 보여주리라는 기대도 있었다.

12세기부터 프랑스에서는 이단을 박해하는 데 전념하는 가톨릭 기관들이 운영되기 시작했다. 대부분 도미니코회와 연관된 이 기관들은 종교재판으로 알려졌다. 이후 몇 세기 동안 광란의 박해는 독일과 스페인, 포르투갈로 퍼지고 이어서 아메리카와 아시아, 아프리카의 식민지로 향했다. 수천 명의 사람이 흑마술을 썼다는 혐의를 받고 자비로우신 신의 이름으로 종교재판에 회부되어 고문당하고 처형당했다. 또한 12세기에는 교회 안에서 고해성사가 일상화되면서 사제가 모든 구성원의 사적 비밀을 알게 되었다.[16] 용서하는 사람과 고발하는 사람의 역할을 동시에 맡게 된 가톨릭 사제는 어느 때보다 꿈 해석의 모순에 직면해야 했다. 이단의 꿈을 죄로 여겨야 할까? 잠든 사이에 경험한 생각으로 인해 깨어나서 비난받거나 처벌받아도 될까?

이 끔찍한 질문을 맞닥뜨린 성 토마스 아퀴나스는 13세기 교회에서 이성을 수호하던 사람으로서, 그리고 신플라톤주의가 1000년 가까이 이어진 뒤 아리스토텔레스식 귀납법의 부활에 가장 큰 책임이 있는 사람으로서 단호히 "아니요"라고 답했다. 어쨌든 모든 꿈이 '진실'인 것은 아니다. 이 말은 그의 가장 영향력 있는 저서 중 하나인《신학대전》에 73회나 등장하며 꿈의 중요성을 강조한다. 이 저서에서 라치오 태생의 이 신학자는 다음과 같이 말한다.

인간이라면 누구나 하는 경험을 부정하는 것은 비합리적이다. 꿈이 미래를 암시한다는 것은 이제 모두의 경험이다. 따라서 꿈이 예언에 미치는 효력을 부정해봤자 아무 소용없고, 꿈 이야기를 듣는 것은 적법하며……. 앞에서 언급했듯 잘못된 견해에 근거한 예언은 미신이고 불법이다. 그러므로 우리는 꿈을 통해 미래를 예측할 때 무엇이 진실인지 고려해야 한다. 꿈은 때로 미래에 발생할 일의 원인이 된다. 예를 들어, 꿈에서 본 것 때문에 마음이 불안해지면 뭔가를 행하거나 피하게 된다. 꿈은 때로 미래에 일어날 일의 징조이지만, 그것이 꿈과 미래에 일어날 일의 공통 원인으로 언급될 수 있는 경우에 한하며……. "만약 너희 가운데 주의 예언자가 있다면, 내가 그의 눈앞에 나타나거나 그의 꿈에 찾아가 말할 것이다." 그러나 특정 이미지들이 잠든 사람에게 나타나는 것은 악마의 소행 때문인데, 가끔은 이런 식으로 미래와 관련된 것들이 드러나기도 한다.[17]

이 구절에서 토마스 아퀴나스는 꿈 해석의 문제에 새로운 관점을 더했다. 그는 꿈의 예측이 얼마나 정확한지는 신성의 증거가 아니라고 주장했다. 교회는 꿈의 예지적 성격은 인정했지만 개인이 직접 꿈의 인도를 받는 것이 가능한지에 대해서는 회의적이었다. 14세기 이탈리아의 도미니코회 수사인 야코보 파사반티Jacopo Passavanti는 미덕과 죄악에 대한 교훈을 전하기 위해 쓴 설교집《참다운 속죄의 귀감The Mirror of True Penitence》에서 "꿈에 관한 논문"을 통해 "새벽녘에 만들어지는 꿈은…… 그 무엇보다 참된 꿈이며 의미가 가장 잘 해석될 수 있다"라고 결론짓는다.[18] 단테 알리기에리는 자신의 저서인《신곡》에서 예지몽은 아침에 꾸는 꿈이라고 단언하며 이 관점을 되풀이한다.[19]

독수리의 항변

독일의 신학자이자 기독교의 위대한 개혁가인 마르틴 루터도 꿈과 애증의 관계에 있었다. 루터는 수도사 생활을 시작할 무렵 얀 후스Jan Hus의 설교를 알게 되었다. 보헤미아 출신의 종교 지도자였던 그는 100년 전 설교를 하던 중 가톨릭의 면죄부를 거부했다는 이유로 이단으로 몰려 화형당했다. 젊은 수도사 루터는 개혁가의 죽음에 관한 이야기에 매료되었다. 사형 집행인이 불을 붙이러 다가오며 말했다. "이제 우리는 거위를 요리할 것이다." 후스는 보헤미아 방언으로 거위를 뜻한다. 그러자 사형수는 기이한 예언을 했다. "맞소." 그는 대답했다. "허나 100년 안에 그대가 닿을 수 없는 독수리 한 마리가 찾아올 것이오."[20]

　　루터는 자신과 마찬가지로 면죄부를 판매하는 성직 제도에 대해 반감이 있던 후스를 기준으로 삼았다. 1517년 10월 31일에 루터는 위험한 길을 걷게 되리라는 것을 알면서도 비텐베르크성의 교회 문에 반박문을 게시했다. 루터 이전에 이미 많은 사람들이 화형당했고, 이후에도 많은 사람이 화형을 당할 것이 분명했다. 교황 레오 10세가 반박문을 철회하라고 명령했지만, 루터는 교황 칙서를 불태워버림으로써 거부 의사를 여지없이 드러냈다. 루터는 황제에 의해 파문당하고 신성 로마 제국의 황제 카를 5세에 의해 사형선고를 받았다. 루터를 구금 중이던 작센의 선제후(황제 선거권을 가진 신성 로마 제국의 영주-옮긴이) 프리드리히 3세는 격분하여 앙갚음하려는 적들에게 그를 넘겨주어야 했다. 그러나 모두의 예상과 달리 프리드리히 3세는 루터를 보호했고, 그 덕에 이 신학자의 신념도 살아남아 유럽 전역으로 종교개혁을 퍼뜨릴 수 있었다. 이 놀라운 이야기에는 중요한 꿈이 등장한다.

　　이 시기의 연대기 작가들에 따르면, 프리드리히 3세는 루터가 교회 문에 반박문을 게시하기 전날 밤 꿈에서 신의 계시를 받았다. 그는 그 일을 다음과 같이 설명했다.

　　나는 다시 잠들었고 꿈속에서 전능하신 하느님이 내게 수도사를 하나 보내셨는데, 그는 사도 바울의 친아들이었다. 그는 어떤 음모도 꾸미지 않았고 그가 하는 행동은 전부 하느님의 의지에 따른 것임을 내 앞에서 증언하고 단언하기 위해 하느님의 명령을 받은 천사들이 그와 동행했다. 그들은 내게 그가 비텐베르크성의 교회 문에 뭔가를 쓸 수 있도록 자비와 친절을 베풀어달라고 부탁했다. 나는 교구장에게 허락을 구했다. 그리고 얼마 지나지 않아 그 수도사는 교회에 가서 슈바이니츠에서도 읽을 수 있을 만큼 아주 커다란 글자를 쓰기 시작했다. 그가 사용한 펜은 너무 커서 그 끝이 머나먼 로마에 가 닿았고 웅크리고 있던 사자의 귀를 뚫었으며 교황의 머리 위에 있는 삼중관을 흔들었다. 추기경과 영주들은 삼중관의 추락을 막고자 황급히 달려갔다. 그대와 나 역시 돕고자 했고, 내가 팔을 뻗었지만, 그 순간 허공에 팔을 내지르며 깨어나는 바람에 깜짝 놀랐고, 펜을 제대로 관리하지 못한 수도사에게 너무 화가 났다. 나는 꿈일 뿐이라며 나 자신을 진정시켰다.

나는 비몽사몽간에 한 번 더 눈을 감았다. 그리고 꿈으로 되돌아갔다. 펜 때문에 짜증을 내던 사자가 온 힘을 다해 포효하기 시작하자 전 로마시와 신성 로마 제국의 모든 연방국이 무슨 일인지 확인하러 몰려갔다. 교황은 수도사에게 맞서라고 그들에게 요구했고, 그가 내 나라에 있다는 이유로 나를 유난히 더 닦달했다. 나는 다시 깨어나 주기도문을 반복하며 하느님에게 그의 신성함을 지켜달라고 간청한 뒤 또다시 잠이 들었다.

꿈으로 돌아간 나는 제국의 모든 선제후와 함께 서둘러 로마로 가서 펜을 부러뜨리려고 연달아 달려들었지만, 애를 쓰면 쓸수록 펜은 더 단단해졌고 쇠로 만들어진 듯한 소리를 냈다. 우리는 한참 만에 그만두었다. 그리고 나는 수도사에게 펜이 어디서 났는지, 그리고 왜 그렇게 단단한지 물어보았다(나는 꿈에서 로마와 비텐베르크를 오갔다). "이 펜은," 그가 답했다. "보헤미아에 있는 백 살 먹은 늙은 거위의 것입니다. 예전 은사님 중 한 분께 받았지요. 견고하기로 말하자면 핵심이나 정수를 뺏는 것이 불가능할 정도여서, 저 역시도 깜짝 놀랐습니다." 갑자기 큰 소리가 들리더니 수도사의 긴 펜에서 수많은 펜이 쏟아져 나왔다. 세 번째로 깨어났을 때는 대낮

이었다.[21]

이 꿈이 교황과 황제에 용감히 맞서며 루터를 옹호한 프리드리히 3세에게 깊은 영향을 주었을 수 있다. 순전히 정치적 이유에서 프리드리히 3세가 루터를 지지한 것을 정당화하기 위해 지어진 맞춤형 이야기라고 추측해볼 수도 있다. 어느 쪽이든 루터 자신은 꿈의 진실성에 대해 매우 회의적이었으며, 실제로 신성하게 여기던 극소수의 환각에 대해서만 믿음을 유보했다.

무의미한 꿈

유럽에서 민족국가가 형성되고 중상주의mercantilism의 초기 단계에 접어들면서 꿈 해석은 공적 영역에서 영원히 멀어졌다. 16세기경에 기독교는 이미 꿈의 계시를 나쁘게 말하면 신성 모독과 지옥살이의 원인, 좋게 말하면 무의미한 것으로 여기기 시작했다. 1600년, 이탈리아의 사상가 조르다노 부르노Giordano Bruno의 투옥과 처형으로 이어진 재판에서 드러나듯 꿈의 환각은 이단의 표식으로 간주되기 시작했다. 과학과 자본주의의 뿌리인 합리주의가 출현하면서 18세기에는 꿈에 대한 불신이 더욱 깊어졌다. 무역과 관련해 중대한 결정을 내릴 때 꿈에 의지하는 것은 합리적이지 않을 뿐만 아니라 상업적으로도 정당하지 않았다. 왕궁의 신관들은 모두 왕과 왕비에 대한 영향력을 잃었다. 프로테스탄티즘의 여러 교파, 특히 종교적 번영을 추구하는 데 전례 없이 실용적인 칼빈주의가 꿈과 멀어진 것은 우연이 아니다. 몇 세기 지나지 않아 꿈의 정의와 의미가 완전히 다르게 이해되기 시작했다.

꿈은 초월적인 영감에서 본능의 소동으로 추락했고, 무방비 상태로 잠든 몸에 남아 있는 감정의 반영에 불과하다고 여겨졌다. 이는 부족한 자극과 배고픔과 갈증, 그 밖의 순간적 욕구와 같은 신체 상태를 자질구레하게 반영하는 데서 기인했다. 16세기 프랑스 작가인 프랑수아 라블레François Rabelais는 분변학을 바탕으로 악몽을 소화불량의 불가피한 산물로 해석하였고, 계몽주의 시대의 철학자이자 수학자인 르네 데카르트는 꿈의 예지력에 대해 회의적인 입장을 취하며 앞선 주장들과 같은 수준으로 깎아내렸다. 데카르트는 젊은 시절에 유의미한 꿈의 계시를 직접 경험했다고 주장했다. 다뉴브 강둑에서 펼쳐진 강렬한 그 꿈들이 해석기하학과 체계적인 방법적 회의론에 영감을 주었다. 하지만 더 나이가 들어서는 꿈은 깨어 있을 때 받은 인상에서 유래한 단순한 환각 상태라고 정의했다.[22]

한편, 같은 시기에 꿈을 꿈의 구성 요소에 대해 미리 정해진 해석에 맞추어 설명하는 논문이 많이 발행됐다. 인쇄술의 발명으로 오늘날 모든 가판대에서 찾아볼 수 있는 상징에 대한 해독을 바탕으로 한 꿈 해석 매뉴얼(《이스카 자치추》)이 상업화되기 시작했다.

무의식으로부터 온 메시지

꿈이라는 현상이 싸구려 연재물로 전락한 상황에서 지그문트 프로이트는 자신만의 이론을 발전시켰다. 그 과정에서 꿈은 합리적 연구의 대상, 인간의 심리를 이해하는 데 가장 중요한 생물학적 현상으로 재조명 받았다. 정신분석은 꿈과 관련된 고대 관습으로의 회귀가 특징이며, 꿈 해석을 상징의 그물망과 그 안에 있는 아주 복잡하고 풀기 어려운 고르디아스의 매듭을 탐구하는 데 꼭 필요한 수단으로 삼는다.

프로이트는 꿈을 인간의 삶 한가운데로 되돌려놓았다. 이는 꿈꾸는 사람의 정신 구조가 꿈 안에 선명히 드러난다는 관찰 결과에서 시작되었다. 특히 꿈은 상징적 관계의 풍부한 원천으로서, 치료에 적합한 단어 연상을 자세히 살피기 위한 경청의 과정을 통해 정신적 삶을 이해할 수 있게 한다. 1900년에 출간된 《꿈의 해석》은 깨어 있는 삶에 대한 기억을 해독하기 위해 밤에 겪은 일을 중점적으로 다루는 정신분석의 근간이었다.[23]

이 책에서 프로이트는 꿈을 "무의식에 이르는 왕도"라고 표현했다. 또한 그는 꿈에 담긴 깨어 있는 시간의 주간잔재가 꿈의 내용을 설명하는 데 어느 정도 도움을 준다고 주장했다. 그러나 더 강한 동기부여는 억눌린 욕망, 즉 이미 일어난 일이 아니라 아직 일어나지 않았거나 어쩌면 절대 일어나지 않을 일을 바라면서 생겨난다. 꿈에 나타나는 주간잔재를 분석하는 과정에서 프로이트는 꿈 해석을 위한 고정된 해답을 수용할 가능성을 일축하고, 대신 꿈을 꾼 당사자나 그의 가장 내밀한 심리적 맥락을 잘 아는 사람만이 그 꿈을 해석할 수 있다고 말했다. 그와 동시에 유대인인 프로이트는 꿈의 평범화를 거부하고, 꿈꾼 사람에게 꿈이 전하는 심오한 의미를 인정하고 복원했다. 유대교의 경전인 《탈무드》와 마찬가지로 정신분석에서도 "해석되지 않은 꿈은 읽지 않은 편지와 같다"라고 생각한다.[24] 과거의 이미지들로 구성되고 현재의 욕망에 좌우되는 편지를 주의 깊게 읽는 것만으로도 미래를 바꿀 수 있을지도 모른다.

이번 장에서는 꿈을 인간 의식의 주춧돌로 설정하기 위해 한 걸음 물러서서 시야를 넓히고 역사적 배경을 설명했다. 이제 한 걸음 더 나아가기 위해 다음 장에서는 오늘날 우리가 어떻게 꿈을 꾸는지를 이해해보자.

4장

꿈의 해석

19세기 말에 전깃불이 발명되고 널리 퍼지자 일몰 후에도 활동을 이어나가는 것이 흔해졌다. 미국인들이 수면에 할애하는 평균 시간은 1910년에는 9시간이었는데, 불과 65년 뒤에는 7시간 반으로 줄어든 것으로 추정된다.[1] 인공광이 명암주기의 효과와 겹쳐 부정적인 효과를 초래하면서 일주기성 리듬, 즉 지구가 축을 중심으로 자전하는 23시간 56분 4초에 맞춰진 생물학적 리듬이 어긋나기 시작했다. 깨어 있는 삶이 전례 없는 탐욕으로 밤을 점거하면서 야간 수면을 두 개의 개별 주기로 분리하기가 더 어려워졌고, 오늘날 전 세계 대부분 지역에서 흔히 볼 수 있는 6~8시간의 단일 수면주기가 생겨났다. 우리는 이 사적이고 내성적이며 아담한 정신 공간에서 꿈꾸는 능력을 발전시킨다.

오늘날 우리는 대개 상황이나 사람의 간단한 이미지부터 제법 생생하고 구체적인 장면까지 경험의 파편들을 떠올리고 짜깁기하여 마치 실제 상황과 같은 꿈을 경험한다. 놀랍게도 꿈은 하나의 주제가 있는 것은 물론 하나의 주제와 관련이 있고 서로 연결된 여러 단위로도 구성될 수 있다. 외상에 의한 꿈은 은유적이기보다는 하나의 기억을 사실적이고 기분 나쁜 방식으로 되풀이하는 경향이 있는 반면, 끔찍한 공포와 거리가 먼 일상의 꿈은 소소한 사건이 한데 뒤섞인 잡탕이다.

이러한 꿈의 특성을 체계적으로 파악한 최초의 인물이 바로 미국의 심리학자 캘빈 S. 홀Calvin S. Hall이다. 그는 평생에 걸쳐 꿈에 관한 기록을 5만 건 이상 수집했다. 홀은 1933년 캘리포니아대학 버클리캠퍼스에서 심리학 박사과정을 마치고 에드워드 톨먼Edward Tolman 밑에서 수학했는데, 톨먼은 쥐들에게서 관찰된 복잡한 인지 기술('목적적 행동주의')을 설명하기 위해 의도성을 일부 받아들인 선견지명의 과학자였다. 홀은 설치류의 행동 유전학 연구로 이름을 알렸으며, 케이스웨스턴리저브대학의 심리학과장이 되어서 인간이 꾸는 꿈의 내용을 연구하였다. 홀은 인간이 꾸는 꿈에 나타나는 여러 요소 중 각본과 등장인물, 대상, 상호작용, 좌절, 감정을 기록하고 정량화하기 위한 꿈의 성문화 체계를 개발했다. 홀의 연구는 확장되었고, 1962년 홀 밑에서 박사학위를 마친 캘리포니아대학 산타크루스캠퍼스의 심리학자 윌리엄 돔호프William Domhoff가 지금까지 그의 연구를 이어가고 있다. 돔호프와 그의 동료 애덤 슈나이더Adam Schneider는 꿈에 관한 기록을 2만 건 이상 보유한 데이터베이스에 누구나 접근할 수 있도록 드림뱅크www.dreambank.net를 설립하여 꿈의 과학에 엄청난 기여를 했다.[2]

지난 수십 년간 많은 연구자가 꿈의 서사를 대규모로 수집하려고 함께 노력해왔다. 예를 들어 보스턴대학의 미국인 신경과학자인 패트릭 맥나마라Patrick McNamara는 꿈의 서사를 25만 건 이상 보유한 플랫폼인 드림보드www.dreamboard.com를 관리하고 있다. 대용량 데이터세트를 이용한 이 연구의 주된 결론은, 문화 차이가 크더라도 사람들의 꿈에는 차이점보다 유사점이 더 많다는 것이다.[3] 각성과 수면에는 보통 주제의 연속성이 나타나며, 이것은 프로이트의 개념인 주간잔재를 뒷받침한다. 그러나 꿈은 반사실적 상황counterfactual situation,[4] 즉 아직 일어나지 않았지만 일어났을 수 있거나 일어날 수 있는 일[5]을 시뮬레이션할 수 있는 특권을 가진 공간이기도 하다.

평범한 일상에서 소소한 문제들을 겪는 사람은 이치에 맞지 않고 해석하기 어려운 꿈을 꾼다. 이러한 꿈은 사각의 천을 이어 붙인 조각보처럼 고유한 패턴과 내적 논리는 있으나 응집력이 없다. 반대로 심각한 병에 걸리거나 격렬한 분쟁을 겪는 등 험난한 시험대에 놓인 사람은 그 상황을 극복하기 위한 명확하고 구체적인 메시지가 담긴 꿈을 꿀 수 있다. 그러므로 꿈을 정확히 해석하는 것은 대단히 중요하다.

위에서 언급했듯 외상에 의한 꿈은 주제가 하나이고 은유적이지 않으며 누가 봐도 무시무시한 방식으로 하나의 기억을 반복하는 경향이 있다. 반면 깊은 의미를 지닌 꿈은 강력한 은유를 사용하여 유년기와 청소년기, 성인기, 노년기의 과도기는 물론 사회적 지위가 상승하거나 하락하는 등의 주요 변화를 표현한다. 이처럼 '중요한 꿈big dream'은 모든 상징이 완벽하게 들어맞듯 광범위한 표상이 섬세하게 엮인 것이 특징이다.

둘째 아들 세르히오가 태어난 날 밤 아내가 내게 현대적 맥락에 있는 '중요한 꿈'의 기막힌 예를 들려주었다. 나탈리아는 주기적 진통이 시작된 후 해먹에 누운 채로 잠들었다가 한 번도 본 적 없는 외할머니가 나오는 꿈을 꾸었다. 외할머니가 살랑살랑 흔들리는 해먹으로 표현된, 더 정확히 말하면 외할머니가 해먹으로 등장하는 비범한 세부 사항에도 불구하고, 오히려 지극히 감정적이면서 생생한 꿈이었다. 해먹이 된 외할머니는 손녀의 머리칼을 매만지며 온화한 노부인의 목소리

115

로 너를 만나고 싶었다고, 나와 비슷한 기질을 가졌으니 너 역시 침착하고 좋은 엄마가 될 거라고, 그리고 내가 이번 생애와 다른 생애에 출산할 때 매사가 순조로웠으니 너 역시 모든 일이 잘 풀릴 거라고 다정히 말했다. 나탈리아는 외할머니를 만난 행복감에 흐느끼며 깨어났고 축복을 받은 것처럼 미래를 낙관적으로 마주할 용기로 충만해진 기분이었으며, 이 경험은 나중에 아주 유용했다. 어느 때보다 강력하고 빈번한 진통이 보기 드물게 43시간이나 지속되었지만 자궁문이 전혀 열리지 않아서 제왕절개 수술을 해야 했기 때문이다.

　이 특별한 모험의 서사는 고대 신화의 꿈들을 그대로 흉내 낸다. 예를 들어, 이 꿈은 2장에서 언급한 바이킹의 여왕 랑힐이 꾼 꿈을 상기시킨다. 랑힐의 망토를 붙잡은 가시는 거대한 나무로 자라난다. 뿌리는 땅속 깊이 파고들고 가지는 스칸디나비아 전역은 물론 그 너머를 뒤덮을 만큼 널리 뻗어나가는데, 이는 그녀의 아들과 그 자손들이 비옥한 노르웨이 왕국에 세울 왕조를 상징한다. 이러한 해석은 랑힐 가문의 이해관계에 꼭 들어맞았으며, 그들의 권력을 강화하고 예언을 위한 수단으로 쓰였을 것이다. 이러한 이유로 그 꿈이 실제로 있었다면 그것에 대한 주관적 경험은 랑힐이 자신의 운명이 맞이할 지정학적 결말을 파노라마처럼 볼 때까지 일상의 정원에서 강력하고 신비로운 상징을 통해 그녀의 감정을 자극하고 압도했을 것이다.

　랑힐의 꿈은 페르시아 제국 초반에 만다네 공주가 꾼 꿈과 비교해볼 만하다. 만다네 공주는 열매가 잔뜩 달린 포도덩굴이 자신의 생식기에서 튀어나와 아시아 전역을 뒤덮을 정도로 뻗어나가는 꿈을 꾸었다. 1500년에 가까운 시간차를 두고 지구 반대편에서 만다네와 랑힐은 행성 규모의 비옥한 나무들과 그들이 설립한 고귀한 왕조를 연결 짓는 꿈의 상징을 매우 유사하게 경험했다. 앞으로 살펴볼 내용처럼 꿈의 서사를 정치적으로 이용한 사례는 모든 역사 기록에 나타나며, 그것의 신뢰성에 대해 의구심을 불러일으킨다.

평범한 꿈의 다양성

신화와 역사는 연합과 충돌, 승리와 무력감, 기쁨과 좌절, 성공과 실패 같은 꿈의 서사로 가득하다. 오늘날 우리가 꾸는 꿈의 플롯을 이 믿기 어려운 과거의 사례들과 비교할 수 있을까? 오늘날 우리가 꾸는 꿈의 논리를 이해하려면 그것의 엄청난 다양성과 문화 특이성 그리고 전후 맥락과의 밀접한 관계를 고려해야 한다. 예를 들어 아프리카에서는 어떤 사람이 꿈에서 다른 사람들을 위한 메시지를 받는 꿈의 삼각화dream triangulation를 쉽게 볼 수 있다.[6] 문화적 차이를 넘어서 꿈꾼 사람의 불안과 기대를 반드시 파악하여 눈앞의 현실을 내다보고 현안들의 가능한 해법이나 대안을 시뮬레이션해야 한다. 밑에서 제시할 일련의 꿈들은 드림뱅크 또는 친인척과 친구들에게서 직접 수집한 것으로, 이러한 가능성을 명확하게 보여준다. 생활양식의 유의미한 변화는 다음의 예처럼 해석하기 쉬운 꿈을 유도하는 경향이 있다.

28세의 한 여성이 타지에서 몇 달간 교육을 받으며 매우 자유롭게 사고하고 행동하다가 업무량이 많고 엄격하며 단조로운 원래 직장으로 돌아갈 준비를 하고 있었다. 예전 업무로 돌아가기 며칠 전, 그녀는 교복 차림으로 지루한 수업을 들어야 했던 중학교 시절로 돌아가는 꿈을 꾸었다. 그녀는 수업 몇 개를 빼먹었고, 황금색 운동화를 신을 수 없어서 짜증이 났다. 이 꿈을 통해 그녀는 아이들의 행동을 제약하여 돌보이려는 욕구를 억누르고 반항심을 조장하는 시절로 돌아간 기분을 생생하게 느꼈다.

시험과 관련해서 구체적인 지식이나 기술을 미리 떠올려보거나 나쁜 결과가 나올까 봐 걱정하거나 성공을 축하하는 꿈도 아주 흔하다. 책이나 기사, 석·박사 논문을 쓰는 사람들은 종종 해결해야 하는 문제와 가능성 있는 해법을 가시화하는 강렬한 꿈의 단계들을 경험하기도 한다. 이러한 꿈들은 당사자가 실제로 어떻게든 유망한 실체를 만들어내야만 사라지는 경향을 보인다. 논문 심사나 채용 면접관 앞에서 발표하기 전에 컴퓨터가 망가지거나 프로젝터가 폭발하거나 그 밖의 기술적인 문제로 발표가 위태로워지는 꿈을 꾸는 일도 비일비재하다. 이런 종류의 꿈은 사고와 부주의에 대해 경고하고, 과거에 했을 법한 실수를 다음 날 되풀이하지 않도록 대비시킨다.

그는 나를 사랑한다, 사랑하지 않는다

몇 가지 꿈들은 문제 해결의 진정한 열쇠로 해석될 수 있지만, 대부분의 꿈은 그저 우리의 감정을 은유적으로 나타낼 뿐이다. 애정 문제보다 꿈에 자주 나타나는 것은 드물며, 청소년기에는 더더욱 그렇다. 이 단계에서 수집된 꿈들은 사회 불안, 정서의 모호성, 모순된 욕망, 가능성 있는 구혼자들 사이에서의 망설임, 행동 방식에 대한 내적 갈등, 관계에서 번갈아 나타나는 수동적 역할과 능동적 역할, 사랑으로 인한 좌절과 좋아한다, 좋아하지 않는다 같은 확률 게임에 대한 기대를 명확히 보여준다. 한 예로 13세 소녀의 이야기를 살펴보자.

나는 예뻐서 인기가 많았고, P가 졸업식 파티에 함께 가자고 하길래 당연히 "좋아!"라고 말했다. 다음 날 JC라는 진짜 귀여운 남자애가 학교에서 졸업식 파티에 함께 가자고 묻길래 또 "좋아!"라고 말했다. 그러고 나서 나는 두 사람 모두에게 좋다고 말한 것을 깨달았는데, 걔들은 둘 다 너무 귀엽고 멋진 데다 내 애창곡들을 부르고 있었다. 가장 큰 고민은…… 둘 중 누구를……. 친구한테 전화해서 한 명을 골라달라고 했더니 친구가 전화를 끊어버렸고, 그 순간 나는 꿈에서 깨어났다!! (…) 가장 이상했던 건 어느 파티에서 나는 제레미라는 남자를 만나 사랑에 빠졌고, 그가 날 좋아한다는 걸 알게 되었다. 꿈에서 예상한 것과 거의 똑같았다. 좋은 꿈이었다!

젊은이의 애정 생활은 낯선 사람들과 새로운 관계를 맺으며 시작되고, 살아 있는 가족이나 고인이 된 가족 구성원들로 이루어진 기존의 사회적 관계에 낯선이들을 어떻게 포함시킬지 고민하게 한다. 19세의 한 젊은 여성이 자신이 사는 대학 기숙사에서 다른 대학으로 떠나는 남자친구에게 작별 인사를 하는 꿈을 꾸었다.

그가 내게 작별 키스를 하려고 했지만, 한 트럭쯤 되는 내 친구들이 우리를 지켜보고 있었고 우리의 관계를 탐탁지 않아 해서 망설여졌다. 그가 떠나고 방으로 돌아가 보니, 출처를 알 수 없는 물건들이 가득 차 있었다. 새 룸메이트가 있었고, 낯선 남자가 샤워실에서 나오더니 몸에 두른 수건을 벗고는 경악스러운 눈빛으로 나를 쳐다보았다. 그러고 나서 엄마 집에 갔는데 이미 세상을 떠난 우리 집 강아지가 있었다.

성인기로 접어들 때 겪는 특유의 감정들이 과거의 이미지들과 섞이며 불안한 서사를 만들어낸다. 서사의 주제는 강력한 성적 끌림과 그것의 생식적·직업적 영향, 무리로부터 인정받고 싶은 욕구, 꿈에 나오는 부모의 상징이 나타내는 도덕적 판결, 사회적 부적절함, 거절에 대한 두려움을 포함한다. 선택해야 한다든지, 버려진다든지, 사랑받지 못한다든지 하는 것들 모두 보편적 주제이며, 갑작스러운 전환과 극적인 등장 없이 불쑥 나타나는 인물들, 느닷없이 바뀌는 장소 그리고 아는 사람들과 모르는 사람들이 한데 어우러지면서 연결된다.

마음을 훔치다

스리섬threesome, 포섬foursome은 물론 요즘은 폴리아모리 polyamory와 폴리히드럴 n-섬polyhedral n-some도 애정 관계에서 점점 흔해지고 있다. 그렇다 해도 욕망에 휘둘려 고통받고 질투와 후회, 지나간 것에 대한 갈망으로 무너지는 경우는 대개 두 사람이 상호 배타적인 사랑에 빠졌을 때다. 새로운 사랑을 발견하면서 오래된 사랑의 뼈대를 뒤흔드는 것은 그리스 비극의 어떤 플롯보다 훨씬 더 신비롭다. 꿈은 아주 초창기부터 애정의 징후를 포착하고 가장 깊숙한 내면의 급격한 변화를 감지하는 놀라운 능력이 있으며, 이것의 감정적 영향은 종종 며칠이나 몇 주, 몇 달 동안 배양된 후에 정복, 이별, 재회의 서사시로 폭발한다. 어쭙잖은 연애편지를 써본 적이 없는 독자라면 이 부분은 건너뛰어도 좋다.

사실 꿈은 한 사람의 정서 변화가 육안으로는 보이지 않을 때도, 실제로 꿈을 꾸고 나서 자신의 감정을 인지하지 못할 때도, 그 변화를 감지할 수 있는 정교한 센서이다. 아이가 없는 기혼 남성이 자기보다 어리고 본인처럼 아이는 없는 기혼 여성과 남몰래 사랑에 빠졌다. 아래에서 설명할 꿈을 꾼 시점에는 이 여성을 업무상 몇 번 만났을 뿐이었고 주변에 늘 다른 사람들이 함께 있었다. 두 사람이 언젠가 연인으로 발전할 수 있다고 믿을 만한 이유가 전혀 없었고, 그들의 관계는 분명

순수함과 자위 이상은 존재하지 않는 한낱 환상 또는 에로틱한 우정에 불과했다. 그러나 그녀를 만나고 몇 주 만에 그는 자기를 찢어발기려는 무리가 몽둥이와 돌을 들고서 어둡고 스산하고 황폐한 길을 위협적으로 걸으며 자신의 집으로 다가오는 꿈을 꾸었다. 무리의 우두머리는 그 여성의 남편이었다. 1년 후 남편과 헤어진 그녀는 꿈속 주인공과 뜨겁고 불안정한 연애를 시작했으며, 상황이 안정되고 나서는 아이들도 낳았다.

사랑하지 않는 단계

연인과 이별하는 과정에서 꾸는 꿈은 그 자체가 하나의 범주이다. 전형적인 패턴이 있기 때문이다. 여기에는 상실로 인한 악몽, 그리고 관계를 회복하거나 상대를 다른 사람으로 대체함으로써 단순히 욕구를 충족하는 꿈도 포함한다. 러시대학Rush University 메디컬센터 소속인 미국의 심리학자 로절린드 카트라이트Rosalind Cartwright는 최근 이별을 경험한 사람들을 대상으로 수면다원검사를 여러 차례 실시하고 렘수면 중에 깨워서 무슨 꿈을 꾸었는지 설명하게 했다. 이를 통해 전 배우자에게 마음을 쓰는 정도는 그 사람이 꿈에 나오는 빈도와 비례한다는 것을 알아냈다. 우울 증상이 나아지지 않는 환자들은 피폐한 꿈을 꾸는 데 반해, 우울 증상이 나아지고 있는 환자들은 잘 짜여 있고 적절한 정서와 연관성이 풍부한 꿈을 많이 꿨다. 또한 전 배우자와 다소 거리를 두거나 우연히 만나는 꿈을 자주 꾼 환자들은 전 배우자에 대한 꿈을 드물게 꾸지만 한 번 꾸면 부정적 감정에 압도되는 환자들보다 더 좋은 예후를 보였다. 아래의 예들은 꿈을 통해 상실에 대한 적응의 어려움을 설명하고 이를 극복하기 위해 사용되는 은유와 이미지를 보여준다.

약간의 모험과 해외여행으로 로맨틱한 만남을 이어가며 불같은 사랑을 하던 한 커플이 외국에서 동거를 시작할 날짜를 정했다. 약속한 만남을 몇 주 앞둔 시점에 남자는 냉장고에서 독사가 나오는 악몽을 꾸기 시작했다. 그리고 얼마 지나지 않은 어느 슬픈 저녁, 여자가 전화를 걸어와 친척과 친구들이 그의 성격을 심하게 비난했다고 둘러대며 이별을 통보했다. 그렇게 간단히 여자에게 차인 남자는 몇 시간 후 어느 거대한 만(灣)의 밤바다를 표류하며 먼 해안의 불빛을 바라보는 꿈을 꾸었다. 상어가 무서워서 온몸이 마비될 지경이었지만, 조용히 지나가는 대형 선박들에서 흘러나온 기름으로 새까매진 바다를 그는 헤엄치고 또 헤엄쳤다. 마침내 폐허가 된 부두에 도착한 그는 수영복 바지만 입은 채로 거리로 나섰고, 노란 가로등 불빛 아래를 걸어 다니는 재앙과 같은 더럽고 축축한 자신의 모습을 연인에게 보여주었다. 꿈이 끝나갈 무렵 이미 반쯤 깬 상태였던 그는 꿈의 결과를 왜곡하여 젊은 여인이 자기를 다시 받아들이게끔 했다. 자신의 욕구를 억지로 실현하며 대단원의 막을 장식했지만, 잠에서 깨고 나니 왠지 씁쓸했다. 나중에 생각해보니 꿈에 나온 독사는 평판이 무너질 것에 대한 경고인 듯했고, 바다와 부두는 관계의 갑작스러운 종결로 인한 버려짐, 두려움, 무력감, 실패의 느낌을 아주 상세히 보여주었다.

서로 사랑했지만 자꾸 다른 사람과 사랑에 빠져서 오랜 세월 숱한 갈등을 겪으며 이별과 재회를 반복하던 부부가 있었다. 그들은 소란스러운 이별 과정에서 정서적 상실에 어떻게 적응하는지를 잘 보여주는 꿈을 잇달아 꾸었다. 남편은 혼외정사를 시작한 직후부터 새 여자친구와 함께 폭탄 테러를 저질러 부부의 차를 날려버리는 꿈을 꾸었다. 그다음에는 몹시 예뻐 보이던 전처가 서서히 자신의 여자친구로 변하는 꿈을 꾸었다. 또한 꿈속에서 그는 자신의 인생에서 중요한 사람들을 여러 명 잃었고, 전처가 새 남자친구와 함께 있는 침실로 향했다. 그러나 방 안에서 일어나는 일은 이제 자신과 상관없는 일이었기에 문을 열고 싶은 마음을 간신히 억눌렀다. 어떤 꿈에서는 전처를 끌어안은 자신을 보았는데, 두 사람은 여행용 배낭을 멘 채로 몸이 들썩일 정도로 울며 작별 인사를 했다. 다른 꿈에서는 여자친구가 있는데도 아내의 손을 잡고 문제를 어떻게 해결할지 고민하며 그 자리를 떠났다. 전처와 함께 사람들이 북적이는 사교 모임에 갔다가 그녀를 잃어버리는 꿈을 꾼 적도 있었다. 그는 그녀를 찾으려 했지만 찾을 수 없었고, 전화를 하려다가 자기가 들고 있는 휴대전화가 그녀의 것이라서 연락할 방법이 없음을 깨달았다.

이혼하고 1년 후, 남자는 재혼한 전처의 임신 사실을 알게 되었다. 곧바로 전처와 신원미상인 두 사람에 대한 꿈을 꾸었다. 어느 순간 그들은 다 같이 독극물 주사를 맞기로 했다. 그는 전처에게 독극물을 주사했고 그녀는 수영장 옆에서 고요히 죽음을 맞았지만, 정작 그 자신은 주사를 맞지 않았다. 얼마 지나지 않아 현실에서 적개심 가득한 양측의 전 배우자들이 직업상의 이유로 의도치 않은 만남을 갖게 되었다. 그러고 나서 그는 자신이 죽었다가 다시 살아 돌아와 전처를 격노하게 만드는 꿈을 꾸었다.

이처럼 같은 주제에 대한 과도한 변형은 남편이 새 아내와 전처의 새 남편을 선뜻 받아들이지 못한다는 사실을 뒷받침한다. 과거에 대한 의리와 새로운 미래를 살아가려는 결심 사이에서 갈피를 잡지 못하고 대척점에 있는 두 운명 사이에서 고통스럽게 흔들리며 남자는 다양한 방식으로 이별의 아픔을 겪고 있다. 그 과정에서 겪는 모든 감정과 일은 상징적 죽음이 실제 죽음과 달리 돌이킬 수 없는 것이 아니라는 사실을 반영한다.

작별하는 꿈

소중한 사람이 물리적으로 사라진 뒤에 꾸는 꿈은 낭만적 이별의 서사와 완전히 다르며, 그 자체로 하나의 범주를 형성한다. 아주 가까운 친척을 떠나보낸 한 남자가 그날 밤에 작은 자동차가 어두운 해안도로를 달리는 꿈을 꾸었다. 초승달이 뜬 밤이고, 해당 장면은 위에서 내려다보는 삼인칭 시점으로 묘사된다. 차 안에서 그는 일인칭 시점으로 해안을 집어삼킨 거대한 파도가 다가오는 것을 바라본다. 자동차는 굴하지 않고 계속 달린다. 같은 파도가 두 번 더 몰려오는 동안에도 자동차는 계속 달린다.

사랑하는 사람이 세상을 떠나면 그를 그리워하는 감정 자체, 부재에 대한 죄책감과 부정뿐 아니라, '죽은 사람이 내가 아니어서 다행'이라거나 '죽는 사람이 나일까 봐 너무 무섭다'라거나 '사랑하는 사람의 죽음이 너무 두렵다'처럼 도덕적으로 비난받을 만한 강렬한 감정적 반응이 꿈에 나타난다. 이러한 꿈들은 강력한 만큼 중요한 감정적 문제를 복잡하게 만들 수도 있고 혹은 해결할 수도 있다.

어떤 남자가 어릴 때 살인자의 손에 아버지를 잃었다. 그는 시신이 방부 처리되었다는 것을 알았고, 그 생기 없는 몸은 그의 상상 속에서 매우 깊은 인상을 남겼다. 그는 무척 밝고 외향적인 청소년으로 자랐고, 결혼한 뒤에는 마치 그 사건을 이미 극복한 사람처럼 수년을 잘 어우러져 살았다. 그러나 마흔 살쯤 되었을 때 아내가 갑자기 그를 떠났다. 그는 난생처음 우울증과 탈모에 걸렸고 치열한 심리치료를 시작했다. 그러고 나서 그는 치료사와 함께 아버지의 무덤 앞에 서 있는 꿈을 꾸었다. 사실은 평범한 무덤이 아니라 커다란 석조 금고였다. 치료사가 도끼로 부수고 들어가 보라며 그를 격려했다. 그가 그것을 부수고 깎아내기 시작했다. 이따금 멈추려고 할 때마다 치료사가 계속하라며 설득했고, 마침내 그들은 그 안으로 들어가 해골과 마주했다. 그것은 죽음, 평온 속의 진정한 죽음이었다. 그 꿈은 그가 우울증에서 벗어나기 시작했음을 보여주었다.

새로운 누군가가 찾아올 때

임신 기간과 출산 무렵에는 자손에 대한 꿈을 꾼다. 존스홉킨스 대학 연구진은 임산부 104명에게 유명한 속담, 꿈, 직감, 배 모양 등 어떤 방법을 이용해서든 아기의 성별을 추측해보라고 했다. 예비 엄마들은 간신히 평균 55퍼센트의 적중률을 보였는데, 그것은 우연에 의한 확률(50퍼센트)과 크게 다르지 않았다. 그러나 이 자료를 각각의 특정 방식에 따라 개별적으로 분석하자 아주 흥미로운 결과가 나왔다. '태아가 복부에 자리한 위치'(59퍼센트), '단순한 느낌'(56퍼센트), '이전 임신과 비교'(59퍼센트)와 같은 여러 방법이 무작위로 효과가 있었던 것과 달리 꿈에 근거한 직감은 아기들의 성별을 75퍼센트나 맞혔다. 12년 이상 교육받은 여성들의 꿈은 100퍼센트의 적중률을 보였다.[7] 표본이 적다는 점을 고려하더라도 대단히 흥미로운 결과였다.

임신 기간 동안 꾸는 꿈에는 보통 기대감과 두려움, 기쁨이 눈에 띄게 나타난다. 임신 7개월인 엄마가 아직 아기의 이름을 짓지 못해 스트레스를 받고 있었다. 그러던 중 갓 태어난 아이를 품에 안고서 남편에게 이름을 뭐라고 부를지 물어보는 꿈을 꾸었다. 이는 문제에 대한 아주 구체적인 해결책을 기대하면서 꾼 꿈이 분명했다. 새 가족 구성원의 등장으로 인한 걱정은 아빠들의 꿈에도 영향을 미친다. 어느 부부가 출산이 임박해서야 유아용 침대를 사기로 했다. 두 사람이 새 가구를 조립한 날 밤, 아빠가 무슨 꿈을 꾸었는지 몹시 불안한 상태로 깨어나서 아내에게 아직 태어나지도 않은 아이한테 우유를 줘야 한다며 횡설수설했다.

　이 부부가 임신 기간 내내 꾼 꿈들은 그런 상황에서 할 수 있는 대표적인 걱정거리를 다양하게 형상화해 보여준다. 한 부부가 아주 의욕적으로 첫아이를 갖기로 했다. 임신 6주째, 엄마는 아기를 보러 침실로 걸어가는 꿈을 꾸었다. 그녀는 레이스 커튼을 한쪽으로 걷어놓고 잠들어 있는 작은 여자아이를 바라보았다. 그녀는 형태를 갖춘 아이의 얼굴, 달라지고 있는 코와 입, 너무 많이 변하고 있어서 흐릿해 보이는 눈을 바라보며 딸이 결막염에 걸렸을까 봐 겁을 먹었다. 그녀는 아이를 품에 안아 들었고, 아이가 그녀를 향해 눈을 깜빡이자 아파 보이던 눈이 멀쩡해졌다. 이 꿈은 아이의 건강에 대한 엄마의 끝없는 걱정과 출산일이 다가올수록 커지는 불안감을 명확히 보여주었다. 임신 8개월째, 엄마는 유쾌하게 웃고 있는 친구들에게 둘러싸여 출산하러 가는 꿈을 꾸었다. 어느 순간 아기가 태어났는데 하마터면 바닥에 떨어질 뻔했다. 아기가 다 큰 어른처럼 그녀를 똑바로 바라보며 말했다. "거참, 엄마!" 출산하기도 전에 엄마의 마음속에 있는 아기의 주체적 표상이 벌써 형태를 갖추기 시작한 것이다.

　첫아이를 얻은 아빠의 꿈꾸는 과정은 시작이 조금 더 오래 걸리는 편이지만, 결국은 아주 명확히 나타난다. 방금 설명한 것처럼 아이가 태어나고 일주일 후, 아빠는 처음으로 아들에 대한 꿈을 꾸었다. 그의 꿈에 나타난 아이는 세 살 정도였고 몇 가지 말을 배우고 있었는데, 이는 마치 아빠가 아이 엄마와 별개로 자신과 상징적 관계를 맺은 아들을 미리 그려보고 있는 것 같았다. 그러나 아들의 등장은 부모라는 위치로 이동하는 것을 의미하기도 한다. 태어난 지 두 달 후부터 아기는 부부의 침대에서 자기 시작했다. 세 식구가 함께한 첫날 밤, 남편은 아내가 모래 늪 같은 곳에 던져져 사라지고 자신의 부모님이 환호하며 그녀를 떠나라고 자신을 설득하는 꿈을 꾸었다. 그는 회한에 사로잡혀 아내를 계속 찾아다녔고, 그러다 문득 그녀가 엄청나게 큰 호텔에 머물고 있을지 모른다고 생각했다. 그는 그녀를 찾기 위해 호텔 방문을 차례로 두드리며 베일에 싸인 문이 무수히 늘어선 긴 복도를 헤맸지만 모두 허사였다. 모든 것을 잃었다고 생각할 때 남자의 어머니가 다시 나타나 아내가 있을 만한 문을 가리켰다. 남편은 문을 두드린 후 기다렸고, 마침내 그녀가 문틈으로 나타나더니 다른 남자와 함께 있어서 들여보낼 수 없다고 말했다. 이 장면은 앞으로 가족의 모습이 어떨지를 정확히 진단한다. 즉, 다른 남자가 가족 안으로 들어왔고 이제부터 아내는 이 새로운 인물에게만 시간을 할애한다는 뜻이다.

아버지가 성숙해가는 과정은 꿈의 플롯에도 흔적을 남긴다. 위 사연의 남편이 아내가 둘째를 임신한 사실을 처음 알게 된 날 밤, 고속도로를 매우 빠르게 달리면서 움직이는 장면을 아주 선명히 보는 꿈을 꾸었다. 그는 모퉁이를 돌면서 원심력이 커지는 것을 느꼈다. 차가 미끄러질 수 있다는 것을 깨닫자 두려워졌고, 가족을 떠올린 그는 결국 가속페달에서 발을 뗐다. 아이들의 등장은 책임감과 사고에 대한 두려움을 극대화하는 경향이 있으며, 두려움을 모르는 모험가 부모마저도 신중하고 계산적인 부모로 바꾸어버린다.

엄마들이 아이에 대해 꾸는 꿈은 난해하고 의미심장하다. 출산은 꿈에 가까운 변형된 의식 상태를 동반할 수 있으며, 그 안에서 과거의 일들이 분노, 두려움, 외로움, 역설적이게도 고통에 대한 애착, 터널 끝에 있는 빛과 뒤섞인다. 엄마들은 아주 오래된 기억과 접촉하기도 하지만, 꿈을 꿨다는 사실만 알 뿐 자세한 내용은 기억하지 못하는 '순백의 꿈white dream'을 꾸기도 한다.

많은 엄마들이 출산 후 모든 꿈에 아기가 나오기 시작했다고 말한다. 이런 꿈들은 극단적 상황을 미리 보여주는데, 보통은 아이를 잘 돌보지 못할까 봐 두려워하는 부모의 마음이 표현된다. 크게 성공한 아동 작업치료사가 쌍둥이를 낳았다. 출산 후 며칠 밤 동안 그녀는 쌍둥이를 바닥에 떨어뜨리는 끔찍한 악몽을 반복해서 꾸었다. 그 밖의 꿈들은 단순히 그 상황에서 느끼는 기쁨을 표현한다. 한 젊은 여성은 꿈에서 바닐라로 만들어진 막내 아이를 만족스럽게 핥았다고 말했다. 유연한 연상이 가능한 꿈의 공간에서 '맛있는delicious' 아이는 정말로 맛있게 느껴진다.

두려움과 능력

삶의 기본적인 분기점은 꿈과 마찬가지로 소멸에 대한 두려움과 적응하는 능력 사이에서 일어난다. 다음에 설명하는 꿈의 풍성한 이야기는 그 긴 이야기를 분석할 가치가 있다.

임신 7개월인 엄마가 한밤중에 괴로워하며 일어났다. 그녀는 임신 중에 외로이 쇼핑몰에 가다가 자기 곁에 있어야 할 사람을 떠올리려 애쓰는 꿈을 꾸었다. 어머니와 남편은 물론 첫아이도 떠오르지 않았다. 친척 중에 누가 있는지를 기억해보려 해도 허사였다. 커피를 마시려고 자리에 앉았다가 아주 가까운 친구인 조산사를 우연히 만났지만, 그들 사이에는 친밀감이 없었다. 그녀는 주변을 배회하는 사람들을 바라보며 가족을 떠올리려 애썼다. 그녀는 자기가 너무 좋아하는 이모처럼 보이는 사람을 발견했지만 외모만 비슷할 뿐 전혀 다른 사람이었다. 이모의 닮은꼴은 그녀를 모른다는 듯 다른 사람들과 주변을 돌아다니며 자기 인생을 사느라 바쁜 모습이었다. 그때 조산사가 실제와 전혀 다른 말투로 영유아 보육 서비스가 있다면서 자신의 어린 아들도 출산 후 거기에 맡겼다고 말했다. 그러기에는 아이가 너무 어리다는 생각에 이상했지만, 그게 정상이라는 막연한 느낌이 들었다. 그리고 진통이 오는 듯한 느낌을 받기 시작했다. 장면이 순식간에 바뀌더니 어느새 병원이었고, 그녀는 아이를 낳았다. 수술이 진행되었고, 모유 수유를 하고 싶었지만 간호사는 아기가 신생아 병동에 있다고 말했다. "걱정하지 마세요. 곧 초능력이 생겨서 아이의 목소리를 들을 수 있을 거예요."

그 순간 그녀는 말도 안 되는 일이라며 중얼거렸고, 그 덕에 자신이 꿈꾸고 있다는 사실을 자각했다. 그녀는 꿈일 수 있다고도 생각했지만 곧 모든 걸 잊어버렸다. 기억력이 너무 약했다. 그녀는 아이 곁에 있어야 한다는 것을 알았고, 가족이 보고 싶었지만 누가 그 자리에 없는지를 떠올리지 못했다. 그녀가 회복실에서 홀로 의료장비를 몸에 단채로 식염수 링거를 맞고 있는데, 어디선가 들려오는 아기 울음소리에 갑자기 가슴에서 모유가 콸콸 흘러나오고 아프기 시작했다. 그녀는 젖을 먹여야 한다는 생각에 이렇게 말했다. "어떤 상황인지 알겠어요. 제가 그리로 갈게요." 그녀가 걸음을 떼며 말했다. "아기 우는 소리가 들려요." 그녀가 일어나는 것을 원치 않던 간호사들은 수술을 받았으니 아직은 누워 있어야 한다고 말했다. 하지만 아들의 목소리가 들린다는 것은 곧 그들이 말한 초능력을 획득했다는 뜻이니 괜찮을 거라고 그녀는 확신했다. "여기서 아기 목소리가 들려요. 아기가 어디 있는지 알아야겠어요. 제가 갈게요. 모유가 나오고 있어요."

처음에는 서두르지 않고 안내판을 따라 걸었지만, 병원 복도에 사람이 계속 많아지더니 이내 한 발을 내딛기조차 어려워졌고, 다른 층으로 가는 것은 더더욱 힘들었다. 엘리베이터와 계단 앞의 대기 줄이 엄청나게 길었다. 사람들은 쳐다보거나 건드리는 일 없이 그녀 옆을 서

둘러 지나갔다. 무수히 많은 안내판이 차례로 줄지어 지나갔다. 그녀는 계속 아래층으로 내려갔다. 모유가 쏟아져 나오는 가슴이 쑤시고 욱신거리는데, 안내판은 자꾸만 아래로 내려가라고 했다. 생각할수록 이상한 느낌이 커지고 속이 상했다. "방금 아기를 낳은 사람을 이런 식으로 대하면 안 되지."

젊은 엄마는 절망했다. 아기의 울음소리는 이제 극심한 고통을 호소했다. 그녀는 누군가 아기를 학대하거나 납치하고 있을지도 모른다고 생각하며 공황 상태에 빠졌다. 그녀는 달리기 시작했다. 수술을 받은 지 얼마 안 되어서 사람들과 부딪치는 것이 두려웠지만 그녀는 속도를 늦추지 않고 파쿠르 선수처럼 나무에 매달리고 계단을 뛰어 내려가고 장애물을 뛰어넘었다. 나뭇잎이 체중을 이기지 못하고 툭툭 떨어졌지만 그녀는 자신의 초능력을 굳게 믿었다. 멀리서 울음소리가 들려왔고, 가슴은 여전히 모유를 쏟아내고 있었다. 광기가 고조되고 여러 이미지가 어지럽게 이어지는 가운데 그녀는 달리고 또 달렸지만 목적지에 다다르지 못했다.

그러고는 이내 깜짝 놀라며 잠에서 깨어났다.

엄마의 고통스러운 꿈은 약한 기억력이 플롯의 전개 방식을 부분적으로 결정하는 과정에서 생물학적으로 가장 중요한 과업인 갓난아기에게 젖 먹이기를 완수하기가 얼마나 어려운지를 명확히 보여준다. 영상편집처럼 꿈에서 어떤 장면이 중단되고 다른 장면이 시작됨으로써 시간이 흐른 듯한 전환이 이루어진다. 꿈속에 나타난 세상은 세상의 일부만이 담긴 파편화된 세상이며, 꿈꾸는 사람은 꿈꾸는 내내 그 사실을 인지한다. 줄거리는 어머니로서 보살핌의 의무를 다하지 못할 것 같은 두려움과 오롯이 자기 힘으로 의무를 수행할 수 있다는 자신감, 이 두 가지 상반된 감정의 지배를 받는다. 이 꿈은 또한 꿈의 중요한 특성을 잘 보여주는데, 등장인물들은 다양한 수준으로 성장하며 가끔은 실존하는 사람들의 피상적 이미지에 불과한 껍데기처럼 보이기도 한다. 셰익스피어의 햄릿이 말하듯 "꿈 자체는 한낱 그림자에 불과하다".[8] 융의 심층심리학에서는 이 개념을 '이마고imago'라고 부른다. 이것은 때로는 어마어마한 힘과 지혜를 가진 사람이나 존재처럼 보일 때도 있고 그렇지 않을 때도 있다.

벗어날 수 없는 미완성

문학이 가장 짧은 시에서 가장 긴 소설까지 다양한 장르를 포함하듯, 정지된 사진과 영화의 움직이는 이미지가 근본적으로 연결되어 있듯, 꿈은 심상으로 가득한 하이쿠부터 기념비적인 대하소설에 이르기까지 다양한 경험을 보여준다. 어떤 꿈은 단 하나의 서사로 인생길의 모든 의미를 전하도록 다의적으로 짜여 한 사람의 일생을 응축해서 보여준다고 말하는 사람도 있다. 꿈에 등장하는 각 에피소드는 꿈꾸는 사람의 뇌에서 발생하는 전기 작용이 실체화된 것으로, 언제든 중단될 수 있는 연약하고 불안정한 상징의 그물망이다. 그러나 그것은 비논리로 이루어진 희미한 서사에서 꿈꾸는 사람에게 특별한 의미가 담긴 예술 작품 또는 비약적인 성장의 발판이 될 때까지 계속 발전할 수 있다.

기억의 전기적 반향electrical reverberation은 그와 관련된 감정과 욕망으로 증폭되기 때문에 공포에 사로잡힌 사람은 악몽에 시달릴 것이다. 이는 상처와 흉터, 트라우마, 부정적 감정을 끌어당기는 요인, 슬프고 추한 방식으로 겹겹이 쌓인 유독한 생각을 강력히 연결하는 시냅스의 깊은 골짜기를 만든다. 이 골짜기로 반향이 집중되어 분노를 자극한다. 그 과정이 어느 지점을 넘어가면 꿈은 더 이상 상징의 그물망을 벗어날 수 없고 갇혀서 반추되고 상처받으며 트라우마를 악화시킨다. 그때는 전기적 반항을 중단하고 출구를 찾아서 전기적 활성이 삶의 해결책을 제공하는 다른 신경망으로 넘쳐흐르게 해야 한다.

다행히 절망 속에서도 돌파구가 열릴 가능성은 늘 존재한다. 이것은 욕망이 효과적인 작업을 통해 해방과 변형의 욕구를 원만히 충족하는 꿈을 통해서든, 아니면 단순히 설명되지 않는 신비한 방식으로 욕망의 충족을 보여주는 꿈을 통해서든, 꿈꾸는 사람이 자신의 어려움을 극복하기 위해 아무런 일을 하지 않고, 깨어 있는 삶의 문제를 해결할 방법이 없더라도 꿈은 희망을 지지한다.

꿈은 목표를 이룰 수 없을 것 같은 느낌을 자주 다루며, 때로는 꿈속 이미지들이 우스꽝스러울 정도로 아주 기이한 플롯을 다루기도 한다. 한 가지 적절한 예를 들어보자면, 한 남자가 버스에서 내려 버스와 나란히 걷고 있는 거대한 털북숭이 백돼지를 보는 꿈을 꾸었다. 그는 그 돼지가 다른 도시에 남아 있는 친구의 돼지라고 결론지었다. 그는 돼지를 집으로 데려다주려고 했지만, 절반쯤 갔을 때 길을 잃었고 어떤 버스를 타야 하는지도 알 수 없었다. 그때 갑자기 돼지가 배수로 안을 뒹굴어 더러워지고 빨갛게 변하는 바람에 남자는 돼지를 돌려줄 걱정을 하기 시작했다. 그는 육중한 짐승을 옥신각신 밀고 당기며 길을 따라 걸었고, 마침내 석호에 도착하자 돼지가 야단법석을 떨며 물로 들어갔다. 그는 생각했다. "돼지는 물을 좋아하니까 괜찮겠지." 하지만 녀석은 물속에 가라앉기 시작했다. 남자는 도움을 요청한 후 석호에 뛰어들어 물살을 헤치며 돼지를 꺼내려고 안간힘을 썼고, 결국 녀석을 끌어내는 데 성공했다. 그는 생각했다. '이제 돼지 입에 인공호흡을 해야겠지.' 이처럼 터무니없는 서사에서조차(어쩌면 터무니없기 때문에) 꿈꾸는 사람의 주관적 경험의 미완성이 두드러진다. 원래 임무는 절대 완결되지 않는다. 플롯이 예상치 못한 문제로 전개되면서 남자는 목표 달성의 기회에서 점점 더 멀어진다.

막다른 골목, 미래를 향한 문

최악의 꿈은 불쾌한 감정을 반영한 꿈이다. 이때의 꿈은 피할 수 있는 위험을 경고해줌으로써 유용할 때도 있지만, 무서울 정도로 끔찍한 때도 있다. 진짜 위험을 두려워하고 가능한 부정적 결과를 시뮬레이션하는 것은 생존과 적응을 위한 당연한 행위이다. 비참한 사람들, 노예가 된 사람들, 감금된 사람들, 고문당한 사람들, 사형선고를 받은 사람들이 꾸는 꿈의 팔레트는 영화 같은 악몽부터 불안과 좌절의 우울한 꿈까지 광범위하다. 이것은 은유적으로는 물론 문자 그대로도 사실이다. 사랑으로 인해 비참해지거나 역경에 시달리는 사람은 실제로 학대당하거나 거리를 떠도는 사람들과 같은 동일한 상징적 열쇠에 따라 작동한다. 강도는 약하지만 때로 정서와 심상의 본질이 같기 때문이다.

최상의 꿈은 우리의 미래를 만드는 실질적 근원이다. 무의식은 우리의 기억과 그 기억으로 조합할 수 있는 것의 총합이다. 그러므로 무의식은 우리가 해왔던 것보다 훨씬 더 많은 것, 우리가 될 수 있는 모든 것을 구성한다. 아르헨티나의 작가 호르헤 루이스 보르헤스Jorge Luis Borges가 쓴 《바벨의 도서관》은 알파벳의 모든 철자를 무한히 섞고 재조합하여 만들 수 있는 책을 전부 모아놓은 도서관에 관해 설명한다.[9] 이처럼 꿈은 과거의 경험을 분석하고 새로운 초자연적 복합체를 형성하고 낡은 아이디어를 새로운 방식으로 조립할 수 있는 메커니즘을 통해 상상할 수 있는 잠재적 미래이다. 성공적인 아이디어로 세상을 바꾼 사람들, 자신이 갈망하는 모습으로 자신을 변화시킨 개개인, 그들은 모두 예외 없이 그리고 당연히 이 중 어느 것도 깨닫지 못한 채로 낮과 밤을 경험했다. 그리고 그때 그들은 꿈을 꾸었다.

삶이 최상과 최악의 중간에서 양극단을 경험하지 않을 때, 꿈은 겉보기에 서로 관련 없는 이미지와 수많은 미완성된 욕망의 반향으로 이루어진 불분명한 콜라주다. 아침 일찍 일어나서 간밤의 꿈에 대해 생각하거나 누군가에게 말할 겨를도 없이 출근하고 내일에 대한 구체적 계획 없이 잠자리에 드는 일상을 반복하는 노동자 계급은 대부분 고대 그리스 사람들이 그랬듯, 그리고 수렵채집인들이 여전히 그렇듯 영감을 얻기 위해 꿈을 꾸는 습관 같은 것은 없다. 그래서 오늘날 육체노동자들은 미래의 가능성보다 지금, 이 순간을 묘사하는 심리적 밑그림이 뒤섞인 꿈을 꾸는 일이 흔하다.

그러나 이러한 역학은 삶이 정말 복잡해지면 완전히 달라진다. 꿈은 위급한 병을 경고할 수 있다. 이는 첫 임상 증상보다 몇 주나 몇 달, 심지어 몇 년 더 일찍 나타날 수 있다. 렘수면 중 꿈 활동의 증가에 대한 정확한 정의를 최초로 제공한 미국의 신경생리학자 윌리엄 디멘트William Dement는 자신의 경험을 이렇게 묘사했다.

나는 심각한 골초였다. 1960년대에 군 생활을 하면서 틈틈이 누리던 사치로 시작한 것이 줄담배가 되고……. 1964년 어느 날 나는 손수건에 대고 기침을 해대다가 하얀 천에 불그스름한 분홍빛 가래가 점점이 묻은 것을 발견하고 간담이 서늘해져서……. 방사선 전문의 친구를 찾아가 흉부 엑스레이를 찍어달라고 부탁했다. 이튿날 나는 잔뜩 겁에 질린 채로 그의 진료실을 다시 방문했다. 그가 책상 뒤에 있는 엑스레이 판독기를 가리키며 짓던 암울한 표정을 나는 절대 잊지 못할 것이다. 그는 말 한마디 없이 돌아서서 내 흉부 엑스레이 필름을 꽂았다. 폐에 있는 10여 개의 하얀 점들이 한눈에 들어왔다. 암이었다. 나는 파도처럼 밀려오는 고통과 절망에 압도되었다. 숨을 쉴 수가 없었다. 내 삶은 끝났다. 나는 내 아이들이 자라는 모습을 보지 못할 것이다. 모든 게 담배와 암에 대해 훤히 알면서도 담배를 끊지 않은 내 잘못이었다. "이런 바보 같은 놈." 나는 생각했다. "넌 스스로 네 삶을 망가뜨린 거야."

그리고 나는 정신을 차렸다.

피 묻은 가래, 엑스레이, 암은 모두 꿈이었다. 믿을 수 없이 생생하고 진짜 같은 꿈. 얼마나 다행인가. 나는 다시 태어났다. 나는 손쓸 수 없는 폐암을 미리 경험할 기회를 얻었다. 나는 곧장 담배를 끊었고 다시는 담배에 불을 붙이지 않았다.

(…) 아직 일어나지도 않은 일로 인해 과감한 조처를 하는 것이 누군가에게는 놀라워 보일 수 있다. 하지만 꿈은 실제로 일어난 일처럼 아주 강력한 감정적 영향을 미칠 수 있다.

(…) 깨어 있는 뇌의 논리 영역은 꿈이 진짜가 아니라는 것을 알지만, 뇌의 감정 영역은 그것을 무시하지 못한다. 뇌에 관한 한, 우리가 꿈꾸는 것은 실제로 일어난다.[10]

삶과 죽음 사이에서

지각적으로나 꿈이 관여하는 감정과 상징의 연관성과 관련해서나 꿈에 힘을 부여하는 것은 욕구에 대한 집중력이다. 응집력이 더 강하고 내적 일관성도 더 큰 심리적 형성물의 복합체는 관련 없는 몇 가지 기억을 나란히 늘어놓은 것보다 훨씬 더 유의미하고 영향력이 크다. 이러한 이유로 고대부터 꿈은 활발히 이용되었고, 꿈을 꾸기 위한 마음의 준비를 하는 의식을 통해 수렵채집인 문화에 아직 남아 있다. 그러나 삶과 죽음의 문제에 관한 한, 우리는 아무런 준비 없이 아주 인상적인 꿈을 꿀 수 있다. 아래에서 설명하는 연속된 세 가지 꿈은 꿈의 내용과 깨어 있는 현실 사이의 유사성을 드러내는 전형적 예이다.

40세의 한 대학교수가 자신이 속한 학부의 열악한 업무 환경에서 오는 스트레스로 십 대 시절부터 지켜온 운동 습관을 더 이상 지킬 수 없게 되었다. 1년 전 아버지가 갑작스럽게 돌아가시고 그의 삶은 잿빛으로 바뀌었다. 그는 외아들이었고 어머니와 수백 킬로미터 떨어진 곳에서 살았다. 그가 연초에 받은 종합건강검진에서는 아무 문제도 발견되지 않았다. 그가 가톨릭의 핵심 성지인 아르헨티나 루한Luján과 가까운 한 목장에서 열린 과학 관련 학회에 참석했을 때였다. 학회 첫날, 점심 식사 후 얼마 지나지 않아 그의 심장은 좌측 관상동맥 측면가지의 완전 폐색으로 인해 매우 심각한 마비를 일으켰다. 그는 덜덜 떨면서 고통스럽게 고함을 지르고 땀을 흘리며 온몸을 비틀었다. 불규칙하게 뛰던 심장이 멈추기 일보 직전이었고, 그를 둘러싼 사람들은 모두 절망에 빠졌다. 구급차가 오기까지 지옥 같은 30분이 지나고, 가장 가까운 병원에 도착하기까지 영원과도 같은 30분이 또 지났다. 카테터 삽입을 성공적으로 마친 그는 중환자실로 옮겨졌다.

첫날 밤 꿈에서 그는 사람으로 가득 찬 자기 집 거실에 있었다. 불현듯 거실 반대편에 앉아 있는 아버지가 보였다. 아버지의 미소에 놀라고 반가웠지만, 그와 동시에 아버지가 돌아가셨다는 사실이 떠올랐다. 혹시나 하는 마음에 아버지에게 다가가 손을 대자 모든 것이 사라져버렸다. 어느새 그는 낡고 어두운 엘리베이터가 있는 첫 번째 의사의 오래된 건물 복도에 서 있었다. 그는 길을 완전히 잃어버린 듯한 기분으로 잠에서 깨어났다. 둘째 날 밤, 그는 간호사와 섹스하는 꿈을 꾸었다. 그녀는 미소 띤 얼굴로 흥분한 그를 바라보며 사랑한다고 말했다. "떼 끼에로(Te quiero, 스페인어로 사랑한다는 뜻-옮긴이)." 그는 생각했다. "맙소사, 심장마비가 오겠어! 이러다 죽을 거야, 여기서 멈춰야 해." 그러나 그녀는 미소를 지었고, 그는 죽을 수 있다는 걸 알면서도 멈추지 않았다. 셋째 날 밤, 그는 관개시설의 부재로 고랑이 생긴 어느 사막의 메마른 땅 위에 있는 꿈을 꾸었다. 그는 장신의 우아한 여성과 아프로 브라질리언의 무술이자 춤인 카포에이라를 하고 있었다. 세 사람이 아프로 브라질리언의 악기인 베림바우를 연주했다. 한 사람은 심장마비가 왔을 때 그를 도와준 친구였고, 나머지 두 사람은 이미 세상을 떠난 아버지와 존경받는 카포에이라 데 앙골라의 대가 메스트리 파스티냐Mestre Pastinha였다. 키가 큰 여성과의 시합은 링 안에서 박진감 있게 진행되었고, 어느 시점이 되자 그녀가 메이아 루아 디 컴파소(meia-lua de compasso, 허리를 숙인 뒤 양손으로 땅을 짚고 뒤돌려 차는 동작-옮긴이)로 완벽한 발차기를 했다. 그는 발길질을 간신히 피한 뒤 돌아서서 달아났다. 메스트리 파스티냐가 자신의 유명한 명언 하나를 외쳤다. "입으로 먹는 모든 것이 카포에이라라네." 남자의 친구가 그를 돌아보며 말했다. "그게 인생이야." 그의 아버지가 몸을 숙여 말했다. "열기를 식히고 링으로 다시 돌아가거라." 그들이 〈아루안다Aruanda에서 온 조약돌〉이라는 민요를 부르기 시작했고, 그는 잠에서 깨어났다.

그는 심장마비에서 점차 회복되었다. 첫 번째 꿈을 꾼 날 밤 그의 몸은 여전히 걱정스러운 상태였고 그는 죽음에 대한 생각에 압도되었다. 두 번째 꿈을 꾼 날 밤에는 생체 기능이 상당히 회복되어 있었고, 리비도libido가 충만한 꿈을 꾸기 시작한 것도 죽음에 대한 공포와 맞서기 시작한 것도 바로 이날부터였다. 세 번째 꿈을 꾼 날 밤에는 남자의 건강이 호전되었다. 죽음과의 무도, 치명타, 난관을 받아들이고 앞으로 나아가라는 조언, 엄청난 시적 효과를 가진 음악을 통해 조상들이 사는 영적 차원인 아루안다 앞에서 겸손해야 함을 일러주는 마무리까지 꿈의 플롯은 복잡했고 그의 심정과 가까운 이미지들로 그려졌다.

이처럼 연속적으로 꾸는 꿈에는 생물학적이면서 심리학적인 의미가 있다. 꿈꾼 사람이 당면한 상황의 맥락에 꿈의 요소들을 설명할 힘이 있듯이, 꿈의 서사는 그들의 삶에서 무슨 일이 벌어지고 있는지를 이해할 수 있게 해준다. 1920년대 독일의 인류학자인 프란츠 보아스 Franz Boas는 캐나다의 태평양 연안에 사는 원주민 콰키우틀족Kwakiutl 을 대상으로 사냥과 낚시, 열매 채집 같은 주제가 반복적으로 두드러지게 나타나는 꿈들을 수집했다.[11] 이러한 결과가 다양한 문화권에서 인류학적으로 반복되는 것으로 보아, 구석기 시대의 조상들도 사냥하기와 사냥당하기, 구애와 정복, 성행위, 임신과 출산, 자녀 양육, 사랑, 고통, 죽음처럼 매우 직접적으로 표현되는 문제들을 꿈꿨을 것임을 이전 장에서처럼 쉽게 짐작할 수 있다.

프로이트가 가장 많이 연구한 꿈들이 이러한 꿈의 생태학적 기반 위에 지어진 것은 분명하지만, 꿈들은 오스트리아 빈의 중산층이 삶의 리비도를 거세당한 데서 파생된 새로운 문제도 다수 제시한다. 반면 카를 융이 선호한 꿈들은 근본적으로 달랐다. 그 꿈들은 극한의 상황에서 매우 중요한 사건이 일어날 때 나타나며, 기억할 만하고 감동적이며 세부 사항으로 가득하다. 처음에는 꿈꾼 사람의 걱정거리에서 비롯된 것처럼 보이지 않는데, 걱정거리를 노골적으로, 더 철학적이거나 시적으로 상징화하기 때문이다. 이러한 꿈들은 말 그대로의 살생, 탈주, 번식의 수준을 넘어 이미지에 영향을 준 상징의 의미, 즉 삶과 죽음의 비밀스럽고 신성한 원형을 표현한다.

위대한 꿈

고대 그리스와 로마 사람들은 '위대한 꿈great dream'을 가장 중요하게 생각했다. 위대한 꿈은 자아의 내면을 관통하는 장대한 여정으로 실존적 한계를 넓히고 사건의 흐름에 중요한 변화를 가져올 수 있는 능력을 지닌 것으로 여겨졌다. 1909년, 카를 융은 프로이트와 미국으로 향하는 역사적 여행을 함께하면서 이러한 유형의 전형적인 꿈을 경험했다. 두 남자가 인간의 정신 구조에 관한 격렬한 논쟁에 깊이 빠져 있던 이 시기에 융은 낯설지만 '자기 소유'인 어떤 집에 있는 꿈을 꾼다. 그는 저층을 둘러보다가 중세 시대의 방들을 발견하고 깜짝 놀란다. 다른 층으로 내려간 그는 강렬한 호기심을 불러일으키는 어느 로마 건축물 앞에 도착한다. 그는 작은 뚜껑문을 통해 그 집 깊숙한 곳으로 내려간 후 터널을 따라가다 작은 먼지투성이 동굴에 다다른다. 그 안에서 원시 시대 유물로 보이는 뼛조각과 도자기 그리고 인간의 두개골 두 개를 발견한다. 융은 잠에서 깨어나면서 집은 인간의 의식 특유의 다층성을 은유한 것으로, 고대의 정신 영역을 가장 오래되고 깊은 수준으로 보여준다는 것을 깨달았다. 이 꿈은 계통발생적 기억(phylogenetic memory, 본능instinct)과 문화초월적 기억(transcultural memory, 원형 archetype)의 근원으로서 '집단 무의식'이라는 개념을 발전시키는 데 결정적 역할을 했다.

현대 도시의 삶에서도 위대한 꿈은 환경과의 관계에서 중요한 변화의 순간에 나타난다. 예를 들어 아이들이 언어와 어른 세계에 맞춰진 사고방식을 습득할 때, 가족 밖에서 관계를 찾아야 하는 청소년기에, 성에 눈뜨는 시기에, 엄마나 아빠로서의 삶이 시작되고 반복될 때, 죽음의 위험을 우연히 맞닥뜨릴 때, 갱년기와 노년으로 접어들 때 그렇다. 일상의 문제를 다루지 않지만 모든 것의 무한한 변화에 놀라는 꿈, 특정 나이대에서 꾸는 편이지만 유한성에 대한 기억이 직접 건드려지는 삶의 순간마다 일어날 수도 있는 특별하고 신화적인 꿈, 비록 그날의 인상이 입혀질지라도 원형의 주기에서 비롯된 고대의 기억을 환기시키는 꿈, 번식하고 궁극적으로는 소멸하는 존재의 불확실한 길 위에서 중요한 상징적 전이를 나타내는 꿈은 종종 시간의 비가역성에 대한 놀라움을 보여준다.

여기까지 우리는 꿈이라는 현상의 광활한 미개척 영역을 설명하기 위해 다양한 꿈 이야기를 다뤘다. 다음 단계는 꿈이 꿈꾸는 사람의 문제를 반영하고 가능한 해결책을 제공하게 하는 메커니즘을 이해하는 것이다.

5장
최초의 이미지

인간의 정신이 과거를 기억하고 미래를 상상하는 주체로서 어떻게 생겨나고 발달하는지를 이해하려면, 아기부터 노인까지 꿈의 서사가 얼마나 가지각색이고 아동기와 청소년기, 성인기의 다양한 색조를 거치며 어떻게 변화하는지를 이해해야 한다. 대부분 성인이 일반적으로 평생에 걸쳐 수천 번의 꿈을 꾸지만, 언제 처음 꿈을 꾸었는지를 기억하는 사람은 매우 드물다. 당신의 첫 번째 꿈을 떠올려보라. 문법과 구문을 막 사용하기 시작한 3세 이후라는 것은 거의 확실하다.[1] 그전에는 꿈을 꾸었더라도 기억하지 못할 것이다. 내가 기억하는 최초의 꿈은 네 살 때 꾼 것으로, 소원을 비는 전형적인 꿈이다. 당시에 실제로 갖고 싶었던 세발자전거가 있었는데, 꿈에서 바로 그 자전거를 부모님께 선물로 받았다. 정말 기분 좋은 꿈이었지만, 잠에서 깨어나 그것이 환상이었음을 깨닫고 엄청나게 실망했던 기억이 아직도 남아 있다. 누구나 하는 흔한 경험이 스페인의 시인 안토니오 마차도Antonio Machado의 시구에서 향수와 함께 되살아난다. "한 소년이 꿈을 꾸었네 / 판지로 만든 말을 보았지 / 하지만 눈을 뜬 순간 / 작은 말도 사라져버렸네."[2]

시간이 지남에 따라 인지기능, 운동기능, 언어기능, 사회화 기능이 성숙할수록 꿈의 서사도 발전한다. 우리는 정확히 언제부터 꿈을 꾸기 시작할까?

최초의 시냅스

이 질문은 언뜻 단순해 보이지만 뇌가 평생 상당한 변화를 겪는다는 사실을 고려하면 복잡해진다. 실제로 태아의 뇌는 임신 30주 차에 형성되지만, 중요한 변화는 출생 이후에도 계속 이어진다. 초기 발달단계에는 성인의 뇌에서 일반적으로 발견되는 것보다 더 많은 뉴런과 훨씬 더 많은 시냅스 연결이 생성된다. 이러한 현상은 뇌의 성숙이 뉴런의 죽음과 시냅스 가지치기의 광범위하고 복잡한 과정에 해당하기 때문에 발생하며, 이러한 증가는 출생과 청소년기 말 사이에 피질 두께의 감소로 이어진다.

자궁 밖의 삶을 시작할 때 특징으로 나타나는 시냅스 과잉은 인간이 성장하고 감각과 움직임, 이성을 통해 세상을 배우는 동안 수차례에 걸쳐 옅어진다. 이 능력은 어마어마한 양의 뉴런에 해당하는 무형의 돌덩이에서 시작해 특정 형태로 마무리되는 하나의 조각품처럼 발달하며, 소규모 뉴런 집단이 경험을 통해 더 명확하게 연결되기 때문에 돌덩이는 작아도 정보는 훨씬 더 많다. 아래에서 살펴볼 내용처럼 시냅스 연결은 성인기까지 계속 제거되는 동시에 매일 밤 수면과 함께 조금씩 새로 생성된다.

이 추론을 더 해가려면 시냅스가 무엇인지부터 상세히 알아보

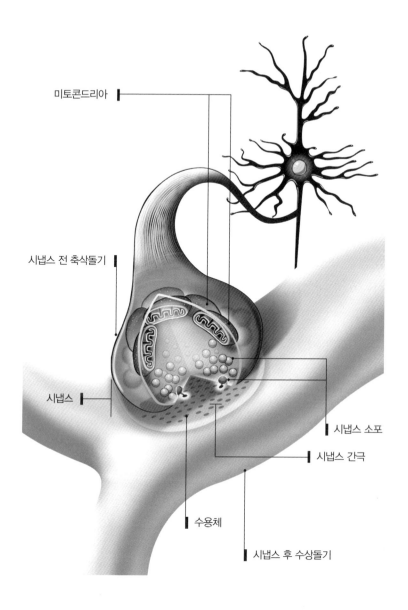

미토콘드리아

시냅스 전 축삭돌기

시냅스

시냅스 소포

시냅스 간극

수용체

시냅스 후 수상돌기

그림5 화학적 시냅스는 전기 자극이 발생할 때 시냅스 간극으로 분비되는 신경전달물질이 가득한 소포vesicle들을 제공한다.

는 것이 중요하다. 어떤 뉴런들은 두 세포막이 직접 접촉하여 인접 세포 간에 이온이 흐르는 전기적 시냅스를 통해 연결되지만, 대다수 뉴런은 두 세포막이 불완전하게 접촉하는 화학적 시냅스를 통해 연결된다. 화학적 시냅스는 신경전달물질 분자들이 뉴런 사이의 매우 협소한 틈새를 자유롭게 움직이며 그들을 연결하고, 전기 자극을 글루타메이트glutamate나 도파민 같은 화학물질로 잠시 대체함으로써 한 세포에서 다른 세포로 신호를 전달한다(그림5).

대개 긍정적인 경험을 할 때 시냅스가 강화되고, 부정적인 경험을 하면 시냅스는 약화된다. 이러한 과정은 대부분 수면 중에 일어난다. 이는 아이들이 노인들보다 훨씬 더 많이 잠을 자는 이유 중 하나다. 아기들은 대부분 시간을 수면에 할애하며, 어떤 삶의 단계에서보다 렘수면에 많은 시간을 쏟는다.

꿈꾸는 아기들

아기 엄마와 아빠를 인터뷰해보면 신생아도 꿈을 꾼다는 의견을 자주 접한다. 잠든 아기의 표정과 움직임을 유심히 관찰해보면 아기가 언제 꿈을 꾸는지는 물론, 어떤 정서가 그러한 정신 활동을 지배하는지도 알 수 있다. 아기가 툭하면 웃고 혀를 차고 얼굴을 찡그리는 것은 감정이 존재함을 시사한다. 임산부들은 뱃속 태아가 운동심박(목적이나 의미 없이 움직이는 상태-옮긴이) 중 어떤 시점에 꿈을 꿀지를 추정하기도 한다.

부모들은 자신의 아기가 꿈을 꾼다고 확신할 수 있지만, 과학계는 이에 대해 좀 더 회의적이다. 말을 시작하기 전의 영유아들이 꾸는 꿈에 대한 연구는 연구자들이 보조적 설명에만 접근할 수 있다는 점에서 어려움이 크다. 이런 유형의 연구는 대부분 깨어 있는 사람들이 자신의 꿈을 의식적으로 재구성하고, 내용을 보완하여 일관성을 높인 이야기를 기반으로 하기 때문에 꿈꾸는 자아가 마음 깊은 곳에서 진짜 무엇을 경험했는지는 알기 어렵다.

잠에서 깨어날 때는 의식적 사고로 연상이 추가적으로 이루어지므로 꿈을 꾸는 동안에만 꿈의 진짜 서사에 접근할 수 있다. 그리고 꿈을 기억하는 기술을 훈련받지 않은 사람은 누구든 알고 있듯이 각성은 망각을 동반한다. 꿈을 꾼 장본인조차 꿈에서 겪은 일을 정확히 기억하기 어렵기 때문에, 언어를 통해서만 접근할 수 있는 간접적 서사에 의존하여 타인의 꿈을 연구하는 일은 더욱 어려울 수밖에 없다.

언어를 배우지 않은 아기들도 꿈을 설명할 수 있을까? 잠든 아기들이 주관적 현실을 경험한다는 것을 납득할 만한 근거가 있기는 할까? 질문이 추상적으로 들릴지 몰라도 직면해볼 가치가 있다. 꿈의 기원을 이해하는 것은 결국 우리 자신의 자의식self-awareness이 어떻게 발생하고 발달하는지를 풀어가는 데 결정적인 단계가 될 수 있다.

활발한 수면, 은밀한 꿈

아기들이 꾸는 꿈의 내용과 역학을 상상하려면 우리는 렘수면이 몇 살에 완성되는지 알아야 한다. 임신의 마지막 10주 동안에 이미 서파수면과 렘수면의 전 단계인 차분한 수면과 활발한 수면이 구분된다. 게다가 우리는 아기들의 수면 시간, 특히 렘수면 시간이 성인보다 훨씬 더 길고, 성인들의 렘수면은 꿈과 거의 동시에 발생한다는 것을 알고 있다. 그러나 성인의 꿈이 아기의 꿈과 닮았다고 추론할 만한 근거는 하나도 없다.

신생아의 렘수면은 전체 수면 시간의 33퍼센트를 차지하지만 이후 점차 감소하여 3세 무렵에는 10퍼센트 안팎으로 고정된다. 이는 청소년의 렘수면 시간과 크게 다르지 않은 수준이다. 이즈음 서파수면과 렘수면이 주기적으로 바뀌는 수면각성주기가 완성되고, 이것은 나이가 들어감에 따라 점점 더 길어진다. 이러한 유사점에도 불구하고 아동의 꿈과 렘수면의 상관관계가 늘 큰 것은 아니다.

3세 이전에는 꿈을 말로 설명할 수 없지만, 그렇다고 아기들이 꿈을 꾸지 않는다는 것은 아니다. 어떻게 꿈을 꾸는지 직접 물어볼 수는 없어도 최소한 아기들의 수면을 자세히 관찰할 수는 있다. 아기들은 렘수면기에 꽤 많이 뒤척이는데, 여기서 우리는 그들의 꿈이 풍부한 주관적 경험으로 이루어진다는 단서를 얻을 수 있다. 아기들의 꿈을 상상하려면 뜨거움과 차가움, 건조함과 축축함, 맛, 냄새, 소리, 색깔, 움직임, 질감, 형태처럼 아직 사람과 사물을 이해할 수 없는 유아가 경험할 법한 이미지들을 떠올려야 한다.

최초의 행동과 대상

자궁 밖 생활을 시작한 아기들은 첫 18개월 동안 매우 중대한 (실제로 그들의 삶에서 가장 중요한) 인지 경로를 발달시킨다. 감각과 근육을 사용하는 법을 배우고, 보고, 듣고, 만지고, 맛보고, 움직이고, 소통하는 법을 배운다. 학습하는 법을 배우면서 세상의 대상들이 서서히 형태를 갖추기 시작한다. 유아기는 출생 후 신경 가소성neuroplasticity이 가장 큰, 다시 말해 시냅스가 가장 유연한 삶의 단계다. 그렇지만 이 기간 내내 아기들은 생존하기 위해 엄마의 보살핌에 의존한다. 어머니는 세상을 상징하는 첫 번째 대상이자 물질적·정신적 자양분의 첫 번째 근

원이며, 보상의 첫 번째 체현이고, 모유로 가득한 가슴은 리비도의 첫 번째 방아쇠이다.[3]

인간의 아기는 극도로 연약하다. 고령이 되기 전까지 이 정도의 연약함과 의존성은 다시 경험할 수 없을 것이다. 그러나 인간이 건강한 몸으로 충분한 사랑과 보살핌을 받으며, 신경 가소성이 최대인 영유아기를 현실에 대한 근심 걱정 없이 천진난만하게 통과할 수 있는 것도 이 연약함 덕분이다. 출생과 동시에 태반 너머의 현실과 처음 접촉하면 뇌의 지각 기관이 미성숙하여 아직 형태는 없어도 완전히 새로운 경험의 축제가 열린다. 그러므로 신생아의 꿈을 지배하는 느낌은 공복감과 포만감, 습도와 온도, 선명한 형태와 소리, 피부 감촉의 위치, 중력, 팔다리와 머리의 위치를 인지하는 것처럼 원시적이다.

꿈의 서사가 발전하다

특정 나이대만 꾸는 고유한 꿈이 있을까? 아동의 꿈은 성인의 꿈보다 더 무섭거나 더 즐겁거나 더 시시할까? 여자아이들과 남자아이들이 설명하는 꿈은 큰 차이를 보일까? 꿈꾸는 능력은 지적·정서적 발달과 어느 정도 관련이 있을까? 미국의 심리학자 데이비드 포크스David Foulkes는 수년간 수십 명의 아동을 폭넓게 조사한 덕에 3~15세의 아동이 꾸는 꿈의 역학에 관한 선구적 연구를 진행할 수 있었다.[4] 각 아이는 심리 검사와 매년 9일 밤 동안 뇌, 근육, 안구의 활동을 기록하는 수면다원검사를 받았다. 아이들이 렘수면과 서파수면에서 깨어나면 꿈에 대한 설명을 체계적으로 수집했다. 이를 통해 깨어 있는 의식의 방해를 최소화하면서 아이들의 꿈에 상당히 직접적으로 접근할 수 있었다.

아이들의 지적·정서적 발달은 심리 검사를 통해 꾸준히 추적 관찰되었다. 게임과 자발적인 설명에 초점을 맞추어 실험실과 학교, 가정에서 동일한 아이들을 체계적으로 관찰함으로써 그 결과를 폭넓고 심도 있게 해석할 수 있었다. 포크스의 연구는 40년이 넘은 지금도 인간이 꾸는 꿈의 발달에 대한 가장 완전한 종단 연구로 남아 있다.

이 관찰은 흥미로운 사실을 보여주었다. 3~5세의 꿈은 드물고 대개 빈약하며 이미지가 거의 없고 격렬한 감정이나 움직임도 없다. 따라서 이 나이대가 흔히 경험하는 끔찍한 악몽에 대한 설명에는 종종 깨어난 직후의 주관적 경험, 즉 꿈 자체가 아니라 어두운 방에서 깨어나는 혼란스러운 경험에서 비롯된 두려움이 반영된다. 이들의 꿈은 복잡하거나 기이하거나 환상적인 상징을 지원하지 않아서 표현의 한계가 크고 미성숙한 인지 체계를 반영한다. 그리고 이후의 나이대가 꾸는 꿈의 서사에서 중심을 차지할 부모, 형제자매, 이모, 삼촌, 사촌 등 사회적 표상social representation의 부재가 두드러진다. 포크스의 연구에서 3~5세 아동들이 자신의 몸과 관련하여 연상하는 것들은 신생아의 신체와 심리 건강에 필수적인 엄마의 가슴이나 프로이트가 리비도 발달의 이정표로 제시한 입, 항문, 질, 음경 같은 신체 영역에 의해 지배되지 않는다. 그보다는 수면이나 식사 같은 기본적인 신체 욕구가 가장 명확히 드러났다.

최소한의 시작

포크스의 연구에서 미취학 아동이 설명한 꿈은 깨어 있는 삶에서 드러나는 것과 마찬가지로 상당히 제한적인 사고 구조를 보여주었다. 아이들의 설명이 지나치게 빈약한 이유가 그들의 꿈이 실제로 단순해서인지, 아니면 꿈을 상기하거나 기억을 표현하는 능력이 부족해서

인지는 알 수 없다. 언어의 한계가 꿈에 대한 설명에 직접적인 영향을 미치는 한, 어린아이들의 설명에 전적으로 근거한 결론은 언제나 의문을 불러일으킬 것이다.

포크스의 연구에서 렘수면 중에 깨어난 아이들은 보통 꿈에 부합하는 경험을 하지 못했다. 아이들은 꿈을 회상할 때 단순하고 고정된 장면을 서술하는 경향이 있었다. 아이들의 자기 표상은 산만했다. 딘이라는 네 살짜리 남자아이는 꿈의 내용을 이렇게 설명했다.

> 딘: 욕조에서 잤어요.
> 연구자: 너희 집 욕조에서?
> 딘: 네.
> 연구자: 너 말고 다른 사람도 있었니?
> 딘: 아니요.
> 연구자: 네 모습을 직접 볼 수 있었어?
> 딘: 어, 아니요.
> 연구자: 내 말은, 사진을 보듯이 욕조랑 그 안에 있는 네 몸이 보였니?
> 딘: 아니요…….
> 연구자: 기분은 어땠는데?
> 딘: 행복했어요.[5]

누군가는 예상했겠지만, 포크스가 수년간 기록한 것처럼 딘은 낮에 있었던 일도 간결하게 대답했다. 위의 설명을 다음 대화와 비교해보라. 한 성인 여성이 머리 없는 인형을 들고 우는 아이를 야단치는 그림을 보여주자 딘은 이렇게 설명했다.

딘: 머리가 떨어졌어요.

연구자: 무슨 일이 일어나고 있는지 더 말해줄 수 있겠니?

딘: 그게 다예요.[6]

서사와 시뮬레이션

포크스가 기록한 꿈의 내용에서 가장 큰 변화는 5~7세에 나타 났다. 이 시기에 아이들은 간단한 이미지가 아니라 한 편의 영화처럼 연결된 장면을 말했다. 꿈의 주요 특징은 이후에 확립되지만, 서사라 는 꿈의 기본구조는 이때 만들어진다. 세상의 대상들을 머릿속에 묘사 하는 능력이 발달하면서 꿈의 환상성이 나타나는 것도 바로 이 시기다. 시공간 설정이 느닷없이 바뀌거나 등장인물이 복합적 의미를 띤 이미 지로 응축되는 등 성인의 꿈을 대표하는 몇몇 왜곡 현상이 이 단계에서 나타난다.

우리 모두 이러한 꿈들을 경험하는데, 다음과 같은 형태를 취한 다. "나는 A라는 장소에 있었지만, 그곳은 B라는 장소이기도 했다." "나 는 아무개와 뭐시기가 합쳐진 사람과 같이 있었다." 3장에서 언급한 프 리드리히 왕자의 꿈에서 "나는 로마와 비텐베르크를 한 번씩 왔다 갔다 했다"라고 한 것은 이러한 현상을 명확히 보여주는 예이다.

현실 세계의 어떤 측면들을 가상으로 모방하고, 행동하고 목표 를 추구하며, 행위의 결과를 돌아볼 줄도 아는 인물들이 사는 모형의 세계를 창조함으로써 꿈의 공간이 그려지기 시작한다. 꿈과 각성 사이 의 연속성은 깨어 있을 때 자주 반복되는 행동과 상황으로 강화된다. 이 나이대의 아이들이 이야기하는 꿈은 꿈꾸는 사람의 생리적 상태에 초점을 맞추기보다 현실 세계의 사람과 사물, 관계의 다양성에 대해 진정한 호기심을 드러낸다.

그러나 5~7세 아이들이 보고하는 꿈이 성인의 꿈과 구조적으로 비슷할지라도, 아이들의 꿈에서 꿈의 서사와 꿈꾸는 자아, 즉 꿈속에서 자유롭게 행동하고 느끼며 판단하는 주인공이 완전히 통합되는 것은 아니다. 포크스에 따르면 이러한 꿈들은 아이들이 자신에게서 외부세계로 관심을 빠르게 옮겨가는 발달의 중요한 전환기를 반영한다. 성인과 달리 이 나이대 아이들의 꿈에서는 동물이나 가족 구성원이 주인공으로 자주 등장한다. 이 시기에는 꿈이 성숙하느라 꿈꾸는 자아의 표상은 뒷전으로 밀려난다.

일반적으로 남자아이들과 여자아이들은 비슷한 내용의 꿈을 꾸지만, 이 단계에서는 몇 가지 독특한 차이점이 나타난다. 5~7세의 여자아이들은 결과가 더 만족스럽고 갈등이 해결되며 사회적 상호작용과 관련된 꿈을 더 많이 보고한다. 반면, 남자아이들은 미지의 남성 캐릭터들이 등장하는 꿈을 더 많이 보고한다. 동물이 나오는 꿈도 더 많이 보고한다. 성별에 따른 차이점을 철저히 비교하는 연구는 아직 없지만, 다양한 문화권의 꿈을 수집한 포크스의 연구는 성별에 따른 차이점이 광범위할 수 있음을 암시한다.[7] 그렇더라도 그 차이는 남자아이들과 여자아이들의 절대적인 생물학적 차이보다는 문화에 따른 유사한 경험의 차이를 반영할 가능성이 크다.[8]

7~9세 아이들은 꿈꾸는 데 필요한 기능을 온전히 갖추는 과정을 대부분 마친 상태이다. 이 시기에는 일반적으로 꿈꾸는 자아의 능동적 표상이 확립된다. 그래서 일인칭 시점의 꿈이 흔해진다. 렘수면에서 깨어난 후 꿈을 보고하는 비율이 현저히 증가하지만, 신기하게도 이 나이대의 아이들은 서파수면 중에도 꿈을 꿀 수 있다. 서사 구조가 더욱 복잡해지고 특유의 정서를 불러일으키기 시작하며 즐거운 꿈이 조금

더 우세해진다. 네 살 소년인 딘은 렘수면에서 깨어나 겨우 두 개의 꿈을 설명했지만 아홉 살이 되어서는 열한 개의 꿈 이야기를 들려주었다. 복잡성이 눈에 띄게 증가한다.

> 딘: 우리는 나무를 심는 사람들이었고, 이곳에 가서 나무 한 그루를 심었어요. 그리고 다음 날 돌아가 보니 나무가 벌써 자라 있더라고요. 그래서 나무를 더 심었더니 모두 자라났고 산불이 났는데도 타지 않는 거예요. 그래서 그걸로 숲을 만들었고, 나중에 어떤 남자들이 장작으로 쓰려고 나무를 패어 쪼갰는데 불이 붙지 않았어요. 그래서 남자들이 그 사실을 주립경찰에 말하니까, [시장이] 자기들이 나무를 심었고 타지 않을 것이라고 말했어요.[9]

레퍼토리의 확장

9~11세 아이들이 꾸는 꿈의 요소는 질적인 변화는 거의 없지만, 상징적 레퍼토리가 확장되고 꿈을 기억하는 능력이 향상되며 서사에서 꿈꾸는 사람의 역할이 강화되는 등 양적인 변화는 많다. 남성적 서사의 운동 행위 빈도가 증가하면서 소녀와 소년의 꿈은 계속 점진적으로 구별된다. 전청소년기에 접어들면서 꿈은 더욱 특이해지며, 그 나이대의 일반적인 특성보다는 꿈꾸는 사람의 개성을 더 많이 반영하기 시작한다. 꿈꾸는 사람의 감정과 기대도 중요해진다.

그리고 전청소년기가 끝나는 11~13세의 꿈은 두 번째로 중요한 성숙 단계를 거친다. 꿈을 기억하는 능력과 렘수면에서 꿈이 차지하는 비율이 성인과 비슷한 수준으로 안정된다. 이 시기에는 성격, 레퍼토리의 지적 수준, 사회적 기술에서 개인차가 뚜렷해진다. 우리는 긍정적 감정과 부정적 감정이 동등한 수준으로 나타나면서 꿈속 감정들 사이에 균형이 아주 잘 잡히는 것을 볼 수 있다. 꿈의 플롯은 꿈꾸는 자아의 자기 표상과 꿈속 세계의 다양한 인물과 대상 사이에서 더 균형 있는 맥락을 구성하며, 다양성과 섬세함이 풍성해진다. 이 시기의 꿈은 대개 친척보다 학교 친구나 이웃처럼 아동의 사회적 환경에 있는 사람들에게 더 많이 초점을 맞춘다. 사회가 성별에 따라 전형적인 역할을 요구하면서 꿈의 서사가 크게 달라지고 소녀와 소년이 꾸는 꿈의 차이도 명확해진다. 소녀들은 여성 캐릭터에 대한 꿈을 더 많이 꾸고, 소년들은 남성 캐릭터에 대한 꿈을 더 많이 꾼다. 소년들의 꿈에는 감각 활동이 더 많이 나타난다. 게다가 다른 소년들의 공격을 비롯한 서사적 갈등과 부정적 결과도 더 많이 들어 있다.

청소년기와 성인기

포크스의 표본에서 청소년기의 꿈 내용에 가장 결정적인 영향을 미치는 것은 각자의 지적·정서적 발달이었다. 이는 호르몬 변화가 활발한 시기에 그들 각각의 특별함과 개성을 반영한다. 이 나이대에는 일반적으로 로맨틱한 관계가 매우 중요하다. 청소년들이 보고하는 꿈이 자신의 신체와 남녀의 차이, 성 역할의 두드러진 차이, 생식계의 성숙에 대한 호기심을 전보다 더 많이 반영하지만, 성적 요소에 완전히 지배당하지 않는다는 것은 놀라운 사실이다.

꿈꾸는 뇌가 곧 깨어 있는 삶을 경험하는 뇌이므로 정신 조직이 복잡하면 꿈도 그만큼 복잡할 것이다. 15세의 청소년들은 다면적이고 미묘한 뉘앙스로 가득한 가상 환경인 꿈속 현실에서 갈망하고 선택하고 행동하는 능동적 캐릭터이다. 16세 여학생의 꿈은 청소년기의 사회적 관계, 무엇보다 로맨틱한 관계의 중요성을 명확히 보여준다.

> 처음에는 카일리와 함께 존의 파티에 가는 꿈을 꿨다. 그 다음 꿈에는 같은 고등학교에 다니는 친구들 여러 명과 함께 갔다. 사람이 너무 많아서 우리는 남녀 두 줄로 나뉘어 안으로 들어갔다. 옆줄에 나란히 선 사람이 그날 밤의 데이트 파트너였다. 나는 어떤 징그러운 애랑 짝이 되는 바람에 카일리와 집으로 돌아가서 영화를 보았다. 이튿날 운동을 하러 갔는데……. 체육관에 남자애들이 많아서 살짝 겁이 났다. 마지막 꿈에서 나는 해변에 있는 아름다운 공주였다. 거기서 노르웨이 왕자를 만났고 우리는 첫눈에 사랑에 빠졌다.

포크스의 실험은 전반적으로 유아기부터 성인기까지의 꿈이 얼마나 극심하게 변화하는지를 매우 명확히 보여준다. 꿈의 심리적 성숙은 깨어 있는 삶에서 경험하는 정신 발달을 나란히 따라간다. 세 살 아이의 수동적이고 고정적인 꿈과 열다섯 살 소녀의 극적이고 영화 같은 꿈 사이에는 4000일 밤 동안 살아내고 꿈꾼 무수한 경험으로 연결된 엄청난 인지적 거리가 있다. 더 최근 연구들은 이와 같은 일반적인 꿈 발달의 패턴을 확인했지만, 지원자의 집과 같은 실험실 환경 밖에서 관찰된 결과는 자신과 매우 친숙한 환경에서라면 어린아이들도 움직임과 사회적 상호작용, 감정이 풍부하고 등장인물이 다양하며 자아의 표상이 활발한 꿈 이야기를 만들어낼 수 있음을 보여준다.[10]

포크스의 폭넓은 연구에도 커다란 한계가 있었다. 적절한 교육 수준을 갖추고 아이들의 물질적 욕구를 적당히 충족시켜주면서 평화로운 사회 환경을 제공하는 미국 중산층 가정의 아이들만 표본으로 삼은 것이었다. 이러한 편향성은 포크스가 수집한 꿈 중에 악몽이 적은 이유를 설명하는 요소일 것이다. 다른 연구에서는 1990년대 가자지구와 쿠르디스탄의 아이들에게 악몽이 만연한 것을 발견했다. 핀란드의 심리학자인 투르크대학의 안티 레본수오Antti Revonsuo와 카차 발리Katja Valli가 표본으로 삼은 아이들은 전쟁이라는 극한의 스트레스에 매일 노출되었다. 그 결과, 그들은 강렬하고 폭력적이며 심지어 전쟁과 유사한 악몽을 자주 꿈으로써 깨어 있는 시간과 꿈 사이에 엄청난 연속성을 보였다. 이는 전쟁이 없고 대체로 안전한 나라에서 평화로운 서사를 꿈꾸는 요르단이나 핀란드 아이들의 꿈과 극명한 대조를 이루었다.[11]

갈등, 감정 그리고 자율성

물리적 폭력과 마찬가지로 경제적 폭력도 대부분 수면의 질에 큰 영향을 미친다. 많은 연구를 통해 저소득 공동체에 수면 문제가 있다는 것이 입증되었다. 수면 문제를 초래하는 해로운 환경은 스트레스와 불안, 위험한 환경, 과밀한 공간 그리고 소음, 온도, 습도 등으로 불쾌해진 상태를 포함한다. 1만 1천 명이 넘는 10~18세 청소년을 대상으로 한 연구는 폭력에 노출되는 것이 특히 여자아이들의 수면에 부정적 영향을 미친다는 것을 보여주었다.[12] 지소득층 가정은 대개 작은 집에서 침실을 공유하며 생활한다. 구성원마다 근무 일정이나 학습 시간이 제각각이어서 자주 수면을 방해받을 수밖에 없다. 3천 명 이상의 3세 아이를 대상으로 한 연구는 수면 부족이 가정의 과밀과 빈곤은 물론 어머니의 낮은 교육 수준과도 관련이 있음을 증명했다.[13] 성인 1400명을 조사한 또 다른 연구에서는 1990년에 심각한 경제위기가 찾아온 저소득층 사람들의 수면의 질이 나빠지면서 불면증이 늘어나고 수면제 사용량도 대폭 증가했지만, 그 외의 사람들은 영향을 많이 받지 않았음을 보여주었다.[14] 수면 시간의 감소는 일반적으로 사회경제적 지위가 낮은 사람들에게 더 확연히 드러나며, 믿기 어렵지만 몇몇 직업의 하루 수면 시간은 3.8시간에 불과하다.[15]

저개발 국가들의 수면 문제에 관한 대규모 연구가 가나, 탄자니아, 남아프리카, 인도, 방글라데시, 베트남, 인도네시아, 케냐의 국민 4만 3천 명 이상을 대상으로 진행되었고,[16] 전체의 17퍼센트에 가까운 참가자들이 심각한 또는 극심한 문제를 드러냈으며, 케냐의 4퍼센트부터 방글라데시의 40퍼센트까지 국가 간 차이도 상당했다. 이 연구는 수면 문제의 높은 유병률과 낮은 교육 수준 및 형편없는 삶의 질 사이에 일관적으로 나타나는 상관관계를 찾아냈다. 이러한 사회적 요소들은 수면에 직접적 영향을 미칠 수 있다. 예를 들어, 가난한 가정의 아이들은 종종 일을 나가서 생활비를 보태야 한다. 노동이 14~18세 학생들의 수면에 미치는 영향에 관한 연구에 따르면, 평일에 일찍 일어나 학습과 노동을 병행하는 학생들은 학습만 하는 학생들보다 야간 수면 시간이 현저히 짧다.[17] 수면의 질과 학업 성취도의 상관관계는 의대생들에게도 나타난다.[18] 과도한 업무나 학습, 그 밖의 원인에서 비롯되는 스트레스는 수면에 해롭다. 5만 5천 명이 넘는 미국 대학생의 수면 습관을 조사한 최근 연구는 수면 부족이 과음이나 대마초 흡연, 불안, 우울보다 학업 성취도에 더 해로울 수 있음을 시사한다. 일주일 내내 밤잠이 부족한 경우, 수업을 중단할 확률이 10퍼센트 높아졌고 평균 학점이 0.02점 떨어졌다.[19]

인생의 마지막과 꿈

유년기에 편안하고 안전한 환경에서 생긴 수면 문제는 대개 그렇게 심각하지 않아서 쉽게 해결된다. 잠들기가 어렵고 야간에 깨는 일이 흔하더라도 일시적일 뿐이다. 3~10세에는 악몽을 많이 꿀 수 있으나[20] 이 나이대가 지나면 대부분 나아진다. 아동의 악몽에서 가장 흔한 서사는 친척의 죽음, 위험한 추락, 아는 사람 또는 모르는 사람에게 쫓기는 것이다. 아이들의 수면 부족은 짜증을 부리거나 발끈하는 등 민감성과 연관성이 크다. 게다가 불안한 아이들은 쉽게 예상할 수 있듯이 악몽을 더 많이 꾸는 경향이 있다.

실제로 스트레스가 심한 상황에 있는 아이들은 슬프고 무서운 내용의 악몽을 밤마다 거의 똑같이 반복해서 꾸는 경우가 많아 잠드는 시간을 두려워한다. 반면 보살핌과 보호를 받으며 극심한 스트레스 장애 없이 자라서 불안 수준이 낮은 아이들은 자기 욕구를 추구하고 수시로 충족하는 긍정적인 꿈을 보고할 때가 많다. 그러나 악몽과 심각한 불면증은 행복한 가정에도 찾아올 수 있다. 어떤 사람에게는 아무렇지 않은 것이 다른 사람에게는 두렵거나 고통스러울 수 있다. 모든 것이 가능한 운명의 수레바퀴 양극단 사이에서 아이들의 꿈은 자신이 경험한 상황을 감정적 차원과 상징적 차원 둘 다에 반영하는 경향을 보인다.

꿈은 신체와 외부 세계의 경계에서 감각적인 이미지들이 최초로 형성되는 느리고 점진적인 학습 과정으로, 어쩌면 이 과정은 엄마의 자궁에서부터 시작되는지도 모른다. 여전히 산만하기만 한 이 인상들은 동굴 깊은 곳에 어른거리는 그림자를 드리우며 외부 세계의 모습으로 인식되고, 그 안에서 우리는 살아 있는 나를 아주 조금씩 찾아간다. 아동기와 청소년기를 거치는 동안 꿈은 새로움과 기대로 채워진 유년의 경험을 반영한다. 성인들은 일상에 익숙해지고 가끔은 자기 자신을 잊어버리기도 하지만, 나이가 들어도 꿈은 여전히 그들의 마음을 실어 올 수 있다. 첫 경험, 첫 욕구, 첫 꿈이 이러한 능력의 토대이다. 노인들이 보드랍고 불멸에 가까운 유년에 관한 꿈을 꾸고 감정에 사로잡히는 것도 바로 이런 이유에서다.

정신이 생의 마지막을 함께하면서 어떤 경험을 하는지 정확히 알 수는 없지만, 놀라울 정도로 많은 종교가 사후의 삶에 대한 믿음을 가지고 있다. 꿈과 인생 그리고 그것의 마지막에 대한 독백과 대화로 이루어진 보기 드문 철학적 서사인 영화감독 리처드 링클레이터Richard Linklater의 〈웨이킹 라이프〉는 죽음으로 넘어가는 과도기에 일어나는 신경 처리 과정이 어느 때보다 추상적인 꿈을 연속으로 만들어내며, 이러한 현상은 시간이 탄력적으로 변하는 뇌의 활성 상태에서 발생한다는 것을 넌지시 보여준다. 이 시간은 평생에 걸쳐 경험한 감정과 기억에 의해 지배되며, 꿈꾸는 사람들이 개인의 여정에서 직접 구축한 지옥, 연옥, 또는 하늘나라의 영겁에 대한 감각을 단 몇 초 만에 창조할 것이다. 죽음에 관한 이 대담하고 예술적인 개념은 2013년에 미시간대학의 연구자들이 심장마비로 심박이 멈춘 쥐들의 뇌 신경이 약 30초간 높은 수준으로 활동했다고 발표하면서 예상치 못한 과학적 증거를 얻었다.[21]

종착점이 무엇이든 꿈의 성숙은 개인의 정체성이 뚜렷이 발달하면서 나타나는 중요한 결과물이다. 아동의 꿈이 감정과 이미지가 빈약하고 정적이며 심지어 관조적이라면, 성인기의 성숙한 꿈은 다채로운 꿈의 단계로 이어지며, 그 안에서 꿈꾸는 사람은 사건의 주체, 즉 내면의 가상 환경에 푹 빠져 있는 능동적 행위자가 된다. 일반적으로 그들은 가상 환경을 통제하는 것이 아니라 그곳에서 살아간다. 이러한 정신 상태의 진화 과정이 다음 장의 주제이다.

6장

꿈의 진화

수면은 아주 오래전부터 매우 다양한 정신생물학적 기능을 갖도록 진화했고, 꿈을 생성하는 기능은 그중 하나에 불과하다. 수면의 특성은 매우 다양한 시기에 서로 다른 진화적 압력을 받으며 발달했다. 꿈의 시작점을 알아내려면 45억 년 전으로 거슬러 올라가서 자가 증식하는 분자들이 최초로 나타난 환경을 상상해야 한다. 지구는 화산 폭발로 인해 다량의 물과 아직 산소가 포함되지 않은 대기를 갖게 되었다. 42억 8000만에서 37억 7000만 년 전에 최초로 등장한 것으로 추정되는 단세포 생물은 열수분출공 근처에서 철 산화물을 먹고 사는 박테리아와 비슷했다.[1]

태양이 뜨고 기온이 상승하면서 분자가 확산하고 화학반응이 가속화되었다. 태고부터 지평선 너머로 해가 지면 지구의 기온이 떨어지고 화학반응도 느려졌다. 이렇게 번갈아 찾아오는 낮과 밤은 1조 6000억 일 동안 거의 변함 없이 지구의 자전과 지구상에 존재한 거의 모든 생명체의 행동주기를 연결하는 기준이었다. 아주 깊은 곳에 사는 생명체를 제외한 지구상의 모든 생명체는 약 12시간 주기로 찾아오는 빛과 어둠 속에서 진화했다. 그래서 매우 유사한 일주기 리듬이 지구상의 거의 모든 생명체에서 발견된다.

거의 15억 년이 지나고 나서야 최초의 다세포 생물이 출현했다. 그들은 광합성으로 산소를 생성하고 세포 군체를 형성하는 박테리아였다. 현존하는 시아노박테리아의 조상인 그들은 바다 건너 널리 퍼졌고 대기의 산소 농도를 대폭 상승시킴으로써 24억 년 전에 있었던 생명체를 대부분 멸종시켰다. 시아노박테리아가 거의 모든 혐기성 생물을 파괴했고 이것이 조류algae와 식물의 광합성 능력으로 이어져 태양에너지를 이용하는 바이오매스의 생산자들이 지구에 번성하게 되었다. 이로써 초식동물과 육식동물이 연이어 진화할 수 있는 발판이 마련되었다.

신비한 리듬

햇빛은 원래 화학반응의 가속 장치였다가 나중에는 먹이사슬의 에너지원이 되었으며, 어느 시점부터는 살아 있는 유기체들이 환경 변화를 감지하고 대처하는 데 사용되었다. 광합성이 가능한 수면으로 이동할 수 있도록 섬모와 편모도 진화하기 시작했다.[2] 빛의 이용 가능성에 따라 분자 및 세포 수준에서 행동의 '개시turning on'와 '중단turning off'이 가능한 생물학적 메커니즘이 나타났고, 그로부터 여러 메커니즘이 파생되었다. 무수한 단세포 유기체들이 활동과 휴식의 일주기 리듬을 증명한다.[3]

2017년 미국의 생물학자인 록펠러대학의 마이클 영Michael Young과 브랜다이스대학의 제프리 홀Jeffrey Hall과 마이클 로스배시

Michael Rosbash는 24시간에 가까운 일주기 리듬을 결정하는 분자시계 molecular clock에 관한 발견으로 노벨 생리의학상을 수상했다. 세 사람은 노랑초파리 연구를 통해 생체시계는 특정 유전자 그룹에 의해 암호화된 분자 수준의 주기적 변화를 포함하며, 유전자의 돌연변이는 일주기를 줄이거나 늘리거나 제거하여 행동과 생리, 분자의 리듬에 영향을 줄 수 있음을 밝혀냈다.

해파리에게도 주기적 휴지기가 있다는 사실은 뇌가 아닌 매우 원시적인 신경계에서도 수면이 가능하다는 것을 보여준다.[4] 멜라토닌은 밤의 전반부에 인간의 송과선에서 생성되는 수면 유도 호르몬으로서 7억 년 전에 생겨난 것으로 보인다. 당시 해양 벌레를 닮은 동물들은 낮에 빛을 포획해서 섬모를 휘저으며 돌아다녔으나 밤에는 그러지 못했다.[5] 이러한 양분화를 위해 빛이 없을 때 뉴런을 자극하는 멜라토닌을 야간에 생성하여 섬모의 움직임을 중단시키는 메커니즘이 발달한 것이다. 야간의 휴지기에 서서히 가라앉았다가 낮이 되면 극도로 흥분하여 위쪽으로 헤엄쳐 올라가는 우리의 신비한 조상들은 태양 주기의 음과 양을 오늘날 신체의 두 가지 기본 상태로 여기는 수면과 각성으로 체현했다.

그리고 5억 4000만 년 전 눈目을 닮은 최초의 구조물이 나타났다. 오늘날의 눈은 좌우 대칭인 모든 동물에서 발견되며, 그들은 머리와 꼬리뿐 아니라 앞면과 뒷면도 가지고 있다. 이 동물들의 배아에서 눈이 형성되는 과정은 같은 유전자들에 의해 통제된다. 이들은 생체시계를 조절하는 유전자와도 매우 유사하며, 척추동물의 생체시계는 시교차상핵suprachiasmatic nucleus이라고 불리는 중요한 뉴런 집단을 포함한다. 세포 2만여 개로 이루어진 이 작은 무리는 빛에 민감한 망막세포와 멜라토닌을 생성하는 세포 사이의 소통을 담당한다.

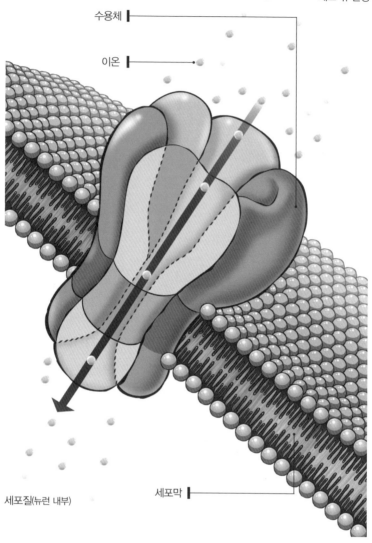

세포 밖 환경

수용체

이온

세포질(뉴런 내부)

세포막

그림6 세포막에 고정된 수용체는 이온 통로로 기능한다. 이온 통로가 열리면 나트륨, 칼륨, 염소, 칼슘 같은 이온들이 세포 밖에서 세포 안으로, 혹은 반대로 이동할 수 있다.

빛의 유무를 알리는 신호는 광자부터 뉴런의 세포막에 고정된 이온 통로를 여닫는 크고 작은 분자들의 구조 변화까지 여러 번 달라진다(그림6). 이 통로들이 열리면 이온이 흐르고 화학물질이 방출되어 다른 세포에 있는 분자들의 구조적 변화를 더욱 활성화하는 등 전체 신경계에 단기, 중기, 장기적 결과를 가져온다. 우리와 벌레 사이에 엄청난 진화적 거리가 있는데도 멜라토닌의 수면 조절 역할처럼 많은 분자 메커니즘의 옛 기능은 아직도 유효하다.

수면은 유일한 휴식이 아니다

휴식은 필요하거나 가능할 때만 취하게 되는 기회주의적인 것이지만, 실제 수면은 시작과 끝이 정해져 있으며 부족하면 대체되어야 한다. 빛이 날마다 속도 조절을 재개하기 때문에 자연의 낮과 밤에 연속적으로 노출된 사람들은 보통 23시간 56분의 주기를 보인다. 그러나 명암주기와 단절된 동굴이나 그 외의 밀폐된 환경에 있는 피실험자들은 평균 24시간 11분의 수면각성주기를 보인다.

시간 경과를 알려주는 물리적 단서가 없으면 일반적인 명암주기와 비교하여 주기가 살짝 길어지는 것을 볼 수 있다. 이는 아침이 밝아오는 시각이 늦어지는 경우 잡아먹힐 위험을 줄이기 위해 조금 더 길게 자도록 유도하는 메커니즘이 진화했음을 암시한다.[6] 태양이 늦장을 부릴 때는 굴 안에서 얌전하게 기다리는 것이 최선이다.

진화에서 새로운 변화가 좋은 결과로 이어지면 계속 남아서 널리 퍼지고 결국은 아주 오래된 습성이 된다. 무척추동물과 척추동물에 널리 퍼져 있는 것으로 보아, 수면은 동물군 대부분이 발생한 캄브리아 폭발로 거슬러 올라갈 만큼 지극히 오래된 습성으로 추정된다. 오늘날 어류는 5억 년 전, 곤충은 4억 년 전, 파충류는 1억 5000만 년 전, 포유동물은 2억 2500만 년 전, 그리고 조류는 1억 5000만 년 전에 출현했다고 여겨진다. 이와 비교해서 현생인류인 호모 사피엔스는 겨우 31만 5000년 전에 등장한 것으로 보인다.[7]

최근 수십 년간, 어떤 동물이 수면을 취하는지에 대한 과학적 견해가 엄청나게 바뀌었다. 컴퓨터와 미세한 움직임을 정교하게 감지하는 센서의 발달 덕분에 타당하고 신뢰할 만한 행동학의 양적 연구가 이루어졌다. 이를 통해 벌, 전갈, 바퀴벌레에게 감각 자극에 대한 민감도가 낮은 휴지기가 주기적으로 나타난다는 것이 확인되었다.[8] 수면의 발생에 관한 의문은 유전학 연구에 중요한 초파리를 대상으로도 많이 연구되었다. 그들의 행동에 대한 세세한 기록은 활동과 휴지의 명확한 주기를 입증해주었다. 또한 이 연구는 초파리의 수면 시간을 강제로 박탈하면 포유류 특유의 반동이 뒤따른다는 것, 즉 보상을 위해 다음 수면 시간이 증가하는 것을 보여준다.[9] 초파리가 실제로 잠을 잔다는 설득력 있는 증거에도 불구하고, 초파리의 수면에 필요한 신경계 일부와 인간의 수면 발생에 관여하는 뇌 영역 사이에 해부학적 유사성은 없어 보인다.[10] 그래도 뒤이어 살펴볼 내용처럼 초파리와 포유류는 수면이 제공하는 중요한 인지적 이점 몇 가지를 공유한다.

어류와 양서류의 단순한 수면

어류와 양서류에게는 낮밤 주기의 몇 가지 고정된 단계에 상응하는 행동적·생리적 휴지기가 나타나지 않기 때문에, 그들에게 수면이 존재하는지에 관한 논의는 오랫동안 이어져왔다. 사실 어류와 양서류의 휴식은 포만감을 느끼거나 잡아먹힐 위험이 없을 때 정해진 주기 없이 순식간에 스쳐가듯 관찰된다. 예측 불가한 찰나의 상태로 목격된다는 것은 어류와 양서류의 휴식이 기회주의적이라는 뜻이다. 어류는 보통 탁하거나 깊은 물처럼 낮밤의 밝기에 차이가 없는 환경에서 살아간다. 빛이 없을 때 어류는 시각에 의존하여 포식자를 피하거나 먹이와 성적 파트너를 찾지 않는다. 대신 냄새와 전자기장을 이용해 위치를 파악하는 방식에 전적으로 의존한다.

소수 어종을 대상으로 한 실험실 연구는 수면 행동의 증거인 주기적 휴지, 카페인 주입 후 증가한 움직임, 수면 박탈에 뒤따르는 행동 장애를 확인했다.[11] 그럼에도 수면 박탈로 인한 스트레스와 반동은 덜하다. 산호초 안팎에 서식하는 어류는 밤낮으로 끊임없이 헤엄치는 것처럼 보이지만, 수면 중에도 헤엄칠 수 있는 것으로 추정된다.

양서류에 대한 과학적 정보는 여전히 부족하다. 주행성 대형 양서류인 황소개구리는 일주기에 따른 행동 변화를 보이지 않지만 감각 자극에 대한 민감성은 활동기보다 휴지기에 더 크다. 이러한 사실은 양서류의 신체적 취약성이 수면을 억제할 수 있음을 시사했다. 그러나 이후의 연구에서 작은 청개구리종hyla septentrionalis에서도 수면이 존재한다는 사실이 입증되었다.[12] 이것은 아마도 생태적 지위가 덜 위험해서인지도 모른다. 렘수면의 흔적은 어류와 양서류 모두에서 발견되지 않았다.

육상 척추동물의 복잡한 수면

어류, 양서류와 달리 파충류, 조류, 포유류는 건조하고 침투할 수 없는 체표면을 갖는다. 그들은 또한 발달 중인 배아를 양막낭으로 감싸고 그 안을 따뜻하고 촉촉하고 푹신한 상태로 유지한다. 육상 척추동물은 이러한 적응을 통해 강·호수·늪·바다의 물과 아주 먼 서식지에서도 지낼 수 있다.

3억 1500만 년 전 지구의 광활한 대지는 판게아라는 이름의 거대한 단일 대륙을 형성했다. 수중환경은 끔찍한 육식성 척추동물과 무척추동물로 들끓었던 반면, 최초의 파충류가 발견한 육지환경은 지금의 남극 대륙을 포함할 만큼 거대하고 먹을 수 있는 식물과 곤충이 넘쳐나는 에덴동산이었다. 캐나다 노바스코샤에서 발견된 이빨 화석으로 추정해보면, 최초의 파충류는 지금의 도마뱀과 상당히 비슷한 식충동물이었을 것이다. 포식자가 없고 먹이는 풍부한 초창기에 이 동물들은 여러 종으로 빠르게 퍼져 나갔고, 낮밤 주기라는 특징을 공유하며 매우 다양한 생태적 지위를 차지했다.

투명한 대기와 주기적으로 풍부하게 제공되는 햇빛 덕에 육상 척추동물의 시각계는 점점 더 정교하고 강력하게 진화했다. 시각의 최대 장점은 먼 거리에 있는 생물과 사물을 인지할 수 있다는 것이다. 반면 최대 단점은 빛이 주기적으로 사라질 때마다 먹이 섭취가 어려워지고 잡아먹힐 위험이 대폭 증가한다는 것이다. 오늘날까지도 초식성 육상 척추동물은 대부분 몸을 숨기고 무리를 지어서 밤잠을 잔다. 서파수면은 대사율을 낮추었고 어류와 양서류 시절부터 이미 원시적 형태로 존재했으며, 육상 척추동물이 낮 동안 잡아먹히지 않으려고 몸을 숨기는 과정에서 부차적 효과로 발달했을 가능성이 있다. 동굴 안에서 먹이를 찾는 것은 불가능하므로 움직임이 없는 상태에 적응하여 체온과 에너지 소비를 낮추고 휴면 상태에 도달하기도 한다.

수면이 진행되면 뇌파의 진동수는 최대 50퍼센트까지 감소한다. 다시 말해 뇌파는 그것의 '크기' 또는 진폭의 증가에 따라 느려진다. 우리는 이 상태를 서파수면이라고 부른다. 이와 함께 파동 주기마다 세포의 기능을 일시적으로 정지시키는 전신의 휴면이 진화했다.

가장 생생한 꿈을 꾸는 단계인 렘수면의 진화를 이끈 사건을 추측하는 것은 매우 어렵다. 한때는 서파수면과 렘수면의 차이가 2억 2500만 년 전 트라이아스기에서 비롯되었다고 믿었다. 이 시기에는 모든 포유동물의 공동 조상으로서 소형 설치류와 유사한 신체를 가진 야행성 식충동물이 진화했다.[13] 이러한 서사는 파충류와 조류가 렘수면을 하지 않는다는 전제를 근거로 했으며, 이것은 수십 년 동안 전문가들 사이에서 지배적인 견해였다.

신체 활성도는 최저이고 뇌 활성도는 높은 렘수면 상태는 포유류의 전유물로 여겨졌으나, 최근 몇몇 조류와 파충류에도 존재하는 것으로 밝혀졌다.[14] 한때 바늘두더지가 렘수면을 하는지에 대한 논쟁이 있었다. 그들은 오스트레일리아와 뉴기니에 서식하며 방어용 가시와 개미, 흰개미, 벌레, 유충을 잡는 데 특화된 주둥이를 가지고 태어난 특이한 식충성 포유류였다. 바늘두더지가 태반이 없고 산란을 통해 번식하는 파충류의 특성을 가진 원시 포유류인 단공목monotremata order에 속하지 않았다면 이 종의 이른바 렘수면 부재는 호기심에 지나지 않았을 것이다. 렘수면이 포유류의 공동 조상에 가장 가까운 이런 동물에 존재하지 않는다면 포유류, 조류, 파충류에서 개별적으로 진화했을 가능성이 크다. 그러나 더 최근에 전기생리학 연구들은 바늘두더지[15]와 또 다른 단공류 동물인 오리너구리[16]의 렘수면을 입증했으며, 특히 오리너구리는 지금껏 관찰된 종 가운데 가장 긴 8시간을 렘수면에 완전히 할애할 수 있다. 모든 조류의 공통 조상과 가장 많이 닮은 타조는 오리너구리와 아주 흡사한 수면 패턴을 보인다.[17] 이러한 결과는 육상 척추동물에게 흔히 나타나는 렘수면의 단일 기원설을 뒷받침한다. 따라서 서파수면과 렘수면의 분리는 트라이아스기보다 7500만 년 앞서서

양서류와 파충류의 조상들이 육지를 침략한 석탄기에 시작되었을 수 있다.

잠자는 용의 종말

위 주장이 사실이라면, 2억 3000만 년 전 지구를 지배한 다양한 크기의 파충류인[18] 공룡은 가장 가까운 친척이자 여전히 지구에 현존하는 조류가 채택한 방식과 아주 비슷하게 잠자고 꿈꾸었을 확률이 매우 높다. 이것은 서파수면과 렘수면이 빠르고 불규칙하게 번갈아 나타나는 주기적 수면 패턴이었을 것이다. 이 가설을 입증할 화석이 존재하지는 않지만, 중국 서부에서 깃털이 있고 계통발생학적으로 조류에 가까운 백악기 초기 공룡 트로오돈과Troodontidae의 잔해 두 구가 발견되는 아주 흥미로운 일이 있었다.[19] 화석은 새들의 수면 자세와 비슷하게 목을 아래로 구부려 머리를 앞다리 밑에 밀어 넣은 상태로 발견되었다. 잠을 자다가 갑자기 예상치 못한 죽음을 맞이한 듯했다. 공룡이 지구를 지배하는 데 렘수면이 중요한 역할을 했다고 생각하고픈 마음이 정말 굴뚝같다. 수많은 종에게 렘수면이 존재했다는 것은 그것이 생리학적으로 중요했음을 암시한다. 렘수면의 중요한 기능은 무엇이었고, 어떤 선택압으로 형성되었을까?

한 가지 흥미로운 가설이 있다. 활성도가 낮은 서파수면이 장시간 이어지고 나면 렘수면이 대뇌피질의 뉴런을 각성에 가까운 수준으로 활성화하여 잠에서 깰 준비를 한다. 이 가설을 뒷받침하는 주요 논거는 서파수면 중에 깨어난 사람들은 몇 분간 감각, 운동, 인지 능력의 결함을 보인다는 사실이다. 게다가 각성은 보통 렘수면 후에 일어나는데, 이는 렘수면이 서파수면과 각성의 과도기에 조력자로서 기능한다는 것을 시사한다. 완전한 각성 상태로 깨어나는 능력이 어떻게 렘수면에 들어갈 수 있는 척추동물에게 경쟁의 중요한 이점을 제공하는지 짐작해볼 수 있다. 또 하나의 가능성은 렘수면이 근세포와 뉴런의 적절한 상응 관계를 확립하는 데 중요하다는 것이다. 렘수면 동안 대뇌 운동 영역이 활성화되어 전신에 짧은 수축을 자극하면 신생아도 현실에서 수행할 움직임과 행위를 미리 조정할 수 있다.[20]

렘수면이 공룡에게 제공했을 이점을 상상해보는 것은 솔깃한 일이다. 렘수면 상태가 1억 7000만 년 동안 이어진 대형 파충류의 생태계 지배에 기여했을까? 그들이 긴 시간 군림하며 생존을 위해 고군분투하는 과정에서 렘수면은 어떤 역할을 했을까? 추측에 근거할 수밖에 없지만 대단히 흥미로운 주제이다. 사실 공룡은 렘수면의 유무와 관계없이 6600만 년 전에 우연한 계기로 지도상에서 완전히 사라졌다. 흔치 않은 사건들이 거짓말처럼 동시에 발생하여 현재 멕시코에 있는 유카탄반도에 소행성이 떨어졌고, 이로 인해 지구 생명체들의 추이가 송두리째 바뀌었다.[21] 너비가 9~14킬로미터이고 무게는 1012~1014톤인 돌덩이가 황이 풍부한 석고를 다량 함유한 얕은 해역에 시속 7만 2000킬로미터로 추락했고, 그 직후 엄청난 양의 유독가스가 유출되었다. 지진에 따른 이례적 충격과 화산 활동의 증가는 극심한 기후변화로 이어졌다. 대규모 가스 분출로 생성된 두꺼운 구름층이 몇 달, 어쩌면 몇 년 동안 태양을 가렸다.[22] 히로시마 원자폭탄보다 100억 배 더 강력한 폭발이 강렬한 열기를 뿜어낸 뒤 극한의 겨울이 끝없이 이어졌다. 육지와 물에서 광합성이 중단되었다. 요컨대 이러한 변화는 단기간에 전체 동식물의 75퍼센트를 멸종시켰다. 포유류, 어류, 연체동물, 식물, 심지어 플랑크톤까지 무수한 종들이 사라지는 동안 새의 조상을 제외한 나머지 공룡들도 전부 멸종했다. 소행성이 조금 일찍 혹은 조금 나

중에 떨어졌다면 그것은 심해에 떨어졌을 것이고 충돌의 결과는 훨씬 덜 치명적이었을 것이다. 다시 한 번 행성의 자전축을 중심으로 한 역학은 지구 표면의 생명 진화에 결정적 영향을 미쳤다.

위기가 곧 기회다

백악기 말의 대멸종 덕에 생물종이 대규모로 확산되면서 재난에서 살아남은 동물군의 형태학적 특성의 분화가 가속화되었다. 대형 포식자들이 전부 사라지고 나니, 이전까지 경쟁과 포식으로 가득한 생태적 지위에서 제약을 받던 종들이 갑자기 먹이사슬의 다양한 지위, 특히 상위를 차지했다. 새로운 진화적 압력은 멸종 후 새로운 지위에 점차 적응하는 과정에서 포유류는 물론 새, 도마뱀, 어류에 해당하는 많은 종이 새롭게 나타났음을 뜻했다. 포유류에서 인지 능력이 가장 뛰어난 두 그룹인 영장류와 고래목은 공룡이 멸종한 뒤 전 세계로 퍼져 나갔다. 파충류는 외부 열에 의존하여 체온을 높이고 대사를 활성화하므로 일몰 후 기온이 떨어지는 야간에는 활동이 거의 불가능하다. 포유류가 1년 365일 주변 온도가 널뛰어도 야간에 생태적 우위를 차지할 수 있었던 것은 바로 체온을 높이는 능력 덕분이었다. 한편 2500종에 달하는 포유류의 행동을 비교해보면 포유류의 주행성은 엄밀히 말해 공룡이 멸종한 뒤 발달하기 시작했고, 5000만 년에서 3000만 년 전에는 유인원과 같은 영장류가 출현했다.[23] 수면 중에 에너지를 보존해야 하다 보니 포유류와 조류, 특히 추운 환경에 있는 개체들은 대체로 야간에 무리 지어 잠을 자도록 진화했다.

렘수면을 하려면 반드시 체온을 적정 수준으로 유지해야 했으므로 체내에서 열을 생성하면서부터는 렘수면이 유리해졌다. 예를 들어, 바늘두더지는 주변 온도가 대략 섭씨 21℃일 때만 렘수면을 한다.[24] 렘수면이 완벽에 가까운 근육 이완과 함께 진화한 덕분에 대뇌피질은 운동신경이 크게 반응하지 않아도 강한 활성 상태를 유지할 수 있다. 렘수면이 몸을 거의 완벽하게 이완시키기 때문에 동물을 깨우거나 원치 않는 행동을 유발하여 포식자의 관심을 끄는 일 없이 매우 생생한 꿈을 꿀 수 있다.

포유류의 긴 렘수면

다양한 척추동물의 렘수면 패턴에서 주요한 차이점은 지속 시간이다. 파충류와 조류는 수면주기가 짧아서 렘수면 시간이 겨우 몇 초에 불과하지만, 포유류의 렘수면은 흔히 수십 분씩 지속되며 몇몇 종의 렘수면은 1시간 이상 지속되기도 한다. 일반적으로 렘수면 시간은 체중에 반비례하므로 작은 동물들의 렘수면이 더 긴 편이다. 그러나 체중의 영향을 분석에서 배제하면, 출생 시 신체의 미성숙도와 상관관계가 높다는 것을 확인할 수 있다. 태어나자마자 자율성이 꽤 많이 드러나는 양과 기린처럼 출생 시 상대적으로 성숙한 동물은 렘수면 시간(하루에 총 1시간 정도)이 적은 것이 특징이다. 반면, 인간과 오리너구리처럼 출생 시 상대적으로 미성숙한 포유류는 특히 생애 초기 단계에 렘수면 시간이 엄청나게 길다.

인간의 아기는 스스로 먹거나 움직이거나 방어하거나 몸을 깨끗이 할 수 없다. 오리너구리의 새끼도 마찬가지이며, 심지어 어미와의 접촉 없이는 체온도 조절하지 못한다. 신기하게도 렘수면 시간은 둘 다 하루에 대략 8시간이다. 긴 렘수면은 아직 눈도 뜨지 못한 갓 태어난 포유류의 전기 활성도를 높은 수준으로 유지하여 뇌가 자극의 부재로 위축되지 않도록 보호한다. 배아의 발달과 자궁 외 학습에서 렘수면의 중요한 역할은 뉴런의 연결을 유지하고 수정하는 데 사용되는 유전자를 조절하는 역할과 관련이 있다.

요컨대 렘수면은 태아와 갓 태어난 새끼, 특히 출생 시에 미성숙하여 성체 단계에 도달하려면 많은 변화가 필요한 동물의 발달에 핵심 역할을 한다. 갓 태어난 새끼의 연약함은 부모의 끊임없는 보살핌을 요구하기 때문에 생애 초기에 미성숙함은 단점이다. 그러나 이러한 특성은 장기적으로 매우 큰 장점이 된다. 어릴 때 좋은 보호자들의 보살핌으로 치명적인 위험을 벗어나 성체로 발달할 기회를 얻는 데 성공한 개체는 그동안 습득한 광범위한 기억과 기술의 결과물인 자신의 생태적 지위를 최대한 활용하는 법을 배운다.[25] 다음에서 살펴볼 내용처럼 렘수면은 장기적으로 학습 강화에 중대한 역할을 한다. 많은 학습이 필요한 개체에 렘수면은 필수적이다.

수영, 비행, 이주

포유류와 조류, 파충류의 수면 패턴은 수중 및 대기환경 그리고 이주에 대한 적응과 관련이 있으며, 이로 인해 극심한 변화가 일어났다. 바다코끼리는 육지에서 쉬지 못하고 8개월간 바다를 통해 알래스카와 캘리포니아로 이동한다. 이주하는 동안 이 동물은 주기적으로 수심 274미터가 넘는 곳까지 잠수해 들어간다. 그중 몇 번은 잠을 자듯 헤엄을 멈추고 우아하게 선회하며 가라앉는다. 이러한 움직임은 바다코끼리가 태평양의 해저로 가라앉는 속도를 빠르게 낮춰준다.[26]

인도양의 세이셸에서 1만 2800킬로미터 떨어진 곳에서 시간과 깊이를 기록하는 장비를 이용하여 추적한 결과, 바다거북은 50분간

숨 한 번 쉬지 않고 수심 20미터까지 잠수하는 것으로 밝혀졌다. 바다거북의 턱에 장착된 센서는 바다거북이 깊은 곳을 잠수하는 동안 후각으로 환경을 감지하기 위해 입으로 물을 퍼마시는 움직임을 중단한다는 것을 보여준다. 이 결과는 바다거북이 인도양 한가운데로 잠수해 들어가 잠을 잔다는 것을 시사한다.[27] 수면 가까이 헤엄치는 동물들은 바다 밑에서 접근하는 포식자들에게 실루엣을 들키기가 매우 쉬우므로, 수면에서 멀리 떨어진 곳에서 잠자는 것은 적응적 전략이다.

진화는 유도된 결과가 아니라 우연의 산물이기 때문에 종종 같은 문제에 대해 완전히 다른 해결책을 얻는다. 세이셸의 바다코끼리, 바다거북과 달리 고래와 돌고래 같은 고래류는 물속에 잠겨서 자는 것이 아니라 뇌의 한쪽 반구만 잠드는 단일반구수면unihemispheric sleep을 한다.[28] 그 덕에 계속 움직이면서 호흡을 위해 주기적으로 떠오를 수 있다. 이 동물들에게 렘수면이 없는 것은 그것이 없어도 뇌의 일부를 계속해서 움직이는 데 필요한 높은 전기 활성도를 유지하는 것이 충분하다는 증거로 해석되었다.

고래류는 단일반구수면이 유일한 수면법일 수 있지만, 조류는 단일반구수면과 렘수면을 포함한 양반구수면bihemispheric sleep이 섞여서 나타난다.[29] 장거리 이주의 높은 위험성과 에너지 비용은 놀라운 적응으로 이어질 수 있다. 매년 알래스카에서 캘리포니아까지 4000킬로미터 이상을 이동하는 흰정수리북미멧새는 움직이는 동안은 물론 새장에 갇혀서 날 수 없을 때도 수면이 70퍼센트 가깝게 감소한다는 것을 보여준다. 흥미롭게도 이 기간에는 수면 박탈로 인한 전형적인 행동 결함이 전혀 나타나지 않는다.[30] 매년 어마어마한 거리를 이주하도록 유전자와 호르몬이 설정된 흰정수리북미멧새는 이 기간에 그야말로 잠을 거르는데도 수면 박탈 증상을 보이지 않는다.

수십 년 전에 휴식 없이 며칠, 길면 몇 주씩 계속되는 비행을 단일반구수면이 설명해줄지도 모른다는 견해가 등장했다. 그 후 2016년에 막스 플랑크 조류학 연구소의 생태학자 닐스 라텐보르그Niels Rattenborg가 이끄는 팀이 비행할 때 단일반구수면를 한다는 첫 번째 증거를 발표했다. 라텐보르그는 스위스 연방공과대학과 취리히대학의 연구자들과 협력하여 갈라파고스제도에 둥지를 트는 바닷새인 군함조의 두개골에 소형 전자 장치를 이식했다. 소형 센서는 머리의 움직임뿐 아니라 두개골 아래의 전기적 활성으로 생성되는 뇌전도검사도 기록했다. 군함조는 체중 대비 날개 면적이 가장 큰 조류이며, 단 한 번의 휴식 없이 바다 위를 몇 주씩 날 수 있다. 전자 장치를 수거하여 데이터를 분석한 연구진은 군함조가 육지에 내려앉지 않고 열흘간 3218킬로미터 가까이 날면서 장시간 각성과 단시간 수면을 반복한 사실을 확인했다. 낮 동안 군함조는 경계를 늦추지 않고 수렵채집 활동을 계속했지만, 날이 저물자 높은 고도로 날기 시작하더니 한쪽 눈을 뜬 채 상승기류를 타고 선회하며 단일반구수면 상태에 들어갔고, 몇 분 뒤 원래 날고 있던 방향으로 다시 몸을 틀었다.[31]

잠들면 위험하다

단일반구수면은 지속적인 움직임은 물론 높은 수준의 각성과도 연관이 있는 것으로 보인다. 이러한 현상을 조사하기 위해 라텐보르그의 한 연구팀은 네 마리씩 무리 지어 잠든 오리들을 나란히 줄 세워 뇌파를 기록했다. 중간에 있는 두 마리는 양쪽 측면이 다 막혀서 더 안전했지만, 가장자리에 있는 오리들은 한쪽 측면만 막혀서 덜 안전했다. 그 결과, 포식자에게 노출될 확률이 더 높은 가장자리 오리들의 단일반구수면의 양이 상당히 증가한 것으로 나타났다. 감지 않은 눈은 매번 보호받지 못하는 측면을 향하는 경향을 보였다.[32] 중간에 있는 오리들은 양쪽 뇌 반구를 모두 사용하는 평범한 수면 패턴을 보였다.

사하라 이남 아프리카의 강한 포식 습성과 장거리 이주 여정 또한 아프리카 사바나에 사는 포유류의 수면에 엄격한 제한을 가한다. 잠을 너무 많이 자면 새끼를 잃거나 심지어 자신의 목숨도 잃을 수 있다. 남아프리카의 생태학자들은 움직임을 연속으로 기록할 수 있는 소형 장치인 액티미터를 코끼리 코에 부착함으로써 이들이 밤새 새끼를 적극적으로 보호하기 위해 서서 잔다는 사실을 증명했다. 다 자란 코끼리는 하룻밤에 겨우 두 시간 쪽잠을 잔다.[33] 개코원숭이 중에서 사회적으로 우세한 개체들은 경계심이 더 많아서 편안히 자는 경우가 거의 없으며, 이는 잠이 사회적 스트레스로 인해 줄어든다는 사실을 보여준다.[34]

인간의 수면이 야간에 연속적인 두 단계로 발생한다는 고대와 중세 시대의 기록처럼 전깃불을 접한 적 없는 근대 농업 인구에서도 같은 현상이 관찰되었다.[35] 그렇다면 수렵채집인들은 다를까? 이 질문에 대해 조사하기 위해 캘리포니아대학 로스앤젤레스캠퍼스의 연구자들은 탄자니아, 나미비아, 볼리비아의 수렵채집인들에게 액티미터를 부착했다. 그 결과, 놀랍게도 이들의 수면은 밤에 한 단계로만 일어나며 그 길이는 전 세계에 있는 거대 산업도시의 성인과 매우 비슷했다.[36] 그러나 탄자니아의 수렵채집인들을 대상으로 한 다른 연구에서는 참가 그룹의 성인들이 동시에 잠든 경우가 거의 없다는 것을 보여주었다. 최고령 참가자는 일찍 자고 일찍 일어나는 반면, 최연소 참가자는 늦게 자고 늦게 일어났다. 결과적으로 적어도 참가 그룹의 3분의 1은 늘 깨어 있었다.[37] 고령자일수록 잠을 덜 자는 경향이 있으므로, 이 연구는 우리 조상들의 조부모들이 포식의 위험을 줄이는 데 필요한 야간 경비에 중요한 역할을 했음을 시사한다. 수렵채집인들의 수면은 더 짧고 더 피상적이며 더 유연해서 환경 변화에 따른 위험과 기회에 더 잘 적응할 수 있다. 출퇴근 기록 카드를 찍지도 않고, 땅을 갈거나 곡식을 수확하는 일정을 정해놓지도 않지만, 자연의 불규칙한 변화에 모두가 조심해야 한다.

　　수백만 년 전에 아프리카 전역으로 퍼진 최초의 인류는 다른 포유류들처럼 잠자고 꿈꾸는 능력을 잘 갖추고 있었다. 7만 년 전에 천여 명의 사람들이 떼 지어 동아프리카를 떠난 후 약 1000년 동안 아시아와 오세아니아, 유럽 그리고 미국으로 그들의 자손이 퍼져 나갔고, 그때 우리 조상들은 성공적인 이주를 통해 위험한 탈출과 사냥에 대한 꿈을 아프리카 대륙 밖으로 무수히 실어 날랐다.[38] 전 세계를 가로지르는 조상들의 긴 궤적은 우리를 점차 자연계에서 밀어내는 동시에 문화적 세계로 향하게 했고 우리의 수면 방식을 바꿔놓았으며[39] 온갖 생물과 사물, 심지어 상상에 불과한 것을 나타내기 위한 상징이 가득한 꿈의 공간을 창조했다. 이러한 변화를 이해하기 위해 우리는 상상력의 산물을 통제하는 생화학을 자세히 살펴봐야 한다.

7장
꿈의 생화학

밤이 찾아왔다. 격렬한 움직임과 기민한 추론으로 많은 시간을 보낸 우리는 수평 자세를 취하고 의식이 급격히 변화하는 여정을 시작한다. 잠을 자기 위해 머리를 베개에 누이고 눈을 감으면 뇌파에서 엄청난 변화가 일어나고 신경계에서 화학물질들이 다양한 방식으로 분비된다. 일단 눈꺼풀이 닫히면 우리는 어둠에 투항하고 몸과 외부 세계 사이의 연결이 점차 끊어진다. 그다음 잠이 들면서 일시적인 꿈을 꾸다가 휴지 상태로 방치되고 감각 반응이 크게 줄어들면서 꿈을 꾸지 않는(거의 꾸지 않는) 수면 상태에 자리를 내준다. 마지막으로 두 시간쯤 지나면 가끔 잠에서 깰 때 기억나는 강렬하고 생생한 꿈이 시작된다.

20세기 중반, 수면이 자극 없는 평온한 상태라는 오래된 개념을 뒤흔드는 충격적인 발견이 있었다. 미국의 생리학자인 너새니얼 클라이트먼Nathaniel Kleitman과 그의 박사과정 수련생이던 유진 애서린스키Eugene Aserinsky는 수면각성주기에 관한 획기적인 연구를 통해 수면을 수동적 과정으로 여기는 이론에 반박하는 논거를 발견했다. 성인 지원자 20명을 대상으로 잠잘 때 안구 운동을 주의 깊게 관찰한 연구자들은 휴지기가 더 불안한 렘수면[1]으로 교체되면서 안구의 움직임이 빨라지고 호흡과 심박이 불규칙해지며, 뇌파(그림7)가 빨라지고 전신이 이완 상태임에도 이 모든 것이 동일하게 나타난다는 사실을 발견했다. 이 엄청난 발견은 1953년 《사이언스》 지에 게재되었고, 수면각성주기의 여러 단계를 특징짓는 데 엄청난 자극을 주었다.

렘수면의 역설

클라이트먼의 연구실에서 렘수면을 확인하고 나서, 당시 박사과정 학생이던 윌리엄 디멘트는 렘수면 중 꿈의 빈도가 증가할 가능성에 대한 클라이트먼과 애서린스키의 관찰 결과를 더 깊이 연구하기로 했다. 1957년에 디멘트와 클라이트먼은 실험 참가자들을 정확히 렘수면 단계에서 깨워 살펴본 결과, 렘수면의 에피소드는 약 80퍼센트가 꿈과 동시에 일어나고 비렘수면의 에피소드는 10퍼센트 이하로 훨씬 적다고 보고했다.[2]

2년 뒤 프랑스 리옹에 있는 클로드베르나르대학 소속 신경과학자 미셸 주베Michel Jouvet는 렘수면의 생리학적 특성에 관한 중요한 연구 결과를 발표했다. 대뇌피질은 활성화되지만 몸은 거의 정지한 상태, 즉 뇌는 깨어 있지만 몸은 더 깊이 잠든 상태를 '역설수면paradoxical sleep'이라고 명명했다. 이러한 휴지 상태는 소규모 뉴런 집단에서 유래하는데, 특히 렘수면 중에 뉴런이 활성화되면 자세의 근육 제어에 직접 관여하는 운동뉴런을 억제하는 신경전달물질이 분비된다. 미셸 주베는 이 뉴런 집단에 손상이 생긴 고양이들이 렘수면 중에 힘차게 움직이기

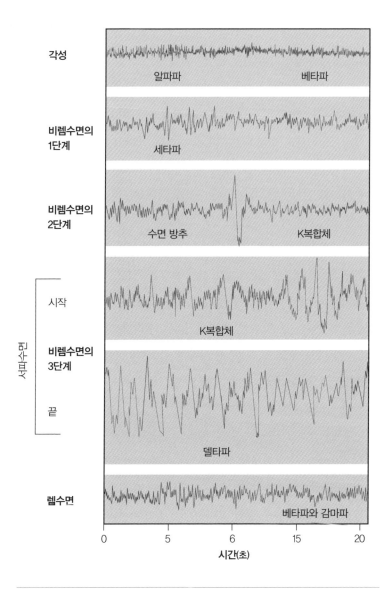

그림7 뇌전도검사를 통해 기록된 뇌파는 수면각성주기의 각 단계에서 큰 차이를 보인다. 각 단계는 다양한 속도(진동수)와 크기(진폭)를 특징으로 하는 고유의 뇌파를 갖는다. 완전한 하나의 주기는 위의 모든 단계를 순차적으로 지나간다.

수면으로 전환되는 단계는 특정 뇌파를 다량으로 발생시키며 K복합체라고 불리는 크고 매우 느린 전기 진동과 함께 시작되고, 여기서 K복합체는 보통 1초 이하의 단일 파장으로 일어나며 종종 수면 방추sleep spindle라고 불리는 더 높은 주파수의 진동 폭발로 이어진다. 잠이 깊어지면서 델타파라는 4Hz 이하의 느린 파장이 연이어 나타나고, 수면이 진행됨에 따라 속도는 느려지고 크기는 증가한다.[3]

시작하더니 잠든 상태에서도 공격과 탐색, 울음과 같은 종 특유의 행동을 다양하게 수행한다는 것을 보여주었다.[4]

주베는 이러한 행동을 고양이가 렘수면 중에 꿈을 꾸는 증거로 해석했다. 이 상태에서 시각과 동작 준비에 관여하는 대뇌 영역이 고도로 활성화되는데도 수면은 방해받지 않는다. 주베가 알아낸 것처럼 이 것은 운동 반응이 거의 완벽히 억제된 상태에서 렘수면이 일어나기 때문에 가능한 일이다. 꿈의 플롯이 아무리 격렬해도 꿈꾸는 사람의 행동 반응은 거의 완벽히 억제된다.

전체적으로 보면 클라이트먼과 애서린스키, 디멘트, 주베의 실험은 수면을 뇌가 정지한 상태로 보는 개념을 지도에서 지워버리고, 대신 뇌가 깨어 있을 때만큼 열심히 정보를 처리하는 활성 상태로 보는 개념을 도입했다. 꿈 활동이 잘 정의된 신경생리학적 상태인 렘수면 중에 일어난다는 발견은 그때까지 이해하기 어렵던 현상을 수긍하게 만들었다. 꿈꾸는 순간을 정확히 알아낼 수 있게 된 것이다. 이로써 수면과 꿈의 기능을 이해할 수 있는 길이 열렸다.

클라이트먼과 그의 팀이 최초로 관찰한 결과는 지대한 영향력을 미쳤음에도 차기 연구로 완전히 입증되지는 못했다. 데이비드 포크스는 1960년대에 이미 수면 중에 일어날 수 있는 정신 활동의 전반을 압축할 수 있는 더 넓은 꿈의 정의를 사용하여 비렘수면 단계에서 깨어나는 경우 50퍼센트 이상은 모종의 꿈 활동을 수반한다는 것을 보여주었다.[5] 잠드는 동시에 떠오르는 장면부터 서파수면 중 발생하는 생각과 느낌의 파편을 거쳐 렘수면의 생생하고 강렬하며 잘 구성된 서사까지 꿈은 제각각이어도 연관성이 있는 광범위한 경험으로 구성된다.

수면의 구조

오늘날 우리가 알듯이 포유류의 수면은 일반적으로 뇌 활성 수준이 현저히 다른 두 단계로 이루어진다. 수면의 첫 번째 주요 단계는 주로 밤의 전반부에 일어나고 갈수록 더 깊이 잠드는 세 가지 하위 단계로 세분되며 일괄적으로 비렘수면non-REM sleep, NREM이라고 불린다. 두 번째 주요 단계인 렘수면REM sleep, REM은 대부분 밤의 후반부에 일어난다. $N_1 \cdot N_2 \cdot N_3 \cdot$ 렘수면으로 이루어지는 인간의 수면은 주기당 90분 정도 지속되며 고정된 사건들이 연속적으로 이어진다. 이러한 수면주기는 잠든 사람이 깨어날 때까지 밤마다 4~5회 반복된다.

수면의 역학을 더 잘 이해할 수 있도록 수면의 시작점으로 돌아가 보자. 잠드는 과정은 눈을 감았지만 깨어 있는 상태를 나타내는 알파파alpha wave가 사라지고 N_1 단계의 전형인 세타파theta wave가 출현하면서 시작된다. 꿈의 첫 이미지들은 이러한 수면의 초기 단계에 나타나며, K복합체K-complex라고 불리는 뇌파가 나타날 때(그림7)를 제외하고는 N_2 단계에서도 계속 이어진다. 이처럼 상당히 느리고 고립된 N_2 단계의 뇌파들은 갑자기 의식을 상실하는 정신 활동의 중단을 유발하며, 이어지는 N_3 단계에서는 똑같이 느리지만 연속적인 델타파delta wave가 두드러진다.

N_1 단계와 N_2 단계는 매우 짧으며 대개 5~20분 정도 지속된다. N_3 단계는 더 길게 지속되지만 밤이 깊어질수록 에피소드는 더 짧아진다. 반면 렘수면의 에피소드는 밤이 시작될 때는 짧다가 점점 길어져서 아침이 되었을 때 가장 길다. 렘수면의 첫 에피소드는 겨우 몇 분간 지속되지만, 마지막 에피소드는 1시간 이상 지속될 수 있다.

렘수면의 에피소드들은 밤새 길어질 뿐 아니라 갈수록 더 강렬해진다. 안구의 움직임, 국소적인 근육 경련, 꿈의 생생함, 질의 혈류량[6]과

음경의 발기 현상이 증가한다.[7] 렘수면은 체온이 가장 낮을 때 가장 오래 지속된다. 렘수면 중에는 체온을 조절할 수 없는데도 뇌의 특정 영역은 온도가 상승한다.[8] 체온이 정상 범위보다 높든 낮든 불편함이 느껴지는 상황에서는 렘수면이 대체로 줄어들고 비렘수면이 지속된다.

신경전달물질과 정신 상태

수면의 각 단계에 나타나는 정신 상태의 엄청난 차이는 신경전달물질의 분비량에 따른 변화와 관련이 있다. 깨어 있는 사람의 뇌는 많은 양의 노르아드레날린, 세로토닌, 도파민, 아세틸콜린과 같은 신경전달물질을 분비한다. 신경전달물질의 기원은 5억만 년보다 더 오래된 최초의 동물에게로 거슬러 올라간다. 이러한 신경전달물질들은 일반적으로 주의력, 감정, 운동 능력, 동기부여된 행동을 조절하는 데 중요한 역할을 한다.

잠을 자기 위해 눈이 감기고 몸이 이완되면, 감각 자극이 줄어들고 신경전달물질 사이의 균형이 변화한다. 서파수면 중에 도파민의 양은 조금 감소하고 아세틸콜린 농도는 아래위로 심하게 요동치기 시작한다. 이와 동시에 뇌 기능에 매우 중요한 세 가지 신경전달물질인 노르아드레날린, 세로토닌, 히스타민의 농도가 감소한다. 서파수면이 점차 깊어짐에 따라 아세틸콜린이 가끔씩 분비되면서 이러한 신경전달물질들의 생성 중추를 억제하기 때문이다. 마지막에 렘수면으로 넘어가는 과정에서 아세틸콜린의 농도는 급격히 상승하고 도파민의 농도는 조금 증가하며 노르아드레날린과 세로토닌의 농도는 사실상 0으로 곤두박질친다. 이러한 화학적 변화는 꿈을 꾸는 경험과 어떤 관계가 있을까?

1977년에 하버드대학의 정신과 의사인 J. 앨런 홉슨J. Allan Hobson과 로버트 맥칼리Robert McCarley가 제안한 이론에 따르면, 렘 수면으로 전환되는 과정에서 나타나는 주관적 경험의 큰 변화는 아세틸콜린을 생산하는 세포들의 활성화 그리고 세로토닌과 노르아드레날린을 생산하는 세포들의 비활성화로 설명할 수 있다. 이러한 신경전달물질의 농도 변화는 꿈의 다섯 가지 기본 특징을 설명하기에 충분하다. (1) 격렬한 감정, (2) 고농도 아세틸콜린에서 비롯된 강렬한 감각적 인상, (3) 비논리적 내용, (4) 꿈에서 일어난 사건에 대한 무비판적 수용, (5) 각성 시 기억의 어려움은 노르아드레날린과 세로토닌의 농도가 0에 가깝게 줄어든 결과이다. 홉슨과 맥칼리의 이론은 선발주자로서 많은 신경과학자들에게 영향을 미쳤고, 꿈에 대한 약리학적·해부학적 설명을 찾도록 영감을 주었다. 이것은 정신 현상을 생물학으로 한정하는 것이 아니라, 꿈이 세포들의 화학적 상호작용으로 의식을 어떻게 만들어내는지를 이해하려는 시도였다.

해독과 회복

홉슨과 맥칼리가 그들의 이론을 처음 제안한 이후로 수면과 관련된 다른 많은 사실이 발견되어 수면 현상에 대한 설명은 훨씬 더 복잡해졌다. 수면은 진화론적으로 매우 오래된 행동 양식으로서 다양한 시기에 진화해 뚜렷하게 다른 시너지 효과를 갖는 메커니즘에 근거하여 많은 생물학적 기능을 제공한다. 불과 지난 5년 사이에 수면의 중요한 기능 중 하나가 뇌 해독이라는 사실이 명확해졌다. 깨어 있는 동안의 신경 기능은 알츠하이머병과 관련 있는 베타 아밀로이드beta-amyloid라는 단백질과 같은 원치 않는 분자 부산물을 생성한다. 염료와 방사성 물질로 베타 아밀로이드를 표지한 실험에서 잠이 들면 세포 사이의 좁은 틈이 크게 확장되어 독소가 뇌척수액을 통해 확산한다는 것을 알 수 있다. 뇌에 의해 생성되는 투명한 액체인 뇌척수액은 혈액순환을 통해 다른 신체 부위와 물질을 교환할 수 있다.[9] 수면 자체보다는 자세의 영향이 더 클 수 있지만,[10] 인간은 대부분 수평 자세로 잠을 자기 때문에 실제로 수면을 통해 깨어 있는 동안 뇌에 축적된 분자 쓰레기를 빠르고 효율적으로 처리할 수 있다. 그러므로 짧은 낮잠이 주의력을 높일 수 있다거나 수면 부족이 알츠하이머병의 위험 요인이라는 것은 놀라운 일이 아니다. 프랑스 청소년 177명을 대상으로 한 어느 연구는 수면 시간이 줄어들자 학업성취도가 낮아지고 대뇌피질의 다양한 영역에 있는 회백질이 감소하는 것을 보여주었다.[11]

수면질환과 수면제

수면은 또한 생명을 유지하는 데 없어서는 안 되는 복잡한 생물학적 기능으로서 수많은 생리학적·심리학적 문제의 영향을 받는다. 수면과 직간접적으로 연관된 주요 병리적 증상은 수면무호흡증, 웨스트 증후군, 뇌전증, 야경증, 몽유병, 하지불안증후군, 기면증, 탈력발작 그리고 외상 후 스트레스 장애PTSD의 특징인 반복적인 악몽이며, 전부 뒤에서 다룰 것이다. 몽유병과 야경증의 에피소드들은 밤이 시작될 때 서파수면에서 발생하는 반면, 불안 수준이 높고 짜임새 있는 악몽은 렘수면의 전형으로서 밤의 후반부에 발생한다. 수면의 두 단계에서 나타나는 장애는 불안, 우울, 정신증과 관련이 있다. 미셸 주베의 꿈꾸는 고양이처럼 신경이 손상된 환자들은 꿈을 그대로 행동화하는 렘수면 행동장애를 일으킬 수 있다.

뇌에서 저절로 생성되는 오렉신orexin과 같은 다양한 물질들은 졸림을 방해한다. 반면에 부족하면 과도한 졸음과 갑작스러운 렘수면의 시작이 특징인 기면증과 돌발적인 근긴장도 상실이 특징인 탈력발작을 일으킨다. 이처럼 수면을 방해하는 카페인, 암페타민, 메틸페니데이트, 코카인 같은 물질은 식물에서 추출하거나 실험실에서 합성한다. 반대로 졸림을 유발하는 물질인 아데노신, 멜라토닌, 렙틴은 몸에서 자체적으로 생성되며, 그 밖에 알코올과 바르비튜레이트, 벤조디아제핀과 리보트릴, Z 약물(졸피뎀Zolpidem 등)은 산업적으로 만들어진다. 후자의 경우, 자연스러운 휴지기와 기억 처리 과정이라기보다 대뇌의 일시적 폐쇄에 가까워서 수면의 질이 나빠질 수 있다.

만약 수면이 신경전달물질들의 고유한 특성을 가진 다양한 생리적 상태로 이루어지는 것이라면, 이러한 물질들과 그 유사체, 심지어 생화학 전구체(물질 생성에 사용되는 원료)들로 대체되어도 놀라운 일이 아니다. 도파민이 적게 생성되는 파킨슨병 환자들은 보통 도파민 합성의 기초 분자인 L-도파L-dopa를 처방받는다. 이 치료법은 환자들이 진짜 같은 환각이라고 표현하는 강렬한 꿈을 유발할 수 있다.[12]

수면과 스포츠

수면과학이 가장 크게 적용되는 영역 중 하나가 고강도 스포츠이다. 격렬한 운동은 체액의 손실, 근섬유의 손상, 글리코겐과 같은 생화학적 에너지원의 고갈을 야기한다. 운동선수가 힘과 정확성, 체력, 속도를 유지하려면 충분한 잠을 통해 세포와 조직을 회복하는 것이 필수다.[13] 평균적으로 18세의 운동선수는 40세의 운동선수보다 자극에 훨씬 더 짧은 반응 시간을 보인다. 하지만 젊은 선수는 잠을 못 자는 반면에 고령의 선수는 잘 잔다면, 이러한 격차는 사라질 수 있다. 수면 부족은 대부분 수면 중에 분비되는 테스토스테론의 생성에도 부정적인 영향을 미친다.[14] 테스토스테론은 남성은 물론 여성의 근육량도 증가시키는 역할을 한다.

고강도 스포츠 트레이너들은 대개 선수를 준비시키는 과정의 일환으로 경기 전은 물론 경기 후에도 반응 시간 단축과 운동 협응력 강화, 대사물질 보충을 목표로 하는 특별한 수면요법을 활용한다.[15] 포뮬러 원(F1)이라는 자동차경주대회에서 세 차례나 세계 챔피언에 오른 아일톤 세나Ayrton Senna의 특출한 성과는 상당 부분 그의 트레이너인 누노 코브라Nuno Cobra가 일찍 자는 것을 철칙으로 내세운 데서 기인했다. 미식축구에서도 파워 냅(power nap, 기력을 회복하기 위한 낮잠-옮긴이)을 활용하는 것은 아주 흔한 일이 되었고, 톰 브래디처럼 뛰어난 미식축구 선수들은 9시간을 연속으로 자기 위해 오후 9시에 모든 활동을 중단한다.

신경 생성과 호르몬 조절

수면의 초기 기능 중 하나는 새 뉴런을 만드는 신경 생성에 대한 기여와 관련이 있다. 인간의 신경 생성은 청소년기가 시작되기 전까지 지속되며[16] 치아이랑dentate gyrus, 즉 다양한 종류의 감각 정보가 해마로 들어가는 과정에서 입구로 사용되는 한 겹의 뉴런 층에서 일어난다. 수면 부족은 우울증에 영향을 주는 신경에 염증을 일으키고 치아이랑의 신경 생성을 감소시킨다.

수면의 또 다른 중요한 역할은 세포의 복제와 발달에 필요한 성장호르몬, 그리고 스트레스 대응에 꼭 필요한 호르몬인 코르티솔처럼 인체의 대사조절에 중요한 몇 가지 물질의 농도를 통제하는 것이다. 대부분 서파수면으로 채워지는 밤의 전반부에 성장호르몬 농도는 최댓값에 도달하는 반면, 코르티솔 농도는 최솟값으로 떨어진다. 렘수면이 대부분인 밤의 후반부에는 양상이 뒤바뀌면서 성장호르몬 분비는 멈추고 코르티솔 분비는 증가하여 각성이 시작될 때 최곳값에 도달한다. 이후 정상적인 조건에서 코르티솔 농도는 남은 하루 내내 낮게 유지되겠지만,[17] 스트레스 상황은 언제든 코르티솔 농도를 높일 수 있다. 코르티솔 농도의 증가는 다양한 결과로 이어지는데, 그중 하나가 해마의 시냅스를 약화시켜[18] 학습과 과거의 기억에 악영향을 미치는 것이다.

수면은 식욕 조절과도 밀접한 관계가 있다. 수면이 부족한 사람들은 음식 섭취량을 늘려 비만의 경향성을 높이는 그렐린 농도가 증가하고 렙틴은 감소하는 것으로 나타난다. 만성적인 수면 박탈은 대사와 호르몬, 정서, 인지와 관련된 기능에 심각한 복합적 손상을 야기하며 뇌졸중, 다발성 경화증, 두통, 뇌전증, 몽유병, 알츠하이머병, 정신증과 같은 다양한 질환의 위험 요인이 된다.

미생물총, 수면 그리고 기분

수면이 화학물질에 의한 큰 변화에 민감하다면 우리의 미생물총을 구성하는 세균, 바이러스, 효모, 원생동물 무리의 영향을 받을 수밖에 없다. 이러한 상관관계는 1907년에 발견되었다. 당시 프랑스의 정신생리학자인 르네 르장드르René Legendre와 앙리 피에롱Henri Piéron은 개를 두 마리씩 짝지어 뇌척수액을 주입하는 선구적 실험을 시작했다. 둘 중 한 마리인 '수여자'는 본격적인 실험에 앞서서 열흘간 수면을 박탈당해야 했다. 실험 결과, 수면을 박탈당하지 않은 '수혜자' 동물은 뇌척수액을 주입받고 약 1시간 후 깊은 잠에 빠졌다. 르장드르와 피에롱은 이 결과를 수면 유도 물질이 깨어 있는 뇌에 축적되어 있다는 증거로 분석했다.[19] 이 시기에 일본의 생리학자 쿠니오미 이시모리 Kuniomi Ishimori도 비슷한 실험을 통해 같은 결론에 이르렀다. 1967년에 분리된 후 1982년이 되어서야 확인된 무라밀펩티드muramyl peptide는 세균의 세포벽에서 유래하고 뇌파의 속도를 늦추는 작용을 일으킨다. 이것은 감염병에 걸렸을 때 서파수면은 증가하고 렘수면은 감소하는 이유를 설명해준다.[20]

평범한 성인은 일반적으로 자기 몸에 있는 세포보다 50퍼센트 더 많은 미생물을 가지고 있는 것으로 추정한다. 소화 신경계에 속하는 소화관 벽에 있는 약 5억 개의 뉴런은 장내 미생물에 의해 세로토닌의 양을 변화시킨다. 소화 신경계는 의사 결정이나 행동 계획에 직접 관여하지 않지만, 이 과정에 적지 않은 영향을 미칠 수 있다. 세로토닌은 소화에 결정적인 영향을 미치지만, 정신에도 강력한 영향을 미쳐 기분을 전환한다. 몸에서 만들어지는 세로토닌은 대부분 소화관에서 발견되며, 이 사실은 격한 감정과 위장장애의 연관성을 설명해준다. 실제로 우울증은 수면 패턴의 변화를 비롯한 여러 메커니즘을 통해 미생물총의 영향을 받는다.

흥미롭게도 단식은 세계의 주요 종교인 기독교, 이슬람교, 힌두교, 불교, 유대교에서 변형된 환각을 얻기 위해 사용되어왔고 지금도 여전히 사용되고 있다. 아메리카 원주민들은 고대 이집트와 그리스, 로마에서 자주 그랬듯이 단식을 이용해 유의미한 꿈의 계시를 유도하는 것으로 유명하다.[21] 현대의 한 연구는 캐나다에서 400여 명을 대상으로 섭식과 꿈의 관계를 조사한 뒤 장기 단식과 생생한 꿈 사이에 연관성이 있다는 것을 확인했다.[22]

망상의 화학

수면을 유도하는 물질은 많다고 해도 꿈의 경험을 흉내 낼 수 있는 물질은 많지 않다. 여기에 가장 가까운 환각물질은 지각과 감정의 미묘한 변화부터 진짜 꿈꾸는 듯한 환각 경험까지 광범위한 효과를 유발할 수 있다. 만약 뇌가 약국이라면 우리는 망상의 화학을 이해함으로써 꿈의 자연스러운 과정을 흉내 낼 수 있다. 다시 말해 특정한 식물이나 균류, 동물의 추출물을 이용하면 꿈의 조제실을 방문할 수 있을지도 모른다. 엔도카나비노이드endocannabinoid라는 신경전달물질은 대마초에서 발견된 100종 이상의 카나비노이드 분자 중 THC(delta-9-tetrahydrocannabinol 분자)와 CBD(cannabidiol 분자) 같은 식물 유래 유사체를 갖는다.[23] 세로토닌의 유사체로는 아야와스카(아마존 토착민들의 환각성 음료-옮긴이)에 쓰이는 사이코트리아 비리디스psychotria viridis 잎의 N,N-DMTN,N-dimethyltryptamine, 비롤라 테이오도라와 소노란사막두꺼비의 분비물로 만드는 아마존 코담배의 5-MeO-DMT5-methoxydimethyltryptamine, 피요테선인장의 메스칼린mescaline, 주사위환각버섯의 실로시빈psilocybin, 맥각균의 알칼로이드alkaloid로 합성한 LSDlysergic acid diethylamide가 있다.[24] 비위티(Bwiti, 아프리카 가봉의 전통 종교-옮긴이)에 사용되는 이보가의 뿌리에는 이보가인ibogaine이라는 강력한 환각성 알칼로이드가 들어 있다. 멕시코에 서식하는 살비아 디비노럼의 잎에는 빠르고 강력한 해리성 황홀경을 유도하는 살비노린salvinorin이 들어 있다. 수천 년 동안 대담한 자들이 실험을 통해 독과 약을 구별하는 데 필요한 용법과 용량을 찾아내기 위해 노력했다. 이제 인체는 실험실이 되었다. 이러한 균류와 동식물의 약리학적 특성을 확인해온 기나긴 과정을 상상하는 것은 대단히 흥미롭다.[25]

위에서 설명한 분자들은 뉴런의 세포막에 고정되어 있는 수용체(특정 분자와 결합하면 모양이 변하는 단백질)를 통해 작용한다. 이 수용체들은 보통 형태 변화를 통해 열리는 통로이며, 이곳을 통해 나트륨이나 칼슘 같은 이온이 세포 안으로 들어갈 수 있다(그림6). 그 외에도 이수용체들이 효소로 바뀌면 모양이 변하면서 세포 내 화학반응을 촉진한다. LSD와 5-MeO-DMT의 경우 활성화되는 수용체는 주로 세로토닌 수용체이다. 카나비노이드의 수용체는 주로 뇌에서 활성화되며 CB_1이라고 불린다.

대마초, 수면 그리고 황홀감

뇌에서 처음 발견된 카나비노이드는 아미드amide라는 화합물의 구조와 산스크리트어로 행복을 뜻하는 아난다ananda라는 단어를 합성하여 아난다미드anandamide라고 불렀다. 아난다미드는 서파수면과 렘수면의 강력한 유도제로서 각성 시간을 감소시킨다. 이외에 2-아라퀴도노일-글리세롤2-araquidonoyl-glycerol과 같은 중요한 엔도카나비노이드들 역시 수면 유도제이다.

꿈과 대마초의 효과가 부분적으로 비슷하다는 것은 부인할 수 없는 사실이다. 특히 창의력을 높이는 동시에 단기 기억력을 떨어뜨리는 확산적 인지 변화가 두드러진다. 카나비노이드의 영향에 대한 일부 연구 내용은 카나비노이드가 유발하는 변화의 복잡성을 증명한다. THC라는 카나비노이드는 사고 과정을 가속화하고 상상력을 자극하는 흥분제다. 소량의 THC는 서파수면 시간을 증가시킬 수 있지만, 고용량의 THC는 불안을 유발하여 각성도를 높이고 렘수면 시간을 줄인다. CBD라는 카나비노이드는 불안을 완화하여 단기 기억력을 보호하고 각성 시간을 늘리며 렘수면 시간을 줄인다. 과도한 용량의 THC와

CBD는 둘 다 수면을 유도한다.

아마도 이런 이유로 그리고 취침 전에 사용한 대마가 몸에 남아서 불러일으키는 기억상실 효과로 인해 사용자들은 꿈을 기억하기가 더 어렵다고 보고할 것이다. 결과적으로 대마와 그 구성성분은 외상 후 스트레스 장애 환자에게 전형적으로 나타나는 반복적인 악몽을 치료하는 데 효과적일 수 있다.[26]

대마초에 의한 렘수면 감소가 꿈을 꾸고 기억할 가능성을 효과적으로 낮춘다면, 깨어 있을 때 사용한 대마초의 효과는 그 자체로 꿈이나 마찬가지다. 지각이 풍부해지고 사물 사이의 경계가 유동적으로 보이고 논리적 연결이 느슨해지고 멀리 떨어져 있던 아이디어들이 연결되고 사고가 더 흥미로워진다. 마치 대마초가 대낮의 몽상(낮에 꾸는 꿈)을 위해 한밤의 몽상(밤에 꾸는 꿈)을 감소시킨 것과 같다.

세로토닌과 환각의 세계

LSD와 N,N-DMT, 5-MeO-DMT 같은 디메틸트립타민DMT처럼 세로토닌과 유사한 환각물질의 효과는 꿈꾸는 상태와 놀라운 유사성이 있다.[27] 이러한 분자들이 정신 기능에 미치는 강력한 효과는 1950년대 정신증 사례를 통해 정신의학계에서 처음으로 인정받았다. 스위스의 정신과 의사인 취리히대학의 프란츠 폴렌바이더Franz Vollenweider는 2017년에 발표한 약리학적 연구에서 LSD가 인지적 기이함이나 자기 몸의 경계가 소멸되는 것처럼 꿈과 비슷한 주관적 효과를 일으키려면 뇌에서 발견되는 세로토닌 수용체 5-HT2A의 활성화가 필수임을 보여주었다. 이러한 물질들은 강력한 정신적 효과를 나타내지만 중독을 유발하지 않으며 독성도 낮다.[28]

DMT의 섭취나 흡입은 눈을 감은 상태에서 흔히 두 가지 개별 단계로 강력한 시각적 이미지를 불러온다. 처음에는 형형색색의 선명한 패턴, 만화경 같은 색상과 구조가 끝없이 반복되는 기하학적 문양이 시야를 뒤덮는다. 그다음은 동식물이나 사물의 복잡한 모양이 이리저리 움직이고 어지럽게 겹치며 온 시야를 점거한다. 첫 번째 단계는 꿈이나 평소에 경험하는 다른 어떤 의식 상태와 다르다. 이 단계의 추상적인 내용은 N,N-DMT가 광수용기 세포의 연결망 자체가 갖는 기하학적 패턴의 활성화를 통해 실제로 망막에 미치는 영향과 일치할 수 있다. 그러나 두 번째 단계는 강렬한 색과 움직임을 가진 복잡한 대상들로 채워지므로 꿈 특유의 강도와 형태, 질감을 갖는다. 그러나 꿈과 흡사한 길고 심오한 경험을 촉발할 수 있는 초고용량의 N,N-DMT를 사용하지 않는 이상, 두 번째 단계가 복잡한 사회적 상호작용과 환상적인 장면 설정 그리고 광활한 느낌까지 갖춘 플롯이나 서사를 갖기란 쉽지 않다. 1988년에 미국의 연구자인 J. C. 캘러웨이J. C. Callaway는 실제로 뇌에서 생성되는 N,N-DMT가 렘수면 중의 시각적 이미지 생성에 직접 관여할 것이라는 가설을 제기했지만, 지금까지 이를 뒷받침할 확실한 증거는 발견되지 않았다.

과학적 관점에서 가장 잘 연구된 N,N-DMT 조제품은 케추아어quechua로 '영혼의 덩굴vine of the spirits' 또는 '사자의 덩굴vine of the dead'이라는 뜻을 가진 아야와스카ayahuasca라는 음료이다. 아야와스카는 N,N-DMT 외에도 신경전달물질을 분해하는 효소의 억제제가 들어있어서 세로토닌, 도파민, 노르아드레날린의 농도를 증가시킨다. 호스카hoasca, 다임daime, 야헤yagé, 또는 간단히 베지탈(vegetal, 식물)이라고도 알려진 아야와스카는 아마존과 오리노코 분지Orinoco basins의 원주민 집단뿐 아니라 계시로 가득한 성례를 전 세계에 퍼뜨린 혼합주의 교회syncretic church에서도 치료와 예측을 목적으로 사용하고 있다.

아야와스카의 대표적인 효과 중 하나(여전히 흔하지는 않지만)는 미라사오miração라는 상태인데, 눈을 감아도 강력한 시각적 경험에 지배받아 시각과 행위가 공존한다. 이것은 현실만큼 생생하지만 환상적이며 상징성이 풍부하고 조언과 치료를 목적으로 하는 동식물, 동물의 모습을 한 생물, 조상의 영혼, 신의 밝고 심오하며 색채가 풍부한 이미지를 포함한다.

아야와스카 섭취는 생생한 환각이 나타나지 않을 때도 과거의 행동에 대한 재검토와 혹독한 자기비판을 비롯한 정신적 혹은 초자연적 정화 작용을 유발한다. 이러한 정신적 정화는 흔히 구토와 설사의 형태로 나타나는 생리적 정화를 동반하며(생리적 정화로 인해 촉발될 수도 있다), 종종 구원의 황홀감이 뒤따른다. 세로토닌 수용체가 대부분 위장관에 있다는 사실을 고려하면 놀랍지 않은 결과이다. 이 음료를 섭취하고 이어지는 정화 작용의 역학은 기독교에 대한 아프리카의 믿음과 원주민의 종교 혼합주의가 결합한 것인데, 이로써 아야와스카를 활용하는 종교는 21세기인 지금 바로 여기서 인류가 늘 갈구해온 죽음과 부활의 순환을 재현하는 강력한 문화적 공간이 된다.

눈을 감은 채 보는 환각

꿈의 시각적 경험과 아야와스카가 유발하는 환각의 놀라운 유사성에 이끌린 카탈루냐의 약리학자 조르디 리바Jordi Riba는 당시 근무하던 바르셀로나의 산파우 생의학 연구소Sant Pau Biomedical Research Institute에서는 물론이고 나중에 옮겨간 마스트리히트대학에서도 아야와스카가 유발하는 황홀경에 대한 선구적 실험을 수행했다.

리바와 그의 연구팀은 뇌전도검사를 이용하여 아야와스카를 섭취하기 전과 섭취한 후의 뇌파를 기록했다. 이로써 아야와스카를 섭취했을 때 속파rapid brain wave는 증가하고 서파slow brain waves는 감소한다는 것을 확인했다.[29] 이 결과를 수면 단계와 비교하면, 아야와스카가 유발하는 뇌의 상태는 서파수면보다 렘수면에 더 가깝다. 이 사실은 꿈과 미라사오의 유사성과도 일치하는데, 이는 몇 가지 근본적인 질문을 불러일으킨다. 아야와스카를 섭취하면 뇌의 어느 영역이 활성화될까? 눈을 뜨고 있을 때와 감고 있을 때 차이가 있을까? 아야와스카가 상상력을 강화할까?

이러한 질문에 답하기 위해 나와 함께 리우그란데두노르테연방대학Federal University of Rio Grande do Norte에서 일하는 신경과학자 드라울리오 데 아라우주Dráulio de Araújo는 이 질문에 답하기 위해 대상을 상상하는 능력에 초점을 맞추어 아야와스카가 뇌 활동에 어떤 영향을 미치는지에 관한 몇 가지 연구를 설계했다. 눈을 뜬 상태에서의 시각적 지각과 눈을 감은 상태에서의 시각적 상상이라는 두 가지 작업을 연달아 수행하면서 기능적 자기공명영상으로 뇌 활동을 측정했다. 이 실험의 프로토콜은 미국의 신경과학자인 하버드대학의 스티븐 코슬린Stephen Kosslyn이 수행한 고전적 연구에서 영감을 얻어 설계되었는데, 이 연구에서 그는 시각적 대상에 대한 상상은 정신적 노력에 비례하여 일차 시각피질primary visual cortex을 활성화한다는 것을 보여주었다.[30]

연구 결과를 소개하기에 앞서 미리 알려둘 사항이 있다. 나는 이 실험의 설계는 물론, 아라우주가 교수로 재직하던 히베이랑프레투Ribeirão Preto의 상파울루대학 병원을 대상으로 한 첫 번째 자료 수집에도 참여했다. 그래서 아야와스카가 유발하는 경험을 병원 안에 설치된 자기공명스캐너로 불러들이는 일이 얼마나 힘든지 누구보다 잘 알고 있다. 이 어려움은 앞서 설명한 생리학적 변화 때문이기도 했고, 스캐닝 시간을 영적 세계로 향하는 유난히 까다로운 관문으로 생각하는 지원자들의 믿음 때문이기도 했다. 지원자들은 종교단체 우니앙 두 베제타우União do Vegetal와 바르키냐Barquinha처럼 아야와스카를 성례로 사용하는 주요 혼합주의 종교 중 하나인 산토 다임Santo Daime의 신도들이었다. 아마존 우림의 상징에 뿌리를 둔 혼합주의 숭배를 실천하는 사람들에게 병원은 영혼이 고통받으며 육체와 자주 분리된다고 여겨지는 장소라서 특별히 더 어려운 환경이었다.

아야와스카를 섭취하기 전과 섭취한 후의 자료를 비교하면 시각, 에피소드 기억의 복구, 장래에 대한 의도적 상상에 관여하는 대뇌피질의 다양한 영역에서 뇌 활동이 증가하는 것을 볼 수 있다. 꿈을 꾸거나 정신증에 의한 환각을 볼 때처럼 시각 영역이 활성화될 뿐 아니라 해부학적으로 망막과 가장 가까운 일차 시각피질도 활성화되었고, 아야와스카를 섭취한 후 경험하는 정신증에 가까운 증상과 강한 상관관계가 있다는 것을 보여주었다. 게다가 다양한 뇌 영역의 관계에서 뇌 활동의 중요한 기능적 재편을 의미하는 큰 변화가 있었다.[31] 이 결과는 눈을 감고서 무언가를 보려는 적극적 시도(상상하려는 의도)가 실제로 아야와스카의 영향을 받아서 가상의 장면을 꽤 선명하게 보는 듯한 느낌을 만들어냈음을 시사한다. 4년이 지나 임페리얼 칼리지 런던 소속인 영국의 약리학자 데이비드 너트David Nutt가 이끄는 연구팀도 위 실험과 비슷하게 LSD를 사용하여 눈을 감았을 때도 시각계가 강력히 활성화된다는 것을 입증했다.[32]

아라우주는 아야와스카 섭취가 뇌의 연결을 강화한다는 것을 보여주고자 인도의 물리학자 간디 비스와나탄Gandhi Viswanathan과 당시 박사과정 학생이던 알린 비올Aline Viol, 그리고 리우그란데두노르테연방대학의 다른 연구자들과 협력하여 아야와스카 연구를 설계했다.[33] 이렇게 엔트로피가 증가하면 미래나 과거에 관한 생각이 그에 해당하는 현실과 정신적으로 동일시되기보다는 자유롭게 연상되는 더 유연한 상태에 도달하여 정신이 더 효과적으로 '개방'될 수 있다. 실로시빈, LSD 같은 다른 환각물질에서도 비슷한 현상이 관찰되었다.[34] 따라서 신석기 시대의 주술사들이 환각제를 사용하여 예지적인 환각을 일으킨 이유를 쉽게 이해할 수 있다. 이 물질들은 엔테오겐(entheogen, 영적 경험을 유도하는 환각물질-옮긴이) 혹은 신의 내적 현현이라고 불리며, 신을 안으로 데려온다는 뜻의 'enthusiasm(열정)'과 동일한 그리스 어근을 갖는다.

꿈과 엔테오겐의 관계는 깊고 복잡하다. 브라질의 인류학자 베아트리스 라바테Beatriz Labate는 "전통사회에서 각성 상태는 세상에 존재하고 현실을 깨닫는 '정상적' 또는 '우월한' 방식으로 여겨지지 않는다. 꿈과 그 밖의 변형된 의식 상태는 학습과 계시의 타당한 수단으로 여겨진다"라고 말한다. 이와 같은 사회는 현실을 두 개 이상의 차원, 즉 보이는 것과 보이지 않는 것으로 나눈다. 보이지 않는 영혼과 신들의 차원인 '저승'에 접근하려면, 꿈을 꾸거나 엔테오겐을 의례적으로 사용하여 존재의 신비한 차원을 지각할 수 있어야 한다. 이처럼 경계에 놓인 상태에서만 세상에 있는 사람과 동물, 식물, 사물의 표면을 꿰뚫어 볼 수 있고 외관 너머까지 깊게 들여다볼 수 있다고 믿어진다. 인간이 아닌 존재로 경험하는 이 보이지 않는 차원은 이승이라는 보이는 차원에서 벌어지는 일들의 이유를 부분적으로라도 설명한다.

브라질과 페루 사이의 아마존 우림에 사는 카시나와족Kaxinawá 사람들은 환각을 보고 영적 세계에 접촉하기 위해 아야와스카 음료를 마신다.[35] 이러한 의식의 변형은 꿈, 과열된 망상, 심지어 혼수상태까지 존재의 최전선에 있다고 여겨지는 모든 상태와 직접적으로 관련이 있고, 바로 이런 이유로 영혼이 사는 보이지 않는 현실에 대해 진짜 같은 계시를 만들 수 있다. 꿈 작업(dream work, 꿈의 내용을 만드는 무의식의 과정-옮긴이)은 아야와스카처럼 카시나와족 사이에서 세상의 이면을 드러내는 기능을 한다. 엔테오겐은 두 눈을 감고 깨어 있는 상태로 상상할 때 꿈과 같은 수준의 생생함을 더하고, 심지어 두 눈을 뜨고 인지한 현실과 같은 수준에 도달하게 함으로써 그 환각에 구체성과 가능성을 부여한다. 또한 기억과의 만남을 용감하고 감동적인 발견으로 만든다. 이것이 바로 통제된 정신이상일까? 그렇다면 정신이상이란 무엇일까?

8장

정신이상은
혼자 꾸는
꿈이다

C.S.라는 청년은 편집성(망상형) 조현병을 앓고 있었다. 그는 때 이른 치매에 시달리다 스물한 살의 나이로 공공병원에 수용되었다. 자신을 모욕하며 죽이겠다고 협박하는 여성의 목소리가 계속해서 들렸고, 뒤이어 위협적인 사람들이 보이는 환시를 겪기 시작했다. 그의 정신과 의사는 리스페리돈risperidone을 처방했는데, 이 약은 강력한 도파민 억제제이자 세로토닌 수용체로서 망상성 정신증에 우선적으로 쓰였다. 그러나 하루 최대 복용량을 처방하여 치료해도 그는 자신의 착각과 환각에 대한 믿음을 멈추지 못했다. 그는 매일 여러 목소리를 들었고 야생동물처럼 숲으로 사라지고 싶은 충동을 느꼈다.

　　몇 달 후 퇴원하여 처방 약을 가지고 집으로 왔지만 C.S.의 고통은 지속되었고, 상상의 비난과 시도 때도 없는 위협이 피해망상을 부추겼다. 그는 계속 숲으로 도망치고 싶은 충동을 느꼈지만, 실행하지는 않았다. 그의 충동은 억제되었고, 존재하지만 무력했다. 금방이라도 부서

질 듯한 일상을 보내던 그는 꿈에서 누군가가 깨어 있을 때처럼 자신을 죽이겠다고 위협했다고 설명했다. 그러고 나서 집 밖에 나갔다가 어떤 남자가 자기 어머니를 공격하는 것을 보았다. 그는 그 남자를 죽인 후 체포되었다. 그는 아프다고 주장하여 감옥에서 풀려났다. 석방되니 기분이 매우 좋았고, 그렇게 꿈은 끝났다. 이 꿈이 몇 차례 똑같이 반복되었다. 그는 '분노를 발산하고 결국에는 모든 일이 잘 풀리기 때문에' 좋은 꿈이라고 생각했다. 그 약물은 도파민의 영향을 감소시킴으로써 깨어 있는 동안 목소리에 복종하려는 운동 충동motor impulse을 억제했지만, 꿈꾸는 사람에게 부정적인 결과 없이 모든 것이 해결될 수 있는 꿈에서는 그렇지 않았다. 꿈 활동의 평행우주에서 그는 자신의 정신병적 증상을 마음껏 표현할 수 있는 자유를 얻었고, 수면은 깨어 있는 삶의 사회적 제약으로부터 완전히 벗어날 수 있는 탈출구로 바뀌었다. 리스페리돈의 부차적 효과 중 하나가 졸음인데, 우리가 잠들 때 도파민과 세로토닌 농도가 저절로 감소하는 현상을 이 약이 흉내 내기 때문이다.

조현병과 아동기 무서운 상상

과학의 발전에도 불구하고 C.S.와 같은 사례의 예후는 여전히 좋지 않다. 조현병은 복잡한 유전적·환경적 원인으로 발병하며, 대단히 파괴적일 수 있는 질환이다. 한편으로 특정 가계에 많이 발생하고 조현병 증상과 어느 정도 연관성 있는 유전자가 많으며, 이 질환의 유전 가능성을 시사하는 장황하지만 명확한 징후들이 존재한다. 다른 한편으로는 부모의 돌봄이 부족하거나, 더 심하게는 부모의 상호작용이 대놓고 부정적일 때 초래되는 장기적인 정신적 손상이 조현병 발병에 일조하는 것으로 보인다. 조현병은 청소년기나 성인기 초반에 여러 증상 중에서도 환각과 망상성 믿음이 나타나는 것이 특징이다. 게다가 정서 둔화와 논리의 와해, 사고 장애를 수반한다. 조현병 증상의 일부로 편집증이 자주 나타나 사회적 관계를 점진적으로 악화시킨다.

신기하게도 환각과 망상, 논리의 와해는 아동들이 깨어 있을 때하는 매우 정상적인 우화적 상상뿐 아니라 건강한 성인과 아동의 꿈에도 나타난다. 예를 들어, 위에서 언급한 환자의 실제 정신과 의사가 들려준 한 소녀의 악몽은 천하의 스티븐 킹도 질투할 만한 꿈의 플롯을 가지고 있다. 긴 이야기지만, 그 어떤 공포영화보다 고조되는 긴장감과 강력한 다중 감각을 특징으로 하는 악몽의 전형으로서 불안을 유발하는 각본에 대해 상세히 설명한다.

이 꿈에 등장하는 인물들은 소녀의 가족과 친지들이었고, 배경은 깨어 있는 현실에 존재하지 않는 빽빽한 숲으로 둘러싸인 가족의 여름 별장이었다. 전 연령층의 여자들이 휴가 생각에 들뜬 모습으로 속속들이 도착했지만, 소녀의 아버지는 만족스러워 보이지 않았다. 그는 나이프와 소총을 깨끗이 닦고 대구경 탄약통을 채운 후 배낭을 메고 홀로 사냥을 떠났다. 처음에는 여자들 모두 휴가를 즐거워했지만, 서서히 한 사람씩 사라지기 시작했다. 한 여자가 화장실을 간다고 나가더니 돌아오지 않았다. 또 다른 여자가 돌아오지 않는 여자를 찾겠다고 나가서는 역시 돌아오지 않았다. 소녀가 아버지를 불렀지만, 그는 나타나지 않았다. 그녀는 아버지를 의심하기 시작했지만 그를 의심하는 사람은 자기뿐인 듯했다. 사람들이 더 잦은 빈도로 실종되었지만, 그녀의 어머니는 여전히 걱정할 이유가 없다고 우겼다.

소녀는 어느 방을 지나가다가 천장에 목을 매달아 눈이 툭 불거진 이모를 보았고, 끔찍한 세부 사항이 눈에 들어오면서 꿈은 첫 번째 클라이맥스에 다다랐다. 소녀는 엄마를 부르러 뛰어갔지만 두 사람이 방으로 돌아왔을 때 시신이나 밧줄의 흔적은 어디에도 없었다. 소녀는 그들이 위험에 처해 있다고 주장했고, 그녀의 엄마는 마지못해 떠나기로 했다. 엄마가 물었다. "동생은 어딨니?" 두 사람은 여동생이 사라진 것을 깨달았다. 지독한 썩은 내와 함께 욕실로 이어지는 핏자국을 발견하면서 초현실적인 긴장감이 증폭되었다. 핏자국은 세탁 바구니까지 드문드문 이어져 있었다.

소녀가 세탁 바구니를 열고 그 안에서 몸통이 반쪽만 남은 여동생을 발견했을 때 두 번째 클라이맥스가 도래했다. 그녀의 어머니는 훼손된 딸을 보고 다급히 도망치려고 했지만 다 죽어가는 여동생이 흐느끼며 세탁 바구니 밖으로 튀어나오더니 몸을 질질 끌면서 그들에게 간청했다. "날 여기에 두고 가지 말아줘, 제발 가지 마!" 그들이 그녀를 들어 올리니 절개된 장기와 근육, 뼈까지 몸 안이 훤히 보였다. 너무 강렬한 장면이어서 자각몽의 관점이 뒤집혀 나타났다. 소녀는 이렇게 생각했다. "이건 꿈이 아니야, 진짜라고!" 어머니와 두 딸은 집에서 도망치려고 했지만 아무리 달려도 집이라는 배경은 바뀌지 않고 끝없이 이어졌다. 그 순간 가장 고통스러운 세 번째 클라이맥스가 찾아왔다. 뒤를 돌아본 소녀는 영화의 엔딩 크레딧처럼 움직이는 글자들을 보고 절망하며 셋 다 그 안에 영원히 갇히리라는 결론을 내렸다.

그리고 장차 정신과 의사가 될 소녀가 잠에서 깨어났다. 그저 평범한 아이가 꾼 또 하나의 평범한 꿈일까? 평범한 가족과 벗어날 수 없는 직업? 진짜 트라우마, 아니면 과도한 TV 시청 때문에? 어린아이가 그토록 상세한 공포를 경험하고도 어떻게 정신적 고통을 겪는 사람들을 돌보는 전문직을 선택할 정도로 제정신을 유지할 수 있었을까? 의학과 생물학, 역사의 관점에서 꿈의 순기능과 역기능은 인간 정신의 핵심에 있다는 것을 알 수 있다. 질적인 관점에서 병적인(정신질환에 의한)

환각과 망상은 대부분 사람들이 보고하는 꿈과 크게 다르지 않다.

사실 외부 세계, 즉 '평범한 사람들'이 공유하는 정확한 지각의 세계와의 병적인 단절을 의미하는 정신이상madness은 아주 최근의 개념이다. 이 책의 도입부에서 보았듯이 오늘날 우리가 정신증psychosis과 연관 짓는 망상과 환각은 고대의 여러 문화에서 산 자와 죽은 자의 세계가 접촉하는 증거로 해석했다. 이는 신에게 말을 걸고 미래를 예측하고 꿈을 해석하고 징조를 드러내 보이고 예언을 표명하는 능력을 주었다. 델포이의 불가사의한 피티아(Pythia, 아폴론의 신탁을 받은 무녀-옮긴이)나 산을 옮기고 군중을 움직이는 과대망상의 파라오만 봐도, 정신이상은 인간과 신의 관계에서 비할 데 없이 중요하다. 그러나 기독교 문명이 발달하면서 점진적으로 미치광이 이교도를 분리하고 그의 예지력을 빼앗았다. 이제 그것은 교회에서 죄를 씻고 성화된 사람들만 갖는 특권이 되었다.

중세 말에 정신이상으로 고통받는 사람들에 대한 사회의 배척은 모멸적인 수준에 이르렀다. 종교재판의 화염에 불태워진 사람들 가운데 정신질환자들이 있었다면, 그런 잔학 행위를 지시한 사람들은 악랄한 사이코패스들이었을 가능성이 크다. 15세기 마녀 사냥을 위한 교본인《말레우스 말레피카룸》은 오늘날 우리가 망상과 환각이라고 부르는 증상에 시달리던 여성들의 끔찍한 죽음을 묘사했다. 정신질환의 증상을 보인 사람들과 극빈자들은 독일, 프랑스, 특히 스페인에서 악마에게 홀렸다는 이유로 고문받고 처형되었으며, 사회적 무능으로 말미암아 육체적 고통을 당했다.

〈바보들의 배〉부터 정신병동까지

종교재판의 흥망성쇠가 거듭되고 인구가 도시로 이동하면서 사회로부터 격리되어 있던 정신질환자들이 사방으로 흩어졌다. 이 방랑자 무리는 휴식도 목적지도 없이 투박한 뗏목을 타고 유럽의 큰 강들을 따라 이 도시 저 도시를 떠돌며 구호를 요청했지만, 어느 곳에서도 받아들여지지 못했다. 이것이 네덜란드 화가 히에로니무스 보스Hieronymus Bosch의 〈바보들의 배Ship of Fools〉로 묘사되었으며, 프랑스의 철학자 미셸 푸코Michel Foucault가 연구한 주제이다. 이 배는 정상성의 해안에 아주 가까이 머물며 공격당하는 일 없이 고통을 견뎌냈다. 이러한 사회적 배척은 수 세기에 걸쳐 계속되었고, 생산 활동과 완전히 단절된 채로 주어진 환경의 기쁨과 공포를 한껏 누리며 살아가는 미치광이 거지의 모습으로 오늘날까지 이어지고 있다.

르네상스 말기에 미치광이의 또 다른 비전이 점차 두드러졌고, 그것은 최초의 공공 정신병원이 탄생하는 데 반영되었다. 정신병 치료에 전념하는 시설은 9세기 아랍 세계에서 처음 등장했지만 특정한 증상으로 규정된 정신질환자를 전문으로 수용하는 시설은 17세기에 기독교 유럽으로 확산되었다.

국가가 미쳤다고 여기는 사람들을 억누르고 배제하고 처벌하기 위해 설립한 정신병원은 정신이상 연구와 치료법 탐색에 의도치 않은 도움을 주었다. 정신이 아픈 사람들을 의사들이 통제하는 환경으로 데려가는 것은 이전까지 알려지지 않은 임상 연구 공간을 창조하여 정신질환에 초점을 맞춘 의학 분야를 위한 경험적 토대가 되었다. 정신이상자는 고대의 예언자나 중세의 괴물이 아니라 자연현상의 주체로 여겨졌으며, 미치지 않은 '정상인'의 연구 대상이 되었다.

19세기 후반, 정신의학은 다양한 종류의 정신질환을 확인하고 분류하며 발전했다. 뇌 손상과 지각, 운동, 인지 장애 간의 밀접한 연관성을 잘 정리한 신경학과 달리, 정신의학은 지금도 마찬가지지만 신경해부학적 연구만으로 원인을 밝힐 수 없는 훨씬 더 미묘한 정신 장애를 다루었다. 그 후 정신질환에 적어도 두 가지 일반적인 유형이 있다는 것을 이해하기 시작했다. 정신증은 '유기적' 기원을 가지고 있다 보니 치료적으로 접근하기 어려운 생리학적·해부학적 원인으로 인해 예후가 좋지 않은 반면, 신경증neurosis은 문화적 기원이 있어서 다양한 치료법으로 훨씬 더 쉽게 치료할 수 있다.

19세기 말에 꿈은 정신증과 유사하나 병적이지 않은 현상으로 여겨졌고, 프로이트는 꿈이 특히 신경증 치료에 유용하다고 생각했다. 조현병을 최초로 설명한 정신의학의 창시자 에밀 크레펠린과 오이겐 블로일러도 그렇게 믿었다. 어쨌든 정신착란을 겪는 사람들은 깨어 있을 때도 마치 강렬한 꿈속에 사는 것처럼, 마치 사회적 현실 자체보다 더 진짜 같은 개인적 현실에 깊이 빠진 것처럼 행동했다. 이러한 추론은 꿈은 모든 사람에게, 심지어 정신병 증상을 경험하지 않는 사람에게도 나타나는 정상적인 정신증적 순간이라는 결론에 도달한다. 크레펠린과 블로일러는 프로이트와 많은 부분에서 의견을 달리했지만, 꿈이 정신증과 유사하고 공통적인 메커니즘과 엄청난 치료 효과를 가지고 있다는 견해에는 동의했다.

이 견해는 20세기 전반에 의학적 사고를 통해 퍼지면서 유럽과 미국에 제법 큰 영향을 미쳤지만, 1950년대에 도파민 D_2 수용체의 길항제를 포함한 항정신성 약물이 최초로 발견되면서 정신증과 꿈의 관계에 대한 흥미가 떨어졌다. 정신증 환자의 꿈을 조사한다든지, 꿈속 환상과 조현병에 의한 망상의 관계를 이해하려고 노력할 이유가 사라진 것이다. 정신증 치료에서 주관성은 뇌의 도파민 작용을 감소시킬 수 있는 훨씬 더 구체적이고 단순하며 객관적인 약물로 대체되었다.

환자의 가족 입장에서 약물치료는 정말 기적이었다. 정신증에서 가장 위험한 반사회적 행동의 뿌리를 잘라버렸기 때문이다. 환자의 관점에서는 약물 효과에 대해 논쟁의 여지가 있었는데, 복용량이 부적절하면 종종 감정을 느끼지 못하고 움직임이 둔해졌기 때문이다. 수십년 후 가장 최근에 개발된 항정신성 약물은 도파민 수용체뿐 아니라 세로토닌, 노르아드레날린, 글루타메이트 수용체도 표적으로 삼는다.

정신과 약물은 여러 수용체를 대상으로 광범위한 화학적 친화력을 발휘해 기분과 인지 능력, 사회적 상호작용과 같은 다양한 정신적 측면을 조절하는 복잡한 약리학적 영향으로 이어진다.

꿈과 정신증의 관계가 정신약리학의 관심 밖으로 밀려나는 동안, 신경 영상화 연구는 렘수면과 신경증의 놀라운 유사성을 밝혀냈다. 두 가지 상태 모두에서 배외측 전전두피질dorsolateral prefrontal cortex이 비활성화되고 작업기억, 운동 행위에 대한 계획·억제·자발적 통제, 의사 결정, 논리적·관념적 추론, 미묘한 사회적 조율과 같은 여러 중요한 기능을 억제하는 부정적 피드백을 생성한다. 이러한 대뇌피질의 비활성화는 측좌핵nucleus accumbens과 편도체처럼 자극에 대한 긍정적 혹은 부정적 평가와 관련된 감정에 관여하는 피질하 구조의 탈억제로 이어진다. 배외측 전전두피질의 비활성화와 피질하 구조의 활성화의 조합이 정신증과 꿈의 특징인 기괴한 사고, 정동 장애affective disorder, 환각, 망상의 출현을 설명할 수 있을지도 모른다. 흥미롭게도 조현병 환자들은 건강한 사람들에 비해 악몽을 훨씬 더 자주 꾼다.[1] 그들의 꿈은 내용이 더 적대적이고 모르는 사람이 많이 등장하며, 일인칭 시점인 경우가 드물다.[2]

도파민이 없으면 렘수면도 없다

정신약리학의 정신증을 다시 꿈으로 가까이 데려간 것은 신기하게도 내가 미국의 정신과 의사 카푸이 지라사Kafui Dzirasa, 포르투갈의 신경과학자 후이 코스타Rui Costa와 함께 듀크대학의 브라질 출신 신경과학자 미겔 니코렐리스Miguel Nicolelis의 실험실에서 수행한 도파민의 전기생리학적 효과에 관한 설치류 연구였다. 우리는 오스트리아의 정신과 의사인 터프츠대학의 어니스트 하트만Ernest Hartmann이 관찰한 어느 수면다원검사에서 영감을 받았다. 그는 1967년에 약물치료를 받지 않은 조현병 환자의 사례를 기록했는데, 정신착란이 시작되기 전에 짧은 렘수면이 여러 번 반복되는 분절 수면fragmented sleep이 선행된다(그림8)는 내용이었다. 데이터는 정신증이 깨어 있는 삶을 침범하는 렘수면과 관련이 있다는 것을 시사했다.

하트만이 발견한 것은 대단히 흥미로웠으나 그 후로 수십 년간 연구되지 않았다. 그가 실수를 했을 수도 있고, 그 사례가 충분한 규모의 환자 표본에서 자주 관찰되는 현상을 대표하지 않았을 수도 있다. 1970년대부터 더 엄격한 윤리 절차가 적용되면서 약물치료를 받지 않는 환자들을 대상으로 하는 연구가 어려워졌기 때문일 가능성이 가장 크다.

이 주제에 대한 관심이 동면에 들어갔음에도 불구하고 어느 화창한 가을 오후, 우리는 하트만의 가설을 쥐로 실험해볼 수 있을지도 모른다는 기대감으로 들썩였다. 듀크대학 의료센터의 신경생물학과 옆 건물에서 생물학자 마크 캐런Marc Caron과 라울 가이넷디노프Raul Gainetdinov가 다양한 품종의 형질전환 쥐를 키웠는데, 그중에 시냅스 내 도파민 수치를 인위적으로 높인 품종이 있었다. 정상 궤도에서 벗어난 행동을 보이는 이런 종류의 쥐는 정신증의 동물 모델로 여겨진다.

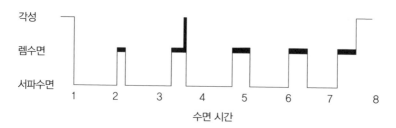

정신증 증상이 없는 사람

각성

렘수면

서파수면

1 2 3 4 5 6 7 8

수면 시간

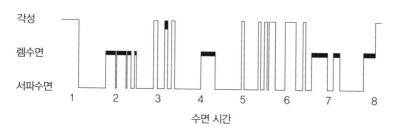

조현병 환자

각성

렘수면

서파수면

1 2 3 4 5 6 7 8

수면 시간

그림8 1960년대에 수집된 수면다원검사 기록은 조현병 환자들이 렘수면의 과도한 침해에 시달렸음을 보여준다. 밤사이 에피소드의 수는 증가하고 각 에피소드의 지속 시간은 감소했다.

다양한 행동학적·전기생리학적·약리학적 실험을 통해 우리는 쥐들이 깨어날 때의 신경 진동이 렘수면 중 관찰되는 진동과 묘하게 비슷하다는 점을 발견했다.[3]

그러나 1950년대 최초의 항정신성 약물과 유사한 길항제를 투여하여 도파민 D_2 수용체를 억제하자 각성 시 렘수면에 대한 비정상적 침해가 감소했고, 도파민 분비를 완전히 차단할 수 있는 효소를 처방하자 렘수면이 완전히 사라졌다. 도파민 D_2 길항제를 사용하면 쥐의 렘수면을 복구하는 것이 가능했다. 요컨대 이 실험들은 도파민이 렘수면에 절대적으로 필요하다는 직접 증거를 최초로 제시했고, 정신증이 각성과 렘수면을 뒤섞는다는 주장을 입증했다. 크레펠린과 블로일러, 프로이트의 근엄한 콧수염 너머에 있는 두 눈에 한 줄기 빛을 던져준 발견이었다.

정신증에 의한 정신 장애는 각성이 수면을 침해한 결과이므로 환상과 현실의 정확한 구분을 어렵게 만들 수 있다. 망상과 환각이 시각, 촉각, 심지어 후각과 미각 같은 감각 양식의 모든 조합에 관여할 수 있다고 하더라도 결정적인 경계의 파괴는 대부분 언어 영역에서 일어난다. 정신증 증상은 대부분 청각을 통해 나타나고 일반적으로 빈정대거나 모욕하거나 비난하거나 위압감을 주는 목소리의 형태를 취하며, 때로 '머릿속에서' 설득력 있는 목소리가 정말 진짜처럼 끊임없이 들려온다. "내가 잠을 자면서 꿈을 꾸는데, 그들이 나를 욕하고 있어……"를 주문처럼 반복하는 카포에이라 데 앙골라의 전통 노래에서 볼 수 있듯이 휴식의 순간은 그것을 표출하는 데 도움을 준다.

반사적인 독백 형태이든 그 순간에 어울리는 상투적 문구와 표현을 환기하는 방식이든, 내적 대화는 건강한 삶에 실재하는 정신적 요소이므로 이것들이 타인의 목소리처럼 생생히 들려오는 것은 혼란스럽고 무서운 상황이다. 프로이트의 견해에 동의했던 프랑스의 정신분석가 자크 라캉Jacques Lacan은 정신의 내적 대화의 기초가 부모의 목소리인 것으로 관찰했다. 이것은 사회라는 세계에서 처음 접하는 중요한 청각적 표현으로 강력하게 새겨지며, 초자아로 표현되는 사회적 규범의 토대를 구축하고 생애 곳곳에서 재활성화되며 반향을 일으킨다.⁴ 우리는 우리의 직계 조상들에 의해 언어라는 매우 구체적인 방식으로 형상화된다. 그들의 표현은 주인이 사라진 후에도 남아서 우리 안에서, 심지어 우리를 위해 말한다. 아일랜드 출신의 극작가 사무엘 베케트가 쓴 〈고도를 기다리며〉라는 연극에서 죽음이 말을 멈추지 않는 것처럼.

에스트라곤: 모든 죽은 소리들.

블라디미르: 날개 치는 소리가 들린다.

에스트라곤: 나뭇잎 소리다.

블라디미르: 모래 소리다.

에스트라곤: 나뭇잎 소리다.

(침묵.)

블라디미르: 온통 한꺼번에 떠들어댄다.

에스트라곤: 저마다 혼자 떠들어댄다.

(침묵.)

블라디미르: 아니 소근거린다.

에스트라곤: 중얼거린다.

블라디미르: 살랑거린다.

에스트라곤: 중얼거린다.

(침묵.)

블라디미르: 무슨 얘길 하는 걸까?

에스트라곤: 저들의 인생 얘기겠지.

블라디미르: 살아온 것만으로는 부족한 모양이지.

에스트라곤: 그 얘기를 꼭 해야겠다는 거지.

블라디미르: 죽으면 그만일 텐데.

에스트라곤: 그걸로는 부족한 거야.[5]

이 대화는 죽은 조상들이 나타나는 꿈에 대한 줄리언 제인스의 가설을 떠올리게 한다. 제인스는 대담한 추측을 통해 오늘날의 정신증이 고대의 사고방식과 목소리를 듣는 것이 일반적이던 시절의 기억에 대한 사회적 부적응이 이어지는 것을 보여준다고 말했다. 정신증은 구석기 시대에 탄생하여 신석기 시대에 번창하고 청동기 시대에 확장되다가 약 3000년 전 철기 시대에 완전히 무너진 인간 의식의 한 종류로서 살아 있는 화석이 될 것이다.

이 이론을 구축하기 위해 제인스는 무수한 고고학적 발견을 직접적 근거로 삼았을 뿐 아니라 정신질환이 아동이나 현대의 수렵채집인, 또는 우리 조상들의 정신 기능과 비슷할 수 있다는 융의 사상[6]과 프로이트의 사상[7]으로부터 간접적 지지를 받았다. 프로이트에게 "원시인과 신경증 환자들은 (…) (우리 눈에는 과대평가된) 초자연적 행위에 높은 가치를 둔다. 이러한 태도는 나르시시즘과 그럴듯한 관계를 맺어 그것의 핵심 요소로 여겨질 수 있다."⁸ 그의 사상에서 종교는 본능의 욕구에 순종하고 현실을 통제하려 애쓰는 환상이다.⁹ "종교는 아동기의 신경증과 비슷하다."¹⁰ 아동 정신분석학 연구의 선구자인 오스트리아 출신의 멜라니 클라인Melanie Klein은 한 가지 관련 개념을 제안했다. 클라인에게 생애 첫 10년의 왜곡과 환상은 정신증과 일시적인 유사성이 있다.¹¹ 그녀는 정신세계가 인체의 일부(가슴), 사람, 동물, 사물과 같은 대상의 내면화로부터 구축된다고 주장했다.¹² 아동은 정상적인 발달 과정을 거치는 동안 자신과 매우 친밀한 부모가 믿을 만한 보호자의 역할을 벗어나 낯설고 위협적이며 예측할 수 없는 성인으로 변하는 불안한 꿈을 자주 꾼다. 이처럼 왜곡된 부모를 반영하는 목소리는 알프레드 히치콕의 영화 〈사이코〉에서 노먼 베이츠의 엄마가 내던 정신증 환자 같은 목소리를 떠올리게 한다. 모든 어린 포유동물이 각성 상태에서 상상하거나 수면 상태에서 꿈꿀 수 있는 최악의 악몽은 부모 양육의 원형에서 비롯된 포식, 즉 부모가 자식을 죽이려고 하는 것이다.

이러한 환상이 지속되는 것은 우리 조상들이 살았던 과거의 반향이다. 《성경》은 〈창세기〉 22장에서 하나님의 명령으로 자신의 아들인 이삭을 죽이기로 결심한 아브라함의 이야기를 들려준다. 족장 아브라함이 아들을 제단에 묶어놓고 죽일 준비를 하는데, 하나님의 천사가 나타나 만류하며 아들 대신 숫양을 제물로 바치게 했다. 이 이야기의 《코란》 버전에서는 신이 아브라함의 꿈에 나타나 아들을 죽이라고 명령한다. 메데아부터 헤롯에 이르기까지 고대의 문헌들은 영아 살해로 가득하다. 전형적인 편집성 조현병은 자기 지시적self-referential이고 가학적인 망상이 빈번히 발생하며, 흔히 냉소적이고 신랄하며 빈정대는데다 지시적·유혹적 혹은 위협적인 목소리를 듣는 것이 특징이다. 조현병 환자들이 보고하는 꿈의 서사는 일반적인 꿈의 서사에 비해 낯선 남성들이 무리 지어 등장할 때가 많다.[13] 사회를 벗어나거나 숲으로 들어가거나 산으로 사라지고픈 욕구는 조현병 환자들의 전형적 특성이다. 그들은 문화라는 악마에게 괴롭힘을 당하느니 자연에 버려지기를 바랄 것이다.

정신증적 언어의 정량화

만약 정신증이 인류 역사에 흔했고 오늘날까지도 초기 발달단계에 나타나는 고대의 심리 상태라면, 아동과 정신증 환자에게 흔히 나타나는 언어의 자취를 파라오 시대의 문헌에서도 찾을 수 있어야 한다. 이 흥미로우면서 다소 기이한 임무에 자극을 받은 나는 성인과 아동의 언어 구조와 청동기 문헌의 구조를 비교하기 위해 페르남부쿠연방대학Pernambuco Federal University의 물리학자인 마우로 코펠리Mauro Copelli와 팀을 이루어 건강한 사람과 정신증 환자를 대상으로 한 수학적 분석에 착수했다.

이 연구는 2006년에 나탈리아 모타Natália Mota가 정신증을 앓는 환자들이 꾼 꿈의 서사를 기록하면서 시작되었다. 당시 젊은 의대생이던 그녀는 훗날 정신과 의사가 되어 그 주제로 석·박사학위를 받았다. 꿈 이야기의 구조적 차이를 수량화하기 위해 우리는 각각의 이야기를 단어로 이루어진 그래프로 변형하기로 했다(그림9A). 그래프는 도시의 버스 경로, 세포 내부의 대사 경로, 또는 인터넷의 소셜 네트워크처럼 구성 요소의 모든 연결망을 표현하기 위한 단순한 수학적 구조였다. 이러한 방식으로 다양한 나이대의 사람들이 보고한 내용을 분석한 결과, 우리는 꿈 이야기의 구조가 환자의 정신 상태에 관한 정보를 많이 알려준다는 사실을 알게 되었다.[14] 그림9B는 정신증의 두 유형인 조현병과 조울증bipolar disorder을 앓는 환자들이 보고한 꿈 이야기의 대표적인 사례를 보여주고 정신증 증상이 없는 사람의 꿈 이야기와 비교한다. 그래프는 현저한 차이를 보이는데, 조현병 환자들의 그래프는 짧고 간소하지만, 조증기manic phase에 있는 조울증 환자들의 그래프는 길고 복잡하며 삐져나온 선과 고리로 가득하다. 정신증 증상이 없는 사람들은 두 유형의 중간에 해당하는 패턴을 보인다. '정상적인' 사람들은 조현병의 언어적 빈곤함과 조증의 두서없는 언어적 풍요로움의 중간쯤인 것으로 보인다. 이상하게도 낮에 깨어 있을 때 경험한 일을 설명할 때는 이런 일이 전혀 일어나지 않고, 세 그룹 모두 시간 순서에 따라 직접적으로 표현되며 고리가 거의 없다(그림9C).

요컨대 이러한 언어 현상은 꿈에 대한 기록을 이용하여 빠르고 저렴한 비외과적인 방식으로 꿈을 정량화하고 조현병을 조기에 진단할 수 있도록 해준다. 이처럼 꿈은 꿈꾸는 사람의 정신 구조와 관련해서 낮에 그릴 수 있는 것보다 더 선명한 그림을 제공해주므로 임상적으로 유용하다. 정신분석학적 측면에서 이것은 꿈이 정신 구조에 가장 깊숙이 닿을 수 있는 왕도라는 견해를 입증한다.

아이들과 정신증 환자 그리고 고대에서도 특히 수메르, 바빌로니아, 이집트의 문헌에 등장하는 꿈에 대한 설명을 구조적으로 비교했을 때 유사점이 명백히 나타났다. 어휘의 다양성이 낮고 단어의 연결망이 작으며 짧은 경로에서 수많은 반복 패턴과 원거리에서의 적은 반복 패턴과 함께 비슷한 경로를 따른다. 흥미롭게도 이러한 성숙 과정은 기원전 1000~기원전 800년 사이, 즉 문명이 파괴되고 트로이 전쟁이 발발한 청동기 말부터 《일리아드》와 《오디세이아》가 구전에서 기록의 형태로 바뀌고 문화 부흥기가 시작된 축의 시대까지 급격한 변화를 겪는다. 청동기 시대에 쓰인 문헌과 오늘날 건강한 아이들이나 정신증 증

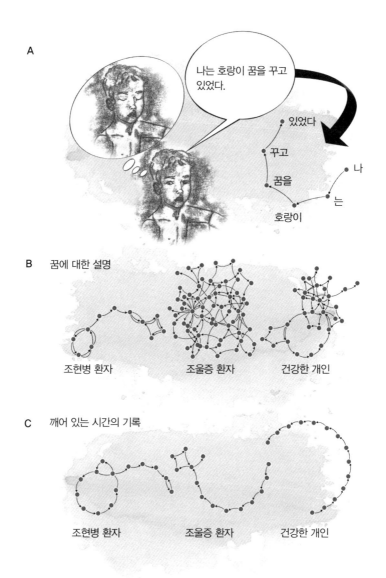

그림9 그래프로 표현된 꿈은 조현병 진단에 유용할 수 있다.
A 각 단어는 교점(원)에 해당하며, 연결된 두 단어의 시간 순서는 선(화살표)으로 나타낸다.
B와 C 꿈에 대한 기록은 조현병 환자와 조울증 환자, 정신증이 없는 건강한 사람을
구별하게 해준다.

상을 가진 성인들이 보고한 꿈의 구조적 유사성은 심리학과 역사의 연관성을 입증하며, 이는 사람들이 깨어 있는 채로 꿈을 꾸면서도 그러는 줄 몰랐던 가까운 과거로 이어지는 다리이다.

알다시피 이 모든 견해는 익명의 저자나 유명한 저자가 주관적으로 보고한 심리적 경험을 검토한 것을 근거로 한다. 다음 장에서 우리는 이 이야기들이 깨어 있는 뇌와 잠든 뇌에서 어떻게 만들어지는지 살펴볼 것이다.

9장
수면과 기억

인류는 의식적으로 서술할 수 있는 기억과 그렇지 않은 기억을 명확히 구별할 수 있다. 일단 정신이 단련되고 성숙해지면, 전자의 기억은 대체로 빠르고 쉽게 획득할 수 있다. 밥 딜런의 진짜 성은 무엇일까? 아프리카 앙골라의 은징가 여왕Queen Nzinga은 몇 세기에 전투를 벌이고 아프리카를 통치했을까? 아메리카 대륙 역사상 가장 큰 탈주 노예 공동체인 브라질 팔마레스Palmares의 킬롬보Quilombo는 누가 통합했을까? 맛있는 리소토를 만들기 위한 물과 쌀의 정확한 비율은 얼마일까? 이 사소한 질문들에 대한 대답(17세기, 콩고 왕의 딸 아쿠알툰Aqualtune, 쌀과 물과 와인을 1:3:1/2 비율로 넣고 맛에 따라 조절한다)은 소위 서술기억에 의존한다. 이 기억은 자전거를 타거나 서핑을 하거나 카포에이라를 할 때의 기억과 매우 다르다. 후자의 기억 유형은 무수한 반복을 통해 매우 복잡한 감각-운동 행위의 표현을 담당하는 거대한 신경 회로를 변화시켜야 하므로 습득하는 데 시간이 걸리는 편이다. 동작을 말로 옮기는 것만으로 누군가에게 서핑을 가르치는 것은 불가능하다. 자전거 타기는 말로 설명하는 것과 다르다. 카포에이라에 관해 읽으면 그것을 이해하는 데는 도움이 될지 모르겠지만, 이 아프로 브라질리언 무예는 몸으로 배우는 것이어서 말로 설명할 수 없다.

수면, 기억 그리고 망각

우리가 깨어 있는 삶에서 새로 습득한 기억들은 대개 잠을 자는 동안 반향이 일어나고 변형된다. 기억의 반향은 주간잔재라는 정신분석학적 개념에 포함되지만, 학습에서 수면의 역할은 프로이트의 연구에서 언급되지 않는다. 카를 융은 꿈꾸는 사람은 꿈을 통해 앞날을 준비한다고 말하며 이 주제에 더 가까이 다가갔다. 그러나 수면과 학습의 관계에 대한 최초의 실험적 접근은 모두가 인정할 수밖에 없는 19세기 과학 지식의 중심인 유럽이 아니라, 대학의 전통이 아직 어린아이 수준에 불과했던 미국에서 이루어졌다.

1920년대 초, 코넬대학의 연구원이던 존 젠킨스John Jenkins와 칼 달렌바흐Karl Dallenbach는 수십 년 전에 현대 심리학의 창시자인 독일 출신 헤르만 에빙하우스Hermann Ebbinghaus가 수행한 고전 실험을 재연하기로 했다. 이 실험은 자발적 참가자들에게 모국어에 존재하지 않는 음절 목록을 가르친 뒤, 시간이 지남에 따라 얼마나 기억하는지를 측정하는 방식으로 설계되었다. 이 간단한 절차를 통해 에빙하우스는 한번 습득된 기억은 시간이 지날수록 기하급수적으로 감소한다는 것을 40년 일찍 발견했고, 수많은 종에게 나타나는 이 기억의 역학을 '망각 곡선forgetting curve'이라고 정의했다. 젠킨스와 달렌바흐는 참가자들이 음절을 배운 뒤 즉시 잠자리에 들 것을 요청했다.[1] 비교를 위해 이 실험을 반복했지만 이번엔 참가자들을 깨어 있게 했다. 놀랍게도 같은 시간 동안 깨어 있었을 때보다 잠을 잤을 때 훨씬 더 많은 음절을 기억했다. 깨어 있는 그룹의 참가자들은 학부생이어서 음절을 학습한 후 정규 수업을 들었다. 이 분야의 과학자들은 잠이 학교 공부보다 더 낫다는 농담을 젠킨스와 달렌바흐가 증명했다는 이야기를 지금까지 주고받는다.

농담은 그만하고, 이제 우리는 깨어 있는 그룹의 낮은 기억력에 영향을 미친 변수가 감각적·인지적 간섭이라는 사실을 안다. 깨어 있는 동안에는 온갖 종류의 자극이 뇌에 끊임없이 공격을 퍼부으며 연상 기호 처리 과정mnemonic process을 심각하게 방해한다. 이러한 현상을 보여주는 좋은 예가 바로 어떤 음악을 들으면서 다른 노래를 흥얼거리려고 할 때이다. 이처럼 단순한 작업에 필요한 노력은 방해받는 정도에 비례하며, 이는 깨어 있는 뇌가 현실과의 접촉으로부터 스스로를 고립시키는 것이 어렵다는 것을 보여준다.

젠킨스와 달렌바흐의 발견은 알 수 없는 이유로 동시대를 살던 연구자들에게 외면을 받았고 수십 년간 어떠한 결론도 없이 묻혀 있었다. 1940년대의 몇 가지 소소한 연구를 제외하면 이 발견은 2차 세계대전과 냉전의 시작을 거치는 동안 아무도 모르게 지나갔다. 당시는 인터넷 이전 시대였기 때문에 정보가 매우 질척이며 더디고 변덕스럽게 흘러갔고, 반드시 알려져야 할 이유도 없었다. 1950년대에 미국이 렘수면 그리고 렘수면과 꿈의 관계에 대한 연구의 중심지가 되었지만, 처음에는 아무도 그것의 인지적인 측면에 주목하지 않았다. 1924년에 발표된 젠킨스와 달렌바흐의 실험 결과는 심층적으로 논의되기까지 40년을 기다려야 했다.

주베와 화분

1960년대 말로 향해 가던 무렵, 미셸 주베에게 영향을 받은 프랑스와 미국의 신세대 연구자들이 수면의 인지적 중요성에 주목하면서 이 주제에 대한 관심이 다시 활발해졌다. 이 연구들은 설치류의 학습 후 수면 박탈을 공통분모로 실험을 설계했다. 주베가 발명한 화분법flowerpot method은 매우 간단하고 효율적이며 저렴한 방식임이 입증되어, 수면 박탈의 생물학적 영향에 관심이 있던 여러 연구실로 빠르게 퍼졌다. 이 실험은 화분을 뒤집어서 물에 넣고 좁은 화분 밑바닥에 동물을 올려놓기만 하면 되었다. 이 방법은 근육 긴장이 서파수면 중에 감소하고 렘수면이 시작되면 훨씬 더 많이 감소한다는 사실에 근거한다. 화분 바닥이 좁으면 동물이 근육 긴장을 잃을 때마다 물에 빠져 즉시 깨어날 것이다. 적절한 지름의 바닥을 사용하면 동물의 수면 전체를 박탈하거나 렘수면만 박탈할 수 있다. 이 방식을 이용한 첫 번째 실험에서 쥐들은 공간학습, 후천적 공포, 조작적 조건형성operant conditioning 등 다양한 작업을 수행한 뒤 수면 전체 또는 렘수면을 박탈당하자 기억의 환기에 결함을 드러냈다.

잠이 부족하면 대체하거나 보충해야 한다. 이 원칙은 특히 렘수면에 적용되는데, 수면 박탈에는 늘 부족량에 비례하는 양적 반동positive rebound이 뒤따르기 때문이다. 이상하게도 그 반대는 사실이 아니다. 일반적으로 총 수면 시간이 증가하면 렘수면 시간도 증가하지만 그렇다고 그 이튿날 음적 반동negative rebound, 즉 렘수면이 감소하지는 않는다. 감정은 이러한 역학관계에 많은 영향을 미친다. 적정한 불안은 총 렘수면 시간의 감소로 이어지지만, 생사가 걸린 위급한 상황에서처럼 극도의 스트레스를 받으면 위험이 지나가자마자 렘수면의 양이 대폭 증가할 수 있다. 위 내용은 전부 렘수면이 개인의 인지 건강에 필수적인 역할을 한다는 것을 시사한다.

1970년대를 거치는 동안 많은 연구자들이 수면 박탈이 학습에 해롭다는 결론을 내렸다.[2] 렘수면에 초점을 맞춘 국제적 경쟁과 협력이 이루어지면서 실제로 이 주제에 대한 관심이 폭발했고, 꿈과 밀접한 관계라는 이유로 렘수면은 가장 흥미로운 단계로 여겨졌다. 그러나 시간이 지나면서 렘수면이 상당한 인지적 가치를 지닌다는 견해에 저항하는 움직임이 형성되기 시작했다.

스트레스 혹은 수면 부족?

렘수면의 인지적 가치에 대한 회의론자들이 보내는 가혹한 비판은 이 실험의 약점, 즉 수면을 박탈하기 위해 사용된 방법에 중점을 두었다. 미셸 주베가 수면 박탈을 유도하기 위해 고안하고 대중화한 화분이 워낙 스트레스가 많은 환경이기 때문이다. 화분이 너무 작으면 실험동물은 잠들자마자 물에 빠질 것이다. 화분이 살짝 크면 근긴장도가 너무 낮아서 동물이 물 위로 굴러떨어질 때까지 깊은 잠에 빠질 수 있다. 이 방식에 내재한 이완의 특정 임곗값과 그에 따른 강제 입수는 불가피하게 큰 충격을 일으킨다. 이런 유형의 실험을 수행할 때 동물이 큰 스트레스를 받고 부자연스러운 상황에 직면한다는 것은 명백한 사실이다.

화분법에 동원된 쥐들은 갑자기 찬물에 떨어지는 방식으로 수면을 방해받을 뿐 아니라, 신체 움직임을 극도로 제한하므로 자연스러운 동작이 거의 불가능한 상황을 경험한다. 쥐들은 주변을 돌아다녀야만 하고, 그래서 수면을 박탈당하고 몇 시간 후 물에 잠긴 우리 안을 마음껏 걸어 다니느라 마른 상태로 있을 수 없다. 그 결과, 쥐들은 짜증을 내고 기억력에 악영향을 미칠 수 있는 글루코코르티코이드 스트레스 호르몬glucocorticoid stress hormone을 뇌의 해마에서 분비하는 등 신진대사에 전반적인 변화를 보인다. 수많은 부수적 효과가 함께하기 때문에 기억력 결함의 원인을 단지 수면 부족의 탓으로만 돌리는 것은 자의적인 결론일 수밖에 없다는 것이다.

이것은 타당한 논쟁이었고, 이로 인해 스트레스가 적은 방식으로 수면을 박탈할 수 있는 새로운 실험으로 진행되었다. 당시 박사과정 학생이던 윌리엄 피시바인William Fishbein과 그의 지도교수였던 윌리엄 디멘트는 설치류 종들의 중요한 행동 차이를 활용하여 스트레스 문제를 해결했다. 성체의 체중이 220그램 이상인 쥐들과 달리, 체중이 겨우 28그램에 불과한 작은 생쥐들은 우리의 철창 지붕에 한참 동안 매달릴 수 있다. 그들은 우리의 철창에 거꾸로 매달려서 몇 시간씩 걸어 다녔고, 물과 먹이를 먹을 만큼 자유롭게 움직였다. 생쥐는 화분법을 이용해 수면을 박탈해도 정말 자고 싶을 때 아주 잠깐만 화분 위에 올라가면 되었기 때문에 쥐보다 스트레스를 훨씬 덜 받았다. 생쥐를 대상으로 학습 후 수면 박탈 실험을 해도 기억력 결함이 나타났고, 이는 수면이 기억력 강화에 도움이 된다는 이론을 뒷받침했다.

그런데도 화분법에 내재한 스트레스에 대한 논쟁은 멈추지 않았다. 또 다른 대안은 실험동물이 잠들려고 할 때마다 연구자들이 온화하면서 효과적인 방식으로 방해하는 것이었다. 이 방법은 실험자의 조심성에 따라 달라지는데, 누가 봐도 실험 데이터를 약화하고 분석에 대한 결론을 내릴 수 없게 하는 방식이었다. 이때 이미 반대의 폭풍우를 몰고 올 구름이 짙어지고 있었다. 미국 출신의 연구자인 캘리포니아대학 로스앤젤레스캠퍼스의 정신과 의사 제롬 시겔Jerome Siegel과 플로리다애틀랜틱대학의 신경해부학자 로버트 버티스Robert Vertes는 수면의 인지 가설에 대한 강경한 반대론자로 유명해졌다.

많은 회의론자 vs. 외로운 옹호자

그들의 의구심은 널리 퍼져 나갔다. 렘수면이 인지에 그토록 중요하다면 파충류, 조류, 심지어 바늘두더지와 같은 포유류는 왜 렘수면을 하지 않을까? 렘수면이 학습에 이용된다면, 지능이 낮은 아르마딜로 같은 동물은 렘수면이 긴데 돌고래처럼 지능이 뛰어난 동물은 왜 렘수면이 없을까? 항우울제 치료로도 렘수면이 감소하는데 왜 학습 장애가 나타나지 않는 걸까? 렘수면 시간과 인간의 학습 능력 사이에 강력한 상관관계가 나타나지 않는 이유는 무엇일까?

옹호론자들은 돌고래가 렘수면을 경험하지 않는다고 확신할 수 없으며, 렘수면의 에피소드로 기록되기에는 너무 짧아서 그럴 수 있다고 반박했다. 게다가 돌고래는 수중환경에 뒤늦게 합류한 육상 포유류의 후손이다. 고래류가 수중환경에서 완전히 이완하여 익사하지 않도록 렘수면이 감소했거나 제거되었을 가능성이 크다. 이처럼 새로운 환경에서 살아가도록 특화되었다는 맥락에서 렘수면의 인지적 기능은 대사적으로 동등한 다른 과정으로 대체되었을 수 있다. 한편, 아르마딜로는 긴 기간을 땅속에서 지낸다. 지난 20년간 수집된 증거들은 이전의 믿음과 달리 바늘두더지와 조류, 심지어 파충류도 렘수면을 한다는 것을 보여주었다. 게다가 항우울제 치료는 노르아드레날린, 도파민, 세로토닌처럼 기억 형성에 중요한 신경전달물질을 증가시킨다. 따라서 렘수면 시간의 감소가 미치는 영향을 보상하기 위해 깨어 있는 동안 기억이 더 강화될 확률이 높다.

1980년대에 논쟁은 치열해지고 논조는 단호해졌다. 전선이 그

어졌고, 수면의 인지적 특성에 따라 진영이 명확히 나뉘었다. 한동안은 귀먹은 사람들의 대화 같았다. 수면연구학회의 험악한 분위기와 출간을 위해 제출된 논문들을 향한 전례 없는 익명의 교열에 좌절한 전문가들은 점차 이 분야를 떠나기 시작했다. 10년이 넘는 세월 동안 수면과 학습의 관계에 대한 과학적 관심은 크게 줄어들었다.

이러한 격동의 시기에 거구의 캐나다인이자 트렌트대학의 괴짜 심리학자였던 칼라일 스미스Carlyle Smith는 렘수면의 인지적 역할을 외로이 옹호하던 서부의 방랑자였다. 그는 많은 설치류 실험을 통해 학습 후 특정 시간대에 나타나는 렘수면의 긍정적 효과를 보여주었다. 이 시간대에는 기억력이 수면 박탈에 더 취약했다.[3] 그러나 스미스 혼자서 수면 인지 이론을 비판하는 사람들의 마음을 바꿀 수는 없었다. 그렇게 교착 상태가 지속되던 1990년대에 뜻밖의 인물이 나타나 사람을 대상으로 한 실험으로 판세를 뒤집었다.

꿈을 과학사에 돌려놓은 스틱골드

미국의 심리학자 로버트 스틱골드Robert Stickgold는 과학과 관련된 이력을 세 가지나 가지고 있었다. 과학에 대한 그의 관심은 6학년 때 처음 깨어났다. 한 선생님이 간단한 실험을 하겠다며 잔디밭을 따라 한참을 걸어가서는 심벌즈를 힘껏 맞부딪쳤다. 스틱골드는 본 것과 들은 것의 차이를 감지할 수 있을 만큼 먼 곳에 있었다. 빛이 소리보다 빠르구나! 그 자리에서 그는 과학자가 되기로 결심했다.

몇 년 후, 의대 1학년이던 그는 《사이언티픽 어메리칸Scientific American》이라는 잡지를 보다가 유전암호에 관한 프랜시스 크릭의 최신 논문에 매료되었다. 밤새 논문을 집요하게 파고든 후에 스틱골드는 생화학자가 되기로 마음먹었다. 그해 여름, 그는 노스웨스턴대학의 프랜시스 노이하우스Francis Neuhaus가 이끄는 실험실에서 조교로 일하며 19리터짜리 대형 유리병에 세균을 배양했다. 그는 실험실에서 4개월간 일하면서 세균의 세포벽에서 일어나는 생합성에 관한 첫 논문을 《생화학저널Journal of Biological Chemistry》에 발표할 수 있었고, 그 논문으로 학위 과정을 마칠 수 있었다.

스틱골드는 하버드대학을 졸업하고 위스콘신대학 매디슨캠퍼스에서 생화학 박사학위를 받았다. 그는 대학원에 다니면서 정신과 뇌의 관계에 흥미를 느꼈으나 관심은 잠시 접어두고 생리심리학 과정을 공부하기 시작했다. 나중에 가서는 아직 과학이라고 할 수 없다는 결론에 이르기는 했지만 말이다. 1965년 당시에는 훗날 인지신경과학으로 불릴 이 연구 분야가 기어 다니는 수준에 불과했다.

스틱골드는 한동안 뇌 연구를 포기했다. 그는 1970년대에 공상과학소설을 쓰기 시작했고 그 분야에서 어느 정도 성공을 거두었다. 그러다 뇌 연구로 다시 돌아갔고, 이번에는 거기에 완전히 눌러앉았다. 박사 후 연구원이던 1977년에 그는 누군가의 소개로 영국의 신경과학자인 데이비드 마David Marr의 논문을 접하면서 방향을 틀었다. 그는 아직 어린 나이임에도 불구하고 소뇌cerebellum, 신피질neocortex, 해마의 기능에 관한 이론을 발표하여 널리 인정받았다. 마의 영향력 있는 이론들은 행동과 사고가 상호 연결된 기본 단위들로 구성된 '네트워크의 창발성'이라는 연결주의적 가정에 기초하고 있었으며, 이는 지역적으로 단순하지만 광범위한 집단적 패턴으로 인해 전 지구적인 복잡성을 발생시킬 수 있는 시스템이다. 신경망과의 유사성은 모두 단순한 우연의 일치가 아니다. 마의 독창적인 아이디어가 스틱골드를 연결주의 원리주의자로 만들지는 않았지만, 뇌에 대한 사고방식은 확실히 바꿔놓

왔다.

그러나 스틱골드를 수면과 꿈에 관한 연구로 확실히 이끈 것은 J. 앨런 홉슨과 로버트 맥칼리의 활성화-종합 가설activation-synthesis theory이었다. 생화학자이자 작가였던 그는 중년의 나이에 접어든 1990년대부터 하버드대학의 홉슨이 이끌던 실험실에서 테크니션으로 일했고, 심리학과 신경과학 분야의 밑바닥에서부터 학자로서의 경력을 새롭게 쌓아가기 시작했다. 그때부터 그는 혜성 같은 궤적을 그리며 급부상했다. 파격적인 이력을 거친 스틱골드는 곧 조교수로 승진했고, 마침내는 정교수와 하버드 의대 수면인지연구소의 소장이 되었다.

스틱골드는 중요한 성과를 다양하게 거두었는데, 그중에서도 컴퓨터 게임 이미지가 꿈에 반향되는 현상을 최초로 입증했다. 이 현상은 수면의 처음 두 단계(그림7)를 포함하는 입면hypnagogic sleep이라는 과도기적 상태에서 감지되었다.[4] 실험에는 테트리스라는 고전 비디오 게임이 사용되었다. 이 게임에서 플레이어는 컴퓨터 화면 상단에서 내려오는 다양한 모양의 블록에 대응하여 행동해야 한다. 블록이 떨어지면 플레이어는 그것을 돌려서 가상의 바닥에 맞추어야 한다. 게임이 진행될수록 가상의 바닥이 올라온다. 바닥 틈새에 끼워 넣은 블록이 쌓일수록 작업은 점점 더 어려워져서 주의와 감정이 집중된다. 스틱골드 팀이 발견한 테트리스의 꿈의 반향은 해마 양측의 광범위한 병변으로 기억상실을 앓는 환자에게까지 나타날 정도로 몹시 강력했다. 환자들은 게임을 했다는 사실조차 기억하지 못하면서 두드러져 보이는 기하학적 형상이 끊임없이 떨어지는 꿈을 꾸었다고 보고했다. 2000년에 발표된 이 실험들은 깨어 있을 때의 경험과 관련된 요소들, 즉 프로이트의 주간잔재가 인간의 꿈에 실제로 포함된다는 것을 보여주었다. 이 연구는 1968년 이후 처음으로 꿈을 과학사의 한 페이지로 돌려놓았다.

시카고의 위대한 결투

꿈의 부흥기에서 흥미로운 사건이 렘수면 발견 50주년을 기념하기 위한 수면전문학회APSS의 2003년 연례회의에서 일어났다. 몹시 흥분한 전 세계 연구자들이 엿새간 시카고에 열광적으로 몰려들었다. 꿈에 대한 관심이 과학계는 물론 일반 대중에게까지 힘차게 되살아나고 있었다. 연례회의는 렘수면이 발견된 도시에서 열렸는데, 그곳은 당시 그 분야를 가장 거세게 뒤흔들고 있던 스틱골드의 출생지이기도 했다.

APSS 기념행사에 참여한 패널 중에는 수면과 학습 관계에 대한 폭발적 논쟁의 불씨도 포함되어 있었다. 30년 동안 반대론자들은 여러 정황상 논거와 간접 증거들로 이 이론을 견제해왔다. 수십 년 동안 이 이론은 발전하기는커녕 제 몸 하나 지키기도 바빴다. 칼라일 스미스가 1980년대에 발표한 연구 결과들은 1990년대 말이 되어서야 스틱골드의 든든한 지원을 받을 수 있었다. 그러나 주요 과학 저널들을 슬쩍 들여다만 봐도 수면 인지 이론이 왜 틀렸는지에 대한 진화론적·신경학적·정신의학적 이유가 열거되어 있어서 이 이론이 늘 반대에 직면하고 있음을 쉽게 알 수 있었다. 견고한 반박의 글은 주로 로버트 버티스와 제롬 시걸이 쓴 것이었다.

6월의 어느 날, 100석 규모의 강당이 학생들로 가득 찬 데다 전 세계 유수의 연구자들까지 찾아와 미어터질 지경이었다. 측면 통로에 강당 밖까지 점거한 과학자들은 유명인이든 무명인이든 모두 바닥에 앉았고, 스미스와 스틱골드는 버티스와 시걸의 공격을 막아내기 위해 강단 한쪽에 앉았다. 청중의 긴장감과 들뜬 마음이 손에 만져지는 듯했다. 수면 인지 이론을 완강히 반대하는 두 사람의 불만이 희미하게 공중을 떠다녔다. 나를 포함해 박사과정에 있거나 박사과정을 마치고 연구 중인 여러 젊은 과학자는 이 이론을 설명해줄 메커니즘의 연구에 진전이 있기를 바랐지만, 지난 수십 년간의 대격돌을 반영하듯 이 분야의 분위기는 여전히 무거운 것이 사실이었다.

팽팽히 갈린 두 견해 사이에서 장대한 전투가 벌어졌다. 나와 동료들은 학계 전체의 운명이 걸린 그 유명한 논쟁을 흥분 속에서 함께 지켜보았다. 지금까지도 그날의 기억이 생생하다. 스미스는 수면 인지 이론을 뒷받침하기 위해 찾아낸 여러 증거를 자신 있게 발표했다. 수면 박탈이 학습 후 특정 시간대에 더 해롭다는 증거(비록 간접적이지만)는 기억력 장애의 이유가 수면 박탈에 의한 스트레스일 수 없다는 것을 시사했다. 수면 박탈 기간이 모든 그룹에서 동일했기 때문이다. 버티스는 몹시 신랄했다. 바늘두더지의 렘수면 부재를 추정했을 때처럼 가상의 장애물에 대한 익숙하고 장황한 설명보다는 렘수면과 기억 처리 과정의 연관성에 대한 증거에 훨씬 더 무관심한 태도를 보였다. 시걸도 스미스의 입장에서 어떠한 타당성도 인정할 수 없음을 명확히 하며 이전까지의 견해를 답습했다.

스틱골드가 반격에 나섰다. 그는 돌고래같이 지능이 상당히 높은 동물은 렘수면을 많이 해야 한다는 주장은 지나친 단순화라고 말한 뒤 청중을 들끓게 만든 비유 하나를 들었다. "어쨌든 다리가 보행에 사용된다는 사실이 지네를 가장 빠른 동물로 만드는 건 아니니까요." 그 다음 그는 이렇게 에두르는 논쟁은 한쪽에 미뤄두고 실험실에서 경험으로 얻은 직접 증거에 집중하는 것이 최선이라고 말했다. 그리고 이제는 고전이 된 연구 결과들을 보여주면서 밤의 수면 유지에 따라 당일 시각적 패턴 학습이 크게 좌우된다고 주장했다. 반대론자들은 수면 박탈이 엄청난 스트레스이기 때문에 수면과 무관한 원인들이 수행에 악영향을 미칠 수 있다는 주장을 견지해왔고, 스틱골드는 이를 반박하기 위해 학습 당일이 아닌 4일 후에 수행 결과를 측정했다. 실험 참가자들은 며칠 밤 연속으로 충분히 잠을 잤고 시험 당시에 피곤함이나 졸림을 느끼지 않았는데도 불구하고 여전히 기억력에 결함을 보였다.[5]

시걸이 탁월한 정신적 기민함으로 반격했다. 그는 스틱골드가 조금 전에 제시한 내용을 모조리 무시하고, 일련의 이론적 장애물이 존재하므로 증명된 것이 없다고 주장했다. 그리고 경험을 통한 새로운 결과에 대해 전혀 듣지 못했다는 듯 똑같은 말을 처음부터 되풀이했다. 그때 스틱골드가 허튼수작을 받아줄 생각이 전혀 없다는 듯 눈썹을 치켜올렸다. 그의 파란 눈동자가 짜증으로 번뜩이는 것을 멀리서도 볼 수 있었다. 호흡이 거칠어지고 긴장감이 고조되는 듯 보이던 스틱골드가 마침내 과학 용어를 버럭 내뱉으며 강당을 초토화했다.

"본페로니의 0.05보다 적은 p값에서 어느 부분이 이해되지 않으신다는 겁니까?"

이탈리아의 수학자 카를로 본페로니Carlo Bonferroni를 언급한 이 문장은, 수면의 기억력 강화를 보여주는 경험적 데이터는 본페로니가 공헌한 확률이론에 근거하여 최적의 측정 방식을 사용한 매우 엄격한 통계 검증으로 뒷받침된다는 뜻이었다. 스틱골드는 전문 용어를 사용하여 그 결과가 우연의 산물일 가능성이 현저히 낮다는 점을 말하고 있었다. 그는 경험적 증거가 권위적 견해보다 우월함을 주장하는 엄청난 반격으로 한판승을 거두었다.

그의 말은 카타르시스를 선사해 긴장감을 해소했다. 강당 안은 박수와 휘파람 소리로 가득 찼다. 버티스는 패널에서 이탈하려는 듯하더니 상황이 흘러가는 방식에 환멸을 느낀다며 이 주제와 관련된 어떤 논쟁에도 관여하지 않겠다고 말했다. 참석자들은 더 힘찬 박수와 함성과 웃음으로 답했다. 많은 사람이 자리에서 일어났다. 논쟁을 더 이어갈 방법이 없었다. 그럴 필요도 없었다. 버티스와 시걸이 이미 백기를 든 상태였다. 모두가 기뻐하는 가운데 스틱골드와 스미스가 전세를 뒤집었다.

수면의 인지적 역할을 재발견하다

2000년대 초는 수면의 인지적 역할에 대한 과학적 관심이 무척 드높던 시기였다. 스틱골드에서 시작된 수면과 기억의 관계를 입증하려는 물결은, 당시 스틱골드의 연구실에서 박사과정을 밟고 있었고 현재는 캘리포니아대학 리버사이드캠퍼스의 교수인 사라 메드닉Sara Mednick을 낮에 경험하는 짧은 수면 에피소드인 낮잠의 인지적 효과에 관한 연구로 이끌었다.

오래전부터 잘 알려진 낮잠의 강한 회복력은 스페인과 멕시코의 시에스타처럼 전통적인 관행 속에서 확고해졌다. 역사적 기록에 따르면 르네상스 시대의 위대한 화가이자 학자이며 기이함만큼이나 명석함으로 유명한 레오나르도 다 빈치는 시간을 일과 창작에 더 잘 활용하기 위해 하루에도 몇 번씩 30분가량의 토막잠을 잤다. 낮잠의 강한 회복력 덕분에 미국에서는 낮잠을 '파워 냅power nap'이라고 불렀다. 사라 메드닉은 낮잠을 자기 전과 후로 질감을 시각적으로 구별하는 능력을 비교하는 방식으로 실험을 설계했다. 실험과제는 수평선 배경에서 세 개의 대각선 패턴을 찾는 것이었다. 일반적으로 1차 수행 과정을 거치는 동안에는 수행 능력이 향상되었지만, 같은 날 과제를 2~3차 수행하고 나면 자극 처리에 관여하는 뇌 영역의 피로로 인해 수행 능력이 저하되었다.

첫 번째 연구에서 수면 초기 단계인 N_1과 N_2, 그리고 서파수면까지 포함하는 30~60분간의 짧은 낮잠을 자면 수행 능력이 피로를 회복시키는 것으로 밝혀졌다. 두 번째 연구에서 메드닉과 스틱골드, 심리학자 켄 나카야마Ken Nakayama는 낮잠이 60~90분으로 더 길어져서 서파수면에서 렘수면까지 포함하면 피로가 회복될 뿐 아니라 과제 수행 능력도 두드러지게 향상된다는 점을 보여주었다. 짧은 낮잠은 감각 처리 능력을 회복시키는 데 그쳤지만,[6] 긴 낮잠은 실제로 학습 능력까지 향상시켰다.[7] 긴 낮잠의 효과는 너무나 강력해서 밤잠만큼이나 유익했다. 스틱골드 연구팀의 심리학자이자 현재 캘리포니아대학 버클리캠퍼스의 교수인 매튜 워커Matthew Walker는 학습 전 수면이 기억 습득에 중요하다는 것을 증명했다.[8] 위에서 살펴봤듯이 수면 박탈로 뇌에 축적되는 독성 물질들이 이러한 연구 결과를 설명할 수 있을지도 모른다.

독일의 신경과학자인 얀 본Jan Born 역시 1990년대 말에 이 분야를 선도하면서 스틱골드의 발견을 대폭 확장했다. 두 사람의 궤적은 과학자의 우회로가 어떻게 핵심 발견으로 이어질 수 있는지를 보여주었다. 얀 본은 독일 북부의 첼레Celle라는 마을에서 태어났다. 전해지는 이야기에 따르면 몇 세기 전, 안개 낀 첼레의 고결한 주민들은 딸들의 명예를 지키기 위해 대학 대신 감옥을 짓기로 선택했다.

본이 고등학교를 졸업하자 판사였던 그의 아버지는 아들이 법조계에 종사할 수 있을 만큼 명석하지 않다고 판단하여 그에게 입대를 제안했다. 아버지의 예상과 사뭇 다르게 그는 심리학을 공부했다. 심리학 학사학위 취득을 앞두고 본은 행동신경과학(당시에는 생물심리학이라고 불림)을 공부하기로 결심했다. 정신분석에 상당한 흥미를 느꼈지만, 심리학과에서 배운 것은 대부분 확실한 실험적 근거가 부족하다고 생각했기 때문이다.

박사학위를 마친 본은 밤마다 놀고 있는 울름대학의 작은 연구실의 효율성을 높이고 싶은 마음과 호기심에 자극받아 자신의 경로 궤적에 마지막으로 결정적 변화를 꾀했다. 본은 그 당시 급성장하던 매력적인 신경과학의 풍경 한가운데에 불분명한 얼룩처럼 찍혀 있던 몇 가지 수면 실험에 착수하기로 했다. 그는 수면의 두 단계가 코르티솔 수치뿐만 아니라 서파수면과 렘수면의 양에 있어서도 다른 점이 있다는 것을 알고 있었다. 서파수면 중에 코르티솔 분비를 억제하는 것이 서술기억(declartive memory, 학습을 통해 얻은 지식을 저장한 뒤 의식적으로 회상하는 기억-옮긴이)을 강화하는 이 단계의 역할에 필요할까? 자전거 타기나 축구와 같은 협응 운동 동작을 수행하는 데 필요한 비非서술기억 또는 절차기억(procedural memory, 의식이 개입하지 않는 몸이 기억하는 행위나 기술, 조작에 관한 기억-옮긴이)에 수면이 미치는 영향은 무엇일까? 기억의 종류에 따라 중요한 수면의 단계가 따로 있을까?

앤 본과 당시 박사과정 학생이던 베르너 플리할Werner Plihal은 이 질문에 답하기 위해 수면다원검사 기록과 심리 검사, 약물을 이용한 연구를 진행했다. 그 결과, 서술기억 강화에는 서파수면이 필요하지만, 절차기억 강화에는 렘수면이 훨씬 더 중요했다.[9] 또한 서파수면 중에 코르티솔 유사체를 투여하면 서술기억 강화에는 악영향을 미치지만 절차기억 강화에는 아무런 영향이 없었다. 지난 10년간 이 분야를 확장해온 미국 노스웨스턴대학의 심리학자 켄 팔러Ken Paller는 새로운 언어 습득처럼 어려운 과제를 해결하기 위해 더 다양한 대뇌피질을 통합해야 할 때는 렘수면도 서술기억 강화에 중요한 역할을 한다는 것을 보여주었다.[10]

학교에서 낮잠 자기

지난 20년 동안 위에서 언급한 과학자들을 비롯하여 수많은 과학자들이 기억의 강화와 재구성은 물론 선택적 망각도 수면의 영향을 받는다는 것을 증명했다. 이러한 발견들은 일상과 순수과학의 발전 모두에 영향을 준다. 비슷한 효과가 원숭이와 쥐, 파리를 통해서도 입증되었다. 실용적 관점에서 이 연구의 주된 사회적 효용은 교육이나 치료를 위해 인지적 또는 대사적 목적에 따라 수면 방식을 최적화하는 것이다. 다양한 대안 중에서 가장 유망한 것은 학업성취도를 높이기 위해 학교라는 환경에 시에스타, 즉 낮잠을 활용하는 것이다.

이 분야의 첫 번째 연구는 최근에 발표되었다. 2013년, 매사추세츠대학 애머스트캠퍼스의 레베카 스펜서Rebecca Spencer와 그녀의 연구팀은 학습 후 낮잠이 유치원생들의 기억력 게임에서 학습 능력을 증가시킨다는 것을 보여주었다. 학습 능력은 수면 방추량에 비례했다. 2014년에 나는 리우그란데두노르테연방대학에서 당시 석사과정 학생이던 나탈리아 레모스Nathália Lemos, 그리고 언어학자 자나이나 바이사이메르Janaina Weissheimer와 함께 6학년 학생들이 교실에서 습득한 서술기억의 길이가 학습 후 낮잠에 따라 증가한다는 것을 밝혀냈다.[11] 내 지도하에 석사 연구를 마친 생물학자 티아고 카브랄Thiago Cabral은 30~60분 정도 잠을 잔 후 수업을 진행했을 때 서술기억이 증가한다는 것을 보여주었다.[12] 그리고 현재 나는 엑스-마르세유대학Aix-Marseille University에서 박사과정을 밟고 있는 아나 라쿠엘 토레스Ana Raquel Torres, 브라질 출신의 신경과학자 펠리페 페가두Felipe Pegado와 함께 읽고 쓰는 법을 배우는 5~7세 아동을 대상으로 문자 식별 능력의 지속적 강화에 대한 수면의 학습 효과를 연구하고 있다. 이 연구는 학습 후 낮잠을 자면 시간이 지나도 문자 식별 능력을 온전히 유지할 뿐 아니라 읽는 속도도 두 배 더 빠르지만, 낮잠을 자지 않으면 4개월 후 수행 능력이 대폭 하락한다는 것을 보여준다.

학업의 최적화에 수면을 활용하는 것은 여전히 초기 단계에 머물러 있다. 하지만 점진적으로 이를 선택하지 않을 수 없어 보인다. 생물학적으로 더 지능적인 교육을 위해 수면실이나 시에스타 클럽의 신설, 개인용 수면 공간의 도입이 제안되고 있다.[13] 수업 시작을 늦추는 것도 도움이 되는 것으로 보인다. 특히 청소년들에게 더더욱 그렇다. 사춘기와 함께 찾아오는 신체 변화는 취침 시간과 기상 시간을 뒤로 미루기 때문에 청소년들은 더 졸린 상태로 등교할 수밖에 없다.[14] 2016년과 2017년에 시애틀의 고등학교들은 수업 시작을 1시간 가까이 미뤘다. 이러한 변화의 영향으로 학생들의 수면 시간이 상당히 늘어나고 성적은 4.5퍼센트 상승했다.[15]

한편, 수면의 인지적 역할이 명확히 입증되면서 기초과학 분야는 과거의 교착 상태가 극복될 때까지 의제에 오를 수 없었던 더 깊은 차원의 질문에 자유롭게 접근할 수 있게 되었다. 이처럼 매우 긍정적인 심리적 효과에 관여하는 생물학적 메커니즘은 무엇일까? 뉴런의 전기적 활성에서 어떠한 변화가 기억 형성을 설명하는 데 도움이 될까? 어떠한 분자와 세포의 변화가 평생에 걸친 기억의 저장을 이해할 수 있게 해줄까? 다음 세 개의 장에서 우리는 이 질문들을 꼼꼼히 따져보고 수면 중에 활성화되는 유전자와 단백질, 전기 진동, 신경 회로가 기억의 반향에 어떤 역할을 하는지 살펴볼 것이다. 그리고 13장에서 우리는 이 책의 핵심 주제로 다시 돌아갈 것이다. 지금이 여러분의 꿈 일기를 시작하거나 재개하기에 좋은 시기가 될 것이다.

10장

기억의 반향

：

수면 중 기억의 반향으로 이어지는 메커니즘을 연구하는 과정은 이상주의자들의 비현실적 모험 이야기이다. 이들은 그 당시만 해도 상상에 불과했던 생물학과 심리학 사이의 다리를 용감하게 건넜다. 이것은 탁월한 만큼 고집스러웠던 과학계 거물에 관한 이야기이기도 하다. 이 이야기는 1930년대에 스페인 출신인 라파엘 로렌테 데 노Rafael Lorente de Nó가 수행한 순환 신경 회로의 전기적 활성에 관한 선구적 연구에서 시작된다. 산티아고 라몬 이 카할의 젊고 뛰어난 제자였던 그는 1931년에 미국으로 이주했고, 5년이 지나서는 불과 몇 년 뒤 록펠러대학으로 바뀔 저명한 생의학 연구소에 들어가 뉴욕에 정착했다.

이 무렵, 로렌테 데 노는 재능을 일찍 꽃피운 덕에 이른 나이에 다수의 중요한 성과를 이력에 올린 천재이자 과학계의 유명 인사였다. 그는 처리의 기본 단위로 기능하는 수직 원기둥 형태의 뉴런 조직을 특징으로 하는 대뇌피질의 세포 구조를 최초로 설명한 인물이었다. 로렌테 데 노는 해마의 내부 구조를 상세히 묘사한 선구자이기도 했다. 해마는 포유류뿐 아니라 조류와 파충류에도 존재할 만큼 아주 오래전에 진화한 뇌 영역으로, 당시에는 기능이 알려지지 않았다.

로렌테 데 노는 신경해부학에서 얻은 견고한 명성을 기반으로 새로운 분야에 자리 잡았고, 충분한 자원과 자유를 가지고 방법론적으로 큰 도약을 시도했으며, 뉴런의 전기적 활성을 측정하기 위해 당시는 걸음마 단계였지만 무척 강력했던 전기생리학 기술을 사용했다. 록펠러 연구소는 로렌테 데 노에게 기금을 아끼지 않고 최첨단 장비를 제공했다. 전기 잡음을 차단하기 위해 천장이 매우 높고 구리 선을 설치한 넓은 실험실에서 그는 특정 뉴런에서 유도된 전기적 활성이 다른 세포로 전달되고 잠시 후 순환 연결을 통해 다시 원점으로 돌아오는 과정을 이해하려고 시도한 최초의 인물이었다.

폐쇄회로와 반복적 활성화

특정 뇌 회로가 전기적 활성을 처음 자극이 주어진 자리로 되돌리는 폐쇄회로closed loop를 구성한다는 해부학적 관측에 근거하여, 로렌테 데 노는 해마와 같은 고리 회로에 발생하는 전기적 활성의 주기적 진동에 따른 궤도를 연구하기로 했다. 그는 해부학과 전기생리학에 근거하여 폐쇄회로를 포함한 신경 회로들은 자극이 중단된 후 한동안 전기적 활성화를 반향하고 몇 차례 반복한 뒤 소멸하는 활성화 주기를 만들 수 있다는 견해를 받아들였다.

로렌테 데 노가 제안한 폐쇄된 신경 회로의 재활성화 이론은 20세기 내내 신경과학자들을 매료시켰다. 이러한 반복 과정이 다양한 종류의 리듬과 진동, 생체시계, 생리학적 페이스메이커의 근거가 될 수 있기 때문이었다(실제로 그렇다). 로렌테 데 노의 선구적인 연구가 진행되면서 여러 뇌 구조를 통해 전기적 활성의 반복적 파동을 발생시키는 특수한 신경 연결이 무수히 발견되었다. 폐쇄회로의 뇌 구조, 전기적 활성을 일시적으로 제거할 수 있는 억제성 뉴런inhibitory neuron, 다양한 신경전달물질(아세틸콜린과 같은)의 분비가 결합되면 각기 지속 시간이 다른 리듬이 생성된다. 이는 깨어 있는 상태, 서파수면, 렘수면 같은 전반적인 뇌 상태의 특징이다(그림7).

진동, 리듬 그리고 기억

다양한 하위 상태는 각각의 주요 상태 안에서 특정 뇌 영역의 전기 진동으로 인한 긴 에피소드 형태로 발생한다. 아래에서 살펴볼 내용처럼 이 진동은 시공간에 공존하며, 뇌 영역 간 소통을 최적화하는 방식으로 특정 순간에 성립되는 조화를 만든다. 그러나 캐나다 출신의 심리학자 도널드 헵Donald Hebb의 풍부한 상상력이 반향회로 reverberating circuit라는 개념에 사로잡혔을 때도 신경 진동의 복잡한 문법은 여전히 미지의 영역이었다. 1944년 2월, 헵은 로렌테 데 노가 최근에 발견한 것들을 알게 되면서 통찰을 얻었다. 별안간 전기적 활성의 반향에서 기억을 저장하는 자연스러운 방식을 발견한 것이다.

반향회로가 기억을 쌓고 조립하는 벽돌, 즉 사건과 사물의 심적 표상을 구성하는 기본 요소일까? 전기적 반향이 우리의 거대한 신경망에서 누적된 학습을 유지하는 기본 과정인 걸까? 어쩌면 신경 반향은 이전에 저장된 표상을 (너무 많이) 잃지 않으면서 우리를 둘러싼 세계의 새로운 표상을 습득하는 놀라운 능력을 열어줄 열쇠인지도 모른다.

헵이 인턴십을 요청하다

이러한 추론의 가능성에 흥분한 헵은 스페인 출신 거장과 공동 연구를 열망하다가 1944년 4월 28일에 로렌테 데 노에게 편지를 보내 한 달간 인턴십을 할 수 있게 해달라고 요청했다. 대가 없는 노동을 약속했지만 그는 사실 초보자가 아니었다. 그는 칼 래슐리Karl Lashley 밑에서 박사과정을 마치고 시카고대학과 하버드대학을 거치며 당대 최고의 생리학자들과 심리학자들에게 가르침을 받았다. 1933년에 헵은 논문 심사를 마치고서 대뇌피질의 전기 자극에 대한 선구적 실험으로 유명해진 몬트리올 신경 연구소의 신경외과 의사, 와일더 펜필드Wilder Penfield의 보조연구원 자리를 수락했다. 펜필드는 자신의 방식으로 찾아낸 놀라운 발견들을 한 기고를 통해 보여주는데, 전기 자극이 자신의 환자에게 "우연히 과거의 경험을 소환한" 사례를 설명한다.

한 환자가 (…) 발작을 호소했는데, 때때로 뇌전증 경련으로 의식을 잃고 바닥에 쓰러지곤 했다. 그러나 그녀는 쓰러지기 직전에 환각 같은 것이 보인다는 것을 알아차렸다. 늘 같았는데 어린 시절의 경험이 그녀에게 찾아왔다.

원래의 경험은 다음과 같았다. 그녀는 초원을 걷고 있었다. 남자 형제들이 앞으로 난 길을 향해 달려 나갔다. 한 남자가 그녀를 따라오더니 자기 가방에 뱀이 들어 있다고 말했다. 그녀는 겁에 질려 남자 형제들을 뒤쫓아 달려갔다. 실제로 있었던 일이다. 남자 형제들은 그 일을 기억했고, 그녀의 어머니는 그 일을 전해 들었던 것을 기억했다.

그 후로 몇 년 동안 그 경험은 잠결에 다시 돌아왔고, 그녀는 악몽을 꾼 것이라는 얘기를 들었다. 결국 그녀는 이 짧은 꿈이 밤낮없이 아무 때나 찾아오는 뇌전증 발작의 예비 단계라는 것을 알아차렸다. 그리고 그 꿈은 때때로 발작 그 자체였다.

나는 수술 중에 국부 마취를 하고 위치를 확인하기 위해 체성감각(온몸의 감각) 및 운동 영역을 상세히 그린 뒤, 측두엽에 자극 장치를 설치했다. "잠깐만요." 그녀가 말했다. "제가 말씀드릴게요." 나는 측두엽에서 전극을 제거했다. 잠시 후 그녀가 말했다. "어떤 남자가 저를 향해 오고 있었는데, 절 때릴 것 같았어요." 그녀는 갑자기 겁에 질린 듯 보였다.

훨씬 앞쪽에 있는 어느 지점을 자극하자 그녀가 말했다. "여러 사람이 제게 소리를 지르는 것 같아요." 그녀 모르게 시간 간격을 두고 이 두 번째 지점을 세 차례 자극했다. 매번 그녀는 남자 형제들과 어머니의 목소리를 듣고서 대화를 중단했다. 그리고 번번이 겁에 질렸다. 그녀는 뇌전증 발작 중에 이들의 목소리를 들은 기억이 없었다.

이처럼 전극을 자극하자 평소 발작할 때마다 불려갔던 익숙한 경험을 소환했다. 그러나 다른 지점들을 자극하자 과거의 다른 경험들이 떠올랐고 그 역시 두려움의 감정을 일으켰다. 우리가 운동도 감각도 아닌 현상을 만들어냈고, 그것이 뇌전증에 의한 반응이 아니라 생리학적 반응으로 보였기에 우리의 놀라움은 매우 컸다.

펜필드의 실험은 피질의 활성화만으로도 기억의 사슬과 같은 형태의 꿈 경험을 촉발할 수 있으며, 활성화가 여러 번 반복된 후에도 통일성과 일관성을 유지할 수 있음을 증명했다. 이야기는 다음과 같이 이어진다.

한 젊은 여성(N.C.)이 이전에 좌측측두엽이 자극되었을 때 말하길…….
"꿈을 꿨는데 어떤 책을 겨드랑이에 끼고 있었어요. 어떤 남자와 대화하고 있었는데, 그 남자가 책에 대해 걱정하지 않도록 나를 안심시켰어요." 1센티미터 떨어진 지점을 자극하자 (…) 그녀가 말했다. "엄마가 내게 말하고 있어요." 15분 후에 같은 곳을 자극했다. 전극이 그 자리에 있는 동안 그녀는 큰 소리로 웃었다. 전극을 제거하고 그녀에게 설명을 부탁했다. "음." 그녀가 말했다. "이야기가 좀 긴데, 말해드릴게요……."[1]

헵은 펜필드 팀에서도 특출한 연구원이었고, 거기서 뇌 병변의 심리적 영향과 관련하여 중요한 사실을 발견했다. 따라서 로렌테 데 노의 연구소에 지원했을 때 그는 정신과 그것의 생물학적 기초에 관해 방대한 경험적·이론적 지식이 있었다. 그러나 로렌테 데 노는 여전히 관심을 보이지 않았고, 1944년 5월 1일 자 편지로 인턴십 요청을 받았을 때 단칼에 거절했다. "현재 제가 연구하고 있는 신경 자극의 생성과 신경 대사 간의 관계는 심리학자와 직접적인 관계가 거의 없는 문제입니다."

헵은 실망했지만 멈추지 않았다. 그는 경험적 연구를 병행하며 심리학의 신경학적 기초에 대한 이해를 영원히 바꾸어놓을 이론을 정립하는 데 전념했다. 기억 형성의 생물학적 메커니즘을 마음껏 추론하던 헵은 지금도 신경과학 실험의 최전선에서 활발히 지속되고 있는 일련의 현상을 확인했다. 1949년에 출간한 그의 저서 《행동의 조직화The Organization of Behavior》는 오늘날에도 다른 어떤 신경심리학 이론보다 더 큰 영향력을 발휘하고 있다.[2] 헵은 기억의 습득이 다양한 상류 뉴런에서 유래하는 복합적인 활성화의 총합을 요구하며, 이로써 뉴런 사이의 연결이 강화될 수 있음을 정확히 예측했다. 헵의 가설에 유명한 문장이 하나 있다. "동시에 발화하는 뉴런은 서로 연결된다." 헵은 기억의 강화가 순환하는 신경 회로를 통한 전기적 반향과 함께 시작되며, 이로써 한 무리의 뉴런들이 동시에 활동을 시작한다고 주장했다. 이는 결국 기억 속에 있는 장소와 사물, 사건의 생리학적 표상에 상응하여 이 뉴 런 무리의 흥분성excitability을 증가시킨다.

학습의 의미에 대한 신경학적 개념의 비약적인 발전을 이해하 려면, 심리학의 다양한 지류가 19세기부터 줄곧 이론 통합이나 치열한 전투도 없이 신경생물학과 어떠한 접촉도 없이 1940년대 말까지 계속 발전해왔다는 사실을 고려해야 한다. 당시 심리학에서 가장 성공한 지 류였던 행동주의는 통제된 실험 환경에서 동물의 행동을 매우 세밀하 게 정량화하여 보여줄 수 있었지만, 정신을 창조하는 뇌의 '블랙박스'를 열 준비는 되어 있지 않았다. 한편, 신경계의 단순한 측면들을 이해하기 시작한 신경생리학은 정신 현상에 접근하려는 열망이 조금도 없었다. 미개척지에 용감히 발을 내디딘 몇 안 되는 사람들 사이에서도 사고의 메커니즘은 철저히 외면당했고, 노벨상을 받은 로저 스페리Roger Sperry 같은 저명한 신경생리학자조차 신경 발화보다는 전자기장에 의한 의식 의 발생 여부처럼 지금은 가망도 없는 주제를 연구하는 데 많은 시간을 쏟았다. 그러므로 헵이 로렌테 데 노에게 다시 편지를 보내어 자신의 연구를 소개한 것은 상당히 대담한 행동이었다. 44세의 나이에 헵은 예측했다. "제 책은 현대 신경생리학의 개념, 특히 당신이 만든 개념 중 일부는 심리학 이론에 혁명적 의미가 있다는 사실을 보여줄 겁니다."[3]

윈슨이 인턴십을 요청하다

그의 예측은 정확했다. 15년이 지나고 또 한 명의 예상치 못한 과학자가 그 분야에 등장했는데, 그는 종잡을 수 없는 궤적을 가진 뉴 욕의 예스러운 신사, 조너선 윈슨이었다. 이 이야기는 그가 공학 분야에 서의 경력을 일찌감치 중단하면서 시작된다. 캘리포니아공과대학에서 항공공학 석사과정을 마치고 컬럼비아대학에서 수학으로 박사학위를 취득한 윈슨은 결혼을 한 뒤 가족의 성공한 제화사업을 돕기 위해 푸에르토리코로 이사했다. 잘 있어라, 과학, 극장 그리고 세련된 레스토랑아. 반갑다, 야자수와 푸른 파도야!

거의 20년 후, 그의 아버지가 세상을 떠나자 윈슨과 그의 아내인 주디스는 거액을 받고 사업체를 판 뒤에 뉴욕으로 돌아가 화려한 문화생활을 즐기기로 했다. 두 사람은 산후안San Juan에는 없지만 뉴욕에는 널린 연주회와 전시, 강의에 굶주린 세련된 문화인들이었다. 특히 그들은 1960년대 뉴욕에서 번창하던 정신분석학계에 접촉하고 싶어 했다. 그러나 윈슨은 인문주의자이자 프로이트 학파인 데다가 기술적·과학적 성향도 무척 강했다. 이미 44세로 안정된 삶을 살고 있던 윈슨은 실험과학에서 경력을 시작하기에 이상적인 나이가 아니었다. 그런데도 그는 록펠러대학 교수였던 네일 밀러Neil Miller의 실험실 문을 두드렸고 무보수로 견습생 생활을 시작했다.

여기에는 적지 않은 용기가 필요했다. 1967년에 록펠러대학은 어퍼이스트사이드Upper East Side에서 겨우 블록 하나를 차지할 만큼 작은데도 평방미터당 노벨상 수상자가 가장 많은 곳이었다. 그곳은 또한 인습에 얽매이지 않는 독립적인 사고방식의 보루였다. 윈슨은 연구원으로 채용되었을 뿐 아니라 수년간 테크니션, 조교수, 부교수, 명예교수를 차례로 거치며 로렌테 데 노의 구리 선 실험실을 차지하는 영예까지 안았다.

세타파의 기능을 밝히다

윈슨의 가장 큰 공헌은 상당히 규칙적인 뇌파로 형성되며 특정 상황에서 몇 분간 지속해서 해마를 완전히 압도하는 '세타파theta rhythm'와 관련이 있었다. 1950년대에 토끼에게서 발견된 후 쥐와 고양이, 원숭이, 인간에게도 관찰된 세타파는 원슨이 해독을 시작한 1970년대 중반까지 굉장한 수수께끼였다. 역설적인 것은 완전히 다른 상황에서도 연구하는 종에 따라 동일한 뇌파가 나타난다는 사실이었다 (그림10). 쥐의 세타파는 대체로 속도에 비례하는 반면, 토끼의 세타파는 움직이지 않을 때만 발생한다. 고양이의 세타파는 움직임이 있을 때와 없을 때 모두 발생할 수 있어서 상황을 더 복잡하게 만든다. 이 과학적 수수께끼의 화룡점정은 모든 종에서 해마의 세타파와 동시에 일어나는 렘수면이었다.

원슨은 세타파를 이해하는 열쇠는 각 종의 생태적 지위에 따라 어떤 종류의 행동이 환경에 대한 고도의 주의력을 요구하는지를 식별하는 것이라고 생각했다. 쥐는 고양이와 같은 몇몇 종의 눈에는 먹잇감이지만, 생쥐와 같은 종들에게는 포식자다. 그들은 먹이를 찾기 위해 민첩함과 고도의 주의력으로 주변 환경을 탐색하는 훌륭한 탐험가이다. 따라서 쥐에게 가장 강력한 세타파가 발생하는 것은 새로운 환경의 공간을 탐색할 때다. 반면, 토끼는 새로운 환경에 놓이면 얼어붙은 채 두 발로 일어서서 귀를 쫑긋 세우고 두려움 속에서 포식자를 찾는 대단히 뛰어난 피식자다. 토끼의 세타파는 움직임을 멈추고 경계할 때 발생하고, 환경에 익숙해져서 네 발로 먹이를 찾기 시작하면 사라진다. 한편, 고양이는 확실히 포식 본능을 타고난 고양잇과 동물이다. 따라서 고양이가 생쥐나 털실 뭉치를 상대로 사냥 행위를 할 때, 공격이 임박했음을 예상하여 가만히 있거나 목표물을 덮치려고 달려갈 때 세타파가 발생하는 것은 놀라운 일이 아니다.

이를 종합하여 원슨은 각각의 종種이 주의를 집중할 때 전형적

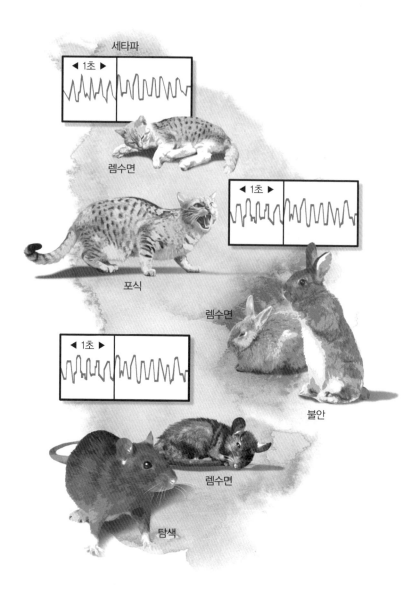

세타파

◀ 1초 ▶

렘수면

◀ 1초 ▶

포식

렘수면

◀ 1초 ▶

불안

렘수면

탐색

그림10 포유류의 경우, 해마의 세타파는 깨어 있을 때와 경계할 때 발생하며 렘수면 중에는 더 격렬히 발생한다. 세타파는 다양한 종이 각자 생존에 필수적인 동작을 하는 동안 4~9Hz로 나타난다.

256

으로 보이는 행동으로 깨어 있는 동안의 세타파를 설명할 수 있다는 견해를 제시했다(그림 10). 그는 감각을 가장 확실히 고립시키는 렘수면에서도 깨어 있을 때처럼 고도의 주의력이 사용되는 것을 보면, 렘수면 중 발생하는 세타파는 깨어 있는 동안 습득한 기억을 처리할 수 있는 생리학적 상태임을 보여주는 증거라고 유추했다. 따라서 렘수면은 뇌가 세상에 대한 이해에 깊이 관여하는 성찰의 상태로 간주될 수 있다.

윈슨의 해석은 작지만 성장 중인 해마를 연구하는 신경생리학계의 감성과 지성을 완전히 사로잡았다. 1970년대 말 그는 뇌의 다른 부분, 즉 내측 중격medial septum에 손상을 입혀 해마의 세타파를 파괴하면 쥐의 공간 기억이 급격히 손실된다는 사실을 발견했다. 《사이언스》지에 게재된 이 내용은 인지 과정에서 세타파가 하는 중요한 역할을 직접적으로 입증한 최초의 발견이었다. 오늘날 우리는 해마의 세타파가 누군가의 지난 여름휴가, 절친한 친구의 결혼식 피로연, 또는 최근의 꿈처럼 말로 설명할 수 있는 서술기억의 습득과 처리, 회상에 꼭 필요하다는 것을 알고 있다.

전기생리학의 주간잔재

프로이트의 주간잔재라는 개념에서 영감을 얻은 윈슨과 당시 그의 박사과정 학생이었던 그리스 출신의 신경과학자 콘스탄틴 파블리데스Constantine Pavlides는 깨어 있을 때 가장 많은 자극을 받은 뉴런들이 수면 중에도 가장 많이 활성화되는지를 알아보기로 했다. 이 가설을 실험하기 위해 그들은 세포체가 원뿔 모양이라서 피라미드 뉴런pyramidal neuron으로 불리는 해마의 특정 뉴런들을 이용했다. 이 뉴런들은 동물이 특정 위치를 지나갈 때만 선택적으로 활성화되며, 각각의 뉴런은 그에 반응하는 수용장spatial field을 가지고 있고 그 안에 있는 뉴런만 활성화된다. 헵의 과학적 손자와 증손자라 할 수 있는 미국의 존 오키프John O'Keefe와 노르웨이의 에드바르 모세르Edvard Moser, 마이브리트 모세르May-Britt Moser는 위치 뉴런place neuron이 공간 지도를 그리는 메커니즘을 발견하여 2014년 노벨 생리의학상을 받았다.

파블리데스와 윈슨의 실험 설계에서 특정 수용장에 제한된 피라미드 뉴런의 활성화를 통해 활성화가 활발한 뉴런과 대체로 침묵을 지키는 뉴런을 비교할 수 있었다. 외과 수술로 전극을 해마에 이식한 후에 연구자들은 수용장이 겹치지 않는, 즉 각자 다른 장소를 선호하는 피라미드 뉴런들을 구별하고 기록했다. 그다음 투명한 아크릴 돔을 이용해 특정 수용장에 해당하는 장소에 쥐를 가두고 위치를 파악할 수 있는 시각적 단서를 제거하지 않도록 주의하면서, 기록이 진행되는 내내 해당 뉴런만 반복적으로 활성화하고 나머지 뉴런은 비활성화 상태로 놓아두었다.

20분 후 연구자들은 기록 중인 우리로 쥐를 옮겼다. 이 우리는 두 뉴런의 수용장 밖에 있었고, 쥐에게 몇 시간 동안 마음대로 자게 두었다. 1989년에 발표된 이 결과는 깨어 있을 때 활발하게 활성화되던 뉴런들이 뒤이은 수면의 서파수면과 렘수면 모두에서 눈에 띄게 재활성화되는(그림11) 것을 명확히 보여주었다.[4] 이 연구는 수면 중 뉴런의 활성이 깨어 있을 때의 경험을 반향한다는 견해에 경험적 증거를 제공했다. 이것은 프로이트가 제안했던 주간잔재에 대한 첫 번째 전기생리학적 증거나 다름없었다.

몇 년 후, 미국의 신경과학자 매튜 윌슨Matthew Wilson이 애리조나대학에서 박사 후 연구를 진행하면서 이 발견을 더욱 깊이 연구했다. 윌슨은 해마 뉴런의 활성화율 변화뿐 아니라 다양한 뉴런이 활성화되

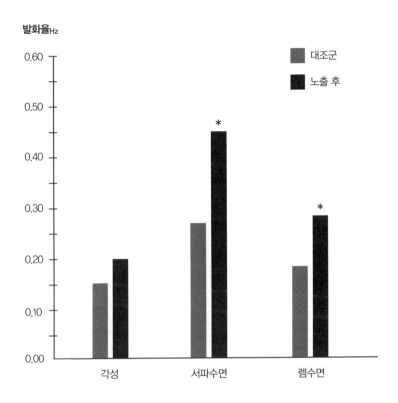

그림11 낮에 받은 인상: 전기생리학적 주간잔재. 깨어 있는 동안 특정 장소에 계속 노출됨으로써 활성화된 해마의 뉴런들이 노출되지 않은 뉴런들(대조군)보다 수면 중에 더 많은 신경 발화를 보인다.

는 순간에 나타나는 동기화의 변화도 정량적으로 분석했다. 다시 말해, 그는 개별 뉴런의 활성도가 얼마나 증가 혹은 감소하는지뿐만 아니라 어떤 두 뉴런이 동시에 활성화되는지 그 비율도 측정했다.

월슨을 지도했던 캐나다의 신경생리학자 브루스 맥노튼Bruce McNaughton이 1970년대 말에 도널드 헵과 가깝게 지냈고 뉴런의 동기화neuronal synchrony 연구에 대한 열정을 공유했다는 사실은 우연이 아니다. 1944년에 월슨과 맥노튼은 연구 결과를 발표했고, 그것은 발표 즉시 고전이 되었다(그림12). 첫 번째로 그들은 깨어 있는 쥐가 특정 궤적을 따라 움직이고 세타파가 해마를 지배할 때 해마의 뉴런 쌍들 사이에 새로운 동기화 패턴이 발생한다는 것을 보여주었다. 그다음은 이어지는 서파수면 동안 특정량의 잡음과 함께 동일한 패턴이 반향된다는 것을 보여주었다. 2001년에 매사추세츠공과대학 교수인 월슨과 박사과정 학생이던 켄웨이 루이Kenway Louie는 렘수면에도 비슷한 효과가 나타나는 것을 증명했다.

파블리데스와 윈슨의 초기 발견과 월슨의 후속 발견의 차이를 이해하기 위해 각 뉴런의 활동전위action potential가 악보 위의 음표라고 상상해보자. 파블리데스와 윈슨의 초기 발견은 깨어 있을 때 가장 자주 연주된 음표가 잠자는 동안에도 들린다는 말과 같았다. 월슨의 후속 연구는 깨어 있을 때 관찰된 음표뿐 아니라 화음과 멜로디도 잠자는 동안 반복된다는 것을 보여준다. 이러한 발견을 활용하여 기억을 악보에 비유하면 낮에 기억한 것들이 어떻게 꿈에 다시 나타날 수 있는지를 머릿속에 그려볼 수 있다.

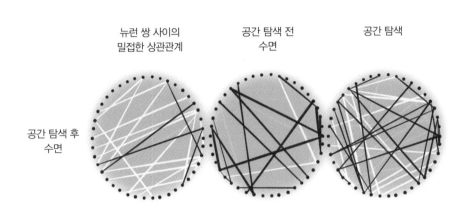

뉴런 쌍 사이의
밀접한 상관관계

공간 탐색 전
수면

공간 탐색

공간 탐색 후
수면

그림12 공간을 탐색하는 동안 해마의 뉴런 쌍들 사이에 동기화된 활성화 패턴이 발생하며, 이는 수면 중에도 유지된다. 밀접한 상관관계(높은 수준의 동기화를 갖는 뉴런 쌍)만 보인다. 42개의 점은 각각 하나의 해마 뉴런에 상응하며, 검은색 줄은 밀접한 상관관계를 나타낸다.

반향 혹은 재활성화?

우리 팀을 비롯한 많은 팀이 후속 연구를 이어갔고, 지난 20년 간 기억의 전기적 반향은 서파수면에서 최대이고 렘수면에서는 가변적 이며 깨어 있는 동안에는 급격히 감소한다는 결론에 도달했다.[5] 비렘수 면에서는 신경의 재활성화가 일관적으로 증가하고 렘수면에서는 변동 이 심하며, 비렘수면(쥐와 인간은 약 1:4)에 비해 렘수면의 지속 시간이 짧다는 것을 고려하면 신경의 반향에서 비렘수면은 지배적인 역할을 하고 렘수면은 부수적인 역할을 한다고 보아야 한다. 현실적으로 말해 서, 비렘수면이 지배하는 밤의 전반부는 깨어 있는 동안 습득한 기억의 반향에 필수적이라는 뜻이다.

도널드 헵이 60년도 더 전에 제시한 '반향'은 최근 몇십 년간 '재활성화reactivation'로 대체되었지만, 이 용어는 문제의 현상을 완벽 히 설명하지 못한다. 깨어 있는 동안 신경망의 활동에 대한 반향이 많 이 감소하기는 해도 완전히 사라지지는 않는다. 깨어 있는 동안 기억을 돕는 반향의 힘은 감각 자극의 방해 정도에 반비례한다. 기억을 습득한 후에도 어떤 행동 상태에서든 그 흔적들이 계속해서 감지될 수 있으므 로, 관련 감각 경험들은 불연속적 재활성화보다 지속적 반향을 일으킨 다고 말하는 것이 맞다. 그렇다면 우리는 깨어 있을 때도 그 배경에 꿈 이 존재한다는 것을 왜 알지 못할까? 그것은 바로 오감에서 오는 자극 의 홍수 때문이다. 과학 용어로 말하면, 과거의 경험과 관련된 신경 활 동을 반향하는 패턴은 깨어 있는 동안 받아들이는 감각 자극으로 인해 완전히는 아니어도 상당 부분 가려진다. 더 알기 쉽게 프로이트의 말을 빌리면, 꿈은 별과 같아서 늘 거기에 있지만 우리는 그들을 밤에만 볼 수 있다.

그럼에도 어떤 사람들은 깨어 있을 때도 꿈의 존재를 인지한다.

예를 들어 오스트리아의 작곡가 볼프강 아마데우스 모차르트의 첫 번째 전기 작가가 지목한 그의 창조적인 몽상이 그런 경우이다.

모차르트는 모든 것을 쉽고 빠르게 써서 처음에는 경솔하거나 서두르는 것처럼 보인다. 그는 곡을 쓸 때도 피아노 앞에 앉지 않았다. 그의 상상은 작품 전체를 떠오르는 대로 선명하고 생생하게 보여주었고……. 어떤 장애물도 그의 영혼을 방해하지 못하는 밤의 고요한 정적 속에서 그의 상상력은 강렬히 빛났다…….[6]

고충실도 혹은 저충실도?

'반향'이라는 단어와 관련하여 인기를 얻은 또 다른 용어는 신경 활동의 과거 패턴을 매우 충실히 반복하는 '기억 재생memory replay'이었다. 그러나 수면 중 기억의 재활성화는 마치 녹화본을 재생하듯 낮에 있었던 일을 완벽히 환기하여 반복하지는 않는다. 그보다는 어느 밴드가 기억을 더듬으며 실황으로 공연하는 것처럼 들리는 잡음의 재활성화이다. 거기에 반향이 수면 중에 발생하는 신경 활동과 경쟁하며 덜커덕대는 소리까지 더해져 '더 지저분'하다. 결과적으로 정확한 사본보다는 즉흥연주, MP3보다는 레코드판에 더 가깝다.

이 지저분한 반향은 아마도 포유류 뇌의 방대한 부분이 다양한 지각과 행동을 동시에 표현하는 데 관여되어 있기 때문일 것이다. 결과적으로 개별 뉴런들은 동기화된 다양한 뉴런 집단에 참여하도록 모집되고 여러 정보 조각을 결합하여 연구자들이 특정한 단일 기억을 찾아내는 것을 어렵게 만든다. 다양한 악보에 셀 수 없이 사용되는 하나의 음표는 어떤 맥락에서 발견되는지에 따라 청자에게 매우 다양한 효과를 발휘한다. 이제 이 악보들이 동시에 나란히 연주될 수 있다고 상상하면 이 현상을 이해하기가 더 쉬워진다.

이 규칙을 반증하는 한 유명한 사례가 있다. 이는 과학 연구에 자주 활용되는 오스트레일리아의 금화조zebra finch에서 발견된다. 금화조의 노래에 사용되는 운동신경을 생성하는 데 관여하는 뉴런 집단은 노래할 때 관찰되는 활동을 수면 중에도 정말 충실히 반복하여 그 노래를 완벽한 사본에 가깝게 재생한다. 이 보기 드문 사례는 노래를 담당하는 성대근의 조절에 필요한 뉴런들이 수행하는 고도로 전문화된 신경 처리 과정에서 비롯된다. 이 뉴런들은 모두 단일 기억의 순차적 암호화에 전념하며 금화조 특유의 노래를 평생에 걸쳐 변함없이 고정된 형태로 반복한다. 그들의 노래는 실제로 수면 중에 고충실도high-fidelity로 재생된다.

시냅스의 강화와 약화

신경과학자들이 신경의 재활성화에 큰 의의를 부여하는 이유는 기억의 강화, 그리고 학습과 관련해 신경생물학에서 가장 중요한 현상인 장기 강화long-term potentiation와의 상관관계 때문이다. 헵은 1949년에 여러 뉴런이 동시에 활성화되려면 활성화된 뉴런들과 하나 이상의 시냅스만큼 떨어져 있는 하류 뉴런과의 연결을 끊임없이 바꾸어야 한다는 것을 알았지만, 이 현상은 20년 가까이 이론으로만 남아 있었다. 1966년이 되어서야 전기 자극이 시냅스 집단의 연결을 영속적으로 강화할 수 있다는 최초의 경험적 증거가 나왔다. 당시 노르웨이 오슬로대학 박사과정 학생이던 테리에 뢰모Terje Lømo는 마취된 토끼의 해마로 특정 자극을 주면 신경 세포의 시냅스 활성이 증가 상태로 오래 유지되는 현상을 관찰했다. 최초의 인공 기억을 전기적으로 유도하여 뉴런에 주어진 자극을 '기억'하게 한 것이다. 뢰모는 오슬로대학 신경생리학자로 페르 안데르센Per Andersen의 연구실에서 혼자 연구하다가 영국인 동료인 티모시 블리스Timothy Bliss와 공동 연구를 진행하여 장기 기억의 첫 번째 증거를 발표했다.[7] 이 발견은 인간의 두개골 안에 있는 생체 컴퓨터의 기능에 필수적인 덧셈 연산에 대한 세포 수준의 비유이다.

1982년 일본 신경생리학자 마사오 이토Masao Ito는 이와 대조적으로 저주파 자극에 의해 형성된 시냅스의 연결 강도가 감소하는 신경의 뺄셈 연산, 즉 장기 약화long-term depression 현상의 첫 번째 증거를 발표했다. 그 후 시냅스의 강화와 약화에 관한 연구는 신경과학계에서 가장 역동적인 분야 중 하나가 되었다.

당연히 비판도 있었다. 너무 높거나 낮은 주파수의 자극을 적용하여 다소 인위적인 상황을 만들었다는 주장이었다. 자연스럽게 습득된 기억은 다른 메커니즘을 따를 것이라는 논쟁이 있었지만, 머지않아 시냅스의 강화와 약화는 뇌에서 관찰된 주파수에 가까운 자극에서도 일어난다는 것이 확실해졌다. 이 연구의 진행은 실험으로 촉발된 메커니즘이 '자연스러운' 학습에 사용된 메커니즘과 정확히 같다는 것을 보여주었다.[8]

과학의 올림포스산에 신들만이 거주한다면 이들은 시냅스의 풍경이 어떻게 형성되는지를 발견한 공로로 머지않아 노벨상을 공동 수상할 것이다. 어쩌면 그날이 오기 전에 학습의 생물학적 메커니즘에 대한 이해와 사랑에 빠진 학생들에게 국제학회와 강의에서 자신의 본질적인 발견에 대해 열을 올리며 즐겁게 이야기하는 쾌활한 티모시 블리스와 맛 좋은 맥주를 나눠 마실 기회가 찾아올지도 모르겠다.

기억의 암호화

1980년대 말이 되어서야 파블리데스와 윈슨은 또 다른 놀라운 발견을 해냈다. 같은 주파수로 자극해도 어느 지점에 가해지느냐에 따라 반대 효과를 유발할 수 있다는 것이다.[9] 세타파의 마루에서 신경들이 탈분극되어 쉽게 흥분하면 자극은 연결을 강화한다. 세타파의 골에서 신경들이 과분극되어 흥분이 어려우면 동일한 자극은 연결을 약화한다. 이후 다른 연구팀들이 그들의 발견을 재실험했고,[10] 이 발견은 기억 습득 과정의 핵심 요소로 여겨지게 되었다(그림13). 이처럼 세타파는 위상에 의존하여 동일한 주파수의 자극이 신경 연결을 강화하거나 약화함으로써 정반대 효과를 일으킨다.

오늘날 우리는 어떤 기억이든 습득하려면 시냅스의 강화와 약화 모두가 필요하다는 것을 알고 있다. 이는 총 수백조 개의 시냅스를 가진 인간 뇌 신경망에서 작은 부분집합 간의 연결 강도를 선택적으로 증가시키거나 감소시킨다는 것이다. 우리는 또한 이러한 시냅스들의 선택이 해마의 세타파와 일치하는 자극에 대한 주의에 달려 있다는 것도 알고 있다.

이러한 발견과 함께 신경의 선율 또한 화음의 시작에서 이득을 얻기 시작했다. 오늘날 세타파는 음표, 즉 고주파 진동과 신경 발화의 발생을 위한 악보로 기능한다고 여겨진다. 세타파는 세로줄의 시작에서 떨어지는 음표는 약화하지만, 끝에서 떨어지는 음표는 증폭시키므로, 일시적인 유지는 음표의 배치를 위한 위상 공간을 창조한다.[11] 이것은 오래된 기억을 다른 위상 공간, 세로줄의 다른 영역으로 이동시키고 새로운 기억을 편입시키기 위한 메커니즘이다.

이러한 발견이 수면과 기억 처리의 관계를 이해하는 데 얼마나 중요한지는 신경과학자 지나 포Gina Poe의 연구로 더욱 명확해졌다. 그

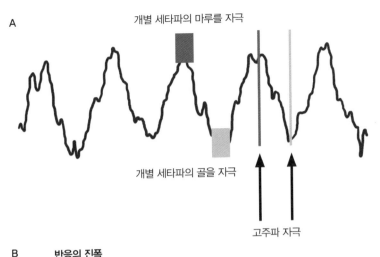

A

개별 세타파의 마루를 자극

개별 세타파의 골을 자극

고주파 자극

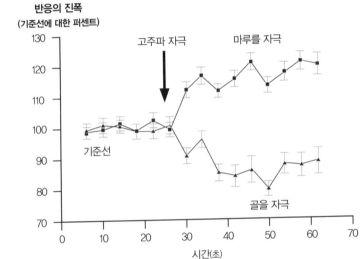

B 반응의 진폭
(기준선에 대한 퍼센트)

고주파 자극   마루를 자극

기준선

골을 자극

시간(초)

그림13 세타파와 관련된 자극의 단계에 따라 신경 연결이 강화될 것인지 혹은 약화될
것인지가 결정된다.
A 세타파의 마루와 골이 다음 주기에서 고주파 자극을 촉발한다는 것이 실시간으로
감지된다.
B 세타파의 마루에 가해진 자극은 반응의 진폭을 증가시켜 장기 강화를 유발하고,
세타파의 골에 가해진 자극은 반응의 진폭을 감소시켜 장기 약화를 유발한다.

녀는 신경과학계에서 프로이트의 중대한 영향력을 인정하는 몇 안 되는 연구자 중 한 명이었다. 그녀는 신경이 발화하는 세타파의 단계가 기억의 친숙함을 암호화할 수 있다는 것을 최초로 보여주었다.

포의 이야기는 그녀를 우리가 써 내려가는 이야기의 또 다른 주인공으로 만든다. 그녀는 로스앤젤레스의 아주 가난한 가정에서 아버지 없이 태어났다. 2년 후, 그녀의 어머니는 일자리와 형편에 맞는 거처를 찾기 위해 지나와 아들을 데리고 샌디에이고로 이사했다. 어머니가 간신히 최저시급을 받고 일했기 때문에 가족은 정부의 지원에 의존했다. 그들은 폭력적인 동네에서 차도 없이 한동안 TV만 보며 살아야 했다. 지나의 어머니는 아이들을 먹이기 위해 가끔 굶어야 했고, 아이들이 가난을 벗어날 수 있는 길은 오직 교육뿐이라고 굳게 믿었다.

그리고 그 믿음은 현실이 되었다. 영리하고 호기심 많은 5학년 소녀는 과학 선생님의 수업에 푹 빠졌다. 황소 눈을 해부할 때였는지, 아니면 무척추동물의 색채 선호를 측정할 때였는지, 열한 살의 어린 지나는 처음으로 과학자가 되고 싶다고 생각했다. 10년도 채 지나지 않은 1983년에 그녀는 명문사학인 스탠퍼드대학에 어렵사리 입학했다. 그녀는 신경생리학 수업에서 신경생물학자인 크레이그 헬러Craig Heller 로부터 포유류가 렘수면 중에 체온 조절을 하지 않는다는 사실을 발견한 과학적 단계에 대해 들었다.[12] 그는 이것이 렘수면 상태의 포유류를 더 취약하게 만들기 때문에 유기체에는 위험 요인이지만 종을 초월하여 광범위하게 나타나는 것으로 보아 꼭 필요하다는 사실을 알 수 있다고 말했다. 그리고 무엇보다 중요한 것은, 왜 그런지를 아무도 모른다는 사실이었다! 흥분한 지나는 이미 너무 많은 것이 밝혀진, 혹은 그렇게 보이는 세상에서 본질적인 현상을 발견하면 얼마나 재밌을지 생각했다. 그러나 안타깝게도 대학 등록금을 대려면 돈이 더 필요하다는 것을 깨닫자 최초의 동기부여가 사라져버렸다. 그 수업의 학점이 졸업하는 데 필요하지 않았기 때문에 그녀는 수업을 포기하고 레스토랑에서 조리사로 일하는 시간을 늘렸다.

다행히 그녀의 이야기는 여기서 끝나지 않았다. 몇 년 후, 지나는 저고도 비행 시 지구 표면에서 경험하는 중력가속도($9.8m/s^2$)의 몇 배에 해당하는 높은 중력을 받는 공군 비행사들의 뇌 활동을 연구하기 위해 재향군인 병원에서 보조연구원 일을 얻었다. 이 연구의 목적은 비행사들이 의식을 잃었는지 확인하고 인간의 지시가 필요 없는 자동 조종 장치로 비행하게 하는 것이었다. 지나는 연구의 일환으로 수면 전문가들의 학회에 참석했고, 그 분야에 중요한 미해결 문제가 넘쳐나기 때문에 중대한 발견으로 엄청난 차이를 만드는 것, 즉 원대한 꿈을 꾸는 것이 가능하다는 사실을 깨달았다. 지나는 캘리포니아대학 로스앤젤레스캠퍼스에서 신경과학 박사과정을 정식으로 시작하고 나서야 어디서 연구 보조를 하든 미국의 박사과정 장학금보다 더 벌 수는 없다는 모순적인 현실을 알게 되었다. 지나는 박사학위에 엄청난 애정을 느꼈으며 단 한 번도 후회하지 않았다.

지나는 전설적인 페르 안데르센, 존 오키프, 도널드 헵의 과학적 계승자로서 애리조나대학의 브루스 맥노튼과 캐럴 반스Carol Barnes의 연구실에서 박사 후 연구원으로 근무하던 중에 중대한 발견을 하여 2000년에 발표했다.[13] 그녀가 찾은 돌파구를 이해하려면 먼저 신경이 가장 쉽게 활성화되는 곳이 세타파의 마루라는 사실을 떠올리는 것이 중요하다. 위에서 살펴본 것처럼 파블리데스와 윈슨은 1988년에 세타파의 마루에서 해마에 가해진 자극은 장기 강화를 유발하는 반면, 세타파의 골에서 해마에 가해진 동일한 자극은 장기 약화를 유발한다는 것을 확인했다.

지나 포는 이 퍼즐 조각들을 맞추어서 새로운 기억은 세타파의 마루에서 암호화되어야 하고, 잊히기 마련인 오래된 기억은 세타파의 골에서 암호화되어야 한다는 가설을 세웠다. 쥐의 해마에 전극을 이식하고 위치 뉴런의 활동을 기록한 결과, 위치 뉴런은 실험을 수행한 상자의 특정 영역에서만 선택적으로 활성화되었다. 첫 번째 데이터 블록을 얼마간 수집한 후, 상자의 한쪽 벽을 제거하고 훨씬 더 넓은 공간을 새로 이어 붙였다. 이로써 수많은 위치 뉴런이 재배치되었고, 새로운 공간의 영역에 선택적으로 반응하기 시작했다.

지나는 새 공간에 의해 재배치된 뉴런의 발화 단계와 기존 공간에 의해 배치된 뉴런의 발화 단계를 비교함으로써 예상대로 단계가 분리된다는 것을 확인할 수 있었다. 쥐가 새로운 환경을 방문하자 각성 중일 때는 물론 이어진 렘수면 중에도 세타파의 마루에서 신경이 발화했다. 그러나 동일한 쥐가 익숙한 환경을 방문하자 각성 중에는 마루에서 신경이 발화하고 렘수면 중에는 골에서 신경이 발화하기 시작했다.

이미 알려진 과거는 세타파의 음전위 단계에 나타나 장기적인 시냅스 약화와 그에 따른 망각을 야기한다. 반면 새로운 것에 대한 표상은 세타파의 양전위 단계에 집중되어 연결 강화와 기억 강화로 이어졌다. 포와 그녀의 스승들은 이제 파블리데스와 윈슨이 전기 작용으로 인공 기억을 유도하여 증명한 현상이 환경을 자발적으로 탐색하는 행동과 이어진 렘수면처럼 훨씬 더 현실적인 상황에서도 발생한다는 것을 증명했다.

대부분 쥐를 대상으로 한 연구를 통해 수면의 인지적 역할을 담당하는 메커니즘을 더 많이 이해할 수 있게 되었지만, 학습과 수면 중 신경 반향의 연관성을 최초로 확립한 것은 인간을 대상으로 EEG와 PET(양전자방사단층촬영), f-MRI를 이용한 연구였다. 벨기에 리에주대학 신경과학자 피에르 마케Pierre Maquet와 브뤼셀리브레대학의 필리프 페뉴Philippe Peigneux는 거의 20년 전에 학습 후 렘수면 중의 뇌 활동은 새로운 기억의 획득과 비례한다는 것을 보여주었다.[14] 이러한 반향은 기억을 돕는 암호화에 관여하는 신경들의 대사적 요구가 증가함을 나타내는 혈액 산소화의 국부적인 증가를 유발한다. 서파수면에서 진행된 또 다른 연구를 통해 학습의 영향 아래에 있는 피질 영역에서 느린 진동(초당 4주기 이하)의 세기가 증가하는데, 이는 학습량과 밀접한 상관관계가 있다는 것을 확인했다.[15]

학습과 수면의 인과관계를 확립하다

생물학적 현상과 심리학적 현상이 비례한다는 것을 보여준다고 해서 두 현상의 인과관계를 증명할 수는 없다. 상관관계에 관한 연구를 넘어 인과관계를 확인하려면, 생물학적 현상을 유도하거나 방해하여 심리학적 현상에 무슨 일이 일어나는지를 알아내야 한다. 그리스 신경생리학자 앙투안 아다만티디스Antoine Adamantidis가 이끄는 연구팀은 베른대학과 맥길대학에서의 연구를 통해 렘수면에서 학습과 관련된 세타파의 특별한 중요성을 입증했다. 연구자들은 세타파를 매우 빠르고 정밀하게 방해하여 렘수면 중에 세타파가 감소하면 생쥐의 해마에 처음 새겨진 기억들이 강화되는 데 심각한 악영향을 미친다는 것을 보여주었다.[16]

얀 본 팀은 인간을 대상으로 고전적인 실험을 수행하여 비렘수면 중에 뇌에 전기 자극을 주면 학습 능력을 높일 수 있다는 것을 보여주었다. 매우 약하고 초당 1주기 미만의 느린 전기 진동을 두개골에 가하면 인공 진동을 유도하여 서파를 자연스럽게 증폭할 수 있다. 이 과정은 말 그대로 학습 능력을 증폭시킨다.[17] 놀랍게도 가장 빠른 뇌파[18]와의 동기화를 증가시키는 과정인 느린 진동 단계에서 청각 자극을 사용하면 비슷한 효과를 얻을 수 있으며, 결과적으로 칼슘이 피질 뉴런에 대량 축적되어 장기 기억과 시냅스 강화에 유리할 것이다.[19]

이러한 모든 발견을 종합적으로 고려하면, 수면 중에 기억 강화를 일으키는 원인은 신경 활동의 반복적인 패턴일 것으로 추론된다. 가장 지독한 회의론자마저 납득할 수밖에 없도록 얀 본과 독일의 신경과학자인 비요른 라스크Björn Rasch는 수면 중에 냄새를 이용하여 기억을 재활성화하는 방식으로 이 가설을 실험했다. 기억을 환기하는 냄새의 능력, 특정 냄새와 특정 추억의 강력한 상관관계는 이미 잘 알려진 사실이다. 살다 보면 때때로 어떤 냄새를 맡자마자 먼 과거의 한 사건이 떠오르면서 그 순간으로 되돌아가는 놀라운 경험을 하기 마련이다. 게다가 냄새는 수면을 가장 적게 방해하는 감각 자극이다. 연구자들은 이런 사실을 이용하여 실험하기로 했고, 이 실험에서 피실험자들은 장미향에 노출된 상태로 그림 카드의 위치를 외우는 전형적인 기억력 게임을 했다. 뒤이은 수면 단계에서 그들에게 다시 장미 향을 맡게 함으로써 다중 감각적 연상으로 기억을 재활성화하여 카드의 위치를 부지불식간에 '떠올리게' 했다.

그 결과 냄새에 의한 기억의 재활성화는 수면 중에 상당히 효과적이지만, 렘수면 중에는 냄새가 없는 실험과 비슷한 수준의 효과를 보였다. 이 고전적인 실험은 비렘수면 중 기억의 재활성화가 실제로 학습효과를 높인다는 것을 보여주었다.[20] 로렌테 데 노가 헵을 거절한 것은 완전히 잘못된 선택이었다. 신경 반향에 관한 연구는 심리학에서 커다란 소득이었다.

신경망을 통과하는 특정 궤적

기억이란 도대체 무엇일까? 이 개념을 정의하기 위해 일단 전기적 활성이 신경망을 거쳐 전파되는 특정 궤적을 기억이라고 해보자. 기억의 의식적 활성화는 뉴런 집단에 의해 공간으로 뻗어나가면서 약 1밀리초에 불과한 단일 뉴런의 일반적인 활성화 시간이 수백 밀리초로 크게 연장되는 과정이다. 하나의 기억은 수많은 뉴런의 활성화를 요구하지만 보통 뇌 전체를 동원하는 것과는 거리가 멀다. 뇌는 그것을 구성하는 수천억 개의 뉴런이 각각 축삭돌기와 수상돌기를 통해 수천 개의 다른 뉴런들과 상호 연결되는 매우 방대한 3차원 그물망이기 때문이다. 따라서 기억의 환기는 뉴런과 뇌 영역의 매우 특정하고 제한적인 부분집합으로 전기적 활성을 전파하는 것이다.

각각의 과거 경험이 뇌를 통해 불러내는 전기적 전파의 특정 궤적이 존재하며, 이는 잠재적인 비활성 상태로 그 경험에 대한 기억을 나타낸다. 자전거 타기, 카포에이라 같은 절차기억의 회로는 일반적으로 소뇌와 운동피질, 기저핵을 포함한다. 일화기억("카포에이라를 연구하기 위해 앙골라를 여행했던 것은 어땠나요?")과 서술기억("앙골라의 수도는 어디일까?")은 온전한 해마가 필요하다. 각 궤적의 특정한 전파 가능성은 장기 기억 강화 및 장기 기억 약화와 같은 메커니즘을 통해 각각 새로운 기억의 활성화와 함께 달라진다. 같은 기억의 정신적 반복은 늘 한결같아 보이지만 정확히 같지는 않은 강과 같아서 늘 똑같은 강바닥을 따라가지만 같은 물이 같은 경로로, 특히 강둑 가까이 흐르는 경우는 절대 없다.

가장 유망한 뉴런의 궤적은 평생에 걸쳐 여러 차례 활성화되어 가장 많이 강화된 기억과 일치한다. 이런 일이 벌어질 때마다 이미 만들어진 경로를 통과하는 전기적 활성은 미래의 뉴런 활성에 우선권을 갖는 길을 새김으로써 기억할 만한 사건에 대한 인상을 만든다. 전기적 활성은 세타파를 만드는 중격-해마 회로septal-hippocampal circuit 그리고 뇌의 방대한 영역과 작고 치밀한 청반locus coeruleus의 연결과 같은 반향 네트워크의 영향을 받아 이러한 궤적들을 순환한다. 신경계 깊숙이 위치한 청반은 '만물을 꿰뚫는 내면의 눈all-seeing inner eye'으로서 세상을 향한 영혼의 창문을 여닫듯 정신적 노력이나 주의집중에 따라 팽창하는 동공을 직접 조절한다. 또한 통증이나 새로운 것을 전부 실시간으로 감지하고 노르아드레날린을 분비하여 관련 정보를 뇌 전체에 퍼뜨린다. 그리고 밤이 되면 창문이 닫힌다. 청반이 발화율을 임계 수준까지 낮추기 때문이다. 이 정도 수준이면 웬만한 자극이 아니고서는 잠드는 것을 방해할 수 없다.

빛이 어둠에 자리를 내주면 뇌 안에서 자발적으로 생성되는 전기적 활성(원래부터 형태도 없고 내용도 없는)은 마침내 몇 가지 특정한 궤적 또는 나머지 궤적이 활성화되는 문턱에 도달할 것이고, 이렇게 해서 밤의 첫 번째 꿈 이미지가 나타난다. 꿈이 시작되는 것이다. 낮에 형성된 기억은 이제 이전의 모든 기억과 경쟁한다. 잠든 직후일지라도 과거의 기억이 재활성화된 기억의 회오리바람 속에서 사라지는 것은 매우 흔한 일이다. 그러나 특별히 인상적인 기억은 모두 거침없이 돌아올 것이다. 깨어 있는 동안 가장 깊이 새겨진 궤적은 얕게 새겨진 궤적보다 재활성화될 기회가 더 많다. 그리고 가장 인상적인 기억에 대한 전기적 반향은 우리가 무의식이라고 부르는 기억들이 겹겹이 짜 맞춰지는 과정이다.

골짜기와 산을 가로질러서

신생아의 뇌를 지형으로 표현하면, 계통발생으로 획득한 선천적 기억에 의해서만 고랑이 팬 모래벌판일 것이다. 모유 섭취, 울음, 수면, 배설, 학습을 처음 시도하는 순간에 유아가 어떻게 해야 하는지를 암호화한 최소한의 소프트웨어가 하드웨어와 똑같은 형태로 들어 있다. 이러한 행동 목록으로 무장한 아기는 바깥세상을 마주하며 내재한 신경 경로로 전기적 활성을 전달하고, 이러한 경로는 인지하고 움직이는 방법을 배우면서 수정된다. 뇌에 대한 지형학적 비유를 이어가자면, 전기적 활성은 지형을 침식시키는 비雨에 해당한다. 수많은 시냅스로 형성된 지형이 끊임없이 변하는 과정에서 아기는 내면 세계를 구축하기 시작한다.

유아가 경험을 쌓을 때마다 지형은 침식된다. 새 기억이 형성되면 생존에 유용한 소규모의 특정 시냅스 집단은 강화되고 덜 유용한 대규모 시냅스 집단은 제거된다. 결과적으로 새로운 것을 조금씩 배울 때마다 고랑이 만들어지고 표면이 변형되어 굴곡과 골짜기, 지류가 점점 늘어간다. 현실과의 접촉은 단단한 암석에 가해지는 수압처럼 우리의 시냅스 지형을 조각하고, 노령에 이를 때까지 차곡차곡 쌓인 경험은 자전적 사건으로 패이고 찍힌 무수히 많은 작은 계곡으로 둘러싸인 깊고 거대한 중앙 협곡, 그랜드 캐니언이 된다. 그렇게 뇌는 경험하고 상상한 일에 대한 복기지(palimpsest, 먼저 쓴 글을 지우고 그 위에 다시 쓰는 양피지-옮긴이), 우리가 기억할 수 있는 먼 과거부터 상상할 수 있는 가장 먼 미래까지 층층이 쌓인 경험으로 이루어진 평생의 정신적 지도가 된다.

이 지도에서 작은 고랑이 활성화하면 그에 상응하는 특정 기억이 환기된다. 극심한 스트레스를 받으면 아드레날린과 노르아드레날린이 다량 분비된다는 사실에서 예상할 수 있듯이, 외상 경험은 더 깊은 고랑을 남긴다. 해당 경험의 감정적 자극은 기억의 지속 시간과 강도를 증가시키며, 부정적 감정일 때는 더더욱 그렇다. 수면 중에 외부 자극 없이 신경계 깊은 곳에서 발생한 전기적 활성은 대뇌피질, 해마, 편도체, 그 밖의 다양한 하부 피질 영역에 도달하여 생생한 꿈의 경험을 만들어낸다. 충격적인 일을 겪은 사람들은 종종 꿈을 통해 그 일을 다시 경험함으로써 불쾌한 기억을 강화한다.

프랜시스 크릭의 제안처럼 수면 중 대뇌피질에 도달하는 전기적 활성은 실제로 뚜렷한 목표 없이 무작위로 퍼지는 것일지 모른다. 그러나 비가 해변의 모래성을 무너뜨리듯 피질의 기억을 지워버린다고 결론짓기에는 부족하다. 어쨌든 일단 전기적 활성의 폭격이 대뇌피질에 도달하면 거대한 신경망을 통해 퍼지기 시작하고 기존의 신경 연결로 형성된 (정신의 역사나 다름없는)시냅스 경로를 따라 전파된다. 빗방울은 계곡에 무작위로 떨어질 때도 있겠지만 그것의 이동 경로를 결정하는 것은 암석의 형태이다.

다양한 나이대에 대한 비교로 돌아가 보면, 신생아는 자전적 과거가 거의 없고 계통발생적 과거는 많으며 희망할 수 있는 모든 미래가 열려 있다. 아기에게 일어나는 일은 무엇이든 이후의 삶 전체에 영향을 줄 수 있다. 반대로 노인은 앞으로 영향을 줄 수 있는 일이 거의 없다. 자전적 과거는 어마어마하지만, 미래는 갈수록 더 제한된다. 나이가 들수록 기억의 목록은 방대해지는데, 새로운 기억을 습득하고 세상의 자극에 흥미를 느끼기는 어려워진다. 더는 대단한 것도, 새로운 것도 없다. 잠이 줄고 신경 가소성이 떨어지며 새로운 시냅스의 형성에 꼭 필요한 카나비노이드도 뇌에서 거의 생성되지 않는다.[21] 노년에 남아 있는 암석은 딱딱하므로 정신도 경직되기 마련이다.

이런 이유로 노령기가 안정감을 가져다주기도 한다. 축적된 경험의 목록이 방대하고 건강한 고령자들이라면 최고의 조언자이자 지도자가 되어 넓고 균형 잡힌 시각과 가깝고 먼 미래에 대한 열의를 가지고 공동체를 돌볼 수 있다. 브라질 아마존에 있는 싱구 토착민 구역 Xingu Indigenous Park의 칼라팔로족Kalapalo과 그 외의 원주민 집단들은 실제로 60년 넘게 부족 간 평화를 지켜왔는데, 그들이 지켜온 '추장처럼 말하기talking like a chief'는 차분히 앉아서 대화하고 겸손하게 바닥을 내려다보며 상대를 진정시키고 동족 간에 평화와 존중을 강조하는 말을 정확히 반복할 것을 요구한다.[22]

11장

유전자와 밈

말, 아이디어, 생각, 개념이란 무엇일까? 많은 차이점에도 불구하고 이 용어들을 하나로 연결하는 것은 그들이 모두 기억이라는 사실이다. 우리가 인지하고 행동하는 모든 것은 세상과의 만남에서 매개체 역할을 하는 신경 회로를 변화시킨다. 이는 경험을 통한 연결성을 구축해 인상을 만들고 수용하는 반복적인 놀이다. 노인이나 노인과 가까이 접촉하며 사는 사람들은 모두 그들의 기억이 가까운 과거보다는 어린 시절의 사건들과 훨씬 더 많이 관련되어 있다는 것을 알고 있다. 여러분은 증조부모의 어린 시절, 그들이 보고 들은 것들, 증손주들에게 가보처럼 내려오는 비범한 사람들의 잊지 못할 이야기나 그들과 나눈 인상적인 대화에 대해 들어봤을 것이다. 수십 년이 지났는데도 어떻게 어린 시절을 그토록 정확하고 생생하고 상세하게 기억할 수 있을까? 그보다 더욱 놀라운 사실은, 어떻게 어린아이가 그런 것들을 직접 겪은 일인 양 '기억'할 수 있느냐는 것이다.

신경 활성의 반향은 기억을 습득하고 초반에 유지할 수 있는 이유를 설명하기에 충분하지만, 기억이 어떻게 며칠이나 몇 년, 몇십 년, 심지어 평생 지속될 수 있는지를 설명하기에는 충분하지 않은 것이 사실이다. 왜 이것이 터무니없는 일인지를 이해하는 것은 어렵지 않다. 삶이 굴곡진 길을 돌고 돌다가 한 번씩 멈추는 동안, 기억들이 장기 저장을 위해 시종일관 활성 상태를 유지하며 뇌에서 쉴 새 없이 반향되고, 전부 생생한 상태로 상호 연결되어서 폭발적으로 늘어나고 점점 더 많이 충돌한다면 어떤 일이 벌어질지 상상해보라.

이러한 파국의 시나리오에서 우리는 호르헤 루이스 보르헤스가 창조한 이레네오 푸네스Ireneo Funes라는 인물이 경험한 것과 같은 심각한 정신착란으로 고통받을 것이다. 보르헤스의 이야기에서 화자는 낙마 사고로 인해 자신이 경험한 일을 전부 빠짐없이 기억하게 된 총명한 괴짜 청년을 소개한다. 그러나 청년은 이 경이로운 능력으로 인해 중요한 일과 사소한 일상을 구분할 수 없게 되었다. 완벽한 기억력을 얻음으로써 그야말로 바보 천치가 된 것이다.[1]

다행히 우리의 정신은 그런 식으로 작동하지 않는다. 우리는 특정 기억만 불러내고 다른 기억들은 전부 비활성 상태로 남겨두는 것, 즉 잊어버리는 데 능숙하다. 왜 그런지는 직관으로도 쉽게 이해할 수 있다. 두 개의 몸이 왜곡이나 훼손 없이 한 공간에서 같은 장소를 차지할 수 없듯이, 두 개의 기억은 정체성의 상실 없이 한 사람의 주의력에 의해 동시에 활성화될 수 없다. 기억들은 서로를 간섭하기 때문에, 매 순간 사고가 특정 기억 속을 거닐려면 의식에서 단 하나의 기억만이 두드러져야 한다.

게다가 우리는 생존과 안위에 중요하지 않은 것들은 대부분 잊어버리고, 선택적 주의로 적응적 가치를 부여한 기억만 저장하는 능력이 극도로 뛰어나다. 인생의 반쪽과 처음으로 함께한 낭만적인 저녁 식사라면 세세히 기억해야겠지만, 3일 후 먹은 점심 메뉴는 여지없이 머릿속에서 지워질 것이다. 그렇다면 뇌는 저장할 기억과 삭제할 기억을 어떻게 구분할까? 비활성 상태에서 수많은 기억을 어떻게 보유할 수 있을까?

활성기억이 잠재기억을 낳다

이 수수께끼의 해답은 도널드 헵이 찾아냈다. 그는 장기 기억의 강화가 연속하는 두 단계에서 일어난다고 제안했다. 첫 번째 단계에서 해당 정보가 즉시 신경계에 전기적 반향으로서 기록되어 최근 과거에 대한 즉각적이지만 잠시뿐인 인상을 만들어낸다. 이 반향은 불과 몇 분 안에 사그라들지만, 화학 조성을 바꾸는 것은 물론 나중에는 시냅스의 실제 형태까지 바꾸는 분자적 메커니즘을 촉발한다. 두 번째 단계는 세포막을 통과하는 이온, 서로 결합하는 단백질, 활성화된 유전자, 새로 만들어지는 단백질을 포함하며 기억을 획득함에 따라 분자의 '도미노 효과'가 시시각각 이어지면서 다수의 시냅스가 개조된다.

이처럼 시냅스를 생성하고 제거하고 변형하는 과정을 통해 기억이 장기 저장되며, 이 시점부터는 신경망의 활성화 기능이 아니라 비활성 상태인 시냅스 연결의 잠재적 패턴에 해당하는 표상을 영구화한다. 기억을 획득한 후 며칠이나 몇 달, 몇 년이 지나서 이 연결의 일부가 활성화되면 전기적 활성이 가장 강력한 연결을 통해 신경망 곳곳으로 퍼지면서 기억이 다시 한번 떠오른다. 뇌는 오래된 기억을 비활성 상태로 저장함으로써 혼란 없이 방대한 기억 목록을 보유할 수 있다. 우리는 매 순간 거의 모든 것을 기억하지 못하기 때문에 푸네스처럼 혼란을

겨지 않는다.

우리가 다른 사람들에게 전달하는 이야기, 다른 사람들에게 퍼뜨리는 생각, 서로에게 영향을 끼치고 사회적으로 복제되는 아이디어는 모두 그것을 머릿속에 보유하는 우리의 능력에 절대적으로 의존한다. 영국의 생물학자인 리처드 도킨스는 이러한 기억의 집단화를 설명하기 위해 밈meme이라는 용어를 사용했다. 밈은 다른 사람에게 어떠한 인상을 주고 같은 아이디어를 공유하도록 장려하는 행동, 즉 말과 그 밖의 행위를 뜻한다. 이 용어는 훨씬 더 이해하기 쉬운 유전자gene라는 또 다른 복제 단위를 연상시킨다. 도킨스의 유명한 비유에 따르면 밈은 "문화적 유전자다". 유전자 없이는 밈도 없을 것이기 때문에 모호하기는 해도 참 맛깔스러운 비유이다.

기억을 영속시키는 시냅스 모델이 어떻게 작동하는지를 알려면, 먼저 신체의 모든 세포가 핵 안에 동일한 유전자를 가지고 있다는 사실을 이해하는 것이 중요하다. 다양한 유형의 세포 사이에 나타나는 차이와 시간 경과에 따른 개별 세포의 변형은 때가 되면 특정 세포 내의 단백질 합성에 사용되는 유전자 집단의 변화에 의존한다. 유전체와 도서관의 유사성은 우리가 이 현상을 이해하는 데 도움이 된다. 지구상의 모든 공공도서관은 한 세포의 유전체이고, 각각의 세포 안에 있는 각각의 유전자를 책이라고 해보자. 이 비유를 완성하기 위해 모든 도서관의 소장품은 같다고 하자.

이 도서관 중 한 곳에 들어가 보면 소장 도서의 극히 일부만 대출 중이라는 것을 알 수 있을 것이다. 다른 도서관들도 마찬가지라는 것을 확인할 수 있지만, 실제로 읽히는 책은 경우에 따라 다르고 시간 경과에 따라 달라지기 때문에 각각의 도서관마다 천차만별일 것이다. 인기가 많은 책은 여러 독자가 동시에 읽을 수 있도록 사본도 많을 것이다. 게다가 각각의 책은 다양한 독자에 의해 여러 번 읽힐 수 있다. 모든 도서관이 책을 똑같이 소장하지만, 각각의 도서관에서 읽히는 책은 상당히 다를 수 있음에 주목하라. 몇몇 필수 도서들은 모든 도서관에서 읽히겠지만 대부분은 일부 도서관에서 특정한 경우에만 읽힌다. 어떤 도서관에서는 철학서를 많이 읽는 반면, 어떤 도서관에서는 예술 서적이나 생물학 서적을 선호한다. 도서관마다 매 순간 아주 특별한 책들이 활성화된다.

한 사람의 뇌와 심장, 간에 있는 세포는 모두 같은 유전자를 갖지만 그중 일부만 선택적으로 발현되어 각 세포의 유형을 결정하는 다양한 단백질 목록을 만들어낸다. DNA로 구성된 각각의 유전자가 한 권의 책이라면, RNA 중합효소RNA polymerase라고 불리는 분자는 그 책의 독자 중 한 사람이다. 누군가가 읽고 있는 책은 전령 RNAmessenger RNA의 형태로 유전자의 상보적 사본을 생성한다. 이것은 결국 전령 RNA로 암호화된 정보를 새로 판독하여 단백질을 구성하는 아미노산 서열로 해석하고 세포 기능에 효과적으로 참여할 수 있는 단백질을 생성하도록 유도한다. 한 권의 책을 완독하는 것은 한 개의 유전자를 발현시키는 것과 같다. 즉, 책의 내용은 읽힐 때만 드러난다는 뜻이다.

즉시 초기 유전자와 수면각성주기

한 뉴런이 새로운 기억의 암호화에 참여하면 시냅스를 재구성할 수 있는 단백질을 암호화하는 유전자들이 빠르게 활성화된다. 전기적 반향이 시작된 지 몇 분 후 이 과정에 가장 먼저 관여하는 유전자들을 즉시 초기 유전자immediate early gene라고 부른다. 이러한 특정 유전자 무리의 발현은 전기적 반향이 그 후 얼마간 시냅스를 변형시키는 데 필수적이다.

즉시 초기 유전자는 1980년대 말에 발견되었고 학습에 꼭 필요하다는 것이 금세 명확해졌다. 장기 기억을 강화하는 데 수면의 역할이 중요한 만큼 즉시 초기 유전자의 발견은 수면이 이 유전자의 활성화를 유도하여 시냅스를 강화하리라는 가설을 제안했다.

이 가설의 첫 번째 실험은 피사대학의 이탈리아 연구팀에게 맡겨졌고, 그들은 긴 수면기 또는 각성기를 거친 설치류의 뇌에서 즉시 초기 유전자들에 의해 암호화된 단백질 농도를 측정하여 비교했다. 놀랍게도 당시 박사과정 학생이던 키아라 시렐리Chiara Cirelli와 줄리오 토노니Giulio Tononi는 즉시 초기 유전자의 발현이 수면 중에 활성화되지 않고 억제된다는 것을 확인했다.[2] 이러한 억제 작용은 신경의 반향과 수면의 기억 효과를 연결하는 논리적 전개를 방해하여 부정할 수 없는 모순을 만들어냈다.

뉴욕에서 겪은 발작성 수면증

박사과정을 위해 뉴욕에 갔다가 특별한 개인적 상황 덕분에 몇 가지 과학적 사실을 발견했다. 나는 브라질에서 석사학위를 마치느라 원래 일정보다 6개월 늦어진 1995년 1월 초 한겨울이던 뉴욕에 도착했다. 무거운 짐가방 두 개에다 무한한 기대감까지 안고 뉴욕 애비뉴 1230의 인상적인 출입문 앞에 마주 서서 내리는 눈에 뒤덮인 거리를 보았다. 앞으로 모든 게 예전 같지 않으리라는 느낌이 들었다. 그때는 내 예감이 그렇게 적중할 줄 몰랐다.

나는 신원을 증명하고 몇 가지 서류를 작성한 뒤 열쇠를 받아들고 록펠러대학에서 학생들에게 저렴하게 빌려주는 셋방으로 짐가방을 끌고 갔다. 이제는 그곳이 내 집이었다. 나는 미리 받은 폴더를 열어 수업시간표를 살펴보다가 동료 학생들과 과학 논문을 논의하는 토론 수업이 방금 시작했음을 알아차렸다. 다급히 방을 뛰쳐나가서 몇 차례 헤맨 끝에 큰 강의실로 찾아 들어가니 몇 사람이 피자를 먹고 있었다. 그날 선정된 논문에 대해 상세히 논의할 나의 새로운 동료들이었다.

마침내 박사과정을 시작했지만 안심할 시간이 없었다. 아주 충격적인 일이 일어났기 때문이다. 나는 그들의 말을 그야말로 단 한마디도 이해할 수 없었다. 모두가 물속에서 부글거리는 소리를 내는 것처럼 언뜻언뜻 익숙하게 들리는데도 도무지 알아들을 수 없는 말을 하는 것 같았다. 조금 전까지도 잘 읽고 잘 알아듣던 영어가 갑자기 이해되지 않았다.

단지 최근 발견된 분자 메커니즘이 나와 동떨어진 주제이고 그에 대해 무지해서 토론을 따라갈 수 없는 것이 아니었다. 그것도 사실이었지만 상황은 훨씬 더 심각했다. 나는 동료들이 테이블에 둘러앉아 영어로 주고받는 대화는 물론, 아주 흔한 단어조차 알아듣지 못했다. 저항할 수 없는 졸음과 함께 두 눈을 감고 신경을 완전히 꺼버리고 싶은 강렬한 욕구가 치솟기 시작하자 상황은 더욱 악화되었다. 나는 수업이 끝날 때까지 안간힘을 쓰며 간신히 버텼다. 그러고 나서 지친 몸을 이끌고 방으로 돌아가 통나무처럼 잠을 잤다.

마침내 잠에서 깬 나는 그 상황에 불안함을 느꼈지만, 곧 적응할 것이라며 자신을 다독였다. 그때 받은 정신적 충격이 며칠이 아니라 겨우내 지속되리라고는 꿈에도 생각하지 못했다. 나는 잠을 자고 꿈을 꾸고 일어났다가 다시 잠을 자고 꿈을 꾸었다. 꿈을 꾸고 또 꾸었다. 근처 병원에서 들려오는 구급차의 사이렌 소리만이 정적을 깨는 하얗게 얼어붙은 밤, 나는 전에 없던 어둠과 잠과 꿈의 시간 속으로 가라앉았다.

낮은 길지 않았고, 구름이 태양 광선을 가로막았으며, 바깥세상은 낯설고 쌀쌀맞았다. 아늑한 이불 속에 처박혀서 하루에 16시간을 자던 그 시기에 나는 주로 뉴욕과 우주 그리고 새로 교류해야 하는 사람들을 묘사하는 강렬하고 생생한 꿈을 꾸었다.

꿈속에서의 삶은 도전적이었지만, 깨어 있는 삶에서는 모든 것이 재앙을 향해 질투하듯 보였다. 나는 여전히 사람들이 하는 말을 대부분 알아듣지 못했고, 친구도 사귀지 못했다. 아르헨티나의 신경과학자인 페르난도 노테봄Fernando Nottebohm의 실험실에 합류해서 회의에 참여해보려고도 했지만, 여느 때와 마찬가지로 회의실 소파에서 코만 골다가 끝나고 말았다. 노테봄은 카나리아처럼 노래를 통해 짝짓기를 하는 새의 뇌 메커니즘에 관한 연구를 선도하는 세계적인 과학자였고, 나 역시 그 주제를 배우고 싶은 열망이 가득했지만, 주야장천 하품만 해댈 뿐 어떤 것에도 주의를 집중하지 못했다. 내 몸이 과학자로서 경력을 고의로 망치려 드는 것만 같았다.

나는 1월 내내 졸음에 저항하며 사투를 벌였지만, 불안과 피로의 달콤한 유혹에 무릎을 꿇고 말았다. 하얀 눈의 깊은 침묵 속에서 2월이 찾아왔고, 나는 모든 것을 포기한 채 꿈의 신 모르페우스의 세계로 집어삼켜졌다. 이 세상이 끝날 때까지 마냥 잠만 자고 싶었다. 이제 막 날개를 펼친 내 평판을 더는 더럽히지 않기 위해, 나는 실험실에서 보내는 시간마저 포기했다. 음식을 사고 수업을 들을 때만 집 밖으로 나갔다. 나머지 시간은 방 안에 처박혀서 드문드문 과학 논문을 읽으며 긴 낮잠을 잤다. 이 시기에 나는 영어로 꿈꾸기 시작했고, 꿈은 한층 더 강렬해졌으며, 끝없이 반복되는 화창한 일요일 아침에 이상하리만치 황량한 뉴욕의 얼어붙은 거리를 배경으로 장편 서사시와 같은 서사가 펼쳐졌다. 나는 꿈을 꾸던 중에 의식을 자각하고 꿈의 서사를 의지에 맞게 변경했음을 깨닫기도 했다. 어느 순간부터는 검객이 적으로 등장하여 싸움을 걸어왔고, 나는 내가 죽을 수도 있겠다고 느꼈다.

그러고 난 후 졸음이 갑자기 나를 찾아왔을 때만큼 빠르게 사라졌다. 장대한 꿈이 끝났고, 나는 깨어 있고 싶어졌다. 드디어 굴에서 벗어나기 시작했다. 낮이 길어지고 튤립이 캠퍼스 곳곳에 꽃을 피우는 4월 초, 나는 내가 얼마나 많은 인지적 변화를 겪었는지 깨달았다. 나는 영어로 된 글을 거의 다 이해할 수 있었고 쉽게 담소를 나누었으며 지금까지도 무척 소중히 여기는 아주 특별한 친구들을 사귀기 시작했다. 그 적응의 시기였던 봄에 무엇보다 신기했던 것은 실험실 문제가 해결되었다는 사실이다. 당시 우리 실험실의 조교수였던 브라질 출신의 신경과학자이자 즉시 초기 유전자 전문가인 클라우디오 멜로Claudio Mello 의 지도 아래 나는 카나리아 노래에 관한 뇌의 표상 실험을 성공적으로 해나가기 시작했다.

클라우디오는 통제된 실험실 환경에서 배양한 세포나 약물을 이용해 발작을 일으킨 동물의 뇌에서만 관찰되던 즉시 초기 유전자의 발현이 자연 자극에 의해 유발된다는 것을 보여준 최초의 인물이었다. 동물이 자연에서 실제로 일어나는 행동을 수행할 때 그들의 신경계에서 즉시 초기 유전자가 활성화된다는 것을 발견함으로써 이 영역은 시험관의 세계를 훌쩍 뛰어넘어서 복잡하고 생태학적으로 유의미한 행동을 자유롭게 수행하는 유기체 전체로 확장되었다. 클라우디오는 훌륭한 스승이었고, 우리는 카나리아와 기타 명금鳴禽들의 뇌를 이용하여 즉시 초기 유전자의 발현이 신경 활성의 지표임을 보여주는 연구를 다수 발표했다. 우리는 관대한 자유의지론자이자 우아한 투덜이였던 노테봄의 허락 아래 그의 실험실에서 완전한 자율성을 가지고 그 길을 걸어갔다.

내가 겨우내 경험한 기이한 현상에 깊이 빠져들지 않았다면, 이 이야기는 그 길로 쉽게 이어졌을 테고, 그랬다면 이것은 새의 음성 소통에 관한 책이 되었을 것이다. 겨우내 지속된 과도한 졸음과 두드러진 야간 활동을 동반한 인지 기능의 파탄 그리고 이어진 봄에 느닷없이 나타난 언어적·지적·사회적 영역에서의 놀라운 적응력까지 나는 뉴욕에 도착해서부터 줄줄이 겪은 사건에 매료될 수밖에 없었다.

물론 낮이 서서히 길어진 것이 나의 졸음을 끝내는 데 영향을 미친 것도 사실이다. 1월 초의 눈보라 속에서 그것은 시작부터 큰 수수께끼였다. 처음에는 어느 때보다 힘이 필요한 시기에 힘을 모조리 없애버리는 비참하고 서투른 자기 파괴 행위처럼 보였지만, 궁극적으로 수면은 새로움의 강력한 처리자로서 상냥하고 의심할 여지 없이 바람직하다는 사실이 증명되었다. 나는 수면의 내부 활동에 나 자신을 맡기고 기억의 오프라인 처리 과정을 순순히 따르면서, 겨울철의 일조량 감소와 낯선 상황에서 오는 스트레스로 감당하기 힘들었던 초반의 어려움을 어느 정도 극복해냈다.

내게 일어난 일에 대해 개인적인 흥미와 궁금증을 느낀 나는 적응 과정의 메커니즘을 알아보기로 했다. 나는 신경과학의 주요 전공 책을 읽으면서 과학이 수면의 원인에 대해서는 아주 많이 알아도 수면의 영향에 대해서는 아무것도 모른다는 사실을 알게 되었고, 이것이 정말 중요한 연구 분야임을 깨달았다. 결국 중요한 것은 모르는 게 대부분인 것들이다. 나는 그 '대부분'을 뒤좇았다. 나는 12번가와 브로드웨이의 모퉁이에 있는 미로 같은 스트랜드 중고서점에서 프로이트의 책을 엄선하여 5달러를 주고 샀다. 《꿈의 해석》을 읽는 동안, 내 머릿속은 수면과 학습의 연관성을 밝힐 실험에 관한 아이디어로 가득 찼다. 동시에 나는 오래된 대학 도서관에서 1960년대 말에 수면 박탈이 쥐의 기억

장애를 유발한다는 것을 보여준 논문들을 찾아냈다.[3] 그리고 얼마 지나지 않아 낡은 스미스홀의 크고 조용한 계단으로 내려가면 우리 실험실 바로 아래층에 전통적으로 쥐의 수면을 연구해온 실험실이 있다는 것도 알게 되었다. 그곳이 바로 구리 선으로 도배한 로렌테 데 노의 오래된 실험실이었고, 조너선 윈슨이 물려받았다가 은퇴하면서 당시에는 콘스탄틴 파블리데스(친한 친구들은 거스라고 불렀다)가 책임지고 있었다.

뉴욕에서 살아남다

거스 파블리데스Gus Pavlides는 마케도니아의 그리스 북부에 있는 스칼로초리Skalochori라는 작은 마을에서 태어났는데, 그곳은 사도 바울이 이방인들에게 설교한 장소로서 올림포스산에서 불과 96킬로미터 떨어져 있다. 그가 어린아이였던 1960년대에는 그곳에 전기도, 포장도로도, 수돗물도 없었다. 당시의 주민은 200여 명이었지만, 현재는 여름에 100명을 넘지 않고 겨울에는 20명뿐이다. 유일한 초등학교는 최근에 폐교되어 카페로 바뀌었다.

파블리데스는 네 살 무렵부터 누나와 함께 학교에 다니기 시작했다. 그는 학교를 무척 좋아했다. 그 시기는 할머니의 지도를 받으며 많은 것을 발견한 마법 같은 시간이었고, 할머니는 매일 세상 사람들에게 손주는 신이 세상에 주신 선물이라고 말하며 그에게 확신을 심어주었다. 유년기 내내 파블리데스는 마을로부터 20킬로미터 반경 안에서 자연과 사랑, 제우스를 가까이하며 살았다.

그러나 그의 전원생활은 1970년대 초에 끝났다. 열두 살의 파블리데스는 어머니, 여자 형제들과 뉴욕으로 이주해야 했다. 큰돈을 벌어 그리스로 돌아가겠다는 희망, 결국은 이루어지지 못한 그 희망을 품고 그곳에서 10년을 일한 아버지와 같이 살기 위해서였다. 파블리데스의 할머니는 스칼로초리에 남았고, 얼마 지나지 않아 세상을 떠나면서 손자에게 절망을 안겨주었다.

워낙 소심한데다 영어 한마디 할 줄 모르는 아이에게 뉴욕으로의 이주는 정말 충격적인 사건이었다. 가족은 그리스 사람들이 무리 지어 사는 맨해튼 섬의 북쪽 끝과 가까운 포트 트라이언 공원의 공동주택에 셋집을 구했다. 파블리데스는 어렵사리 영어를 배우기 시작했고, 수학 말고는 공부를 그리 잘하지 못했다. 슬픔이 찾아올 때면 그는 종종 공원에 재건축된 중세의 웅장한 회랑을 방문하여 위안을 얻곤 했다.

어느 날 교장 선생님이 그의 부모에게 면담을 요청했다. 스코틀랜드 출신인 교장 선생님과 그리스어만 하는 어머니 그리고 영어를 떠듬거리는 아버지의 만남은 비극적이지 않았다면 희극이었을 것이다. 교장 선생님은 파블리데스에게 자신의 말을 부모님께 통역해달라고 부탁하더니, 그에게 가망이 전혀 보이지 않는다고 말했다. 그리고 덧붙였다. "청소 일도 얻을 수 없을 겁니다. 뉴욕 위생국에서 요구하는 고등학교 졸업장을 따지 못할 테니까요." 너무 아픈 일격이었지만 성공을 위한 자극제이기도 했다. 그는 어떻게든 교장 선생님이 틀렸다는 것을 증명해야 했다.

고등학교에 진학하면서 모든 것이 나아지기 시작했다. 파블리데스는 고급반 시험을 통과했을 뿐 아니라 테니스부에서도 빼어난 실력을 뽐냈다. 뉴욕에서 열린 지역 테니스대회에서 우승했고, 이듬해에는 시립대학교의 건축학과에 들어갔다. 그는 열성적으로 수업을 듣기 시작했지만, 교수와의 첫 만남이 그 모든 경험에 찬물을 끼얹었다. 파블리데스는 고층 건물을 짓고 싶었지만, 교수는 반 수석도 기껏해야 제도사밖에 될 수 없을 거라고 말했다. 흥미를 잃어버린 파블리데스는 심리학과로 옮긴 후 수업을 몇 번 듣고는 두개골 내 자극을 연구하는 신경심리학 실험실에 들어가기로 했다. 그는 뇌가 우리의 행동을 어느 정도 지배할 수 있는지가 몹시 궁금했고, 곧이어 학습과 기억에 관한 연구의 창시자 중 하나인 네일 밀러의 실험실에 테크니션으로 합류했다.

파블리데스가 당시 수면과 기억에 관해 깊이 연구하고 있던 조너선 윈슨을 만난 곳도 이곳 밀러의 실험실이었다. 이 시기는 파블리데스의 발전에 아주 결정적이었다. 두 위대한 과학자들과 자주 점심을 함께했는데, 이 사실은 그가 끊임없이 감탄하는 일이었다. 점심시간마다 신나게 토론을 벌이던 중에 그는 해마의 위치 뉴런의 특성을 이용해 수면을 연구해볼 생각을 하게 됐다. 진정한 '콜럼버스의 달걀'이었던 이 실험에 대한 인상적인 결과는 이미 10장에서 설명한 바 있다.

공정한 거래

6년 후, 나는 윈슨의 논문을 읽고 잔뜩 들떠서는 수면과 학습에 관한 실험을 수행하는 방법을 배우기 위해 거장인 윈슨을 직접 찾아갔다. 그는 이미 은퇴한 후여서 조교수로 승진한 자신의 제자 파블리데스에게 나를 안내했다. 방문을 두드리자 그가 지체 없이 나를 맞아주었다. 나는 10분 만에 카나리아 연구 때와 똑같은 기술을 적용하여 수면이 쥐의 뇌에서 즉시 초기 유전자의 발현을 유도하는지 확인할 것이라고 설명했다. 이후의 모든 만남에서 증명되었듯 파블리데스는 첫 대화에서도 실용적이고 긍정적이었다. "내일부터 시작하시죠."

그가 얼마 전 꿈에서 겪은 환각의 영향으로 나를 그렇게 빨리 연구실에 받아주었다는 것을 그때의 나는 전혀 알지 못했다. 그 후로 몇 달간, 파블리데스는 1980년대에 개발한 기술을 사용하여 다양한 자극에 따라 활성화되는 해마 영역을 방사능으로 표지했다. 꿈에서 파블리데스는 해마의 위치 뉴런이 같은 위치에 반응하는 무리로 조직되는 것을 상상했다. 그러나 방사능 표지법은 이 가설을 설득력 있게 검증할 만큼 민감하지 않았다. 뇌 자체에서 생성되는 빠르고 훨씬 더 민감한 표지 물질이 필요했는데, 이를테면…… 즉시 초기 유전자 같은 것 말이다! 나는 어느새 파블리데스에게 필요한 것을 실험실에 가져다주겠다고 제안하고 있었다. 세심한 지도를 받는 데다 실험실도 자유롭게 드나들었기 때문에 그것은 매우 공정한 거래였다.

나는 무작정 부딪쳐보기로 했고, 일단 수면각성주기의 각 단계를 정확히 모니터링하기 위해 전극을 만들어 그것을 쥐의 해마에 이식하는 방법을 파블리데스에게 배웠다. 동시에 멜로는 유전자 발현 정도를 측정할 수 있는 기술을 가르쳐주었다. 나는 렘수면이 즉시 초기 유전자의 발현을 증가시킨다는 가설을 시험해보기 위해 몇 달을 끈덕지게 일했다.

결과는 최악이었다. 우리는 수면이 즉시 초기 유전자의 발현을 감소시킨다는 것을 확인했다. 나는 몇 달간 같은 실험을 반복했지만 눈앞의 광경을 믿지 못했다. 시렐리와 토노니가 이미 발표한 내용과 기본적으로 같은 결과였지만, 그때는 그 사실을 몰랐다. 우리는 전자 데이터베이스에서 관련 논문을 손쉽게 검색할 수 있는 인터넷 세상의 초창기에 살고 있었기 때문이다. 검색 기능의 격차가 심했고, 당시에 출간된 자료들로 판단해보면 안타깝게도 나는 불가능한 결과를 좇는 데 1년 이상을 소모했다. 마침내 해당 논문을 찾아낸 나는 그것이 틀림없는 사실이라고 해도 이게 전부일 리 없다는 묘한 기분에 사로잡혔다. 중요한 퍼즐 조각 하나가 아직 보이지 않았다. 내 생각들이 엉켜 들어간 매듭을 풀어야 했다.

모순을 해결하다

비 내리는 4월의 어느 오후, 나는 대학 도서관 지하를 뒤지다가 특이한 비유를 발견했다. 한 이탈리아 연구팀이 제안한 아이디어였는데, 엉킨 매듭과 실타래를 풀어줄 수 있을 것 같았다. 나폴리페데리코2세대학University of Naples Federico II의 안토니오 주디타Antonio Giuditta와 그의 동료들에 따르면, 소화가 음식을 위한 것이듯 수면은 새로운 기억을 위한 것이다.[4] 이 관점에 따르면, 수면 중인 신경계가 어떻게 학습할 수 있는지를 이해하기 위해서는 기억과 소화의 비유에서 위와 장에 해당하는 서파수면과 렘수면에서 차례로 어떤 일이 일어나는지를 먼저 비교해야 한다. 그러나 음식이 없을 때는 이러한 소화계 기관들의 기능이 제대로 구별되지 않으므로 음식의 유무에 따라, 즉 새로운 정보의 유무에 따라 어떤 일이 일어나는지도 비교해야 한다.

주디타의 순서 가설sequential hypothesis에서 영감을 얻은 나는 수면각성주기 과정에서 즉시 초기 유전자가 얼마나 활성화되는지를 측정하기 위해 비교군의 쥐들을 수면 전에 몇 시간 동안 새로운 환경에 노출시키는 새로운 실험을 했다. 또한 시렐리와 토노니가 했던 것처럼 수면의 단계들을 한데 뒤섞어서 분석하는 대신, 서파수면과 렘수면을 신중히 분리하고 수면의 각 단계에 나타나는 특정 에피소드들을 분석하기로 했다. 그 결과는 우리를 술렁이게 했다. 새로운 환경에 노출되지 않은 쥐들은 즉시 초기 유전자의 발현이 서파수면과 렘수면 모두에서 낮았지만, 새로운 환경에 노출되어 자극을 받은 쥐들은 즉시 초기 유전자의 발현이 서파수면에서는 감소하고 렘수면에서는 증가했으며, 이러한 양상은 대뇌피질과 해마에서도 똑같이 나타났다.

이 결과는 새로운 자극에 노출된 후라면 수면 중에 즉시 초기 유전자가 실제로 활성화될 수 있음을 보여주었다. 또한 이것은 주디타의 순서 가설을 뒷받침할 뿐 아니라 깨어 있을 때의 경험이 수면 중의 유전자 발현에 영향을 미친다는 것을 보여주는 직접 증거였으며, 프로이트의 주간잔재를 설명하는 최초의 분자적 증거이기도 했다. 마침내 모순이 해결되는 듯했다.

시냅스 항상성 이론

그러나 프로이트가 명명한 주간잔재와 세포생물학에서 가장 기본적인 몇 가지 메커니즘의 연관성에 관해서도 논란은 있었다. 1990년대 중반에 토노니와 시렐리는 위스콘신대학 매디슨캠퍼스에서 실험실을 운영하기 위해 미국으로 건너갔다. 그들은 수면 중 즉시 초기 유전자의 발현이 감소하는 것이 매우 중요한 현상이라고 확신했다. 그 후 몇 년 동안 그들은 다양한 실험을 하면서 기존의 연구를 확인하고 확장했다. 이는 분자적 수준[5]뿐만 아니라 전기생리학적[6]·형태학적 수준[7]에서 이루어졌다. 몇 가지 이유로 그들은 서파수면이나 렘수면의 특정 에피소드들을 연구하지 않았고, 대신 두 단계를 모두 포함하는 긴 수면의 결과를 연구하기로 했다. 그들은 잠자기 전에 새로운 자극에 노출시키는 방법도 이용하지 않았다. 이러한 제약 속에서 도출된 실험 결과는 같은 방향으로 축적되어갔고, 그들은 마침내 엄청난 영향력을 가진 이론을 제안하게 되었다.

이 이론은 미국의 생물학자인 지나 투리지아노Gina Turrigiano가 발견한 장기간 비활성화된 시냅스는 강화되는 경향을 보인다는 결과에 근거했다.[8] 이 발견을 이해하기 위해서는 먼저 전기적 활성의 세포 간 전달을 허용하는 것이 시냅스라는 사실을 고려하는 것이 중요하다. 전기적 시냅스는 두 세포의 세포막을 직접 연결하여 이온을 자유롭게 통과시키고 정보를 즉각적으로 전달한다. 화학적 시냅스는 서로 인접한 세포들의 세포막에 있는 작은 돌기들을 통해 화학적으로 접촉하기 때문에 더 느리다. 이것은 신경전달물질 중에서도 글루타메이트, 가바GABA, 노르아드레날린, 세로토닌, 아세틸콜린, 도파민 같은 분자들이 들어 있는 나노 단위의 미세한 소포의 분비와 확산을 통해 일어난다. 화학적 시냅스는 소포의 크기와 분자 조성에 따라 효율이 높아지거나 낮아질 수 있다. 실제로 시냅스의 강도는 전달 효율의 최대치와 최저치 사이에 다양한 값이 연속적으로 존재한다.

지나 투리지아노는 약물을 사용하여 전기적 활성을 48시간 동안 억제한 후 화학적 시냅스의 강도를 조사하다가 놀라운 사실을 발견했다. 정말 신기하게도 신경 활성의 장시간 억제가 시냅스를 훨씬 더 강하게 만든 것이다. 약물 처리 후, 신경은 훨씬 더 많이 발화하고 훨씬 더 많이 흥분했다. 투리지아노는 이 현상을 '시냅스 항상성synaptic homeostasis'이라고 불렀는데, 이것은 '비슷한homoios'과 '정체stasis'를 뜻하는 그리스 어원을 가진 명사로서 생물학에서는 '균형을 유지한다'는 뜻으로 사용된다.

토노니와 시렐리는 항상성이라는 개념을 빌려와 각성과 수면의 교대가 시냅스의 강약 주기를 만든다고 주장했다.[9] 이 이론은 수면 중 시냅스 연결의 약화로 가장 약한 기억은 잊히고 그보다 강한 기억은 살아남는 데서 수면의 인지적 이점이 비롯된다는 견해를 사실로 받아들인다.

시냅스 항상성 이론은 20년에 걸쳐 널리 퍼져 나갔고, 이 이론의 옹호론자들은 수면과 기억에 관한 연구에 점점 더 많은 영향력을 행사하게 되었다. 그들은 종종 가장 중요한 과학 저널에 논문을 게재하고 《뉴욕타임스》의 지면을 점령하기까지 했다. 매우 매력적인 동시에 단순하고 보편적인 이 이론에 따르면, 우리는 수면을 통해 중요하지 않은 것은 잊고 중요한 것에는 상대적 중요성을 부여한다. 뇌는 낮 동안 '뜨겁게 달아오르고' 밤에는 '차갑게 식는다'.

그러나 이 이론이 기억의 약화와 강화를 설명할 수 있을지는 몰라도, 새로운 아이디어를 창조하는 것과 같은 기억의 재구성을 설명할 메커니즘은 제공하지 않는다. 이 문제는 다음 장에서 자세히 다룰 것이다. 게다가 이 이론은 서파수면과 렘수면의 구분 없이 장기간 수면한 후 얻은 신경의 측정치에 의존한다. 이것은 서파수면의 절대적 우세로 이어져 렘수면의 역할을 등한시하게 만든다.

불완전한 이론이 과학의 본질이기는 하지만, 시냅스 항상성 이론의 경우는 불완전성이 의도적으로 전파되었다. 20년 동안, 토노니와 시렐리가 발표한 연구 결과들은 미국, 프랑스, 브라질의 많은 실험실에서 찾아낸 또 다른 증거를 체계적으로 무시했다. 이 증거는 시냅스 항상성을 부정하지 않았지만, 서파수면의 우세(렘수면의 손상을 초래하는)와 수면 전 새로운 자극이나 새로운 작업을 학습하지 않았을 때 등 아주 특별한 상황의 동물에게만 관찰됨으로써 그것이 빙상의 일각임을 보여주었다.

기억의 엠보싱 이론

우리 실험실을 비롯한 여러 실험실에서 새로운 것이나 행동 훈련에 미리 노출된 동물들의 렘수면을 연구했고, 그 과정에서 즉시 초기 유전자 발현의 활성화처럼 수면 중에 시냅스를 강화하는 메커니즘이 활성화되는 것을 매번 관찰할 수 있었다. 각성 중에는 시냅스가 강화되기만 하고 수면 중에는 시냅스가 약화되기만 하는 시냅스 항상성 모델의 지나친 단순화를 대신할 더 현실적인 학습 상황에서 우리는 각성과 수면 모두에서 시냅스 집단의 상보적인 강화와 약화가 나타나는 더 복잡한 과정을 찾아냈다. 나는 이 과정을 높낮이가 있는 입체감이 형성되는 것에 빗대어 '기억의 엠보싱memory embossing'이라고 불렀다.[10]

이 이론은 새로운 기억을 습득하려면 특정 시냅스는 강화되고 나머지는 약화되어야 하며, 대다수는 변형 없이 원래 모습을 유지해야 한다는 원칙에서 시작한다. 학습 후 수면 중에 가장 강한 연결은 한층 더 강화되지만, 가장 약한 연결은 한층 더 약화될 것이다. 이 현상의 직간접 증거는 쥐, 고양이, 파리 등 다양한 동물들의 어린 개체가 발달하는 과정과 성체가 학습하는 과정 모두에서 발견되었다.[11] 그럼에도 불구하고 시냅스 항상성의 옹호론자들은 그 가설에 설명되지 않은 변칙이나 대체 이론이 있음을 인정하지 않고 15년 동안 그 분야를 계속해서 장악했다.

2014년 이 논란은 절정으로 치달았다. 토노니와 시렐리는 1월에 수면과 학습에 관한 리뷰 논문을 통해 이견이 일부 존재한다는 것을 처음으로 인정했다.[12] 그들은 이전까지 무시하던 증거와 한 번도 언급한 적 없는 논문들을 인정하면서 현실은 그들의 이론이 예측한 것보다 더 복잡하다고 밝혔다. 진작에 그랬어야 했다. 5개월 후, 중국의 생물학자 웬비아오 간Wenbiao Gan이 이끄는 뉴욕대학의 연구자들이 학습을 담당하는 뇌 영역의 시냅스가 수면 중 강화되는 현상에 대한 명확한 설명을 학술지 《사이언스》에 게재했다. 웬비아오 간과 그의 팀은 형광 뉴런을 갖도록 유전적으로 변형된 생쥐에 정교한 현미경 검사법을 적용하여 시냅스를 시각화하고 학습 후 수면에 따른 시냅스의 수적 증가를 측정했다. 생쥐들은 자발적 움직임을 수행하는 데 필요한 운동피질의 시냅스에 강력한 변화를 유발하는 회전 실린더에서 앞이나 뒤로 걷도록 훈련받았다. 학습 후 수면 전후에 시냅스의 상세한 이미지를 구현함으로써 연구자들은 수면이 새로운 시냅스 연결의 형성과 관련이 있음을 보여주었다. 간과 그의 팀은 렘수면을 박탈당한 동물에게도 같은 결과가 나타났으므로 시냅스 연결이 증가한 원인을 서파수면 때문으로 보았다.[13]

하지만 간간이 렘수면이 발생해도 생명을 충분히 유지할 수 있으므로, 렘수면은 수유처럼 매일 필요하지 않고 소량만으로도 기존의 시냅스들을 충분히 강화할 수 있지 않을까 의심해볼 수 있다. 그리고 마침내 설치류를 대상으로 한 실험에서 30초도 채 안 되는 렘수면의 짧은 단일 에피소드가 몇 분씩 지속되는 긴 에피소드만큼이나 즉시 초기 유전자 발현의 조절에 효과적이라는 것이 밝혀졌다. 다양한 자극에 의한 즉시 초기 유전자의 발현은 대체로 초반에는 매우 왕성하지만, 시간이 지나면서 급격히 감소한다. 게다가 파충류와 조류의 렘수면 에피소드는 몇 초 이상 지속되지 않는다.

이 모든 사실을 종합하면, 서파수면 직후 즉시 초기 유전자의 발현을 촉발하는 것이 렘수면의 가장 오래된 기능이라는 가설이 제기된다. 수억 년 전 모든 육상 척추동물의 공동 조상으로부터 진화했을지 모를 이 짧고 빠른 유전자 발현의 충격은 그 순간을 '사진으로 남기는' 결과를 가져오며, 뉴런 사이에 형성된 새로운 시냅스 연결을 영속시킨다. 렘수면에 의한 시냅스의 재구성은 전기적 활성을 반향하는 신경 회로의 패턴(활성기억active memory)을 세포 간 시냅스의 새로운 패턴(잠재기억latent memory)으로 바꾼다. 렘수면 중에 유전자를 조절하는 원시 기능은 단기 활성기억을 특정 뇌에서 지속시킬 뿐 아니라 사람과 장소, 사건, 아이디어의 표현인 밈처럼 다른 뇌로 퍼지는 장기 잠재기억으로 변환시키는 것으로 보인다. 그들이 신경계로 통합되는 동안 이러한 밈들은 서로 활발히 교류하며 전달자의 기호와 한계에 따라 편집되고 걸러진 외부 세계의 단순화된 정신적 모형을 만든다.

정반합

과학계가 늘 그렇듯 이런 경우에 논란은 제거되는 것이 아니라 진화했다. 2017년 2월, 토노니와 시렐리는 7천여 가지에 달하는 시냅스의 크기와 모양을 철저히 연구하여 발표했는데, 이는 전자현미경을 통해 미세한 뇌 조직 절편의 0.5마이크로미터제곱 안에 있는 시냅스의 수를 세고 그 크기와 모양을 측정하는 초인적인 작업이었다. 같은 그룹에서 진행한 이전 연구에서는 서파수면과 렘수면을 구분하려는 시도가 없었다. 이 연구는 수면 후 시냅스의 크기가 평균적으로 약 1퍼센트 감소했다고 보고했다. 정말 작은 차이였지만 새로운 참호를 구축하기에는 충분했다. 마치 새로운 것이라도 발견했다는 듯 《뉴욕타임스》는 이 기회를 틈타 시냅스 항상성 이론에 관한 긴 기사를 한 편 더 게재했다.

그러나 2017년 3월, 웬비아오 간과 그의 팀이 무릎을 탁 치게 만드는 연구 결과를 또 한 번 발표했다.[14] 간은 이광자 현미경two-photon microscopy으로 촬영한 고해상도의 이미지를 사용하여 렘수면의 시냅스 가소성synaptic plasticity에 대해 발표한 연구 중에서 가장 완벽한 결과를 내놓았다. 이 성과는 중요한 약리학적 통제와 여러 수면 단계에 대한 매우 선택적인 박탈, 생쥐와 관련된 11가지 변수를 포함하면서 훈련 전후의 다양한 시점에 초점을 맞추었다. 현미경 렌즈를 통해 살아 있는 시냅스의 시간적 진화를 연구하기로 한 연구자들은 동일한 시냅스를 시간의 경과에 따라 여러 번 측정함으로써 죽은 시냅스를 측정하는 토노니와 시렐리의 방식에서는 절대 드러날 수 없었던 것을 확인했다. 그것은 바로 새끼 생쥐의 발달 과정에서든 성체의 학습 과정에서든 렘수면이 시냅스의 제거와 강화 모두에 영향을 미친다는 사실이었다. 생명체가 뇌의 소프트웨어에 변화를 요구할 때마다 수면은 그것을 새로 프로그래밍한다.

이 연구는 렘수면이 서파수면에 의해 대량으로 공급된 새 시냅스를 제거하도록 돕는다는 것을 명확히 보여주었다. 두 개의 주요 수면 상태가 결합할 때 중요한 새 시냅스 교체가 이루어진다. 더욱 놀라운 사실은 렘수면이 선택된 시냅스 집단을 강화하고 성장시켜서 이러한 연결을 장기간 지속시킨다는 점이다. 수많은 시냅스가 생성되지만 대부분은 제거되고 새로운 환경에 더 잘 적응하는 소수의 시냅스만 골라내는 양성선택positive selection이 일어난다. 간과 그의 동료들은 "렘수면은 새 시냅스를 기존의 회로에 선택적으로 편입시키는 데 중요하다. 렘수면은 신경망을 구축하고 유지하기 위한 '선정 위원회'라고 할 수 있다"라고 말했다.[15] 렘수면이 없으면 기억은 흔적도 없이 금방 사라져서 미래를 위해 축적되거나 세대 간에 전달될 수 없을 것이다. 렘수면이 없으면 문화도 없을 것이다.

12장

창조를 위한
수면

학습이 밈의 습득과 전파에 필수 조건이라면, 밈의 변형은 어떻게 이루어질까? 만약 미래가 과거와 똑같다면 복제된 아이디어는 좋은 것만 남을 것이다. 수면 중에 기억이 강화되기만 하면, 우리는 부모와 똑같은 행동 양식과 편견을 가지며 그들의 특성이 강화된 심화 버전일 것이다. 다행스럽게도 현실은 완전히 다르다. 우리는 평생에 걸쳐 영향을 받으며 끊임없이 변화하는 생명체이다. 기억은 어떻게 변형될 수 있을까? 새로운 밈은 어떻게 만들어질까?

정신이 가진 능력 가운데 기업가와 예술가, 과학자들이 가장 가치 있게 여기는 것은 창조성이다. 문화의 태동은 늘 낡은 것들을 재조합하여 새로운 것을 그려보는 상상력에 의존하며, 아직 존재하지 않는 것에 대한 정신적 구상은 늘 영감의 원천인 꿈으로부터 혜택을 받아왔다. 현대의 자본주의적 이성주의가 꿈을 주요 현상에서 제외했을지 몰라도, 꿈의 독창성은 산업혁명에 결정적인 영향을 미쳤다. 재봉틀 발명가 일라이어스 하우Elias Howe의 가족사는 그의 위대한 발명에서 꿈이 얼마나 핵심 역할을 했는지 보여준다.

그는 재봉틀의 바늘귀를 어느 위치에 만들어야 하는지를 알아내기 전까지는 거의 무일푼이었고……. 그의 처음 아이디어는 바늘귀가 바늘 머리에 달린 일반적인 형태를 따를 생각이었다. 바늘귀가 바늘 끝 가까이에 있어야 한다는 생각은 전혀 못 하고 있던 터라, 낯선 나라의 포악한 왕을 위해 재봉틀을 만드는 꿈을 꾸지 않았다면 완전히 실패했을지도 모른다. (…) 그는 왕의 명령으로 24시간 안에 재봉틀을 완성하여 바느질을 끝내야 했다. 시간 안에 끝내지 못하면 사형을 당할 상황이었다. 하우는 연구를 거듭하며 머리를 짜내다가 결국은 포기하고 말았다. 그는 끌려 나가며 곧 처형당하리라 생각했다. 그러다 병사들이 들고 있는 창의 머리 근처에 구멍이 뚫린 것을 발견했다. 그 즉시 해결책이 떠올랐고, 그는 시간을 더 달라고 애원하다가 잠에서 깨어났다. 새벽 4시였다. 그는 침대에서 뛰어내려 작업실로 달려갔고, 9시 무렵에 바늘귀가 끝에 달린 조잡한 바늘을 만들었다. 그 뒤로는 모든 일이 술술 풀렸다.[1]

하우의 박음질용 재봉틀 발명은 직물 생산 규모의 급격한 확대, 의류 시장의 대량화, 수출의 가속화, 지정학적 팽창, 그리고 미국과 영국의 사회경제적 변화를 촉진했다. 하우의 꿈이 단기적으로 직물 생산 방식에 중대한 영향을 미쳤다면, 장기적으로는 더욱 엄청난 변화를 가져왔다. 바로 직조 과정에서 서로 다른 색상의 실을 조합하는 데 이진법을 처음으로 사용한 것이다. 이것은 통합 컴퓨터 회로의 전신이었다.[2]

아침의 선율

예술가들은 창조적인 꿈에 대해 자주 들려준다. 예를 들어, 음악가들은 종종 잠든 상태로 선율을 '작곡한' 후 깨어난다. 이런 유형의 일화는 베토벤과 헨델 같은 여러 클래식 작곡가들에게서 쉽게 찾아볼 수 있다. 이탈리아의 바이올린 연주자인 주세페 타르티니Giuseppe Tartini는 자신의 작품 가운데 가장 유명한 〈악마의 트릴The Devil's Trill Sonata〉이라는 G단조 소나타가 꿈에서 직접 영향을 받아 만든 곡이라고 주장했다.

> 1713년 어느 밤, 나는 꿈속에서 내 영혼을 담보로 악마와 거래를 하였다. 모든 것이 내가 바라던 대로 진행되었다. 나의 새 시종은 내 모든 욕망을 알아서 처리해주었다. 악마가 아름다운 선율을 연주할 수 있을지 궁금했던 나는 그에게 바이올린을 건넸다. 환상의 극치에서조차 상상해보지 못한 탁월한 기술과 지성으로 연주하는 경이롭고 아름다운 소나타에 어찌나 놀랐던지. 나는 마법에 걸린 사람처럼 황홀감에 넋을 잃었다. 그리고 숨이 멎을 것 같은 격렬한 감정 속에서 잠에서 깼다. 나는 꿈에서 받은 느낌을 일부만이라도 기억하기 위해 곧장 바이올린을 집어 들었다. 하지만 허사였다! 그때 작곡한 곡은 내 작품 중에서도 단연코 최고라서 '악마의 트릴'이라 부르고는 있지만, 내게 깊은 감명을 준 원곡에는 한참을 못 미치다 보니 만일 음악이 주는 기쁨 없이도 살 수만 있었다면 악기를 부숴버리고 음악에 영원한 작별을 고했을 것이다.[3]

이러한 현상이 음악의 한 장르에만 국한된 일은 당연히 아니다. 영국의 작곡가인 폴 매카트니가 쓴 〈예스터데이Yesterday〉라는 노래도 꿈에서 기인했다.

나는 머릿속의 아름다운 선율과 함께 깨어났다. 나는 생각했다. "정말 훌륭해! 이게 뭐지?" 마침 침대 바로 오른편 창가에 수형피아노가 있었다. 나는 침대에서 내려가 피아노에 앉은 뒤 G와 F# 7화음 마이너minor 코드를 짚었고, 그것은 B와 E 마이너로 이어졌다가 다시 E로 돌아왔다. 모든 것이 논리에 따라 흘러갔다. 나는 그 선율이 무척 마음에 들었지만, 꿈에 나타난 것이라 내가 썼다는 사실이 믿기지 않았다. 나는 생각했다. "아니야, 난 이런 곡을 한 번도 써본 적이 없어." 하지만 그 마법 같은 멜로디는 실제로 존재했다.

매카트니 자신조차 그 곡의 저작권을 섣불리 주장하지 못했다.

약 한 달간, 나는 음악계 사람들을 찾아다니며 이 곡을 들어본 적이 있는지 물었고……. 경찰에 직접 증거를 넘겨준 셈이었다. 몇 주 후에도 저작권을 주장하는 사람이 없으면, 내가 가져야겠다고 생각했다.[4]

소재와 방법

시각 예술에도 꿈의 영향력이 존재한다. 독일 르네상스의 판화와 그림의 거장 알브레히트 뒤러는 꿈을 이용해 귀중한 회화의 이미지를 얻었다고 기록했다. 〈젊은 화가들을 위한 자양분Nourishment for Young Painters〉이라는 그림에 관한 논문에서 뒤러는 풍성한 이미지와 그것을 포착하는 어려움에 대해 설명했다. "나는 잠자는 동안 위대한 예술을 정말 자주 보지만, 깨어 있는 동안에는 기억하지 못한다. 잠에서 깨자마자 잊어버리기 때문이다."[5]

10년 후 그는 강력한 상징성을 지닌 꿈의 한 장면을 수채화로 그렸다. 그리고 그림 하단에 자신이 꾼 꿈에 대해 설명했다.

> 1525년, 성령강림절이 지나고 수요일에서 목요일로 넘어가는 날 밤에 나는 잠을 자다가 하늘에서 물이 폭포수처럼 쏟아지는 환각을 보았다. 엄청난 소란이 일더니 첫 번째 물 폭탄이 6킬로미터쯤 떨어진 곳을 괴력으로 강타하며 온 대지를 집어삼켰다. 이에 나는 너무 큰 충격을 받아 폭우가 쏟아지기 전에 잠에서 깨어났다. 그리고 이어진 폭우는 어마어마했다. 일부는 조금 떨어진 곳에 쏟아졌고 일부는 더 가까운 곳에 쏟아졌다. 너무 높은 곳에서 떨어져서 그런지 하나같이 느려 보였다. 그러나 처음 땅을 강타한 물 폭탄은 갑자기 아주 빠르게 떨어진 데다 사나운 바람과 포효를 동반해서 잠에서 깼을 때 온몸이 떨리고 정신을 차리는 데 한참이 걸렸다. 나는 아침에 일어나서 내가 본 것을 위 그림에 그렸다. 주님께서 모든 것을 더 나아지게 만드시기를.[6]

그림을 보면 하늘에서 내려온 거대한 물기둥이 나무 몇 그루 없는 허허벌판에 흘러넘치고, 각양각색의 작은 물기둥들은 이제 막 내리려는 비를 표현한다. 이 꿈은 16세기 초에 실제로 세상을 위협하며 넘실거리던 종교개혁의 불확실성이 반영된 것으로 여겨진다. 뒤러가 이 수채화를 그렸을 무렵, 루터는 이미 교황과의 싸움에서 승리를 거두고 독일어로 《신약성경》을 출판하여 새로운 교회를 조직하기 시작했다. 4세기 후, 러시아 출신의 프랑스 화가 마르크 샤갈은 《성경》에 나오는 야곱의 꿈에서 영감을 얻어 몇 점의 그림을 그렸는데, 그림 속에서 이스라엘 민족의 족장인 야곱은 천국으로 올라가는 사다리를 보았고 하나님을 직접 보고 들을 수 있었으며 그와 약속했다.

뒤러와 샤갈에게 꿈과 신의 관계가 중요했다면, 카탈로니아의 화가인 살바도르 달리에게 꿈의 이미지는 종교적 의미보다는 화풍으로 표현되었다. 20세기 미술계를 대표하는 인물인 달리는 무의식의 문턱에 가능한 한 오래 머무르며 꿈의 이미지를 수집하기 위해 자신이 직접 고안한 방법을 사용했다. 이 꿈 사냥꾼은 잠에 깊이 빠져드는 찰나의 이미지를 최대한 많이 캔버스로 가져가기 위해 무거운 금속 열쇠나 수저를 손에 쥐고 졸다가 물건이 떨어지면서 요란스러운 소리를 내면 자신을 잠에서 끄집어냈다. 이러한 기술은 마치 어느 과학 논문의 '재료와 방법Materials and Methods' 섹션처럼 들리는, 〈잠에서 깨기 직전에 벌이 석류 주변을 날아다니며 불러온 꿈Dream Caused by the Flight of a Bee Around a Pomegranate a Second before Waking〉과 같은 제목의 놀라운 작품들로 이어졌다.

이러한 꿈 현상이 주목을 받게 된 것은 20세기 초반의 몇십 년 동안 정신분석이 다다이스트(Dadaist, 전통을 부정하고 반이성, 반도덕, 반예술을 표방하는 다다이즘을 신봉하거나 주장하는 사람-옮긴이)와 초현실주의의 선두자들에게 지대한 영향을 미치고 창조적 황홀경과 의식의 흐름, 자유로운 무의식 탐구에 깊은 관심을 가진 예술가들에게 영감을 주었기 때문이다. 영화 〈안달루시아의 개Un Chien Andalou〉는 스페인계 멕시코인인 영화제작자 루이 브뉘엘Luis Buñuel이 1928년에 살바도르 달리와 함께 만든 혁명적인 데뷔작으로, 프로이트에게 영감을 받아 꿈의 연상과 단절, 파편화가 두드러진다.

꿈과 문학

문학에서도 다르지 않다. '역사'가 기록되기 시작한 이래로 수많은 작가와 시인들이 플롯의 시작과 전개, 해결을 위해 꿈에서 얻은 영감을 활용했다. 게다가 꿈은 무척 다양하고 예측하기 어려운 데다 아무리 특이한 주제라도 전부 다룰 수 있기 때문에 매우 현실적이고 유용한 서사의 원천이 되었다.

예를 들어, 키케로는 《스키피오의 꿈》이라는 고전에 나오는 유명한 꿈 이야기를 활용하여 다양한 관점을 설명했다. 이 이야기는 로마의 스키피오 아이밀리아누스Scipio Aemilianus 장군이 아프리카에 도착한 뒤, 꿈에서 자신의 양할아버지이자 유명한 장군인 스키피오 아프리카누스Scipio Africanus의 영혼을 만나면서 시작된다. 아이밀리아누스는 "밝고 화려한 별이 가득한 높은 곳"에서 카르타고Carthage라는 도시를 내려다보는 자신을 보고, 광대한 우주 속에 있는 아주 작은 지구를 본다. 그때 양할아버지가 손자에게 로마에서 가장 높은 선출직인 집정관의 자리에 오를 것이라고 예언하고는 장군으로서 자질을 칭찬하며 사후에 은하수의 명예로운 자리를 약속한다. 스키피오 아이밀리아누스는 지구를 중심으로 달, 수성, 금성, 태양, 화성, 목성, 토성 그리고 별들이 박혀 있는 하늘나라까지 총 아홉 개의 천체로 구성된 우주의 장관을 바라본다. 아이밀리아누스는 우주를 바라보며 천체들이 소리를 내고 지구는 여러 기후 벨트로 분할되어 있다는 것을 알게 된다. 마크로비우스의 작품에서 후대를 위해 고대부터 보존되어온 이 허구의 믿음은[7] 중세의 사고에 결정적인 영향을 미쳤고, 행성계의 지구중심설을 뒷받침했으며 영혼과 덕목, 신성에 관한 논의에 철학적 체계를 제공했다.[8]

교회와 수도원이 꿈을 천사와 악마에 의한 삶과 죽음의 문제로 다루었다면, 시인과 음유시인들은 신의 계시를 보여주기 위해 꿈의 환각을 어느 때보다 더 많이 사용했다.[9] 단테 알리기에리의 《신곡》은 화자가 연옥에서 지내는 3일 내내 밤이 끝날 때마다 지옥에서 기록된 다른 두 가지 꿈과 예언적 꿈들을 묘사한다. 윌리엄 셰익스피어는 〈한여름 밤의 꿈〉을 비롯한 30개의 작품에서 꿈dream과 꿈꾸기dreaming를 211회 언급한다.

미겔 데 세르반테스는 그의 작품에서 가장 인상 깊은 인물인 돈 키호테의 모험과 불행을 이야기하기 위해 수면 박탈 후 꿈이 더 생생해진다는 사실을 서사의 도구로 이용했다. 이 모험담은 중세 기사들에 대한 더없이 무모한 환상이 "잠은 너무 없고 읽을거리는 너무 많은"[10] 파산한 늙은 귀족의 불안한 마음을 파고들면서 시작된다. 그는 관대한 옛날식 결속에 푹 빠져서는 기사와 같은 차림으로 말을 타고 기사도를 찾아 떠난다. 그러면서 풍차를 거인으로 착각하여 싸우는 등 세상과 완전히 상충하는 망상성 행동이 이어진다. 돈키호테가 용감무쌍하면서 병적인 정신 상태를 보이는 동안, 그의 충직한 시종인 산초 판사Sancho Panza는 넉넉히 (먹고) 잔다. 그가 주인의 광기 어린 행동에도 온전한 정신과 상식을 유지하는 것은 우연의 일치가 아니다. 결국 돈키호테는 큰 병으로 몸져눕는다. 그는 "6시간 넘게 이어지는" 꿈속 에피소드를 경험하고 잠에서 깨어나 제정신으로 돌아온다! 그리고 유언을 몇 마디 남긴 뒤 세상을 떠난다.

낭만주의는 플롯의 소재일 뿐 아니라 예술적 창의성의 원천으로서 큰 호응을 얻었다. 바이런 경Lord Byron과 같은 시인들의 영향을 받은 영국의 작가 메리 셸리Mary Shelley는 꿈의 환각을 유명 소설로 탈바꿈시켰는데, 그것이 바로 1818년에 출간된 과학소설의 선구작, 《프랑켄슈타인》이다. 영국의 시인 새뮤얼 테일러 콜리지Samuel Taylor Coleridge는 아편을 피우고 몽골 황제의 여름 궁전인 제너두Xanadu의 신화 속 도시에 관한 책을 읽으며 잠들었다가 깨어나서 훗날 자신의 대표작이 될 〈쿠블라 칸Kubla Khan〉을 썼다. 시인은 꿈을 꾸면서 200행이 넘는 시를 썼다고 설명했다. 그는 깨어나자마자 인상 깊었던 54개행을 기록했고, 이 시는 지금까지도 전 세계 독자들의 감탄을 자아낸다. 운율과 생동감으로 가득한 이 시는 일상의 문제를 처리하느라 몽상이 한 차례 중단되면서 미완성으로 남았다. 그는 문제를 해결하고 글쓰기로 돌아갔지만, 거의 아무것도 기억하지 못했다. 이 시의 부제인 '꿈의 환각: 파편A Vision in a Dream: A Fragment'은 꿈의 이미지가 주는 황홀감뿐 아니라 꿈이 중단된 후 온전한 기억을 유지하기가 얼마나 어려운지를 보여준다.

혁명, 재앙 그리고 적응

꿈은 철 지난 문학의 소재가 아니다. 아일랜드의 작가 제임스 조이스James Joyce가 1922년에 출간한 이야기체 소설의 걸작인《율리시스》에서 꿈은 호메로스의《오디세이아》에 등장하는 율리시스의 여정에 맞추어 이야기를 진척시키기 위한 동인으로 59회나 언급된다. 20세기 초에 수많은 다른 이름으로 글을 쓴 포르투갈의 위대한 시인 페르난두 페소아Fernando Pessoa는 기억과 망각, 욕망을 돌아보기 위해 꿈을 수도 없이 방문했다. 그의 다른 이름인 베르나르두 소아레스Bernardo Soares는 이렇게 썼다. "나는 많은 꿈을 꾸었다. 꿈을 꾸느라 피곤하지만 꿈꾸는 것이 지겹지는 않다. 꿈꾸는 것을 지겨워하는 사람은 없다. 꿈꾸는 것은 잊는 것이고, 잊는 것은 우리를 짓누르지 않으며, 깨어 있는 내내 꿈 없는 잠이다. 꿈에서 나는 모든 것을 이루었다. 꿈에서 깨기도 했지만, 그게 무슨 상관인가? 내가 얼마나 많은 카이사르를 겪어봤던가?"[11] 또 다른 이름인 알바로 데 캄포스Álvaro de Campos도 같은 말을 되풀이한다. "나는 아무것도 아니다. 나는 아무것도 되지 않을 것이다. 나는 무언가가 되기를 바랄 수 없다. 그렇지만 나는 세상의 모든 꿈을 내 안에 가지고 있다."[12]

사실, 플롯이나 창작 방식에 꿈을 활용하지 않은 문학은 찾아보기 힘들다. 예를 들어 앙골라의 작가인 호세 에두아르도 아구아루사 José Eduardo Agualusa는 자신의 작품 창작에 꿈이 중요한 역할을 한다고 썼다.

> 나는 소설을 쓸 때 각 장의 결말과 플롯의 실마리, 등장인물의 이름은 물론 문장 몇 줄을 통째로 꿈꾸기도 한다. 《카멜레온의 책The Book of Chameleons》에서는 과거를 파는 주인공이 꿈에 나왔다. 청소년 소설인 《하늘에서의 삶In Life in the Sky》은 제목을 꿈에서 얻었고, 거기서부터 전체 줄거리를 풀어냈다.[13]

꿈이라는 원천에서 수많은 이야기를 들이킨 아구아루사는 2017년에 꿈이라는 활동이 서사를 관통하는 큰 줄기로 등장하는 소설을 출간했다. 《마지못해 꿈꾸는 자들의 사회The Society of Reluctant Dreamers》의 각 장은 꿈을 찍는 모잠비크의 사진사, 꿈을 해석하는 브라질의 신경과학자, 다른 사람들의 꿈에 나타나는 재능으로 불행한 앙골라 내전의 참전 용사 같은 다양한 인물들의 꿈에 관해 이야기한다. 자신을 영원히 왕좌에 앉아 있다고 믿는 폭군의 몰락은 서사를 끝까지 지탱하는 집단적인 꿈이다.

억압적인 사회구조를 바꾸려면 큰 용기뿐 아니라 누군가의 생각에서 벗어나고 대안적 미래를 상상하고 실망감을 감당하는 능력도 필요하다. 이것은 인도계 영국인 작가 조지 오웰이 러시아 혁명의 희망과 실패에 관해 쓴 명작 우화인 《동물농장》에서 아주 명확히 드러난다. 농장주에 대한 동물들의 반란은 수상 경력이 있고 메이저 영감이라고 불리며 혁명가 카를 마르크스Karl Marx와 블라디미르 일리치 레닌 Vladimir Ilyich Lenin의 또 다른 자아인 늙은 돼지가 인간이 멸종한 세상을 꿈에서 보았다고 말하면서 시작된다. 메이저 영감은 곧 세상을 떠나지만, 그의 꿈은 동물들에게 반란을 일으키게 하고, 모든 인간을 농장에서 몰아내 "모든 동물은 평등하다"라는 구호를 기반으로 한 동물들만으로 구성된 정부를 탄생시킨다. 역시나 돼지들이 가장 똑똑한 동물로 여겨지면서 레온 트로츠키Leon Trotsky와 이오시프 스탈린Joseph Stalin을 상징하는 스노볼과 나폴레옹이라는 두 돼지가 지도자 자리를 두고 경쟁한다. 결국에는 다른 동물들보다 훨씬 더 무자비한 나폴레옹이 경쟁자를 몰아내고 권력을 차지하며, 동물들을 해치면서까지 인간과의 협력으로 돌아가 새 구호를 내건다. "모든 동물은 평등하다. 하지만 어떤 동물은 다른 동물들보다 더 평등하다."

오웰의 또 다른 충격적 작품인《1984》에서 꿈은 빅 브라더와 모든 행동을 통제하며 임의로 끌 수 없는 텔레스크린에 대한 윈스턴 스미스의 심리적 반란이 시작되는 지점이다. 윈스턴이 또 다른 등장인물인 줄리아를 향한 금지된 열망에 사로잡히면서 개인적인 불복종은 반란으로 바뀐다. 사랑의 해방을 꿈꾸던 연인은 결국 무자비한 괴롭힘과 고문 속에서 배신의 악몽에 파묻힌 채 쓰라린 이별을 맞이한다.

위대한 반역자들의 흥미진진한 꿈은 현실의 삶에서 종종 좌절과 실패의 이야기로 끝나는데, 그들은 더 괴로운 환각으로 내몰린 채 현실의 복제품 안에서 잘못된 진실을 더듬어 찾는다. 1935년, 트로츠키는 피난처도 없이 추방당한 뒤 스탈린의 요원들에게 끊임없이 쫓기는 풍전등화와 같은 자신의 처지를 보여주는 꿈을 일기에 적었다.

어젯밤, 아니 오늘 새벽에 나는 레닌과 대화를 나누는 꿈을 꾸었다. 주변 상황으로 미루어볼 때 배 위였고……. 그가 걱정스럽게 내 병에 관해 물었다. "신경에 피로가 누적된 것 같으니, 좀 쉬어야……." 나는 타고난 활력 덕에 늘 피로에서 빨리 회복했는데 이번에는 문제가 조금 더 심각한 것 같다고 대답했고……. 이미 진찰을 여러 번 받았다고 말한 뒤 베를린 여행에 관한 이야기를 꺼내는데, 레닌을 쳐다보자마자 그가 죽었다는 사실이 떠올랐다. 나는 대화를 마무리하기 위해 이러한 생각을 즉시 떨쳐내려고 했다. 1926년에 치료를 위해 베를린을 방문한 일에 대해 말하면서 이렇게 덧붙이고 싶었다. "그건 자네가 죽은 뒤였어." 하지만 나는 충동을 애써 억누르며 말했다. "자네가 아프고 나서였지……."[14]

이 암울한 꿈은 붉은 군대Red Army의 전설적인 지휘관인 트로츠키가 동지인 레닌을 잃고 경험한 깊은 외로움을 명확히 보여준다. 1940년에 트로츠키는 스탈린의 지시를 받은 자객에 의해 멕시코 자택에서 암살되었다.

크나큰 패배를 마주했을 때는 정치에서뿐만 아니라 일상에서도 관점을 재고해야 한다. 1939년 8월, 2차 세계대전이 발발하기 며칠 전에 조지 오웰은 사회주의자로서 혁명적 신념과 독일의 공격에 맞서 영국을 지켜야 하는 긴급한 필요 사이에서 고민했다. 그리고 이러한 갈등의 해결책이 꿈에 나타났다. 나치와 소련이 불가침조약을 선언하기 하루 전, 오웰은 전쟁이 시작되는 꿈을 꾸었다.

프로이트 이론의 숨은 의미가 무엇이든 그것은 진짜 감정 상태를 드러내는 꿈들 가운데 하나였다. 그 꿈은 내게 두 가지를 일러주었는데, 첫 번째는 길고 무서운 전쟁이 시작될 때 다행으로 여기라는 것이었고, 두 번째는 내가 속으로는 애국자라서 우리 편을 고의로 방해하거나 우리 편에 반하

는 행동을 하지 않고 전쟁을 지지하며 가능하다면 직접 싸울 것이라는 사실이었다.[15]

현실과 허구 사이에서 꿈의 영향을 받는 세 가지 영역인 서사의 열쇠narrative key, 예술적 영감artistic inspiration, 정치적 한계political compass는 역동적이고 강력하게 뒤얽힌다.

꿈과 과학의 창조성

창조성은 관점의 급격한 변화, 비범한 아이디어를 만들기 위한 평범한 아이디어의 재조합을 수반한다. 꿈의 창조성은 과학의 양적 엄격함을 요구할 때도 발휘되며, 과학의 발전에도 핵심적인 역할을 한다. 가장 잘 알려진 예는 유기화학자인 아우구스트 케쿨레August Kekulé가 1865년에 발표한 벤젠고리의 발견이다.[16] 그보다 몇 년 전에 케쿨레는 탄소가 4가, 즉 네 개의 화학결합을 만든다고 주장했다. 그는 수소가 한 개의 화학결합을 만들고, 벤젠 분자는 탄소 원자 여섯 개와 수소 원자 여섯 개로 구성된다는 사실도 알았다. 케쿨레는 탄소 원자의 개수와 수소 원자의 개수가 같아서 직선형으로 결합할 수 없는 벤젠의 구조를 밝히는 데 집착했다. 그는 불 앞에 앉아서(아니면 버스에서-이 부분에 대해서는 논란이 있다) 이 주제에 대해 이런저런 생각을 하다가 잠이 들었고, 꿈에서 고대 이집트의 고문서에서 유래한 연금술의 상징 우로보로스Ouroboros처럼 자기 꼬리를 먹고 있는 뱀을 보았다.[17] 잠에서 깬 케쿨레는 벤젠의 구조가 육각형이라는 아주 명확한 해답을 얻었다. 이 유명한 사례는 거짓일 수도 있다. 훗날 케쿨레가 프랑스의 화학자인 오귀스트 로랑Auguste Laurent의 아이디어를 훔쳐놓고 꿈의 서사를 이용하여 자신이 저지른 표절을 정당화했다는 비난을 받았기 때문이다.[18] 이러한 비난은 논란의 여지가 있으며, 이 주제에 대한 논란은 화학의 역사 속에서 계속되고 있다.[19]

이런 의혹이 없으면서 중대한 과학적 의의를 지닌 또 다른 예는, 독일의 생리학자 오토 뢰비Otto Loewi가 수행한 신경계와 심장의 화학적 정보 전달에 관한 실험이었다. 뢰비가 이 주제에 흥미를 느낄 무렵에 정보 전달이 화학적인지, 전기적인지를 두고 거센 논란이 일었다. 오토 뢰비는 자신의 경험을 다음과 같이 이야기했다.

> 부활절인 1921년 토요일 밤, 나는 잠에서 깨어나 조명을 켜고 작은 쪽지에 급히 몇 자를 적어두었다. 그리고 다시 잠이 들었다. 아침 6시가 되어 밤사이 뭔가 중요한 내용을 적은 사실이 생각났지만, 뭐라고 썼는지 알아볼 수가 없었다. 그 일요일은 과학자로서 살아온 삶을 통틀어 가장 절망스러운 날이었다. 그러나 이튿날 새벽 3시에 다시 깨어났을 때 무슨 내용인지 기억났다. 이번에는 위험을 감수하지 않고 즉시 연구실로 가서 개구리 심장으로 실험을 했고…… 새벽 5시쯤 신경 자극이 화학적으로 전달된다는 것을 확실히 증명했다.[20]

이 유명한 실험은 먼저 개구리 심장 두 개를 격리하여 준비하고 둘 중 하나만 미주신경에 연결했다. 그다음 심장의 미주신경에 전기 자극을 가하여 서맥(bradycardia, 심박수의 감소)을 유발했다. 마지막으로 느리게 뛰는 심장 주변의 체액을 채취하여 다른 심장에 넣었다. 그러자 두 번째 심장이 느려졌고, 이로써 그는 자극이 화학적으로 전달된다는 기분 좋은 결론을 내릴 수 있었다. 뢰비는 이 원인 분자를 '미주신경 물질'이라는 뜻에서 바구쉬토프Vagusstoff라고 불렀고, 해당 물질은 현재 아세틸콜린으로 알려져 있다.

역사를 통틀어 가장 혁신적인 아이디어 중 하나로 꼽히기에 전혀 손색이 없는 원소 주기율표로 표현된 원자 구조 역시 꿈의 산물이었다. 1869년에 러시아의 물리학자이자 화학자인 드미트리 멘델레예프 Dmitri Mendeleyev는 몇 달간 자체 속성에 따라 원소를 정의하고 분류하는 일에 매달렸다. 그는 원소의 이름과 성질을 카드에 적고 다양한 분류 방식을 시험해보기로 했다. 멘델레예프는 원자 번호에 의미가 있다고 느꼈지만, 그 패턴을 이해하지 못하고 몇 시간 만에 잠들고 말았다. 그리고 꿈을 꾸었는데, 각각의 원소가 원자 번호에 따라 완벽한 자리를 찾아 들어갔고 비슷한 속성의 원소들이 무리 지어 주기적으로 반복되었다. 명확한 수학 법칙을 따르는 원소들로 구성된 물질을 이해함으로써 연금술을 화학으로 바꾸는 과정이 마무리되었다.

지금 우리는 원소 주기율표가 아원자 입자 간의 물리적 상호작용을 매우 명확히 보여준다는 것을 알지만, 멘델레예프는 이 사실을 알지 못했다. 온전한 창조의 순간이 현상 너머의 이론을 전부 이해할 때만 찾아오는 것은 아니다. 환각, 계시, 직관에 의한 '유레카!'의 순간, 통찰, 번뜩임 등 그리스인들은 유추법이라고 부르고 수면을 연구하는 현대인들은 기억의 재편이라고 부르는 이러한 정신 작용에서 가장 중요한 것은 밝히고 싶은 현실을 구성하는 일반 원칙, 즉 문제의 요점을 파악하는 것이다. 새 아이디어를 구상하는 데 정확할 필요는 없다. 이런 이유에서 귀추법은 귀납법의 엄격한 경험주의도, 연역법의 논리적 일반화도 따르지 않는다. 이것은 명확하지 않고 누가 봐도 동떨어져 있으며 대개 예상치 못한 해법으로 이동하는 가장 자유로운 정신 작용이다.

과학적 아이디어를 성공적으로 조합하는 꿈의 능력은 19세기 영국의 박물학자 앨프리드 러셀 월리스 Alfred Russel Wallace의 이야기에서 분명히 드러났다. 20년 동안 브라질과 동남아시아를 여행한 그는 19세기 중반에 생물 종들이 다른 종으로 진화하며 끊임없이 다양성을 창조하고 있다고 밝혔다. 이 급진적인 견해는 프랑스의 박물학자 장바티스트 라마르크Jean-Baptiste de Lamarck의 시대부터 100년 가까이 논의되어왔고, 월리스도 이를 입증할 만한 관찰 증거가 많다고 믿었지만, 학계의 거센 반발은 여전했으며 종의 진화를 설명할 수 있는 메커니즘도 뒷받침되지 않았다. 월리스에 따르면, "당시는 종들이 어떻게 그리고 왜 변하는지 뿐만 아니라, 종들이 어떻게 그리고 왜 잘 정의된 새로운 종들로 바뀌는지도 문제였다."[21]

1858년 2월, 월리스는 머나먼 인도네시아 섬에서 말라리아로 의심되는 간헐적 발열 증상을 겪었다. 열병을 앓는 동안 그는 종의 진화 문제에 관한 꿈을 꿨다. 종의 진화 문제가 18세기 말에 영국의 인구통계학자 토머스 맬서스Thomas Malthus가 제안한 풍부한 잉여 자원이 인구 증가로 인해 제한받는다는 이론과 연결되는 꿈이었다. 몽롱한 가수假睡 상태에서 깨어난 월리스는 그 반대도 사실이라는 것을 깨달았다. 즉, 자원이 제한적일 때 종은 치열한 경쟁 환경 속에서 각 세대에서 가장 적합한 개체들을 선택하는 방식으로 진화한다. 모든 것이 갑자기 명확해졌다. 종의 진화를 유발하는 것은 자연 선택이었다. 기력을 회복하자마자 월리스는 서신을 주고받던 또 다른 영국의 박물학자와 이 발견에 대해 자세히 논의했다. 그가 바로 찰스 다윈이었는데, 그 역시 5년 가까이 남아메리카 대륙을 여행하며 연구한 끝에 비슷한 결론에 도달한 상태였다.

숫자와 직감

꿈은 화학과 생물학에 대변혁을 가져왔을 뿐 아니라, 계산보다 훨씬 더 추상적인 수학자들의 작업에도 중대한 영향을 미쳤다. 늘 분주했던 르네 데카르트는 23세의 나이에 벌써 예수회 학교에서 공부한 뒤 대학에서 법학 과정을 마쳤으며 독일군에서 복무한 뒤 음악 이론에 관한 책을 쓰고 유럽 전역을 여행했다. 박식한 이 여행가는 다뉴브 강둑의 폭풍우를 피해 따뜻한 난로 옆에 앉아 있다가 세 가지 꿈을 꾸었는데, 이 꿈들은 우리가 세상을 이해하는 방식에 혁신을 일으켰다.[22]

첫 번째 꿈은 유령에게 괴롭힘을 당하고 회오리바람에 휘말리는 악몽이었다. 그는 학교로 돌아가려고 했지만, 몸을 제대로 가누지 못하고 계속 휘청이며 걸었다. 그때 어떤 사람이 나타나 미스터 N의 선물을 가져왔다고 정중히 말했다. 데카르트는 먼 나라에서 온 과일이겠거니 생각하다 문득 자신을 둘러싼 사람들은 모두 똑바로 서 있는데 자신만 간신히 서 있다는 것을 깨달았다.

그는 두려움 속에서 깨어나 악몽의 해악을 막아달라고 신에게 기도했다. 머지않아 다시 잠이 들었지만 꿈에서 천둥이 울리는 바람에 다시 겁에 질려 깨어났고, 이번에는 이성적으로 자기가 정말로 깨어 있는지 확인하고 재빨리 눈을 떴다 감으며 마음을 진정시켰다. 그렇게 다시 한번 잠에 빠졌는데 이전과 사뭇 다른 꿈을 꾸었다. 차분하고 관조적인 분위기에서 데카르트는 탁자에 놓인 사전을 집으려다 그 뒤에 있는 시선집을 발견했다. 시선집을 임의로 펼치니 아우소니우스Ausonius라는 시인이 라틴어로 쓴 "인생에서 나는 어떤 길을 따라가야 하는가?"라는 문장이 보였다. 그때 갑자기 낯선 이가 나타나 "참과 거짓"이라는 짧은 문장을 보여주었다. 데카르트는 그 시가 어느 부분에 있는지 보여주려고 했지만, 그 책은 이상하게도 잠시 사라졌다가 다시 나타났다. 그는 지식의 일부를 잃어버렸다는 느낌을 받았고, 낯선 남자에게 같은 구절로 시작하는 더 괜찮은 시를 보여주겠다고 말했다. 바로 그때 낯선 남자와 시선집, 그리고 꿈이 송두리째 사라졌다. 이로 인해 큰 충격을 받은 데카르트는 성모 마리아에게 기도하면서 이탈리아에서 프랑스까지 도보순례를 하려고 하니 보호해달라고 간청했다. 그는 꿈에서 본 책들이 하나의 언어와 하나의 체계를 통한 모든 과학의 통합을 가리킨다고 해석했다.

꿈에서 얻은 단서를 기점으로 데카르트는 인생에서 자신이 가야 할 길을 찾아냈다. 그리고 18년 후 《방법서설》(원제는 '과학에서 이성을 올바르게 행하는 방법과 진리를 추구하는 방법에 관한 담론Discourse on the Method of Rightly Conducting One's Reason and of Seeking Truth in the Sciences'이다-옮긴이)을 출간하여 의심할 수 없는 명백한 것만 수용하기, 각각의 의문을 더 작은 의문으로 쪼개기, 사고를 간단한 것부터 복잡한 것까지 구성하기, 가능한 지식을 최대한 폭넓게 고려하여 결론 확인하기 같은 새로운 과학적 방법론을 주장했다. 이 책은 광학, 기상학, 기하학에 관한 독창적인 논문들을 포함하며, 수학으로 만들어진 합리적 세계를 상상할 때 데카르트의 방식이 얼마나 강력한지를 보여준다.

데카르트는 해석기하학을 창시했고, 대수학 공식에 가장 크게 기여한 인물이 되었다. 이상한 것은, 그가 꿈을 통해 중요한 지적 임무를 해석해놓고 뒤늦게 꿈에서 겪은 환각의 유용성에 대해 진지하게 의구심을 드러낸 사실이다. 그와 달리 미적분을 공동으로 창시한 17세기 독일의 수학자 고트프리트 라이프니츠Gottfried Leibniz는 꿈의 환각을 "우리가 깨어 있는 동안 많이 생각함으로써 얻을 수 있는 그 무엇보다 품격 있는 형성물"로 여겼다.[23]

이러한 예외를 제외하고는 가우스, 오일러, 갈루아, 코시, 야코비, 괴델과 같은 역사상 가장 위대한 수학자들의 삶과 연구에서 꿈을 통해 뭔가를 발견한 사례는 현저히 부족하다. 수학자들의 창조성은 칭찬할 만하지만, 수학적 정리는 결국 깨어 있을 때 입증되는 것으로 보인다.

프랑스의 수학자인 앙리 푸앵카레Henri Poincaré는 휴식과 귀추법이 자신의 연구에 얼마나 중요한지를 아주 명쾌히 증명했다.

처음에 가장 놀라는 것은 길고 무의식적인 사전 작업의 확실한 증거인 갑작스러운 깨달음의 출현이다. 이러한 무의식적 작업이 수학적 발명에 한몫한다는 것은 이론의 여지가 없어 보이며……. 어려운 문제를 풀 때 보통 첫 시도에서는 좋은 결과를 얻지 못한다. 그러면 일단 휴식을 취하고…… 새로 고쳐 앉는다. 초반 30분은 이전처럼 아무것도 발견되지 않다가 별안간 결정적인 아이디어가 떠오른다. 의식적 작업을 중단하면 휴식이 힘과 생기를 돌려주므로 더 유익하다고 할 수 있다.

그러나 푸앵카레는 꿈에서 파생된 수학적 정리를 보고한 적이 없다. 그가 연구에 활용한 귀추적 휴식은 각성 상태에서 나타나는 현상이었다.

어느 저녁, 나는 평소와 달리 블랙커피를 마시고 잠을 이루지 못했다. 수많은 아이디어가 한꺼번에 떠올랐다. 그들은 쌍으로 맞물릴 때까지, 즉 안정된 조합을 이룰 때까지 충돌하는 듯했다.

테트리스 게임을 활용해 꿈의 반향을 연구한 것보다 100여 년이나 먼저 쓰인 그의 설명은 꿈 공간에 있는 표상들을 재조합하고 공간을 분절하는 엄청난 능력을 강조한다. 이 결과는 프로이트와 융에게 더할 나위 없이 소중했다.

> 잠재적 자아subliminal self는 결코 의식적 자아conscious self보다 열등하지 않고, 완전히 무의식적이지 않고, 인식할 수 있고, 섬세한 감각을 가지며, 어떻게 선택하고 예측할지를 안다. (⋯) 잠재적 자아는 실패한 지점에서 이어지기 때문에 의식적 자아보다 예측하는 방법을 더 잘 안다.[24]

1945년, 프랑스의 수학자 자크 아다마르Jacques Hadamard는 1921년에 노벨 물리학상을 수상한 독일의 물리학자 알베르트 아인슈타인Albert Einstein, 사이버네틱스cybernetics를 창시한 미국의 수학자 노버트 위너Norbert Wiener와 같은 저명한 학자들에게 제기된 질문들을 바탕으로 수학적 창조성에 관한 독창적인 책을 출간했다.[25] 아다마르는 수학적 창조성이 준비preparation, 배양incubation, 이해illumination, 검증verification이라는 4단계로 구성된다고 결론지었다. 이처럼 잘 정의된 창조성 단계는 특정한 문제를 해결하기 위해 꿈의 계시를 간청하고 획득하는 고대의 많은 전통을 떠올리게 한다. 그러나 아다마르는 새로운 수학적 해법을 제공할 수 있는 꿈의 존재를 인정하면서도 그 분야의 전문가들 사이에서 이러한 꿈이 희귀하다고 지적했다. 꿈에서는 뭐든 확실히 읽고 쓰는 경우가 흔치 않으므로 수학적 표기법을 사용하는 것은 더욱 드문 일일 수 있다. 이와 같은 어려움은 인간종 내에서 읽기가 최근에 등장한 사실을 떠올리게 한다. 읽기는 안면 인식처럼 훨씬 더 오래된 기술을 수행할 수 있도록 진화한 대뇌피질의 특정 영역들을 '장악'해야 하는 수준 높은 행동 능력이다.[26] 꿈에서 수학적 계산을 수행하는 능력에 관한 연구는 깨어 있는 삶보다 훨씬 더 큰 어려움을 시사하는데,

이는 단기 기억이 감소한 탓일 수 있다.[27]

　수학적 표기법이 꿈의 창조성을 가로막는 장애물일 수 있음을 보여주는 한 가지 증거로 힌두교도이자 수학자인 스리니바사 라마누잔 Srinivasa Ramanujan의 흥미로운 사례를 들 수 있다. 정규 교육을 거의 받지 못했음에도 그가 정수론과 무한급수에서 발견한 것들은 수십 년이 지나고 나서야 이해되었다. 요즘 블랙홀과 양자중력quantum gravity, 초끈이론super-string theory에 관심 있는 물리학자와 수학자는 이 시골 출신의 독학자가 일찍이 발표한 뛰어난 수학적 정리에 매달리고 있다. 1912년, 첸나이라는 도시에서 경리로 일하던 25세의 라마누잔은 입증되지 않은 수십 가지 정리定理를 케임브리지대학의 고드프리 하디 Godfrey Hardy에게 보냈다. 다른 많은 저명한 동료들은 그의 편지를 무시했지만, 이 영국의 학자는 다소 의심을 하다가 이내 젊은 발신인의 다듬어지지 않은 재능에 감탄했다. 이 정리들은 "참일 수밖에 없는데, 참이 아니라면 그 누구도 그런 것들을 지어낼 상상조차 하지 못했을 것이기 때문이다."[28]

　열정적인 편지를 한 차례 주고받은 뒤, 하디는 공동 연구를 위해 라마누잔을 영국으로 초대했다. 그러나 해외여행은 그가 속한 계급의 종교적 순결에 반하는 행위였다. 힌두교 신 비슈누의 아내인 락슈미 나마기리Lakshmi Namagiri 여신을 숭배하던 그의 가족은 여행을 극구 반대했다. 라마누잔의 거절에도 하디는 고집을 꺾지 않았고, 나마기리 여신이 그의 어머니의 꿈에 나타나 여행을 반대하지 말라고 명령하면서 라마누잔은 아내와 가족, 자신의 뿌리를 남겨두고 쌀쌀한 날씨의 영국으로 향하는 배에 올랐다.

　그와 그의 스승인 하디는 열정적으로 연구에 몰두해 무려 21편에 달하는 독창적인 논문을 발표했다. 대학 졸업장이 없음에도 불구하

고 라마누잔은 케임브리지대학의 교수가 되었고 명망 높은 런던왕립
학회의 석학회원fellow으로 선출되었다.[29] 이렇게 수많은 영예를 안고
도 그는 그곳에 완전히 녹아들지 못했다. 가족과 신으로부터 멀리 떨
어진 곳에서 자신의 관습을 야만적으로 여기는 사회의 인종차별을 마
주한 라마누잔은 우울증에 빠지고 결핵 증상을 보이기 시작했다. 그는
1919년에 인도로 돌아갔고, 얼마 지나지 않아 수학적 창조성이 절정
에 다다른 32세의 나이에 세상을 떠나고 말았다. 그는 임종을 앞두고
하디에게 편지를 쓰면서 꿈에서 본 이해하기 어려운 몇 가지 함수를 적
었는데, 이 수수께끼들은 거의 1세기 후인 21세기 초가 되어서야 이해
되기 시작했다. 라마누잔이 세상을 떠난 후에 태어난 몇몇 수학자는 이
함수들을 바탕으로 새로운 이론들을 만들어냈다. 이 함수들은 어디서
온 것일까?

　라마누잔은 꿈에서 락슈미 여신이 복잡한 수학적 환각을 보여
주었다고 설명했다.

　　나는 잠을 자는 동안 색다른 경험을 했다. 말하자면, 흐르는 피로 만들어
　　진 붉은 스크린이 있었다. 그것을 관찰하고 있는데, 갑자기 손 하나가 그
　　위에 뭔가를 쓰기 시작했다. 나는 온 신경을 기울였다. 그 손이 여러 개의
　　타원형 적분을 적었다. 그것들이 머릿속에서 콱 박혀버렸다. 나는 잠에서
　　깨자마자 그것들을 적어두었다.[30]

　독실한 힌두교 신자였던 라마누잔은 열정적인 꿈 해석 전문가
였다. 그는 이성과 계시를 거쳐서, 수학 기호의 논리적인 입증 과정과
그것의 아름다움을 거쳐서 수학적 발견에 접근했기 때문에 수학과 영
성을 별개로 보지 않았다. 라마누잔과 꿈의 창조성 사이의 비옥한 관

계는 서양 수학자들에게는 매우 드문 것으로, 인도 수학 고유의 특성을 반영한다. 인도 수학은 구전口傳 전통이 강하고, 개념을 형성할 때 상징의 제한이 덜하며, 신과 밀접한 관계를 맺는 것을 특징으로 한다.

이중의 불확실성

앞서 살펴본 사례들을 비롯하여 많은 경우에 수면과 꿈이 인간의 창조성에 중요한 역할을 한다는 것을 알 수 있다. 하지만 이 사실을 과학적으로 밝히기란 쉽지 않다. 당신은 꿈에서 무엇이든, 혹은 거의 모든 것을 기대할 수 있다. 문자와 숫자, 책의 출현이 드물다고 해서 그것들이 꿈에 전혀 나타나지 않는다고 말할 수는 없다. 1950년에 노벨 문학상을 수상한 영국의 수학자이자 철학자 버트런드 러셀Bertrand Russell은 이 사실을 아주 간단히 보여주었다. "나는 내가 지금 꿈을 꾸고 있다고 믿지 않지만, 그렇지 않다는 것을 증명할 수 없다."[31]

누군가가 발견을 꿈의 덕으로 돌릴 때 우리는 이중의 불확실성을 마주한다. "그 꿈의 의미는 무엇일까?"라는 질문은 또다시 "그 사람이 정말 그 꿈을 꾸었을까?"라는 질문으로 이어진다. 그리고 무엇이 사라졌나? 무엇이 더해졌나? 직접 경험한 꿈과 다른 사람에게 전달한 이야기는 무엇이 다른가? 이것은 매우 중요한데, 꿈에서 발견한 것에 관한 이야기는 그것을 자연스러운 것으로 여기고 옹호하며 무엇보다 정당화함으로써 다른 창조적 과정뿐 아니라 표절 행위까지도 숨기기 때문이다. 이것이 과학자들이 이 문제를 경험적으로 다루기 전까지 꿈과 창조성에 관한 다양한 일화들이 단순한 추측에 머물렀던 이유이다.

유레카의 순간 포착하기

수면 중에 새로운 아이디어가 불현듯 떠올라 순식간에 지나가는 현상을 실험실에서 어떻게 포착하고 측정할까? '유레카!'의 순간은 세상을 바꿀 수 있는 기억의 재구성으로, 한 사람에게 단 한 번만 일어나는 예측 불가한 단일 사건이며 그 후에는 반복만 있을 뿐이다. 새로운 아이디어는 다른 무수한 사람들에게 전파될 가능성과 함께 떠오르지만, 그것을 만들어낸 사람에게는 이미 낡은 것이며 무를 수 없는 기존의 것이다. 브라질의 시인 아르날도 안투네스Arnaldo Antunes에 따르면, "지나간 것은 사라진 것이다."[32]

2004년에 독일의 신경과학자인 얀 본과 울리히 바그너Ulrich Wagner, 스테판 가이스Steffen Gais는 인간의 수면과 통찰력의 관계를 정량화하는 데 최초로 성공했다. 연구자들은 문제의 답이 회문 형식인, 즉 앞에서 읽으나 뒤에서 읽으나 똑같은 연속 기호로 암호화된 고전적인 심리 검사를 이용했다. 참가자들은 이러한 구조에 대해 듣지 못했고, 굳이 그럴 필요가 없는데도 순서를 통째로 분석하기 시작했다. 검사를 마친 후 잠을 잔 참가자들은 이튿날 재검사를 받았을 때 60퍼센트가 숨겨진 정보를 인식했지만, 잠을 자지 않은 참자가들은 20퍼센트만 인식하는 것으로 나타났다.[33]

《네이처》지에 실린 이 실험은 수면과 창조성의 밀접한 관계를 최초로 정량적으로 증명했지만, 수면의 어느 단계가 창조성과 가장 밀접한 연관성이 있는지와 특정 유형의 수면이 특정 유형의 창조성에 더 유익할 수 있는지는 확인하지 못했다. 지난 20년 동안, 이 질문들은 로버트 스틱골드와 매튜 워커, 사라 메드닉이 수행한 일련의 실험들에 의해 다루어졌다. 이 증거는 어떤 문제의 창의적 해결, 즉 아나그램(단어나 구를 재배열하여 다른 의미를 가진 단어나 구를 만드는 것—옮긴이) 생성[34]이든 단어 연상의 유연성[35]이든 이 문제와 해법 사이에 발생하는 렘수면의 도움을 받는다는 것을 보여주었다.

기억의 재구성

기억의 재구성을 자극하는 것은 렘수면의 어떤 속성일까? 렘수면은 특성상 서파수면보다 피질 활성이 더 많을 뿐 아니라 뉴런의 동시성 수준이 감소하고 활성화 과정을 반복하는 빈도가 낮다. 수면 중에 접하는 일종의 정보 소음이 학습에 유용할 수 있다는 아이디어는 흥미로운 금화조 실험으로 이어졌다. 금화조 수컷들은 태어난 지 2주가 되면 아비의 노래를 흉내 내며 노래 부르는 법을 배우기 시작한다. 성체의 노래에 일찍 노출되어도 평생 지속되는 기억을 만들 수 있다. 아버지나 다른 성체, 심지어 나무로 조각한 새의 녹음된 노래에 잠깐만 노출되어도 음성 모방을 연습할 때 내부 모델로 쓸 수 있는 탄탄한 기억이 형성된다.

이 과정을 두 달에 걸쳐 여러 차례 반복하면 어린 새는 점차 모델로 삼은 원곡을 그럴듯하게 따라 할 수 있다. 어린 새의 노래는 아비의 노래와 상당히 비슷한 결과물로 구체화될 때까지 시간이 흐름에 따라 불규칙적으로 수정된다. 뉴욕시립대학 헌터칼리지 소속인 이스라엘의 신경생태학자 오퍼 체르니초프스키Ofer Tchernichovski와 그의 팀은 어린 새가 원곡에 노출되면서부터 자기만의 노래를 확립할 때까지 각각의 발성을 하나하나 기록하며 이 현상을 철저히 연구했다.[36] 그들이 가장 먼저 발견한 것은 금화조의 노래가 당일에 점진적으로 수정되고 반복되면서 원곡과 점점 더 비슷해진다는 사실이다. 두 번째 발견은 이튿날 아침에 부르는 노래는 전날과 비교해 원곡과 덜 비슷하다는 것이다. 다시 말해 밤잠을 잘 때마다 어린 새의 노래와 원곡의 유사성이 낮아진다. 주간의 습득량이 야간의 손실량보다 많으므로, 어린 새는 변화가 안정될 때까지 매일 두 걸음 나아갔다가 한 걸음 물러나며 느리지만 확실하게 점차 유사성이 올라간다. 이 효과는 자연 수면과 멜라토닌으로 유도된 수면 둘 다에서 나타났다.

세 번째 발견이 가장 놀라웠는데, 밤과 아침 사이에 유사성이 가장 크게 떨어져서 하룻밤 만에 원곡과 가장 멀어진 새들이 몇 달이 지나 전 과정을 마쳤을 때는 원곡에 가장 가까운 노래를 불렀다. 다시 말해, 학습 과정에서 실수를 가장 많이 한 새들이 결과적으로는 가장 큰 성과를 거두었다.

이 현상을 어떤 메커니즘으로 설명할 수 있을까? 2016년에 미국의 신경과학자인 보스턴대학의 티모시 가드너Timothy Gardner와 그의 동료들이 국제적인 팀을 이루어 금화조가 노래를 부르거나 잠을 자는 동안 핵심 영역인 HVChigh vocal center의 신경 활성에 관해 연구하고 그 결과를 발표했다. 노래하는 새의 뇌 영역인 HVC가 활성화되어야만 전기적 전달이 시작되고 최종적으로 발성 기관에 다다라서 노래로 변형된다. 연구자들은 특정 뉴런들이 전기적으로 활성화될 때 형광성 단백질을 생산하도록 새의 뇌에 바이러스를 주입했다. 가드너는 새의 연약한 두개골에 이식한 2.5센티미터 크기의 소형 현미경을 사용하여 노래를 암호화하는 신경 집단의 야간 활성화를 시각화할 수 있었다. 그 결과는 놀라웠다. 노래가 하루하루 안정을 찾아가는 동안, HVC의 신경 활성화 패턴은 며칠 밤에 걸쳐 크게 변화했다.[37]

뇌는 원곡과 유사한 노래를 만들기 위한 최상의 시냅스 구조를 찾는 과정에서 매일 밤 최선책을 탐색하기 위해 어제 만든 노래를 일부 지우는 것으로 보인다. 그리고 수면은 관련 체계가 차선책에 안주하지 않도록 매일 밤 기억에 잡음을 더하는 것으로 나타났다. 이 현상은 금속을 굳혔다가 무르게 하기를 반복하며 강합금을 담금질하는 가열냉각주기와 비슷하다. 금화조의 노래가 발달하는 과정은 《오디세이아》의 페넬로페가 오디세우스가 돌아올 때까지 기다릴 시간을 벌기 위해 낮에는 수의를 짜고 밤에는 그것을 다시 풀어헤치는 것과 비슷하다. 치코 사이언스 앤드 나차오 줌비Chico Science & Nação Zumbi라는 브라질 밴드의 노래를 해석하려면 정리하기에 앞서 먼저 해체해야 한다.

세포와 분자 수준에서 일어나는 이 신경생물학적 현상은 꿈 내용에 정확히 어떻게 반영될까? 금화조에게 물어볼 수는 없지만 인간들, 특히 보수를 받고 정말 재밌는 비디오게임을 하는 대학원생들에게는 많은 도움을 받을 수 있다. 로버트 스틱골드는 새로 부활한 꿈의 기억 처리 과정 연구의 세계적인 권위자가 되어 재정 지원이 넉넉한 여러 프로젝트를 이끌었고 여러 대기업의 자문위원으로 활동했으며 누구도 감히 요청하지 못한 일을 실행에 옮겼다. 실물을 정교하게 구현한 3D를 이용해 긴장감 넘치는 알파인 활강을 시뮬레이션할 수 있는 거대한 인터렉티브 비디오게임을 자비로 실험실에 설치한 것이다.

그날 실험실에서 그의 연구에 참여한 43명이 이 게임을 열정적으로 수행했다. 그리고 밤에 귀가하여 수면 중 신체와 안구의 움직임을 측정하기 위한 장비를 설치했다. 참가자들은 잠든 후부터 15~30초 간격으로 방해를 받고 깨어나 꿈의 내용을 기록했다. 다양한 감각을 사용하는 인터렉티브 가상 스키는 참가자들의 꿈을 기가 막히게 찾아 들어가는 것으로 밝혀졌다. 테트리스는 꿈 이야기의 7퍼센트를 차지했지만, 가상 스키와 관련된 이미지는 24퍼센트나 차지했다. 신기하게도 게임을 하지 않고 다른 사람의 게임을 가까이서 지켜본 대조군에도 같은 현상이 비슷한 강도로 일어났다. 게임에 대한 기억의 반향은 시간 경과에 따라 확실히 감소했고, 관련 이미지들은 점점 더 추상적이고 비현실적으로 변했다. 그러나 가면 갈수록 오래된 기억들이 점점 더 많이 나타나기 시작하면서 최근 기억에 오래된 기억을 끼워 넣는 과정이 드러났고, 이는 최근 기억과 오래된 기억의 통합을 반영하는 것으로 보인다.

잠들고 처음 몇 초 동안은 대체로 "머릿속에 섬광처럼 떠오르는데…… 게임, 가상 현실 스키 게임이에요"처럼 믿을 만한 이야기를 하다가 몇 분이 지나면 게임과의 연관성은 유지하면서 훨씬 더 자유분방한 이야기를 한다. 예를 들어 한 참가자는 이렇게 회상했다. "이번에는 장작을 쌓고 있었는데…… 그걸 어디서 했느냐면…… 예전에 갔던 스키 리조트고, 5년 전쯤이었네요."[38] 수면 과정이 진행되는 동안 꿈속 이미지의 추상성이 증가하는 것은 해마의 활동이 증가하여 예전 기억을 재활성화하고 최근 기억과 뒤섞음으로써 새로운 사실을 기존의 기억에 통합했기 때문일 수 있다.

꿈이 일으킨 기적 같은 일

심각한 부적응이나 인지 장애를 겪고 있을 때 꿈이 기적처럼 해결사 역할을 하기도 한다. 완전히 새로운 고도의 적응행동이 말 그대로 하루아침에 자리 잡아 큰 놀라움을 자아내는 것이다. 한 신경과학자가 내게 석사학위를 밟던 중에 아르헨티나로 가서 스페인어 단기 속성과정을 들었다고 말했다. 그는 뭐라도 하나 제대로 말하기는커녕 알아듣지도 못해서 누구와도 소통할 수 없다는 사실에 몹시 두려웠다. 당혹감이 커져만 가던 어느 밤 그는 스페인어를 유창하게 읽고 쓰는 꿈을 꾸었다. 이튿날이 되자 새로운 언어를 사용하는 능력이 그야말로 비약적으로 발전하여 스페인어를 유창하게 말할 수 있었다.

어릴 때 자전거에서 균형을 잡지 못해 창피해하던 한 남성이 운동 능력을 획득하게 된 인상적인 사례도 들었다. 그는 청소년기에 자전거는 일단 출발하기만 하면 스스로 나아간다는 사실을 깨닫고 다시 시도해보기로 했다. 이틀간 연습하면서 약간의 진전이 있었고, 그날 자전거를 타고 아주 수월하게 돌아다니며 정말 쉽다고 생각하는 꿈을 꾸었다. 다음 날 첫 시도에 성공했고, 그는 그렇게 자전거 타는 법을 배웠다.

꿈은 꿈꾼 사람을 먼 곳으로 한 방에 날려 보내듯, 진짜 납치라도 하듯 갑자기 새로운 기술과 내용에 숙달한 상태로 만들 수 있다. 모잠비크의 작가 미아 쿠투Mia Couto는 모잠비크의 일부 언어에서 꿈꾸다, 상상하다, 날다에 대한 단어가 동일하다는 사실을 내게 알려주었다. 패러글라이딩은 꿈을 통해 시야가 대폭 넓어지는 상황을 매우 적절히 묘사한다.

16세기 이탈리아의 철학자 조르다노 브루노Giordano Bruno는 꿈의 비행으로 돌연 통찰력을 얻게 된 역사상 가장 위대한 사례 중 하나를 들려주었다. 그는 전 도미니코회 수사로서 지성, 박식함, 논란을 일으키는 발상, 신랄한 태도, 놀라운 기억력으로 유럽 전역에 알려지게 되었는데, 몇몇 동시대인은 그의 기억력을 마법의 힘으로 치부했지만, 브루노는 자신의 저서인《기억의 기술The Art of Memory》에서 자신이 사용한 정교한 기억법에 관해 설명했다.[39]

브루노의 여러 저서 중 하나는 3세기 후 프로이트가 자신의 독창적인 저서에 제목으로 사용한 꿈의 해석을 다루는 데 전념했다. 브루노는 30세에 훗날 전설이 될 꿈의 환각을 경험했다. 당시 대다수 천문학자들은 지구가 태양계의 중심에 있고 하늘의 지붕은 투명한 구체에 고정된 별들로 이루어진다는 고대의 천동설을 고수했다. 16세기 폴란드의 천문학자인 니콜라우스 코페르니쿠스Nicolaus Copernicus의 지동설을 옹호하는 사람은 거의 없었을뿐더러 코페르니쿠스가 제안한 모형에서조차 태양계는 여전히 우주의 중심이었다. 그러나 브루노는 다중세계의 존재를 추정한 고대의 우주론에 접근했다. 우주의 무한함을 언급한 12세기 이란의 철학자 파크르 알-딘 알-라지Fakhr al-Din al-Razi와 16세기 영국의 천문학자 토마스 디게스Thomas Digges의 저서를 읽었는지도 모른다.

브루노가 엄청난 꿈을 꾼 것도 이런 맥락에서였다. 그의 설명에 따르면, 그의 영혼은 몸을 떠나 하늘 높이 떠올랐고 지구에서 아주 멀어졌다. 새로운 버전의 TV 다큐멘터리 시리즈인 〈코스모스: 시공간 오디세이Cosmos: A Spacetime Odyssey〉에서 미국의 천체물리학자 닐 디그래스 타이슨Neil deGrasse Tyson은 조르다노 브루노의 경험을 이렇게 설명했다.

나는 당당히 날개를 펼치고 무한대를 향해 솟아올랐고, 그 뒤로 다른 이들이 멀리서 보려고 안간힘을 쓰고 있었다. 이곳은 위도 없고 아래도 없고 중앙도 없고 가장자리도 없다. 내 눈에는 태양도 그저 또 하나의 별일 뿐이었다. 그리고 그 별들은 또 하나의 태양으로서 우리처럼 또 다른 지구의 호위를 받았다. 이 장엄한 계시는 마치 사랑에 빠지는 것과 같았다.[40]

사실이든 꾸며낸 이야기든 조르다노 브루노의 마법 같은 꿈 이야기는 지구로부터 먼 여행을 떠남으로써 1000년 전에 키케로가 상상한 스키피오의 꿈을 소환했을 뿐 아니라, 그보다 더 멀리 나아가 하늘의 지붕인 천체의 개념적 한계선을 돌파했으며 마침내는 원근법을 무너뜨리고 모든 방위에서 무한히 먼 곳에 도달했다. 브루노는 우주에서 빙글빙글 돌면서 우리가 모든 것들에 비해 얼마나 작은지 알게 되었으며, 꿈꾸는 자신의 몸 안에서 우주는 믿을 수 없을 만큼 광활하고 태양은 각자의 행성에 둘러싸인 무수히 많은 별들 가운데 하나일 뿐이라는 것을 깨달았다. 태양은 우주의 중심에 있지 않으며, 모든 궤도의 중심조차 존재하지 않는 듯했다.[41]

이처럼 심오한 브루노의 천문학적 견해는 독일의 천문학자인 요하네스 케플러Johannes Kepler에게 평생 거부당했고, 브루노가 세상을 떠나고 4년 후에 이탈리아의 천문학자 갈릴레오 갈릴레이가 망원경을 통해 은하수의 별을 처음 관찰하면서 확인되기 시작했다. 한편, 다중은하의 존재는 300년이 지나서야 분광학 방법을 사용해 경험적으로 확인할 수 있었다.

다른 행성들에 다수의 세상과 생명이 있다는 등 브루노의 몇몇 아이디어는 고대 그리스와 이슬람의 철학에 뿌리를 두고 있지만 그 시대를 한참 앞서갔다.[42] 호전적인 태도 탓에 브루노는 특히 교회 안에서 강력한 적들을 만들었다. 1592년에 베네치아에서 체포된 후 종교재판에 넘겨지고 로마로 압송되어 이단과 신성모독, 부도덕한 행위를 이유로 재판을 받으면서 그에게 악몽이 시작되었다. 재판을 받는 동안 이 철학자는 자신의 신념을 철회할 기회가 있었음에도 자신의 기본적인 관점에 대한 일관성과 강직함을 지키기로 마음먹었다.

불굴의 천재 브루노는 7년 동안 감금과 고문을 당하면서도 결코 신념을 버리지 않았고, 결국 1600년에 재갈을 물고서 로마 거리로 끌려 나가 굴욕을 당한 뒤 광장에서 산 채로 불태워졌다. 이처럼 잔혹한 범죄가 일어난 캄포 데 피오리Campo de' Fiori에는 브루노의 근엄한 동상이 우뚝 서서 일요일 아침마다 과일과 꽃을 파는 시장을 굽어보고 있다. 기단에는 감동적인 글귀가 적혀 있다.

브루노를 위하여

그대가 예견한 시대에

그대가 불태워진 이곳에서.

아이디어의 변형과 선택

흥미로운 점은 브루노처럼 창의적이고 독창적인 사상가였던 케플러가 무한한 우주 곳곳에 체계 없이 흩어져 있는 다중태양과 다중행성이라는 개념에 대한 두려움을 표현하기 위해 갈릴레오에게 편지를 썼다는 것이다.[43] 케플러는 꿈을 부정하지 않았고, 오히려 그 반대였다. 그는 1634년에《꿈Somnium》이라는 책을 출간한 공상과학소설의 선구자이며, 이 책에서 그의 또 다른 자아는 달 여행을 떠나 전망 좋은 자리에서 지구의 생김새를 자세히 설명하는 꿈을 꾼다. 이 경우 꿈이라는 활동은 서사의 도구에 불과하지만, 달의 시점으로 제공된 통찰력의 중대한 이득을 정당화하기 위해 꿈을 사용했다는 사실을 모를 수가 없다.

뇌는 잠자는 동안 인지의 유연성과 정확성이 충돌을 경험하는데, 두 속성의 메커니즘은 각각 기억의 재구성과 강화이다. 기억의 정확성은 계통발생학적으로 아주 오래된 생리학적 상태로 꼼꼼히 기억하는 것을 선호하는 서파수면의 속성인 반면, 기억의 재구성은 최근의 생리학적 상태로 새로운 문제를 해결할 수 있는 렘수면의 속성으로 보인다. 기억의 재구성은 도전적인 환경, 특히 예측할 수 없는 방식으로 끊임없이 변하는 환경에 적응하기 위한 능력이다. 그러나 꿈의 지나친 창조성은 현실 세계에서 위험한 발상으로 이어질 수 있으므로, 일단 현실에 충실한 시뮬레이션을 통해 철저히 검토해야 더 안전하다.

밤사이 서파수면과 렘수면이 번갈아 나타나면서 뇌는 아이디어를 선택하고 변형하는 주기를 몇 차례 통과하는 기회를 얻는다. 밤의 전반부에 뇌의 대부분을 장악하는 서파수면의 마루에서 기억이 반향되면 새로운 기억 가운데 중요한 것은 강화되고 나머지는 제거된다. 렘수면 동안 대뇌피질의 전두엽이 비활성화되고 노르아드레날린 분비가 전체적으로 중단되면 의사 결정의 정확성과 계획의 질서정연한 실행이 줄어들어 꿈 서사의 논리적 구성이 연속성을 잃는다. 이것은 꿈의 요소들 사이에 전위dislocation, 압축condensation, 파편화, 연상을 불러와 예상치 못한 방식으로 기억을 결합시킨다. 렘수면 중에 고조되어 요란하게 관찰되는 피질의 활성은 뉴런의 동기화를 느슨하게 하는 '처리 과정의 오류processing error'를 발생시키고, 실제로 전기적 전파를 위한 새로운 경로를 창출한다.

우리가 살펴봤듯이 렘수면은 장기 강화에 필요한 유전자의 발현을 촉진하며, 이는 수면 중에 재구성되는 기억의 시냅스 강화로 이어진다. 나는 컴퓨터 조작에 능한 쿠바의 신경과학자 윌프레도 블랑코Wilfredo Blanco, 세자르 레노-코스타César Rennó-Costa와 함께 일하면서 렘수면에 의해 유도되는 장기 강화가 기억을 강화할 뿐 아니라 재구성한다는 것을 보여주기 위해 수면각성주기를 통과하는 신경 회로의 시뮬레이션을 사용했다. 이것은 일부 연결의 단순 강화만으로 시냅스의 힘이 재분배되고 신경망의 상당 부분이 직간접적으로 변형될 수 있음을 의미한다. 이 현상을 명확히 이해할 수 있는 비유를 들어보자. 공기를 가득 채운 풍선은 폐쇄계closed system라서 풍선을 손으로 힘껏 누르면 다른 쪽이 변형되는 것과 같다.

집시처럼 떠도는 기억들

시간이 흐르면 기억의 틀로 사용되는 세포들마저 대체될 텐데, 특정 기억은 어떻게 그렇게 오랫동안 안정적으로 남아 있을까? 망각에 저항하는 경향성은 오래된 기억이 최근의 기억보다 훨씬 더 강하다. 고향을 떠나 한곳에 정착하지 않고 끝없이 떠도는 집시처럼 기억은 피질 신경망의 너른 변두리를 옮겨 다니면서 생이 계속될수록 더 깊이 파고들고 영역을 확장하며 방해에 저항하는 것으로 보인다. 풍부하고 세부적인 기억은 어느 노인의 머릿속에서 1세기 넘게 지속될 수 있지만, 그것이 유년기부터 항상 똑같았다고 말할 수는 없다. 반대로 실험 증거에 따르면, 기억은 평생 끊임없이 변형되고 뇌 내부를 이동하며, 이러한 변화를 잠재우는 데 수면이 특수한 역할을 한다.

이 이야기의 일부는 1942년에 도널드 헵이 해마에 병변을 가진 신경질환자들을 광범위하게 분석하고 결론을 내리면서 시작된다.[44] 그 환자들은 심각한 기억상실증을 보이고 새로운 서술기억을 형성하지 못했으며, 이로써 해마가 새로운 기억을 획득하는 데 직접 관여한다는 것이 명확해지기 시작했다. 그 후 10년 동안 한 외과적 손상의 사례가 유명해지면서 마침내 의문이 해소되었다. 헨리 구스타프 몰래슨Henry Gustav Molaison, 앞 글자를 따서 H.M.이라고 불리던 이 환자는 해마의 좌우 양측에서 촉발되는 심각한 발작 증세를 보였다. 뇌전증의 진원지를 완전히 제거한 후 발작은 나아졌지만 사람과 사물, 장소와 관련된 사건을 말로 설명하는 서술기억을 상실한 증상을 보이기 시작했다.[45]

H.M.은 낯선 사람의 이름을 몇 분 동안 기억하다가 이내 잊어버렸다. 전향성 기억상실anterograde amnesia은 수술 후 삶의 모든 기억을 지워버렸다. 그러나 수술 전에 있었던 사실과 관련된 후향성 기억상실retrograde amnesia은 부분적으로만 나타났다. 최근의 일들은 완전히

잊혔지만 오랜 기억, 특히 어린 시절의 기억은 고스란히 남아 있었다. H.M.은 수술 후 평생을 집중 연구 대상으로 살았고, 그의 임상 조건은 그 후에도 변하지 않았다. 이 환자를 상세히 연구하면서 해마가 새로운 서술기억을 형성하는 데 필수적이라는 사실을 밝혀냈다. 각 기억의 다양한 지각적 속성 간의 관계가 체계적으로 정리되는 곳이 바로 해마이며, 각 대상이 갖는 고유의 형상과 소리, 질감, 냄새, 맛은 전부 해마를 통해 통합된 후에야 대뇌피질에 개별적으로 암호화된다. 이 사실은 이 영역이 공간 탐색을 위해 주변 환경을 지도화할 때 중요한 이유를 설명한다. 이것은 일련의 장면에서 여러 사물과 주체의 움직임과 행동처럼 복잡한 사건을 암호화하는 데 핵심 역할을 하기 때문이다.

서술기억이 지속되려면 그것을 획득하는 순간과 이어지는 몇 시간 동안 해마에 손상이 없어야 한다. 그러나 그 기억은 시간이 지남에 따라 해마에서는 점점 줄어들고 대뇌피질에서는 점점 늘어나기 때문에, 사고든 수술이든 해마 양측을 완전히 절제한 신경질환자도 큰 장애 없이 살아남을 수 있다. 이처럼 서술기억의 암호화에 대한 대뇌피질의 관여도가 점진적으로 증가하는 것을 피질화corticalization라고 부르며, 이 현상은 1950년대부터 알려졌으나 그 메커니즘은 여전히 수수께끼로 남아 있다.

눈보라 속의 뇌

1999년에 나는 클라우디오 멜로, 콘스탄틴 파블리데스와 함께 수면이 기억의 피질화를 유도한다는 가설을 세웠다. 새천년을 앞둔 11월과 12월, 나는 박사과정이 끝나가는 마지막 기간을 활용하여 쥐의 해마에 전기 자극을 주고 수면 중에 즉시 초기 유전자의 발현 정도를 측정하는 실험을 했다. 실험 목표는 해마에 인공 기억을 이식하고 이어진 수면과 각성 중에 그 자취를 좇음으로써 뢰모와 블리스에 의해 발견된 '장기 강화'를 확인하는 것이었다. 예비 실험은 즉시 초기 유전자의 발현이 해마에서 초반에 급격히 감소하고 몇 시간 후 대뇌피질에서 증가한다는 것을 보여주었다. 그다음 우리는 예비 실험의 결과를 보완하기 위해 개체 수가 충분하고 적절히 통제되는 포괄적 실험을 설계했다. 우리는 8주간 매일 실험을 진행해야 한다는 결론을 내렸다. 짧은 낮 동안 눈이 쉴 새 없이 내렸고, 세계무역센터의 쌍둥이 빌딩도 아직 그 자리에 있을 때였다. 나는 인내심을 가지고 과제를 수행했다. 매일 실험이 끝나면 다음 실험을 위해 쥐를 전부 죽이고 그들의 뇌를 영하 86℃에서 냉동했다.

나는 실험을 마치고 뇌를 전부 수집한 뒤에도 유전자의 발현 상태가 드러나도록 뇌를 아주 얇게 절개하여 화학 처리를 해야 했다. 하지만 그전에 박사 논문을 써서 출간하고 졸업을 하고 브라질에서 가족, 친구들과 시간을 보내야 했다. 그렇게 꼬박 1년을 보내고 2001년 1월 1일이 되어서야 나는 듀크대학에서 박사 후 연구원 생활을 시작하기 위해 노스캐롤라이나의 더럼이라는 도시로 이사했다. 내 동료이자 공동 연구자인 미국의 신경생물학자 에리히 자비스Erich Jarvis가 당시 같은 학부의 교수로서 기꺼이 도움의 손길을 내밀어준 덕에 나는 냉동한 뇌를 듀크대학으로 가져가 그의 실험실에서 연구를 이어갈 수 있었다. 나는 드라이아이스를 가득 채운 커다란 아이스박스에 수십 개의 뇌를 넣고 접착테이프로 밀봉한 뒤, 맹렬한 눈보라 속에 택시를 잡아타고 라구아디아공항으로 갔다. 항공편이 줄줄이 취소되고 바닥에서 잠을 청하는 사람들로 인해 공항은 그야말로 아수라장이었다. 나도 항공편이 취소되었지만, 타 항공사의 항공권을 배정받을 수 있었다. 아이스박스는 가져갈 수 없어서 뇌를 전부 노스캐롤라이나로 부치고 탑승 수속을 밟으며 모든 일이 잘 풀리기만을 바랐다.

그러나 바람은 이루어지지 않았다. 수화물 컨베이어 벨트 옆에 서서 마지막 가방을 찾아갈 때까지 기다렸지만 허사였다. 나와 같은 많은 승객이 얼어붙은 새해의 혼란 속에서 짐을 분실했다며 항의하고 있었다. 나는 항공편이 취소되어서 아이스박스가 타 항공사로 옮겨진 사실을 나중에 전해 들었다. 항공사는 12시간 안에 짐의 위치를 파악해서 경로가 같은 두 번째이자 마지막 항공편으로 실어 보내겠다고 약속했다. 나는 더럼으로 가서 짐을 풀기 시작했고, 약속한 12시간이 지난 후 공항으로 돌아갔지만 아이스박스를 찾을 수 없었다. 그들은 짐이 다음날 올 거라고 장담했고, 나는 조금씩 쉼 없이 기화될 드라이아이스를 생각하느라 잠을 설쳤다. 이튿날, 가장 먼저 항공사 안내처를 찾아갔지만 아이스박스는 어디에도 보이지 않았다.

이 비극적인 장면은 사흘 내내 반복되었고, 잠을 설친 채 먼 공항을 두 번이나 찾아가는 동안 아이스박스에 들어 있는 드라이아이스와 뇌의 상태에 대해 점점 비관적인 상상이 머릿속에 가득 찼다. 나는 그리스-로마 세계에서 하나의 생각에 고착되어 있을 때 꾸는 꿈을 왜 불면증이라고 했는지 처음으로 이해할 수 있었다. 재난은 불가피했고, 당시에는 올림포스산의 신들이 모두 힘을 합쳐도 나를 도와줄 수 없었다. 나는 오리샤(Orisha, 아프로 브라질리언인 요루바족의 종교에서 숭배하는 신)들에게 기도하고 뇌의 운명을 신의 손에 맡겼다.

나흘째 날 아침에 공항으로 뛰어 들어가니 그동안 거쳐온 공항들의 다양한 식별표로 뒤덮인 아이스박스가 저 멀리에 보였고, 나는 최악의 경우를 떠올렸다. 나는 미친 사람처럼 접착테이프를 마구 뜯어낸 후 그 안을 들여다보고는 뒤로 나자빠질 뻔했다. 적당한 크기로 덮어둔

드라이아이스 밑에 뇌들이 아주 멀쩡히 보관되어 있었기 때문이다. 나는 뇌 연구를 이어갈 기회를 준 산 자와 죽은 자들에게 야단스러운 감사의 인사를 전했다.

기억은 수면 중에 이동한다

이 연구를 통해 렘수면 중에 기억이 해마 밖으로 이동하는 상세한 과정이 일부 드러났다.[46] 우리는 해마의 자극에 따라 뚜렷이 나타나는 유전자 조절의 세 가지 파동을 순서대로 기록할 수 있었다. 첫 번째 파동은 자극 30분 후 해마 자체에서 시작되고, 각성 3시간 후 자극 지점과 가까운 피질 영역에 도달하며, 서파수면의 첫 에피소드 중에 끝난다. 두 번째 파동은 렘수면 중에 자극 지점과 가까운 피질 영역에서 시작되고, 이어진 각성 시간 동안 먼 뇌 영역으로 퍼지며, 서파수면의 새로운 단계에서 끝난다. 마지막으로 유전자 조절의 세 번째 파동은 렘수면의 다음 에피소드 중에 다양한 피질 영역에서 시작되며, 거기서 실험이 중단되었기 때문에 어디에서 끝나는지는 모른다.

해마의 유전자 발현은 첫 번째 파동부터 세 번째 파동까지 점진적으로 감소한다. 최초의 자극 지점으로부터 시냅스 몇 개만큼 떨어진 가장 먼 피질 영역들은 파동이 진행될수록 유전자 발현이 점진적으로 증가하는 정반대의 경향을 보였다. 이 결과들은 렘수면이 수면주기가 거듭될수록 깊어지는 분자 가소성의 파동을 통해 기억이 해마에서 대뇌피질로 이동하는 과정에 관여할 수 있음을 보여주는 실험 증거를 우리에게 최초로 제공했다. 장기 강화 대신 새로운 물체에 대한 탐색을 이용한 후속 연구는 그 효과가 피질에서는 지속되지만 해마에서는 지속되지 않는다는 것을 확인했다.[47] 피질에서는 이러한 시냅스의 변화가 재개되고 전파되지만, 해마에서는 변화가 중단되며 기억이 빠른 속도로 사라진다.

해마는 대뇌피질보다 훨씬 작고 기억을 암호화하는 능력도 훨씬 떨어진다는 것을 명심해야 한다. 학습 후 수면 중에 해마는 대뇌피질에서 지속되는 분자 가소성 메커니즘의 일시적 활성화를 겪는다. 이로 인해 해마는 최근에 획득한 각각의 기억에서 자신의 역할을 서서히 포기하고, 기억이 성숙하는 동안 연관성을 잃어간다. 이러한 '망각'과 균형을 맞추기 위해 해마는 밤마다 학습 능력을 회복하고, 내일의 새로운 기억을 암호화할 공간을 비워둔다.

기억은 사실 정확하지 않다. 기억은 조각을 잃어버리고, 새로운 연관성을 획득하고, 서로 결합하고, 몇 가지 세부 사항을 빼앗기는 대신 다른 것들을 얻고, 욕구와 검열의 여과 장치를 통과하며, 무엇보다도 그들을 지지하는 생물학적 구조를 바꾸고 다양한 신경 회로에 나타나며 새로운 아이디어를 창조하면서도 여전히 안정적인 상태를 유지한다. 기억은 경이로운 유연성으로 정체성을 온전히 유지한 채로 끝없이 변화하는 가운데 영속하는 걸작품이다.

13장

렘수면 중에는 꿈을 꾸고 있지 않다?

이전 장에서 설명한 메커니즘으로 수면이 왜 인지적으로 매우 중요한지 이해할 수는 있지만, 친숙하고 유익한 꿈의 의미를 해독하는 데는 그리 도움이 되지 않는다. 이온과 유전자, 단백질은 밤사이 매우 활발하게 이야기를 전달할 수 있지만, 그들의 존재를 알아야만 그들이 작용하는 것은 아니다. 그들에 대해 알아야만 꿈의 내용을 설명할 수 있는 것도 아니다. 꿈의 사건들은 분자나 시냅스, 또는 격리된 세포 수준에서만 일어나는 것이 아니라, 주로 매우 특별한 규칙에 따라 세계의 대상을 표현하는 거대 신경망을 통해 전파되는 극도로 복잡한 전기 활성의 패턴 안에서 일어난다.

두 뉴런이 동시에 활성화되어 세 번째 하부 뉴런에서 전기 발화가 발생하면 세포 수준의 연상이 발생한다. 단어들이 의미, 구문, 발음의 일치를 통해 연관될 때 순서가 다른 정신적 연상이 일어나고, 이는 결국 기저의 과도한 세포 연상을 통해 구현된다.

큰 물고기 떼의 일사불란한 움직임은 모든 물고기가 상호작용한 결과여서 각각의 물고기가 겪는 일로 설명할 수 없는 것처럼 심적 표상의 공간은 하나가 다른 하나로부터 생겨나기 때문에 신경망의 공간과 혼동되어선 안 된다. 정신은 이전 장에서 언급한 시냅스 가소성의 메커니즘에 미시적으로 닻을 내린 연상, 해체, 압축, 억제repression, 이전transference 같은 자체 상징법에 따라 작용하지만, 이들로 환원될 수는 없다.

과학이 꿈을 부정하던 시기

오늘날 꿈이 기억의 처리 과정에서 수면의 역할을 넘어 그 꿈을 꾼 사람에게 특별한 의미라는 것은 더 이상 의심할 여지가 없다. 이것은 자신의 꿈에 관심을 가져본 사람에게는 너무 명백한 사실이지만, 프로이트의 견해에 반대하며 렘수면이 꿈의 무의미함을 보여주는 결정적 증거라고 주장하는 철학자들과 과학자들은 이를 별의별 방식으로 부정했다. 최소한의 장비를 잘 갖춘 진지한 연구자들이 손을 뻗으면 닿을 만한 거리에 측정 가능한 생리학적 상태가 있는데, 뭐 하러 밤의 환각에 관한 주관적 이야기를 조사하면서 시간을 낭비하겠는가?

이 궤변은 20세기 후반 내내 꿈 연구를 향한 열정을 고갈시키는 데 이용되었고, 꿈은 점차 비과학적인 것으로 여겨졌다. 이러한 꿈의 공동화空洞化는 렘수면의 속성에 대한 엄격한 신경생리학적 연구를 위해 생겨났다. 꿈에 관한 고대의 수수께끼들이 손바닥 뒤집듯 졸지에 연구 가치를 잃어버렸다. 꿈은 사기꾼, 점술가, 성직자, 정신분석가, 그 밖에 형이상학적 업무와 관련된 전문가들의 문제가 되었다. 이처럼 무지에서 비롯된 선택은 꿈의 서사가 갖는 기괴하고 종종 당혹스러운 속성을 경험한 일반 대중을 안심시키는 이차적 이득이 있었다. 꿈은 렘수면의 무의미한 부수 현상epiphenomena으로서 생리학의 기저를 이루는 현실의 임의적 부산물에 불과하므로 심리학적 의의 따위는 없다고 여겨졌다.

렘수면과 꿈 사이의 관계에서 발생한 이와 같은 사례는 과학계에 일반적으로 나타나는 현상의 구체적인 예이다. 과학자들은 어려운 문제에 대처하려고 서두르다가 종종 그 존재 자체를 부인하는 실수를 저지르곤 한다. 이러한 현상은 오늘날 의식과 관련된 문제에서도 일어나며, 많은 심리학자와 철학자가 주관적인 의식을 객관적인 신경 작용으로 환원하여 손쉽게 문제를 해결한다. 옥수수의 다양한 색깔 패턴을 연구하다가 유전자의 전위를 발견한 유전학자 바버라 매클린톡Barbara McClintock에게도 같은 일이 벌어졌다. 매클린톡은 옥수수 염색체 사이에서 발생하는 유전자의 삽입, 삭제와 더불어 유전체에 존재하는 유전자의 신비로운 도약인 전위에 관해 상세히 기록했다. 하지만 그녀는 신뢰를 얻지 못했고, 1953년에 실험 결과를 발표하지 않게 되었다. 시간이 지나 여러 연구가 모여 동물과 식물, 곰팡이, 박테리아를 대상으로 유전자 전위의 존재가 입증되자 그녀의 연구는 모든 유전학 교과서의 필수 과정이 되었다. 1983년에 매클린톡은 여성 최초로 노벨 생리의학상을 수상하며 그 공로를 인정받았다.

이제 다시 꿈과 렘수면의 차이로 돌아가 보자. 하나가 다른 하나와 무관하다는 순진한 주장은 생의학 분야에서 번성했고 매체를 통해 일반 대중에게 널리 퍼졌으며, 논의가 부족하다고 주장하며 이를 불만스럽게 여기던 반대의 목소리를 고립시켰다. 그렇게 환원주의가 패권을 장악하게 되었고 그 상태로 유지되다가 세기말에 처음으로 경험주의의 도전에 직면했다.

프로이트의 《꿈의 해석》 이후 거의 1세기가 지났지만, 새로운 증거가 더할 나위 없이 명백했으므로 오래 기다릴 만한 가치가 있었다. 과학적 흥미를 느낄 만한 적응 과정의 개인적인 표현이자 독립적인 심리 현상으로서 꿈을 구해내는 어려운 과제가 남아프리카의 신경학자이자 정신분석가인 마크 솜즈Mark Solms에게 주어졌다. 나미비아에서 태어나 요하네스버그 비트바테르스란트Witwatersrand에서 대학원을 마치고, 런던의 한 정신분석연구소에서 수련한 뒤, 유니버시티 칼리지 런던과 런던왕립병원에서 다양한 경험을 쌓은 솜즈는 수년에 걸쳐 아주 훌륭한 질문을 만들어냈다. 렘수면 중에도 꿈을 꾸지 못하는 사람들이 있을까?

이 논쟁의 이념적 편향에 강한 흥미를 느끼고 고민하던 솜즈는 렘수면과 꿈이 개별 현상이라면 뇌에서 별개의 메커니즘을 거쳐야 한다는 가설을 검증하기로 했다. 그러기 위해 그는 신경학적 사례들을 조사하며 순전히 우연에 기대어 렘수면과 꿈을 분리할 수 있는 뇌 병변을 찾아보았다. 하지만 공교롭게도 전형적인 신경 손상은 통제된 실험실 환경에서 만들어진 외과적 병변과 같지 않았다. 그것은 생존자에게 남긴 흔적만큼 특이한 사고에 의해 만들어진 독특하고 복잡하며 개인적인 상처였다. 렘수면에 영향을 주지 않고 꿈을 제거할 수 있는 손상의 윤곽을 찾는 일은 솜즈에게 사막에서 바늘 찾기만큼이나 어렵게 느껴졌다. 각 사례의 독특한 요소가 너무 다양해서 처음에는 규칙이나 패턴의 존재를 전혀 가늠할 수 없었다. 솜즈가 자신의 질문에 대한 해답을 점진적으로 찾아낼 수 있는 인내와 넓은 시야를 어디서 얻었는지 이해하려면 그에 대해 더 알아봐야 한다.

솜즈가 학술적 및 임상적 관심을 개발하는 것 외에도 그는 사회공학 분야에서 활발한 몽상가이기도 했다. 남아프리카가 민주화되어

고국으로 돌아간 그는 300년 된 가족 소유의 농장을 와인 양조장으로 탈바꿈시키기로 했다. 노예 출신의 가난한 일꾼들이 수 세대에 걸쳐 농장에 거주해온 것을 알고 있던 그는 그곳의 과거가 드러나도록 발굴을 권장하고, 양조장을 짓기 위해 재산의 50퍼센트를 농장 식구들과 공유하는 사회적으로 획기적이고 유익한 방법을 선택했다. 이처럼 강한 목적의식과 창의력을 갖추었으니, 솜즈가 꿈꾸는 능력을 방해하는 특성을 가진 방대한 신경학적 사례(그중 일부는 익숙한 고전적 사례이고 나머지는 정말 희귀한 사례이다)를 수집하여 비교했다는 사실은 그리 놀랍지 않다.

솜즈는 다양한 종류의 뇌 손상이 수면 혹은 꿈의 양상을 바꿀 수 있다는 것을 관찰했다.[1] 렘수면을 줄이거나 심지어 제거할 수 있는 뇌교pons의 심각한 손상은 간혹 환자를 죽이지 않고 꿈꾸는 능력만 없애기도 한다.[2] 측두 변연계 영역temporal limbic area의 손상은 전형적인 악몽의 재발을 유발하는 간질성 방전epileptic discharge을 야기한다. 전두 변연계 영역frontal limbic area이 손상되면 꿈꾸는 능력만 잃어버리는 것이 아니라 꿈을 과다하게, 심지어 밤새도록 꾸기 시작하는 특이한 증상이 나타난다. 그러나 그들은 현실과 꿈을 구분하는 능력을 잃어버린다. 다음의 임상 면담은 이러한 상태를 명확히 보여준다.

환자: 실은 밤에 꿈을 꾼 게 아니라 사진 같은 걸 생각하고 있었어요. 마치 뭔가에 대해 생각하면 그게 현실이 되는 것 같고, 그래서 그 일이 실제로 눈앞에서 일어나는 것처럼 보이는데, 그러고 나면 무척 혼란스럽기도 하고, 가끔은 정말 무슨 일이 일어났고 방금 무슨 생각을 하고 있었는지도 모를 때가 있어요.

임상가: 그런 생각을 할 때 깨어 있었습니까?

환자: 어떻게 말해야 할지 모르겠네요. 너무 많은 일이 일어나서 잠을 전혀 자지 않은 것 같았어요. 물론 그 일이 실제로 일어난 건 아니고 단지 꿈을 꾸고 있었을 뿐인데, 그렇다고 평범한 꿈 같지는 않고, 정말 그런 일들이 일어나고 있는 것 같아서…….

한 가지 예: [죽은] 남편의 환영을 봤어요. 남편이 제 방에 들어와서 약을 주고 다정하게 몇 마디 건넸죠. 이튿날 아침에 딸한테 물었어요. "솔직히 말해줘, 아빠가 정말 죽었니?" 그러자 딸이 말했어요. "응, 엄마." 그러니까 꿈인 건 확실한데…….

또 다른 예: 침대에 누워서 생각 중이었는데, 어쩌다 보니 남편이 옆에서 제게 말을 하고 있는 거예요. 그리고 욕실에 가서 아이들을 씻기다 갑자기 눈을 떴어요. "여기가 어디지?" 그런데 저 혼자더라고요!

임상가: 잠이 들었었나요?

환자: 그건 아니고, 생각이 현실로 바뀐 것 같아요.[3]

몇 년의 연구 끝에 솜즈는 생리학적 관점에서 렘수면에 문제가 없는데 꿈을 보고하지 못하는 환자들의 사례를 110건이나 수집했다. (몇몇 사례에서 꿈꾸는 능력이 늦지 않게 회복되었는데, 아마도 신경 가소성의 메커니즘 덕분인 것 같다.) 이 사례들은 샤르코-빌브란트 증후군Charcot-Wilbrand syndrome에 해당하며, 상황과 사물을 시각적으로 인지하는 것이 어렵고(시각실인증) 시각적 이미지를 상상하거나 꿈꾸는 능력을 상실하는 것이 특징이다. 이 증후군은 혈전증 환자들에게서 관찰되었고, 1883년에 장 마르탱 샤르코와 1887년에 헤르만 빌브란트Hermann Wilbrand의 선구적인 설명에서 포착되었으며, 측두 후두temporal-occipital의 손상과 렘수면의 유지 사이에 연관성이 있다.[4] 이 환자들은 생각과 상상을 보고할 수 없으며, 렘수면의 에피소드 한가운데 깨어났

을 때도 마찬가지다. 그들의 꿈은 깊은 무의식 상태로 대체된다.[5]

엄청난 사실이 단층촬영이나 조직학을 활용하는 신경병리학 실험을 통해 밝혀졌다. 환자들의 뇌 손상은 매우 다양하며 크게 두 유형으로 나뉘었다. 첫 번째 유형은 두정parietal, 측두, 후두 피질 사이에 위치하여 시각과 청각, 촉각, 의미의 처리 과정에 관여하는 것으로 알려진 접합 영역과 관련이 있었다.[6] 두 번째 유형은 뇌 깊숙이 있는 자그마한 복측피개영역VTA, ventral tegmental area에서 도파민을 생성하는 뉴런의 축삭돌기 또는 세포체와 관련이 있다(그림14를 보라). 이 영역의 도파민 작동성 뉴런은 축삭돌기를 뇌 전역에 널리 분포시키며, 주로 동물이 고통을 피하고 쾌락을 추구하게 하는 신경화학적 신호 전달을 담당한다.[7] 최근의 설치류 연구는 동물의 생존에 중요한 기억의 습득과 처리, 복구가 VTA, 해마, 전전두피질 간의 상호작용에 의존한다는 것을 시사한다.[8]

VTA가 손상되거나 축삭돌기가 돌출되지 않으면 렘수면에 영향을 주지 않고도 꿈을 완전히 없앨 수 있다. 이 손상은 깨어 있는 삶의 동기와 즐거움의 상실, 계획성의 감소로 이어진다. 그 이유는 VTA가 뇌의 처벌과 보상 체계에 필수적이고, 이러한 뇌 구조를 통해 우리는 목표를 추구하고 유해 자극을 회피하며 성욕libido을 충족시키고 긍정적·부정적 경험으로부터 학습할 수 있기 때문이다. 이 체계는 실제로 우리에게 기대와 만족과 좌절을 안겨주며, 절망적인 상황에서도 생존을 위해 온 힘을 다해 싸우려는 본능을 표출하는 데 매우 중요하다.

기억 형성은 보상 수반성(reward contingency, 어떠한 행동이 긍정적인 강화로 이어지는 규칙)이 기억을 보존할지, 망각할지를 결정하는 선택의 과정이다. 수면은 정보의 장기 보존에 필수 역할을 하며, 특히 보상과 관련된 기억에 유용하다. 수면 중 기억 강화의 핵심은 최근에 암호화된 표상의 재활성화이며, 여기에는 도파민작동성 뉴런이 포함되는

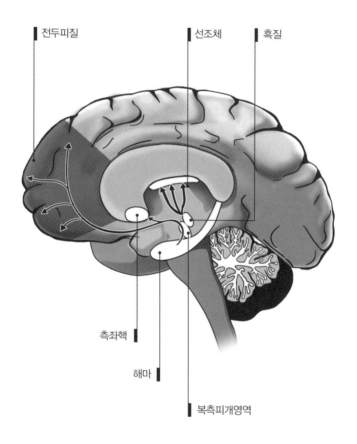

전두피질　　선조체　　흑질

측좌핵

해마

복측피개영역

그림14 VTA는 전두피질과 내측 피질의 거대한 영역 주위로 도파민작동성 축삭돌기를 뻗은 작은 신경 세포 집단이다. VTA나 그것의 돌기가 손상되면 렘수면을 없애지 않고도 꿈을 완전히 제거할 수 있다.

것으로 보인다.[9]

　얀 본의 연구팀은 수면 중 도파민 수용체의 활성화가 인지적 효과에 미치는 영향을 조사하기 위해 먼저 실험 참가자들에게 크고 작은 보상을 주면서 다양한 시각적 이미지를 연상하도록 훈련을 진행했다. 그리고 참가자들이 잠을 자는 동안 도파민 수용체를 활성화하는 물질을 투여했다. 24시간 후 참가자들은 새로운 장면과 뒤섞인 과거의 장면을 회상하고 이를 확인하는 검사를 받았는데, 이 과제를 성공적으로 수행하려면 해마가 온전해야 했다. 위약을 투여받은 참가자들은 큰 보상과 관련된 이미지를 더 많이 학습한 것으로 나타났다. 그러나 도파민 수용체를 활성화하는 약물을 투여하자 크고 작은 보상에 따라 연상한 이미지들 사이에 명확한 차이가 드러나지 않는 학습 장애가 발생했다. 이 결과는 큰 보상과 관련된 기억의 우선적 강화가 해마의 도파민작동성 뉴런의 선택적 활성화에 관여한다는 견해를 뒷받침했다.[10]

　이로써 도무지 풀릴 것 같지 않던 마크 솜즈의 질문이 마침내 해답을 얻었다. 모래사장을 바닥까지 샅샅이 뒤져서 찾아낸 바늘은 아주 날카로워서 꿈과 렘수면을 동일시하던 반反프로이트 이론들이 과도하게 부풀린 풍선에 구멍을 냈다. 렘수면과의 관계에서 꿈의 자율성 autonomy을 발견함으로써 19세기 말에 직관으로 알아내고도 해결하지 못했던 한 가설의 긴 여정이 마무리되었다. 하지만 그 당시에는 그것의 화학적·해부학적 메커니즘은 오리무중이었기 때문에 이 가설을 해결할 수 없었다.

　욕망이 꿈의 원동력이라는 프로이트 학파의 주장은 비판론자들이 인정하는 것보다 훨씬 더 많은 사실을 기반으로 한다. 이 가설의 외과적 정밀함은 동기부여의 신경학적 메커니즘에 대한 지식이 축적되는 100년 동안 그것의 시적poetic 외관에 일부 가려져 있었을 것이다. 프로이트는 환자들이 표면화한 행동과 기억을 분석했고, 이 같은 기민한 임상적 관찰만으로 솜즈가 100년 후에야 비로소 확인한 메커니즘의 존재 가능성을 밝혀냈다. 꿈과 욕망 둘 다 도파민이기 때문에 꿈이 '곧' 욕망이라고 할 수 있다. 이러한 결론은 앞에서 살펴본 도파민이 렘수면의 발생에 필수적이라는 사실과 밀접한 연관이 있다. 도파민작동성 보상 체계의 개입은 프로이트에 대한 칼 포퍼의 비판을 반증한다. 즉, 정신분석 이론psychoanalytic theory은 명확히 검증될 수 있다.

20세기 내내 허울 좋은 선전 구호처럼 되풀이되던 수많은 반프로이트파의 주장은 솜즈의 경험적 발견을 마주하면서 그 열기를 잃어버렸다. 예를 들어, 이제는 풍성하고 흥미로운 꿈의 의미를 렘수면의 쓸모없는 부산물로 치부할 수 없다. 꿈은 단지 무작위적인 일련의 이미지에 불과하다는 견해를 계속 용인할 수도 없다. 증거가 말해주듯 꿈은 도파민에 의해 활성화되는 보상과 처벌의 체계가 만드는 일련의 이미지이며, 모든 것이 정신이라는 안전한 환경에서 모의로 진행되므로 몸을 어떤 위험에도 몰아넣지 않으면서 적응행동을 시도하고 평가하고 선택할 수 있는 과정이다.

삶의 복제품

이 이론을 통해 우리는 꿈의 주관적 특성이 어디서 오는지를 더 잘 이해할 수 있다. 꿈은 늘 복잡한 시나리오에서 상호작용하는 사람 및 사물과 관련이 있지, 이러한 표상의 구성 요소와는 무관하기 때문이다. 형태와 양상 없이 추상적인 대비뿐인 색깔만을 꿈꾸는 사람은 없다. 우리의 꿈은 그보다 훨씬 더 복잡하다. 따라서 대뇌피질의 시각 자극을 가장 먼저 수용하는 영역으로서 공간적 위치, 명도 대비, 물체의 방향과 각도 같은 이미지의 기본 속성을 처리하는 일차 시각피질의 활성화만으로는 꿈의 주관적 경험을 설명할 수 없다.

대부분 사람에게 두드러지는 시각적 요소는 매혹적인 색과 움직임으로 놀랍도록 아름다운 주관적 경험을 창조할 수 있다. 그러나 시각적 요소가 지배적임에도 꿈은 거의 알려진 바가 없는 규칙에 따라 다양한 방식으로 결합하는 모든 감각과 관련된 정신적 경험을 수반할 수 있다. 청각적·미각적·촉각적·후각적으로 존재하는 꿈들은 마치 꿈이 빛을 넘어선 감각 영역을 침범할 때 놀라움이 더 커지듯 깊은 인상을 남길 수 있다. 운동 표상 그리고 몸의 균형을 책임지는 전정계와 관련된 강렬한 운동감각을 특징으로 하는 꿈도 있다. 깨어 있을 때 경험하는 모든 차원을 반영하는 꿈의 능력은 그것을 현실과 헷갈리는 복제품으로 만든다.

전형적인 꿈은 보통 신체 부위에 자율성과 주도적인 역할을 주지 않으므로 이마, 코, 입술, 팔꿈치가 독자적으로 꿈에 나오는 경우는 거의 없다. 사람이든, 동물이든, 사물이든 우리가 꿈꾸는 대상은 때때로 다른 온전한 표상에서 일부를 빌려와 키메라로 합쳐지거나 서사 자체에 포함된 극적인 사건으로 나뉘기도 하지만, 대체로는 온전한 형태를 유지한다. 렘수면 중의 강한 전기적 반향이 꿈에 생생함을 주는 주된 원인이라면, 시각적 대상의 복잡한 표상에 관여하는 몇몇 피질 영역에서 발생하는 전기적 반향은 복잡한 꿈 이미지의 속성을 설명한다. 꿈은 가능한 수준의 감각적 표상을 전부 보여주는 것이 아니라 가장 정교한 것들만 보여준다. 꿈의 본부는 뇌의 가장 먼 영역에 있고 감각과 운동의 주변부로부터 가장 멀리 있기 때문에 감각에서 온 정보의 파편들을 더 잘 연상하고 통합할 수 있다. 이 영역들은 대뇌피질의 거대한 다중감각 영역뿐 아니라 서술기억을 습득하는 데 관여하는 해마와 이러

한 기억을 보상이나 처벌로 평가하는 편도체를 포함하는 복잡한 피질 하 회로를 구성한다.[11]

아무것도 하지 않을 때 활성화되는 디폴트 모드 네트워크

렘수면 중에는 수많은 영역이 활성화되므로 이를 단순히 별개인 부분들의 집합체가 아닌 하나의 크고 복잡한 뇌 회로로 생각하는 것이 더 유용하다. 흥미롭게도 이 회로는 디폴트 모드 네트워크DMN, default mode network로 알려진 것과 겹쳐진다.[12] DMN에서 매우 중요한 부위인 내측 전전두피질이 망가져 고통받는 사람들은 꿈꾸는 능력에 심각한 손상을 경험한다.[13] DMN은 2001년에 미국의 심리학자 마커스 라이클Marcus Raichle 팀에 의해 발견되었다. 처음에는 목표 달성을 위한 과제를 수행하는 동안에 활동을 줄이는 영역의 집합체로 묘사되었으나 기어가 중립에 있는 자동차의 엔진처럼 뇌가 '휴식'할 때[14] 활성화되는 것으로 밝혀졌다. 깨어 있는 동안 DMN은 정신이 정처 없이 방황할 때, 즉 '아무것도 하지 않을 때' 활성화된다. DMN의 활성은 서파수면에서 감소하고 렘수면에서 증가하기 때문에 수면 중에는 어떤 상태에 있는지에 따라 결과가 달라진다.[15] 렘수면 중 DMN의 활성은 감각 기관과 해부학적으로 가장 가까운 피질 영역의 활성화와 번갈아 나타난다.[16] 또한 DMN의 활성화와 비슷한 패턴이 약하고 부분적이지만 깨어 있는 상태로 몽상하는 동안에도 관찰된다.[17] 이처럼 지난 10년간 이뤄온 진전은 축의 시대 한가운데를 지나던 기원전 5세기에서 기원전 2세기 사이에 탄생한 베다 문학의 걸작인《바가바드기타》의 2장 58절에 묘한 신선함을 더한다. "거북이가 사지를 움츠리듯 감각의 대상으로부터 감각을 전부 거두어들이자 그의 마음이 안정을 찾는다."[18] 우리가 감각을 꿈으로 거두어들일 때 활성화되는 뇌 영역이 바로 DMN이다.

그렇다면 아야와스카나 LSD처럼 몽환적인 상태를 유도하는 약리학적 물질이 DMN의 활성을 증가시킬 수 있을까? 당시 드라울리오 데 아라우주의 연구실에서 박사과정을 밟던 신경과학자 페르난다 팔라노Fernanda Palhano는 이 질문에 자극을 받아 휴식 기간 동안 아야와스카의 영향을 받은 사람들의 기능적 자기공명영상 기록을 조사했다. 2015년에 《플로스 원PLOS One》이라는 학술지에 게재된 데이터는 아주 명확했다. 평온한 상태의 피험자들이 아야와스카의 영향을 받으며 깨어 있는 동안, DMN의 활성은 감소하고 그것을 구성하는 영역 간의 기능적 연계도 감소했다.[19] 나는 이 연구에 참여한 연구자로서 그 결과에 상당히 놀랐다. 그러나 4개월 뒤 영국의 로빈 칼하트-해리스Robin Carhart-Harris와 데이비드 너트의 연구팀, 그리고 사이키델릭 신경과학psychedelic neuroscience의 대표적인 선구자 어맨다 페일딩Amanda Feilding 역시 실로시빈을 이용하여 거의 같은 결과를 얻었고, 이를 《미국국립과학원회보PNAS》에 게재했다.[20] 1년쯤 후 이들은 LSD를 사용해 비슷한 현상을 보여주었다.[21] 신기하게도 DMN의 약화는 정신에 의해 수행되는 '시간 여행'의 감소와 양의 상관관계를 갖는다.[22]

아라우주와 팔라노는 이처럼 명백한 모순을 이해하는 열쇠는 명상 상태와 비교해보는 것이라고 믿었다. 명상 상태에서도 DMN이 감소하는 것을 볼 수 있기 때문이다.[23] 환각을 일으키는 사이키델릭Psychedelic과 명상은 현재의 자기 성찰 및 자기 인식의 증가와 같은 심리학적 특성을 다수 공유한다.[24] 달라이 라마에 따르면, "명상의 한 가지 유형"은 "어떤 생각이 오고 가든 그것을 끝내는 것이다. 무엇이 오든, 오면 오는 대로 가면 가는 대로 두어라. 생각을 붙잡으려 하지 마라. 이러한 연습을 통해 생각은 저절로 약해지고, 약해지고, 약해진다. 그리고 마침내는 그친다."[25] 명상 중 DMN 활성의 감소는 몽상의 감소와 관련이 있다.[26] 이와 달리 환각제에 익숙한 사람들은 몽상이 오히려 늘어난다.[27] 반면, 몽상에 대한 자각은 두 상태 모두에서 달라진다. 몽상하는 동안 DMN 활성은 증가하지만 그에 대한 자각은 감소하며,[28] 환각을 경험할 때도 마찬가지이다. 꿈에서 하는 경험은 환각이나 명상의 경험보다 자전적 시간 여행과 더 밀접하게 관련된 것으로 보인다. 이러한 사색의 경험은 꿈에서 하는 경험과 다르게 주인공의 시각에서 관찰자의 시각으로 관점을 바꾸는 것 같다.

꿈의 생성이 처벌과 보상 체계에 달려 있다는 사실은, 꿈이 꿈꾸는 사람의 중요한 상황을 시뮬레이션한다는 이론을 뒷받침한다. 욕망의 대상을 정복하는 것은 생애 초기부터 꿈꾸는 삶의 중요한 측면이며, 이는 5장에서 언급한 세발자전거를 받지 못해 좌절한 꿈과 욕조 안에 있는 딘이라는 소년의 단순하고 행복한 꿈에서 명확히 드러난다. 두 가지 꿈 모두 프로이트의 '소원성취wish fulfillment'라는 개념을 이해하는 데 도움이 되는 사례이며, 그들의 서사 구조는 보상의 획득을 보여준다. 그러나 우리가 꾸는 꿈은 대부분 소원성취의 추구가 좌절되는 것이 특징이며, 갖가지 목표를 추구하는 시뮬레이션은 미완성에다 불완전하며 무엇보다 성공적이지 않은 시도를 통해 이루어진다. 다이어트 중인 사람이 냉장고에 달려든다거나, 금단 증세를 겪는 사람이 중독성 약물에 손을 댄다거나, 구금된 사람이 자유를 누리는 꿈처럼 좌절된 욕구가 꿈의 서사에 등장한다는 것은 주목할 만한 사실이다.[29]

꿈과 상상은 대뇌에서 유사한 과정을 거친다

미래에 겪을 수 있는 일을 상상하다 보면, 아직 일어나지 않은 일에 어떻게 효과적으로 대응할지를 미리 계획할 수 있다. 하버드대학의 대니얼 샥터Daniel Schacter와 그의 팀을 비롯하여 많은 심리학자가 수행한 연구들은 미래를 상상하는 능력이 과거를 회상하는 능력과 밀접한 관계가 있다는 것을 보여주었다. 이 발견은 1980년대 초반으로 거슬러 올라가며, 당시 샥터는 토론토대학에서 에스토니아계 캐나다인인 심리학자 엔델 툴빙Endel Tulving의 지도를 받아 박사과정을 마치고 뇌 손상으로 기억을 잃은 환자들의 일화 기억에 관해 연구했다.

어느 날 K.C.라는 이니셜로만 알려진 기억상실증 환자가 심리 검사를 하러 왔다. 그는 측두엽과 전두엽에 큰 손상을 입었고, 일화 기억이 없어서 특정한 시간과 장소에서 일어난 일을 말하지 못했다. 툴빙과 샥터는 K.C.가 미래를 상상할 수 없다는 놀라운 사실을 알게 되었다.

> 툴빙: "미래에 관한 질문을 다시 해봅시다. 당신은 내일 뭘 하고 있을까요?"
>
> (15초간 정적이 흐른다.)
>
> K.C.가 희미한 미소를 지은 후 말한다. "모르겠어요."
>
> 툴빙: "질문이 뭐였는지 기억나세요?"
>
> K.C.: "내가 내일 뭘 하고 있을지 물었죠?"
>
> 툴빙: "맞아요. 그 질문에 대해 생각하려고 할 때 머릿속이 어떤 상태인지 설명한다면요?"
>
> (5초간 정적.)
>
> K.C.: "텅 빈 것 같아요."[30]

환자 K.C.의 신경학적 상태는 일련의 비슷한 사례 중 첫 번째였고, 과거와 미래가 반대라는 일반적인 인식 때문인지 다소 놀랍고 모순적이었다. 2007년에는 더 놀라운 일이 일어났는데, 대니얼 섁터와 도나 애디스Donna Addis가 뇌 영상법을 이용하여 미래를 상상하는 작업과 과거를 기억해내는 작업을 비교하고 그 결과를 최초로 발표했다. 두 작업에서 해마, 쐐기전소엽precuneus, 후뇌량팽대 피질retrosplenial cortex, 외측 측두피질lateral temporal cortex, 외측 두정피질lateral parietal cortex, 내측 전전두피질medial prefrontal cortex 같은 뇌 영역들이 실제로 동일하게 사용된다는 것이 확실해졌다. 따라서 이 영역들이 손상되면 일화 기억과 미래의 상황을 상상하는 능력에 결함이 나타난다.

기억의 무의식적인 재프로그래밍

원칙적으로 적응적인 행동 변화를 일으키기 위해 이러한 시뮬레이션 과정이 의식적이어야 할 필요는 없다. 아마도 2억 년 전쯤, 포유류가 진화하던 어느 시점에 꿈은 기억을 재활성화하고 강화하고 편집할 수 있는 생물학적 메커니즘이자 기억의 무의식적인 재프로그래머로서 상당히 신뢰할 만한 현실의 시뮬레이션 안에서 그것들을 시험해보기 위해 긍정적인 선택을 받기 시작했을 것이다. 한참 후, 언어를 구사하는 인류 조상의 혈통에서 깨어 있을 때의 행동에 대한 의식적인 구두 회상이 꿈꾼 당사자뿐 아니라 끊임없이 갱신되는 아침 서사에 노출되는 가족 전체에 영향을 미치면서 꿈꾸는 능력은 진화적으로 더욱 선호되었다. 뗀석기를 만들고 사냥감을 따라 장기간 이주하는 구석기 시대의 상대적 단조로움 속에서 꿈 이야기는 희망뿐 아니라 두려움으로 가득한 일상에서 손꼽아 기다려지는 가장 흥미로운 순간 중 하나였을 것이다. 계시나 치유를 제공하는 꿈을 찾아내어 신을 달래며 꿈꾼 사람을 둘러싼 공동체 전체의 기대감을 불러일으키는 문화는 셀 수 없이 많다. 꿈의 효용을 믿는 공동체 사회의 규범은 꿈에 대한 기억과 해석을 용이하게 한다. 브라질 출신의 지도자이자 작가인 에일턴 크레낙Ailton Krenak에 따르면, "꿈은 하나의 관습이다. 그리고 관습은 꿈꾸는 사람을 허용한다."[31]

도시와 기술의 문명은 꿈의 기술을 망각하고 그 주제에 대한 진지한 과학적 검토를 미룬 탓에 꿈이 적응적이라는 것, 즉 개인의 적응을 촉진한다는 것을 뒤늦게 인식했다. 스틱골드와 그의 팀은 2010년에야 새로운 과제에 대한 꿈이 더 나은 후속 수행과 관련이 있다는 것을 정량적으로 증명했다. 실험 참가자들은 가상 미로를 탐색하고 미로를 통과한 시간을 측정했다. 이어서 참가자의 절반은 잠을 잤고 나머지 절반은 깨어 있었다. 그동안 각 그룹은 미로와 관련된 심상이 떠올랐는지 여부에 따라 다시 나뉘었다. 5시간 후 각각의 참가자들은 다시 한번 미로를 탐색했고, 과제를 완료하는 데 걸린 시간을 이전의 측정치와 비교했다.

깨어 있는 참가자들의 수행 능력은 그사이 어떤 이미지를 떠올렸는지, 게임과 관련된 이미지가 자발적으로 나타났는지 아닌지와 무관하게 거의 향상되지 않았다. 그러나 잠을 잔 참가자들에게는 이미지의 내용에 따라 엄청난 차이가 나타났다. 미로찾기와 관련된 꿈 이미지를 봤다고 보고한 사람들은 잠자기 전보다 훨씬 더 빨리 길을 찾았다. 이와 반대로 과제와 관련된 꿈을 보고하지 않은 참가자들의 수행 능력은 전혀 향상되지 않았다. 이 실험은 렘수면 시간뿐 아니라 꿈의 실제 내용도 환경에 대한 적응을 촉진한다는 것을 최초로 증명했다.[32] 주술사와 정신분석학자들은 이 사실을 오래전부터 알고 있었던 걸까?

현대 도시의 현실에서 잠에서 깨어나 꿈을 기억하려면 꿈을 기억하고 싶다는 바람 외에도 많은 것이 필요하다. 렘수면 중 신경전달물질인 노르아드레날린의 수치는 사실상 0에 가깝다. 노르아드레날린은 기억을 자발적으로 떠올리는 것을 강화하는데, 그러니 렘수면에서 깨어날 때 꿈을 기억해내기가 무척 어려울 수밖에 없다. 우리는 꿈에게 무언가를 요구하지도, 제공하지도 않는 사회에 살고 있으므로 소변을 보기 위해서든 커피를 마시기 위해서든 이미 욕구 충족의 필요성을 느끼며 침대를 빠져나온다. 우리는 꿈에 대한 기억의 실타래를 내버리고 곧장 시간을 앞당겨 미래를 예측하기 시작하며, 그것은 새날에 해야 할 일에 대한 정신적 검토로 구성된다. 우리가 행동 계획을 시뮬레이션하면서 사용하는 기억은 깨어 있는 동안 끊임없이 노출되는 감각 자극에 주의를 집중하는 과정에 직접 관여하는 노르아드레날린의 분비를 통해 강화된다. 따라서 침대에서 욕실로 이동하는 사이에 꿈을 구해낼 가능성은 사라진다. 몇 분 후 치약에 손을 뻗을 때는 이미 그날 아침의 마지막 꿈을 떠올릴 기회가 완전히 사라진 뒤다.

꿈의 기술

꿈은 생리학적 구성체이자 욕망의 나침판이 제공하는 확고한 지침에 따라 기억이 활성화되는 특정한 궤적이지만, 활기차거나 뭉클하거나 아름다운 일련의 이미지들을 매번 만들어낼 수는 없다. 각각의 꿈은 그 자체가 하나의 시험이고 표현의 가능성이기 때문에 첫 이미지에서 실패하거나 첫 장면에서 휘청이거나 의미의 대성당을 쌓을 때까지 역동적인 생성 과정에서 계속될 수 있다. 불완전하고 흐릿한 이미지부터 부서지는 그림자 댄스, 충격과 슬픔, 후회를 불러올 수 있는 고통스러운 연상, 그리고 내면의 삶에 관한 진실한 자전적 작품이 만들어질 수 있도록 꿈꾸는 사람에게 가장 중요한 감정과 깊이 공명하고 정서적으로 잘 들어맞는 세부 사항이 꽉 채워진 짜임새 있는 플롯까지 자유자재로 변주될 수 있다.

우리는 가끔 스스로 꿈을 중단하고 아기를 보거나 화장실에 다녀오기 위해 잠에서 깬다. 그런 다음 우리와 밀접한 인물들이 각자의 과제와 목표를 가지고 행동하는 것이 특징인 길고 복잡하며 상호 연결된 새로운 장면으로 되돌아가서 이전과 같은 꿈을 다시 꾸기도 한다. 이런 경우 꿈이 끝날 때 처음부터 정해진 의도를 언급하는 식으로 꿈꾸는 시간의 이질적인 부분 사이에 경험에 대한 내부 기억뿐 아니라 일관성과 체계성이 있다는 것이 명확해진다. 꿈의 맥락이 이어지는 것은 꿈이 그렇게 무작위적이지 않고 쉽게 변하지 않는 강력한 감정이 있다는 것을 시사한다. 이는 전혀 이상한 현상이 아니다. 잘 구성된 꿈은 중도에 잊어버리거나 의지에 대한 통제력을 잃거나 꿈의 경로 어딘가에서 바람이나 두려움이 사라지는 일 없이 처음에 바랐던 보상을 찾아내거나 처음에 두려워하던 처벌로부터 도망치는 데 성공하는 꽤 괜찮은 시뮬레이션이다.

크레이지 호스가 자신의 운명을 꿈꾸다

잘 구성된 꿈을 꾸는 것이 왜 중요한지를 감동적으로 보여주는 좋은 예가 있다. 바로 라코타족Lakota의 영웅적이고 비극적인 이야기다. 라코타 역사의 시작은 9세기로 거슬러 올라가며, 당시는 장례와 주거를 목적으로 흙더미를 쌓는 사람들이 미시시피의 계곡과 오하이오의 강을 점거하고 있었다. 그들은 16~17세기경에 미주리강과 로키산맥 사이에 있는 광활한 초원으로 이주했는데,[33] 그곳은 캐나다에서 맥시코까지 뻗어 있고 버펄로가 가득한 거대한 회랑 지대였다. 남부는 아파치족Apache과 나바호족Navajo, 코만치족Comanche이 우세했고, 북부는 수족Sioux, 샤이엔족Cheyenne, 아라파호족Arapaho, 크로족Crow, 크리족Cree, 카이오와족Kiowa, 포니족Pawnee, 그 밖의 여러 집단이 치열한 영토전쟁을 벌였다. 그들은 동맹을 맺고 자기들끼리 싸우거나 프랑스, 스페인, 영국, 종국에는 미합중국의 국민 등 백인 침입자들에 맞서 싸웠다. 이러한 혼란스러운 문화적 소모전 때문에 리오그란데강 이북에 있던 아메리카 원주민 대부분이 점진적으로 소실되었다.

여기서 오랫동안 주목받아온 예외가 있는데, 그것은 바로 기마술을 익혀서 훈족이나 몽골족에 버금가는 기마 전사들을 배치한 아파치족, 코만치족, 수족과 같은 아메리카 원주민들이었다. 수족은 '작은 뱀' 또는 '적'을 의미하는 경멸적인 용어였으며, 백인들과 다른 아메리카 원주민 집단들이 라코타족과 그들의 사촌인 다코타족, 나코타족을 가리킬 때 사용했다. 19세기 전반에 라코타족은 길고 좁은 중앙 평원의 상당 부분을 정복했다. 기습적으로 공격해 말을 훔치고 머리 가죽을 벗기는 것이 특징이었던 전투와 명예의 문화는 주로 비밀결사대에 소속되어 있거나 종교적 믿음을 실천하는 전사들이 주도했다.

미국 정부가 여덟 개의 원주민 부족과 영토 이양을 위한 조약을 체결하고 3년 만인 1854년에 래러미 요새Fort Laramie에서 전쟁이 시작되었다. 미국 정부는 존경받는 컨쿼링 베어Conquering Bear를 포함한 고령의 추장들을 이용하여 라코타족과 샤이엔족에 불리한 구획을 합법화하려고 시도했다. 라코타족과 샤이엔족은 리틀 빅혼강Little Bighorn River의 계곡을 포함한 길고 광활한 땅을 크로족에 이양하기로 한 조약을 거부했다. 그러던 중 원주민 남성이 정착민 소유의 암소를 죽이는 사건이 발생하면서 라코타족과 백인들 사이에 억눌려 있던 긴장감이 폭발했다. 존 그래턴John Grattan 중위가 병사 29명을 이끌고 라코타족

수천 명이 거주하는 마을로 쳐들어가 암소 죽음에 책임이 있는 자를 넘기라고 거칠게 요구했다. 컨쿼링 베어 추장이 격분한 병사들을 진정시키려 애쓰다 가장 먼저 총에 맞고 말았다. 난폭함이 퍼져 나갔고, 몇 분 만에 전체 소대가 도살당했다.

그래턴 학살Grattan Massacre은 라코타족이 미국 군대와 공개적으로 충돌한 최초 사건으로 역사에 기록되었다. 위대한 전사인 레드 클라우드Red Cloud가 백인을 죽인 것도 그때가 아마 처음이었을 것이다. 인 더 와일더니스In-the-Wilderness라고 불리던 수줍은 소년은 두 눈을 부릅뜬 채 그 모든 상황을 지켜보며 끔찍한 피의 세례식을 치렀고, 이일을 계기로 그 전쟁에서 중대한 역할을 맡게 되었다. 뒤이어 몇 주 동안 미군의 야만적인 앙갚음이 이어졌고, 창백한 피부와 곱슬머리를 가진 소년은 어느 때보다 심각한 충격을 받았으며, 결국 그는 아주 사적인 복수의 길을 걷기로 결심했다. 인 더 와일더니스의 아버지는 아들을 신성한 강으로 데려가서는, 자신의 운명에 대한 선견지명을 얻을 수 있도록 험난한 바위산 꼭대기에서 나흘간 단식하며 홀로 영적 여행을 하게 했다. 그는 꿈속에서 말을 탄 전사가 호수에서 떠오르듯 나타나는 것을 보았다. 전사는 간소한 옷차림에 아무런 칠도 하지 않은 민낯이었고, 장신구라고는 머리에 꽂은 깃털과 귀 뒤의 갈색 조약돌뿐이었다. 그는 빗발치는 총탄과 화살 사이를 무사히 통과했으나 폭풍우에 휘말렸고, 그를 붙잡기 위해 사람들이 양팔을 치켜들었다. 꿈이 끝나갈 무렵 전사는 스스로 그곳을 탈출했고, 그때 번개가 내리치며 그의 몸과 얼굴에 우박과 번갯불로 흔적을 남겼다. 블랙 엘크Black Elk가 말하길, 나의 사촌인 인 더 와일더니스는,

꿈을 꾸었고 만물의 영혼들뿐인 세상으로 들어갔다. 그곳은 이 세

상 너머에 있는 진짜 세상이며, 여기서 우리가 보는 모든 것은 그 세상의 그림자와 같다. 그 세상에서 그는 말에 올라타 있었고, 말과 그 자신과 나무와 풀과 돌을 비롯한 모든 것은 영혼으로 만들어져 있었으며, 단단한 것이 없고, 모든 것이 떠다니는 듯했다. 그의 말이 가만히 서 있다가 그림자로만 만들어진 말처럼 춤을 추었고, 그는 그렇게 이름을 얻었는데, 말이 미쳤다거나 제멋대로라는 뜻이 아니라 그의 환각 속에서 이상한 식으로 춤을 추었다는 뜻이다. 이 환각은 그에게 엄청난 힘을 주었고, 전투에 나서면서 그 세상으로 다시 들어간다는 생각만 하면 무엇이든 헤쳐나갈 수 있었고 다치지 않을 수 있었다.[34]

인 더 와일더니스의 아버지는 아들의 놀라운 환각을 듣고는 아들이 장신구를 피하고 간소함을 추구하며 자신의 부족으로부터 아무것도 받지 않고 전사로서의 영예를 탐내지 않는다면 언젠가 화살과 총탄도 닿을 수 없는 위대한 전사로 자라리라는 증거로 해석했다. 다시 부족으로 돌아간 소년은 '크레이지 호스Crazy Horse'라는 이름을 얻었다. 그리고 이어진 몇 년 동안 그는 나날이 강해졌고, 북부 대초원의 원주민 저항세력을 떠받치는 든든한 기둥 중 하나로 성장했다. 그는 전투에 나설 때 우박 같은 흰 점으로 온몸을 뒤덮고 볼에는 번개 모양을 그렸다. 겸손과 헌신의 표시로 머리 장식은 사용하지 않았고 대신 깃털 하나만 꽂았다. 크레이지 호스는 이내 레드 클라우드의 오른팔이 되었고, 민간인과 병사로 이루어진 수많은 침략세력과 라코타족 사이에서 벌어진 주요 전투에서 핵심 역할을 맡았다. 격렬한 감정에 사로잡힌 크레이지 호스는 백인들이 가장 두려워하는 악몽이 되었다.

꿈은 아주 사적인 의미

우리가 지금까지 전개한 서사는 독자에게 꿈을 해석하는 데 도움이 될 수많은 관점을 제공한다. 꿈을 단순히 전기적 반향과 같은 생물학적 메커니즘으로 환원하는 것은 가능하지도 않고 바람직하지도 않다. 꿈에서 상징을 해석할 때 중요한 점은 그들이 렘수면 중 전기 활성도의 증가로 발생하였으나 꿈꾸는 사람의 기대와 욕망에 따라 좌우된다는 것이다. 우리는 또한 꿈의 서사가 렘수면에 의해 촉발된 유전자 발현을 통해 기억 장치에 새겨진다는 것도 염두에 둬야 한다. 이 모든 과정을 각자의 입장은 독립적이지만 인과관계에 따라 서로 연결되는 관점으로 바라보면, 꿈의 동기를 파악할 때 왜 그 사람이 처한 현 상황의 주관적 맥락을 이해해야 하는지를 더 쉽게 알 수 있다. 이러한 맥락을 통해서만 꿈 해석이 가능하다. 상징은 대개 개인의 다의적 암호를 통해 아주 사적인 의미를 가지며, 개념이나 발음의 유사성에 따라 의미를 결합하는 연상의 그물망에 의해 제공된다. 그래서 꿈의 상징을 해석할 때 다양한 사람이나 문화가 공유하는 일반적인 해답을 사용하는 것은 적합하지 않다. 꿈은 정신의 아주 사적인 대상이다.

꿈이 모호해서 신의 계시를 제대로 해석하지 못하면 부정확한 단서와 파국적인 결과로 이어질 수 있다는 꿈 해석의 함정을 보여주는 좋은 예가 있다. 기원전 1세기에 폼페이 대왕Pompey the Great은 로마의 강인한 장군이자 집정관으로서 시민들을 위해 웅장한 새 극장을 지었고, 로마의 전기 작가 플루타르크Plutarch는 그를 알렉산더 대왕과 비교했다.[35] 기원전 59년, 폼페이는 유망한 정치인이자 군인인 율리우스 카이사르와 동맹을 맺고 그의 딸 율리아Julia와 결혼했다. 처음에는 장인과 사위로서 서로를 도왔지만, 몇 년 동안 율리우스 카이사르의 힘은 세지고 폼페이의 힘은 약해지면서 두 지도자의 사이가 멀어졌다. 율리아의 예상치 못한 죽음으로 두 장군 사이에 남아 있던 일말의 유대감마저 사라지고 말았다. 폼페이가 율리우스 카이사르의 포퓰리즘에 맞서 보수파 원로들과 동맹을 맺으면서 시민전쟁이 태동하기 시작했다. 카이사르가 루비콘강을 건너 로마를 향해 진군하자 폼페이는 자신의 병력을 이끌고 마케도니아로 도망쳤다. 그러나 1년 후 율리우스 카이사르는 도망자들을 쫓아 아드리아해Adriatic Sea를 건넜고, 올림푸스산과 멀지 않은 그리스 중부에서 그들을 따라잡았다.

잘 쉬고 장비를 잘 갖춘 데다 식량까지 공급받은 폼페이의 병사 4만 5천 명이 너른 언덕의 정상에서 평원을 내려다보았다. 그곳에는 긴 여정에 지치고 굶주린 율리우스 카이사르의 병사 2만 2천 명이 있었다. 그런 상황에서도 폼페이는 야전을 피해 적을 굶겨 죽일 생각을 하고 있었다. 결정적인 전투를 하루 앞둔 밤, 노장은 꿈에서 자신을 주춤하게 하는 강렬한 환각을 보았다. 그는 자신이 로마에 지은 극장 안에서 군중의 열렬한 박수를 받으며 승리의 여신 비너스에게 전리품을 바치는 꿈을 꾸었다. 분명히 대승을 예고하는 꿈이었지만, 폼페이는 쉽게 잠들지 못했다. 어쨌든 율리우스 카이사르 가문이 주장하는 조상신이 비너스가 아니었던가? 전리품이 전쟁에서 이겨서 얻어낸 것이 아니라 영원히 잃어버린 것을 나타낼 수도 있지 않은가?

날이 밝아왔지만, 폼페이는 그 꿈이 신성한 조짐인지, 이루지 못할 소망의 충족인지 알 수 없었기에 목숨을 건 전투를 시작하지 못하고 망설였다. 상대가 다양한 측면에서 유리하다는 사실을 깨달은 율리우스 카이사르가 병력을 철수시키기 시작하면서 전투가 무산되려던 참이었다. 그러나 주사위는 이미 던져졌다. 폼페이의 추종자들은 공화정의 고위직을 나눠 먹을 생각에 정신이 없었다. 그들은 전리품에 대한 갈망과 근거 없는 수적 자신감에 도취하여 폼페이를 물리적 충돌로 밀어 넣었다. 갑작스럽게 병사들이 언덕의 전략적 요충지를 벗어나 공격을 시작했다. 보병의 수는 두 배 많고 기마병은 일곱 배나 많았음에도 불구하고 그들은 포기를 모르는 카이사르의 노련한 병사들에게 대패하고 말았다. 당황한 폼페이는 자신의 병력을 전장에 남겨두고 변장한 채로 배에 올라 도망쳤다. 그는 알렉산드리아에서 하선하다가 로마의 100인 대장centurion과 승리한 진영을 기쁘게 하고 싶어 안달 난 이집트의 왕 프톨레마이오스 13세Ptolemy XIII의 부하들에게 칼에 찔려 죽었다. 카이사르는 알렉산드리아에 도착하여 옛 사위의 머리가 담긴 자루를 받았다. 이집트 왕의 예상과 달리 카이사르는 자루를 열어보기를 거부하고 범죄에 연루된 자들을 처형하라고 명령했으며, 프톨레마이오스 13세를 퇴위시키고 그의 누이인 클레오파트라에게서 아들을 얻었다. 그는 거만한 자를 벌하는 네메시스 여신의 신전 밑에 폼페이의 머리를 묻도록 명령하고 로마로 돌아가서 독재자로서 절대권력을 차지했다. 그렇게 로마 공화정의 종말이 시작되었다.

14장

욕망, 감정 그리고 악몽

·
·
·
·

역사적 꿈에 등장하는 상징의 풍부함은 종종 생존 투쟁을 단순하고 감정적인 플롯으로 위장한다. 특정인이 보고하는 특정한 꿈을 더 잘 이해하려면, 먼저 다른 포유류들이 어떤 꿈을 꾸는지 상상해보아야 한다. 이것은 인류의 문화에 존재하는 그 모든 풍요로움과 복잡함 그리고 공허함이라고 할 수 있는 측면과 대조적으로 꿈의 어떤 요소가 조상으로부터 내려온 인간 본래의 부분을 반영하는지 구별할 수 있게 한다. 이는 어머니 대자연의 무자비한 통치하에 있는 생명의 생태학과 관련되어 있고 개인에게 매우 중요한 부분이다.

하지만 환상적인 추측에 의지하지 않고서 다른 동물들이 어떤 꿈을 꾸는지를 어떻게 추론할 수 있을까? 포유류의 꿈은 일반적으로 가장 시급하고 중요하며 평생에 걸쳐 매일 반복되는 습관적인 문제, 즉 배를 채우고 포식자를 피하고 많은 자손을 남기기 위해 성적 파트너를 찾는 것과 같은 불가피한 욕구를 반영할 것이다. 이것은 성별이 있는 모든 존재에 필수적인 문제이고, 다윈이 말하는 진화의 원칙이다. 현대의 안락한 삶으로 인해 중상위 계층은 먹이와 포식에 관해서는 상대적으로 불안감이 낮을 수 있지만, 진실한 사랑을 위한 끝없는 투쟁에 관해서는 그렇다고 말할 수 없다. 굶거나 죽임을 당하는 꿈은 정신분석가의 소파에서 흔히 들을 수 없지만, 낭만적인 사랑에 대한 기대와 충족, 불완전함은 오늘날 꿈에도 아주 명확한 흔적을 남긴다. 반면, 소파와는 거리가 먼 전 세계 수많은 노숙인과 난민들은 여전히 먹을 것이 없거나 폭력 집단에 죽임을 당하는 절망적인 꿈을 꾼다.[1] 이러한 꿈들은 단순한 원시적 생존과 밀접한 관련이 있으며, 자연을 활보하는 포유류들에게 예상되는 내용에서 크게 벗어나지 않는다. 살아남기 위한 투쟁은 죽음의 문턱 아주 가까이에서 일어나는 일상이기 때문이다.

　브라질의 판타날 습지에 사는 카피바라들에게 매일 밤 재규어 꿈을 꾸는지 물어볼 수는 없지만, 교전 지역의 군인들처럼 다급한 위험에 반복적으로 시달리는 사람들이 어떤 꿈을 꾸는지는 물어볼 수 있다. 그들은 공격당할 가능성이나 공격하는 상황과 그 결과에 관한 꿈을 자주 꾼다고 대답한다. 이런 끔찍한 꿈들은 폭력적인 사건을 유난히 자주 소환하지만, 두려움으로 배를 불리고 삶을 갉아먹는 기억의 소용돌이 속에서 과거와 미래를 뒤섞으며 가능한 미래의 재앙을 시뮬레이션하기도 한다. 각각의 전기적 재활성화는 유전자 발현을 동원하여 죽거나 죽이거나, 죽거나 죽이거나, 죽거나 죽이거나…… 이처럼 냉혹한 선택을 똑같이 고집스럽게 반복함으로써 정신을 조각하는 가소성의 물결을 일으킨다. 이 기억들은 날마다 밤에 잠을 자고 나면 더욱 강력해져서 위험이 지나간 후에도 몇 년 동안 반복해서 악몽을 꾸게 한다. 이러한 반복적인 악몽은 외상 후 스트레스 장애의 가장 대표적인 증상 중 하나이다.

약 2억 년 전, 현존하는 모든 포유류의 공동 조상이 꾼 최초의 꿈은 무엇이었을까? 덩치가 생쥐만 한 이 동물은 의심할 여지 없는 지구의 주인인 공룡이 지배하는 가혹한 환경에서 살아남기 위해 지하 은신처에 의존하며 어둡거나 어스름할 때만 활동했을 것이다.[2] 두려움 속에서 매우 협소한 생태적 지위를 점유하고 있었다면 최초의 꿈은 아마도 악몽이었을 것이다.

스웨덴 셰브데대학과 핀란드 투르쿠대학의 교수이자 심리학자인 안티 레본수오Antti Revonsuo의 연구는 낮 동안 생존을 위한 투쟁에서 오는 극심한 스트레스와 반복성 악몽 사이의 상관관계를 뒷받침한다. 문화적으로는 비슷하지만 폭력의 수준은 천차만별인(가자지구와 갈릴리처럼) 여러 국가에서 수집한 아이들이 꾸는 꿈을 비교한 결과, 레본수오와 그의 동료 카차 발리는 폭력적인 사회에서 악몽을 꾸는 비율이 훨씬 더 높다는 것을 확인했다. 더 나아가 두 사람은 전형적인 포유류의 의식, 그 근원에 있는 모든 꿈의 아버지인 원형의 꿈은 실제로 악몽이었다는 이론을 제안했다.[3] 악몽은 현실에서 피할 수 있는 위험을 모의로 시험하고 대응법을 미리 연습하거나 경계심을 높여 다음 날 직면할 위험에 대비하게 한다.

위험 시뮬레이션 이론

위험 시뮬레이션 이론threat simulation theory이 예측한 바에 따르면, 삶과 죽음의 경계와 같은 극심한 스트레스 상황에서 꿈의 서사는 현실의 위험과 직접적인 연관성을 갖는다. 수면 장애에서 나타날 수 있는 증상 중에서 외상 후 스트레스 장애로 인한 반복성 악몽은 심리적 관점에서 가장 불안한 증상일 수 있다. 참전군인과 대량학살의 생존자들을 통해 체계적으로 알려진 이 증상은 정신이 손상될 정도로 극심한 스트레스를 경험한 사람들에게 나타날 수 있다. 2015년 미국의사협회 《정신의학회지JAMA Psychiatry》에 발표된 베트남 참전군인들에 대한 종단 연구는 종전 후 40년이 지났는데도 외상 후 스트레스 장애가 약 27만 명의 참전군인들에게 지속적인 영향을 미치고 있다고 밝혔다.[4]

생사를 건 투쟁, 심각한 사고, 성적 학대와 같은 매우 폭력적인 경험에는 공황 발작과 비슷하지만 혼동해서는 안 되는 행동 장애가 뒤따를 수 있다. 여기에는 외상 사건을 재경험하는 회상을 비롯해 심장 박동이 빨라지는 빈맥, 과한 식은땀, 무서운 강박적 사고, 외상 사건과 관련된 장소나 사건·사물·생각·느낌에 대한 혐오감, 쉽게 겁먹음, 지속적인 긴장감, 수면 장애, 격노, 외상 사건의 주요 특징을 기억하기 어려움, 자기 자신이나 세상에 대해 팽배한 부정적 사고, 죄책감, 즐거운 활동에 대한 흥미가 떨어짐, 그리고 당연히 렘수면 장애와 같은 증상이 포함된다.[5]

이러한 증상뿐 아니라 외상을 입힌 사건이나 그와 관련된 상황에 대한 악몽을 반복적으로 꾸는 것도 외상의 특징 중 하나이다.[6] 중세 후기에 피에르 드 베아른Pierre de Béarn이라는 프랑스 귀족이 피레네의 거대한 곰과 격투를 벌이고 나서 그 충격으로 지독한 수면 장애에 시달리기 시작했다는 기록이 있다. 그는 잠결에 고함을 치고 위협적으로 칼을 휘두르며 가족에게 버림받을 정도로 몹시 불안해했다.[7] 오늘날 과학적 연구에 따르면, 참전군인들은 외상 사건에 대한 아주 상세한 꿈을 수십 년간 반복해서 꿀 수 있다.[8] 박해와 학대, 고문의 피해자들 역시 반복성 악몽을 경험한다.[9]

두무지드의 절망

따라서 역사상 최초로 기록된 꿈이 무자비한 살인자들에게 쫓기는 신화 속 남성의 악몽이라는 것은 우연이 아니다. 그는 홍수가 일어나기 약 5000년 전에 전설적인 선왕조 시대를 통치했다고 전해지는 수메르의 5대 왕이자 양치기인 두무지드Dumuzid였다. 익명의 저자가 고대 점토판에 설형문자로 기록한 전설에 따르면, 두무지드는 이난나 여신의 남편이었고 그녀와 함께 에로틱한 전원에 살다가 비극적인 결말을 맞이했다. 〈두무지드의 꿈The Dream of Dumuzid〉[10]이라는 시는 두무지드가 방금 꾼 무시무시한 환각을 해석하기 위해 게슈티난나Gestinanna라는 지혜로운 누이를 부르면서 시작한다.

> 꿈을 꾸었다, 누이여! 꿈을 꾸었어! 꿈에서 골풀이 나를 향해 일어섰고, 골풀이 나를 향해 자라났다. 갈대 하나가 나를 향해 머리를 흔들었고, 갈대 한 쌍에서 하나가 갈라져 나갔다. 숲에서 높은 나무들이 일제히 일어났다. 내 거룩한 석탄 위로 물이 쏟아졌고, 내 거룩한 교유기의 뚜껑이 열렸고, 못에 걸려 있던 내 거룩한 잔이 떨어졌고, 내 양치기 막대가 사라졌다. 올빼미가 양우리에서 새끼 양 한 마리를 잡아갔고, 매가 갈대 울타리에서 참새를 잡아갔고, 내 숫염소는 검은 수염으로 흙바닥을 쓸었고, 내 숫양은 두꺼운 다리로 땅을 긁었다. 교유기가 쓰러져 있었으나 우유는 흘러나오지 않았다. 잔은 엎어져 있었다. 두무지드는 숨이 끊어졌고, 양 우리에 귀신이 나타났다.

인류 초기 문헌의 반복적인 형식을 통해 게슈티난나는 꿈을 명백한 죽음의 징조로 해석한다.

형제여, 그대의 꿈은 좋은 꿈이 아니니 더는 말하지 말라! 두무지드, 그대의 꿈은 좋은 꿈이 아니니 더는 말하지 말라! 골풀이 그대를 향해 일어서고 그대를 향해 자라났으니, 도적들이 매복해 있다가 반란을 일으킬 것이다. 갈대 하나가 그대를 향해 머리를 흔들었으니, 그대를 낳아준 어머니가 그대를 향해 머리를 흔들 것이다. 갈대 한 쌍은 그대와 나이니, 내가 그대에게서 갈라져 나갈 것이다. 높은 나무들이 숲에서 일제히 일어났으니, 사악한 자들이 벽 안에서 그대를 잡으려 할 것이다. 그대의 거룩한 석탄 위로 물이 쏟아졌으니 양 우리가 고요해질 것이다.

게슈티난나는 꿈에 나타난 각 요소의 소름 끼치는 의미를 일일이 열거하다가 공격이 임박했음을 깨닫는다. 그리고 쫓기는 사람이 경험하는 극심한 공포에 대한 순수한 표현이 이어진다. "형제여, 악마가 그대에게 오고 있다! 풀숲에 머리를 숨겨라!" 그는 간청한다. "누이여, 나는 풀숲에 머리를 숨길 것이다! 내 행방을 그들에게 알리지 말라! 나는 풀숲에 머리를 숨길 것이다! 내 행방을 그들에게 알리지 말라!" 게슈티난나가 대답한다. "만약 내가 그대의 행방을 그들에게 알린다면, 그대의 개가 나를 잡아먹으리라! 그 검은 개가, 그대의 양치기 개가, 그 고귀한 개가, 그대의 도도한 개가, 그대의 개가 나를 잡아먹으리라!"

두무지드의 적에 대한 간단한 묘사는 타협이나 동정의 여지 없이 낯선 이들에 의해 잡아먹힐 듯한 고대의 공포를 고조시킨다. "왕을 잡으러 온 자들은…… 먹을 것을 알지 못하고, 마실 것을 알지 못하고, 뿌려놓은 밀가루를 먹지 않고, 부어놓은 물을 마시지 않고, 상냥한 선물을 받지 않고, 아내의 품을 즐기지 않고, 사랑스러운 아이들에게 입을 맞추지 않고……." 다섯 도시에서 온 남자 열 명이 집을 에워싸고 외쳤다. "사람이 사람을 쫓도다." 사실 그들은 두무지드를 죽은 자들의 지하세계로 잡아가기 위해 온 사악한 자들이다. 사악한 자들이 게슈티난나에게 뇌물을 주고 두무지드의 은신처를 알아내려 하지만, 그녀는 협조를 거부한다. 그다음 그들은 도망자의 친구 하나를 변질시키려 하는데, 친구는 끝내 그를 배신하고 그의 행방을 알려준다. 적들에게 붙잡혀다치고 포박당한 두무지드는 눈물을 흘리며 이난나의 형제이자 자신의 처남인 태양의 신 우투Utu에게 그들로부터 도망칠 수 있도록 팔과 다리를 가젤의 다리로 바꾸어달라고 간청했다. 우투는 그의 눈물을 공물로 받아들이고 요청을 수락한다. 두무지드는 다른 도시로 달아나지만 사악한 자들이 또다시 그를 찾아낸다. 이러한 불운이 세 차례 반복되고나서 두무지드는 누이인 게슈티난나의 거룩한 양 우리에 숨어들고, 그곳에서 예언이 하나씩 실현되며 두무지드는 안타까운 결말을 맞이한다. 마지막 남은 사악한 자가 들어왔을 때, "잔은 엎어져 있었다. 두무지드는 숨이 끊어졌고, 양 우리에 귀신이 나타났다."

삶의 상처

외상을 입은 사람의 악몽이 어디에서 오는지는 쉽게 알 수 있다. 폭력 사건에 대한 기억은 매우 강렬하게 암호화되어서 강력한 시냅스 연결을 통해 수면 중에 생성되는 전기 활성을 포착하고 독점한다. 그러나 모든 악몽이 특정한 외상에서 유발되는 것은 아니다. 꿈은 가장 끔찍한 악몽부터 좌절과 불안에 대한 꿈까지 자주 부정적인 경향을 띠며, 도시 인구의 4~10퍼센트가 그것을 매주 경험한다.

전통 문화도 다르지 않은 것 같다. 멕시코 미초아칸주Michoacán의 친춘찬Tzintzuntzan이라는 마을에 사는 사람들은 유년기의 영양 상태가 좋지 않으면 악몽을 꾸기 쉽다고 믿는다. 이곳 사람들이 말하는 꿈의 약 3분의 1은 이웃 간의 사활을 건 논쟁부터 갑자기 침대를 뛰쳐나갈 만큼 갑작스러운 홍수까지 대놓고 불쾌하며 무섭고 심지어 위협적인 경향성을 보인다. 성적 무력감과 외로움도 10퍼센트 정도 나타난다.

그러나 브라질과 베네수엘라의 접경 지역에 있는 자부심 강한 야노마미족Yanomami의 유력한 지도자이자 주술사인 다비 코페나와 Davi Kopenawa가 보고한 꿈처럼 경험이 많고 숙련된 사람들은 그 흔한 악몽도 피해갈 수 있다.

> 꿈에서 거대한 재규어 때문에 놀랐다. 녀석은 숲에서 내 발자국을 추적하며 점점 더 가까이 다가왔다. 온 힘을 다해 달아나도 녀석을 따돌릴 수 없었다. 결국 나는 뒤얽힌 숲에서 발을 헛디뎌 사나운 재규어 앞에 떡 하니 넘어졌다. 녀석이 달려들었지만, 잡아먹히기 직전에 불현듯 정신을 차리고는 울음을 터뜨렸다. 어떨 때는 녀석에게서 벗어나기 위해 나무를 타기도 했다. 하지만 녀석은 날카로운 발톱으로 나무를 타며 나를 쫓아왔다. 겁에 질린 나는 서둘러 가장 높은 가지로 올라갔다. 더 이상 도망칠 곳이 없었다. 유일한 탈출구는 피난처로 삼은 나무 꼭대기에서 허공을 향해 몸을 던지는 것이었다. 나는 양팔을 날개인 양 필사적으로 퍼덕이기 시작했고, 그러다 갑자기 날아올랐다. 나는 독수리처럼 숲 너머로 원을 그리며 활공했다. 그러다 보니 어느새 나는 다른 숲이나 물가에 서 있었고, 재규어는 더 이상 내게 닿을 수 없었다.[11]

꿈이 욕구와 두려움의 충족을 시뮬레이션하기 때문에 꿈을 꾸는 동안 갈망과 성취, 좌절의 감정이 자주 재활성화된다. 이러한 심리학적 관찰은 렘수면의 기능적 뇌 영상 연구가 뒷받침한다. 이 실험들을 통해 세상과 상호작용에서 감정적 판단에 직접 관여하는 피질하 영역인 편도체가 강력하게 활성화하는 것을 확인했다.[12] 이 결과는 꿈이 보상이나 처벌을 유발할 수 있는 행동을 시뮬레이션한다는 견해를 보강한다. 가상의 시험판 같은 세상에서 포유류는 어떠한 위험도 감수하지 않으면서 생존에 필수적인 전략을 시험해볼 수 있는 것이다. 그것들이 알 수 없는 미래에 적용되는 한, 우리는 확률론적 예언에 대해 이야기할 수밖에 없다.

꿈이 욕망의 충족 또는 불충족에서 촉발된 감정의 색으로 칠해진다는 견해는 정신분석학과 신경학 모두의 지지를 받고 있다. 반면, 건강한 피실험자들이 보고한 꿈의 내용은 대체로 무섭거나 괴상하거나 기이한 요소를 마주할 때도 놀라운 수준의 정서적 중립성을 보인다. 이러한 결과는 의사 결정과 계획의 질서정연한 실행에서 활성화되는 전전두피질 영역이 렘수면 중에 비활성화되는 데서 기인할 가능성이 크다. 전전두피질의 비활성화는 이용 가능한 정보에 대한 일시적이고 처리하기 쉬운 작업 기억에 결함을 불러일으킨다. 이는 꿈의 논리적 구성에 불연속성(기억의 사슬은 본질적으로 깨어 있을 때보다 꿈꾸고 있을 때 덜 일관적이라고 여겨지며, 꿈꾸는 과정은 논리적이고 질서정연할 수 있으나 렘수면의 기억 장애로 인해 그것을 전달하는 것은 불가능하다. 17장에서 설명하는 신경 해석 방법methods of neural decodification이 이 수수께끼를 풀어줄지도 모른다)과 부조화를 알리는 경보 체계(현실에서는 투쟁-도주 반응을 불러오는)의 마비를 동시에 설명할 수 있다. 기억의 사슬이 느슨해지면 꿈에서 시뮬레이션한 상황에서 멀어지고 비판과 검열도 완화된다. 꿈에서 가능한 것은 무엇이든 용인될 수 있다.

캘리포니아대학 버클리캠퍼스의 매튜 워커와 노터데임대학의 제시카 페인은 신경심리학적 연구 결과로 이러한 추론을 뒷받침했다.

이 미국의 연구자들은 개별적으로 정서적 기억을 처리하는 과정과 하룻밤을 자고 난 후 해로운 경험의 영향력이 약화하는 데 렘수면이 핵심 역할을 한다는 것을 보여주었다. 이 증거는 렘수면이 전대상피질 anterior cingulate cortex, 편도체, 해마, 자율신경계처럼 정서 처리에 관여하는 신경계의 다양한 영역 사이의 연결 상태를 재조정한다는 것을 보여준다. 렘수면이 부족하면 이 영역들이 과활성화되어 예민해지고 기억이 감퇴할 수 있다. 뜬눈으로 밤을 새운 사람들은 대부분 자신의 감정, 특히 부정적 감정을 조절하기가 매우 어려워진다.

그렇다면 악몽은 정말 무엇을 위한 것일까? 꿈에 그려지는 행동과 이미지의 시뮬레이션은 현실에서 해로울 수 있는 상황을 경험할 기회를 위험해지거나 깨어나는 일 없이 일관된 방식으로 제공한다. 그것은 확률의 공간에 대한 탐색으로서 감정이 지배하는 충동적인 행동을 억제하는 귀중한 도구이다. 다음의 단순하면서도 의미심장한 예를 살펴보자.

박사과정 학생이 일찍 일어나 연구실로 향했다. 학교에서 2시간 거리에 있는 현장에서 실험을 하려고 예약해둔 공유 자동차를 찾기 위해서였다. 그러나 그는 연구실에서 차 열쇠를 찾지 못해 당황했다. 차고에 들어섰을 때 두려움은 현실이 되었다. 차가 거기에 없었다. 한 통의 전화로 연구실 후배인 동료가 전날 차를 가져가서 아직 반납하지 않은 사실을 알게 되었다. 그날 일을 통째로 날려버렸다는 생각에 그는 몹시 화가 났다. 그날 밤, 꿈에서 그는 아침 상황으로 돌아가 함께 있는 동료에게 고함과 욕설로 짜증을 부리며 분통을 터뜨렸다. 180센티미터가 훌쩍 넘는 동료가 그에게 주먹질과 발길질을 하기 시작했다. 이튿날 잠에서 깬 박사과정 학생은 화뿐만 아니라 두려움도 느꼈다. 그는 곧장 사교적 수완이 필요하다는 것을 깨달았다. 거구의 동료와 마주쳤을 때 그는 친절하게 행동하고 동료의 진심 어린 사과를 점잖게 받아들였다.

악몽은 종종 눈앞의 위험을 경고하는 즉각적인 보호의 의미가 있다. 예감이 일부만 실현될 때도 사고 예방의 기능은 상당히 명확하게 드러난다. 한 여성이 친한 친구를 교통사고로 잃고 나서 정확히 1년 후, 파티에서 집으로 돌아가면서 졸음운전을 하다가 차가 연석으로 올라가 벽과 충돌하는 꿈을 꾸었다. 다음 날 그녀는 꿈의 도입부가 실제로 일어났음을 깨달았다. 그녀는 정말로 연석에 올라갔지만 벽에 부딪히지는 않았다.

심각한 사고를 아슬아슬하게 모면한 사례의 경우, 혹시 일어났을지 모를 일에 대한 두려움으로 인해 반향이 계속 반복된다. 친구 사이인 두 커플이 각각 어린아이를 데리고 일주일간 열대 지역의 한 호텔에 머물며 해변에서 느긋한 시간을 보내고 있었다. 어느 저녁, 강둑에서 놀고 있던 아이들이 갑자기 물살에 휘말려 먼 강어귀 쪽으로 떠내려갔다. 부모들은 맹렬히 헤엄치며 쫓아가서 하마터면 바다로 쓸려 갈 뻔한 아이들을 간신히 구해냈고, 모두가 놀란 가슴을 쓸어내렸다. 그날 밤, 부모 중 한 명이 아까처럼 위험한 상황이 되풀이되는 정말 진짜 같은 악몽을 여러 번 반복해서 꿨다.

어느 날은 사냥감, 다음 날은 사냥꾼

아이를 잃을까 봐 느끼는 두려움은 포식의 공포에서도 유난히 끔찍한 측면이 있다. 그러나 승리를 장담할 수 없는 탓에 포식자와 피식자 사이의 경계가 미약하기 짝이 없다. 갈등 상황에서 공포와 악몽의 구체적인 역할을 이해하려면 우리 인간종의 끊임없는 전쟁 기록을 살펴볼 필요가 있다. 1865년, 미국 정부는 허가나 통보 없이 원주민 소유의 영토에 세 개의 요새를 짓기 시작했다.[13] 요새화는 빅혼산맥과 '검은 언덕'을 의미하는 파하 사파Paha Sapa의 신성한 산들 사이에 있는 전통적인 사냥터를 더럽혔다. 높이가 해발 2200미터에 이르며 현재는 러시모어산에서 미국 대통령들의 거대한 조각상으로 전시되고 있는 이 거대한 바위산들은 당시 백인들에게 그저 서부의 금광으로 가는 길을 가로막는 장애물일 뿐이었다. 이와는 아주 대조적으로, 중앙 평원에 사는 일곱 개의 라코타 부족을 비롯한 원주민들에게 파하 사파는 신화에서 "존재하는 모든 것의 심장heart of all there is"이라고 부르는 문화 세계의 중심이었다.[14]

정부 관료들이 협상을 위해 라코타족과 샤이엔족의 추장들을 만나고 있을 때, 헨리 케링턴Henry Carrington 대위가 지휘하는 천 명이 넘는 병사들은 이미 그 지역을 행군하고 있었다. 라코타족의 레드 클라우드는 격노하며 그 자리를 떠났고, 요새에서 무조건 철수할 것을 요구하며 백인들과의 전투를 준비했다. 젊은 크레이지 호스가 스무 살 가까이 많은 라코타의 지도자와 가까워진 것이 바로 이때였다.

필 커니Phil Kearny 요새가 지어진 후부터 전투는 목숨을 건 일상이 되었다.[15] 병사들도 시민들도 가장 가까운 지원군과 96킬로미터 이상 떨어진 머나먼 요새의 열악한 환경에서 지낼 준비가 되어 있지 않았다. 밀실 공포증을 유발하는 목조 건축물은 늘 너무 덥거나 너무 추웠고 구역질 나는 악취가 온 사방에서 진동했다. 서부로 향하는 정착민들의 물결이 끊임없이 이어졌지만, 전투와 호위 임무에서 발생하는 사상자들과 서쪽 지평선 너머의 황금빛 언덕으로 향하는 탈영병들로 인해 병사의 수는 매달 줄어들었다.

케링턴이 병력을 교체해달라고 요청했지만, 약속은 제대로 지켜지지 않았다. 부대가 사용할 수 있는 것이라고는 낡은 무기와 턱없이 부족한 군수품 그리고 좋은 말 몇 마리뿐이라서 케링턴은 선뜻 공격을 개시하지 못했다. 병사들은 요새의 높은 벽 뒤에 숨어서도 레드 클라우드의 노여움을 느낄 수 있었다. 6~12월 사이에 전투가 50회 벌어졌고 70명이 사망했다. 십자가로 가득한 묘지가 제18보병연대의 2대대에 속한 360명을 동요시켰다. 원주민 사상자도 많았지만, 가을이 깊어가면서 고립된 부대들 사이에 멈출 수 없는 두려움이 싹트기 시작했다.

그러나 예외도 있었다. 1866년 11월, 남북전쟁에 참전했던 윌리엄 저드 페터먼William Judd Fetterman 대위가 필 커니 요새에 도착했다. 페터먼은 케링턴의 지휘에서 절망감이 커지는 것을 보고는 자신이 돋보일 기회를 호시탐탐 노렸다. 며칠 지나지 않아 그는 위스키를 잔뜩 마시고 적과 싸우기를 거부하는 지휘관을 경멸하며 노골적으로 비난했다. 전투에서 자신의 우월함을 증명하고 싶은 마음이 간절했던 페터먼은 이 유명한 말을 남겼다. "병사 80명만 있으면 수족을 모조리 쓸어버릴 텐데."[16] 그와 마찬가지로 남북전쟁에 참전했던 청년 조지 그루먼드 George Grummond 중위가 그의 허세에 동조했다. 두 남자는 레드 클라우드의 반란이 짧은 시간 내에 명성과 영원한 영광을 안겨줄 특별한 기회라고 여겼다. 그렇지만 병사와 시민의 가족들과 훈장을 원하지 않는 사람들, 그리고 케링턴은 폭력 사태의 확대를 몹시 걱정했다. 전투가 계속되고 부상자가 늘어가자 그들은 최악의 상황이 벌어지면 적의 수중에 떨어지느니 서로를 죽이자고 결정하기에 이르렀다.

스물한 살에 불과했던 조지 그루먼드의 아내, 프랜시스 그루먼드가 임신한 몸으로 요새에 도착해서 겪은 시련이 기록으로 남아 후세에 전해졌다. 고되고 위험한 여정을 시작한 지 몇 달째인 1866년 9월, 이 젊은 여성은 요새의 울타리를 보고 안도했다. 그녀의 가족을 태운 마차는 요새의 문 앞으로 다가가다가 가죽이 벗겨진 머리와 분리된 몸통을 실어 나르는 무리에 길을 내주어야 했다. 등에 난 깊은 도끼 자국 외에도 내장이 적출되고 뱃속이 불에 타는 등 시신에는 야만의 흔적이 고스란히 남아 있었다. 그날 밤, 프랜시스는 공황발작으로 잠을 이루지 못했다.

두껍게 쌓인 눈 위로 여명이 밝아왔다. 케링턴은 장작을 싣고 오던 마부가 레드 클라우드의 전사에게 공격당했다며 장작을 되찾아 오라고 두 개 중대에 명령했다. 달아나던 원주민들을 추격하던 병사들은 곱슬머리의 한 남자가 겁도 없이 야생마에서 내려 말이 발굽을 다쳤는지 살피는 모습을 보고 순간 어안이 벙벙해졌다. 그가 바로 크레이지 호스였다.

그는 차분한 태도로 병사들이 자신에게 다가오게끔 내버려 두었다. 그리고 아주 가까워졌을 때 돌연 말 등에 올라타더니 전속력으로 달아났다. 미끼를 문 병사들이 방어 대형을 포기하고 그를 쫓아 급경사 면을 맹렬히 올라갔다. 뒤늦게 도착한 병사들은 처참한 광경을 목격하고야 말았다. 중위는 나무 그루터기에 꽂혀 있었고, 병장은 머리뼈가 쪼개져 있었으며, 병사 다섯 명은 상처를 입은 상태였다.

병사들이 돌아와 이 소식을 전하자 두려움이 요새 안으로 퍼져 나갔다. 프랜시스는 그날 꾼 악몽을 기록했다.

주둔지에 도착한 후 줄곧 신경 쓰이던 불안감이 그 이후로 깊어졌다. 눈은 피곤한데 잠이 오지 않는 밤이 많아졌고, 혹여나 잠이 들어도 [남편이] 원주민들을 쫓아 미친 듯 말을 달리는 꿈을 꾼다.[17]

현실에 대한 시뮬레이션

며칠 전, 첫눈이 내리던 날에 크로족 출신의 정찰병들이 96킬로미터 떨어진 곳에서 거대한 진영을 발견했다. 라코타족, 아라파호족, 북부 샤이엔족의 전사 2천 명으로 구성된 대규모 연합군의 수장은 다름 아닌 레드 클라우드였다. 위험이 다가오고 있다는 정찰병들의 경고를 받고서도 케링턴은 계획대로 요새를 완성하기 위한 마지막 조각인 깃발을 30미터가 넘는 깃대에 매달아 올리기로 했다. 울타리 앞 잔디 위에 대형을 갖춰 선 병사들이 군악대의 코넷 연주와 연설을 듣고 있는데, 주변을 둘러싼 차가운 적막을 산산조각 내는 대포 소리가 일제히 울려 퍼졌다.

케링턴은 레드 클라우드의 진영이 요새 앞에서 겨우 2, 3킬로미터 떨어진 산의 반대편으로 이동하고 있다는 사실을 알아차리지 못했다. 내성적이던 크레이지 호스는 이제 가장 힘 있는 목소리로 최후의 일격에 찬성했다. 1866년 12월 20일 오후, 레드 클라우드가 미래를 예측하기 위해 점술가를 불러들였다. 다가오는 전투에서 적을 얼마나 죽일 것인가? 환각을 보기 위해 머리에 담요를 뒤집어쓰고 한참을 중얼거리며 의식을 거행하던 점술가가 죽은 병사들이 100명 이상 보인다고 단언했다. 레드 클라우드가 알아야 했던 것은 그것뿐이었다.

21일의 밝은 태양이 바짝 마른 공중으로 떠올랐다. 아침 일찍 병사들을 가득 태운 대형 마차가 땔감을 가지러 요새 밖으로 나갔다가 여느 때처럼 공격을 받았다. 페터먼과 그루먼드의 강요로 케링턴은 원주민에게 교훈을 주기 위해 병사 80명을 파견하기로 했다. 페터먼은 부대 맨 앞에서 요새의 문을 밀어젖히려던 참에 상관으로부터 요새에서 보일 수 있도록 산마루보다 더 멀리 가지는 말라는 명확한 명령을 받았다. 파견부대는 적과 싸우기 위해 전속력으로 달려 나갔다.

정오쯤 산마루에 오른 병사들은 사정거리를 들락날락하며 부대를 도발하고 괴롭히는 전사 무리를 지켜보았다. 그들은 진군을 멈추고, 케링턴의 지시를 따르려는 순종적인 무리와 무례한 '야만인들'을 혼내주자는 충동적인 무리로 나뉘었다. 그 순간, 곱슬머리에 매의 깃털을 꽂은 젊은 오글라라Oglala의 전사가 암갈색 털에 코와 주둥이와 발이 하얀 말을 타고 나타났다. 크레이지 호스는 영어로 모욕적인 말을 외치더니 말발굽을 살피기 위해 말 등에서 내렸다. 발 바로 앞으로 총탄이 휙휙 날아드는데도 그는 꿈쩍하지 않았다. 병사들이 다가가자 그는 말을 타고 달아나다가 이내 다시 멈추었다. 그는 불을 지르고 자신을 제물로 넘기려는 듯한 행동을 하기도 했다. 온갖 도발에도 불구하고 병사들은 산 너머로 진군할 엄두를 내지 못했다.

바로 그때 겁 없는 라코타 전사가 마지막 비장의 무기로 바지를 내리고 엉덩이를 까 보이며 병사들을 당황하게 했다. 그의 전략은 완벽히 먹혀들었다. 페터먼이 케링턴의 명령을 거역하고 군도를 치켜들며 기병 돌격을 외쳤고, 파견부대 전체가 산마루 너머로 맹렬히 질주했다. 페터먼과 그의 부대는 적을 섬멸하기 위해 계곡으로 들어갔지만, 이내 숨어 있던 적들에게 완전히 포위되었음을 깨달았다. 라코타족과 샤이엔족의 전사 수백 명이 파하 사파를 더럽힌 자들에게 복수하기 위해 바닥에 엎드려 기다리고 있었던 것이다. "수족을 모조리 쓸어버리기에" 충분하다던 페터먼과 80명의 병사들은 레드 클라우드의 우글거리는 전사들의 꽉 움켜쥔 주먹에 의해 전멸했다. 전투 후, 케링턴은 남편을 잃은 프랜시스 그루먼드에게 조지의 머리카락 한 타래와 봉인된 봉투를 건넸다. 그녀의 끔찍한 악몽은 현실이 되고 말았다.

대학살이 일어난 지 6일 후, 《뉴욕타임스》는 이제껏 원주민과의 충돌로 발생한 미국의 군사적 손실 중 8퍼센트가 사망자인 것으로 나타났다며 이 사건을 대대적으로 보도했다. 미군이 그때껏 경험한 패배 중에서도 생존자가 하나도 없는 대참패였다. 라코타족과 샤이엔족 진영도 처음 사흘은 쓰라린 애도의 시간을 가졌지만, 나흘째 되는 날에는 '일당백hundred in the hand'의 전투에서 승리한 기쁨을 마음껏 축하했다. 전투에서 보여준 뛰어난 지도력에 대한 존경의 표시로 크레이지 호스는 연로한 추장들과 함께 불에 가까운 자리로 안내되었다.

과소평가했던 전사들의 위력에 놀란 워싱턴의 장군들은 이 전쟁에서 패배했음을 깨달았다. 8월에 요새가 비워졌고 레드 클라우드는 전사들과 함께 그것들을 직접 태워버렸다. 위대한 라코타족의 추장이 백인들과의 평화조약에 서명하기로 동의하기까지 1년이 더 걸렸다.[18] 1868년 11월 6일, 미국은 최초로 원주민들이 원하는 협정에 서명하고, 서부의 빅혼산맥에서 동부의 미주리강, 그리고 북위 46도에서 남부의 네브래스카주와 다코타준주의 경계에 이르는 광활한 지역을 일컫는 '위대한 수족의 영토Great Sioux Reservation'에서 모든 부대를 철수하기로 약속했다. 미국 정부는 이 땅들이 무가치하다고 믿고 로키산맥의 금광으로 향하던 걸음을 멈추었다. 그러나 북부 대초원의 부족들에게는 신성한 파하 사파 산맥을 둘러싼 세상에서 가장 귀중한 땅으로 남게 되었다. 레드 클라우드는 전쟁에서 승리했고, 자결권이라는 원주민의 꿈도 여전히 살아 있었다.

로만 노즈의 불신

크레이지 호스의 이야기가 믿음의 존재를 보여줬다면, 로만 노즈Roman Nose의 궤적은 불신의 저주를 보여준다. 북부 샤이엔족을 이끌다 인생의 전성기에 전장에서 사망한 그는 적의 총탄으로부터 자신을 보호하기 위해 주술사인 화이트 불White Bull이 의식에 따라 특별히 제작한 신성한 머리 장식을 착용했다.¹⁹ 이 머리 장식은 로만 노즈가 계시를 받고자 몬태나의 어느 호수에 있는 섬에서 나흘간 단식을 하던 중에 꾼 꿈을 근거로 만들어졌다. 그는 머리에 뿔이 하나 달린 뱀을 발견하는 꿈을 꾸었다고 말했다. 그래서 그의 머리 장식은 샤이엔족의 관습에 따라 양쪽에 뿔 두 개를 다는 것이 아니라 중앙에 위용 있는 뿔을 하나만 달았고, 땅에 거의 닿을 정도로 긴 꼬리를 말에 붙였다.

주술사는 머리 장식을 만드는 동안 백인들의 세계에서 온 물건과의 접촉을 피했다. 그는 로만 노즈에게 머리 장식을 건네면서 다른 사람과 악수를 하거나 금속에 '오염된' 음식을 먹지 말라며 주술을 보호하기 위해 엄수해야 할 식사와 사회 활동에서의 금기 사항을 줄줄이 읊고는 이를 어기면 다음 전투에서 죽음으로 갚아야 할 것이라고 말했다. 머리 장식의 주술적 힘을 이용하기 위해서는 그것의 사용법과 보관법, 그리고 동서남북으로 연거푸 들어 올리는 엄격한 의식을 지켜야 했다. 전투용 머리 장식을 쓸 때는 코는 빨간색, 정수리는 노란색, 턱은 검은색으로 칠하는 성스러운 의식도 치러야 했다. 로만 노즈는 마지막 전투 전까지 단 한 번도 심각한 상처를 입지 않았다. 마지막 전투에서 그는 적들을 겁주기 위해 화이트 불이 금기한 것과 완전히 대조되는 무력 정복의 상징인 황금빛 견장이 달린 파란색 기병 재킷을 입었다. 180센티미터가 훌쩍 넘는 근육질 몸매에 넓은 어깨와 매부리코를 가진 추장은 몸에 색칠을 하고 강렬한 머리 장식을 씀으로써 자신을 따르는 전사들에게 강렬한 인상을 주었다. 그들은 그의 곁에서 천하무적이 된 듯한 기분을 느꼈다.

로만 노즈는 평생 백인들과의 평화조약에 서명하는 것을 격렬히 반대하며 마차 행렬과 군 주둔지, 기차역, 전신선을 공격했다. 이 샤이엔족의 전사는 크레이지 호스만큼이나 용감했고 백인들의 세계를 싫어했다. 둘 다 적을 완전히 몰아내고 조상들의 순수한 삶으로 되돌아가기를 꿈꿨다. 1865년 9월, 로만 노즈가 이끄는 샤이엔족과 라코타족이 연합한 전투에서 두 전사는 수백 명의 적군 앞에서 용기를 시험받았다. 크레이지 호스가 적군의 탄약과 열의를 소모시키기 위해 그들의 대열을 따라 질주하며 소란을 일으켰다. 그때 로만 노즈가 주위를 선회하고 말의 앞발을 들더니 같은 동작을 몇 차례 반복하고는 쏟아지는 총격을 신경 쓰지 않는다는 듯 돌격 구호를 외쳐서 전사들을 완전히 경악하게 만들었다. 그 어느 때보다 놀란 병사들이 총격을 퍼부었고, 그러다 결국 그가 탄 말은 총상을 입었지만 그는 상처 하나 없이 전장을 떠났다. 이 일이 그가 무적이라는 증거로 널리 알려지면서, 그가 꿈꾼 머리 장식의 효과도 덩달아 인정을 받았다.

그러나 1868년 9월 17일에 로만 노즈가 콜로라도주 아리카리 강의 메마른 바닥에서 치명상을 입으면서 그의 꿈은 무너지고 말았다. 며칠 전, 라코타족은 샤이엔족의 핵심 전사들에게 경의를 표하기 위해 만찬을 대접했다. 로만 노즈는 식단 제한을 강조하는 것을 잊었다. 그가 뒤늦게 기억을 떠올리고 요리한 사람들에게 금속 도구를 사용했는지 묻자 그렇다는 대답이 돌아왔다. 그가 그 상황에 필요한 정화의식을 수행하기도 전에 미군 정찰병들이 라코타족의 감시망에 포착되었고, 원정대가 그들을 죽이기 위해 나섰다. 많은 추장들이 로만 노즈에게 합류해달라고 요청했지만, 그는 정화의식을 치르지 않으면 죽을 것이라고 믿었기 때문에 기다려달라고 부탁했다. 그날의 전투는 대부분 그가 없는 상태로 진행되었다. 정찰병들은 연발 소총으로 무장하고 있었는데, 이 신문물에 대해 무지하던 원주민들은 적의 전선을 뚫지 못하고 많은 전사를 잃고 말았다.

마침내 로만 노즈가 백마를 타고 화려한 머리 장식을 바람에 휘날리며 전장에 나타났지만, 필요한 의식을 마무리 짓지 못하는 바람에 전투에 나서기를 주저했다. 일몰이 가까워지면서 원주민 추장들이 거듭 공격을 촉구하고 그를 도발하기까지 하자 이 거대한 샤이엔족의 전사는 결국 운명을 받아들이고 백인들을 향한 마지막 공격을 지시했다. 그는 엉덩이에 총을 맞고 물러났지만, 여전히 말 위에 있었고 총알 한 발이 그의 등뼈를 맞혔다. 그는 자신이 믿음을 잃은 탓이라고 확신하며 해 질 녘에 서른 살의 나이로 죽었다. 꿈에서 영감을 얻은 신성한 머리 장식은 그렇게 주술의 힘을 잃고 말았다.

최악의 고통

선사 시대로 거슬러 올라가는 긴 궤적에서 가장 잘 정의된 꿈의 범주는 애도의 꿈이다. 죽음은 자기 자신이든 사랑하는 사람이든 누구나 맞닥뜨릴 수 있는 가장 절대적인 한계이다. 사랑하는 사람을 잃는다는 것은 내적 대상internal object, 즉 그 사람의 심적 표상이 아닌 외적 대상external object의 사라짐을 의미한다. 한 인간의 죽음에서 내적 대상은 죽기만 하는 것이 아니라 보존되고 변형될 수 있다. 갑작스러운 죽음을 받아들이는 것은 인간에게 감정적으로 가장 어려운 과제이며, 끔찍한 죽음일 때는 더더욱 그렇다. 사랑하는 사람이 죽거나 사고를 당하거나 시한부 판정을 받았을 때 죽음이 아닌 것을 시뮬레이션하려는 욕구가 터무니없는 수위까지 갈 수 있으며, 이는 사라짐에 대한 다양한 가설을 끊임없이 탐색하고 살아주기를 바라는 마음을 충족시키려는 시도가 분명하다.

이것은 브라질의 군사정권 시기(1964~1985)에 임신 7개월의 몸으로 잔혹하게 고문당한 강경한 공산주의자이자 정치범이었던 크리메이아 앨리스 슈미트 드 알메이다Crimeia Alice Schmidt de Almeida의 증언에서도 매우 명확히 드러난다. 정치적 사망자와 실종자를 위한 친족위원회Commission of the Relatives of the Political Dead and Disappeared 소속인 크리메이아는 1972년에 임신 문제와 관련해서 의학적 조언을 얻기 위해 아마존 우림의 아라과이아강에서 활동하는 게릴라 부대를 나와 상파울루로 떠났다. 그때 그녀의 남편 안드레 그라부아André Grabois를 본 것이 마지막이었다. 그리고 그는 다른 수많은 사람처럼 흔적도 없이 사라져버렸다. 남편의 시신이 없다는 사실이 고통스럽게나마 희망의 불씨를 살려두었고, 이것은 꿈의 환각으로 나타난다. 크리메이아는 말했다. "논리적이지 않지만, 꿈에서는 가능한 일이잖아요. 만약 그가 아직 죽지 않았다면 어쩌죠? 여전히 고문당하고 있다면? 기억을 잃어버렸다면? 이런 질문들이 저를 괴롭혀요."[20]

심지어 관계가 더 먼 경우에도 죽음은 꿈을 통해 이상하고 불충분한 감정을 불러일으킨다. 한 60세 여성이 사람을 흉기로 찌른 사건에 관한 신문 기사를 읽다가 피해자 중에 직장 동료와 동료의 남편이 있다는 사실을 알게 되었다. 그녀는 관례인 30일 미사에 참석하지 못했고, 얼마 지나지 않아 상가에 조문을 가서 맛있는 빵과 함께하는 즐거운 모임에 참석하는 꿈을 꾸었다. 동료의 남편은 죽었지만, 동료는 여전히 살아서 미소를 지으며 우아하게 돌아다녔다. 그녀는 점차 그곳에서 다시 살아난 피해자를 볼 수 있는 사람은 자기밖에 없다는 것을 깨닫기 시작했다. 그녀는 동료에게 직접 어떻게 된 일인지 물었고, 동료는 은퇴 얘기를 꺼내며 화제를 돌렸다.

이처럼 꿈은 지배적인 욕구의 맥락 속에 존재하는 가능성을 가상으로 시험한다. 죽음처럼 돌이킬 수 없는 사실을 마주할 때 욕구는 기억의 전기적 반향의 원동력으로서 꿈에 영향을 미치며, 지금 여기서 불가능한 일을 시뮬레이션하는 데서 충족감을 얻기 위해 현실을 반전시키기도 한다. 꿈이 사실의 방향을 완전히 바꾸어 죽은 사람을 되살리거나 끝난 관계를 회복시키면, 깨어나는 순간 죽음이나 이별을 깨닫고 처음부터 다시 받아들여야 하므로 큰 실망감이 반작용으로 돌아올 것이다. 이것은 '좋은 꿈'을 꾸는 동안 활성화된 신경망에 대한 처벌로 작용하여 미래에 다시 발생할 가능성을 낮춘다. 이것이 바로 사랑하는 사람을 잃고 그에 대한 욕망을 충족하는 꿈이 실제로 애도의 초기 단계에서만 나타나는 이유이다.

애도의 끝

고인과 가장 가깝던 사람들이 며칠, 몇 달, 심지어 몇 년 동안 그 사람에 대한 꿈을 꾸지 못하는 것은 아주 흔한 일이다. 사랑하는 사람이 사라지는 일은 가까운 친인척과 친구들의 정신세계에 엄청난 혼란을 야기하며, 종종 고인과 관련된 기억을 의식적으로나 무의식적으로 억압하게 한다. 그러나 억압한 것은 되돌아오기 마련이다. 상황이 진행되는 동안, 실제든 상징이든 사랑하는 사람을 잃는 꿈은 사별하거나 헤어진 사람들에게 작별 인사를 하거나 결산할 기회를 준다. 2007년 브라질의 영화제작자 에두아르도 쿠틴호Eduardo Coutinho가 만든 〈조고 드 세나Jogo de cena〉(영어 제목은 플레잉Playing)이라는 다큐멘터리에서 한 어머니는 살해당한 아들이 꿈에 나타나 "나는 이제 천사가 됐으니 행복하라"고 하는 말에 5년간의 애도를 끝냈다고 설명한다. 애도의 끝은 그녀가 깨어났을 때 느낀 기쁨으로 설명되는데, 이것이 천사의 상징과 죽은 아들을 연결하는 신경 회로를 긍정적으로 강화했을 것이다. 이 꿈은 지나치게 긍정적이지만 죽음을 부정하는 대신 반박할 수 없는 환상으로 승화시킴으로써 깨어나는 순간에 현실과 충돌하지 않았다. 좋은 꿈으로 강화된 새로운 신경 회로는 가장 강력한 표상으로 자리 잡아 의식의 흐름을 지배했다. 한때는 살해당한 아들과 관련된 끔찍한 생각을 자꾸 반추하게 하여 거슬리기만 하던 꿈이 아들이 여전히 행복하고 불멸하며 한없이 즐거울 것이라는 따뜻한 결론으로 그녀를 이끌어주었다. 죽은 사람을 신성한 존재로 전환하는 행위는 고대에 지속되었던 죽은 사람의 신격화와 크게 다르지 않으며, 오늘날의 수렵채집사회에서도 여전히 이어지고 있다.

그러나 보상적인 해석이 늘 꿈의 서사를 지배하는 것은 아니다. 부정적인 기억은 꿈과 함께 외상을 반복하고 더 깊이 파고들어 전기적 활성을 끌어당기는 기능을 한다. 악몽에 대한 두려움이 악몽을 유발하는 것이다. 이런 경우에 악순환을 끊으려면 심리치료를 통해 다른 상징들과 연결하고, 부정적인 기억을 의식적으로 처리함과 동시에 발생하는 긍정적인 내용을 환기함으로써 새로운 의미가 부여될 때까지 온화하고 무해한 상황에서 외상을 여러 번 재탐색해야 한다.

이어지는 일련의 꿈들은 외상을 반복하고 새로운 의미를 부여하는 연속적인 역동을 보여주는 전형적인 예이다. 젊은 여성이 무장한 범인에게 납치되어 12시간 동안 잡혀 있다가 먼 지역에서 풀려났다. 이후 몇 달 동안, 여성은 납치되어 겪었던 상황을 거의 완벽하게 재현한 악몽을 수도 없이 꾸었다. 시간이 지나면서 악몽은 그 어느 때보다 다양한 변주와 함께 점점 더 추상적으로 바뀌기 시작했다. 다음 단계가 시작되면서 다른 꿈들이 자리를 잡고 전개되다가도 돌연 중단되고 납치당하는 꿈으로 되돌아가곤 했다. 이 단계에서 그녀는 말 그대로 악몽으로 납치당했다. 얼마 후부터 그녀는 악몽을 꿀 때마다 전부 가짜라는 사실을 떠올리게 되었다. 안 좋은 미래에 대한 예측은 과거의 부정적인 사건이 되풀이되는 것을 근거로 삼기 때문에, 악몽은 점차 그 의미와 개연성을 잃어버렸고 그것을 받아들이기가 점점 더 어려워졌다. 외상으로 인한 일련의 악몽은 타나토스가 에로스에게 밀려나면서 완전히 극복되었다. 그녀는 공항 서점에서 여성들을 위한 에로틱한 베스트셀러를 읽고 나서 납치당한 날 이후 처음으로 욕정이 가득한 즐거운 꿈을 꾸었다. 그녀는 그 시리즈를 전부 샀고, 일주일 동안 야한 꿈을 질리도록 꾸었다. 이 즐거운 꿈들은 빠르게 찾아온 만큼 빠르게 사라졌고, 그녀는 악몽에서 벗어났다.

문명화된 인간종의 꿈

위험 시뮬레이션 이론은 많은 생물학적·심리학적 사실로 지지를 받지만, 여전히 꿈 이야기 전체를 설명하기에는 불충분하다. 꿈의 다양성에는 식욕, 보상, 쾌락으로 이루어진 긍정적 측면도 포함해야 하므로 이론의 범위를 확장해야 한다. 논리적으로 엄밀히 따져보면 포식자의 악몽은 피식자에겐 즐거운 꿈이며, 그 반대도 마찬가지다. 사바나의 암사자와 얼룩말들이 꾸는 꿈은 점프와 뒷발차기로 초원을 가로지르는 필사적인 질주, 피와 땀, 부러진 이빨, 길게 베인 목, 더 많은 피와 살점과 지방과 뼈로 이루어진 거의 같은 서사를 가질 수밖에 없다. 내용은 같지만, 서로 정반대의 영향을 미치고 주객이 뒤바뀐다. 대형 포식자의 사냥 성공률은 보통 20퍼센트 이하이다.[21] 얼룩말이 도망치는 일이 종종 발생하는데, 그럴 때면 기진맥진하고 배고픈 암사자들은 발굽과 줄무늬, 굶주림에 관한 꿈을 꿀 것이다. 야생에서 먹잇감과 포식자를 마주한 인간의 꿈에 전형적으로 나타나는 서사는 같은 처지에 놓인 여느 동물과 마찬가지로 포식과 생존, 번식 같은 관심사를 반영한다.

그러나 문명화된 인간종의 꿈은 다윈의 사상보다 훨씬 더 많은 것을 반영한다. 언어와 도구, 지식의 발달로 꿈의 종류가 다양해지면서 일상에서 우리와 죽음의 거리가 멀어졌다고 해도 과언이 아니다. 축산업과 농업의 발달로 충분한 식량을 안정적으로 공급받기 전까지 우리 조상들의 꿈은 아마도 폭력적인 서사와 지독한 식욕에 지배당했을 것이다. 지난 1만 년 동안 식량 안보를 확보할 수 있는 기술이 생겨났다. 굶주림에 대한 악몽은 많이 줄어들었지만 완전히 없어지지는 않았고, 지금도 가난한 사람들은 영양실조에 시달리고 있다. 게다가 문명의 발전은 모두 전쟁과 박해라는 특징을 보여왔다.

두무지드의 꿈은 누군가를 무자비하게 사냥할 수 있는 사악하고 굶주린 자들에게 처참히 살해당하지 않으려면 야생동물처럼 숨어야만 하는 문명에 대한 조상의 두려움을 표현한다. 그의 두려움은 아마존 깊숙한 곳에 있는 타파조스강Tapajós River에 댐을 건설하는 것을 반대하며 투쟁한 문두르크족Munduruku의 두려움과 크게 다르지 않을 것이다. 과거 싱구강 지역에 인구가 가장 많았지만, 19세기 고무 채취자들에 의해 거의 다 사라진 주루나족Juruna의 두려움과도 비슷할 것이다. 그들은 수력발전을 위한 초대형 벨로 몬테 댐Belo Monte hydroelectric mega-dam을 성급히 짓는다면 아마존 우림의 거대한 영역이 황폐화하고 2만 명 이상이 터전을 잃을 것이라며 맹비난했다. 그들은 꿈이 깨어 있을 때 경험하는 세계만큼 구체적이고 심지어 더 위험할 수 있는 꿈의 세계에 강제로 삽입되는 것이라고 믿기 때문에 그 두려움이 더욱 크다. 아메리카 원주민과 꿈, 변형, 죽음의 친밀한 관계는 이러한 믿음과 관련되어 있다.

갖가지 자잘한 욕구의 만화경

치명적인 포식자를 맞닥뜨린 절박한 피식자의 오래된 꿈이 전 세계에 있는 수많은 소수집단과 주변인, 특히 전쟁 난민들의 일상을 묘사한다고 할지라도,[22] 농업의 발명에 따른 도시화가 무장한 감시자들의 보호 속에서 밤을 보낼 피신처와 벽으로 둘러싸인 집을 마련하여 밤의 안전을 보장해주고 폭력을 감소시켰다는 것은 부인할 수 없는 사실이다.[23] 일상적으로 느끼던 죽음에 대한 두려움이 사그라들면서 꿈을 꾸고 창조하는 데 필요한 정신적 공간과 정서적 가용성이 증가했다. 꿈 이야기는 문화와 마찬가지로 더욱 복잡해졌다.

우리는 이제 꿈속에서 암사자에게 자주 쫓기는 대신, 시급하고 유의미한 현실의 과제를 매우 명확히 마주한다. 앞에서 살펴봤듯 선사 시대에 아주 흔했던 사냥에 관한 꿈은 이제 곧 닥칠 학교 시험에 적용된다. 이런 꿈은 보통 뭔가가 잘못되거나 시험을 놓치거나 시험에 떨어지는 것에 대한 두려움을 반영한다. 우리는 펜이 폭발하거나, 시험장에 늦게 도착하거나, 시험장에 입고 갈 옷이 없거나, 시험이 시작되자마자 머릿속이 하얘지는 꿈을 꾼다. 그러나 정말 시험과 관련 있는 꿈을 꾸기도 한다. 전 세계 학생들이 피타고라스의 정리, 멘델의 유전법칙, 멘델레예프의 주기율표에 관한 꿈을 꾼다.

스트레스 강도가 높은 시험에 대한 사전 계획은 특정 과제를 위한 사전의 무의식적인 프로그래밍이라는 꿈의 신기한 측면을 드러낼 수 있다. 한 박사과정 학생이 논문 심사 일정을 일찌감치 잡아놓았다가 몇 달 뒤로 재조정했다. 논문 심사의 원래 예정일이 지나고 그날 밤, 그녀는 준비가 전혀 안 된 상태에서 연구 결과를 발표하는 길고 강렬한 악몽을 꾸었다. 그 꿈은 마치 얼마 전 시작한 프로그램을 표현하듯 미래의 과제를 놀랍도록 정확하게 잘 알지도 못하면서 무대에 올렸다.

꿈을 설명하려는 어떤 시도들은 꿈의 무작위성에 대한 크릭과 미치슨의 이론처럼 자기 성찰이 부족한 것이 사실이고, 어떤 시도들은 인간 중심적이거나 민족 중심적인 불합리한 관점으로 종종 길을 잃는다. 예를 들어, 미국의 철학자인 오웬 플래너건Owen Flanagan은 자신은 현실의 문제를 해결하는 데 도움이 되는 꿈을 한 번도 꾼 적이 없기 때문에 꿈은 적응 기능을 가질 수 없다는 글을 써서 악명을 얻었다. 가장 큰 스트레스 요인에서 벗어나 특권을 누리며 살아가는 듀크대학 정교수의 삶은 꿈의 원시 기능을 보여줄 최적의 후보가 아닐 가능성이 크다. 프로이트 이론에 반대하는 플래너건은 단조로운 자신의 꿈을 근거로 "꿈은 수면의 부산물"이며 어떠한 의미나 기능도 없다고 못 박았다.[24]

반면, 전통적인 프로이트 이론은 꿈이 소망을 실현하려는 시도라고 주장하고 외설적인 생각에 대한 검열을 꿈의 보편적 기능으로 여겼다는 이유로 비난받고 조롱당하기까지 했다. 이제 우리는 강화된 검열이 프로이트가 생활하고 연구하던 보수적인 빈 사회 특유의 문화적 특징이라는 것을 안다.[25] 어쨌든 16~19세기 과학과 산업의 혁명이 인간, 특히 중상위층의 중요한 문제들을 크게 감소시킨 것은 분명하다. 20세기 라디오와 영화, 텔레비전의 출현은 꿈 이야기의 가능한 조합을 증가시켰다. 판타날 습지의 재규어도 카피바라를 살육하는 방식에 관해 천 가지 꿈을 꿀 수 있지만, 그것들은 모두 사냥하는 꿈으로 매우 유사할 것이다.

하지만 우리는 그렇지 않다. 인간종의 다양한 욕구는 꿈이 무질서한 이미지의 집합체, 소망을 짜깁기한 이불이 될 수 있는 조건을 만들었다. 우리 시대의 전형적 꿈은 시대의 갖가지 욕망으로 인해 조각난 의미의 조합, 욕망의 만화경이다.

15장

확률론적 예언

여기까지 우리의 여정을 주의하며 따라온 독자라면, 왜 꿈이 수많은 고대 문명과 현대 문화에서 예언적인 것으로 여겨졌는지를 쉽게 이해할 수 있을 것이다. 우리 조상들이 그들의 생각을 기록으로 남기기 시작한 4500년 전 이후로 줄곧 아직 일어나지 않은 일에 대한 꿈의 서사는 물론, 꿈에 나타난 행동을 통해 미래에 어떻게 개입할 것인지도 충분히 기록되어왔다.

꿈은 과거의 기억을 반향할 때 그 사람의 미래에 대한 기대를 반영한다. 무엇보다도 꿈은 욕망이 촉발한 크고 작은 개인의 서사에서 성공 또는 실패의 가능성을 반영한다. 이러한 기대는 꿈꾸는 사람의 의식적 사고뿐만 아니라 굴곡과 전망, 균열을 비롯해 그가 처한 상황 전체에 대한 무의식적 인식, 사실은 이것을 주로 포함한다. 그것은 직관의 기초를 형성하고 꿈에 생명을 부여하는 의식의 문턱 안팎에서 수집된 광범위하고 장황한 인상의 총합이다.

조너선 윈슨은 "꿈은 바로 지금 당신에게 일어나고 있는 일을 보여준다"라고 말했지만, 그가 말한 '지금'은 이미 경험했고 미래의 가능성이 스며든 상황에 의해 결정된다. 뇌의 현재는 기억과 시뮬레이션으로 충만하므로 과거와 미래의 요소는 어떤 꿈을 해석하든 유용하게 쓰일 수 있다. 우리는 역사적으로 매우 중요한 두 가지 꿈을 통해 이 사실을 직접 설명할 수 있다.

"이 표식으로 너는 승리하리라"

꿈은 고대 로마 후기까지 늘 핵심적인 역할을 했다. 3세기에 거대 로마 제국은 심각한 군사적 무정부 상태에 빠져들어 완전히 무너지기 직전이었다. 이 위기는 디오클레티아누스Diocletianus 황제가 출현하면서 가라앉았는데, 그는 정제正帝와 부제副帝 세 명을 직접 지목하여 사두 정치 체제를 통해 거대한 영토를 다스렸다. 수년간 디오클레티아누스는 소아시아를, 그의 오른손인 막시미아누스Maximianus는 이탈리아를, 콘스탄티우스Constantius는 영국을 지배했고, 갈레리우스Galerius는 동쪽에서 전쟁을 벌였다. 콘스탄티우스가 죽자 그의 아들 콘스탄티누스Constantinus가 서방 군대에 의해 정제로 선포되었다. 그러나 막시미아누스의 아들인 막센티우스Maxentius는 로마에서 황제의 자리에 올랐다. 두 사람의 대립은 콘스탄티누스가 이탈리아를 침범하여 로마를 포위하면서 본격화했다.

대규모 병력으로 수도를 요새화한 막센티우스는 로마의 적이 그날 죽을 것이라는 신의 예언을 듣고 잔뜩 흥분해서 새벽에 적의 포위망을 무너뜨릴 준비를 하고 있었다. 그러나 콘스탄티누스는 그보다 일찍 군대를 이끌고 행진하다가 햇무리 위에 "이 표식으로 너는 승리하리라"라는 십자가 모양의 그리스어가 적힌 놀라운 환각을 보았다. 그날 밤, 콘스탄티누스의 꿈에 예수 그리스도가 나타나 병사들의 방패에 자신의 신성한 이름의 앞 글자인 chi와 rho를 적으라고 지시했다. 312년 10월 28일 새벽, chi와 rho를 앞세운 콘스탄티누스의 군대는 막센티우스의 군대를 밀비오 다리Milvian Bridge에서 전멸시켰고, 막센티우스는 테베레강Tiber River에 빠져 죽었다. 전쟁이 끝난 후 콘스탄티누스는 새로운 신앙을 공개적으로 받아들였고, 탄압받던 기독교인들의 믿음은 로마 제국의 공인을 받았다. 황제의 꿈이 역사를 바꾼 것이다.

해본 적 없는 것에 대한 꿈

예언적 꿈은 또한 미국에서 벌어진 아메리카 원주민과 백인들의 치열하고 극적인 전쟁에서도 결정적인 충돌의 중심에 있었다. 레드 클라우드의 승리로 겨우 1년간 아슬아슬한 평화가 이어졌다. 북동쪽에 있는 라코타 훙크파파Lakota Hunkpapa의 추장인 시팅 불Sitting Bull은 어떠한 협정에도 서명하지 않겠다는 의사를 분명히 밝히고 크레이지 호스의 승인을 받았다. 군인들은 아메리카 원주민들에게 동쪽에서 거주하되 황금이 있는 서쪽에서는 사냥만 하라며 그들을 계속 압박했다. 상업적 교환이 중단되고 식량 배급이 제한되자 레드 클라우드는 위대한 백인의 아버지인 율리시스 S. 그랜트Ulysses S. Grant에게 가서 직접 항의하기로 마음먹었다. 긴 기차 여행 중에 레드 클라우드는 수천 명에 달하는 정착민들의 행렬, 거대한 산업도시, 그리고 상대가 보란 듯 뽐내는 대규모 병력을 목격했다. 산업적 규모의 죽음에 대한 예리한 인식이 그의 전투 의지를 꺾어버렸다. 그는 다시는 백인을 상대로 무기를 들지 않기로 맹세하고 원주민 보호구역으로 물러났다.

크레이지 호스는 위대한 오글라라의 추장에게 이루 말할 수 없는 실망감을 느꼈다. 백인과의 접촉이 해롭다고 확신한 그는 백인들이 배정한 원주민 보호구역에서 점점 더 멀리 이동하며 부족의 전통을 강화해서 조상들의 땅을 자유롭게 점거하겠다고 결심했다. 그러나 1874년에 그전까지 미국 정부가 쓸모없게 여겼던 파하 사파의 신성한 사냥터 블랙 힐에서 거대한 금맥이 발견되었다. 땅에 대한 압박이 커졌지만, 땅을 매입하려는 사람들은 모두 시팅 불과 크레이지 호스에게 쫓겨났다. "사람들이 걸어 다니는 땅은 팔지 않는다."[1] 바로 그때 미국 내무장관이 최후통첩을 날렸다. 모든 라코타족은 1876년 1월까지 지정 보호구역으로 돌아가야 하며, 그러지 않으면 적으로 간주하겠다는 것이었다.

겨울이 왔다가 지나갔지만 라코타족은 항복하지 않았다. 백인 문명의 잔혹한 전쟁 기계가 거침없이 움직이기 시작했다. 무기라고는 활과 화살이 거의 전부인 아메리카 원주민을 에워싸기 위해 병사 수천 명이 동원되었다. 각자의 영역에서 충돌의 압박을 받던 라코타족과 북부 샤이엔족, 아라파호족 수천 명이 백인들에 의해 크로족으로 넘어간 영토에서 만나 몬태나의 리틀 빅혼강 계곡에 진을 쳤다. 여름이 오자 라코타족은 궁지에 몰렸다. 연발 소총, 기관총, 박격포, 대포와 마주한 그들은 백인들의 무기보다 더 효과적이고 치명적인 새로운 형태의 전투를 배워야 했다. 뭔가 기적 같은 일이 당장 일어나야 했다. 죽지 않고 죽여야만 했다.

그 유명한 리틀 빅혼 전투Battle of Little Bighorn가 일어나기 일주일 전, 크레이지 호스는 남북전쟁에 참전한 조지 크룩George Crook 장군이 지휘하는 천여 명의 병사들을 잇달아 공격하며 충격을 안겨주었다. 크레이지 호스는 그날 꿈에서 먼저 경험했다고 주장한 여러 가지 게릴라 전술을 구사했다. 미국의 작가 디 브라운Dee Brown의 말에 따르면, "1876년 6월 17일, 이날 크레이지 호스는 현실 세계로 들어가는 꿈을 꾸었고, 수족 사람들에게 이전에 해본 적 없는 많은 것을 알려주었다."[2] 전투는 해 질 녘까지 이어졌다. 태양이 떠오를 무렵 크룩 장군은 퇴각했고, 라코타족의 자주권은 다음 전투까지 생명을 연장할 수 있었다.

"이들은 귀가 없도다"

1876년 6월 25일에 갈등은 절정으로 치달았다. 그로부터 일주일 전, 원주민 진영의 규모가 두 배로 커지면서 티피(tepee, 아메리카 원주민의 원뿔형 천막-옮긴이)는 1천여 개, 인구는 7천 명에 가까워졌고, 그중 2천 명 정도가 전사였다. 이렇게 다양한 집단의 많은 사람들을 불러 모은 구심점이 바로 시팅 불이었다. 그는 신성한 꿈을 통해 환각을 보는 사람들의 비밀 조직인 버펄로 앤 선더버드 소사이어티Buffalo and Thunderbird societies의 일원이었다. 로만 노즈의 비극적인 죽음 이후, 망연자실한 북부 샤이엔족은 그와 마찬가지로 백인을 경멸하고 전사들을 보호하는 데 필요한 종교적 희생을 엄격히 준수할 대체자로 시팅 불을 선택했다. 같은 이유에서 크레이지 호스와 그의 라코타 오글라라 전사들도 시팅 불을 지도자로 고려했다.

조지 암스트롱 커스터George Armstrong Custer 중령의 공격을 받기 며칠 전, 시팅 불은 넋을 달래고 신의 수호를 구하기 위해 버펄로를 마지막으로 사냥한 자리에서 치르는 정화의식인 선댄스Sun Dance에 참여했다. 그는 곡기를 끊은 채 춤을 추다가 팔에서 살을 몇 점 떼어내 제물로 바쳤고, 춤을 추다가 괴로워하더니 다시 춤을 추다가 이내 꿈으로 빠져들었다. 하늘에서 병사들이 메뚜기 떼처럼 푸른 잔디 위로 쏟아지는데 군모도 없이 머리부터 떨어졌고, 그러는 동안 우레와 같은 목소리가 말했다. "이들은 귀가 없도다!"³ 이 꿈에 대한 해석은 분명했다. 사냥터를 침범하면 참지 않겠다고 백인들에게 얼마나 많이 경고했던가? 백인들은 그들의 말을 절대 듣지 않았다. 그들은 "귀가 없고" 이것이 그들의 마지막이 될 것이다. 그레이트 스피릿(Great Spirit, 아메리카 원주민의 주신主神-옮긴이)이 말했다.

시팅 불의 환각에서 영감을 얻은 추장들은 거대한 진영에서 전사들을 철수시켜 인근 언덕 뒤에 있는 협곡으로 비밀스럽게 이동시켰다. 크로족 정찰병들을 통해 적들이 리틀 빅혼강의 둑 위에 대거 모여 있다는 것을 알아낸 커스터는 병사 700명을 이끌고 낯선 지역을 가로지르며 끈질긴 수족과 그들의 연합군들에게 잊을 수 없는 패배를 안겨주리라고 다짐했다. 목적지에 다다랐을 때 정찰병들이 먼저 상대의 진영에 전사들이 많지 않다는 것을 확인했고, 여름이라 성인 남성들은 전부 들소 사냥을 나간 것이 분명하다고 판단했다. 텅 빈 야영지를 마주한 커스터는 노인과 여자, 아이들만 남아 있을 거라고 예상하여 무차별 공격을 지시했다.

예언은 현실이 되었다. 파란 전투복을 입은 험악한 병사들이 칼집에서 칼을 빼 들고 날카로운 나팔 소리와 거친 고함을 내며 떼 지어 야영지로 쳐들어갔지만, 예상과 전혀 다른 광경을 마주했다. 여자와 아이들이 철수하는 동안, 전사들이 성난 벌떼처럼 언덕을 넘었다. 저항 없는 대량학살을 계획했던 부대는 멈출 줄 모르고 쇄도하는 용감한 전사들에게 에워싸여 무지막지하게 공격당하고 있다는 것을 금세 알아차렸다. 체념한 병사들이 대열을 흐트러뜨리며 벌판을 가로질러 허둥지둥 달아났다. 그때부터 모든 일이 순식간에 벌어졌다. 몇 분 만에 제7 기병연대의 어수선한 핵심부가 전사들에게 둘러싸여 학살당했다. 커스터와 그의 형제 둘, 조카, 처남을 비롯해 군인 268명이 사망했다.

　바로 전월에 평원의 부족들을 상대로 피비린내 나는 학살을 자행한 커스터를 찬양한 신문들이 경악하며 이 사건을 보도했다. 언론과 일반 대중의 광기에 취해 오만하고 야심 가득하던 장발의 지휘관은 현명한 '야만인'의 꿈에 희생되어 명성의 절정에서 목숨을 잃고 말았다. 커스터가 크레이지 호스에 대한 악몽을 꾸고 비겁한 공격을 포기했다면 아마도 운이 더 좋았을 것이다.

무의식에 관한 탐구

　자연에서 자유롭게 살아가는 포유류와 그것에 가장 가까운 인간 무리에게, 꿈은 늘 위험을 예측하고 일상에 빈번한 문제에 대한 결과에 대비하고 적응 전략을 선택하고 성공적인 학습을 일관성 있는 완전체로 통합하는 데 꼭 필요한 생물학적 기능이다. 꿈은 무의식을 탐구하고 환경의 위험과 기회에 관한 단서를 더하는 특혜의 순간이며, 다수가 부지불식간에 영향을 미치기는 하지만 무슨 일이 일어날지에 대한 하나의 보편적 인상으로 통합될 수 있다. 뇌는 어제를 근거로 내일을 예측한다. 그래서 꿈은 서파수면 중 전기적 반향을 통해 기억을 선택적·주기적으로 강화하고 렘수면의 도입부에 유전체 저장을 촉발하며 렘수면의 긴 에피소드를 거치는 동안 기억을 재구성할 뿐 아니라, 가상 환경에서 이론을 시험하는 방식으로 여겨질 수 있다. 수면 중인 뇌는 매일 밤 기억을 변형하고 선택하는 연속 주기를 몇 차례 진행하면서 꿈에서 고안할 수 있는 최선의 전략을 강화한다.

　포유류의 꿈이 과거에 일어난 사건과 미래에 대한 예상의 확률론적 시뮬레이션이라는 견해로 증거가 수렴되고 있다. 이러한 시뮬레이션의 주요 기능은 현실 세계 대신 기억으로 복제된 세계에서 획기적인 특정 행동을 시험하여 위험하지 않은 학습을 유도하는 것이다. 이 추측은 꿈의 위험 시뮬레이션에 관한 안티 레본수오와 카차 발리의 이론을 일반화한 것이며, 이 이론에 따르면 꿈은 원하지 않는 결과로 이어지는, 그래서 현실에서 피해야 하는 행동(예를 들면 고통스러운 포식 행위)을 시뮬레이션할 수 있다. 원하는 결과로 이어지는, 그래서 현실 세계에서 실행되어야 하는 행동(예를 들어, 먹을 것이나 번식 능력이 있는 성적 파트너를 찾는 것)에 대한 추론은 확장하는 것이 필요하다. 렘수면 중의 심적 상태를 검토한 결과, 이야기의 70퍼센트 이상이 감정을 포함하고 긍정적인 감정과 부정적인 감정의 비율은 같은 것으로 밝혀졌다. 즐거운 꿈이 특별히 적응행동에 대한 시뮬레이션을 즐거운 연상으로 보상하는 동안, 악몽은 위험한 행동에 대한 시뮬레이션을 부정적으로 조절하는 방식으로 진화했다는 견해는 프로이트가 삶과 죽음의 본능으로 제안한 에로스와 타나토스의 개념과 유사하다.

꿈의 시뮬레이션은 통제하기 힘든 엄청난 변수를 만나 잘못된 '예측'을 하는 경우가 많다. 그러다 가끔 시뮬레이션이 현실과 일치하면, 꿈을 꾼 당사자는 꿈의 예언이 실제로 특정 조건에서 올바른 예측을 한다고 확신하게 된다. 따라서 꿈은 확률론적 예언으로 작용하며 그 결과는 고대의 믿음과 별반 다르지 않다. 그러나 본질은 사뭇 다른데, 전자는 신성하거나 영적인 꿈의 일반화를 위한 가상의 외부 메커니즘에 의해 유도된 확실성이고, 후자는 꿈의 생물학적 특성에 내재한 불확실성이다. 그래서 꿈의 이미지는 꿈꾸는 사람의 내일 운명을 예언하지 않고, 단지 그들이 현재 어떤 경로를 달리고 있는지를 보여준다.

가장 안전하고 확실한 방안

꿈은 지각과 운동의 반향으로, 가상의 비디오 클립으로 상영되는 생태학적으로 유의미한 상황의 복제품을 통해 의도와 행위, 결과를 제시한다. 꿈은 연상의 서사로서 노골적 혹은 암묵적 상징을 통해 꿈꾸는 사람의 욕구뿐 아니라 위험에 대한 자체 평가도 드러낸다. 이 정신생리학적 렌즈를 어떻게 사용해야 콘스탄티누스나 시팅 불에게 무슨 일이 일어났는지 이해할 수 있을까?

우리가 콘스탄티누스와 시팅 불의 꿈에 대해 아는 것은 미래가 그들에게 미소를 지었기 때문이고, 따라서 그들의 꿈이 미래를 예측했다고 말하는 것은 무의미한 반복일 것이다. 확률론적 예언은 후험적으로 작용하며, '옳다'는 것이 증명되면 더 확실히 기억되는 경향이 있다. 콘스탄티누스의 꿈은 신의 개입으로 승리를 기대하기보다 강력한 유일신의 성자聖子를 가리키는 상징을 사용함으로써 새 종교에 대한 믿음의 증거를 제시한다. 개종의 군사적 이점을 이해하려면 콘스탄티누스가 개종했을 때 기독교가 이미 로마 군대의 병사와 장교들에게 상당한 영향력을 행사했다는 사실을 고려하는 것이 중요하다. 더 많은 적과 중요한 전투를 벌이기에 앞서 자신의 군대가 믿는 종교를 지지하는 것은 장기간 많은 대가가 따르는 내전의 어려움을 헤쳐나가야 하는 황제에게 당연한 적응반응이었다.

누군가의 꿈을 설명하려면 그 사람에게 가장 중요한 소망이 무엇인지 확인해야 한다. 콘스탄티누스는 전쟁 중인 제국을 통합하기 위해 로마에 대한 지배권을 열렬히 갈구하고 있었다. 세계의 수도로 들어가는 문 앞에서 그는 자신의 군대가 신비한 경험을 통해 분노하기를 그 어느 때보다 간절히 바랐다. 그때 꿈이 보여준 것은 위험해도 이길 확률이 더 높은 길, 즉 성공의 확실성에 운명을 거는 것이 아니라 가장 무

413

난한 선택에 근거한 꿈의 예언이었다.

시팅 불의 꿈도 마찬가지다. 다른 상황에서는 있을 법하지 않은 일이지만 벌어질 확률이 높다는 것을 암시했다. 커스터는 아는 바가 거의 없는 적의 영역을 성급히 침략했다가 라코타족과 샤이엔족으로부터 불시에 대대적인 공격을 받았고, 이는 자살행위나 다름없었다. 그러나 1864년 존 치빙턴John Chivington 대령의 샌드크리크학살, 1874년 라날드 매켄지Ranald Mackenzie 장군의 팔로두로캐니언Palo Duro Canyon 공격, 1868년에 커스터 본인이 이끈 워시타강 전투Battle of Washita River처럼 수많은 미군 지휘관들이 아메리카 원주민과의 전쟁에서 이같은 전략을 시행하여 큰 성공을 거두었다. 아리카라족은 커스터를 '밤에 슬며시 다가오는 흑표범'이라고 불렀다. 크로족 사이에서 그는 '새벽에 공격하는 샛별의 아들'이었다.

리틀 빅혼강의 계곡은 다툼이 매우 치열한 지역이었다. 라코타족과 샤이엔족에게 파하 사파라고 불리는 블랙 힐 지역은 그들이 대대로 소유해온 신성한 산맥이었다. 크로족도 1851년 포트 래러미 조약 Treaty of Fort Laramie을 근거로 그 땅의 소유권을 주장했지만, 황금의 발견으로 서부로 이끌린 백인 식민지 개척자들과 광부들은 이 조약을 체계적으로 무시했고 라코타족과 샤이엔족 역시 그것을 인정하지 않았다. 1874년에 영토분쟁이 잦은 골드러시의 한복판에서 커스터가 신성한 산맥에서 새로운 금광을 발견했다고 발표했을 때, 폭력적이고 충동적이며 부를 갈망하는 데다 남의 이야기도 잘 듣지 않는 미군의 과도하게 공격적인 행동을 예측하는 것은 어렵지 않았다. 이러한 조건에서 성급한 공격을 예상하는 것은 타당하며 논리적이기까지 했다. 시팅 불은 그들의 진영을 보호하기 위해 리틀 빅혼에 모인 가지각색의 전사 무리를 통합하고 싶은 마음이 간절했다. 완벽한 승리를 꿈꾸는 것은 가능했다. 시팅 불의 꿈은 그 가능성의 표현이었다.

시팅 불의 예언적 꿈이 얼마나 성공적이었는지에 대한 판단은 고려하는 기간에 따라 달라진다. 1876년 여름에 그 꿈은 대평원 사람들이 맞이할 명백한 운명의 표현, 위대한 영혼이 호전적 침략자들로부터 그들을 보호할 것이라는 확실한 신호처럼 보였다. 시팅 불과 크레이지 호스는 수많은 아메리카 원주민들이 이뤄내지 못한 일, 즉 침략에 대한 방어에 간신히 성공하는 기쁨을 경험했다. 기마전에 능한 라코타족은 침략자들에 맞서서 병력이 훨씬 더 많은 잉카족과 아즈텍족도 이루지 못한 승리를 꿈꿀 수 있었다. 가진 것이라고는 겁 많은 야생마와 정교한 화살, 총기 몇 점, 그리고 불가사의한 용기뿐이던 라코타족은 여우의 약삭빠름, 곰의 배짱, 오소리의 지혜로 백인들에 맞서 싸웠다. 그러나 리틀 빅혼 전투가 끝나고 몇 달 후 혹독한 겨울이 찾아오자 그들은 위대한 백인의 아버지가 워싱턴에서 행사하는 압제에 고통받아야 했다. 레드 클라우드가 백인들에 맞선 라코타족의 전투에서 최초의 승리를 거두었다면, 시팅 불은 마지막 승리를 거두었는데, 그 후로 부족민들에게 끔찍한 불운만이 잇따랐기 때문이다.

미국 의회는 커스터의 치욕적 패배에 적대행위가 멈추고 블랙힐이 완전히 항복할 때까지 식량 배급을 전면 중단하겠다며 인디언 전유법의 '팔거나 굶거나'라는 부칙으로 대응했다. 반란을 진압하기 위해 파견된 대규모 부대가 파하 사파를 침략했다. 그 모진 겨울에 많은 아메리카 원주민들이 동상에 걸리고 두들겨 맞고 굶주리다가 비명횡사했다. 리틀 빅혼 전투 이후 1년도 채 지나지 않은 1877년 봄에 라코타족과 북부 샤이엔족의 추장들은 항복을 선언했다. 5월에 크레이지 호스가 자수했고 시팅 불은 지지자 수백 명과 캐나다로 도망쳤다. 그리고 9월에는 수감 중이던 크레이지 호스가 한 병사에게 살해당했다.[4]

시팅 불의 예언적 꿈은 전투 당일에 완벽히 유효했고 아메리카 원주민들에게 분명히 상서로운 결과였지만, 몇 주 뒤 진짜 악몽이 뒤따랐다. 캐나다의 얼어붙은 초원에서 몇 년 동안 굶주림에 시달린 시팅 불과 그의 지지자들은 장거리 소총을 가진 전문 사냥꾼들의 무분별한 살상 탓에 들소의 씨가 마르자 미국으로 돌아가 항복하고 보호구역에서 사는 것에 동의했다.[5]

시팅 불은 늙은 패배자였어도 당국에는 늘 눈엣가시였는데, 〈버펄로 빌의 와일드 웨스트Buffalo Bill's Wild West〉 쇼에 출연하며 미국 전역을 돌아다녔고, 개탄스러운 백인 문명에 대해 공개적으로 비판할 준비가 되어 있었기 때문이다. 그는 큰 도시의 많은 사람들이 집 없이 길거리에서 산다는 사실에 큰 충격을 받았고, 배고픈 걸인들에게 자선을 베푸는 모습이 목격되기도 했다. 1890년, 그는 59세의 나이에 체포되었고 아메리카 원주민 경찰관들의 총에 맞아 구금 중에 사망했다.[6] 돌이켜보면, 시팅 불의 꿈은 리틀 빅혼강 계곡에서 맞이한 운명의 날 이후로 유효한 적이 없었다. 콜럼버스의 상륙부터 오늘날까지 아메리카 인디언의 서사를 들여다보면, 라코타족의 꿈과 같은 운명을 맞이한 부족은 아즈텍족, 코만치족, 마야족, 잉카족, 마푸체족Mapuche, 문두루쿠족, 과라니족Guarani, 크레낙족Krenak…… 셀 수 없이 많다.

한편 콘스탄티누스의 예언적 꿈은 현실에서도 지속되었다. 기독교는 로마 제국의 후반기 내내 그 위상을 유지하면서 전 세계로 퍼져 나갔으며, 지금은 전 세계 인구의 30퍼센트 이상인 22억 명이 자신을 기독교인으로 생각한다. 프란치스코 교황이 여성에게도 사제 서품을 주고 동성애를 기꺼이 수용함으로써 교회의 현대화에 성공한다면 1000년은 더 지속될 수 있을 것이다. 이는 분명히 콘스탄티누스의 계획에 없던 일들이다. 어쨌든 한 개인의 역사적 맥락을 아주 멀리 벗어나 먼 미래를 예측하는 것은 불가능하다. 아마도 황제가 원했던 것은 단지 자신의 군대를 열광시키고 그날의 적을 무찌르는 일뿐이었을 것이다. 꿈의 확률론적 예언은 그날그날의 생존이라는 맥락에서 진화했다.

그런데 누구의 생존을 말하는 걸까? 콘스탄티누스는 정말 기독교의 상징에 대한 꿈을 꾸었을까, 아니면 그 자신 혹은 그의 전기 작가들이 군사적·종교적·정치적 목적으로 지어낸 것일까? 이 질문은 역사 기록의 불완전함과 꿈 이야기의 낮은 신뢰성 둘 다와 관계가 있고, 따라서 꿈은 이차적 이용에 적합할 수 있다. 꿈 이야기가 정치적 목적으로 이용된 사례는 역사에 무궁무진하다.

역사상 가장 위대한 장군 중 하나인 푸블리우스 코르넬리우스 스키피오 아프리카누스Publius Cornelius Scipio Africanus는 카르타고에 맞선 2차 포에니 전쟁Second Punic War의 승자로, 꿈 이야기를 조작하여 정치적으로 활용한 덕에 젊은 나이에 권세를 얻었다. 기원전 213년, 푸블리우스의 형제가 고대 로마의 관직인 조영관造營官 선거의 후보가 되었다. 그러나 대중의 지지가 신통치 않았고, 푸블리우스는 두 형제 모두 선출되는 예언적 꿈을 두 번이나 꾸었다고 어머니에게 말했다. 그들의 어머니는 그것을 흔히 말하는 계시로 덥석 받아들이고는, 신에게 제물을 바치고 흰 토가를 준비하며 푸블리우스의 출마를 지원했다. 푸블리우스 형제는 광장에서 나란히 환호를 받았고, 두 사람 다 조영관에 선출되었다. 푸블리우스는 신들이 꿈을 통해 자신에게 직접 말씀을 전한다는 이야기를 계속 퍼뜨렸고, 결정적 순간에 이 믿음을 활용했다.

그리스의 역사가인 폴리비우스Polybius는 푸블리우스가 종교적 믿음을 계획적으로 사용한 일에 대해 이렇게 기록했다.

스키피오가 꿈과 징조의 암시에 따라 조국을 위해 제국을 쟁취했다[고 생각해서는 안 된다]. 그러나 [그는] 대부분 사람들이 익숙하지 않은 것을 선뜻 받아들이거나 신의 도움이라는 희망 없이 큰 위험을 무릅쓰지 않을 것을 알았기 때문에…… [그는] 수하에 있는 자들에게 자신의 계획은 신이 불어넣은 것이라는 믿음을 주입함으로써 아주 위험한 계획을 더 긍정적으로 더 기꺼이 직면하게 했다.[7]

스키피오 아프리카누스가 로마의 관리직에 오르기 위해 꿈에 대한 믿음을 조작했다면, 율리우스 카이사르의 꿈은 돌이켜보면 적절했던 것 같다. 플루타르코스에 따르면, 율리우스는 갈리아 전쟁의 승전 부대와 함께 접근하지 말라는 원로원의 명확한 명령을 거역하고 1개 군단과 함께 루비콘강을 건너 이탈리아로 들어갔는데, 그 직전에 놀라운 꿈을 꾸었다고 한다. 이때 조국의 땅을 침범한 것을 시작으로 율리우스는 호민관, 독재관, 집정관을 잇달아 거치며 억누를 수 없는 권력 장악을 이어갔다.

플루타르코스에 따르면, 율리우스 카이사르는 공화정 척결과 제국의 건설로 이어지는 긴 여정의 서막인 루비콘강 도하의 전날 밤에 자신의 어머니와 섹스하는 꿈을 꾸었다.[8] 율리우스는 처음에 당혹스러워했으나, 곧 점술가들은 위대한 자가 말 그대로 '어머니'의 땅을 지배할 준비를 하는 것이라며 지극히 상서로운 꿈이라는 해석을 내놓았다. 수에토니우스[9]는 율리우스가 18년 전에도 같은 꿈을 꾸었다고 기록했는데, 당시 그는 33세로 스페인의 검찰관이었다. 율리우스가 헤라클레스 신전을 방문했다가 33세에 죽기 전에 세계를 정복한 알렉산더 대왕의 동상 앞에서 그에 비견할 만한 성과를 하나도 이루지 못했다며 통탄한 후에 꾼 꿈이었다.

수에토니우스와 플루타르코스의 이야기에서 보이는 차이는 전기를 쓸 때 꿈의 서사를 정치적으로 조작하는 파렴치한 행위를 서슴지 않았음을 시사한다. 두 작가 모두 꿈을 중요한 역사적 사건의 원인으로 가정하여 이용하고 남용했다. 율리우스 카이사르의 근친상간에 관한 꿈의 경우, 그 꿈이 가장 큰 영향을 미칠 역사적 순간에 맞춰서 조작한 사람은 플루타르코스였을 확률이 높다. 그가 이렇게 꿈을 조작한 목적은 무엇일까? 운명이 예언되었다는 것을 증명해서 율리우스 카이사르의 환심을 사려고? 아니면 양심의 가책 없이 무슨 짓이든 할 수 있는 사람으로 보이려고? 아니면 그냥 이미 흥미로운 서사에 재미를 더하려고? 플루타르코스는 전기의 주인공이 지닌 고유의 특성을 보여주기 위해 꿈에 다양한 의미를 부여하는 버릇이 있었다. 어쩌면 다른 질문이 더 적절할 수 있겠다. 꿈이 뭐 그리 특별하길래 뭐든 꿈 때문이라고 믿을 수 있을까? 맹목적이며 때로는 너무 노골적이고 정확하기까지 한 이 꿈의 예언은 어떻게 진화했을까?

꿈의 예언, 그 문화적 기원

잠깐 요약해보자. 수억 년 전, 신경계는 유기체 전체에 무슨 일이 일어났는지를 기억할 수 있게 되었다. 이로써 그들은 깨어 있는 동안 개인의 기본 욕구를 고려한 가장 그럴듯한 미래를 실시간으로 시뮬레이션할 수 있는 존재로 진화했다. 당면한 미래를 예측하는 능력은 움직임을 예측하여 날아다니는 모기를 잡아먹는 개구리에게도 분명히 나타날 수 있다. 하지만 자신의 성공과 실패를 끊임없이 평가함으로써 고유한 삶의 서사를 만들어내고 그것을 허영과 자만, 두려움, 비꼼, 연민 또는 냉정한 객관성에 따라 자유롭게 편집하며 쉼 없이 활동하는 자아의 표상이 없는 개구리는 그것을 의식하지 못할 것이다.

파충류와 조류도 렘수면을 하지만, 모든 증거는 잠든 동물이 꿈을 꾸는 정신 상태가 몇 분간 활성화된 '작업공간'으로 확장되어 신체의 각성 없이 꿈꾸는 자아의 행동을 시뮬레이션할 수 있는 존재가 포유류뿐임을 시사한다. 지배적 욕구가 실현되든 실현되지 않든, 꿈의 시뮬레이션은 행동이 환경에 미칠 영향을 근거로 그것을 강화하거나 억제할 수 있다. 욕망과 혐오의 대상을 시뮬레이션함으로써 꿈은 가끔 실제로 일어날 일을 보여준다. 미래를 보지 못하고 과거만 통찰하면서도 여전히 가능한 미래를 시뮬레이션할 수 있는 이 '생물학적 예언'은 관련된 변수가 적을수록 더 정확하며 예측의 타당성이 높아진다. 다시 말해, 꿈의 예언은 대체 가능한 미래의 수가 제한적이고 가능한 결과의 중요성이 클 때 가장 강력한 효과를 발휘한다.

포식성이 높은 동물이든(호랑이), 협력하며 사회를 이루는 동물이든(침팬지), 또는 둘 다이든(늑대) 렘수면을 많이 하는 영장류, 고양잇과 동물, 갯과 동물 등 포유류는 일반적으로 먹이사슬에서 높은 지위를 차지한다. 먹이사슬에서 낮은 지위를 차지하는 동물들은 포식자들보다 덜 자고 렘수면도 덜 한다. 사냥을 당할지 모르는 상황에서 수면에 많은 시간을 할애하기는 어렵다.[10] 장시간의 렘수면 외에도 영장류와 고양잇과 동물, 갯과 동물은 다른 사물 또는 동물과의 놀이를 특징으로 한다. 특히 어린 동물일수록 이러한 놀이를 하는 것이 특징적이다. 곧장 인간의 놀이 행위를 연상시키는 그들의 놀이는 마치 없는 것을 있는 것처럼 가장하며 상호작용하는 강화된 현실의 시뮬레이션이다. 꿈에서 진짜처럼 꾸며낸 것이 총체적 경험이라면, 깨어 있을 때 하는 인간 아이들과 새끼 호랑이들이 가장 좋아하는 놀이의 현실에 대한 상상은 부분적인 경험일 뿐이다. 선천적으로 뛰어난 놀이 능력과 신경계의 미성숙함 덕에 포유류는 현실에서 위험한 여러 가지 구체적인 기술을 안전하게 연습할 수 있다. 새끼 호랑이는 진짜 물소를 사냥하는 대신 또래와 사냥놀이를 하면서 물소 사냥법을 배운다. 상상은 안전한 정신 공간으로, 특히 위험성이 큰 기술을 학습할 때 유용하다. 가장 지적이고 창조적인 포유류의 자손들은 성체의 위험한 삶에 자신을 노출하기 전에 뇌를 프로그래밍하는 데 많은 시간을 할애한다.

상상력은 우리에게 중대한 진화적 이점을 제공하며 인간 의식의 기원에 기인한다. 상상에 필수인 피질 영역은 전두엽의 BA10이다. 이것은 인간의 대뇌피질에서 가장 크고 조직학적으로 잘 정의된 영역이며, 인간종의 역사에서 가속화된 진화를 겪었기 때문에 다른 유인원들보다 훨씬 크다.[11] BA10 영역은 여러 과제를 동시에 수행하고, 나중에 현실이 될 수 있는 가상 행동을 대비해놓는 데 꼭 필요하다.[12]

우리는 상상력을 통해 무엇보다도 타인의 정신 상태에 대한 신뢰할 만한 시뮬레이션을 확장하고 심화할 수 있으며, 유인원 중에서도 특히 인류에게 이 능력이 고도로 정교하게 발달했다. 타인이 무엇을 생각하고 느끼는지를 잘 상상하려면 각 개인의 과거 경험으로 미루어본 특정 행동의 발생 가능성과 함께 그 사람의 정신 모델, 즉 전형적인 행동과 태도의 역동적 표상을 가져야 한다.

이러한 진화론적 추론은 밤의 예언이 개별적인 세 단계에서 기원했을 것이라는 논리적 결론으로 이어진다. 첫 번째 단계에서는 서파수면과 렘수면을 통해 각각 기억의 반향과 장기 저장을 촉진할 수 있는 분자적 메커니즘과 신경생리학적 메커니즘이 진화했다. 기억의 재구성은 두 메커니즘의 상호작용에 따라 촉진되며, 둘은 아마도 같은 시기에 시작되었을 것이다. 현존하는 동물에 대한 우리의 지식을 고려할 때,

3억 4000만 년 전 육상 척추동물의 진화와 함께 일어났을 가능성이 크다. 두 메커니즘이 작용한 덕에 잠에서 깬 동물은 무의식적이지만 효과적인 방식으로 환경에 더 잘 적응했다.

2억 2000만 년 전으로 추정되는 두 번째 단계에서는 포유류의 진화가 시작되면서 렘수면이 몇 분으로 늘어났을 것이며, 어떤 종의 렘수면은 조류와 파충류보다 300배 더 길게 지속되었다. 이러한 변화는 꿈의 서사가 갖는 생물학적 기질인 기억의 길고 연속적인 전기적 활성을 위한 환경을 조성했다. 꿈의 예언은 렘수면 중 발생하는 기억의 반향에 이미 경험한 것뿐 아니라 경험하고 싶은 것도 반영하면서 형태를 갖추기 시작했다. 정도의 차이는 있으나 모든 포유류가 공유하는 두 번째 단계에서도 오라클은 여전히 무의식적이지만, 꿈에서 실현된 것에 대한 기억이 각성 상태로 전달되어서 깨어 있는 삶에 대한 잠재적 영향력이 커졌다. 포유류의 꿈은 조류나 파충류와 달리 융합과 분열, 밈의 진화, 가능한 미래를 실제로 시뮬레이션할 수 있는 수많은 상징적 표상을 위한 정신 공간이 되었다. 신경과학자인 조너선 윈슨은 "꿈은 결코 기억되게끔 설계되지 않았으나, 우리가 누구인지를 알려주는 열쇠이다"라고 말했다.

정신 기능과 관련된 이 두 번째 단계는, 항체의 화학구조에서 중요한 발견을 하여 1972년에 노벨 생리의학상을 수상하고 경력의 후반부에 영향력 있는 신경과학자로 변신한 미국의 생물학자 제럴드 에 덜먼Gerald Edelman이 정의한 '일차 의식primary consciousness'과 일치한다. 일차 의식은 찰나의 감정과 감각, 지각을 가지고 완전히 깨어 있는 현재의 정신적 표상이지만, 과거나 미래에는 산발적으로만 접근한다. 일차 의식은 포유류 사이에 널리 퍼져 있는 정신 기능의 수단이며 구조와 행위의 측면에서 무척 다양하지만 감각 지각, 운동 작용, 단기 기억의 처리를 위한 신경 회로를 모두 갖추고 있다.[13] 이 회로들은 또한 디폴트 모드 네트워크DMN, 즉 꿈을 꿀 때 없어서는 안 될 활성화를 포함한다.

에덜먼의 제안에 따르면, 뇌는 환경과의 상호작용에 따라 긍정적 혹은 부정적으로 선택되는 신경과 시냅스 집단이 거듭하는 경쟁의 역동적 산물이다. 에덜먼의 이론은 종의 진화를 형성한 면역계와 생태학적 상호작용에 작용하는 메커니즘과 유사한 메커니즘의 영향을 받아 '신경 다윈주의'라는 이름이 붙여졌다.[14] 에덜먼에게 뇌는 컴퓨터보다는 정글에 훨씬 더 가까웠다. 이 개념의 한 가지 중요한 측면은 신경들이 신경 활성에 접근하고 대사에 필요한 물질을 얻기 위해 경쟁한다는 것이다. 이것은 신경계의 발달과 성숙을 신경 집단의 개별 경쟁의 산물로 보기 위한 근거를 만들어낸다. 이것과 생각도 서로 경쟁한다는 견해는 한 끗 차이에 불과하다.

에덜먼의 견해에 따르면 다른 동물들은 우리 인간을 특징짓는 이차 의식secondary consciousness, 즉 자신과 타인의 표상 사이에 일어나는 상호작용에 기초하여 대체할 수 있거나 대체할 만한 미래에 대한 반사실적 시뮬레이션을 생성하는 정신 기능의 수단을 가지고 있지 않다.[15] 우리는 이 기술로 경험을 검토하는 것은 물론 그것을 계획하고 끊임없이 평가함으로써 현재의 저 너머까지 가볼 수 있다. 의식적이지만 강도가 낮은 의지의 안내를 받는 꿈이 상상이라면 깨어 있을 때 꾸는 꿈은 자각의 충격으로 계속 희미할 것이고, 진짜 꿈은 의식적인 욕구의 안내를 받지 않아도 훨씬 더 강렬할 수 있다. 그렇다면 의식consciousness은 도대체 무엇일까?

프랑스의 신경과학자인 스타니슬라스 드앤Stanislas Dehaene 과 리오넬 나카슈Lionel Naccache, 장피에르 샹죄Jean-Pierre Changeux

는 의식적 경험을 생성하는 메커니즘을 이해하기 위해 훗날 고전이 될 아주 흥미로운 실험을 연속으로 진행했다. 그들은 어떤 사람이 지각 perception과 비지각non-perception의 경계에서 아주 희미한 이미지들을 가지고 시뮬레이션을 할 때, 특정 이미지가 의식적으로 보이려면 망막과 다른 감각 기관들로부터 감각 정보를 얻는 영역에서 아주 먼 대뇌피질 영역으로 신경 활성이 확산되어야 한다는 것을 보여주었다.[16] 자극후 첫 200밀리초 동안, 해당 자극의 감각 양상(시각, 청각 등)에 집중하는 매우 구체적이고 공간이 제한적인 처리 망에서 신경 처리 과정이 일어난다. 자극 후 1초가 안 되는 시간 동안 활성화는 줄어들다가 완전히 사라지거나 반대로 확산된다. 활성화가 사라지면 이미지는 의식적으로 인지될 수 없고, 우리는 이것을 '서브리미널subliminal'이라고 부른다. 그러나 활성화가 대뇌피질 전역으로 확산되면 이미지가 의식적으로 인지된다. 조현병 환자는 신기하게도 서브리미널 과정이 유지되지만 의식적 접근은 감소한다.[17]

의식을 설명하는 다양한 이론 가운데 실험에 가장 많이 근거한 설명은 네덜란드의 신경생리학자인 버나드 바스Bernard Baars[18]가 고안하고 드앤과 나카슈, 상죄[19]가 확장한 전역 신경 작업공간 이론Global Neuronal Workspace theory이다.[20] 이 이론에 따르면, 의식적 경험은 다수의 개별적인 병렬 처리에서 피질의 전 영역이 정보와 접촉하는 단일 전역 처리로 전환되는 과정에서 피질 전체에 분포된 방대한 신경 회로의 '발화ignition'와 일치한다. 이 개념은 1990년대에 개발된 그리드 컴퓨팅grid computing, 즉 연결된 기기들은 정보를 공유하고 작업을 협력하여 처리하며 가용성에 따라 다른 기기들을 모집할 수 있다는 개념을 모방한 것이다. 뇌에서 이 작업은 과도하게 긴 축삭돌기를 가지고 있어서 활성화를 빠르게 전파할 수 있는 표면과 가까운 피질층의 신경세포들에 의해 수행된다. 피질 활성화의 확산이 역치를 넘어서 의식이 확립되면, 관련 정보를 선택적으로 증폭하는 신경 활성의 되먹임을 통해 어떤 정신적 대상이든 필요한 만큼 오래 안정시키는 것이 가능해진다.

의식적 사고와 무의식적 사고의 차이가 전기적 활성의 피질 확산이 증가하거나 감소하는 데서 비롯된다면, 렘수면 동안 전기적 활성이 최근까지 믿어진 것보다 훨씬 더 많이 대뇌피질에 확산된다[21]는 사실은 어떻게 해석할 수 있을까? 이 발견은 일차 의식에서 이차 의식으로 옮겨가는 과정에 렘수면이 핵심 역할을 한다는 가설을 뒷받침한다. 문어와 표범의 생활양식은 우리보다 서로 공통점이 더 많으므로 진화적으로 긴 여정을 거쳤을 것이다. 우리는 연체동물보다 다른 포유류들과 훨씬 더 가깝지만, 우리의 정신적 소프트웨어는 이차 의식의 존재로 인해 그들 모두와 다르다.

말하기와 듣기

에덜먼이 정의한 일차 의식과 이차 의식은 각각 1900~1917년[22]에 프로이트가 제시한 원초아와 자아의 개념과 근본적으로 동일하다. 프로이트가 생의학 분야에서 겪은 폄하에도 불구하고 정신분석학의 영향은 우연한 것도 무의식적인 것도 아니었다. 에덜먼이 1993년에 펴낸 의식에 관한 중요한 저서 《환한 공기, 눈부신 불길Bright Air, Brilliant Fire》의 헌정사가 이를 증명한다. "두 명의 지적 선구자인 찰스 다윈과 지그문트 프로이트를 기억하며. 많은 지혜와 큰 슬픔 속에서." 다윈은 우리의 감정에 들어 있는[23] 다른 동물들과의 진화적 연속성을 명확히 했다.[24] 프로이트의 관찰에 따르면 일차 의식에서 이차 의식으로의 이동은 대부분 사물의 표상이 사물 이름의 표상으로, 즉 상상에서 의미로 옮겨가는 언어 능력의 습득을 통해 일어난다.

〈요한복음〉에 따르면 태초에 말씀이 있었는데……, 그러면 그 말씀은 도대체 어디서 왔을까? 음성을 통한 의사소통이 육상 척추동물 사이에 널리 퍼지더라도 매우 한정된 동물 집단만이 그 상호작용에 쓰이는 신호들을 배울 수 있다. 야생에 사는 침팬지들은 과학이 풀어내기 시작한 음성과 몸짓의 복잡한 조합을 만들어낸다.[25] 우리와 가장 가까운 친척인 그들은 감금된 상태에서 수십 가지 임의 신호들을 사용하여 물체와 행동을 언급하는 방법을 배우며,[26] 인간과 소통하는 능력을 대폭 확장시켰다. 그럼에도 불구하고 일부 회의론자들은 그것이 진짜 상징적 의사소통이라기보다 실험 환경 내 특정 규칙의 학습을 바탕으로 한 기능적 의사소통에 해당한다고 주장했다.[27]

아프리카 사바나에 사는 우리의 먼 친척인 녹색원숭이(green monkey, 학명은 Cercopithecus aethiops)의 자발적 의사소통에 대한 고전적인 현장 연구들은 인간종 너머에 있는 상징의 존재를 의심할 이유가 없음을 최초로 보여주었다. 녹색원숭이는 육상 포식자, 공중의 포식자 또는 땅 위를 미끄러지듯 기어 다니는 포식자의 존재에 상응하는 세 가지 유형의 경고음을 자연스럽게 사용한다. 다른 성체의 경고음을 들은 성체들은 암사자 같은 육상 포식자가 나타나면 나무 위에 숨고, 독수리 같은 포식자가 나타나면 나무 아래에 숨고, 뱀이 나타나면 펄쩍펄쩍 뛰면서 주변 바닥을 살피는 등 자신을 보호하기 위해 재빠르게 반응한다. 미성숙한 녹색원숭이도 같은 소리를 낼 수 있지만 적절한 상황에서 경고음을 내도 성체들은 도피 반응을 보이지 않는다. 현장 실험은 1세기도 더 전에 미국의 철학자이자 수학자인 찰스 샌더스 퍼스Charles Sanders Peirce가 생각한 것처럼 녹색원숭이의 경고 체계가 엄격한 기호학적 의미에서 상징의 기준을 충족한다는 것을 보여주었다.

퍼스의 기호학에서 기호sign를 해석하는 사람은 해당 대상이 세 가지 표상인 아이콘icon, 지표index, 상징symbol 중 무엇과 일치하는지 알고 있다. 아이콘은 대상체와의 유사성을 통해 정보를 전달하고, 지표는 대상체와의 시공간적 인접성을 통해 정보를 전달하고, 상징은 사회적 관습을 통해 정보를 전달한다.[28] 아이콘만 사용하여 '사자'라는 대상체를 언급하려면 사자의 사진, 영화, 그림을 보여주거나 울음소리를 들려주거나 냄새를 맡게 해야 할 것이다. 지표만 사용하려면 사자를 가리켜야 할 것이다. 상징만 사용하려면 코사어, 소말리아어, 스와힐리어, 스페인어, 포르투갈어, 영어로 각각 응고야마ngonyama, 리바크libaax, 심바simba, 레온león, 리아오leão, 라이언lion이라고 말하거나 쓸 수 있다. 사자의 아이콘과 지표는 대부분 사람들이 이해할 수 있고 사자와 같은 본질을 공유하지만, 상징은 완전히 임의적이며 해석을 위한 기호를 공유하는 사람들 사이에서만 기능한다.

아프리카 녹색원숭이의 음성을 통한 의사소통 체계는 인간이 아닌 동물이 상징을 사용하는 매우 명확한 예이다. 어린 원숭이들은 포식자로부터의 시각적·후각적 자극과 경계하는 성인 개체들이 내는 경고음의 청각적 자극을 여러 번 짝지어봄으로써 적절한 음성 사용의 맥락을 점진적으로 학습한다. 특정 포식자와 짝지어진 경고음은 처음에는 포식자의 존재를 알리는 지표로 기능하지만, 어린 개체들은 시간이 지남에 따라 학습을 여러 번 반복하면서 경고음을 해석하는 성체들의 사회적 관습을 점차 내면화한다.

그다음 상징으로 이동하면 포식자의 모습을 보거나 냄새를 맡지 않아도 피난처를 찾을 수 있다. 즉, 음성 경고만으로 충분하다. 이것은 40년 전에 미국의 생태학자인 도로시 체니Dorothy Cheney와 로버트 세이파스Robert Seyfarth가 수행한 고전적 현장 연구에서 증명되었다.

아프리카 사바나 한복판에서 확성기를 사용하여 경고음을 재현한 체니와 세이파스는 포식자가 없을 때도 성체 녹색원숭이들은 그들이 현재 사용하는 특정 유형의 음성에 정확히 반응한다고 기록했다. 이 결과는 이러한 의사소통의 상징적 속성을 보여주는데, 대상체가 부재함에도 그 의미가 전달되기 때문이다.[29]

포식자의 존재를 알리는 녹색원숭이의 상징적 경고음이 최초로 발견되고 1980년에 발표된 후, 이와 비슷한 경고 체계가 다이아나원숭이Diana monkey, 캠벨원숭이Campbell's monkey, 침팬지와 같은 다른 아프리카 유인원들은 물론 난쟁이몽구스Dwarf mongoose, 프레리도그, 다람쥐, 닭, 미어캣과 같은 다양한 비유인원 종에서도 발견되었다. 또한 큰돌고래Bottlenose dolphin는 인간의 몸짓을 자신의 신체 부위를 가리키는 상징으로 학습하고 해석할 수 있다.[30]

인공 생물체를 통해 먹잇감의 발성과 땅 위를 달리고, 땅바닥을 미끄러지듯 기어가고, 공중을 나는 등 세 가지 유형의 포식자 간의 상호작용을 보여주는 컴퓨터 시뮬레이션에 따르면, 각 울음소리 유형에 따라 특정한 의미가 부여된 기호는 결국 확정되어 장기간 지속되는 자극-발성 쌍의 임의적 변화를 통해 다수의 발성음을 갖춘 집단에서 자발적으로 발생한다.[31] 그러나 먹잇감이 참조용 기호를 주위에 전할 수 있을 만큼 생존해야 하므로 포식자에 대한 먹잇감의 비율이 충분히 높아야 가능한 일이다.

논증, 서사 그리고 의식

그러므로 상징은 인간만 독점적으로 사용하는 것이 아니다. 다양한 비인간종의 참조적 의사소통referential communication은 퍼스의 기호학 용어에서 '지시 상징dicent symbol'이라는 개념에 해당하며, "그것의 대상체는 실재하는 것으로 해석되는 것이 일반적"이므로 지표로 기능한다.[32] 포식자의 물리적 존재라는 지표('실재하는 것')를 반복해야만 발성음과 포식자의 연관성에 대한 기억이 형성되며, 대상체가 부재할 때도 상징적으로 떠올리는 것('일반적')이 가능해진다. 기호학의 영역에서 인간의 언어를 다른 종의 의사소통 체계와 구별 짓는 것은 상징과 상징을 연결하여 표상의 표상의 표상으로 무한히 이어지는 사슬을 만드는 우리의 놀라운 능력이며, 이것이 퍼스가 '논증argument'이라고 부른 합성된 상징에 해당한다.

무수한 동물 종이 의사소통을 위해 순차적 발성을 사용하지만, 발성의 순서에 의미가 부여된다는 증거는 거의 없다. 간단한 발성의 조합을 통해 복잡한 논증을 만드는 능력은 매우 희귀하며, 아프리카의 흰눈썹웃음지빠귀Hwamei bird와 침팬지를 비롯한 일부 유인원들에게서 발견된 접미사와 순차적 변경의 예를 제외하면 인간에게만 있는 능력일 수 있다.[33]

아이콘 발성(의성어), 지표 발성(지시대명사), 상징 발성(명사, 동사)이 수억 년에 걸쳐 점진적으로 진화한 끝에 우리 인간은 지구상에서 가장 무시무시한 포식자가 되었다. 우리에게 이 지위를 허락한 것은 우월한 발톱과 치아가 아니라 효과적 의사소통과 사회 조직 그리고 무기였다. 창과 화살을 가지고 무리 지어 사냥하려면 서로 거리를 둔 상태에서 일사불란하게 움직여야 했고, 우리 조상들은 그것을 발성과 몸짓으로 이루어냈다.

인간의 진화에서 언어의 역할을 부정할 수는 없지만, 매우 제한적인 의미를 가진 상징의 레퍼토리들이 현재 언어의 폭발적인 참조적 풍요로움을 초래한 가속화 과정을 이해하려면 여전히 많은 퍼즐 조각이 필요한 것은 분명하다. 사자lion와 얼룩말zebra부터 엔혜두안나 (Enheduanna, 이름이 알려진 인류 역사 최초의 제사장)처럼 제대로 된 이름까지, 걷다와 같은 단순한 동사부터 왜, 영혼, 영zero, 인터넷과 같은 단어까지 수많은 정신 작용이 인간종의 해부학적 진화에 비례하여 상당히 짧은 기간에 압축적으로 일어났다. 아이콘과 지표의 세계에서 임의적 상징과 그것의 세련된 논증을 사용하는 세계로의 이동은 타인의 의견에 점점 더 큰 비중을 두는 것과 같다. 사자를 직접 보지 못했어도 사자를 본 사람의 발성음을 듣기만 하면 된다. 기호의 의미는 점점 더 사회적 합의에 의존하게 되었고, 인간은 타인의 정신 상태를 시뮬레이션하고 예측하는 능력, 즉 신경과학 용어로 '마음 이론'이라고 불리는 것의 확장에 뿌리를 둔 공동의 믿음을 과대평가하게 되었다.[34]

상징-논증 언어를 향한 인지적 도약은 우리와 세상의 관계를 꿈으로 대체하여 우리의 상호작용을 영원히 바꾸어놓았다. 구석기 시대의 어느 시점부터 사람들은 깨어 있는 삶과 꿈에서 경험한 것을 알리기 시작했다. 이전에는 알아주거나 이해해주는 사람이 없어도 꿈꾼 사람의 감정과 행동에 영향을 주는 철저히 개인적 경험이던 것이 서서히 집단적인 경험으로 구성되어갔다. 모닥불 주위에 모여 깨어 있을 때와 꿈에서의 경험을 공유하면서 점차 어휘가 늘어나고 공감이 발달했으며, 조상들의 행적에 관해 이야기하면서 무리의 역사를 되새기기 시작했다. 밈이 어느 때보다 더 길고 복잡해졌으며, 과거와 미래의 사건, 주요 지형지물, 새로운 단어, 이미 세상을 떠난 사람에 대한 표상이 점점 더 정교해지면서 거대한 기억의 집합체를 형성했다. 이것은 무리의 기원을 상기하는 연대기의 정서적 기반인 가계family lineage라는 개념이 출현하기 위한 필수 조건이었다.

인간 의식의 출현 과정에서 세 번째로 중요한 순간으로 이동한다. 현재뿐 아니라 과거와 미래에도 관여하는 새로운 정신세계의 탄생으로 우리를 데려간다. 그곳에는 우리 조상들과 위험하면서도 아주 맛있는 동물들의 영혼이 거주했고, 욕망과 두려움의 대상이자 죽거나 죽이기 위한 생물들은 동굴 벽화에 강박적으로 묘사되었다고 할 정도로 조상들의 관심을 끌었다.

돌을 깨다

모든 동물이 갖는 미래의 지평 위에는 다음 식량, 포식자의 다음 공격, 다음 짝짓기가 있다. 그러나 인류는 생각에 대한 생각을 활용하기 시작했고, 정신적 대상을 도구로 이용하여 다른 정신적 대상을 운용함으로써 현실은 물론 그에 따른 행동도 시뮬레이션하며 도약할 수 있었다. 구석기 시대에는 계절에 따라 이주하는 대형 초식동물의 움직임을 예측하여 종종 그들을 구석에 가두거나 절벽 끝으로 몰아붙이는 식으로 사냥을 했다.

또한 미래를 상상하고 정신적 대상을 연합하는 능력은 뗀석기 기술을 발전시켜 먹잇감과 맞서서 그들을 죽이고 세척하고 도축하는 것을 가능하게 했다. 돌로 무기를 만드는 고단한 작업을 하려면 적어도 네 가지를 상상해야 하는데, 그것은 바로 원하는 돌의 형태와 그 형태를 얻는 데 필요한 신체 움직임, 무기를 가지고 동물을 죽이는 데 필요한 신체 움직임, 그리고 모든 과정의 최종 결과인 무리를 먹이는 일이다. 식물이나 연체동물, 곤충을 수집할 때도 그들을 어떻게 찾고 은신처나 굴에서 어떻게 꺼낼지를 상상해야 한다. 꼬리감는원숭이Capuchin monkey는 돌을 이용해 코코넛과 조개를 부순다. 유인원과 까마귀는 나뭇가지를 도구로 사용한다. 돌고래는 해면을 사용한다. 인간 계통에서 나타난 혁신은 도구의 연속적 결합, 즉 폴리 머신poly machine이었다. 초반에 이 과정은 한 세대에서 다음 세대로 이어지는 문화의 축적을 거의 감지할 수 없을 정도로 매우 느렸다.

선사 시대의 각주에나 어울리는 인간종의 역사 전체를 고려하면, 이 과정에 요구된 유독 긴 시간을 이해하기 어렵다. 260만 년 전쯤 시작된 가장 기본인 올도완Oldowan 기술의 뗀석기부터 170만 년 전쯤 시작된 아슐리안Acheulean 기술의 특징인 양면 손도끼biface hand-axe 사이에 세대를 거친 문화 축적이 거의 0에 가까운 긴 공백기가 있었다. 이때부터 16만 년 전쯤 시작된 날카로운 끝과 다수의 절단면, 정교함이 특징인 무스테리안Mousterian 기술 사이에 또 한 번 영원에 가까운 시간이 돌을 깎아 도구를 얻는 고역에 쓰였다. 그러나 거대한 문화적 관성에도 불구하고 인류는 진보했다. 그 어느 때보다 복잡한 사고방식이 천천히 진화하여 인간의 삶을 영원히 바꾸어놓았다. 선사 시대의 동굴 벽화는 음향효과가 다른 공간에 그려져서 동물 종류에 따라 포식자의 경우에 소리가 약화하고 먹잇감의 경우에 소리가 증폭하는데,[35] 이러한 발견은 우리 조상들이 메아리를 조작하여 위험한 사냥을 독려하기 위해 예술과 기술, 마법을 세련되게 조합했음을 시사한다.

300만 년 전의 것으로 보이는 최초의 원석부터 4만 년 전쯤 야금학이 출현하기 직전에 발견된 첨단尖端에 이르기까지 자르고 찢고 휘두를 수 있는 표면을 제작할 수 있는 특정 동작을 습득하기 위한 긴 과정이 있었다. 개별 집단의 문화는 포식자의 패배와 식량 부족, 홍수, 가뭄의 어둠 속으로 무수히 사라졌다. 기술의 인내와 개선은 인간의 문화적 래칫이 시작될 때 구석기 시대의 문화적 전파가 오가는 과정에서 이루어졌다.

뗀석기를 막대와 결합하여 창으로 변형시킨 기술의 최적화는

300만 년이 걸렸다. 창끝에 매다는 돌을 500년 전쯤 멸종된 소의 조상인 거대한 야생 소의 질긴 가죽을 뚫을 만큼 튼튼하게 만드는 일은 대단히 어려웠을 것이다. 창이 발명되고 지형과 외침, 움직임, 불 등을 덫으로 삼아 실시간으로 사냥을 준비하고 계획할 수 있는 풍부하고 유연한 구두 의사소통이 발달하면서 우리 조상들은 먹이사슬의 정상에 올라섰다. 인간이 매우 치명적인 존재가 된 탓에 홍적세의 거대 동물은 지금까지 극소수만 남아 있다.

창이 발명된 후 우리 조상들은 또 다른 획기적 도구를 얻기까지 40만 년이 걸렸다. 이 도구는 적어도 나무 활과 신축성 있는 끈, 화살이라는 세 가지 요소가 함께 제대로 기능해야 한다. 이 아이디어를 최초로 떠올린 사람은 누구일까? 가장 오래된 증거는 최소한 1만 년 전으로 거슬러 올라간다. 그것은 밤의 꿈이었을까, 아니면 낮의 몽상이었을까? 이 답은 결코 알 수 없겠지만, 그 아이디어가 거의 모든 대륙으로 빠르게 퍼져 나간 것만은 분명하다.

요컨대, 인간이 발전해온 궤적의 특징은 도구와 그것을 고안한 내부의 정신 상태가 복잡해졌다는 것이다. 이처럼 긴 여정을 거치면서 우리는 요소의 조합과 병치를 위한 새로운 기호의 발생을 바탕으로 다채로운 음성 언어를 발달시켰다. 인간의 자아는 다른 포유류의 자아보다 주변의 현실을 훨씬 더 많이 변화시킨다. 꿈꾸는 능력이 다양한 종에서 자아에 대한 인식의 기반을 만들었다면, 깨어 있을 때나 꿈에서의 경험을 나와 남에게 설명하는 능력은 집단의 설립 신화와 본보기가 될 만한 이야기, 일상의 소문과 더불어 집단을 응집하는 서사로 기능했다.

꿈이 확률론적 예언으로서 사용되기 시작한 것은 아마도 수만 년 전, 아니 수십만 년 전 인류의 조상들이 자신도 모르게 세대를 거쳐 전승된 기억(밈)의 방대한 집합체를 갖게 된 이 세 번째 시기였을 것이

433

다. 경험은 구전 설화와 노래, 묘비, 그림, 조각상, 그 밖의 상징물을 통해 표상과 그와 관련된 지식의 형태로 문화와 섞여서 대물림되었다. 잠자거나 깨어 있는 중에 나타난 표상은 예지몽으로 이어졌고, 이 표상들은 자의적이거나 비자의적인 모든 기억에서 비롯되었다.

삶을 시뮬레이션할 수 있는 정신 상태

꿈꾸는 능력은 깨어 있는 삶을 살아가는 동시에 다양한 시간의 척도에서 발생하는 상황을 마음껏 상상할 수 있게 했다. 이보다 더 중요한 것은 이 능력이 근골격계와 분리되어 있다는 사실이다. 이로써 실제 행동을 방해하지도 않고 관련된 자연적 또는 사회적 관계가 뒤얽히는 것을 신경 쓸 필요도 없이 고려 중인 미래의 범위를 제한하지 않으면서 정신 작업을 위해 숨겨진 내부 공간에서 인식의 대상과 상황, 가능한 결과를 안전하게 미리 시험해볼 수 있게 되었다. 우리가 의도적 혹은 자발적 행동이라고 부르는 것은 매 순간 시뮬레이션을 선행하고 결과를 예측하여 그것을 근거로 선택한 결과이다. 피질의 배측 영역과 복측 영역은 이러한 시뮬레이션을 형성하고 유지하는 끊임없는 활성화의 흐름을 보호한다. 이 과정이 잘 작동하면 더 많은 적응행동이 창조되어 다음 세대로 전달될 확률이 높아진다.

씨앗이 싹트는 상상은 사람들이 의도적으로 씨앗을 뿌리기 시작하게 만드는 데 얼마나 중요했겠는가! 다가오는 계절과 달의 위상에 대한 상상이 작물을 심고 수확할 시기를 선택하는 데 얼마나 중요했겠는가! 아이디어와 재료의 풍성함은 다윈이 중요하게 여긴 죽음, 생존, 번식을 훌쩍 뛰어넘어 여러 소소한 필요성이 지배하는 시대를 열었다. 꿈의 상징은 더 풍부해졌지만, 가능성의 조합이 폭증하면서 꿈의 예언으로 당면한 미래를 추측하기는 어려워지기 시작했다. 반면, 의식의 예언은 기존의 문화적 축적물에 비추어 공유되고 해석되는 꿈 이야기를 기반으로 번창하기 시작했다. 꿈 내용에 대한 의식이 증가했고, 이로써 우리 조상들은 미래를 예측할 때 발생하는 오류가 감소하기를 바라는 마음으로 가시적 세계와 비가시적 세계의 모형을 구축할 수 있었다.

전기적 반향은 본래 잡음이고, 신경 회로는 상징적 연상을 비롯한 다양한 종류의 연상으로 작용한다는 점을 기억하는 것이 중요하다. 결과적으로 꿈에 드러나는 내용이 그 꿈에 잠재된 내용과 같은 경우는 거의 없다. 따라서 직접적이고 해석이 모호하지 않은 꿈은 드물지만, 간접적이고 해석이 모호한 꿈은 빈번하다. 문화가 발전함으로써 어휘가 증가하고 믿이 더 풍부하고 다양하게 발달하면서 삶의 범위가 확장되었고, 꿈의 예언은 그 어느 때보다 많아진 변수를 고려해야 했다. 게다가 본래 무의식적인 꿈 내용은 의식으로 빠르게 옮겨져 집단의 구성원들에게 공유되면서 언급, 요약, 검토, 그림, 색칠 그리고 지금으로부터 4500년 전부터는 문서 기록을 통해 더욱 정교해진다.

사람들이 꿈의 예언을 의식하기 시작한 것이 바로 이 세 번째 단계였다. 그들은 이제 꿈의 예언에 이름을 붙이고 그것을 통해 계시를 구할 수 있었다. 꿈이 인간의 관심뿐 아니라 인간의 의사소통에서도 중심 대상이 된 것은 이 세 번째 단계뿐이었다. 우리는 과거와 미래에 관한 서사를 통해 인류의 문화를 축적하고 전파했으며, 괴물처럼 진화한 지식의 엄청난 힘은 불과 몇천 년 만에 우리를 동굴 밖으로 끌어내더니 이 행성에서 평화롭게 살아가는 방법을 배우기도 전에 화성으로 가라며 우리를 떠밀었다. 그리고 이 모든 서사 가운데 가장 소중하고 갈망하며 경배한 것은 추장, 주술사, 사제가 꾸는 조상과 신성한 동물 그리고 신에 대한 예언적 꿈이었다.

해마에 있는 정신의 창조물

이러한 초자연적 존재들은 뇌의 어느 영역에서 나타날까? 해마는 여러 감각을 통해 정보를 받으며 복잡한 표상의 기호화에 명확한 역할을 한다. 설치류의 해마에 공간과 시간의 표상이 존재하고 그들이 사물이나 동종 개체들에 특별한 반응을 보인다는 것은 이미 증명되었다. 하지만 인간의 신경에 관한 기록을 얻고자 할 때 부딪히는 현실적이고 관료주의적인 장애물 때문에 이 질문을 인간에게 적용하는 것은 훨씬 더 어렵다. 아르헨티나의 신경과학자인 라이세스터대학의 로드리고 퀴안 퀴로가Rodrigo Quian Quiroga가 2005년에 뇌전증 환자에게서 아주 중요한 사실을 발견할 때까지 이 질문은 수수께끼로 남아 있었다. 이런 환자들은 뇌전증의 진원지를 찾고 그것을 최대한 신경 손상 없이 수술로 제거하기 위해 며칠씩 입원하여 뇌 활성도를 관찰하는 것이 일반적이다. 이 절호의 기회를 이용해 퀴로가와 그의 팀은 사람과 동물, 사물, 건물의 사진으로 환자들을 자극하고 해마를 포함한 측두엽의 신경 활성도를 조사했다. 연구자들은 환자들에게 사물의 이미지, 특히 빌 클린턴, 할리 베리, 루크 스카이워커, 심지어 바트 심슨과 같은 특정인이나 캐릭터의 이미지로 자극을 주자 신경 기록의 일부가 격렬히 활성화되는 것을 발견했다.[36]

이러한 현상은 사진 속 인물들의 자세와 복장이 매우 다양하고 다수의 상호 보완적인 요소들이 있음에도 불구하고 나타났다. 게다가 캐릭터의 이름을 적거나 말하기만 해도 원하는 반응을 유도할 수 있었다. 퀴로가가 발견한 세포들은 또 다른 선호하는 자극을 연상하여 새로운 자극에 민감해짐으로써 스스로 학습할 수 있음을 보여주었다. 이것은 매우 특이한 경로를 통해 하나의 이미지가 또 다른 이미지로 이어지며 잇따라 반복되는 사고 흐름이 갖는 연상력associativity을 설명하기에 그럴듯한 메커니즘으로 보인다.

퀴로가의 연구는 인간 측두엽의 뉴런이 사실이든 허구든 특정 인물과 관련하여 활성화될 수 있다는 첫 번째 증거였다. 이 결과는 개인과 사물을 폭넓고 유연하게 표현하기 위한 정교한 메커니즘이 존재한다는 것을 시사한다. 수많은 맥락의 차이에도 불구하고 이러한 표상들이 변하지 않는다는 사실은 그들이 진짜 '창조물'을 표현하는 높은 수준의 자율성과 내적 일관성을 지니고 있음을 암시한다. 그 '내부'는 또한 그 자체에서 내부적으로 표현되는 '외부'를 갖는다.[37]

상상하는 동안 다양한 피질 영역이 활성화되는데, 상상하는 대상들의 다양한 특성은 물론 그들을 환기하는 의도를 암호화하는 데도 관여한다. 이 해마의 피질 회로는 연합할 때 대안적 과거와 미래의 가능성을 상상하기 위해 기억을 유연한 방식으로 재결합할 수 있다. 이와 같은 영역 중 일부, 특히 해마와 내측 전전두피질은 렘수면에서도 활성화된다. 꿈은 깨어날 때마다 꿈꾼 사람에게 강력한 영향력을 미칠 가능성을 품은 채로 어제와 내일의 접점에 존재한다. 그러므로 특히 인간의 의식에서 과거를 회상하고 미래를 상상하는 엄청난 능력이 깨어 있는 삶에 대한 꿈의 침해에서 유래한다고 보는 것도 그럴 만하다. 우리 조상들은 깨어 있는 채로 아이디어를 시험해보는 방법을 배우기 한참 전에 먼저 꿈이라는 정신 공간에서 그것을 시험해봤을 것이다.

적시에 이야기를 전하고 정신적으로 이동하는 능력의 점진적 확대는 지난 천 년 동안 인류 문화를 폭발적으로 확장한 연료였다. 시간 차원에 대한 감각이 제한적인 다른 유인원들과 다르게 우리 조상들은 사냥하기에 가장 좋은 시간, 과일을 채집하기에 가장 좋은 날, 곡물을 심고 수확하기에 가장 좋은 달을 갈수록 더 잘 예측하게 되었다. 실제로 우리는 최근 역사의 어느 시점부터 과거를 근거로 미래에 대한 짧은 서사를 만들어내기 시작했다. 점점 더 길어지는 생각의 사슬을 기억하고 열거하는 능력이 상징화하기 쉬운 적극적인 상상력과 결합하면서 더 많은 변수와 더 먼 미래에 대한 시뮬레이션을 통해 점점 더 복잡한 계획을 세울 수 있게 됐다. 인간의 존재에 대한 서사는 사람들의 기억력을 넓혀주었고, 갈수록 더 풍성한 밈의 레퍼토리를 구성했으며, 사람들의 삶과 죽음에 관한 이야기를 통해 문화를 형성하고 확장했다.

시체애호증과 문명

돌아보면 원숭이에서 인간으로의 여정은 시체애호증necrophilia의 증가가 특징이다. 애도에 대한 인간의 사회규범이 시공간에 따라 천차만별이라 할지라도, 죽음을 마주할 때 애통해하고 호기심을 갖는 것은 우리 종에 만연한 행동이다.[38] 이러한 행동의 기원은 호모 사피엔스와 다른 영장류의 공동 조상으로 거슬러 올라가며, 코끼리와 돌고래에게도 비슷한 현상이 나타나는 것으로 보아 그보다 더 이전일 수도 있다.[39] 그렇지만 친족의 사체와 분리되는 과정에서 거부감과 슬픔을 가장 명확히 보이는 것은 역시 침팬지와 고릴라다. 어미 침팬지는 자연적으로 미라화된 새끼 침팬지의 사체를 며칠, 심지어 몇 주씩 계속해서 살아 있을 때처럼 데리고 다니며 돌보는 경향을 보이기도 한다. 어미는 죽은 새끼와 주거 공간을 공유하며 새끼의 사체와 분리되면 눈에 띄게 괴로워한다. 성체의 끔찍한 죽음은 극도의 흥분을 일으키기 쉽지만, 나이 든 성체의 자연스러운 노화는 죽음을 앞둔 보살핌, 정기적 신체검사, 생명의 징후에 대한 탐색, 공격성 또는 시신을 청결하게 하거나 자손의 유해를 오랫동안 몸 가까이에 두거나 이와 반대로 죽음이 발생한 장소를 회피하는 행동을 수반할 수 있다.[40] 개코원숭이baboon와 비슷하며 체격이 건장한 에티오피아 겔라다개코원숭이gelada[41]처럼 인류와 더 멀리 떨어진 영장류는 우리와 비슷하지만 더 단순한 행동을 보인다. 이는 사랑하는 사람의 죽음을 맞닥뜨린 인간의 반응과 흡사하며, 영장류의 애도에 계통발생학적 연속성이 있음을 보여준다.

하지만 인간은 다른 동물들과 달리 죽은 사람을 집이나 그 주변, 제단과 성소, 마을 안이나 변두리, 또는 상상의 존재가 사는 신성한 나무와 바위, 동굴, 폭포, 산처럼 특별한 지리적 속성을 가진 장소에 수년 또는 수십 년 동안 묻거나 보관함으로써 산 사람 가까이에 두는 것이 일반적이다. 다른 사람들이 무엇을 느끼고 생각하는지를 상상하는 능력은 동물과 식물, 무생물에 똑같이 투영되어서 생물이든 무생물이든 어떤 대상에 의도성을 자유롭게 부여하는 정신 이론을 만들어냈다. 위험한 포식자와 생존에 필요한 먹잇감들에 둘러싸인 우리 조상들은 종종 인간과 동물을 섞어서 사건을 설명하는 우주 창조론적 서사를 통해 인간의 의식을 깨우기 시작했다.

우리 인간종의 진화에서 아주 최근에 나타난 세계의 창조 신화들은 인간이든 야생동물이든 우리 조상과 융합된 실제와 가상의 존재들을 정신적으로 표현하는 능력을 전례 없이 확장하는 데서 비롯되었다. 그때부터 우리 문화에서 관찰되어온 사람과 동물의 결합인 동물형태관zoomorphism이 꿈을 통해 밈을 재조합하는 신경생리학적 기능으로 강화되었을 것이다. 실제로 꿈은 표상의 결합을 막을 수 없으므로 다른 생물과 식물, 지리적 특성과의 혼합이 거의 불가피했다. 환상적인 심적 동물상은 무수한 아침에 너무 놀라 말문이 막힌 채 깨어난 우리 조상들의 의식 속에 자연스레 모습을 드러냈다. 그 결과 구석기 시대의 야수의 제왕, 강력한 이집트 신 아누비스Anubis, 기자의 거대 스핑크스, 크레타의 미노타우로스Minotaur, 힌두 신 가네쉬Ganesh, 또는 황도십이

궁('동물의 주기circle of animals')의 케이론Sagittarius처럼 사람과 동물이 섞인 동물형태관이 인류 문화에 광범위하게 퍼졌다. 또한 동물형태관은 축구팀 마스코트와 월트 디즈니의 캐릭터들 사이에서도 지배적 지위를 가지고 있으므로 현대와 무관한 원시 사회만의 특징이라고 할 수는 없다. 우리는 오랜 기간 사람이었던 것만큼 야생동물이기도 했다.

주관성은 향수에서 태어난다

리우데자네이루연방대학의 국립박물관 소속인 브라질의 인류학자 에두아르도 비베이로스 데 카스트로Eduardo Viveiros de Castro에 따르면, "아마존강 유역에서 '영혼'이라는 개념은 존재의 등급이나 유형이 아닌 인간과 비인간의 이접적 종합disjunctive synthesis을 가리킨다."[42] 최초의 신들은 애니미즘(animism, 만물에 영혼이 깃들어 있다고 믿는 신앙-옮긴이)과 토테미즘(totemism, 특정 동식물을 숭배하는 신앙-옮긴이), 수많은 전통 문화의 계보 신화genealogical myth를 만들어낸 조상과 동물의 조합이었을 것이다.[43] 이러한 인간 정신의 진화 단계에 대한 객관적 자료가 부족하므로 우리는 이것을 현존하는 수렵채집 집단에서 살펴볼 수밖에 없다. 그들은 자신들을 명명할 때 대부분 '진짜 사람들real people'이라는 뜻의 단어를 사용한다. 700만 년 전 최초의 이족보행 인류부터 1만 1천 년부터 7천 년 전에 야생 곡물의 채집이 농업으로 발전한 아주 최근까지는 이러한 삶의 방식이 지배적이었다. 오늘날의 수렵채집인들은 계절에 따라, 혹은 비정기적으로 농사를 짓는 유목민 혹은 반¥유목민으로서 인간 의식의 출현을 이해하는 데 가장 중요한 열쇠를 쥐고 있다. 가장 오래된 시간 단위보다 더 오래된 옛날에 그들이 살아가던 방식은 야생동물에서 인간으로 변화하는 과정을 줄곧 함께했다.

　　아메리카 원주민과 시베리아 문화의 주술사들은 검은 표범, 늑대, 혹은 새의 몸을 취하여 변신할 수 있다고 믿는다. 예를 들어, 에콰도르 아마존의 와오라니족Huaorani 사이에서 주술사는 재규어의 영혼을 취하고 잠이 들거나 아야와스카를 섭취한 후 꿈에서 재규어와의 위험 천만한 만남을 통해 사냥 지도를 받는다.[44] 이러한 만남은 인류학에서 원근법주의perspectivism라고 불리는 것의 영역 내에서 일어나며, 이에 따르면 아주 다양한 인간 및 비인간 주체들은 매우 다른 상호적 관점을 가지고 세상을 살아간다.[45] 모든 동물은 애니미즘의 원래 개념처럼 단순하고 균일하게 영혼을 가지고 있는 것은 아니며,[46] 가장 급진적인 민족 중심주의의 의도처럼 개인의 인간성이 그 경계에서 끝나는 것도 아니다. 어느 집단의 구성원이 우리와 다른 토착 집단을 구별하기 위해 사용하는 기준이 인간과 다른 동물들을 구별하려는 동물에게도 똑같이 적용되듯이, 각각의 생물 종은 각자의 관점에서 의식의 중심일 것이다.[47] 따라서 원주민이 멧돼지를 사냥하면서 자신을 인간이나 재규어로 생각하듯이, 재규어는 반대로 원주민(그들에게는 멧돼지와 매한가지인)을 사냥하면서 자신을 재규어 혹은 심지어 인간[48]으로 생각할 것이다.

　　비베이로스 데 카스트로는 몇몇 아메리카 원주민 문화에 대해 "영혼을 가진 것은 전부 주체이고 영혼을 가진 자는 모두 관점을 가질 수 있다"라고 말한다.[49]

　　동물은 사람이다, 혹은 자신을 사람으로 여긴다. 실제로 이러한 생각은 어떤 종의 명확한 형태가 일반적으로 특정 종들의 눈이나 주술사와 같은 특정 존재에게만 보이는 인간의 내적 형태를 감추는 껍데기('옷')에 불과하다는 개념과 늘 관련되어 있다. 이 내적 형태는 동물의 '영혼' 혹은 '정신spirit', 즉 동물의 가면 뒤에 감춰진 인체의 윤곽에서…… 실현될 수 있는…… 인간의 의식과 동일한 형식의 의도성 혹은 주관성이다. '옷'이라는 개념은 영혼, 동물의 형태를 취하는 망자와 주술사, 다른 짐승으로 변하는 짐승, 무심코 동물로 변하는 인간들…… 변형의 특별한 표현 중 하나이다. 이러한 원근법주의와 우주론적 변형주의cosmological transformism는…… 아메리카 대륙의 최북단과 아시아는 물론 세계 곳곳의 수렵인들 사이에서도…… 발견된다.**50**

이러한 농경 이전의 문화나 반⚹농경문화에서 포식은 개인의 이득을 위한 물리적 혹은 상징적 독점으로, 개인이 자아와 사회적 관계를 형성하는 데 가장 중요한 열쇠이다. 그러나 포식 관계가 세상을 지배할 때는 관점의 역전, 즉 사냥꾼이 사냥감이 될 가능성도 늘 존재한다. 삶은 각자의 영혼과 관점을 부여받은 존재들에게 자신의 관점을 강요하기 위한 끝없는 투쟁으로 여겨지므로, 포식자와 피식자 사이의 관계는 폭력적인 사건 이후에도 그 결과와 함께 둘 모두에게 지속된다고 믿어진다. 흔히 사냥꾼은 도살한 사냥감의 앙갚음을 피하기 위해 영혼을 달래는 의식을 행한다. 꼭 죄책감이 아니더라도, 상상 속에 아직 살아 있는 죽은 동물의 행위를 통해 포식자에서 먹잇감으로 바뀔지 모른다는 극심한 공포, 보복에 대한 두려움이 있기 때문이다. 주술사인 다비 코페나와는 다음과 같이 말했다.

동물도 사람이다. 그래서 우리가 그들을 학대하면 그들은 우리를 외면한다. 나는 꿈에서 가끔 사냥꾼들을 마다하려는 동물들로부터 불행과 분노의 이야기를 듣는다. 고기가 너무 먹고 싶다면 사냥감을 신중히 겨누어 그 자리에서 반드시 죽여야 한다. 그렇게 하면 동물들은 제대로 죽임을

당한 것에 만족한다. 그러지 않으면 그들은 상처를 입은 채 인간에게 분노하며 멀리 달아난다.**51**

사냥과 전쟁에서처럼 우리는 꿈속에서도 종종 다른 누군가의 관점이 강제로 부여될 위험이 있다. 주루나족에게 도살된 돼지에 관한 꿈은 사냥꾼들의 영혼이 사냥에 성공했으므로 깨어 있는 동안에도 똑같은 성공을 거두리라는 뜻이다. 반면, 돼지들이 숲으로 자유롭게 도망치는 꿈은 적들이 그들의 영혼을 뒤쫓고 있고, 그래서 그들이 사냥꾼의 길 위에 나타나리라는 뜻이다. 이러한 꿈들은 누군가에게 말하지 않으면 며칠 동안 그들을 안전하게 인도할 것이다.**52** 싱구 원주민 구역의 주루나족 사이에서 독수리가 가까이 있는 꿈은 "독수리는 썩은 고기만 먹기" 때문에 그들이 꿈에서는 살아 있더라도 죽을 것이라는 징조이다. 꿈은 특히 다른 관점을 부여하는 데 개방적이며, 이 경우에는 독수리의 관점이 부여되었다.**53**

신과 영혼에 대한 믿음도 비슷한 맥락에서 발생했을 가능성이 크다. 그 믿음은 원래 죽은 친족과 도살된 먹잇감, 패배한 포식자에 대한 기억 그리고 조상들이 꿈에서 격한 대화를 나눈 기억에 힘을 실어주는 삶의 속성에 지나지 않았다. 문명의 발달과 함께 꿈 활동은 오늘날 아프리카에서 유래한 브라질의 토속종교 움반다umbanda에서 조상들이 사는 영적인 차원이자 신들의 세계로서 수 세대의 기억에서 불멸하는 아루안다 왕국에 접근하기 위한 마법의 통로로 여겨지게 되었다. 인류학자 프란츠 보아스가 콰키우틀족을 대상으로 수집한 68가지의 꿈에서 25퍼센트는 죽은 친족이나 장례식 장면이었다.**54** 한 피라항족 남성의 말에 따르면, "우리는 꿈꿀 때 망자와 가깝고 그들과 함께 있다."**55**

16장

죽은 자에 대한
그리움

망자에 대한 기억은 조상들의 습관과 생각, 행동을 전파하는 강력한 메커니즘이 작용한 덕에 다소 뜻하지 않게 문화 발전에 주춧돌 역할을 했다. 사랑하는 대상을 잃고 애도하는 침팬지들에게 매우 뚜렷이 나타나는 망자에 대한 기억은 우리 종의 지울 수 없는 속성이 되었다. 물론 이런 일에는 늘 모순이 있기 마련이다. 망자에 대한 사랑은 그에 대한 두려움을 동반했다. 이집트에서 파푸아뉴기니까지 다양한 시간과 장소에서 육신을 떠난 영혼을 무력화하고 달래고 만족시키기 위한 의식이 번성했다. 중세 영국에서는 망자를 몹시 두려워하여 시신이 무덤에 확실히 남아 있도록 그것을 훼손하고 불태웠다. 야노마미족의 경우, 유품을 태우는 것은 장례식에 꼭 필요한 절차이다. 가톨릭교회는 오늘날까지 성인聖人의 유해가 귀중한 종교적 유물이라고 믿는다.

이처럼 영적 존재에 대한 믿은 죽은 자에 대한 긍정적 뿐만 아니라 부정적 영향에 의해 전파되었다. 이것을 적응적이고 매우 도덕적이며 상징적인 순환 과정으로 바꾼 것은 세상을 떠난 조부모와 부모가 가지고 있던 기술과 지식에 대한 기억이었다. 우리가 망자를 얼마나 많이 그리워하는지가 문화를 폭발적으로 확장한 핵심 동력이라고 해도 과언이 아니다. 신성한 권한이 인간의 결정을 인도한다는 믿음은 세상에 대한 경험적 지식을 계율, 신화, 교리, 의례, 관습의 형태로 더 빠르게 축적했다. 이 믿음이 온갖 우연과 미신으로 뒷받침되었다고 해도 인간 이성의 원형이었다. 종교적 상징의 유효성에 대한 확증 혹은 반증을 통해 원인과 결과가 학습되고 있었다.

　　망자 숭배는 구석기 시대에 발전하여 신석기 시대를 거치고 청동기 시대에 절정에 이르렀으며, 웅장한 무덤과 이 모든 문화적 축적에 대한 상징적 기록의 시작이라는 유산을 남겼다. 수많은 종교가 생식 능력과 집단의 응집력을 최적화하기 위해 선택된 심리학적·생리학적 자기 통제의 기술에서 파생되었다.[1] 이는 고도로 적응적인 정신 기능의 수단으로, 전 지구에 걸친 유신론 문명의 지배력으로 그 성공이 입증되고 있다.[2]

　　약 4500년 전 인간종의 진화 속도를 급진적으로 바꾼 역사적 기록의 시작을 발견한다. 문학은 청동기 시대가 시작될 무렵 아프로-유라시아에서 인도-유럽인들과 셈족이 관여한 최초 거대 문명의 융합이라는 맥락에서 탄생했다. 한 세대에서 다음 세대로 지식의 보존을 장려함으로써 지식에 대한 사랑과 부모 자식 간의 사랑이 신격화를 통해 결합했고, 이는 그야말로 우리를 성층권 밖으로 쫓아내는 강력한 힘으로 탈바꿈했다. 하지만 로켓의 본체가 해체된 부위들을 전부 내버리고 계속 나아가듯, 아폴로 11호에 도달하기 위해 우리는 비교적 가까운 과거에 인류의 의식 혁명에 사용한 정신적 소프트웨어의 상당 부분을 남겨두어야 했다. 신들이 인간을 어떻게 동굴 밖으로 끌어냈는지를 이해하려면 그들이 우리를 어떻게 버렸는지, 그리고 우리는 그들을 어떻게 버렸는지를 알아야 한다.

아킬레스부터 오디세우스까지

9000년에서 6000년 전 사이에 중앙아시아에서 유래한 최초의 인도유럽어는[3] 축의 시대를 지나는 동안 아일랜드에서 인도에 이르는 영역으로 널리 퍼졌다. 이곳 사람들은 온갖 장소에서 비슷한 뿌리를 가진 다양한 언어를 이용해 꿈과 죽음을 연결했다. 신들이 죽은 조상들의 밈이고 모든 지식의 소유자이자 모든 운명의 지배자라면, 왜 꿈을 이용하여 주술을 행하고 점을 쳤는지를 쉽게 이해할 수 있다. 청동기 시대는 물론이고 그보다 훨씬 전부터 사람들은 꿈속의 영적 존재와 상의했을 것이다. 이러한 이유로 고대인들은 꿈을 반드시 신뢰할 수 있는 것은 아니라는 사실을 제법 잘 알고 있었다. 어떤 꿈은 구성이 좋고 신나며 유용하지만, 어떤 꿈은 구성도 나쁘고 불편하며 좌절감을 준다.

기원전 8~7세기 사이에 쓰인 《일리아드》에서 트로이의 왕자인 헥토르에 의해 전사한 친한 친구 파트로클로스Patroclus의 영혼이 아킬레스Achilles의 꿈에 찾아온다. 아킬레스가 친구를 안아주려고 그에게 다가가지만, 파트로클로스는 이상한 소리를 내며 땅속으로 사라진다. 이처럼 불만족스러운 결말을 맞이한 이 꿈은 낙심을 드러내는 미완의 정신적 구조물에 불과하다. 반면, 《오디세이아》에서 꿈은 천우신조의 원천이며 속임수이기도 하다. 제4권에서 페넬로페 여왕의 구혼자들이 그녀의 아들인 텔레마코스를 암살하기로 계획할 때, 팔라스 아테나 여신이 여왕의 꿈에 나타나 아들에 대해 안심시킨다. 제6권에서 아테나는 잠든 오디세우스를 돕기 위해 나우시카 공주의 꿈에 나타나 그를 만

나보라고 설득한다. 11권에서 오디세우스는 티레시아스의 예언을 듣기 위해 하데스가 지배하는 망자의 세계로 들어갔다가 돌아가신 어머니를 만나 조언을 얻는다. 그는 세 번이나 그녀를 끌어안아 보지만 매번 품에 안기는 것은 환영일 뿐이고, 예언인 줄 알았던 꿈은 실망스럽게 끝난다. 제19권에서 페넬로페가 오디세우스의 죽음을 확신하는 구혼자들에게 에워싸여 있을 때 그가 마침내 걸인의 차림으로 나타나고, 그녀는 전날 오디세우스로 보이는 독수리 한 마리가 구혼자들을 의미하는 거위 20마리를 죽이는 꿈을 꾸었다고 그에게 말한다. 거지로 변장한 오디세우스는 그가 돌아올 것이라고 장담하고, 이튿날 불화살과 창으로 경쟁자들을 모조리 처단하여 예언을 실현한다.

우리는 3장에서 아킬레스의 사고방식에서 오디세우스의 사고방식으로 전환됨으로써 인간의 의식이 오늘날의 의식에 가까워지는 과정을 살펴보았다. 아킬레스는 과거에 대한 향수도 없고 미래에 대한 계획도 없다. 그가 바라는 것은 당면한 전투의 영광뿐이고, 이를 얻기 위해 그는 아테나의 명령을 충실히 따른다. 아킬레스가 다른 이들의 목소리에 이끌린다면, 오디세우스는 혼잣말을 자주 하고 자신의 행동 영역에서 인과관계를 뒤집는다. 아킬레스처럼 자극에 반응만 하는 대신, 오디세우스는 상황을 예측하고 원하는 미래를 만들어간다. 트로이 사람들이 어떻게 느끼고 생각할지를 파악하고 그들의 믿음과 이야기를 이해함으로써, 오디세우스는 그들이 그 거대한 목마를 그리스인들이 무사 귀환을 기원하기 위해 신에게 바치는 제물로 해석할 것이라고 생각한다. 그는 또한 트로이 사람들이 목마를 놀라운 전리품으로 여기고 난공불락의 도시 안으로 들일 것이라고 예상한다. 앞날을 미리 속으로 시험해본 오디세우스는 트로이의 성문을 열어줄 그리스 전사들을 목마 안에 숨긴다.

오디세우스는 종종 초자연적 도움에 기대기도 하지만 신에게 얻은 영감을 통해서가 아니라 타인의 입장이 되어보기 위해 내면을 여행하는 명료한 능력을 통해 전쟁에서 승리한다. 그는 트로이 사람들의 생각이 자신과 별반 다르지 않으니 제물에도 예측 가능한 방식으로 반응할 것이라고 여긴다. 오직 다른 사람들이 생각하고 느끼는 것을 상상하는 마음 이론을 통해서 오디세우스가 거짓말을 하고 속이려면 다른 사람, 즉 트로이 사람들이 그가 아는 것을 알지 못하더라도 자신과 심리적으로 비슷하다고 가정해야 했기 때문이다.

트로이 전쟁에 대한 호메로스의 서사는 기원전 12세기 아나톨리아(Anatolia, 과거의 소아시아, 지금의 튀르키예-옮긴이)에서 벌어진 특별한 공성전과 미케네 문명이 소아시아를 여러 차례 침략한 사실을 반영함으로써 청동기 시대 말기와 철기 시대 초기에 나타난 대규모 문명의 붕괴를 알려주는 중요한 기록이다. 단 3세기 만에 트로이, 크노소스, 미케네, 우가리트Ugarit, 므깃도Megiddo, 바빌로니아, 이집트, 아시리아를 비롯한 강력한 도시국가와 제국들이 아프로-유라시아에서 일시적으로 혹은 영원히 사라졌다. 신의 계획은 인구과잉, 위력적인 무기, 빈번한 전쟁과 해상 침략과 육로를 통한 이주, 문맹률의 증가, 치명적인 전염병, 식량 부족, 기근, 사회적 혼란으로 인해 흔들렸다. 구석기 시대에 뿌리를 두고 수천 년간 미신을 통해 인과관계를 입증해온 신에 대한 믿음이라는 낡은 체계가 허물어지기 시작했다.

이런 심각한 사회적 위기 상황에서 꿈의 점술은 다면적이고 정교한 사회 문제들과 새로운 시대에 다시 태어날 살생, 생존, 번식의 낡고 메마른 삼자 논리가 합쳐지면서 어느 때보다 예상하기 어려운 수많은 현실 문제들에 더는 적응반응을 제공할 수 없게 되었다. 왕과 장군들은 신격화된 조상들의 지혜로운 목소리를 더는 듣지 못함으로써 행동 지침을 빼앗겼음을 깨달았다. 신성한 밈의 신경 반향은 시공간을 오갈 수 있고 초자연적 목소리라는 환청을 듣지 않고도 독자에게 이야기할 수 있는 문자 언어의 보급으로 더욱 힘을 잃어갔다. 청동기 시대 말기의 문학은 신들의 침묵을 애통해하는 사람들에 대한 방대한 기록을 제공한다. 언제든 명령할 준비가 되어 있던 신성한 목소리들이 잠잠해지고, 인류의 구성원들은 마음속에 홀로 남겨진 자신을 발견했다. 이러한 붕괴(기원전 1200~기원전 800)를 겪고 나서야 축의 시대(기원전 900~기원전 200)가 시작되었고 오늘날 우리의 의식과 비슷한 인간의 의식이 깨어났다. 알렉산더 대왕이 인도 북부를 침략한 기원전 326년에 인도유럽어족과 아프로-아시아어족은 이미 종교와 정권, 상업, 화폐, 문학에 관한 생각을 공유하며 진화하고 있었다. 이때부터 이성理性이 급속도로 세계를 장악해나갔고, 꿈꾸는 사람들은 꿈속 현실과 맺던 친밀한 관계를 점차 잃어갔다. 우리는 서서히 과거의 황홀감과 신비로움에서 괴상함과 어색함을 보기 시작했다.

밤의 오라클이 계속되다

꿈이 자신의 지위를 빠르게 그리고 완전히 잃어버린 것은 아니다. 그리스-로마 문화가 충분히 증명해주듯 밤의 오라클은 고대에 개인의 삶과 공공의 영역에서 시종일관 중요한 위치를 차지했다. 로마의 정치조직에 매우 큰 의미를 갖는 율리우스 카이사르의 암살 전날 밤, 그와 칼푸르니아가 꾼 전형적인 꿈은 각각의 방식으로 미래를 예견했는데, 그의 꿈은 하늘로 올라가 목성과 함께함으로써 지위의 상승, 그리고 황홀감과 속세의 온갖 문제의 승화를 은유적으로 나타냈다. 그녀의 꿈은 아르테미도로스의 풍부한 꿈 관련 용어 가운데 "일반 원리의

theorematic" 꿈에 해당하는 것으로 정확한 예측과 냉혹한 예언의 구체성에 대한 두려움을 표현했다.

꿈의 예지력에 대한 믿음은 사라진 집단이나 이른바 원시 사회에만 국한하지 않는다. 오늘날 시골은 물론 도시에서도 꿈을 결혼, 여행, 건물 매매, 계약, 돈내기에 대한 경고나 징조로 해석하는 사람을 어렵지 않게 찾을 수 있다. 브라질에는 육체노동자들에게 특히 인기 있는 조구 두 비슈jogo do bicho라는 도박을 할 때 꿈에 나온 동물에 돈을 거는 관습이 널리 퍼져 있다. 나는 구글에서 소뉴라는 단어와 조구 두 비슈를 함께 검색하여 35만 쪽에 달하는 관련 자료를 찾았다. 아마존 지역에서 널리 읽히는 파라Pará주의 주요 신문 중 하나에 실린 다음의 기사를 보면 그것이 주는 흥분감을 이해할 수 있다.

> 자영업자인 46세의 파울루 호베르투 다 실바Paulo Roberto da Silva는 매일 조구 두 비슈를 하며……. 이 도박꾼의 상상 속에서는 무엇이든 동물로 바뀔 수 있다. "저는 어떤 꿈을 꾸든 그 꿈을 해석한 다음에 여기 와서 게임을 합니다. 모든 것이 베팅에 영감을 주고, 심지어 구름이 어떤 형태인지에 따라……. 1200헤알을 딴 적도 있는데, 또 한번 해보고 싶네요."[4]

이러한 현상이 노동자 계급에 국한된 것은 결코 아니다. 1913년 말, 취리히 인근에 있는 친척을 방문하기 위해 기차 여행을 하던 융은 시체가 점점이 흩어진 기괴한 피바다가 전 유럽을 뒤덮고 있는 끔찍한 꿈을 꾸었다. 다음 해가 되어 1차 세계대전의 참상이 벌어졌고, 융은 꿈이 얼마나 예지적인지를 깨달았다.[5] 수십 년 후, 독일 환자들의 꿈을 분석하던 융은 범상치 않은 기시감 속에서 히틀러의 출현과 나치즘의 참혹한 군림을 예측했다.[6] 이와 같은 이야기는 몇 세기에 걸쳐서 원형적 밈이 갱신을 통해 발전하면서 문화사가 예측될 수 있다는 것을 시사한다. 융의 말을 한번 들어보자.

> 나는 독일에서 뭔가 위협적이고 거대하며 매우 비극적인 일이 벌어지는 중이라고 확신했고, 그것은 오로지 무의식을 관찰함으로써 알게 되었으며……. 당신이 자기 내면을 관찰할 때 움직이는 이미지, 흔히 환상으로 알려진 이미지의 세계를 보지만, 이러한 환상은 지어낸 것이 아닌 사실이다. 실제로 사람들은 이런저런 환상을 가지며, 예를 들어 누군가가 어떤 환상을 가지면 다른 누군가는 목숨을 잃을 수도 있다는 것은 분명히 실재하는 사실로……. 모든 것은 환상으로부터 시작되었고, 환상은 잊히지 않는 적절한 현실성을 가지며, 환상은 무無가 아니고, 그렇다고 유형의 대상도 아니지만 그럼에도 불구하고 사실은……. 초자연적인 사건은 사실이고 현실이며, 내면에 흐르는 이미지들을 관찰할 때 당신은 그 세계, 그 내부 세계의 한 측면을 관찰한다.[7]

내부 세계가 외부 세계만큼 현실적이라면 전조적 꿈을 자연스러운 사실로 볼 필요가 있다. 그렇다고 그 꿈을 있는 그대로 해석해야 한다는 뜻은 아니다. 확률론적 예언의 유효성을 부정하는 것은 그것의 전조를 맹신하는 것만큼 위험하다. BBC는 영국에 사는 루마니아인 플로린 코드레아누Florin Codreanu가 반복적인 악몽에 시달리던 중에 아내가 자신을 배신하는 꿈을 꾸고 격분하며 잠에서 깨어나 그녀를 목 졸라 죽였다고 보도했다. 꿈을 범죄의 동기로 인용했음에도 불구하고 그는 2010년에 무기징역을 선고받았다.[8]

카네기멜론대학과 하버드대학에서 진행된 한 연구에서 질문을 받은 사람의 대다수는 꿈이 자신의 일상에 실제로 영향을 미치며, 의사 결정과 사회적 관계에도 영향을 준다고 말했다.[9] 그중 68퍼센트는 꿈이 미래를 예측할 수 있다고 믿음으로써 이러한 영향력을 정당화했다. 질문자들은 인터뷰 대상자들에게 항공권이 있다고 상상하게 한 뒤, 테러 가능성에 대한 경고, 항공기 사고의 가능성에 대한 강박적 생각, 같은 주제의 꿈 혹은 유사한 맥락의 뉴스 기사, 이렇게 네 가지 시나리오와 마주했을 때 여행 계획을 바꿀 것인지 물어보았다. 놀랍게도 네 가지 시나리오 중에서 꿈을 꾸면 여행을 취소할 것이라는 답변이 가장 많았다.

무한한 퍼즐

지금까지의 여정을 요약해보면, 자연계의 동물은 항상 같은 문제에 직면한다. 죽지 않기, 먹기 위해 무언가를 죽이기, 번식하기. 이처럼 하루하루가 전쟁이고 중요한 문제가 늘 같은 주제로 변주되는 혹독한 환경에서 꿈은 행동을 현실로 옮기기 전에 미리 시험해볼 수 있는 수면의 부가 기능으로 진화했다. 정말 위험한 극한의 상황에서 꿈은 죽음에서 탈출하는 생명의 창조자다. 그러나 사회를 살아가며 생존을 위한 물질적 환경을 제공받는 인간에게 이 세 가지 중요한 문제는 수천 가지의 잡다한 골칫거리와 제약, 좌절된 욕구로 대체된다. 이런 환경에서 꿈은 동시에 짜 맞춰진 여러 개의 퍼즐 조각들처럼 몇 겹이고 덧대어 쓴 서사로 인해 훨씬 더 애매하고 복잡한 구조가 된다. 이것은 꿈속 경험에 얽혀 있는 다양한 서사의 가닥들을 분리하고 해석할 필요성을 증가시킬 뿐이다.

꿈을 통해 늘어난 의식은 우리 자신의 무의식을 탐색할 둘도 없는 기회를 제공하므로 이러한 긍정적 잠재력을 인식하는 것이 매우 중요하다. 마푸체족의 꿈 해석가들처럼 이 기능에 특화된 개인을 통해서든, 샤반테족Xavante처럼 꿈을 경험하고 설명하는 능력의 폭넓은 사회화를 통해서든 꿈에 관해 이야기하고 해석하는 것은 전통적인 치료의 기본으로 지금껏 이어지고 있다. 꿈의 서사와 플롯, 등장인물은 집단적으로 경험된다. 각각의 이야기는 미래를 이해하기 위해 합성 초상화에서처럼 과거의 조각들을 재조합하는 방식으로 구성된다. 일반적으로 심리치료사, 그중에서도 특히 정신분석가들은 꿈을 분석할 때 경험한 현상에 대해 사뭇 다르게 설명하지만 주술가들과 거의 똑같은 자원을 이용하여 감기고 얽힌 것을 풀어내며 그들의 합법적인 동료처럼 행동한다. 심리치료사들에게, 꿈이 내면에 있는 상징의 주요한 출처라면 꿈 속 경험은 여러 전통 문화에서 또 하나의 정신적 현실일 뿐 아니라 물리적이고 구체적이며 인지할 수 있는 현실이다. 이러한 문화에 파묻힌 사람들은 각성과 수면을 물질과 비물질, 혹은 유기와 초자연처럼 구분하지 않는다. 브라질의 인류학자인 캄피나스주립대학의 안토니오 게헤이루Antonio Guerreiro는 북부 싱구 지역의 칼라팔로족 사람들 사이에서 꿈을 항해하는 정신은 "각각의 존재가 다른 존재(적, 영혼 등)들의 관점으로부터 인식되고 각자의 논리에 따라 이야기를 들려줄 가능성"과 같다고 설명한다.[10] 이 설명의 핵심에 따르면, 꿈은 자기 자신 속으로 뛰어드는 것뿐 아니라 보상과 위협이 될 수 있는 여정을 자발적이든 아니든 시작하는 것을 의미한다. 콜롬비아와 베네수엘라의 북쪽 국경에 있는 과히라 사막Guajira Desert의 와유족Wayuu 사람들은 잠들기 전에 흔히 "좋은 꿈을 꾸면 우리는 내일 다시 만날 거야"라고 말한다.[11] 이 말은 와유족에게 꿈이 위험할 수 있다는 것을 보여준다. 와유족은 꿈속에서 죽은 자의 영혼이 세상을 돌아다니며 앞으로 일어날 일을 예언하고 경계를 게을리한 사람들을 아프게 한다고 믿기 때문이다.

외과적 언어

전 세계 심리치료 상담소는 꿈에 나타날 수 있는 위험 요소를 안전한 장소로 다시 불러들인다. 오스트리아의 정신과 의사인 어니스트 하트만은 꿈 자체가 심리치료처럼 작용한다는 견해를 최초로 옹호했다. 꿈을 꾼 사람이 일상생활에서는 분리되어 있는 생각을 안전한 장소에서 조합하고 연결할 수 있게 해주기 때문이다.[12] 그러나 수없이 많은 문화에서 꿈꾸는 그 순간은 전혀 안전하지 않다. 잠에서 깨어나 해먹 밖으로 크게 기지개를 펴고 하품을 한 후, 말하고 들을 수 있는 아침 대화의 장에서 그 꿈이 다시 어떤 의미를 가질 때까지 얘기하고 또 얘기한 후에야 이러한 안전함에 이를 수 있다. 원주민의 천막, 티피 안이 곧 소파 위인 것이다.

수십 년간 무자비한 비판을 받아온 정신분석학은 중요한 몇 가지 가설을 되찾기 시작했다. 외상 기억을 줄이기 위해 과학이 지지하는 다른 치료법들처럼 정신분석학의 자유연상법은 안전하고 편안한 환경에서 외상에 대한 기억을 가볍게 떠올리도록 장려하며, 이 방법은 스트레스를 줄이고 그 결과를 다루는 데 있어서 치료적 가치가 크다. 외상 후 스트레스 장애의 치료는 몇 가지 이완 기법, 명상, 외상 서술의 습관화, 위협적이지 않은 환경에서 이루어지는 인지적 재해석, 반복적인 감각 자극, 약물 투여와 같은 다양한 유형의 심리요법을 포함한다. 전부 자발적으로 재활성화된 외상 기억의 완화를 목표로 한다.[13]

정신질환자들에게도 약리학적 치료와 심리치료를 조합하는 것이 약물에 전적으로 의존하는 것보다 더 효과적이다.[14] 환자들이 자신의 질환에 대해 어느 정도 알면 환각과 망상에 대한 비판과 의심을 발전시킬 수 있기 때문이다. 연습을 통해 환자는 환청처럼 가장 거슬리는 증상의 영향을 줄이거나 심지어 차단할 수도 있다. 주류 의학의 관점에서 엄밀히 플라세보 효과에 불과한 환자와 치료사의 대화는 만성 요통을 치료하기 위한 가벼운 전기 자극처럼 이론적으로 상징의 분야와 동떨어진 치료에도 효과적이다.[15] 환자라면 누구나 공감 능력이 있는 의사와 그렇지 않은 의사의 차이를 알 수 있다. 비록 수많은 임상의에게 대놓고 거부당하거나 알려지지 않았더라도 사고의 자유로운 연상과 발화어에 대한 해석, 환자와 치료사 사이의 감정 전이라는 정신분석학적 세 가지 요소는 이해와 위로를 원하는 인간의 욕구를 통해 치료에 개입할 것이다.

융은 심리치료를 언급할 때 외과적 비유를 사용했는데, 억압되어 있던 주제에 대한 성공적 인식이 마음의 상처를 봉합하는 것처럼 보이기 때문일 것이다. 그러나 메스와 거즈를 든 외과 의사들처럼 심리치료사 역시 치료를 잘 할 수도, 못 할 수도 있다. 그런 경우 치료 그 자체로 종종 흉터가 생기기도 한다. 게다가 극도로 감정적인 기억은 쉽게 지워지지 않는다. 동떨어진 의학 분야와 어느 정도 유사성을 유지하려면, 정신분석학은 기억의 마사지, 생각과 몸, 한계와 욕구에 대한 자각, 기억을 재조정하고 마음의 염증을 줄일 수 있는 일종의 감정적 물리치료라고 말하는 것이 좋겠다. 그보다 더 조심스러운 비유를 들자면, 대화치료는 엉킨 머리카락을 푸는 것과 같다.

재응고화와 심리치료

엄밀히 말해 아직 밝혀지지 않은 시적인 치료 효과의 분자적 기반은 이미 획득되고 고착화된 기억이 나중에 달라질 수 있는 과정인 기억의 재응고화reconsolidation가 발견되면서 드러났을지 모른다. 당시 미국의 신경생물학자였던 조지프 르두Joseph LeDoux의 뉴욕대학 연구실에서 박사 후 연구원으로 일하던 이집트계 캐나다인이자 신경생리학자인 카림 네이더Karim Nader가 이 연구 계보의 고전적인 실험을 했다. 1999년 겨울, 네이더는 기억의 재활성화와 이어진 일종의 조작으로 기억을 수정할 수 있다고 주장한 1960년대 연구들에 대해 알게 되었다. 르두는 이를 일축했다. "시간 낭비하지 마, 절대 불가능할 거야." 어쨌든 이 이단적 견해를 재검토하기로 마음먹은 네이더는 청각 신호와 뒤이은 미약한 전기 충격을 이용해 쥐들을 훈련했다. 이러한 순차적 자극을 통해 쥐들은 신호음이 전기 충격에 선행하고 몸을 마비시킨다는 것을 기억하게 되었다. 네이더는 24시간을 기다렸다가 다시 청각 신호를 보냈고, 이번에는 전기 충격을 주는 대신 단백질 생성을 억제하는 물질을 뇌에 투여했다. 약물은 특정 자극에 대한 두려움을 암호화하는 데 관여하는 대뇌 편도체에 투여되었다. 그리고 이튿날과 두 달 후에 검사해본 결과, 쥐들은 전기 충격과의 연관성을 '잊었는지' 신호음을 들어도 더는 얼어붙지 않았다.[16]

이 분야의 전문가들이 초창기에 상당히 저항했음에도 불구하고 기억의 재응고화 현상은 다른 동물을 대상으로 다양한 방식으로 반복되었다. 이 연구는 네이더에게 그에 걸맞은 명성과 맥길대학의 심리학 교수라는 지위를 가져다주었다. 오늘날 우리는 기억이 획득된 직후에 한 번만 응고되지 않는다는 것을 알고 있다. 오히려 기억은 소환되고 회수되고 재활성화될 때마다 가변성을 갖는다. 이러한 기억의 가변성malleability은 깨어 있는 동안 학습 환경에서 활성화되는 유전자 조절과 단백질 생성의 메커니즘과 동일한 메커니즘에 의해 재생된다. 기억은 상기될 때마다 부분적으로 재건된다.[17] 오랜 세월을 견뎌 안정적으로 여겨지는 견고한 기억이라도 그 내용과 관련된 정서의 변화를 겪을 수 있다. 마크 솜즈는 오래된 기억에 대한 재탐색은 그것을 계속 펼쳐

놓음으로써 우리 삶에 긍정적인 영향을 미칠 수 있다고 언급했다.

> 학습의 목적은 성적을 유지하는 것이 아니라 예측을 가능하게 하는 것이다. 성공적 예측은 침묵하고, 예측의 오류('뜻밖의 일들')만이 의식을 끌어당긴다. 프로이트는 이러한 생각을 가지고 "의식은 기억의 흔적을 대신해 생겨난다"라고 단언했다. 재응고화 그리고 심리치료의 목표는 이 세상에서 우리의 욕구를 어떻게 충족시킬 것인지에 대한 예측을 개선하는 것이다.[18]

기존의 경험을 재검토하고 수정하는 정도에 따라 꿈은 기억을 재응고할 수 있는 아주 중요한 기회로 볼 수 있다.

그러나 꿈이 꿈꾸는 사람의 정신에 미칠 수 있는 엄청난 영향력을 설명하기에는 여전히 부족하다. 수면으로 유발되는 분자 및 세포 차원의 현상이 정신을 변화시키고 자아의 개별화 과정과 밀접하게 관련된 꿈속 경험과 어떤 연관성이 있는지 이해하려면 아직 갈 길이 멀다. 이 여정을 통해 우리는 무의식으로부터 기억을 적극적으로 되찾고, 우리 자신의 본능과 충동(특히 사회규범과 충돌하는)을 더 많이 자각하고, 매번 겪으면서도 거의 알아차리지 못하는 마음의 명암을 더 잘 인식할 것이다. 꿈의 상징은 정말 다양한 의미를 가질 수 있으므로 이것 아니면 저것보다는 이것과 저것으로 해석되어야 한다. 이는 이미지 간의 회화적 연상뿐 아니라 언어 간 다의성과 언어 내 다의성을 비롯해 대부분 의미와 글의 짜임, 발음에 의한 수많은 연상에서 유래된다. 아이디어와 정서를 공유하는 관계는 이처럼 폭넓은 언어 공간에 성문화되어 개인의 독특한 창조성에 정규 교육과 비정규 교육을 결합함으로써 자전적 경험, 즉 독창적 시각, 실재하는 대상, 진정한 관점을 구축하게 한다. 정신의 공간은 무한하지 않다. 다만 아주 많이 광활할 뿐이다.

17장

꿈에
미래가 있을까

비슈누가 꿈꾸는 우주가 곧 현실이라고 믿는 베다Vedic 문화의 사람들은 우리가 꿈꾸고 상상하고 계획하고 깨달을 때 무엇을 하는지에 대해 강력한 은유를 남겼다. 고의성이 없는 꿈은 인간의 환경이고 필연이지만, 고의성이 있는 꿈은 철저한 삶의 선택이다. 이러한 선택은 꿈꾸는 사람의 목적에 따라 신비로운 신앙심, 과학적 연구, 무한함에 대한 몰입을 통해 목적을 찾는 가장 고결한 탐색부터 극한의 내적 스포츠가 주는 강렬한 감정까지 매우 다양한 방식으로 경험될 수 있다. 쉼 없이 회전하는 수피 의식의 격렬한 렘수면에서든, 콜로라도강두꺼비의 분비물이 일으키는 환각 상태에서든, 지식을 추구하기 위해 형언할 수 없는 빛을 돌파하는 것은 명료화하거나 영감을 주거나 마음을 움직이거나 변형하거나 치유할 수 있는 어떤 상태를 찾기 위해 내면으로 들어가는 길이다.

꿈꾸는 듯한 무아지경은 단식, 수면 박탈, 감각 박탈, 육체적 시련, 아니면 단순한 수면만으로도 얻을 수 있다. 이것은 야노마미족의 주술사나 히말라야의 요가 수행자, 캘리포니아의 히피들이 독점하는 특권이 아니다. 친숙한 예로, 브라질을 비롯한 여러 나라에 퍼져 있는 신오순절파neo-Pentecostal 종교들은 신비한 황홀경을 매우 귀중한 경험으로 여긴다. 하나님 나라의 만국교회는 FM 라디오에서 방송하는 프로그램에서 성령과의 황홀한 만남에 이르기 위해 철야 기도와 목적 선언, 헌금, 속죄를 해야 한다고 주장한다. 이 교회들은 힘겨운 현실에서 매일 일하고 고통받는 사람들에게 강력하고 기분 좋은 황홀경을 약속하기 때문에 세계 곳곳에서 아주 빠르게 성장해갈 수밖에 없다.

　　전 세계 사제들을 통해 알려진 변형된 의식 상태의 조짐은 신, 천사, 악마, 영혼, 의식, 춤, 제물, 그리고 우리가 아는 모든 환각성 동식물과 균류를 포함한 수많은 경로를 통해 다양한 유형으로 나타난다. 엄청난 다양성에도 불구하고 이 경로를 거쳐 도달한 정신 상태는 한 가지 공통된 특징이 있다. 바로 현실에서 벗어나기 위해 현실이 아닌 것을 불러온다는 것이다. 꿈은 현실과 소원해진 경우 가능한 대안을 상상하기 위해 나타난다. 참회의 공간에서 신중한 관찰자를 마주하거나 침대 옆에 무릎을 꿇고 신과 친숙한 대화를 나누는 신자는 숨 막힐 듯한 현실로부터 달아나려 하며 삶에 의미를 줄 수 있는 수많은 종류의 접촉을 갈망한다. 캐나다 아북극에 사는 비버족Beaver의 꿈꾸는 사람들은 기근이 코앞에 닥쳐오면 사냥감의 위치를 알아내기 위해 몽환의 황홀경으로 들어간다고 보고했다. 아마존 밀림에 사는 히바로족 사냥꾼들은 아야와스카를 마심으로써 먹잇감 추격의 성공을 빌었다. 깨어 있는 삶이 현재라면, 미래와 과거의 가능성은 황홀경에 속하며, 그렇지 않거나 그럴지도 모르는 모든 것과 함께 대체 가능한 미래의 지평선, 즉 반反사실적 세계에 해당한다.

꿈 해석

꿈의 과학이 중요한 진전을 이루었는데도 여전히 꿈의 본질과 인간의 행동에 어떤 역할을 하는지에 대해 아직도 알아야 할 것이 많다. 이 현상에 대한 지극히 기초적인 질문도 최근에야 밝혀졌거나 여전히 설명되지 않는 수수께끼로 남아 있다. 불과 몇 년 전까지도 수면과 기억 분야의 최고 권위자 중 일부는 꿈 이야기가 수면 중의 실제 경험을 반영하지 않으며, 수면 직후 미리 깨어 있던 뇌가 신속한 정교화를 수행한 결과에 불과하다고 믿었다. 이 주장은 원래 19세기에 프랑스 의사인 루이 알프레드 모리Louis Alfred Maury가 동시대인인 레옹 데르베드 생 드니 후작Marquis Léon d'Hervey de Saint-Denys이 지지하던 견해에 반대하면서 생겨났다.[1] 1956년, 미국의 철학자인 노먼 맬컴Norman Malcolm은 의식의 무의식 상태라는 논리의 부조화에 근거하여 다시 그 주제로 돌아갔다.[2] 맬컴에게 꿈은 깨어 있을 때 주어지는 설명이 전부인 언어의 기만이자 현존하지 않는 정신 현상이었다. 꿈 이야기를 과거에 꿈이 존재했다는 증거로 여기기보다는 깨어 있는 삶 자체의 현상으로 여기는 것이 더 합리적이라고 본 것이다.

현재 터프츠대학에 재직 중인 또 다른 미국의 철학자 대니얼 데닛Daniel Dennett이 20년 후에 다시 의문을 제기했다. 꿈이 사후에만 알 수 있는 사건이라면, 실제로 수면 중에 어느 정도 의식이 있는 '주관적 경험'을 나타내는 것이 아니라 각성 후에야 비로소 주관적 경험이 되는 시냅스 변화의 무의식적 축적일 가능성을 어떻게 배제할 수 있겠는가?[3]

데닛은 잠에서 깬 후에만 꿈이 형성된다는 견해를 반박하는 것은 불가능하다고 믿었다. 자각몽 중에 나타난 꿈과 수면의 동시성도 증거로 받아들여지지 않았는데, 자각몽의 존재에 대한 객관적 검증 역시 이미 경험한 꿈에 대한 주관적 설명에 의존했기 때문이다. 꿈은 꿈꾼 사람의 구두 설명을 통해서만 알려질 수 있다는 프로이트의 100년 전 견해를 반복함으로써 데닛은 꿈의 존재조차 받아들이지 않는 아주 강경한 회의론자 중에서도 최고의 투사가 되었다.

그러나 심상을 해석하는 획기적 방법은 이 견해에 의문을 제기했다. 지난 10년간, 미국의 연구자인 캘리포니아대학 버클리캠퍼스의 잭 갤런트Jack Gallant와 카네기멜론대학의 톰 미첼Tom Mitchell이 이끄는 팀은 기능적 자기공명영상을 통해 뇌 활성도를 영상화하여 누가 남몰래 무엇을 보고 있는지, 혹은 무엇을 생각하고 있는지를 보여주는 알고리즘과 실험 과정을 고안했다.[4] 공상과학소설 작가인 아이작 아시모프Isaac Asimov마저 군침을 흘리게 만든 이 방법은 다양한 자극에 거듭 노출되는 개인들로부터 수집한 광범위한 데이터를 기반으로 한다. 그런 다음 기계학습 기술을 이용하여 관련 정보를 탐색한다. 뇌 활성 패턴과 그에 상응하는 자극이 짝지어진 거대한 자료실은 수반되는 신경 활성을 근거로 새로운 자극을 예측하기 위해 사용된다.

이 방법은 시각적으로 존재하는 대상(사람, 동물, 자동차, 건물, 도구)의 다양한 범주에 있는 의미 표상이 대뇌피질 전체에 지도화되어 있다는 증거와 같은 놀라운 사실들을 발견해냈다. 이것은 그 개념들이 세계화된 전 세계의 국적처럼 뇌에 그려져 있고, 모든 나라에는 주요 국가의 사람들이 있다는 것을 의미한다. 다른 범주에 속한 대상들의 표상은 서로 중첩되어 있기보다는 인접해 있는 것으로 보인다. 그러나 피실험자에게 시각 자극 영상을 통해 특정 범주를 찾으라고 지시하면, 대다수의 복셀(voxel, 기능적 자기공명영상에서 공간을 측정하는 단위인 3차원의 화소-옮긴이)은 그들의 주의가 집중된 범주에 맞추어 반응을 조정한다. 이것은 특정 범주(예: 남자)와 더불어 의미상 관련이 있는 범주(예: 여자, 사람, 포유류, 동물)로 확장된다. 이와 반대로 목표 범주와 매우 다른 범주에 속한 표상(예: 문자, 음료)은 압축되었다. 특정 범주에 집중된 주의는 대상들 사이에 나타나는 의미의 관계성에 따라 표상의 지도를 전체적으로 왜곡한다.[5] 의도와 이미지, 단어가 중요하다.

이처럼 뇌 해석에 대해 새로운 분야에서 알아낸 결과는 지각과 기억의 신경 구조에서 완전히 새로운 측면을 밝히는 것 외에도 타인의 사고 과정을 추측게 함으로써 존재에 큰 영향력을 미친다. 비록 초기 형태이기는 하지만 이제는 기술을 통해 다른 사람의 마음을 '읽는 것'이 가능하다. 이 접근법에서 더 나아가 2013년에는 꿈 해석법이 처음 적용되었고, 그 내용이 《사이언스》에 게재되었다. 일본의 신경과학자인 유키야스 가미타니Yukiyasu Kamitani가 이끄는 팀은 N_1 수면(입면)의 초기 단계에 나타나는 심성 내용의 범주를 해석해냈다. 그러나 N_1의 에피소드들은 일반적으로 렘수면의 에피소드들보다 훨씬 더 짧으므로 N_1의 꿈도 대개는 짧으며 영화보다는 고립된 장면에 더 가깝다. 가미타니와 그의 동료들은 감각 기관에서 멀리 떨어진 뇌 영역의 신호를 사용하여 정확성이 70퍼센트인 특정 꿈의 특징(예: 자동차와 남자)들을 해석해냈다.[6] 아직 초기 단계에 불과하지만, 이 연구는 꿈이 각성 직후에 형성된다는 가설을 시험하기에 충분했다. 그 결과는 신경 신호와 심성 내용의 상관관계가 잠에서 깨기 10초 전쯤 정점에 이른 뒤 다시 낮아진다는 것을 보여주었다(그림15). 즉, 꿈은 수면 후가 아닌 수면 중에 만들어진다.

더 최근에는 줄리오 토노니와 그의 팀이 뇌파의 전기 신호를 조사하여 비슷한 결과를 얻었다. 그들은 꿈을 성공적으로 해석하고 그것을 얼굴과 장소, 움직임, 말과 같은 심적 표상의 특정 범주에 관여하는 대뇌 영역들의 활성화에 따라 분리했다.[7] 신경 해석neural decoding의 출현으로 마침내 다른 사람들의 꿈에 나타나는 일반적인 양상을 찾아낼

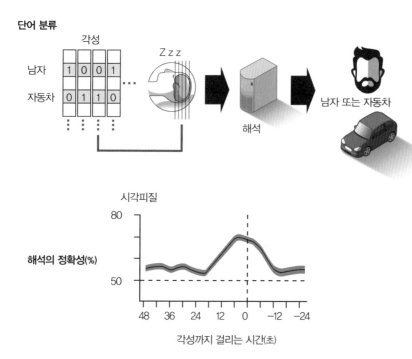

단어 분류

각성

남자 | 1 | 0 | 0 | 1 | ...
자동차 | 0 | 1 | 1 | 0

Zzz

해석

남자 또는 자동차

시각피질

해석의 정확성(%)

80

50

48 36 24 12 0 -12 -24

각성까지 걸리는 시간(초)

그림15 수면 중 시각 이미지에 대한 해석. 잠에서 깨기 전 10초 동안 시각피질의 해석 수치는 정점에 이른다. 가장 정확한 해석은 각성 전에 일어난다는 사실에 주목하라.

수 있었고, 이차적 정교화(꿈 자체가 아닌 꿈에 부여된 설명)를 완전히 폐기하고 꿈의 내용에 '직접' 접촉할 수 있으리라는 기대로 이어졌다. 이것은 이론적으로 억압과 검열 또는 부수적 연관성에서 완전히 벗어나 꿈의 원료에 접촉할 수 있게 한다.

꿈에서 경험한 이미지의 구체적인 순서에 대한 해석은 순수한 물질들을 최초로 분리한 화학자들이나 망원경 또는 현미경 렌즈의 연마술을 발명한 진전에 비견될 만큼 정말 새로운 과학 연구의 대상을 과학계에 보여주는 것 같다. 신경과학의 진전은 언제나 꿈 이야기에 있던 신뢰성 부족을 끝내는 시작을 알리는 것처럼 들린다. 이것은 율리우스 카이사르, 콘스탄틴, 프리드리히 3세, 아우구스트 케쿨레를 비롯해 많은 사람이 제기하는 꿈에 대한 회의주의의 근원이었다. 앞으로는 단순히 꿈을 언급하는 것만으로는 쿠데타, 개종, 정치적 야망, 미심쩍은 독창성을 정당화하기가 점점 더 어려워질 것이다. 어쩌면 투명한 꿈의 시대가 도래하고 있는지도 모른다.

하지만 이러한 진전은 모두 아주 최근에야 이루어졌다. 꿈의 선구적 해석이 정말 그 현상을 객관적으로 이해하는 길을 우리에게 열어주었는지에 대해서는 논란이 여전하다. 이 방법 자체가 꿈꾼 사람에게 꿈에 대한 설명을 요구함으로써 뇌 영상의 결과를 평가하는 미래의 표본으로 제공될 이차적 정교화를 야기한다는 사실을 기억할 필요가 있다. 게다가 이러한 해석법은 기계가 아닌 연구자들에 의해 수행되는 각각의 자극을 구두로 식별하여 시각 이미지와 그에 상응하는 대뇌 반응에 대해 방대한 자료를 구축해야 한다. 컴퓨터 네트워크에 수많은 이미지-반응 쌍을 제공해 개념과 확실한 연관성을 갖는 패턴을 인식하고 구분할 수 있어야 한다. 이 실험이 전체적으로 다소 우회적으로 보인다면 실제로 그러하기 때문이며, 이로써 철학자들은 앞으로 몇십 년은 더 숙고해야 할 과제를 안게 될 것이다. 프로이트와 융이 살아 있을 때 이런 발견과 새로운 견해에 대해 알았다면 얼마나 웃었을까. 그리고 청동기 시대를 살던 아카드의 무당이나 시베리아의 주술사가 기능적 자기공명영상으로 드러나는 꿈을 두 눈으로 목격할 수 있었다면 그들은 얼마나 놀란 표정을 지었을까. 그들의 눈은 틀림없이 빛났을 것이고, 그들의 눈꺼풀은 정말 말도 안 되는 자신의 꿈속을 여행하기 위해 닫혔을 것이다.

새로운 정신의학이 탄생하다

　　새로운 정신과학은 미래를 향하면서도 과거와 연결되는 새로운 정신의학의 기초를 마련하고, 약리학적 체계를 더 잘 갖추고 있으며, 전통과 치료 환경 준비에 훨씬 더 민감하다. 정신질환을 전문적으로 관리하려면 전통적인 무속 행위를 수용하고 존중해야 한다는 것이 점점 더 명확해지고 있다. 수면과 꿈은 신체 건강을 증진하고 신경 가소성을 높인다. 이러한 관찰 결과는 최근의 증거와 일치하는데, 대표적인 세로토닌 작동성 환각제들이 꿈의 상태를 가장 잘 모방하고[8] 일차 의식 과정을 강화하는[9] 물질로 밝혀졌다.

　　우리는 정신의학의 과잉의료화over-medicalization가 가져온 위기를 인정해야 한다. 약국의 항우울제들은 보통 몇 달, 몇 년, 몇십 년 동안 매일 먹으라고 권장됨에도 불구하고 긍정적 효과가 매우 미미하여 위약이나 첫 두 달의 효능만 확인된 약물보다 더 나을 것이 없다.[10] 치료가 어려운 만성 우울증의 위험을 비롯한 이 약물들의 걱정스러운 부작용에 직면한[11] 주류 정신의학은 제약산업의 이익에 편승하며 손을 놓고 있다.[12]

이 실망스러운 상황은 예를 들어 주사위환각버섯psilocybe cubensis mushroom에서 추출하는 주요 향정신성 화합물인 실로시빈 psilocybin의 효과와 대조되는데, 이것을 심리치료 기간에 2회 복용하면 몇 달 동안 우울과 불안을 낮출 수 있다.[13] 다른 치료법이 소용없는 우울증 환자도 '자연과의 연대감'이 증가하고 '권위주의적 정치관'에 대한 표현이 감소하며[14] 다른 사람의 감정을 인식하는 능력이 크게 향상된다.[15] 환각 경험의 속성(기쁨부터 두려움에 이르기까지)과 그것의 강도(형언하기 어려운 압도감)가 장기적 결과를 결정한다는 사실을 유념하는 것이 중요하다.[16] 이 여정의 과정이 도착지를 결정한다.

예를 들어, 정신적 고통이 외상 후 스트레스 장애를 유발하는 과거의 외상과 관련이 있을 때 가장 좋은 임상적 해결책은 MDMAmethylene dioxy-methamphetamine를 활용한 심리치료로 보인다.[17] 이것은 다른 물질로 오염되지 않을 때 뇌 자체에서 생성되는 세로토닌과 노르아드레날린, 도파민의 다량 분비를 유발하는 엑스터시 ecstasy의 유효성분이다. 올바른 사람들과 올바른 장소에서 MDMA를 적정량 복용하면 기분이 극도로 좋아지는 심리적 효과를 얻을 수 있다. 이 효과는 불안감 해소와 강렬한 인간애, 그리고 주로 촉각을 통해 드러나는 인간으로서 느끼는 행복에 해당한다. 또한 이 효과는 MDMA 복용 후 몇 시간 동안 이어질 수 있으며, 미묘한 방식으로 며칠씩 지속될 수도 있다.

MDMA는 1970년대에 몇 가지 치료에 사용되었지만, 대부분 주요 향정신성 약물보다 안전한데도 불구하고 1985년에 미국의 로널드 레이건Ronald Reagan 대통령은 이 약물을 금지했다.[18] 다른 환각물질과 달리 MDMA는 대개 지각의 큰 변화나 환각을 유발하지 않는다. MDMA는 아프가니스탄, 이란, 베트남에서 전쟁을 경험한 수천 명의 미군 참전용사들과 같이 정신적 외상을 입은 환자들에게 투여해 인상적이고 긍정적인 효과를 보았다. 2018년 5월, 권위 있는 학술지인《란셋 정신의학The Lancet Psychiatry》은 참전군인과 응급 구조요원을 포함하여 적어도 6개월 이상 외상 후 스트레스 장애에 시달리는 환자 26명을 대상으로 MDMA의 효과를 면밀히 조사하고 그 결과를 발표했다. 미국의 정신과 의사인 마이클 미트호퍼Michael Mithoefer와 앤 미트호퍼 Ann Mithoefer, 그리고 환각제 약용의 합법화와 규제를 촉구하는 주요 조직 중 하나인 종합사이키델릭연구협회MAPS의 창립자이자 상임이사이며 공공정책 박사인 릭 도블린Rick Doblin이 지휘하는 팀이 용량반응평가dose-response assessment를 포함한 무작위 이중맹검double-blind 연구를 수행했다. 2회에 걸쳐 심리치료를 진행하고 MDMA를 투여하자 외상 후 스트레스 장애 증상이 유의미하게 감소했으며, 치료한 지 1년이 지난 시점에 측정해도 마찬가지였다.[19] 도움의 손길이 다가오고 있다는 점에는 의심의 여지가 없다.

실로시빈과 MDMA, 그 밖의 순수한 분자들이 조만간 전통 정신의학에 수용되더라도, 아마존의 음료인 아야와스카에 들어 있는 분자들의 복잡한 혼합물이 언젠가 가장 효과적인 환각성 항우울제가 될 것이다. 예비조사preliminary study에 따르면, 이 전통 차는 마신 지 40분 후부터 우울증을 빠르게 완화하며, 한 번 마시면 그 효과가 약 2주간 지속된다.[20]

최근에 환자 35명을 대상으로 EEG와 기능적 자기공명영상, 다양한 심리 검사를 시행하며 추적 관찰하는 엄격한 무작위 위약 대조 실험이 진행되었다. 이 실험에서 아야와스카의 유의미한 항우울 효과를 확인할 수 있었다. 브라질의 한 공공병원에서 저소득층 환자들을 대상으로 환각물질을 이용해 임상시험을 수행하는 것은 쉬운 일이 아니다. 한편으로는 환각 경험의 속성이 인간의 고통과 비슷한 부정적 감정으로 이어질 수 있으므로, 그것이 상징하는 부정적 영향을 처리해야 한다. 또 한편으로는 환자가 집보다 더 바람직한 환경에서 제대로 된 보살핌을 받는다고 느끼는 것만으로 우울 증상이 크게 개선되는 뜻밖의 위약 효과로 인해 이 실험의 영향이 가려질 수 있다.

리우그란데두노르테연방대학 뇌 연구소의 신경과학자 드라울리오 데 아라우주는 이 연구를 잘 정리하기 위해 특별한 재능과 기술을 겸비한 프로젝트팀을 꾸려야 했다. 신경과학자이자 이 프로젝트의 주요 저자인 페르난다 팔라노부터 수면다원검사와 정신의학검사를 맡은 세르지우 모타 홀링Sérgio Mota Rolim과 주앙 파울루 마이아João Paulo Maia 박사까지 다양한 분야의 전문가들이 모여 연구를 진행했다. 그들은 아야와스카의 항우울 효과가 1회 섭취 후 단 몇 분 만에 감지되어 7일 이상 유지될뿐더러 위약 효과가 없다는 결과를 얻었으며, 이로써 그 모든 노력이 옳았음을 확인받았다.[21] 연구자들은 환각 경험이 강렬할수록 항우울 효과도 커진다는 것을 알아냄으로써 환각물질의 사용 맥락과 환각 경험을 심리치료에 활용하는 것이 중요하다는 점을 확인했다.[22]

이처럼 빠르고 장기간 지속되는 효과는 시냅스 변화를 단기에서 장기적인 형태로 전환할 수 있는 분자와 세포 메커니즘을 동원하지 않고는 있을 수 없다. 환각물질이 변화를 만들어낼 가능성이 최초로 증명된 것은 2016년이다. 이 실험은 리우데자네이루연방대학과 도르 연구소D'Or Institute 소속인 세르비아의 생물학자 바냐 다키치Vanja Dakic가 주도하고 브라질의 신경생물학자 스티브스 레헨Stevens Rehen이 지도했으며, 아라우주와 내가 속한 팀은 아야와스카에 함유된 물질이 인간 뉴런의 배양조직에서 시냅스 형성과 신경 발생에 관여하는 단백질의 수치를 증가시킨다는 것을 보여주었다.[23] 브라질의 신경생물학자인 리처드슨 레앙Richardson Leão과 박사과정 학생인 하파엘 리마Rafael Lima의 또 다른 연구는 생쥐의 해마에 5-MeO-DMT5-methoxy-N,N-dimethyltryptamine를 1회 투여하면 세포 증식이 촉진되고 신경의 생존 가능성이 커진다는 것을 보여주었다.[24] 미국의 화학자인 데이비드 올슨David Olson이 독자적으로 결성한 캘리포니아대학 데이비스캠퍼스의 세 번째 연구팀은 LSDLysergic acid diethylamide 또는 N,N-DMTN,N-Dimethyltryptamine를 투여하면 체내in vivo뿐 아니라 체외in vitro에서도 비슷한 현상이 일어난다는 것을 입증했다.[25] 이것은 환각물질 섭취가 신경 가소성의 문을 열어젖힘으로써 몇 시간 동안 지속되는 주관적 경험을 몇 달에서 몇 년까지 지속될 수 있는 심리치료로 전환할 수 있다는 것을 의미한다. 알코올, 담배, 크랙crack, 코카인처럼 더 위험한 물질의 남용을 치료하기 위해 대표적인 환각제와 대마초를 사용한다고 생각하면 이 자료가 더욱 흥미롭다.[26]

환각물질을 가볍게 활용할 수 있다는 새로운 과학적 증거들이 나오는 상황에서 명심해야 할 점은 보호 조치가 확실히 마련되어야만 환각물질을 안전하게 사용할 수 있다는 것이다. 환각물질을 이용해 마음을 여행하는 심리 항해는 극한 스포츠와 마찬가지로 잘 준비된 사람들에게 적절히 실행된다면 삶에 새로운 의미를 줄 수 있는 엄청난 변화와 짜릿한 경험을 제공할 수 있다. 환각 여행은 구름 속 패러글라이딩이나 심해 다이빙만큼이나 기술과 요령, 주의를 요구한다. 극한 스포츠에서처럼 초심자는 자격을 갖춘 가이드의 감독 없이 시작해서는 안 된다. 또 특정한 고위험 집단에 속하는 사람들은 환각의 세계psychedelia를 피해야 한다. 그리고 이러한 스포츠에서와 마찬가지로 사용자의 상황이 여행 경과를 결정한다.

자연적으로든 약물로 유도되든 꿈은 과도한 스트레스나 어떤 물질의 남용으로 인해 정신적으로 병든 뇌를 치료하는 역할로 여겨질 때가 점점 더 많아지고 있다. 또한 꿈은 아픈 사람과 건강한 사람 모두에게 엄청난 학습의 기회이다. 2017년 4월, MAPS와 베클리재단Beckley Foundation에서 주관한 환각과학Psychedelic Science 학회에 참석하기 위해 각국에서 3천 명의 사람들이 캘리포니아 오클랜드로 모여들었다. J.R.R. 톨킨의 소설 속 인물처럼 차려입은 히피들이 몇 안 되는 연구자들, 학생들과 자리 다툼을 벌이던 이전의 비슷한 행사들과 달리, 이 학회는 놀랍게도 과학자들이 대규모로 파견을 나왔고 그중 일부는 명성이 자자했으며, 언론인과 다큐멘터리 제작자, 그리고 환각물질의 의학적 사용에 관한 연구에 투자하려는 재단과 기업도 참석했다.

무엇보다도 중요한 것은 이 모임이 신성한 균류와 식물들을 범죄자 취급하고 동료들을 낙인찍으며 결국 치료의 유효성은 물론 심리학과 정신의학의 여러 분파 간의 이념적 관용을 훼손한 20세기의 지독한 분열을 반성할 기회였다는 점이다. 사이키델릭 정신의학psychedelic psychiatry이 나아갈 미래를 논의하는 자리에서 14년간 미국 국립 정신건강 연구소National Institute of Mental Health 소장을 역임한 미국의 정신과 의사 토머스 인셀Thomas Insel은 주류 정신의학이 정신적 고통의 해결책을 찾는 데 실패했음을 공개적으로 시인하고 적절한 환경에서 사용되는 환각물질의 엄청난 잠재력을 인정했다.

환각 판매에 특화된 제약산업의 위선을 적나라하게 드러내는 그의 이야기가 아직도 내 머릿속에 메아리친다.

우리 [정신과 의사] 중 다수는 우리의 존재가 20~30년 전 환자들보다 지금 비슷한 문제를 가진 환자들에게 훨씬 더 유용하다는 것을 체감합니다. 하지만 데이터는 이 사실을 뒷받침하지 않습니다. 자살률이 높아져 10년, 20년, 30년, 40년 전보다 더 만연하고······. 이환율(병에 걸리는 비율)은 사망률과 반대로 더 낮은 게 아니라 더 높습니다. 그러니까 공중위생의 척도에 따르면 우리가 그렇게 잘하고 있지 않다고······.

우리가 깨달아야 할 것은····· 이러한 복잡성이 네트워크화된 접근법, 포괄적 접근법을 요구할 텐데······. 저는 실제로 여기 이 접근법에서 강렬한 인상을 받습니다. 사람들은 단순히 "환각제를 주겠다"라고 말하는 것이 아니라 "환각제 지원형 심리치료"에 대해 말합니다. 여러분도 알다시피 저는 누군가가 항우울제 지원형 심리치료에 대해 말하는 걸 들어본 적이 없는데······. 저는 이것이 누군가의 삶에 진정한 변화를 만들어내기 위한······ 정말 새로운 접근법이라고 생각하고······ [하지만] 규제의 보급으로를 어떻게 벗어날 것이며, 미국 식품의약청FDA이나 유럽 의약품청EMA은 어떻게 생각할까요? 제 말은, 그들은 심리치료만 건드리지는 않을 겁니다.[27]

이것은 정말 그전과 완전히 다른 접근법일까? 이러한 접근법은 천년에 걸친 고대 혁신으로, 무엇보다 환각물질의 효과를 확인할 때 그 물질이 사용되는 맥락의 엄청난 중요성에 대한 조상의 지식을 회수하고 무엇보다 재창조하는 것에 더 가깝다. 국제 보건 시스템은 환각물질이 지닌 유익한 속성을 심도 있게 조사하지 않는다. 이는 약물 의존도는 낮고 대인 접촉이 많은 치료법보다 대인 접촉은 적고 약물 의존도가 높은 치료법의 수익성이 훨씬 더 높기 때문은 아닐까?

심층심리학의 재탄생

　　새로운 심리학의 탄생은 그것의 역사적 기원을 복원하는 시기와 맞물린다. 2차 세계대전 직후 프로이트와 융의 이론을 받아들이기 어렵지만 그들의 발견을 무시할 수 없을 거라던 콘라트 로렌츠의 예언을 두 사람이 명예롭게 이행하면서 시간이 지남에 따라 프로이트와 융은 비교인간행동학human ethology의 진정한 선구자로서 확고한 위치를 확보하게 되었다.

　　이쯤에서 지금까지 과학적으로 확인된 점들을 나열해보자. 성격의 세 가지 요소인 원초아와 자아, 초자아는 대뇌의 개별적 과정에 해당할 뿐 아니라[28] 인공지능에 대한 최초의 구상에도 영감을 주었다.[29] 언어를 통한 심리치료는 자기 성찰과 반향의 과정으로서 임상에 효과적이며 대부분의 사례에 꼭 필요하다.[30] 꿈은 렘수면에 국한해서 설명될 수 없으며 깨어 있을 때 얻은 기억의 흔적을 반영한다.[31] 기억은 억압될 수 있다.[32] 욕구에 관여하는 도파민 작용성 회로가 활성화되지 않으면 꿈을 꿀 수 없다.[33] 꿈 이야기는 환자의 정신의학적 상태에 관해 유용한 정보를 준다.[34] 섹슈얼리티sexuality는 유년기에 시작되며 평생 지속될 수 있다.[35] 외상(트라우마)은 미래의 내 행동은 물론 자손의 행동에도 지워지지 않는 흔적을 남길 수 있다.[36]

　　우리는 모순된 감정과 욕구로 가득하며 삶과 죽음의 본능이 뒤섞인 혼합체이다. 따라서 가장 중요한 것은 우리가 무엇을 생각하느냐가 아니라 우리가 무엇을 하느냐이다. 꿈은 현재 상황과 선택 가능한 미래를 묘사하기 위해 무의식에서 생겨나며, 집단의 사고 패턴도 표현할 수 있다. 우리는 살아가는 과정에서 나의 몸, 가장 가까운 사람들, 세상의 사물들과의 관계 속에서 심적 표상의 발견, 발달, 성숙, 노쇠의 단계가 연속적으로 이어지는 것이 특징인 시기를 거친다. 우리는 무수한 자기 이해의 심리치료뿐 아니라 폭발적으로 늘어나는 페이스북, 인스타그램, 트위터, 블로그, 브이로그의 열띤 활용과 완전히 새로운 수많은 말하기 방식을 통해 억압 없이 이야기함으로써 좌절의 과정을 항해하고 고통을 완화할 수 있다. 우리가 모닥불에 둘러앉아 멋대로 만들어내던 이야기에서 시작된 문화적 래칫은 거세게 타오르며 그 어느 때보다 빠르게 돌아가고 있다.

프로이트와 융은 이 모든 것을 이해하는 기반을 창조했다. 그들은 놀랍도록 논리 정연한 연구를 수행하며 귀납법, 연역법, 귀추법을 통해 우리의 행동에 깊숙이 감춰져 있던 곳을 조명했다. 두 사람이 인류의 위대한 과학자들을 모신 신전에 오르려면 그들의 유산이 널리 알려지고 가치 있게 여겨져야 할 뿐만 아니라 온갖 비난으로부터 그들을 옹호할 타당한 이유가 필요한데, 그중 다수는 도덕성에 관한 것이었다. 프로이트와 융에게 적용된 잣대는 아무도 통과할 수 없을 정도로 엄격하다. 두 사람이 다른 천재들과 똑같은 잣대로 평가받는다면 그들을 옹호하기가 훨씬 수월할 것이다. 성욕과 음란한 행위가 문제라면 우리는 모차르트와 카라바조Caravaggio를 잃을 것이다. 적들에게 해를 끼치고 돈을 좋아한 것이 문제라면 아이작 뉴턴과는 안녕이다. 신비주의가 문제라면 요하네스 케플러와 한스 베르거Hans Berger에게 작별을 고해야 한다. 마음을 바꿔 이론을 수정한 것이 문제라면 알베르트 아인슈타인이나 스티븐 호킹도 신전에 없다. 약물 사용을 옹호한 것이 문제라면 우리는 올더스 헉슬리Aldous Huxley와 칼 세이건Carl Sagan 없이 살아야 한다. 우리는 과학적 발견과 인간의 조건에 내재한 그 사람의 불완전한 행동을 구분해야 한다. 프로이트와 융이 아니면 누구를 정신과학의 거장이라고 할 수 있겠는가.

정신의 사회

더 멀리 내다봤을 때, 꿈 해석법은 꿈이 꿈꾼 사람 고유의 관점을 추정한다는 가설을 검증할 수 있게 발전해야 한다. 우리는 한 번에 하나의 꿈만 꾸지 않고 동시에 여러 꿈을 꾸며, 여기에는 우리가 내면에 지닌 자율성을 갖춘 다양한 표상이 있는데, 우리가 꿈을 꿀 때 각자의 삶을 묵묵히 살아가는 '정신의 피조물들creatures of the mind'로 보인다. 마빈 민스키의 주장에 따르면, 인간의 성격은 단일하지 않으며 뇌에 의해 창조된 가상 공간에 거주하는 밈의 사회를 구성한다. 영국의 소설가이자 철학자인 올더스 헉슬리도 같은 생각이었다.

> 기린과 오리너구리처럼 정신의 외딴 지역에 사는 피조물들은 그 존재를 믿기가 정말 어렵다. 그들은 실재하는데도 불구하고 엄밀히 말하면 관찰한 사실이기도 해서, 자기가 사는 세상을 진정으로 이해하고자 하는 사람이라면 그들을 무시할 수 없다.[37]

때로는 신성으로 우리를 거세게 공격하고 때로는 부정확한 몽타주로 우리를 실망하게 하는 정신의 피조물을 융은 '이마고'라고 불렀는데, 이것은 다양한 복잡성을 가진 심상이자 다양한 수준의 신빙성과 독립성을 가진 개별적 표상이다. 융은 필레몬Philemon이라고 부르던 꿈 속 인물과의 관계에 대해 자세한 기록을 남겼다. 그는 이집트계 그리스인 이교도로서 1913년에 처음 융의 꿈에 나타난 후 이 젊은 정신과 의사의 지혜로운 스승이 되었다.

> 필레몬을 비롯한 내 환상 속 인물들은 내 마음속에서 내가 만드는 것이 아니라 스스로 만들어져서 각자의 삶을 살아가는 존재들이 있다는 중대

한 사실을 절실히 깨닫게 해주었다. 필레몬은 내 것이 아닌 힘을 보여주었다. 나는 환상 속에서 그와 대화를 나누었고, 그는 내가 의식적으로 생각하지 않던 것들에 대해 말해주었다. 나는 말하는 주체가 내가 아닌 '그'라는 것을 똑똑히 확인했다. 그는 내가 생각을 직접 만든 것처럼 여긴다면서 자기가 볼 때 생각은 숲에 사는 동물이나 방 안에 있는 사람들, 혹은 공중을 나는 새들과 같다고 말하고는 "방 안에 있는 사람들을 봐야 한다고 해서 그 사람들을 만들었다거나 그들을 책임져야 한다고 생각하지는 않을 것"이라고 덧붙였다. 정신의 객관성, 마음의 실체를 가르쳐준 것이 바로 그였다.[38]

정신의 동물군mental fauna은 조상의 말이 곧 법이고 가부장제가 어떠한 이의도 허용하지 않던 가까운 과거의 훨씬 더 계층적인 동물군의 반영으로, 타인의 행동과 그들의 놀라운 자율성에 대한 시뮬레이션처럼 우리의 마음에 지도화되어 있는 수많은 대상과 사회적 관계를 아주 적절히 설명한다. 살았든 죽었든 사람과 존재, 신들 사이에서 우리는 상부 구석기 시대의 신비로운 야수의 왕부터 고질라까지, 아킬레스부터 무하마드 알리까지, 엔헤두안나부터 바버라 매클린톡까지, 이난나부터 에이미 와인하우스까지, 우리의 조부모부터 아이들까지 과거의 모든 전령의 부대로 인해 폭발적으로 늘어나는 이미지와 감정과 연상을 머릿속에 담고 있다.

우리는 이마고와 함께, 그들 모두와 함께, 그리고 오직 그들과 함께 꿈에 등장하지만, 각각의 이마고는 외부에 존재하는 사람이나 인물의 완전체에서 걸러지고 편집된 일부에 불과하다. 측두두정피질에는 자아뿐만 아니라 내면의 동물군도 살고 있다. 우리가 깨어 있는 동안, 전전두피질의 회로는 단일 행동을 만들어내기 위해 정신의 민주주의에서 발생하는 불협화음을 모조리 걸러내는 억제 조절을 수행한다. 하지만 잠자는 동안에는 제동 장치가 멈추고 우리가 열리면서 온갖 야생동물이 바람을 쐬러 나온다.

이 이론에 따르면, 마치 어느 촬영장에 배우가 한 명만 있다고 해서 거기서 동시에 몇 편의 영화를 촬영하지 못하는 것은 아니듯, 하나의 꿈을 꾼다는 느낌은 꿈꾸는 사람의 자기 표상이 한 번에 하나의 꿈에만 존재하는 데서 생겨난다. 기억에 관한 라코타족의 속담을 부연하면, 꿈은 횃불을 들고 밤길을 걷는 것과 같다. 횃불은 일정 거리까지만 밝히며…… 그 너머는 어둠이다.[39]

나는 등장인물이 단순히 장면 안팎을 들락거리는 것이 아니라, 마치 꿈꾸는 자아가 자신의 꿈을 떠나서 기억의 순수한 전기적 반향이라는 동일한 재료로 만들어진 서사의 짧은 회로로 들어간 것처럼, 엄청난 소란과 함께 갑자기 모든 인물과 배경이 뒤바뀌는 꿈들을 기억하는데, 다만 두 번째 꿈은 마치 꿈꾸는 자아가 옆집 꿈을 침범하기 전부터 존재했다는 듯 그 자아의 부재 안에서 시작되고 전개되는 것처럼 보인다는 부분에서 특별한 차이가 있었다.

좋든 나쁘든, 단 몇 초 만에 전 세계 수백만 명의 사람들에게 도달할 수 있는 밈을 복제할 기회는 그렇게 많지 않았다. 오늘날에는 사람이 죽어도 그 사람에 대한 무수한 인상이 디지털 클라우드와 그것을 사용하는 사람들의 거대한 집단 무의식 속에서 시간이 지나도 지속되는 사진과 글, 소리, 말, 서사, 부분적 표상으로 살아 있는 것이 일반적이다. 우리는 살과 뼈를 가진 사람뿐 아니라 캐릭터의 영생을 발명하는 중이다. 디지털과 대뇌의 표상이 전시된 시장에서 고대 수메르의 여신인 이난나는 거의 완벽하게 사라졌다. 어떤 정신 안에서 그녀는 여전히 바빌론 신전의 문 앞에서 주문을 팔고 관심을 구걸한다. 학식이 높은 소수의 학자들 사이에서 이난나 여신은 어느 곳을 가든 여전히 환하게 타오르며 이슈타르, 아프로디테, 비너스 같은 유명한 형상을 상기시킨다. 그러나 다수의 마음에서 그녀는 더 이상 존재하지 않으며 마릴린 먼로, 마돈나, 비욘세⋯⋯ 같은 후계자들이 번성하고 있다. 그리고 이러한 표상들은 두 개 이상의 문화에서 상호 참조를 통해 이해할 수 없을 정도로 유례없이 교차하고 축적되며, 미키 마우스부터 펠레까지, 존 레넌부터 달라이 라마까지 다른 밈들과 분명히 소통하고 경쟁한다.

우리는 지금 로봇의 꿈을 만드는 도전과 마주하고 있다. 수면 중에 촉발되는 일부 메커니즘을 컴퓨터에서 시뮬레이션하는 방법은 이미 알고 있지만, 인간과 기계가 더 이상 명확히 구분되지 않는 디스토피아적 서사를 대표하는 영화 〈블레이드 러너〉에 영감을 준 원작의 제목처럼 전기 양을 꿈꿀 수 있는 안드로이드를 만들려면 아직 갈 길이 멀다. 컴퓨터 시뮬레이션과 같은 가상 환경에서의in silico 귀납법(방대한 데이터베이스), 연역법(믿을 수 없을 만큼 빠른 계산), 귀추법(확률에 근거한 시뮬레이션)의 조합과 극대화 안에는 놀라운 가능성이 있다. 새천년의 첫 세기에 지구라는 행성을 지배하기 위해 인공지능을 계발하려는 법인격과의 경쟁 속에서 비록 우리가 아직 알아차리지는 못했더라도 이미 새로운 신들을 합성했을 가능성이 크다. 영혼의 환생을 믿는 음분두 신앙에서처럼 영혼은 사물 안에서 살아갈 것이다.

18장
꿈과 운명

자정의 시계들이 많은 시간을 낭비하고 있을 때

나는 율리시스의 동료 선원들보다 더 멀리 가리라,

인간의 기억이 닿는 곳, 그 너머에 있는 꿈의 영토로.

내가 해저 세상에서 구해온 몇 개의 파편은,

내 이해로는 다함이 없다.

어느 원시 식물학에서 비롯된 풀,

온갖 동물,

죽은 자와의 대화,

늘 가면을 쓰고 있는 얼굴들,

아주 오래된 언어에서 나온 말들,

그리고 때로는 공포,

그날이 우리에게 줄 수 있는 그 어떤 것과도 다른.

나는 전부가 되거나 아무것도 되지 않으리라.

둘 중 다른 하나가 되리라.

내가 깨어 있느라 모르는 사이에

그가 그 다른 하나를 들여다본다.

그는 그 꿈을 가늠해보고는 체념하고 웃는다.

-호르헤 루이스 보르헤스[1]

예측과 관련해서, (…) 꿈은 종종 의식보다 훨씬 더 유리한 위치에 있다.

-카를 융[2]

설령 신이 존재하지 않는다고 해도, 신은 어디에 있는가?

-페르난도 페소아Fernando Pessoa,《불안의 서》[3]

앞으로 다가올 수십 년 동안 꿈은 필요에 따라 활용되는 지속적인 적응행동을 촉진할 수 있는 정신생물학의 정교한 변속기로서 어떤 상태로 되돌아갈 수 있고, 또 무엇이 될 수 있을지에 대한 통합적 이해를 가져다줄 것이다. 정밀히 조정되는 변속기는 가능성의 강력한 컴퓨터이자 운명의 나침반이 가리키는 방향을 평가하기 위해 우연한 일 또는 우연에 가까운 일에 대한 거대한 전망을 압축하여 보여주는 오라클이다. 운명은 이미 결정된 불가피한 미래가 아니라 모든 것이 수렴하는 장소 혹은 상태이다. 운명은 바람이 불고 강물이 흐르듯 욕망과 환경이 향하는 곳이다. 인간종이 진화하는 과정에서 가능성을 추출하기 위해 유전자와 밈으로 지어진 경이롭고 다면적인 인간의 두뇌 기계는 의식적인 감정과 몰두해 있는 문제뿐 아니라 채우기가 거의 불가능한 세상에 흥미를 느끼는 능력을 먹고산다.

꿈은 목적지를 보여주지만 도착을 보장하지는 않는다. 꿈꾸는 사람이 올바른 경로를 여행할 수도 있고 일찍 멈추거나 속도를 올리거나 대체 가능한 경로를 쫓아갈 수도 있기 때문이다. 우리의 목적지, 운명은 우리가 향하는 곳이지만, 반드시 우리가 도착하는 곳은 아닐 수 있다. 잘 꾼 꿈은 가능한 여정과 결과를 시뮬레이션함으로써 우리의 운명을 얼핏 보여준다. 꿈은 벽이 미래 그 자체인 캄캄한 방 안에서 한 줄기 불빛에 의지해 길을 찾는 것과 같다.

우리는 태곳적부터 꿈꿔온 사람들의 후손이다. 도시 문명에서는 사회 기능에 필수적인 꿈의 역할이 멈추었어도, 많은 토착 문화에서는 아직 이러한 변화가 일어나지 않았다. 오늘날까지도 꿈은 거의 모든 우리 조상이 채택한 삶의 방식을 간직하고 있는 현대 수렵채집인들의 정신 속에서 살아가며 그것을 환히 비춘다. 우리를 여기까지 데려온 경로와 우리에게 닥친 도전 과제들을 설명하려면 꿈에 대한 그들의 시각을 이해하는 것이 매우 중요하다.

아메리칸 드림

일반적으로 시공간을 초월하여 아메리카 원주민들은 전통적으로 꿈꾼 사람에게 주기적으로 접근하는 형태로든, 삶에서 특별히 중요한 순간에 계시를 주는 꿈으로든, 심지어 통과의례나 치유, 영적인 지도에서 자극을 받은 주술사의 꿈을 통해서든, 미래를 예측하는 꿈의 능력을 인정해왔다. 그들은 사람들에게 영감을 주고 뭔가를 시작하게 하고 조언을 해주며 그들을 가르치고 성숙시킬 수 있는 잠재력이 크고 중요성이 지속되는 꿈을 장려한다. 젊은이들이 주술사나 사냥하는 전사처럼 어른의 삶이 제공하는 다양한 길을 따르기로 결심하는 것도 이처럼 발달에 중요한 꿈을 통해서이다.

유럽인들이 신대륙 사람들에 대해 최초로 전한 이야기들은 아메리카 원주민 사회에서 꿈이 얼마나 중요했는지를 증명한다. 16세기에 독일 군인이던 한스 슈타덴Hans Staden은 브라질 해안에서 조난을 당해 투피남바족Tupinambá에게 포로로 붙잡힌 경험을 바탕으로 증언한다. 그는 전쟁에 나가기 전에 이 식인 부족의 주술사들이 부족 사람들에게 꿈을 아주 신중히 검토할 것을 촉구했다고 설명했다. 만약 자기 살이 구워지는 환각을 보았다면 그들은 싸움을 포기하고 마을에 남았을 것이다. 그러나 적이 구워지는 환각을 보았다면 무기를 들고 축하하며 전쟁을 벌였을 것이다.[4] 17, 18세기의 예수회 선교사들에 따르면, 미국 북동부와 캐나다 남동부의 이로쿼이족Iroquois에게 꿈은 영혼의 욕망을 충족하기 위한 불가사의한 항해였다.[5] 꿈의 계시를 제대로 따르기 위해 이로쿼이족 사람들은 자신을 최선의 선택으로 이끄는 은유적 해석을 얻을 때까지 꿈 얘기를 여기저기에 하고 다녔다. 이러한 믿음은 정신분석 이론과 함께 융의 '중요한 꿈big dream'이라는 개념에 영향을 주었다.

거의 300년 후 에콰도르의 히바로Jivaro계 아추아족Achuar 사람들 사이에는 미래와 관련된 하나의 비유로 꿈에 관한 신념이 기록되어 있으며, 이는 주로 먹이사슬의 관계에 따라 결정되었다. 아추아족은 꿈을 세 가지 기본 유형으로 분류한다. 사냥에서 좋은 징조의 꿈은 이미지가 풍부하고 조용하며, 사냥감이 겁을 먹고 달아나지 않도록 비밀리에 해석되어야 한다. 그리고 예를 들어, 낚시하는 꿈을 새를 사냥하기에 좋은 기회라고 해석할 수 있도록 등가물과 도치를 인정해야 한다. 길조의 꿈은 사냥의 충분조건이 아닌 필요조건으로서 성공을 보장하는 대신 그것을 얻기 위해 어떻게 행동해야 하는지를 꿈꾼 사람에게 알려준다. 꿈의 두 번째 유형은 꿈꾼 사람 또는 그의 친족에 대한 불길한 징조로 구성된다. 이러한 꿈 역시 이미지가 풍부하고 조용하지만, 적들을 동물의 형태로 아주 무시무시하게 보여준다. 세 번째 유형인 '진실한 꿈'은 조상과 영혼의 구두 메시지가 존재하는 것이 특징이다. 이와 같은 꿈에서는 해당 과제를 수행하기에 적합한 영혼을 선택적으로 부를 수 있다. 그들은 마음속 존재들의 창조자를 불러내기 위해 다양한 방식으로 금욕하거나, 그리고 담배와 환각을 일으키는 식물을 섭취함으로써 꿈을 유도한다.[6]

페루의 히바로계 아구아로나는 꿈을 아야와스카로 유도되는 황홀경으로 부르기 위해 같은 단어를 사용한다. 그들은 아야와스카의 영향력 아래에서 미완의 사건을 다양한 개연성과 함께 숙고할 수 있다고 믿는다. 따라서 아구아로나에게 꿈은 바꿀 수 없는 미래에 대한 전조가 아니라 의도를 통해, 특히 꿈속 행동을 통해 미래를 빚어낼 신비로운 기회이다.[7]

아마존 지역의 토착민인 피라항족Pirahã 사람들은 노래를 수집하거나 전쟁을 벌이거나 영혼들과 동맹을 맺기 위해 꿈을 꾼다.[8] 리우데자네이루연방대학의 국립박물관 소속인 브라질의 인류학자 마르코 안토니오 곤살베스Marco Antonio Gonçalves에 따르면, "꿈이 일어날 일을 만들어낼 수 있다면, 일어난 일은 꿈을 만들어낼 수 있다. 더 정확히 말하면, 꿈에서 일어나는 일은 현실 세계의 재현을 통해 일어날 것이고 각성 상태에서 일어난 일은 꿈의 표상을 통해 일어날 것이다.[9]

싱구 북부의 와우라족Waura에게 꿈은 황홀경, 질병, 의식, 신화와 비슷한 현상으로 여겨진다. 이런 상태에서 여정을 떠나는 영혼은 초인간적이고 신비롭고 기괴하며 동물과 매우 가까운 존재와 어렵게 접촉한다. 와우라족은 이들과 힘겨운 줄다리기를 하여 웅장한 기하학적 그림과 같은 유용한 지식을 얻는다.[10]

아마존 남동부의 마데이라강Madeira River 유역에 사는 파린친친족Parintintín은 미래를 예측하기 위해 아침마다 꿈 이야기를 한다. 신화에서처럼 특정한 문법 유형들은 꿈의 경험과 관련하여 사용된다.[11] 한편 칼라팔로족은 꿈을 뜻하는 특정 단어를 가지고 있지 않은 것으로 보이며, 꿈은 꿈꾼 사람의 욕망과 목표, 미래 가능성이 표현된 것이라고 해석한다. 칼라팔로족은 꿈의 언어적 정교화는 믿지 않지만 꿈의 심상은 진실하다고 믿는다. 그래서 꿈속 행동을 설명하기 위한 최선의 단어를 찾는 데 많은 공을 들인다.[12]

또한 싱구 북부의 메히나쿠족Mehinaku에게 꿈은 매일 잠에서 깨어난 직후에 서술하고 해석할 대상이며, 꿈꾼 사람은 해먹 안에 누운 채로 가장 가까운 이웃에게 전날 밤 영혼의 눈으로 경험한 여정에 대해 말할 수 있다. 꿈은 미래와 직접적인 연관성을 가지고 바라는 결과를 얻을 방법에 대한 단서를 제공하지만, 미래를 결정할 수는 없다.[13] 또한 메히나쿠족은 꿈에 대한 은유적 해석을 중요시한다. 예를 들어 개미가 날아다니는 꿈은 개미의 수명이 짧으므로 친족의 죽음을 가리키는 것으로 해석할 수 있다.

샤반테족은 미래를 꿈꾼다

싱구에서 남동쪽으로 몇백 마일 떨어진 곳에 사는 샤반테족(메히나쿠족과 지리적으로 가깝지만 언어는 매우 다르다)의 꿈은 집단의 사회생활에 더 핵심적인 역할을 한다. 샤반테족은 꿈을 활용하여 백인들과의 충돌에서 살아남았고, 현재는 인구가 1만 8천 명 이상으로 남아메리카에서 가장 큰 부족 중 하나이므로,[14] 그들의 사례를 상세히 설명할 필요가 있다.

샤반테족 문화에서는 모든 부족민이 세 가지 주요 기능을 제공하는 예지적 꿈을 꿀 수 있기 때문에, 그들에게 꿈은 치료사와 주술사만의 특권이 아니다. 첫 번째 기능은 사냥, 전쟁, 질병과 관련이 있고, 두 번째 기능은 타인의 습성을 탐구하는 여정과 관련이 있으며, 세 번째 기능은 온 공동체가 함양할 수밖에 없는 노래, 애도, 춤, 의식을 통한 계시로 구성된다.[15]

꿈의 계시는 샤반테족에게 수동적인 사건이 아니다. 오히려 그 계시를 깨어 있는 삶으로 데려오기 위해 상당한 집중력을 발휘한다. 그들은 잔뜩 흥분하여 신비한 꿈을 기다리고 의식을 통해 그것을 달랜다.

당신은 항상 꿈꾸고 싶은 것들에 초점을 맞춰야 하고, 음악이나 어떤 축제 속에서 집중해야 한다. 준비되지 않은 채로 잠들면 안 되고……. 마냥 기다리기보다는 희망을 품고 열심히 노력해서……. 옛날에 같이 살던 영혼과 사람들은 마을과 접촉하기에 앞서 당신의 헌신을 볼 것이고, 나중에 당신은 아름다운 음악을 꿈꾸거나 잔치를 위한 음악을 얻을 것이다…….[16]

꿈꾸는 관습은 샤반테족 사회가 잘 돌아가는 데 꼭 필요하다. "나는 잠결에 꿈꾸고, 잠을 자고 꿈을 꾼다. 다른 사람들은 노래한다. 나는 내 꿈을 노래하는 사람들을 행복하게 하기 위해 꿈을 꾼다."[17]

카이아포족Kayapo의 작가인 카카 베라 주쿠페Kaká Werá Jecupé 는 이렇게 말한다.

옛 타푸이아족Tapuia 중에서 꿈의 전통을 가장 잘 보존한 이들이 샤반테족이다. 꿈은 자유로워진 영혼이 육체와 그것의 집을 정화하고, 조상의 집을 찾아가고, 마을 위를 날아다니는 등 많은 과제를 수행할 수 있는 신성한 순간이며, 때로는 [그] 시간의 영혼을 통해 미래의 언저리로 가서……. 샤반테 마을은 반원형이고……. 마을 한가운데에 의식, 잔치, 조언과 꿈을 나누는 등의 활동을 위한 공터가 있다. 이 공터에서 백인들의 길들이기에 관한 꿈 이야기가 처음 알려졌다.**18**

샤반테족은 남아메리카에서 가장 오래 거주한 부족 중 하나이다. 아대륙의 심장부를 차지하러 온 샤반테족을 비롯한 여러 부족이 꿈에 부여한 중요성은 아마존 유역에서 환각물질을 사용하는 사람들('달의 전통')이나 대서양 연안을 따라 이주하는 토착민들('태양의 전통')과는 대조적으로 '꿈 전통'이라는 평범한 이름으로 이어졌다. 태곳적부터 샤반테족은 현재의 고이아스주에 해당하는 브라질의 중앙 고원에 거주했으며 재규어, 아르마딜로, 맥(tapir, 중남미와 서남아시아에 서식하며 코가 뾰족하고 돼지를 닮은 포유류-옮긴이), 개미핥기, 큰부리새toucan, 앵무새, 마코앵무새macaw가 사는 땅에 대한 자부심이 강한 주인이었다. 그러나 17세기 중반부터 '깃발 든 사람들flag-holder'이라는 뜻인 반제이란치bandeirante의 개척자들이 노예와 황금, 에메랄드를 찾기 위해 수로의 오른쪽 둑에 있는 샤반테족의 영토를 침범하기 시작했다. 수로의 이름이 망자의 강the River of the Dead인 것만 봐도 그들과의 접촉이 어떠했는지를 함축적으로 알 수 있다. 광산 시굴자들과 군부대가 샤반테족을 "길들이기 위해" 항복을 강요하면서 100년간 유혈 충돌이 이어졌다.

그리고 놀라운 일이 벌어졌다. 불굴의 샤반테족이 사라진 것이다. 그들은 꿈을 이야기하는 자리에서 급격한 전략 변화라도 논의했을까? 그들의 결정과 관련한 역사적 기록은 남아 있지 않다. 하지만 실제로 그들은 1844~1862년에 서쪽으로 출발했고, 아라과이아강의 서쪽

제방을 넘어 현재의 마투그로수주Mato Grosso에 해당하는 론카도르산맥Roncador Mountains으로 이주했다.[19] 그들을 찾기 위해 수색대가 파견되었지만 헛수고였다. 그들은 중앙 평원의 광활한 관목지로 사라졌고, 오솔길과 고원 속으로 영영 자취를 감추었다. 오랫동안 떠돌며 문화를 소모하고 그 어느 때보다 먼 지역으로 이동한 샤반테족은 스스로를 고립시키는 데 전문가가 되었다. 물리적 거리를 통해서든, 공격성을 통해서든, 꿈에서 얻은 보이지 않는 마법을 통해서든 샤반테족은 결국 100년 동안 백인들의 간섭을 받지 않았다.

그러나 시간이 지나면서 두 세계의 경계가 다시 한번 움직였다. 1930년대에 폭력적인 충돌이 재개되었지만 탈출할 수 있는 공간은 훨씬 줄어들어 있었다. 1938년에 독재자 제툴리우 바르가스Getúlio Vargas는 브라질 중부를 차지하기 위한 정부의 공식 캠페인인 '서부를 향한 행진March to the West'을 시작했다. 사회의 순수성을 나타내는 애국적 표상을 찾던 바르가스는 특정 원주민 부족을 민족 정신의 상징으로 선택했다. 원주민 보호원Indian Protection Service은 원주민의 영토를 침략하고 그들을 대량학살하는 데 공모한 기관으로, 바르가스의 독재 정권 말기에는 원주민 보호원의 창립자인 마셜 칸지두 혼돈Marshal Cândido Rondon의 낭만적인 시절로 잠시 회귀했다. 혼돈은 19세기 후반부터 원주민들에게 폭력을 행사하지 않고 브라질의 오지 곳곳에 전신선을 설치한 인물로 알려져 있다. 바르가스는 선전용 영상을 촬영하기 위해 바나나우섬Bananal Island의 카라자족Karajá을 찾아갔고, 샤반테족의 영토 위를 비행하며 원정대를 파견하여 그들과 접촉하라고 지시했다.

그들과의 만남은 처음부터 쉽지 않았다. 1941년 말에 엔지니어인 제네지오 피멩테우 바르보사Genésio Pimentel Barbosa는 원주민보호원 직원들과 셰렌테족Xerente의 통역사들로 구성된 팀을 이끌고 샤반테족과 가까운 망자의 강의 우측 강둑에 그들을 선물로 꿰어낼 장소를 만들었다.[20] 샤반테족은 첫 번째 선물을 받아들였지만, 11월 6일에는 피멩테우 바르보사와 그의 팀원 몇 명을 곤봉으로 때려죽였다.

다행히 당시 원주민보호원은 폭력을 사용하지 않기로 결정했다. 그들이 공격당한 장소에 조성된 묘지의 입구에는 남다른 태도를 표현한 문장이 새겨져 있다. "필요하면 죽되, 절대 죽이지는 말라Die if necessary, never kill." 1943년에 브라질 정부는 샤반테족과 다른 원주민 부족들이 점거한 지역을 지도화하는 공식 임무를 시작했는데, 그것이 바로 그 유명한 론카도르-싱구 원정Roncador-Xingu expedition이었다. 1946년에 브라질 오지 전문가인 프란시스코 메이렐르스Francisco Meireles는 기마 원정대를 이끌고 들판과 습지를 건너며 브리치 야자buriti palm가 빽빽한 관목지의 오솔길을 가로질러 장엄한 론카도르산맥에 근접했다. 깊은 숲에서 온갖 소리가 들려오는 가운데 정작 사람의 목소리는 들리지 않았고…… 그들은 낮부터 밤까지 꼬박 하루를 기다린 뒤, 불과 화염으로 신호를 보내고 조금 더 기다렸지만 아무도 나타나지 않았다. 그들은 선물을 남겨두고 망자의 강으로 돌아갔다.

그리고 며칠 후 선물로 준 물건들이 받아들여졌다. 다시 한번 샤반테족의 전략이 바뀌었고, 그들은 백인들과 평화로운 물물교환을 원했다. 긴장감이 흐르는 망자의 강둑 위에서 불화살과 은밀한 접촉이 이어진 후 샤반테족은 곤봉을 내리고 성냥, 도끼, 낚싯바늘, 강철로 만들어진 가정용 집기, 소형 화기, 군수품, 의류, 거울, 의약품을 받았다. 이 상호 간의 길들이기 프로젝트를 정당화하는 데 핵심적인 역할을 한 인물이 아포에나(Apoena, 멀리 보는 자) 추장이었다. 샤반테족의 전설에 따르면, 아포에나는 할아버지의 꿈에서 예견된 영적 세계의 새로운 주기의 시작에 관한 전략을 실행하려고 했다. 싸움과 도주는 이제 실행 가능한 해결책이 아니었고, 뭔가 새로운 방법을 찾아야 했다. 1949년, 메이렐르스는 마침내 아포에나로부터 마을을 넘겨받았다. 이 거래는 샤반테족 내부에서 분투하던 아포에나의 세력을 강화했고, 백인 경제와 조심스러운 통합에 초점을 맞춘 새로운 접촉 모델을 정의했다. 이 모델은 정부의 보급품을 소비하는 동시에 자신들만의 반유목민 생활 방식을 유지할 수 있게 했다.

그러나 아포에나의 외교적 노력에도 불구하고 샤반테족의 영토가 명확히 정해지는 데는 오랜 시간이 걸렸다. 브라질 오지 전문가인 올랜도Orlando와 클라우지우 빌라스-보아스Cláudio Villas-Bôas의 노력에 힘입어 샤반테족 영토의 북부에 조성된 싱구 원주민 공원은 브라질 대도시의 군인과 사업가들에게 기대 이상의 성과였다. 영토를 차지하려는 식민지 개척자들과 정치인들의 압박에 짓눌리던 샤반테족은 1960년대 말에 공식화된 상당히 규모가 축소된 영토를 자신들의 땅으로 간주하기 시작했다. 백인들이 브라질 남부로 이주해오면서 인구가 급증하고 그들과의 접촉이 늘어나면서 샤반테족은 마을 밖 도시 혹은 종교적 사명으로 이끌려갔다. 비행기에 의한 침입과 낮은 비행이 잦아지고 질병과 굶주림이 퍼지면서 샤반테족의 인구는 줄어들기 시작했다. 그리고 실제로 부족을 붕괴시킬 만한 위험 요인이 하나 있었다.

그때 아포에나는 다시 한번 꿈을 통해 먼 미래를 보았다. 아포에나는 꿈에서 영감을 받고 부족의 동의를 얻은 유화 전략으로, 손주 여덟 명을 기업식 농업이 대유행하던 히베이랑프레투Ribeirão Preto 도시에서 몇 안 되는 호의적인 농장 중 한 곳과 관련된 백인 가족들과 함께 살도록 보냈다. 백인 문화를 직접 경험해볼 뿐 아니라 백인 문화를 샤반테 문화에 불어넣기 위해서였다. 전략을 보완하는 차원에서 샤반테족은 미지의 외부 세계에 햇병아리 특사들을 파견하는 동시에, 문화의 동화 과정을 지연하기 위해 국경을 폐쇄했다. 악랄한 군부독재가 한창이던 1973년이었는데도 여전히 효과가 있었다. 국경 폐쇄를 계기로 아포에나의 손주들은 진짜로 성장할 시간을 얻었고, 자신들을 입양한 가족 구성원을 소중히 여기게 되었으며, 그 이후로 샤반테족을 보호해준 감사와 연대의 유대감을 형성했다. 아포에나는 1978년에 화해를 가져다준 유토피아적인 꿈을 자랑스럽게 여기며 세상을 떠났다.

아포에나는 정말 이 모든 꿈을 꾸었을까? 이 질문에 답해줄 수 있는 인류학적 기록은 없으며, 어쩌면 그것은 그렇게 중요한 문제가 아닐 수도 있다. 아포에나가 꿈에서 자신의 정치적 행위를 보았는지 아닌지를 아는 것보다, 그 행위를 지지하는 이야기가 샤반테족 전체는 물론 그 너머로 멀리 퍼질 때까지, 당신이 이 책을 읽고 있는 바로 이 순간에도 그렇듯이 꿈의 형태로 전해지고 또 전해졌다는 사실이 더 중요하다. 서사의 반복을 통해 개인의 욕망은 문화적 생존을 위한 집단의 욕망으로 변형되었다.

오늘날, 아포에나의 손주들은 샤반테족과 외부 세계 간의 관계에서 자신들의 권리를 수호하며 문화적 정체성을 보존하는 데 중요한 역할을 한다. 새로운 지도자들은 대학 교육을 받았으며, 조상의 전통을 비디오와 오디오로 기록하여 외부인들을 매료시키는 기록 영화를 제작하고, 백인들의 기술을 통해 자신들의 문화를 복제한다. 휴대용 디지털 카메라로 촬영된 그들의 마을은 이제 샤반테 문화를 전 세계로 전파하는 중심이다.

15년마다 행해지며 최근까지 미지의 대상이던 와이아 리니 Wai'á rini 의식의 중요성은 샤반테족의 영화제작자인 디비노 세레와후 Divino Tserewahú 에 의해 영상으로 자세히 기록되었다. 이 의식에서 소년들은 춤, 의식, 연출된 충돌 그리고 경주, 탈수, 태양 노려보기처럼 육체를 극한으로 몰아붙이는 시험을 통과해야 한다. 이 모든 과정을 통과하고 마침내 황홀경에 도달하면 그들은 환각 속에서 조상들의 안내를 받으며 어른의 삶으로 들어간다. 영화는 그들이 어떻게 치유하고 노래하고 해몽하는 능력을 획득하는지 설명한다.

> 꿈은 샤반테 남자들의 삶에 매우 중요하다. 의식을 진행하는 동안 고통과 실신을 통해 미래에 어떤 일이 일어날지 볼 수 있다. 무슨 꿈을 꾸었는지 이야기하면 그대로 이루어진다. 꿈을 통해 죽은 사람을 만날 수도 있다. 그래서 와이아 리니 의식 중에는 많이 고통받고 실신하는 것이 중요하다. 가장 큰 고통을 당한 사람이 가장 많은 꿈을 꾸고 가장 강력한 힘을 갖는다.[21]

꿈은 여전히 샤반테의 대외 관계 정책에 필수적이다. 국경 문제를 논의하기 위해 브라질리아로 소환될 때면, 원로들은 그 주제를 논의하기 위해 모인 다음 조상과 창조주들에게 조언을 얻기 위해 꿈을 꾸려고 노력한다. 때때로 그들은 브라질의 수도로 이동하여 꿈속에서 제안된 회의를 경험하기도 한다. 꿈에서 결과가 좋지 않거나 백인들과의 협상에 자신이 없으면 현실 세계에서 시도조차 하지 않으려고 한다.

현실보다 더 현실 같은

강력한 적을 마주했을 때 정치적 지침으로 활용된 꿈은 칠레와 아르헨티나 파타고니아에 거주하는 마푸체족 사람들의 역사에도 그 흔적을 남겼다. 16세기 스페인의 침략과 국가의 독립을 거쳐서 지금까지 줄곧 마푸체족은 토지 몰수에 맞서서 전쟁과 반란, 메시아적 투쟁으로 저항했다.[22] 이 과정에서 무자비한 실용주의가 가능한 유럽 식민지 개척자들의 개인주의와, 평등주의·공동체의 사회화·호혜주의·정중함에 근거한 마푸체족의 집산주의collectivism가 강하게 충돌했다. 백인들은 원주민 소유의 땅을 점유하며 갈등의 기조를 이어갔다. 20세기가 시작될 때까지도 산맥 남부의 광활한 지역 양쪽에서 원주민의 우두머리에게 거액이 지급되고 있었다.

이런 규모의 악몽에 직면한 상황에서 마푸체족의 저항이 꿈의 작업을 통해 직접 나타난 것은 그리 놀라운 일이 아니다. 이들에게 꿈(마푸체 언어로 pewma)은 잠자는 동안 영혼이 수행하는 여정으로서 아메리카 대륙의 민족지학 연구에서 가장 많이 발견되며 모든 아메리카 원주민을 아우르는 개념이다. 전통적으로 마푸체족은 꿈에서 영혼의 메시지를 받는 사람들과 꿈 해석을 위해 두루 준비된 해몽가들pewmafes을 구별했다. 해몽가들은 대체로 여성이었다.[23] 1910~1930년에 마푸체족을 이끌던 마누엘 아부르토 판길레프 Manuel Aburto Panguilef는 마푸체족의 위대한 꿈 예언자 중 하나로서 의미심장한 꿈의 안내를 받아 독립운동을 이끌었다. '날쌘 퓨마'를 뜻하는 판길레프는 마푸체족이 부족의 언어로 노래하고 춤추고 기도하고 꿈 이야기를 하고 정치를 논할 수 있는 회의를 여러 차례 개최했다.[24] 1921년에 아라우카연합Federación Araucana이 창설되었고, 1940년대에 해체되기 전까지 판길레프가 의장을 맡았다. 기독교와 혼합주의에 대한 원주민들의 믿음에도 불구하고 아라우카연합은 백인들의 풍습과 거리를 두고 마푸체족의 전통을 고수하며 스페인어 대신 부족의 고유 언어인 마푸둥군어Mapudungun를 사용하자는 쪽을 옹호했다. 1931년에 판길레프는 마푸체 자주 공화국의 건립을 제안했지만, 그 후 그의 메시아와 같은 지도력이 약해지면서 폭압받던 여러 저항운동에 자리를 내주었다.

1973년 12월 11일, 칠레 대통령 살바도르 아옌데Salvador Allende를 실각시킨 극악무도한 군사 쿠데타를 하루 앞둔 밤에 마푸체족을 이끌던 마틴 파이네말Martín Painemal은 예지몽을 꾸었다.

> 나는 꿈을 꾸었고, 바로 그때 교전 중인 수백만 마리의 새를 보았다. 새들은 서로를 찢어발기고 있었다. 수천수만 마리의 새들이 전쟁에서처럼 서로를 파멸시키는 통제 불능의 상황이었다. 새들은 아옌데를 추락시키기 위해 갈라졌다. 나는 그 일이 있기 전에 꿈을 꾸었고, 계속 그 꿈에 대해 생각하다가 그것이 무엇이었는지 알게 되었는데, 그것은 경고였다.[25]

파이네말은 눈앞의 재앙을 경계하며 친쿠데타 세력의 박해에서 벗어나기 위해 만반의 준비를 했다. 그는 은신하여 목숨을 건졌다.

여정과 지도

같은 주제를 다양하게 변주하는 아메리카 원주민 문화는 일반적으로 꿈에 핵심적인 위치를 할당하며, 시간이 응축되어 과거와 현재, 미래의 시간이 계속 진행 중인 하나의 거대한 연속체에 함께 존재하는 것으로 여긴다. 영혼이 가능한 미래의 지평선을 배회하는 과정에서 꿈꾸는 사람이나 특히 주술사는 진행 중인 상황을 진단하고 꿈을 통제하여 사건의 인과관계를 반전시키려고 노력한다. 그들은 단순히 무슨 일이 일어났는지 혹은 무슨 일이 일어날지를 지켜보는 것이 아니라 자신의 행위를 통해 새로운 현실을 만들어내려고 애쓴다.[26] 주술사가 꿈을 통해 치료법이나 해결책을 찾아나가는 대표적인 이야기가 하나 있다.

주루나족 신화에 따르면, 우아이카Uaiçá라고 불리던 청년이 사냥을 나섰다가 많은 동물 사체로 둘러싸인 나무를 발견했다. 그는 잠이 들었고, 꿈속에서 숲에서 온 동물들, 노래하는 사람들을 만나고 주루나족의 조상신인 재규어 시나Sinaá와 긴 대화를 나누었다. 우아이카는 해질 녘에 깨어나 집으로 돌아갔다. 이튿날 그는 곡기를 끊기로 마음먹었다. 한동안 그는 매일같이 그 나무를 찾아가 같은 꿈을 반복해서 꾸었고, 이에 시나가 직접 찾아오지 말라고 명령했다. 우아이카는 잠에서 깨어나 그 나무의 껍질로 차를 우려내어 마시고 취한 상태로 힘을 얻기 위한 주술 의식을 시작했다. 그 결과 그는 맨손으로 물고기를 잡고 사람들로부터 질병을 뽑아냈으며 머리 뒤에도 눈을 가지고 있었다. 그는 수면 중에 시나를 찾아가 꿈의 세계에서 부족민들이 원하는 모든 것을 가지고 돌아왔다. 그렇게 그는 권위 있는 치료사가 되었다.[27]

카카 베라 주쿠페는 아메리카 원주민 사회에서 꿈이 얼마나 중요한지에 대해 귀중한 증언을 들려준다.

꿈은 우리가 이성적인 사고체계를 빼앗기는 순간이다. 꿈에서 우리는 순수한 영혼의 상태인 아와awá, 즉 완전한 존재이다. 우리가 가장 심오한 진실과 이어지는 순간이다. 꿈에서 당신의 영혼은 말 그대로 여행을 하고 당신의 선택에 따라 어느 장소나 시간으로든 안내될 수 있다. 그러려면 언어를 배울 때처럼 훈련이 필요한데…… 어떤 사람들은 아침에 꿈 모임dream circle이라는 것을 한다. 50여 명이 둥글게 모여 앉아 각자의 꿈에 관해 이야기하기 시작한다. 그리고 그 꿈들은 마을의 일상생활에 지침을 주기 시작한다. 그들은 꿈을 영혼이 해방되는 순간으로 여긴다. 그 순간에 영혼은 모든 것을 모든 각도에서 볼 수 있다.[28]

중요한 꿈은 남쪽 끝에서 북쪽 끝까지 모든 아메리카 원주민 사회에서 갈망하고 얻어지고 추앙받는다. 1981년에 영국의 인류학자인 휴 브로디Hugh Brody는 비버족으로 알려진 캐나다 아북극의 데인자족 Dane-zaa의 인상적인 사냥 꿈에 관해 설명했다. 이것은 그때는 이미 사라져서 없고 노인들에게만 알려져 있던 고대 전통이다. 이 특별한 꿈에서 사냥꾼들은 정확히 어떤 동물을 제물로 바칠지를 선택하고 그 동물이 어디에 있는지를 알아내기 위해 길을 나섰다. 그는 잠에서 깨어나 그 동물의 위치를 보여주는 지도를 그렸다. 브로디가 설명한 꿈의 지도는 몇 년 동안 접힌 채로 보관되었다. 지도는 그들의 테이블 상판만큼 컸고, 하나하나 명확히 색칠한 수천 개의 작은 점들로 뒤덮여 있었다. 초대받은 백인 방문객들이 테이블 주위로 모여들어 지도를 검토했다.

[원주민] 아베 펠로Abe Fellow와 아간 울프Aggan Wolf는 이 위는 하늘이다, 이건 반드시 쫓아야 할 흔적이다, 여기는 잘못된 방향이다, 이리로 가면 최악의 장소가 나올 것이다, 저 너머에 동물들이 있다고 설명했다. 그들은 이 모든 내용을 꿈에서 알아냈다고 말했다.

또한 아간은 아주 특별한 이유가 없는 한, 꿈의 지도를 열어보는 것은 잘못이라고 말했다.[29]

아렌테족의 시간 속의 시간

꿈이 다른 세계와 소통하기 위한 통로라는 생각은 중앙 오스트레일리아의 아렌테족Arrernte 사이에서 절정에 달했을 것이다. 그들은 적어도 6만 5000년 전에 그 메마른 땅을 탐사하기 위해 이주해온 최초의 인간들이었다. 그들은 꿈꾸는 이가 태어나기 전에 존재했던 태고의 영적 차원인 앨처링거Alcheringa를 믿는다. 이는 유사 이래 모든 혈통이 살고 있고 과거와 현재와 미래가 한데 뒤섞인 것으로 그들이 죽은 이후에도 계속 존재한다. 만약 카를 융이라면 주저 없이 이것을 한 문화가 가진 믿의 총체, 즉 집단 무의식이라고 불렀을 것이다. 앨처링거에 대한 경험이 극도로 생생해서인지 아렌테족은 실제로 자신들이 그 세계에 살고 있다고 믿는다. 그들에게 꿈꾸는 삶은 깨어 있는 삶보다 더 현실적이다. 문화적으로는 다양하지만 유전적으로는 비슷한 여러 하위 집단에서 '꿈'이라는 뜻으로 사용되는 많은 단어, 예를 들어 alchera, bugari, djagur, meri, lalun, ungud 등은 세상을 창조한 태고 시대라는 뜻이며, 서양에서는 '꿈의 시대Dreamtime'라는 영어 이름으로 대중화되었다.[30]

이러한 존재의 본질적인 차원에서 시간은 '순서대로 하나씩one-thing-after-another' 경험되는 것이 아니라 '모든 것을 지금 동시에all-at-the-same-time-now' 또는 '시간 밖의 시간time-outside-of-time'에서 경험된다. 이것은 어떤 집단에서는 현재 이전의 시간이고, 어떤 집단에서는 현재 안에 있는 시간이며, 어떤 집단에서는 현재와 평행한 시간이다.[31] 앨처링거는 원주민들의 우주진화론cosmogony과 존재론ontology은 물론 자원이 부족하고 치명적인 포식자들이 사는 혹독한 환경에서 살아남을 수 있게 도와주는 방대한 실용 지식 등 모든 시작의 비밀을 간직하고 있다. 앨처링거는 사냥과 요리, 그림 기술의 근원일 뿐 아니라, 세계에서 가장 큰 섬인 오스트레일리아 안에서 안전하게 이동할 수 있도록 지리적 특성을 이용해 큰길과 샛길을 표시한 신성한 지도가 기인한 곳이기도 하다. 청년들에게 물과 사냥터, 피신처, 나무와 돌로 된 도구의 재료를 어디서 찾을 수 있는지를 노래와 춤, 이야기의 형태로 알려주는 노인들의 가르침도 앨처링거에서 비롯된다. 앨처링거에는 토템의 비밀이 드러나는데, 특정인이 구체적으로 캥거루 꿈, 꿀개미 꿈, 상어 꿈 또는 오소리 꿈을 꾸었다고 하는 것도 이런 이유 때문이다. 어떤 수수께끼들은 꿈꾼 사람이 충분히 성숙해지는 노년에야 전해진다.

앨처링거는 신화와 과거의 동일시가 일어나는 곳이고 새로워진 현재의 근원이며 불가사의한 패턴의 반복으로 인해 완전히 새로울 수 없는 상황과 태도를 위한 공인된 기준이다. 이렇게 꿈은 조상을 비롯한 영혼들과 대화하여 지식과 안내를 구할 수 있게 해주고, 이러한 만남은 축의 시대를 살던 그리스인들이 청동기 시대를 풍미한 호메로스의 영웅에 관한 꿈을 꾸었을 때만큼이나 설렘과 영감을 준다.

아렌테 문화에서 자연은 믿을 수 없을 만큼 거대한 사원이고, 삶은 의도가 부여된 영혼들이 식물군, 동물군, 광물계에서 살아가는 신비한 경험의 연속이다. 낡고 강렬한 그들의 애니미즘은 지구상에서 가장 오래되고 경험이 풍부하고 중단된 적 없는 종교일 것이다. 그 안에 푹 담기어진 아렌테족은 꿈에서든 깨어 있을 때든 모든 자연물을 자유롭게 동일시한다. 그들은 앨처링거를 통해 잠자는 동안 동물과 식물, 몇 대에 걸친 조상들을 포함한 온갖 종류의 영혼과 완전히 다른 삶을 살 수 있는데, 이 경험은 너무 충만하고 강렬해서 깨어 있는 삶으로 돌아가는 것이 꿈으로 돌아가는 것이고 잠드는 것이 깨어나는 것이다.

유체 이탈

한편 티베트 승려들은 꿈을 꿈꾸는 사람의 의지를 조작하고 그들의 능력과 의도에 한계를 짓는 한낱 구성체, 환상으로 이해한다. 그들은 잠드는 것을 죽음에 대한 준비로 여기고 밀람milam, 즉 꿈의 요가

dream yoga를 수련한다. 그들은 이 수련법을 통해 극도로 명료한 상태에 이르고, 그 안에서 꿈의 정체가 엄밀한 내부의 현실임을 의식하고 어떤 어려움이나 두려움 없이 꿈을 통제하는 방법을 배운다.

밀람은 연속적인 단계를 통해 학습되며, 서로 다른 전통적 계통에 따라 작은 변형이 있을 수 있다. 우선, 꿈꾸는 사람은 자신이 꿈꾸고 있다는 사실을 알아차리는 방법, 즉 꿈속에서 의식이 명료해지는 방법을 배워야 한다. 처음에는 꿈꾸는 도중에 의식을 확립하는 것이 어려워 보통은 꿈이라는 것을 자각하더라도 금세 잊어버리고 진짜가 아니라는 느낌도 잊어버린다. 현실에 대한 의심을 유지하는 능력은 꿈 이야기의 인과관계를 반전시키는 데 필수적이며, 이를 통해 꿈에서 사건은 단순히 꿈꾸는 이에게 발생하는 것이 아니라 본인의 의지로 유발되기 시작한다.

두 번째 단계에서 꿈꾸는 사람은 꿈속에서 발생하는 어떤 일이든 끔찍하게 보일지라도 진짜 해를 끼칠 수는 없다는 것을 깨닫고 꿈의 내용이 유발하는 모든 두려움에서 벗어나야 한다. 이러한 깨달음이 필요한 이유는 아무것도 모르는 사람의 꿈에 불쑥 나타나 깜짝 놀라게 하는, 평생에 걸쳐 배양되고 길러지고 정교해지고 보존되어온 한 무리의 공포를 꿈 자각의 문턱이 숨겨주기 때문이다. 이 단계에서 할 수 있는 대표적인 훈련은 고통을 주거나 흔적을 남기지 않는다는 사실을 확인하기 위해 꿈에서 자기 몸에 불을 지르는 것이다.

세 번째 단계에서 꿈꾸는 사람은 꿈에서든 깨어 있을 때든, 모든 것은 끝없이 변화하고 실체가 없는 찰나의 환상 또는 인상에 불과하다는 사실을 고려해야 한다. 사랑하는 존재가 꿈에 나타나거나 꿈에서 사라질 때 인간은 하나의 껍데기, 미완의 환영, 불완전한 표상의 모음집에 불과하다는 것을 알아야 한다. 황홀하든, 불쾌하든 꿈의 이미지들은 한낱 키메라(사자 머리와 염소 몸통, 뱀 꼬리를 가진 그리스 신화의 괴물-옮긴이)일 뿐이다.

밀람 수행자는 이 사실을 마음속 깊이 받아들임으로써 다음 단계에 진입하며 꿈속 대상의 크기, 무게, 형태를 절제된 방식에 따라 마음대로 변형시키는 법을 배운다. 꿈의 정신 공간에서 자연법은 깨어 있을 때의 경험에서 얻은 관습에 지나지 않으며, 능동적인 상상으로 완전히 깨뜨릴 수 있다. 꿈속에서 사물과 사람은 대부분 넘어져도 바닥에 떨어지지만, 사실은 중력 법칙에 따르지 않으므로 꿈꾸는 사람이 그렇게 바라면 떠다닐 수 있다. 더 정확히 말하면 뜨기를 바라는 법을 알고 있다면 그렇게 할 수 있다. 이 놀라운 기술이 확장되면 꿈의 배경은 물론 등장인물도 직접 선택할 수 있다. 이 단계에서 더 나아가려면 꿈꾸는 사람의 의지력이 강해져야 한다. 그 꿈의 창조자가 되려면 확고하고 의도적인 욕망을 통해, 자발적인 의지력을 통해 꿈속 등장인물의 역할에서 벗어나야 하기 때문이다.

꿈속 대상과 장면의 형태를 만드는 기술을 습득한 밀람의 수행자들은 체격을 늘리거나 줄이고, 체형을 바꾸고, 심지어는 꿈에서 깨는 일 없이 어느 장면에서 자신을 완전히 꺼내는 등 자신의 몸을 변형하는 기술을 훈련한다. 이 단계에서는 특정한 관점을 가지고 꿈속에서 활동하는 자아의 표상에 불과한 꿈속의 신체와 자아에 거처를 제공하는 정신적 구조물을 훌쩍 뛰어넘는 꿈 자체의 차이가 뚜렷해진다.

마지막으로 최고급 단계에서는 자신의 꿈을 '공허의 투명한 빛clear light of the void'과 통합하여 꿈을 자각한 상태에서 붓다를 비롯한 신들을 시각화하는 법을 배워야 한다. 물론 이 단계의 초월적 의미는 여기에 도달하지 않은 모두의 이해력을 넘어선다. 그러나 밀람이 꿈의 정신적 능력을 확장하는 자기 인식의 길이라는 것을 이해하기 위해 이

의미를 꼭 알아야 하는 것은 아니다.[32] 몇 가지 중요한 차이가 있지만, 힌두교의 요가 니드라yoga nidra 역시 수면과 각성 사이의 전환에서 몸을 펼치는 연습을 통해 위와 비슷한 자아 발견의 여정을 제공한다.

내적 각성

히말라야 주변이나 남아메리카의 관습은 환각을 얻기 위해 명상을 이용하는 반면, 전 세계의 다른 많은 문화는 비슷한 목적을 위해 고통과 단식, 고행을 지지한다. 미국 대초원의 태양춤Sun Dance부터 샤반테족의 그림까지, 중세 가톨릭의 신성 재판(ordeal, 유죄 여부를 가릴 수 없을 때 육체적 고통을 가하여 그것을 이겨내면 무죄로 판명하는 제도-옮긴이)부터 힌두교 성자의 뜨거운 석탄 위 걷기까지, 유체 이탈과 환각도 고통의 수용과 극복을 통해 얻어진다. 조르다노 부르노가 묵묵히 종교 재판의 화염을 마주했을 때 어떤 계시가 그를 사로잡았을까? 그는 다른 사람과 같은 고통을 느꼈을까? 아니면 내부 현실은 외부 세계와 단절되고 신성한 정신은 불타 죽은 육신을 훌쩍 넘어선 명료하고 신비로운 황홀경에 있었을까?

고통이 황홀경으로 향하는 길이듯, 꿈꾸는 듯한 상태도 즐거움을 통해 얻어질 수 있다. 이슬람 수피교들이 반복적인 회전 춤과 최면을 거는 듯한 음악을 통해 도달하는 아주 기분 좋은 의식의 변형 상태를 상상해보라. 자기 자신을 내면으로 향하게 하는 마음가짐은 명상, 시각화, 자세, 만트라, 암송, 구호를 비롯해 많은 기법들의 핵심이다. 이미 청각을 자극하여 시각 경험에 변화를 일으키는 프로그램들이 존재한다. 마사지와 탄트라 섹스를 통해서도 환각을 얻을 수 있다. 프라나야마(prāṇāyāma, 호흡 조절) 수행법이나 동양의 다른 전통 요법들, 또는 체코의 정신의학자인 스타니슬라프 그로프Stanislav Grof의 홀로트로픽 호흡작업holotropic breathwork처럼 최근 몇십 년 동안 서양에서 발전한 기법들을 통해 호흡을 조절하면 더 놀랍고 황홀한 환각이 유발된다.

위대한 쿵푸 마스터인 브루스 리는 깨우침의 중요성을 강조했다. "사토리-꿈에서 깨어난 상태. 각성과 자아실현, 자신의 존재를 들여다보는 것은 모두 동의어다."[33] 이들은 불교, 선Zen, 도교, 탄트라를 통해 동양에 깊숙이 뿌리내린 반면, 서양은 이에 대한 저항과 회의론이 여전하다. 내부 기관과 진행 과정에 관한 한, 우리는 거의 맹인이나 다름없다. 왼쪽 엄지를 움직여보라. 쉽지 않은가? 이제 오른쪽 해마를 활성화해보자……. 몸 안에서 일반적으로 일어나는 거의 모든 일에 무감각한 것이 인간의 정신에 주어지는 기본값일 수 있지만, 중국의 기공이나 힌두교의 아사나asana는 이러한 경험을 송두리째 바꾸어버린다. 그들은 이러한 수행법을 통해 자신의 심장 박동 소리를 듣고 체온을 조절하고 직감할 수 있다. 이 문제들은 과학자들이 아직 이해하지 못한 현상을 편견 없이 조사하는 데 충분한 시간을 할애하지 않은 과학과 형이상학의 경계선에 있다. 이 주제와 관련된 몇 안 되는 과학 연구는 이러한 기술이 실재한다고 주장한다.[34]

내적 각성의 과정이 본능에 따라 생리학적으로 일어날 수 있다면, 그것이 깊은 상징성을 갖는 것 또한 막을 수 없다. 밀람과 요가 니드라에서 수행자의 행위와 무위는 과학계에 자각몽lucid dreaming으로 알려진 내적으로 자유로운 정신 상태에서 발생한다. 자각몽은 보통 아침이 가까워지는 렘수면 단계의 후반부와 관련된 상태이며, 이때 우리 몸은 이미 잠을 충분히 잔 상태라서 수면에 대한 압박이 거의 없고 분비 가능한 신경전달물질의 비축량이 풍부하고 급속 안구 운동이 활발한 아주 특별한 상태에 돌입한다. 활발히 꿈을 꾸고 있지만 이미 일어날 준비를 마친 이 순간에 가끔은 거의 기적처럼 뇌가 스스로 깨어나기도 한다.

자각몽

아메리카 원주민, 오스트레일리아 원주민, 티베트의 요가 수행자, 그리고 기독교의 사제들은 모두 꿈 항해의 대가들이다. 꿈꾸고 있음을 의식하는 것은 변화의 여정을 시작하는 데 필요한 조건이다. 마푸체족 사이에서 꿈을 꾸고 있다는 것은 영혼의 왕성한 생명력을 암시한다. 이러한 꿈들은 감정적 영향력이 엄청나고 자율성을 강화하며 꿈꾸는 사람에게 큰 권한을 부여한다.

렘수면의 정상 과정은 보통 두 개의 상반된 상황으로 이어지는데, 하나는 빠르게 깨어났다가 금세 꿈으로 돌아가는 것이고, 다른 하나는 깨어나서 불면 상태를 유지하는 것이다. 그러나 지속적으로 연습하면 렘수면과 각성 사이의 미세한 문턱에서 균형을 잡고, 꿈을 특징짓는 정신의 시뮬레이션 과정에 숙달하는 방식으로 의식이 확장된다. 이런 유형의 꿈은 영향력이 매우 크며, 그전보다 더하지도 덜하지도 않지만 완전히 색다른 축으로 정신적인 삶에 신선한 차원을 더한다. 이것은 자각이 고조된 꿈으로서, 꿈꾸는 사람은 자기가 꿈꾸고 있다는 것을 알고 있으며 꿈의 서사에 들어가는 모든 것에 대해 전적으로 또는 부분적으로 지배력을 행사할 수 있다.

꿈은 자발적인 꿈 행위의 통로로 탈바꿈함으로써 학습하고 연습하고 사랑하고 여행하고 반영할 특권이 주어진 공간이 된다. 또한 가족과 친구, 조상, 영적 존재, 신, 심지어 창조주 자신과 같은 정신의 피조물들을 발견하고 그들과 상호작용하기에 좋은 공간이 된다. 뉴에이지 기독교의 일부 분파는 기독교의 영적 인식gnosis의 주요 현상이 수행자들에게 "빛을 보는 것seeing the light"으로 표현되는 신비로운 상태에 이를 수 있는 구체적인 길을 제공하는 자각몽의 공간에서 자각될 수 있다고 믿는다.[35] 자각몽은 대부분 비자각몽 상태에서 발생하는 반면, 전통적이고 현대적인 설명에 따르면 깨어 있는 상태에서도 꿈의 자각 상태 lucidity에 도달할 수 있다고 한다.

아리스토텔레스, 갈레노스, 성 아우구스티누스를 통해 알려진 자각몽은 레옹 데르베 드 생 드니 후작이 쓴 〈꿈과 꿈을 지배하는 방법 Dreams and the Ways to Direct Them〉이라는 두꺼운 철학 논문의 주제였다.[36] 후작의 아이디어와 레브 뤼시드(rêve lucide, 프랑스어로 '자각몽')라는 용어, 그리고 자신의 경험에서 자극을 받은 네덜란드의 정신과학자인 프레데릭 반 에덴Frederik van Eeden은 1913년에 그 현상에 대한 과학 보고서를 발표했다.

> 다만 나는 평범하고 건강한 숙면 중에 관찰한 결과 352건의 사례에서 일상을 온전히 기억했고 너무 빨리 잠들어서 신체감각이 지각을 뚫고 들어오지는 못했어도 자발적으로 행동할 수 있었다고 말할 수 있을 뿐이다. 누군가는 그 정신 상태를 꿈으로 부르기를 거부하고 뭔가 다른 이름을 제안할 수 있다. 내 생각에 그것은 단지 내가 '자각몽'이라고 부르는 유형의 꿈이었다.[37]

반 에덴의 보고서는 강력하지만 많은 사람에게 확신을 주지는 못했다. 평범한 꿈에 관한 연구가 제삼자의 보고에 의존하여 이미 취약한 상태인 만큼 완전한 자의식을 가지고 있었다고 주장하는 대단한 꿈을 어떻게 진지하게 받아들일 수 있겠는가. 회의론자들은 수십 년 동안 자각몽은 사실 몸을 움직일 수는 없지만 정신은 깨어 있는 각성을 멈춘 상태라는 자신들의 해석을 퍼뜨렸다. 1970년대에 이르러서야 이 반대론에 맞서는 실증적 대응이 나타났고, 이는 자각몽이 제공하는 내적 공간에 대한 과학 연구를 위해 확실한 생리학적 기반을 마련했다. 1978년에 영국의 심리학자인 키스 헌Keith Hearne은 박사학위 논문에서 눈은 렘수면 중에 정상적으로 활동하는 "(꿈꾸는) 영혼의 창"이므로 눈을 통해 명료함으로의 진입을 알릴 수 있다는 것을 증명했다.**38** 미국의 신경과학자인 스티븐 라버지Stephen LaBerge가 1980년에 스탠퍼드 대학에서 윌리엄 디멘트의 지도하에 끝마친 박사학위 연구에서도 같은 결과를 보였다.**39** 두 사례 모두에서 연구자들은 렘수면 중에 나머지 근육이 모두 이완된 상태임에도 안구가 움직인다는 사실을 이용하여 곧장 깨지 않으면 자각몽의 발생을 알릴 수 없을 것이라는 독단적 가정을 무력화했다. 연구자들은 꿈의 각성 상태로 쉽게 들어가도록 훈련된 자원자들에게 자각몽 중에 사전 합의된 안구 움직임을 수행하여 에피소드의 시작과 끝을 알려달라고 요청했다. 근긴장이 부재하고 고주파의 뇌파가 나타났다는 사실은 렘수면이고 각성 중이 아님을 확인해주었다. 다시 말해 자원자들은 꿈꾸는 동안에도 자발적으로 안구를 움직이고 있었다. 이번 판은 요가 수행자들의 승리였다.

1980년대에 라버지는 자각몽을 이해하는 데 중요한 역할을 하는 다양한 연구를 진행했다. 그는 자각몽이 언어로 제시되고 연습되고 감각 신호로 자극될 수 있는 자발적인 기술이라는 것을 보여주었다. 또한 그는 이 상태에서 자발적으로 호흡을 조절할 수 있고, 자각몽은 보통 교감신경계가 지배하는 렘수면 중에 발생하여 높은 심호흡률과 활발한 안구 움직임을 동반한 '초월적 렘수면'을 만들어낸다는 것을 보여주었다.**40**

처음에 무시당하던 라버지와 헌의 발견은 지난 20년 동안 확인 되며 기반을 견고히 다졌다. 오늘날 우리는 자각몽이 각성과 렘수면의 중간 상태, 즉 주의가 '내면'을 향하는 수면과 지향적 의식이 특징인 각 성이 혼합된 상태라는 것을 알고 있다. 드물기는 하지만 대부분 사람들 은 적어도 평생에 한 번은 자발적인 자각몽을 꾸며, 특히 여성들은 청 소년기 이후 가물에 콩 나듯 자각몽을 꾼다.[41] 대부분은 그런 꿈을 다시 한번 꾸고 싶겠지만 그 경험을 반복하는 방법을 아는 사람은 거의 없다. 미국의 심리학자인 벤저민 베어드Benjamin Baird는 최근 스티븐 라버지 를 만나 갈란타민galantamine이 자각몽을 유도할 수 있다는 것을 보여 주었다. 이 물질은 렘수면 중에 분비가 증가하는 아세틸콜린에 대한 신 경 반응을 증가시킨다. 그 결과 집중과 주목, 자발적인 의사 결정이 특 징인 극도로 생생한 꿈을 꾸었다.[42]

자각몽과 신경의 상관관계

잘 훈련된 자각몽이 꿈의 서사를 통제할 수 있는 것은 상상력에 대한 자발적 지배, 꿈꾸는 사람의 행동과 장면을 지배하는 단도직입적 인 소망 덕분이다. 두려워하지 않고 꿈의 서사를 창조하는 능력에 도취 하지도 않으면서 절제된 광기를 실행하는 사람은 의지에 따라 무의식 에 접촉하고 그것을 항해하는 혼란스러움에 숙달될 수 있다. 자각몽을 꾸는 동안 집행 기능을 사용한다는 사실은 일반적으로 렘수면 중에는 활성화되지 않는 전전두피질이 자각몽 중에 반드시 활성화되어야 한다 는 것을 시사한다.

이 가설에 따라 J. 앨런 홉슨과 독일의 신경과학자인 우르술 라 보스Ursula Voss는 자각몽은 비자각 렘수면non-lucid REM sleep과 비교할 때 전전두피질의 격렬한 고주파 뇌파가 동반된다는 것을 보여주었다.[43] 뮌헨의 막스 플랑크 정신의학 연구소Max Planck Institute of Psychiatry 소속인 독일의 신경과학자 마틴 드레슬러Martin Dresler는 뇌전도검사 기록과 기능적 자기공명영상의 측정치를 결합함으로써 자각렘수면lucid REM sleep은 비자각 렘수면과 달리 의사 결정과 의도성(전전두피질), 시각(후두피질과 설상엽), 반사적 의식(설전부), 기억(측두피질), 공간(두정피질)과 관련된 뇌 영역에서 더 많은 활성화가 일어난다는 것을 보여준다.[44] 또한 이들은 자각몽 중에 수행되는 주먹을 펴고 쥐기 같은 운동 행위가 일어날 때 보통 각성 중에 같은 행위를 할 때 활성화되는 감각운동피질sensorimotor cortex의 활성화를 촉발한다는 것을 보여주었다.[45] 이는 한 가지 꿈 내용의 신경 표상neural representation을 최초로 시각화한 것이었다.

렘수면 중 인위적으로 전두엽 활성을 증가시키면 자각몽으로 전환을 촉진할 수 있다는 가설을 검증하기 위해 두 개의 연구팀이 렘수면 중에 전전두피질을 자극하는 실험을 수행했다. 2013년에 리투아니아의 타다스 스텀브리스Tadas Stumbrys, 그리고 독일의 마이클 슈레들Michael Schredl과 다니엘 얼라허Daniel Erlacher는 자각몽을 경험해본 사람들에 한해 자극 후 자각에 대한 보고가 증가했음을 보여주었다.[46] 2014년에 보스와 그녀의 팀은 고주파로 경두개를 자극하는 동안 이런 종류의 꿈을 경험해본 적 없는 사람들에게도 자각이 증가했음을 보여주었다.[47] 꿈에 관한 자각이 연습 혹은 타고난 성향에 따라 얼마나 좌우되는지는 계속 논란이 있지만, 적어도 그것의 존재를 부인하는 과학자는 이제 없다.

수도승과 신경 제다이

자각몽이 이미 확립된 사실이라면, 실생활과 관련된 기술을 연습하는 데 유용하다는 추정에 대해서는 뭐라고 말할 수 있을까? 크레이지 호스가 "꿈을 꾸었는데, 이전에 해본 적 없는 많은 것을 하는 방법을 수족에게 보여주었다"라고 말한 직관적 꿈의 정수를 실험실에서 재창조할 수 있을까?[48] 다칠 걱정 없이 쿵푸를 배우는 영화 〈매트릭스〉의 네오처럼 자각몽을 특별한 기술을 고안하기 위한 가상 공간으로 이용할 수 있을까? 컴퓨터 프로그래머들은 자신의 꿈에서 코딩을 할 수 있을까? 수면 중에 연습하는 것이 가능할까?

이런 질문에 대한 답을 얻으려면 아직 갈 길이 멀지만, 과학자들은 답을 향해 나아가는 중이다. 독일의 운동선수 840명과 그들의 꿈에 대한 각성 사이의 상관관계를 연구한 결과, 그중 57퍼센트는 적어도 평생에 한 번 자각몽을 경험했고, 24퍼센트는 매달 1회 이상의 에피소드가 등장하는 자각몽을 꾸었다. 가장 흥미로운 데이터는 자각몽을 꾸는 선수의 9퍼센트가 그 상태를 이용하여 운동 기술을 연습한다며 그것이 현실의 수행 능력을 향상하는 데 유용하다고 믿는다는 것이었다. 연구자들은 거리를 늘려가며 동전을 컵 안에 던져넣거나 다트를 목표물에 맞히는 것과 같은 단순한 운동 기술을 꿈에서 연습하고 그 결과를 살펴봄으로써 똑같이 흥미로우면서 좀 더 평범한 방식으로 선수들이 제공한 실마리를 따라가 보기로 했다. 그 결과, 수면 중의 연습이 현실에서의 정확성을 크게 높인다는 것을 확인할 수 있었다.[49]

자각몽을 꿀 때와 깨어 있을 때의 시간에 대한 자각을 비교하는 연구도 있었다. 움직임이나 신체적 노력을 포함하지 않는 정신 과제를 수행하는 데 걸리는 시간은 꿈속이나 현실이나 똑같지만, 걷기나 운동하기와 같은 운동 과제를 수행하는 데 걸리는 시간은 현실보다 꿈속에서 40퍼센트까지 더 늘어날 수 있다. 이처럼 자각몽을 꿀 때 운동 과제의 수행 시간이 증가한다는 사실이 렘수면 중에 운동 처리를 늦출 가능성을 반영하는지, 아니면 꿈속의 움직임을 뇌로 되먹임할 수 있는 근육 신호의 부재 가능성을 반영하는지는 아직 알 수 없다. 지금껏 조사한 과제들이 소소하기는 하지만, 우리는 여전히 무한한 정신 훈련의 장場으로서 가능성을 기대하고 있다. 최근의 한 연구는 자각몽을 꾸는 동안 발생하는 안구 움직임은 눈을 감고 시각적 상상을 할 때보다 눈을 뜨고 인식할 때와 더 가깝다는 것을 보여주었다. 자각몽이 실제로 내적으로 각성한 상태라는 과학적 증거가 쌓이고 있다.[50]

매혹적인 초대

삶에서 가장 중요한 경험은 그것을 직접 겪은 사람만이 평가할 수 있다. 아이를 가진 경험이 없는 사람에게 아이를 가져본 경험을 설명하는 것은 실존적으로 불가능하다. 이와 마찬가지로 꿈에 대한 자각이 주는 전율과 진기한 경험을 전달하는 것은 거의 불가능하다. 자각몽은 온 정신에서 비롯한 거대한 기억의 보고에 대한 의식의 표현이자 거의 모든 욕망을 충족할 수 있는 공간으로서, 일반적으로 정신 표상의 광활한 내부 공간을 드러낸다는 점에서 몹시 즐거울 수 있다. 만약 이런 종류의 꿈을 한 번도 경험하지 못했다면 지금이 그것을 배울 완벽한 순간이다.

자각몽을 연습할 수 있는 방법론은 따로 없지만, 유용한 프로토콜은 몇 가지 있다. 첫 번째 단계는 1장에서 추천한 꿈 일기를 재개하는 것이며, 이는 자신의 꿈을 회상하고 이야기하는 데 아주 좋은 연습이다. 이에 더해 온종일 자신에게 수시로 물어보는 습관처럼 꿈 상태에 대한 자각을 증가시킬 수 있는 기술을 적용하는 것도 중요하다. "내가 꿈을 꾸고 있나?" 이 질문은 자기 손처럼 구체적인 대상을 찾아보는 행동을 동반할 수 있다. 잠들기 전에 하는 짧은 자기 암시도 유도하고 싶은 경험에 대한 관념을 형성하여 자각몽 유도에 도움이 된다. 이보다 더 유용한 방법은 렘수면의 마지막 에피소드의 문턱인 새벽 한두 시쯤에 일어나서 자기 암시를 하는 것이다. 자각몽을 꾸는 동안 뇌에서 일어나는 일을 많이 이해할수록 전 세계 사람들이 이 강력한 자기 통제 방식에 접근할 확률도 높아진다. 자각에 유용할 만한 방법을 한 가지 더 소개하자면 빛과 소리로 렘수면의 시작을 알려주는 전자 마스크를 인터넷에서 구매하여 사용하는 것인데, 그러면 꿈에 대한 자각으로 전환할 수 있는 저강도의 외부 자극을 만들 수 있다. 심지어 가장 완고한 회의론자들에게도 자각몽을 유도하도록 돕는 경두개 자극 장치가 시장에 출시될 가능성도 꽤 있다.

　　일단 자각몽에 들어가는 과정에 숙달되면 무엇을 할 수 있을까? 거의 모든 것이 가능하다. 사랑하는 사람과 재회하고, 진정한 사랑에 빠지고, 위험한 모험에 도전하고, 상상해온 우주의 가장자리를 여행하고, 현실에서 위험한 동작을 연습하고, 죄책감과 장애물 없이 욕망을 마음껏 충족하라. 꿈의 자각 현상을 어떻게 해석하는지는 그 사람의 관점에 달려 있다. 신비주의자들에게 이런 종류의 꿈은 영적 세상을 탐험하기 위한 출입구이자 다른 행성과 차원으로 건너가는 여정을 위해 천체를 펼치고 계획하는 것을 가능하게 하는 상태이다. 유물론자들에게 자각몽은 한 생애의 가장 사적인 기억과 그것의 조합을 모아놓은 드넓은 무의식의 바다를 항해하기 위한 열쇠이다.

　　자각몽을 꾸는 사람의 능력과 한계를 중심으로 한 매우 매혹적인 실험뿐만 아니라 자각몽 중에 나타나는 등장인물의 인식에 대한 실험에서도 선구적인 진전이 이루어지고 있다. 이러한 등장인물은 티베트의 수도승과 융 학파의 정신의학자, 샤반테족의 치료사들이 경배하는 자각몽의 신비로운 존재들이다. 현장 연구와 실험실 연구에 따르면, 이 인물들은 글을 쓰고 그림을 그리고 운문을 짓고 꿈꾸는 사람이 모르는 단어를 제시할 수 있으며 은유적인 퍼즐에 대해 참신한 해결책을 제안할 수도 있지만 한 가지 특이한 약점이 있는데, 논리와 연산에 대한 문제를 무척 어려워한다는 것이다.[51] 인간이 문자와 숫자를 꿈꾸기 어려워한다는 사실이 자각몽에 소환되는 이러한 존재들을 정신적으로 제한하는 듯하다.

꿈은 어느 방향으로 진화 중일까?

자각몽에 대한 유물론적 관점은 16세기 이전에 등장한 도덕적 딜레마에 대한 최신 버전이다. 성 아우구스티누스는 꿈에서 저지른 죄에 대한 책임을 면제해주었는데, 꿈은 사람이 통제할 수 있는 것이 아니라 우연히 일어난다고 생각했기 때문이다. 그러나 일련의 의도적 행동을 통해 꿈의 서사 과정에 영향을 미치는 가능성은 이 주장에 의문을 제기한다. 우리는 자각몽을 통해 다른 등장인물을 죽이거나 온갖 역겨운 행위를 저지를 수 있다. 조상들의 수많은 전통에서 이단이었을 만한 것이 죄책감도 책임감도 없는 젊은 쾌락주의자의 마음속에서는 비디오게임의 어느 세션만큼 비도덕적인 놀이공원으로 변한다.

자각몽을 사소하게 만드는 방법은 많다. 단지 실컷 섹스하기 위해, 또는 충격적이게도 고문을 가하거나 살인을 저지르기 위해 특정 인물을 모방하는 것은 은밀히 연마한 자기 자극 행태의 극단성을 명확히 보여준다. 오스트레일리아의 원주민들, 또는 영혼이나 정신 표상의 온전함을 유지하는 것이 중요하다고 믿는 정신분석학자들은 무슨 컴퓨터 시뮬레이션이라도 되는 양 자신의 무의식을 헤집고 다니는 것을 허용하지 않을 것이다.

정신분석학자들은 자각몽의 쾌락주의적 활용을 무모한 꿈 기능의 남용으로 보는 경향이 있다. 현실 세계의 행동을 훼손하는 내적 통제의 환상에서 오는 희열이 개인의 해로운 속성을 자극할 수 있기 때문이다. 이 관점에 따르면, 자각몽은 마약처럼 작용하여 꿈꾸는 사람에게 현실 세계에서의 성과가 아닌 순전히 상상 속에서만 성공에 대한 보상을 제공한다. 현실의 결과가 없는 욕망의 충족은 특히 욕망을 책임감으로부터 분리하고, 무의식이 제공하는 정상적인 긴장감의 탈출구를 차단함으로써 그 본질을 왜곡할 것이다.

요가 수행자와 신경과학자들은 꿈 통제가 유익할 수 있는지에 낙관적인 편이지만, 이 가능성은 꿈꾸는 사람이 꿈에서 어떤 행동을 선택하느냐에 따라 달라진다.[52] 자각몽이 의도에 따라 뇌를 재프로그래밍하는 세련된 방법이라면, 자각몽의 효과는 그 경험을 만들어내기 위해 선택된 이미지와 행동에 따라 좌우된다. 다시 말해 자각몽이 비자각 렘수면에서처럼 기억을 반향하고 유전자 발현을 조절한다면, 그것의 효과는 현실에서 그런 행동을 했을 때 나타나는 효과와 비슷해야 한다.

이러한 견해는 자각의 항해에 내포된 도덕성을 나타낸다. 혹은 정신 위생mental hygiene이라고 해야 할까? 그것의 한계를 보여준다. 의술의 신 아스클레피오스Asclepius 숭배에서부터 마푸체족의 해몽가인 퓨마페pewmafe에 이르기까지 진단과 치료에 대한 자각몽을 축하하고 기린다. 자각몽이 반복성 악몽과 만성 통증을 억제할 수 있음을 시사하는 예비 증거도 있다. 반면에 몇 년 전에 제기된 자각몽이 정신병을 치료할 수 있다는 주장은 지지하기 어렵다. 정신병 증상이 없는 사람들에게는 꿈에 대한 자각이 심리적으로 안전하지만, 정신병 환자들에게는 외부 현실과 닮은 내부 현실을 만들어 망상과 환각을 강화할 수 있다.[53] 마리아노 시그먼은 다음과 같이 말한다.

> 자각몽은 두 세계의 장점, 즉 꿈의 시각적이고 창의적인 강렬함과 각성의 통제력이 결합하는 아주 매혹적인 정신 상태이다. 자각몽은 과학계의 금광이기도 해서…… . 아마도 자각몽은 일차 의식과 이차 의식 간의 전이를 연구하기에 이상적인 모델일 것이다. 지금 우리는 최근에서야 과학사에 나타난 이 매력적인 세계를 스케치하는 첫 단계에 있다.[54]

의식의 미래로 향하는 문

우리는 어느 방향으로 진화하고 있을까? 우리의 의식은 결국 어디로 갈까? 자각몽은 새로운 인간 정신의 배아가 될 수 있을까? 수많은 문명이 가장 중요하게 여기는 조상들과의 만남은 이 단계에서 가능해지는 여러 불가능한 경험 중 하나일 뿐이다. 내면으로의 움직임은 우리가 알고 있는 네 개의 차원 너머에 여러 차원이 실제로 존재할 가능성처럼 오늘날 수학적으로만 표현될 수 있는 것들에 대한 자각적 직감perceptual intuiting을 통해 과학적 발견을 위한 공간을 창출한다. 조르다노 브루노의 꿈은 태양계를 벗어나 자각의 우주로 날아갈 수 있을까?

만약 꿈이 깨어 있는 삶에 침범하는 것이 사고방식의 진화에 결정적이었다면, 지금부터 인간 정신의 진화는 꿈 안에서 깨어나는 능력과 연결될 것이며, 이로써 의식의 상태를 확장할 수 있을 것이다. 이와 같은 깨어 있는 상태의 신경 메커니즘은 우리가 최근에야 해독하기 시작했을 뿐만 아니라 이 상태가 인간의 아찔한 인지적 진화가 일으킨 위대한 기적의 최전선을 상징한다는 것을 부정할 수 없다. 사람들이 기억을 저장하고 아이디어를 시뮬레이션하기 위해 디지털의 가상성에 점점 더 많이 의존할 때, 상징의 세계를 관통하는 가상의 항해는 재결합된 표상의 거짓된 무한성에서 꿈꾸는 사람의 의식적 처분에 따라 우리 미래의 근본적 갱신에 대한 신호를 보낸다. 꿈의 자각을 탐구함으로써 인간의 창조성, 발명, 발견을 위한 새로운 길이 열릴 것이며, 아직 그럴 가능성이 농후하다.

더 이상 우리는 예전과 같다고 말할 수 없다. 나처럼 인터넷이 출현하기 전에 태어난 사람들은 지난 수십 년간 다양한 노력을 기울여서 거의 모든 기억과 기본적인 일상생활을 기계에 위임하는 법을 학습했으므로 자신을 사이보그 1.0 버전으로 생각할 수 있고, 또 그렇게 생각해야 한다. 사이보그 2.0 버전인 우리의 아이들과 손주들은 이미 컴퓨터와 인터넷이 사과나무만큼 평범한 존재인 새로운 세상에 태어났다. (실제로 전 세계 대부분 아이들에게는 훨씬 더 보편적인 것일지도 모른다.) 지금 세대와 다음 세대는 다양한 전자 콘택트렌즈 또는 나노 임플란트를 이용해 마치 텔레파시처럼 파일에 접속하고 인터넷을 탐색하는 가상의 소통 기술을 몸속 깊이 새겨넣는 혁신을 받아들이는 데 아무런 문제가 없을 것이다. 그러나 다음의 질문을 반드시 던져야 한다. 그런 기술을 갖추면 우리는 스스로 살아남는 법을 터득할 수 있을까?

북아메리카의 원주민 부족들 사이에서 '일곱 번째 세대seventh generation'의 원리는 모든 개인이나 집단이 무언가를 결정할 때 그것이 현재뿐만 아니라 연이은 일곱 번째 세대로 상징되는 미래에 미칠 영향을 고려해야 한다는 개념을 제시한다. 이런 식의 설명이 보편적 원리가 아니라는 것은 충격적인 일이다. 우리는 종종 상상력이 미치는 최대의 범위에서 행동의 장기적 영향을 생각함으로써 행동의 원래 의도를 뒤집는 연쇄적인 작용과 반작용을 시뮬레이션할 수 있다. 이 추론은 이로쿼이연맹(여섯 개 부족이 구두로 설립한)의 '위대한 평화의 법칙Great Law of Peace'의 근간이며 지금은 미국, 캐나다, 멕시코에서 범-원주민투쟁을 이끄는 토대로 사용된다. 만약 미래를 상상하지 않는다면 우리는 돌이킬 수 없는 위험을 무릅써야 할 것이다.

2018년 10월에 유엔의 기후변화에 관한 정부 간 협의체IPCC, Intergovernmental Panel on Climate Change는 21세기 말이 되면 지구의 표면 온도가 3~4℃ 높아져 있을 것이라고 보고했다. 우리는 극한과 극서, 대형 폭풍, 가뭄, 홍수와 같은 심각한 기후변화를 예상할 수 있다. 해수면 상승의 가속화는 수메르의 지우수드라와 히브리의 노아가 겪은 홍수를 상기시킨다. IPCC의 패널에 따르면, 세계적인 기후 대혼란을 피하기 위해서는 경제의 급격한 변화, '전례 없는 규모의' 변화가 필요하다. 극단적인 지정학적 변화가 우리를 기다리고 있다. 북극의 툰드라는 비옥해지고 적도 가까이에 집중되어 있는 남반구의 대륙 덩어리들은 냉혹한 사막화를 경험할 가능성이 크다.[55]

재앙을 막을 시간이 얼마 남지 않았다는 유엔의 경고는 지속적인 다양성과 가장 성공적인 삶의 방식을 가진 인간종 가운데 하나인 아마존의 수렵채집인들 사이에 큰 파장을 일으켰다. 우리를 초대한 상징의 덫, 즉 첨단기술과 낮은 직감의 위험한 혼합에서 벗어나려면 의식의 확장이 더욱 필요할 것이다. 자이르 보우소나루 대통령의 군부가 지배하는 정권하에서 브라질은 삼림 파괴와 원주민 지도자 암살이 급증했다. 주술사 다비 코페나와는 자신의 독창적인 저서 《무너지는 하늘The Falling Sky》에서 우리에게 경고한다.

설령 모든 말이 거짓이라고 백인들이 확신해도 우리의 영혼은 이미 이에 대해 말하고 있다. 자파리Xapiri와 오마마Omama의 이미지가 그들에게 애써 경고한다. "만약 그대가 숲을 파괴하면, 하늘이 무너져 다시 땅으로 떨어질 것이다." 그들은 야코아나[yãkoana. 5-MeO-DMT가 풍부한 식물인 비롤라 티오도라Virola theiodora로 만든 환각성 코담배. 코페나와는 '마시다'(코아이 koai)라는 동사를 사용하지만 야코아나는 사실 가루 형태로 흡입한다]를 마시지 않기 때문에 전혀 신경 쓰지 않는다. 그러나 그들이 기계를 다루는 기술은 무너지는 하늘을 떠받치고 망가진 숲을 고치도록 허락하지 않을 것이다. 그들은 사라지는 것도 걱정하지 않는 듯 보이는데, 아마도 사람이 너무 많아서일 것이다. 그러나 우리 숲의 사람들이 사라진다면, 백인들은 우리의 오래된 집터와 버려진 정원에 살면서 결코 우리를 대체할 수 없을 것이다. 그들은 결국 무너지는 하늘에 으깨져 비명횡사할 것이다. 아무것도 남지 않을 것이다. 원래 그렇다.[56]

하늘이 곧 우리 머리 위로 무너진다는 엄숙한 경고는 집단의 전멸이라는 인간 본래의 두려움을 반영한다. 다비 코페나와의 말은 수메르의 두무지드가 꾼 악몽을 상기시키며, 이것은 결과적으로 브라질의 벽지로 달아난 샤반테족, 얼어붙은 초원을 떠돌며 살기 어린 청색 제복(미국 남북전쟁 당시 북군의 군복-옮긴이)의 무리를 기다리던 라코타족, 현상금이 걸린 채 파타고니아(남미 아르헨티나 남부의 고원-옮긴이)의 찬바람을 헤치며 방랑하던 마푸체족의 경험과 비슷할 것이다.

꿈에서 가림페이로스(garimpeiros, 금 시굴자들)가 나를 계속 공격했고……. 그들이 무리에게 말했다. "우리가 숲에서 일하는 걸 막아야 한다고 주장하는 이 다비란 자를 없애버려야 해! 이자는 우리 말을 아는 우리의 적이야. 너무 성가시게 굴어서 더는 못 참겠어! 야노마미족 놈들은 더럽고 게을러. 우리가 평화롭게 금을 찾으려면 저들을 없애야 해. 병을 옮기는 연기를 피워서 저들을 쫓아내야 한다고!" (…) 당시에는 군부대가 적대적이었다. 그들은 가림페이로스가 들어올 수 있게 우리의 땅을 조각내려 했다. 그때 철모를 쓴 군인들의 영혼과 나를 붙잡아서 가두고 학대하려는 그들의 전투기가 보였다. 그러나 내 푸루시아나리purusianari 영혼들이…… 백인 병사들과 싸우기 위해 내 꿈으로 내려왔다. 영혼들은 그들의 길을 뜯어내고 그들을 하늘의 가슴으로 잡아갔다. 그리고 갑자기 그들을 베어버리고, 그 모든 것이 공허로 휩쓸렸다.[57]

인간의 꿈의 미래가 그 시작과 마찬가지로 암울한 악몽이 되지 않으리라는 보장은 없다. 2020년 브렉시트의 혼란 속에서 펑크 밴드인 섹스 피스톨즈Sex Pistols의 가사가 마치 앞날을 내다보기라도 하듯 울린다. "영국의 꿈에는 / 미래가 없어." 이러한 바이러스, 경제, 환경의 디스토피아 시대에 트럼프 대통령이 이미 독성물질로 상당히 오염된 데다 전쟁도 진행 중인 행성에 가져다준 충격과 더불어 코로나19 팬데믹, 그리고 우리가 가진 가장 신경증적이고 왜곡된 결점의 적나라한 표면화로 큰 타격을 입은 지금, 마야 사람들이 지난 천년에 매일 겪었던 것처럼 우리에게 여명은 안도의 한숨이자 희망의 재개이고, 일몰은 다음 날 태양이 밤을 물리치고 다시 떠오르지 않을 수도 있다는 두려움이다. 우리가 여전히 진행 중인 홀로코스트에서 살아남는다고 해도, 지구온난화가 야간 수면 시간을 빼앗아갈 것이기 때문에 우리는 잠을 잃어버릴 가능성이 크다.[58] 우리가 탈출구를 꿈꿀세라 미래는 불면증을 약속한다.

또한 가상 소통 능력의 급격한 성장은 진정한 상호작용에 들어가는 시간을 빼앗아가고, 견해에 대한 절대적 상대주의에 우리를 옭아매어 큰 우려를 자아낸다. 2006~2017년 트위터에서 소문의 영향력을 측정한 결과, 가장 널리 공유된 게시물이 정확히 가장 허구인 것으로 나타났다. 알고리즘, 소프트웨어 로봇, 완벽히 작동하는 '본체 없는 영혼'은 이미 미국, 영국, 브라질에서 극단적인 플랫폼을 통해 선거에서 승리를 거두었다. 대규모로 그리고 자동으로 가짜 밈을 전파하여 그들 스스로 이 거짓된 서사를 스스로 지어냈다고 믿게 만들었다. 정보의 과잉과 판단 부족은 누적된 지식에 대한 우리의 신뢰를 잃을 위험을 키운다. 이로 인해 새로운 바벨탑, 조화를 이루지 못하는 불협화음의 목소리가 우러나올 수 있다. 직접 발명한 새로운 장난감을 가지고 놀다가 다치는 것은 원숭이들에게는 자연스러운 일이다. 성체 원숭이는 늘 거짓 경고음을 내고 그 경고음들은 무시된다. 동시에 수천 명에게 말하는 것은 우리가 아직 적절한 사용법을 익히지 못한 어마무시한 힘이다. 트럼프 대통령과 보우소나루 대통령, 보리스 존슨 총리의 코로나19 팬데믹에 대한 처참한 부실 관리는 거짓말을 전 세계에 즉각적으로 퍼뜨리는 능력이 없었다면 일어나지 않았을 것이다. 가짜 뉴스라는 전염병을 종식하려면 교활한 원숭이들의 거짓말을 더는 듣지 말아야 한다.

문화적 래칫이 전 세계의 붕괴를 향해 걷잡을 수 없이 굴러가는 것을 막으려면 우리는 시야를 넓혀야 한다. 우리 몸에 가장 깊이 밴 습관이 가져올 최악의 결과를 상상하는 능력을 한시라도 빨리 회복해야 한다. 생물학자·화학자·물리학자의 과학은 주술사와 요가 수행자들의 지혜를 거부하는 것이 아니라 그들과 팔짱을 끼고 걸어야 한다. 수원水原 파괴부터 정신과 뇌의 양분화까지, 미세 플라스틱의 축적부터 코로나19로 인한 아메리카 원주민들과 흑인 인구의 황폐화까지, 경찰의 집요한 잔혹성부터 끈질긴 남성 우월주의까지, 자살의 유행부터 아직 훼손되지 않고 남아 있는 땅에 대한 삼림 벌채의 가속화까지, 심각한 불평등부터 만연한 부패까지, 중독 중에서도 가장 파괴적인 돈 중독부터 사육과 잔인한 도살을 통한 동물 대학살까지, 약자를 약탈하는 자본주의부터 성공적인 로봇 도입으로 인한 거의 모든 직업의 종말까지, 자각몽은 그 광대함에서 이 같은 어려운 문제에 대한 해법을 생각해내는 정신 공간이 될 잠재력이 있다.

마지막으로 우리가 대재앙을 막는다면, 아마도 활발한 상상의 장인 자각몽 안에서 다음의 중요한 문제를 물어보기 위한 아주 적절한 정신 공간을 찾을 수 있을 것이다. 현실은 왜 존재하는가? 우리는 꿈속에서, 시뮬레이션 안에서 살고 있는 걸까? 빅뱅 이전에 무슨 일이 있었는지에 대해 교황은 최고의 천체물리학자만큼 알고 있다. 아무 일도 없었다. 빅뱅 이전에는 시간이 존재하지 않기 때문에 대부분의 물리학자들은 이 질문 자체가 말이 안 된다고 주장할 것이다. 그렇다면 어떻게 아무것도 아닌 것에서 모든 것이 나올 수 있었을까? 비이원성非二元性이 이해할 수 없다는 듯 우리를 노려본다. 우리는 그 답을 모르기에 그저 태어나서 살아가다가 지독히 난해한 당혹감 속에서 죽는다. 아마도 거의 확실히 앞으로도 절대 알지 못할 것이지만, 그래도 어쩌면…….

시공간과 우주에 있는 사물의 존재 그 자체처럼 불가사의하고 제멋대로인 현상을 이해하려면 은하계 여행뿐 아니라 그보다 훨씬 더 심오한 내적 여행이 필요할 수도 있다. 두려움 없는 귀추법으로 아찔한 의식의 심연을 향해 내면을 들여다보면 현미경과 망원경의 렌즈를 통해 바깥을 내다볼 때만큼 흥미로운 것을 볼 수 있을지도 모른다. 앞으로 꿈은 갈수록 더 눈부신 뜻밖의 사실을 알려줄 것이다.

내가 반복적으로 꾸던 강제수용소의 마녀에 대한 꿈은 사라졌고, 삶은 계속되었다. 나는 이따금 아버지에 대한 꿈을 꾸기 시작했다. 수십 년 동안 이 꿈들은 걸어 다니는 시신, 다시 건강하게 태어난 남자, 또는 살기 위해 다른 곳으로 달아나버린 도망자 등 그가 돌아올 다양한 가능성을 탐색했다. 우리가 에르네스토를 낳은 후로는 아버지에 대한 꿈을 꾸지 않았다. 우리의 둘째 아들인 세르히오에게 아버지의 이름을 붙여주었다. 아버지는 줄곧 정신의 피조물로서 내 안에 살아계셨다. 그리고 지금은 어머니도 그곳에 살고 계신다. 어머니에 대한 꿈은 아직 꾸지 못했다. 언젠가 밤이든 낮이든 두 분이 함께 나오는 꿈을 실컷 꿀 수 있기를, 그리고 내가 간직해온 가장 좋은 꿈이 아루안다 왕국에서 재발견되어 우리 다음에 이어질 일곱 번째 세대의 이름으로 지속되기를 바란다.

거기서 그는 해양 탐험가 쿠스토처럼 거대한 상어 옆으로 뛰어들고, 벵갈호랑이의 등에 올라타 크레이지 호스처럼 앨처링거의 대초원을 가로지른다. 거기서 그녀는 내 머릿속의 바벨 도서관에서 모든 책을 읽고, 저 멀리 지평선 위로 검은 실루엣처럼 보이는 은징가 여왕의 창기병들에게 안내를 받으며, 조상들의 부리티 야자나무를 가지고 끝없는 미래를 건너가는 아포에나 전사들에게 보호를 받는다. 그리고 내가 유년 시절 내내 땅 위에서, 나무 위에서, 바닷속에서, 그리고 상상 속에서, 책과 기록, 만화책, TV, 영화, 인터넷 속에서 놀며 조각한 바다와 들판과 산을 자유롭게 탐험하며 내면의 길을 따라 치열하게 여행한다. 내가 거대한 바깥세상을 탐험할 준비를 마칠 때까지.

빛나는 경험으로 이루어진 살기 좋은 곳, 우리가 추구할 미래를 위한 온 가족의 쉼터. 머지않아 오게 될 야노마미족과 라코타족, 외계인과 영혼, 로봇과 인공지능을 위한 제자리가 있는 나만의 집. 당신의 머릿속에 사는 사람들을 모두 떠올려보라. 등장인물과 플롯의 동물군. 정신의 동물원. 그것이 찾아올 것이다.

참고문헌

1장 왜 우리는 꿈을 꾸는가

1. J. K. Boehnlein, J. D. Kinzie, R. Ben, and J. Fleck, "One-Year Follow-Up Study of Posttraumatic Stress Disorder among Survivors of Cambodian Concentration Camps," *American Journal of Psychiatry* 142 (1985): 956–59; A. Aron, "The Collective Nightmare of Central American Refugees," in Trauma and Dreams, ed. Deirdre Barrett (Cambridge: Harvard University Press, 1996), 140–47; E. M. Menke and J. D. Wagner, "The Experience of Homeless Female-Headed Families," *Issues in Mental Health Nursing* 18 (1997): 315–30; T. C. Neylan et al., "Sleep Disturbances in the Viet\-nam Generation: Findings from a Nationally Representative Sample of Male Vietnam Veterans," *American Journal of Psychiatry* 155 (1998): 929–33; K. Esposito, A. Benitez, L. Barza, T. Mellman, "Evaluation of Dream Content in Combat-Related PTSD," *Journal of Traumatic Stress* 12 (1999): 681–87; L. Wittmann, M. Schredl, and M. Kramer, "Dreaming in Post\-traumatic Stress Disorder: A Critical Review of Phenomenology, Psycho\-physiology and Treatment," *Psychotherapy and Psychosomatics* 76 (2007): 25–39; J. Davis-Berman, "Older Women in the Homeless Shelter: Personal Perspectives and Practice Ideas," *Journal of Women and Aging* 23 (2011): 360–74; J. Davis-Berman,"Older Men in the Homeless Shelter: In-Depth Conversations Lead to Practice Implications," *Journal of Gerontological Social Work* 54 (2011): 456–74; K. E. Miller, J. A. Brownlow, S. Woodward, and P. R. Gehrman, "Sleep and Dreaming in Posttraumatic Stress Disor\-der," *Current Psychiatry Reports* 19 (2017): 71.

2. P. Levi, *The Truce*, trans. S. Woolf (London: The Orion Press, 1969), chap. 17.

3. D. Goldman, "Investing in the Growing Sleep-Health Economy," McKin\-sey & Company, 2017.

4. W. Shakespeare, *The Tempest* (London: Penguin, 2015), Act Four, scene 1.

5. P. Calderón de la Barca, *Life Is a Dream*, bilingual edition, trans. S. Appel\-baum (New York: Dover, 2002).

6. B. R. Foster,"Kings of Assyria and Their Times," in *Before the Muses: An Anthology of Akkadian Literature* (Bethesda, MD: CDL Press, 2005), 308.

7. P. Clayton, *Chronicle of the Pharaohs* (London: Thames & Hudson, 1994).

8. A. F. Herold and P. C. Blum, *The Life of Buddha According to the Legends of Ancient India* (New York: A. & C. Boni, 1927), 9.

9. P. R. Goldin, *A Concise Companion to Confucius* (Hoboken: Wiley, 2017); M. Choi, *Death Rituals and Politics in Northern Song China* (Oxford: Oxford University Press, 2017).

10. Artemidorus, *The Interpretation of Dreams*, trans. M. Hammond (Oxford: Oxford University Press, 2020).

11. A. A. T. Macrobius, *Commentary on the Dream of Scipio*, trans. W. H. Stahl. (New York: Columbia University Press, 1990).

12. Artemidorus, *The Interpretation of Dreams*.

13. 같은 책 4–6.

14. 같은 책 228.

15. Macrobius, *Commentary on the Dream of Scipio*.

16. J. S. Lincoln, *The Dream in Native American and Other Primitive Cultures* (Hoboken: Dover,

2003); M. C. Jedrej et al., *Dreaming, Religion and Society in Africa* (Brill, 1997); R. K. Ong, *The Interpretation of Dreams in Ancient China* (master's thesis, University of British Columbia, 1981).

17. S. C. Gwynne, *Empire of the Summer Moon: Quanah Parker and the Rise and Fall of the Comanches, the Most Powerful Indian Tribe in American History* (New York: Scribner, 2011).

18. J. L. D. Schilz and T. F. Schilz, *Buffalo Hump and the Penateka Comanches* (El Paso: Texas Western Press, 1989).

19. S. Freud, *Project for a Scientific Psychology*, in *The Standard Edition of the Complete Psychological Works of Sigmund Freud*, eds. J. Strachey et al., vol. 1 (London: Hogarth Press, 1953).

20. T. V. Bliss and T. Lomo, "Long-Lasting Potentiation of Synaptic Transmis\-sion in the Dentate Area of the Anaesthetized Rabbit Following Stimula\-tion of the Perforant Path," *Journal of Physiology* 232 (1973): 331–56.

21. F. A. Azevedo et al., "Equal Numbers of Neuronal and Nonneuronal Cells Make the Human Brain an Isometrically Scaled-Up Primate Brain," *Jour\-nal of Comparative Neurology* 513 (2009): 532–41.

22. M. Minsky,"Why Freud Was the First Good AI Theorist," in *The Trans\-humanist Reader: Classical and Contemporary Essays on the Science, Technol\-ogy, and Philosophy of the Human Future*, eds. M. More and N. Vita-More (Hoboken: John Wiley and Sons, 2013).

23. S. Freud, *Beyond the Pleasure Principle; Group Psychology and the Analysis of the Ego; The Ego and the Id*, in *The Standard Edition of the Complete Psychological Works of Sigmund Freud*, eds. J. Strachey et al., vols. 18, 19 (London: Hogarth Press, 1953).

24. M. L. Andermann and B. B. Lowell, "Toward a Wiring Diagram Under\-standing of Appetite Control," *Neuron* 95 (2017): 757–78; W. Han et al., "A Neural Circuit for Gut-Induced Reward," *Cell* 175 (2018): 887–88; J. Panksepp, *Affective Neuroscience: The Foundations of Human and Animal Emotions* (Oxford: Oxford University Press, 1998).

25. B. Levine et al. "The Functional Neuroanatomy of Episodic and Semantic Autobiographical Remembering: A Prospective Functional MRI Study," *Journal of Cognitive Neuroscience* 16 (2004): 1633–46; R. Q. Quiroga, "Concept Cells: The Building Blocks of Declarative Memory Functions," *Nature Reviews Neuroscience* 13 (2012): 587–97; P. Martinelli, M. Sperduti, and P. Piolino, "Neural Substrates of the Self-Memory System: New Insights from a Meta-Analysis," *Human Brain Mapping* 34 (2013): 1515–29.

26. P. S. Goldman-Rakic, "The Prefrontal Landscape: Implications of Functional Architecture for Understanding Human Mentation and the Central Executive," *Philosophical Transactions of the Royal Society of London B: Biological Sciences* 351 (1996): 1445–53; F. Barcelo, S. Suwazono, and R. T. Knight,"Prefrontal Modulation of Visual Processing in Humans," *Nature Neuroscience* 3 (2000): 399–403.

27. A. Hoche et al. *Gegen Psycho-Analyse* (Munique: Verlag der Süddeutsche Monatshefte, 1931).

28. K. R. Popper, *Conjectures and Refutations: The Growth of Scientific Knowledge* (New York: Basic Books, 1962), 37.

29. F. C. Crews, ed., *Unauthorized Freud: Doubters Confront a Legend* (New York: Viking, 1998); C. Meyer and Borch-Jacobsen, *Le Livre noir de la psychanalyse: vivre, penser et aller mieux sans Freud* (Paris: Les Arènes, 2005); T. Dufresne, ed., *Against Freud: Critics Talk Back* (Stanford: Stanford University Press, 2007).

30. C. K. Morewedge and M. I. Norton, "When Dreaming is Believing: The (Motivated)

Interpretation of Dreams," *Journal of Personality and Social Psychology* 96 (2009): 249 – 64.

31. M. C. Anderson et al., "Neural Systems Underlying the Suppression of Unwanted Memories," Science 303 (2004): 232 – 35; B. E. Depue, T. Curran, and M. T. Banich,"Prefrontal Regions Orchestrate Suppression of Emotional Memories via a Two-Phase Process," *Science* 317 (2007): 215 – 19.

32. K. Lorenz, *The Natural Science of the Human Species: An Introduction to Comparative Behavioral Research (The "Russian Manuscript" 1944-1948)* (Cambridge: MIT Press, 1997): 47 – 48.

33. F. Crick and G. Mitchison, "The Function of Dream Sleep," *Nature* 304 (1983): 111 – 14; F. Crick and G. Mitchison, "REM Sleep and Neural Nets," *Behavioural Brain Research* 69 (1995): 147 – 55.

34. Wittmann, Schredl, and Kramer, "Dreaming in Posttraumatic Stress Disorder"; Miller, Brownlow, Woodward, and Gehrman, "Sleep and Dreaming in Posttraumatic Stress Disorder"; B. A. Vanderkolk and R. Fisler, "Dis\-sociation and the Fragmentary Nature of Traumatic Memories: Overview and Exploratory Study," *Journal of Trauma Stress* 8 (1995): H. A. Wilmer, "The Healing Nightmare: War Dreams of Vietnam Veterans," in *Trauma and Dreams*, ed. D. Barrett (Cambridge: Harvard University Press, 1996), 85 – 99; B. J. N. Schreuder, V. Igreja, J. van Dijk, and W. Kleijn,"Intrusive Re-Experiencing of Chronic Strife or War," *Advances in Psychiatric Treat\-ment* 7 (2001): 102 – 8.

35. C. G. Jung,"General Aspects of Dream Psychology," in *Collected Works of C. G. Jung: The Structure and Dynamics of the Psyche* (Princeton: Princeton University Press, 1916), 493.

36. C. G. Jung,"The Unconscious," in *The Collected Works of C. G. Jung*, vol. 5 (London: Routledge and K. Paul, 1966).

2장 조상들의 꿈

1. J. J. Hublin et al., "New Fossils from Jebel Irhoud, Morocco and the Pan-African Origin of Homo sapiens," Nature 546 (2017): 289 – 92; D. Richter et al., "The Age of the Hominin Fossils from Jebel Irhoud, Morocco, and the Origins of the Middle Stone Age," *Nature* 546 (2017): 293 – 96.

2. A. W. Pike et al., "U-Series Dating of Paleolithic Art in 11 Caves in Spain," *Science* 336 (2012): 1409 – 13; M. Aubert et al., "Pleistocene Cave Art from Sulawesi, Indonesia," *Nature* 514 (2014): 223 – 27; D. L. Hoffmann et al., "U-Th Dating of Carbonate Crusts Reveals Neanderthal Origin of Iberian Cave Art," *Science* 359 (2018): 912 – 15.

3. K. Lohse and L. A. Frantz, "Neandertal Admixture in Eurasia Confirmed by Maximum-Likelihood Analysis of Three Genomes," *Genetics* 196 (2014): 1241 – 51; S. Sankararaman et al., "The Genomic Landscape of Neanderthal Ancestry in Present-Day Humans," *Nature* 507 (2014): 354 – 57; S. R. Browning et al., "Analysis of Human Sequence Data Reveals Two Pulses of Archaic Denisovan Admixture," *Cell* 173 (2018): 53 – 61; V. Slon et al., "The Genome of the Offspring of a Neanderthal Mother and a Denisovan Father," *Nature* 561 (2018).

4. A. Sieveking, *The Cave Artists: Ancient Peoples and Places* (London: Thames and Hudson, 1979), 93.

5. A. Leroi-Gourhan, *L'Art des cavernes: atlas des grottes ornées paléolithiques françaises*, Atlas Archéologiques de la France (Paris: Ministère de la culture, Direction du patrimoine, Impr.

Nationale, 1984).

6. H. Bégouën,"Un Dessin relevé dans la caverne des Trois-frères, à Montesquieu-Avantès (Ariège)," *Comptes rendus des séances de l'Académie des Inscriptions et Belles-Lettres* 64 (1920): 303 – 10.

7. O. Grøn, "A Siberian Perspective on the North European Hamburgian Culture: A Study in Applied Hunter-Gatherer Ethnoarchaeology," *Before Farming* 1 (2005).

8. O. Soffer, *Upper Paleolithic of the Central Russian Plain* (Cambridge: Aca\-demic Press, 1985).

9. M. Germonpré and R. Hämäläinen, "Fossil Bear Bones in the Belgian Upper Paleolithic: The Possibility of a Proto Bear-Ceremonialism," *Arctic Anthropology* 44 (2007): 1 – 30.

10. E. Hill, "Animals as Agents: Hunting Ritual and Relational Ontologies in Prehistoric Alaska and Chukotka," *Cambridge Archaeological Journal* 21 (2011): 407 – 26.

11. W. Roebroeks and P. Villa, "On the Earliest Evidence for Habitual Use of Fire in Europe," *Proceedings of the National Academy of Sciences of the USA* 108 (2011): 5209 – 14; R. Shimelmitz et al., " 'Fire at Will': The Emergence of Habitual Fire Use 350,000 Years Ago," *Journal of Human Evolution* 77 (2014): 196 – 203.

12. C. Lévi-Strauss, *The Raw and the Cooked* (New York: Harper & Row, 1969).

13. F. W. Nietzsche, *Human, All Too Human,* trans. M. Faber and S. Lehmann (London: Penguin Classics, 2004), 16.

14. E. Durkheim, *The Elementary Forms of Religious Life,* trans. C. Cosman (Oxford: Oxford University Press, 2001), 49.

15. B. Vandermeersch, *Les Hommes fossiles de Qafzeh, Israël,* Cahiers de paléontologie Paléoanthropologie (Paris: Éditions du Centre National de la Recherche Scientifique, 1981); I. Wunn, "Beginning of Religion," *Numen* 47 (2000): 417 – 52.

16. M. P. Cabral and J. D. d. M. Saldanha, "Paisagens megalíticas na costa norte do Amapá," *Revista de Arqueologia da Sociedade de Arqueologia Brasileira* 21 (2008).

17. 같은 책.

18. J. S. Lincoln, *The Dream in Native American and Other Primitive Cultures* (Hoboken: Dover, 2003).

19. Ibid.; J. O. Santos, *Vagares da alma: elaborações ameríndias acerca do sonhar* (master's thesis, Departamento de Antropologia, Universidade de Brasilia, 2010); K. G. Shiratori, *O acontecimento onírico ameríndio: o tempo desarticulado e as veredas dos possíveis* (master's thesis, Museu Nacional, Universi\-dade Federal do Rio de Janeiro, 2013).

20. D. Q. Fuller et al., "Convergent Evolution and Parallelism in Plant Domestication Revealed by an Expanding Archaeological Record," *Proceedings of the National Academy of Sciences of the USA* 111 (2014): 6147 – 52.

21. G. Larson et al., "Rethinking Dog Domestication by Integrating Genetics, Archeology, and Biogeography," *Proceedings of the National Academy of Sciences of the USA* 109 (2012): 8878 – 83; A. Perri,"A Wolf in Dog's Clothing: Initial Dog Domestication and Pleistocene Wolf Variation," *Journal of Archaeological Science* 68 (2016): 1 – 4.

22. D. R. Piperno, "The Origins of Plant Cultivation and Domestication in the New World Tropics: Patterns, Process, and New Developments," *Current Anthropology* 52 (2011): S453 – 70.

23. K. Schmidt, "Göbekli Tepe: A Neolithic Site in Southwestern Anatolia," in *The Oxford*

Handbook of Ancient Anatolia, eds. S. R. Steadman and G. McMahon (Oxford: Oxford University Press, 2011), 917.

24. M. Gaspar, *Sambaqui: Arquelogia do litoral brasileiro* (Rio de Janeiro: Zahar, 2000); S. K. Fish, P. De Blasis, M. D. Gaspar, and P. R. Fish,"Eventos Incrementais na Construção de Sambaquis, Litoral Sul do Estado de Santa Catarina," *Revista do Museu de Arqueologia e Etnologia* 10 (2000): 69 – 87; D. M. Klokler, *Food for Body and Soul: Mortuary Ritual in Shell Mounds (Laguna – Brazil)* (master's thesis in anthropology, University of Arizona, 2008).

25. M. M. Okumura and S. Eggers, "The People of Jabuticabeira II: Recon\-struction of the Way of Life in a Brazilian Shellmound," *Homo* 55 (2005): 263 – 81.

26. D. Tedlock, trans., *Popol Vuh* (New York: Touchstone, 1996).

27. V. Brown, *The Reaper's Garden: Death and Power in the World of Atlantic Slavery* (Cambridge: Harvard University Press, 2010).

28. F. D. Goodman, J. H. Henney, and E. Pressel, *Trance, Healing, and Halluci\-nation; Three Field Studies in Religious Experience* (Hoboken: J. Wiley, 1974); L. F. S. Leite, *Relacionando Territórios: O "sonho" como objeto antropológico* (master's thesis in social anthropology, Museu Nacional, Universidade Federal do Rio de Janeiro, 2003); W. Zangari, "Experiências anômalas em médiuns de Umbanda: Uma avaliação fenomenológica e ontológica," *Boletim da Academia Paulista de Psicologia* 27 (2007): 67 – 86; L. F. Q. A. Leite, "Algumas categorias para análise dos sonhos no candomblé," *Prelúdios* 1 (2013): 73 – 99.

29. J. K. Thornton, "Religion and Ceremonial Life in the Kongo and Mbundu Areas, 1500 – 1700," in *Central Africans and Cultural Transformations in the American Diaspora*, ed. L. Heywood (Cambridge: Cambridge University Press, 2001).

30. A. Battell, *The Strange Adventures of Andrew Battell of Leigh, in Angola and the Adjoining Regions* (London: The Hakluyt Society, 1901).

31. M. H. Kingsley, *West African Studies* (New York: Macmillan, 1899).

32. J. Binet, "Drugs and Mysticism: The Bwiti Cult of the Fang," *Diogenes* 86 (1974): 31 – 54; J. W. Fernandez, *Bwiti: An Ethnography of the Religious Imagina\-tion in Africa* (Princeton: Princeton University Press, 1982).

33. P. Ariès, *Western Attitudes Toward Death from the Middle Ages to the Present* (Baltimore: Johns Hopkins University Press, 1974); P. Metcalf and R. Huntington, *Celebrations of Death: The Anthropology of Mortuary Ritual* (Cambridge: Cambridge University Press, 1991); M. Parker Pearson, *The Archaeology of Death and Burial*, Texas A&M University anthropology series (College Station: Texas A&M University Press, 1999); A. C. G. M. Robben, *Death, Mourning, and Burial: A Cross-Cultural Reader* (Malden: Wiley Blackwell, 2018).

34. J. R. Anderson, A. Gillies, and L. C. Lock, "Pan Thanatology," *Current Biology* 20 (2010): R349 – 51.

35. D. Biro et al., "Chimpanzee Mothers at Bossou, Guinea, Carry the Mummified Remains of Their Dead Infants," *Current Biology* 20 (2010): R351 – 52.

36. F. G. P. De Ayala, *El primer nueva corónica y buen gobierno 1615/1616*, v. GkS 2232 4to Quires, Sheets, and Watermarks, Royal Library, 1615; S. MacCormack, *Religion in the Andes: Vision and Imagination in Early Colonial Peru* (Princeton: Princeton University Press, 1993).

37. D. Tedlock, trans., *Popol Vuh* (New York: Touchstone, 1996).

38. J. Jaynes, *The Origin of Consciousness in the Breakdown of the Bicameral Mind* (New York:

Mariner Books, 2000), chap. 2.

39. S. Freud, *Group Psychology and the Analysis of the Ego*, in *The Standard Edition of the Complete Psychological Works of Sigmund Freud*, eds. J. Strachey et al., vol. 18 (London: Hogarth Press, 1953), 124.

40. G. Turville-Petre, *Nine Norse Studies*, text series: Viking Society for Northern Research, vol. 5 (London: Viking Society for Northern Research, University College London, 1972).

41. G. D. Kelchner, *Dreams in Old Norse Literature and Their Affinities in Folklore: With an Appendix Containing the Icelandic Texts and Translations* (Norwood, UK: Norwood Editions, 1978).

42. S. Sturluson, *Halfdan the Black Saga*, in *Heimskringla or The Chronicle of the Kings of Norway* (London: Longman, Brown, Green and Longmans, 1844).

43. G. Jones, *A History of the Vikings* (Oxford: Oxford University Press, 2001).

44. R. K. Ong, *The Interpretation of Dreams in Ancient China* (master's thesis, Vancouver, University of British Columbia, 1981).

45. I. Edgar, *The Dream in Islam: From Qur'anic Tradition to Jihadist Inspiration* (New York: Berghahn, 2011), 178; I. R. Edgar and D. Henig, "Istikhara: The Guidance and Practice of Islamic Dream Incubation Through Ethnographic Comparison," *History and Anthropology* 21 (2010): 251–62.

46. S. N. Kramer, *The Sumerians: Their History, Culture, and Character* (Chicago: The University of Chicago Press, 1963).

47. B. Eranimos and A. Funkhouser, "The Concept of Dreams and Dreaming: A Hindu Perspective," *The International Journal of Indian Psychology* 4 (2017): 108–16.

48. B. R. Foster, *The Epic of Gilgamesh* (New York: W. W. Norton & Company, 2018).

49. Homer, *The Iliad*, trans. Robert Fagles (London: Penguin, 1990).

50. P. Kriwaczek, *Babylon: Mesopotamia and the Birth of Civilization* (New York: Thomas Dunne/St. Martin's, 2012).

51. Enheduanna and B. D. S. Meador, *Inanna, Lady of Largest Heart: Poems of the Sumerian High Priestess Enheduanna* (Austin: University of Texas Press, 2000); The Electronic Text Corpus of Sumerian Literature, http://etcsl.orinst.ox.ac.uk/section4/tr4073.htm.

52. Anon., *Gudea and his Dynasty*, vol. 3:1, The Royal Inscriptions of Mes\-opotamia, Early Periods (Toronto: University of Toronto Press, 1997), 71–72.

53. S. N. Kramer, *The Sumerians*.

54. S. Bar, *A Letter That Has Not Been Read: Dreams in the Hebrew Bible*, New Century Edition of the Works of Emanuel Swedenborg (Cincinnati: Hebrew Union College Press, 2001).

55. Herodotus, Histories, eds. P. Mensch and J. S. Romm (Indianapolis: Hackett Publishing, 2014).

56. Artemidorus, *The Interpretation of Dreams*, trans. M. Hammond (Oxford: Oxford University Press, 2020).

57. C. Roebuck, *Corinth: The Asklepieion and Lerna*, vol. 14 (Princeton: American School of Classical Studies at Athens, 1951); S. B. Aleshire, *The Athenian Asclepieion: Their People, Their Dedications, and Their Inventories* (Amster\-dam: J. C. Gieben, 1989).

58. S. M. Oberhelman, ed., *Dreams, Healing, and Medicine in Greece: From Antiq\-uity to the Present* (Farnham: Ashgate, 2013).

59. W. Rouse, *Greek Votive Offerings: An Essay in the History of Greek Religion* (Cambridge:

Cambridge University Press, 1902); S. M. Oberhelman, "Anatomical Votive Reliefs as Evidence for Specialization at Healing Sanctuar\-ies in the Ancient Mediterranean World," *Athens Journal of Health* 1 (2014): 47 – 62.

60. Suetonius, *Life of Augustus* (Vita divi Augusti), ed. D. Wardle (Oxford: Oxford University Press, 2014).

61. Suetonius, *The Twelve Caesars*, eds. R. Graves and M. Grant (London: Penguin, 2003).

3장 살아 있는 신부터 정신분석학에 이르기까지

1. R. Drews, *The End of The Bronze Age: Changes in Warfare and the Catastrophe ca. 1200 B.C.* (Princeton: Princeton University Press, 1993); P. B. DeMenocal, "Cultural Responses to Climate Change during the Late Holocene," *Science* 292 (2001): 667 – 73; J. M. Diamond, *Collapse: How Societies Choose to Fail or Succeed* (London: Penguin Books, 2011).

2. C. G. Diuk et al., "A Quantitative Philology of Introspection,"*Frontiers in Integrative Neuroscience* 6 (2012): 80.

3. A. F. Herold and P. C. Blum, *The Life of Buddha According to the Legends of Ancient India* (New York: A. & C. Boni, 1927).

4. 같은 책 21.

5. 같은 책 31.

6. R. K. Ong, *The Interpretation of Dreams in Ancient China* (master's thesis, University of British Columbia, 1981).

7. W. E. Soothill, *The Three Religions of China; Lectures Delivered at Oxford* (New York: Hyperion, 1973), 75.

8. Plato, *Theaetetus* 158, *Laws* 461, in *Complete Works*, ed. J. Cooper (London: Hackett Publishing, 1997).

9. Aristotle, *On Sleep and Dreams*, ed. and trans. D. Gallop (Liverpool: Liver\-pool University Press, 1996).

10. Matthew 1:20 – 2:22 (King James Version).

11. Matthew 27:19 (King James Version).

12. Acts 16:9 – 10 (King James Version).

13. I. Edgar, *The Dream in Islam: From Qur'anic Tradition to Jihadist Inspiration* (New York: Berghahn Books, 2011), 178; C. M. Naim, " 'Prophecies' in South Asian Muslim Political Discourse: The Poems of Shah Ni'matullah Wali," *Economic and Political Weekly* 46 (2011): 49 – 58.

14. Augustine, *Confessions*, trans. H. Chadwick (Oxford: Oxford University Press, 1998), 203.

15. J. Verdon, *Night in the Middle Ages* (Notre Dame: University of Notre Dame Press, 2002); A. R. Ekirch, *At Day's Close: Night in Times Past* (New York: W. W. Norton, 2005).

16. C. Vogel, *Le Pécheur et la pénitence dans l'Église ancienne, textes choisis* (Paris: Éditions du Cerf, 1966).

17. T. Aquinas, trans. Fathers of the English Dominican Province, *The Summa Theologica* (New York: Catholic Way Publishing, 2014), 2 – 2, 94, 6.

18. J. Passavanti and G. Auzzas, *Lo Specchio della Vera Penitenzia*, Scrittori Ital\-iani e Testi Antichi (Florença: Accademia della Crusca, 2014).

19. C. Speroni,"Dante's Prophetic Morning-Dreams," *Studies in Philology* 45 (1948): 50 – 59.

20. O. Kraut, *Ninety-Five Theses* (New York: Pioneer, 1975), 150.

21. J. A. Wylie, *The History of Protestantism* (Neerlandia, AB: Inheritance, 2018), chap. 9.

22. R. Descartes, *Discourse on Method; And, Meditations on First Philosophy*, trans. D. A. R. Cress (Indianapolis: Hackett, 1998).

23. S. Freud, *The Interpretation of Dreams*, in *The Standard Edition of the Com\-plete Psychological Works of Sigmund Freud*, eds. J. Strachey et al., vols. 4, 5 (London: Hogarth Press, 1953).

24. S. Bar, *A Letter That Has Not Been Read: Dreams in the Hebrew Bible*, vol. 25, New Century Edition of the Works of Emanuel Swedenborg (Cincinnati: Hebrew Union College Press, 2001), 6; see also Babylonian Talmud, Berakhot, 55b.

4장 꿈의 해석

1. W. B. Webb and H. W. Agnew, "Are We Chronically Sleep Deprived?" *Bulletin of the Psychonomic Society* 6 (1975): 47–48.

2. G. W. Domhoff and A. Schneider, "Studying Dream Content Using the Archive and Search Engine on DreamBank.net," *Consciousness and Cognition* 17 (2008): 1238–47.

3. D. Foulkes, *Dreaming: A Cognitive-Psychological Analysis* (New Jersey: Lawrence Erlbaum Associates, 1985); G. Domhoff, *Finding Meaning in Dreams: A Quantitative Approach* (New York: Plenum Press, 1996).

4. P. McNamara, "Counterfactual Thought in Dreams," *Dreaming* 10 (2000): 232–45; P. McNamara et al. "Counterfactual Cognitive Operations in Dreams," *Dreaming* 12 (2002): 121–33.

5. D. Kahneman, "Varieties of Counterfactual Thinking" and C. G. Davis and D. R. Lehman, "Counterfactual Thinking and Coping with Traumatic Life Events," in *What Might Have Been: The Social Psychology of Counter\-factual Thinking*, eds. J. M. Olson and N. J. Roese (New Jersey: Lawrence Erlbaum Associates, 1995), 375–96.

6. A. Nwoye, "The Psychology and Content of Dreaming in Africa," *Journal of Black Psychology* 43 (2015): 3–26.

7. D. F. Perry, J. DiPietro, and K. Costigan, "Are Women Carrying 'Basketballs' Really Having Boys? Testing Pregnancy Folklore," *Birth Defects Research B: Developmental and Reproductive Toxicology* 26 (1999): 172–77.

8. W. Shakespeare, *Hamlet* (London: Penguin, 2015), Act 2, scene 2.

9. J. L. Borges, "The Library of Babel," in *Labyrinths: Selected Stories and Other Writings* (London: Penguin Books, 1970).

10. W. C. Dement, with C. Vaughan, *The Promise of Sleep: A Pioneer in Sleep Medicine Explores the Vital Connection Between Health, Happiness, and a Good Night's Sleep* (New York: Dell, 1999).

11. F. Boas, *Contributions to the Ethnology of the Kwakiutl*, vol. 3 (New York: Columbia University Contributions to Anthropology, 1925).

5장 최초의 이미지

1. W. O'Grady and S. W. Cho, "First Language Acquisition," in *Contemporary Linguistics: An Introduction* (Boston: Bedford St. Martin's, 2001), 326–62.

2. A. Machado, "Parábolas," in *Poesías Completas* (Barcelona: Austral, 2015).

3. S. Freud, *Three Essays on the Theory of Sexuality and Introductory Lectures on Psychoanalysis*, in *The Standard Edition of the Complete Psychological Works of Sigmund Freud*, eds. J. Strachey et

al., vols. 7, 15, 16 (London: Hogarth Press, 1953); M. Klein, *The Psychoanalysis of Children; Authorized Translation by Alix Strachey* (New York: Grove Press, 1960); P. King, R. Steiner, and British Psycho-Analytical Society, *The Freud-Klein Controversies, 1941-45* (London: Tavistock/ Routledge, 1991).

4. D. Foulkes, *Children's Dreams: Longitudinal Studies* (New York: Wiley, 1982).

5. 같은 책 66.

6. 같은 책 68.

7. C. Hall and B. Domhoff, "A Ubiquitous Sex Difference in Dreams," *Journal of Abnormal and Social Psychology* 66 (1963): 278 - 80; C. S. Hall et al., "The Dreams of College Men and Women in 1959 and 1980: A Comparison of Dream Contents and Sex Differences," *Sleep* 5 (1982): 188 - 94.

8. M. Lortie-Lussier, C. Schwab, and J. De Koninck, "Working Mothers Versus Homemakers: Do Dreams Reflect the Changing Roles of Women?" *Sex Roles* 12 (1985): 1009 - 21; J. Mathes, and M. Schredl, "Gender Differences in Dream Content: Are They Related to Personality?" *International Journal of Dream Research* 6 (2013): 104 - 9.

9. D. Foulkes, *Children's Dreams*, 137.

10. P. Sandor, S. Szakadat, and R. Bodizs, "Ontogeny of Dreaming: A Review of Empirical Studies," *Sleep Medicine Reviews* 18 (2014): 435 - 49; P. Sandor, S. Szakadat, K. Kertesz, and R. Bodizs, "Content Analysis of 4 to 8 Year-Old Children's Dream Reports," *Frontiers in Psychology* 6 (2015): 534.

11. K. Valli and A. Revonsuo, "The Threat Simulation Theory in Light of Recent Empirical Evidence: A Review," *American Journal of Psychology* 122 (2009): 17 - 38.

12. M. G. Umlauf et al., "The Effects of Age, Gender, Hopelessness, and Exposure to Violence on Sleep Disorder Symptoms and Daytime Sleepiness among Adolescents in Impoverished Neighborhoods," *Journal of Youth Adolescence* 44 (2015): 518 - 42.

13. L. Hale, L. M. Berger, M. K. LeBourgeois, and J. Brooks-Gunn, "Social and Demographic Predictors of Preschoolers' Bedtime Routines," *Journal of Developmental and Behavior Pediatrics* 30 (2009): 394 - 402.

14. M. T. Hyyppa, E. Kronholm, E. Alanen,"Quality of Sleep during Economic Recession in Finland: A Longitudinal Cohort Study," *Social Science and Medicine* 45 (1997): 731 - 38.

15. D. L. Bliwise,"Historical Change in the Report of Daytime Fatigue," *Sleep* 19 (1996): 462 - 64; J. E. Broman, L. G. Lundh, and J. Hetta, "Insufficient Sleep in the General Population," *Neurophysiology Clinic* 26 (1996): 30 - 39; M. M. Mitler et al., "The Sleep of Long-Haul Truck Drivers," *The New England Journal of Medicine* 337 (1997): 755 - 61.

16. S. Stranges et al., "Sleep Problems: An Emerging Global Epidemic? Findings from the INDEPTH WHO-SAGE Study Among More Than 40,000 Older Adults from 8 Countries Across Africa and Asia," *Sleep* 35 (2012): 1173 - 81.

17. L. R. Teixeira et al., "Sleep Patterns of Day-Working, Evening High-Schooled Adolescents of São Paulo, Brazil," *Chronobiology International* 21 (2004): 239 - 52.

18. A. L. D. Medeiros, D. B. F. Mendes, P. F. Lima, and J. R. Araujo, "The Relationships Between Sleep-Wake Cycle and Academic Performance in Medical Students," *Biological Rhythm Research* 32 (2001): 263 - 70.

19. M. E. Hartmann and J. R. Prichard, "Calculating the Contribution of Sleep Problems to

Undergraduates' Academic Success," *Sleep Health* 4 (2018): 463 – 71.

20. A. K. Leung and W. L. Robson, "Nightmares," *Journal of the National Medical Association* 85 (1993): 233 – 35; A. Gauchat, J. R. Seguin, and A. Zadra,"Prevalence and Correlates of Disturbed Dreaming in Children," *Pathologie Biologie (Paris)* 62 (2014): 311 – 18.

21. J. Borjigin, et al., "Surge of Neurophysiological Coherence and Connectivity in the Dying Brain," *Proceedings of the National Academy of Sciences of the USA* 110 (2013): 14432 – 37.

6장 꿈의 진화

1. M. S. Dodd et al., "Evidence for Early Life in Earth's Oldest Hydrothermal Vent Precipitates," *Nature* 543 (2017): 60 – 64.

2. D. R. Mitchell, "Evolution of Cilia," *Cold Spring Harbor Perspectives in Biology* 9 (2017).

3. H. Wijnen and M. W. Young, "Interplay of Circadian Clocks and Metabolic Rhythms," *Annual Review of Genetics* 40 (2006): 409 – 48.

4. R. D. Nath et al., "The Jellyfish Cassiopea Exhibits a Sleep-like State," *Current Biology* 27 (2017): 2983 – 90.

5. M. A. Tosches, D. Bucher, P. Vopalensky, and D. Arendt, "Melatonin Signaling Controls Circadian Swimming Behavior in Marine Zooplankton," *Cell* 159 (2014): 46 – 57.

6. C. A. Czeisler et al., "Stability, Precision, and Near-24-Hour Period of the Human Circadian Pacemaker," *Science* 284 (1999): 2177 – 81.

7. J. J. Hublin et al., "New Fossils from Jebel Irhoud, Morocco and the Pan-African Origin of *Homo sapiens,*" *Nature* 546 (2017): 289 – 92; D. Richter et al., "The Age of the Hominin Fossils from Jebel Irhoud, Morocco, and the Origins of the Middle Stone Age," *Nature* 546 (2017): 293 – 96.

8. W. Kaiser and J. Steiner-Kaiser, "Neuronal Correlates of Sleep, Wakefulness and Arousal in a Diurnal Insect," *Nature* 301 (1983): 707 – 79; K. M. Hartse, *Sleep in Insects and Nonmammalian Vertebrates*, Principles and Practice of Sleep Medicine (Philadelphia: W. B. Saunder, 1989); I. I. Tobler and M. Neuner-Jehle, "24-H Variation of Vigilance in the Cockroach Blaberus Giganteus," *Journal of Sleep Research* 1 (1992): 231 – 39; S. Sauer, E. Herrmann, and W. Kaiser, "Sleep Deprivation in Honey Bees," *Journal of Sleep Research* 13 (2004): 145 – 52.

9. J. C. Hendricks et al., "Rest in Drosophila Is a Sleep-Like State," *Neuron* 25 (2000): 129 – 38; P. J. Shaw, C. Cirelli, R. J. Greenspan, and G. Tononi, "Correlates of Sleep and Waking in *Drosophila Melanogaster*," Science 287 (2000): 1834 – 37.

10. J. M. Siegel, "Do All Animals Sleep?" *Trends in Neuroscience* 31 (2008): 208 – 13.

11. I. Tobler and A. A. Borbely, "Effect of Rest Deprivation on Motor Activity of Fish," *Journal of Comparative Physiology A* 157 (1985): 817 – 22; I. V. Zhdanova, S. Y. Wang, O. U. Leclair, and N. P. Danilova, "Melatonin Pro\-motes Sleep-Like State in Zebrafish," *Brain Research* 903 (2001): 263 – 68; T. Yokogawa et al., "Characterization of Sleep in Zebrafish and Insomnia in Hypocretin Receptor Mutants," *PLOS Biology* 5 (2007): e277; B. B. Arnason, H. Thornorsteinsson, and K. A. E. Karlsson, "Absence of Rapid Eye Movements during Sleep in Adult Zebrafish," *Behavioural Brain Research* 291 (2015): 189 – 94.

12. J. A. Hobson, "Electrographic Correlates of Behavior in the Frog with Special Reference to Sleep," *Electroencephalography Clinical Neurophysiology* 22 (1967): 113 – 21; J. A. Hobson, O.

B. Goin, and C. J. Goin, "Electrographic Correlates of Behaviour in Tree Frogs," *Nature* 220 (1968): 386 – 87.

13. A. W. Crompton, C. R. Taylor, and J. A. Jagger, "Evolution of Homeothermy in Mammals," *Nature* 272 (1978): 333 – 36.

14. M. Shein-Idelson et al., "Slow Waves, Sharp Waves, Ripples, and REM in Sleeping Dragons," *Science* 352 (2016): 590 – 95.

15. S. C. Nicol, N. A. Andersen, N. H. Phillips, and R. J. Berger, "The Echidna Manifests Typical Characteristics of Rapid Eye Movement Sleep," *Neuroscience Letters* 283 (2000): 49 – 52.

16. J. M. Siegel et al., "Sleep in the Platypus," *Neuroscience* 91 (1999): 391 – 400.

17. J. A. Lesku et al., "Ostriches Sleep like Platypuses," *PLOS One* 6 (2011): e23203.

18. R. N. Martinez et al., "A Basal Dinosaur from the Dawn of the Dinosaur Era in Southwestern Pangaea," *Science* 331 (2011): 206 – 10; S. J. Nesbitt et al., "The Oldest Dinosaur? A Middle Triassic Dinosauriform from Tanzania," *Biology Letters* 9 (2013).

19. X. Xu and M. A. Norell, "A New Troodontid Dinosaur from China with Avian-Like Sleeping Posture," *Nature* 431 (2004): 838 – 41; C. Gao et al., "A Second Soundly Sleeping Dragon: New Anatomical Details of the Chinese Troodontid Mei long with Implications for Phylogeny and Taphonomy," *PLOS One* 7 (2012).

20. A. Tiriac, G. Sokoloff, and M. S. Blumberg, "Myoclonic Twitching and Sleep-Dependent Plasticity in the Developing Sensorimotor System," *Current Sleep Medicine Reports* 1 (2015): 74 – 79; M. S. Blumberg et al., "Development of Twitching in Sleeping Infant Mice Depends on Sensory Experience," *Current Biology* 25 (2015): 656 – 62.

21. P. R. Renne et al., "Time Scales of Critical Events around the Cretaceous-Paleogene Boundary," *Science* 339 (2013): 684 – 87.

22. K. O. Pope, K. H. Baines, A. C. Ocampo, and B. A. Ivanov, "Impact Winter and the Cretaceous/Tertiary Extinctions: Results of a Chicxulub Asteroid Impact Model," *Earth and Planetary Science Letters* 128 (1994): 719 – 25; J. Vellekoop et al., "Rapid Short-Term Cooling Following the Chicxulub Impact at the Cretaceous-Paleogene Boundary," *Proceedings of the National Academy of Sciences of the USA* 111 (2014): 7537 – 41.

23. R. Maor, T. Dayan, H. Ferguson-Gow, and K. E. Jones, "Temporal Niche Expansion in Mammals from a Nocturnal Ancestor after Dinosaur Extinction," *Nature Ecology and Evolution* 1 (2017): 1889 – 95.

24. Nicol et al., "The Echidna Manifests Typical Characteristics."

25. S. T. Piantadosi and C. Kidd, "Extraordinary Intelligence and the Care of Infants," *Proceedings of the National Academy of Sciences of the USA* 113 (2016): 6874 – 79.

26. Y. Mitani et al., "Three-Dimensional Resting Behaviour of Northern Elephant Seals: Drifting like a Falling Leaf," *Biology Letters* 6 (2010): 163 – 66.

27. J. D. R. Houghton et al., "Measuring the State of Consciousness in a Free-Living Diving Sea Turtle," *Journal of Experimental Marine Biology and Ecology* 356 (2008): 115 – 20.

28. A. I. Oleksenko et al., "Unihemispheric Sleep Deprivation in Bottlenose Dolphins," *Journal of Sleep Research* 1 (1992): 40 – 44; O. I. Lyaminet et al., "Unihemispheric Slow Wave Sleep and the State of the Eyes in a White Whale," *Behavioural Brain Research* 129 (2002): 125 – 29; O. Lyamin, J. Pryas\-lova, V. Lance, and J. Siegel, "Animal Behaviour: Continuous Activity

in Cetaceans after Birth," Nature 435 (2005): 1177; L. M. Mukhametov,"Sleep in Marine Mammals," *Experimental Brain Research* 8 (2007): 227–38.

29. G. G. Mascetti, "Unihemispheric Sleep and Asymmetrical Sleep: Behavioral, Neurophysiological, and Functional Perspectives," *Nature and Science of Sleep* 8 (2016): 221–38.

30. N. C. Rattenborg et al., "Migratory Sleeplessness in the White-Crowned Sparrow (*Zonotrichia leucophrys gambelii*)," *PLOS Biology* 2 (2004): e212.

31. N. C. Rattenborg et al., "Evidence that Birds Sleep in Mid-Flight," *Nature Communications* 7 (2016): 12468.

32. N. C. Rattenborg, S. L. Lima, and C. J. Amlaner,"Half-Awake to the Risk of Predation," *Nature* 397 (1999): 397–98; N. C. Rattenborg, S. L. Lima, and C. J. Amlaner, "Facultative Control of Avian Unihemispheric Sleep under the Risk of Predation," *Behavioural Brain Research* 105 (1999): 163–72.

33. N. Gravett et al., "Inactivity/Sleep in Two Wild Free-Roaming African Elephant Matriarchs: Does Large Body Size Make Elephants the Shortest Mammalian Sleepers?" *PLOS One* 12 (2017): e0171903.

34. R. Noser, L. Gygax, and I. Tobler, "Sleep and Social Status in Captive Gelada Baboons (*Theropithecus Gelada*)," *Behavioural Brain Research* 147 (2003): 9–15.

35. D. R. Samson et al., "Segmented Sleep in a Nonelectric, Small-Scale Agri\-cultural Society in Madagascar," *American Journal of Human Biology* 29 (2017).

36. G. Yetish et al., "Natural Sleep and Its Seasonal Variations in Three Pre-Industrial Societies," *Current Biology* 25 (2015): 2862–68.

37. D. R. Samson et al., "Chronotype Variation Drives Night-Time Sentinel-Like Behaviour in Hunter-Gatherers," *Proceedings of the Royal Society: Bio\-logical Sciences* 284 (2017).

38. L. A. Zhivotovsky, N. A. Rosenberg, and M. W. Feldman,"Features of Evo\-lution and Expansion of Modern Humans, Inferred from Genomewide Microsatellite Markers," *The American Journal of Human Genetics* 72 (2003): 1171–86.

39. H. O. De la Iglesia et al., "Ancestral Sleep," *Current Biology* 26 (2016): R271–72.

7장 꿈의 생화학

1. E. Aserinsky and N. Kleitman,"Regularly Occurring Periods of Eye Motility, and Concomitant Phenomena, during Sleep," *Science* 118 (1953): 273–74.

2. W. Dement and N. Kleitman, "Cyclic Variations in EEG during Sleep and Their Relation to Eye Movements, Body Motility, and Dreaming," *Electroencephalography and Clinical Neurophysiology* 9 (1957): 673–90; W. Dement and N. Kleitman, "The Relation of Eye Movements during Sleep to Dream Activity: An Objective Method for the Study of Dreaming," *Journal of Experimental Psychology* 53 (1957): 339–46.

3. M. Roth, J. Shaw, and J. Green, "The Form Voltage Distribution and Physiological Significance of the K-Complex," *Electroencephalography and Clinical Neurophysiology* 8 (1956): 385–402; M. Steriade and F. Amzica, "Slow Sleep Oscillation, Rhythmic K-Complexes, and Their Paroxysmal Devel\-opments," *Journal of Sleep Research* 7 (1998): 30–35; A. G. Siapas and M. A. Wilson, "Coordinated Interactions between Hippocampal Ripples and Cortical Spindles during Slow-Wave Sleep," *Neuron* 21 (1998): 1123–28; N. K. Logothetis

et al., "Hippocampal-Cortical Interaction during Periods of Subcortical Silence," *Nature* 491 (2012): 547 – 53.

4. W. Dement and N. Kleitman, "The Relation of Eye Movements during Sleep to Dream Activity: An Objective Method for the Study of Dreaming," *Journal of Experimental Psychology* 53 (1957): 339 – 46; M. Jouvet and

D. Jouvet, "A Study of the Neurophysiological Mechanisms of Dreaming," *Electroencephalography and Clinical Neurophysiology*, Suppl. 24 (1963): 133 – 157.

5. F. D. Foulkes, "Dream Reports from Different Stages of Sleep," *Journal of Abnormal Psychology* 65 (1962): 14 – 25.

6. G. G. Abel, W. D. Murphy, J. V. Becker, and A. Bitar, "Women's Vaginal Responses during REM Sleep," *Journal of Sex and Marital Therapy* 5 (1979): 5 – 14; G. S. Rogers, R. L. Van de Castle, W. S. Evans, and J. W. Critelli, "Vaginal Pulse Amplitude Response Patterns during Erotic Conditions and Sleep," *Archives of Sexual Behaviour* 14 (1985): 327 – 42.

7. C. Fisher, J. Gorss, and J. Zuch, "Cycle of Penile Erection Synchronous with Dreaming (REM) Sleep," Preliminary Report, *Archives of General Psychiatry* 12 (1965): 29 – 45.

8. T. A. Wehr, "A Brain-Warming Function for REM Sleep," *Neuroscience and Biobehavioral Reviews* 16 (1992): 379 – 97.

9. L. Xie et al., "Sleep Drives Metabolite Clearance from the Adult Brain," *Science* 342 (2013): 373 – 77.

10. H. Lee et al., "The Effect of Body Posture on Brain Glymphatic Transport," *Journal of Neuroscience* 35 (2015): 11034 – 44.

11. A. S. Urrila et al., "Sleep Habits, Academic Performance, and the Adolescent Brain Structure," *Scientific Reports* 7 (2017): 41678.

12. R. L. Weinmann, "Levodopa and Hallucination," *Journal of the American Medical Association* 221 (1972): 1054; K. Kamakura et al., "Therapeutic Factors Causing Hallucination in Parkinson's Disease Patients, Especially Those Given Selegiline," *Parkinsonism and Related Disorders* 10 (2004): 235 – 42.

13. M. Taheri and E. Arabameri, "The Effect of Sleep Deprivation on Choice Reaction Time and Anaerobic Power of College Student Athletes," *Asian Journal of Sports Medicine* 3 (2012): 15 – 20; K. Tokizawa et al., "Effects of Partial Sleep Restriction and Subsequent Daytime Napping on Prolonged Exertional Heat Strain," *Occupational and Environmental Medicine* 72 (2015): 521 – 28; A. Sufrinko, E. W. Johnson, and L. C. Henry, "The Influence of Sleep Duration and Sleep-Related Symptoms on Baseline Neurocognitive Performance among Male and Female High School Athletes," *Neuropsychology* 30 (2016): 484 – 91; R. Ben Cheikh, I. Latiri, M. Dogui, and H. Ben Saad, "Effects of One-Night Sleep Deprivation on Selective Attention and Isometric Force in Adolescent Karate Athletes," *The Journal of Sports Medicine and Physical Fitness* 57 (2017): 752 – 59.

14. R. Leproult and E. Van Cauter, "Effect of 1 Week of Sleep Restriction on Testosterone Levels in Young Healthy Men," *Journal of the American Medical Association* 305 (2011): 2173 – 74.

15. C. Cajochen et al., "EEG and Ocular Correlates of Circadian Melatonin Phase and Human Performance Decrements during Sleep Loss," *American Journal of Physiology* 277 (1999): R640 – 49.

16. S. F. Sorrells et al., "Human Hippocampal Neurogenesis Drops Sharply in Children to Undetectable Levels in Adults," *Nature* 555 (2018): 377 – 81.

17. C. Liston et al., "Circadian Glucocorticoid Oscillations Promote Learning-Dependent Synapse Formation and Maintenance," *Nature Neuroscience* 16 (2013): 698 – 705.

18. C. Pavlides, L. G. Nivon, and B. S. McEwen, "Effects of Chronic Stress on Hippocampal Long-Term Potentiation," *Hippocampus* 12 (2002): 245 – 57.

19. R. Legendre and H. Piéron, "De la Propriété hypnotoxique des humeurs développée au cours d'une veille prolongée," *Comptes Rendus de la Société de Biologie de Paris* 70 (1912): 210 – 12.

20. J. M. Krueger, J. R. Pappenheimer, and M. L. Karnovsky, "Sleep-Promoting Effects of Muramyl Peptides," *Proceedings of the National Academy of Sci\-ences of the USA* 79 (1982): 6102 – 6; S. Shoham and J. M. Krueger, "Muramyl Dipeptide-Induced Sleep and Fever: Effects of Ambient Temperature and Time of Injections," *American Journal of Physiology* 255 (1988): R157 – 65; J. M. Krueger and M. R. Opp, "Sleep and Microbes," *International Review of Neurobiology* 131 (2016): 207 – 25.

21. J. A. MacCulloch, "Fasting (Introductory and Non-Christian)" and G. Foucart,"Dreams and Sleep: Egyptian" in *Encyclopedia of Religion and Ethics,* ed. J. Hastings, vol. 5 (New York: Charles Scribner's Sons, 1912); J. S. Lincoln, *The Dream in Native American and Other Primitive Cultures* (Hoboken: Dover, 2003).

22. T. Nielsen and R. A. Powell, "Dreams of the Rarebit Fiend: Food and Diet as Instigators of Bizarre and Disturbing Dreams," *Frontiers in Psychology* 6 (2015): 47.

23. R. G. Pertwee, *Handbook of Cannabis* (Oxford: Oxford University Press, 2014).

24. D. E. Nichols, "Psychedelics," *Pharmacological Reviews* 68 (2016): 264 – 355.

25. J. G. Soares Maia and W. A. Rodrigues,"*Virola theiodora* como alucinógena e tóxica," *Acta Amazonica* 4 (1974): 21 – 23.

26. A. Berardi, G. Schelling, and P. Campolongo, "The Endocannabinoid System and Post Traumatic Stress Disorder (PTSD): From Preclinical Findings to Innovative Therapeutic Approaches in Clinical Settings," *Pharmacological Research* 111 (2016): 668 – 78.

27. E. Tagliazucchi et al., "Increased Global Functional Connectivity Correlates with LSD-Induced Ego Dissolution," *Current Biology* 26 (2016): 1043 – 50; R. Kraehenmann, "Dreams and Psychedelics: Neurophenomenological Comparison and Therapeutic Implications," *Current Neuropharmacology* 15 (2017): 1032 – 42; R. Kraehenmann et al., "Dreamlike Effects of LSD on Waking Imagery in Humans Depend on Serotonin 2A Receptor Activation," *Psychopharmacology (Berlin)* 234 (2017): 2031 – 46; C. Sanz et al., "The Experience Elicited by Hallucinogens Presents the Highest Similarity to Dreaming within a Large Database of Psychoactive Substance Reports," *Frontiers in Neuroscience* 12 (2018): 7.

28. Nichols, "Psychedelics."

29. J. Riba et al., "Topographic Pharmaco-EEG Mapping of the Effects of the South American Psychoactive Beverage Ayahuasca in Healthy Volunteers," *British Journal of Clinical Pharmacology* 53 (2002): 613 – 28.

30. S. M. Kosslyn et al., "The Role of Area 17 in Visual Imagery: Convergent Evidence from PET and rTMS," *Science* 284 (1999): 167 – 70.

31. D. B. de Araújo et al., "Seeing with the Eyes Shut: Neural Basis of Enhanced Imagery

Following Ayahuasca Ingestion," *Human Brain Mapping* 33 (2012): 2550 – 60.

32. R. L. Carhart-Harris et al., "Neural Correlates of the LSD Experience Revealed by Multimodal Neuroimaging," *Proceedings of the National Academy of Sciences of the USA* 113 (2016): 4853 – 58.

33. A. Viol et al., "Shannon Entropy of Brain Functional Complex Networks under the Influence of the Psychedelic Ayahuasca," *Scientific Reports* 7 (2017): 7388.

34. E. Tagliazucchi et al., "Enhanced Repertoire of Brain Dynamical States during the Psychedelic Experience," *Human Brain Mapping* 35 (2014): 5442 – 56; A. V. Lebedev et al., "LSD-Induced Entropic Brain Activity Predicts Subsequent Personality Change," *Human Brain Mapping* 37 (2016): 3203 – 13; M. M. Schartner et al., "Increased Spontaneous MEG Signal Diversity for Psychoactive Doses of Ketamine, LSD and Psilocybin," *Scientific Reports* 7 (2017): 46421.

35. P. Luz, "O uso ameríndio do caapi," and B. Keifenheim, "Nixi pae como participação sensível no princípio de transformação da criação primordial entre os índios kaxinawa no leste do Peru," in *O uso ritual da ayahuasca*, eds. B. C. Labate and W. S. Araujo (Campinas: Mercado de Letras, 2002), 37 – 68, 97 – 127.

8장 정신이상은 혼자 꾸는 꿈이다

1. C. Okorome Mume, "Nightmare in Schizophrenic and Depressed Patients," *The European Journal of Psychiatry* 23 (2009); 177 – 83; F. Michels et al., "Nightmare Frequency in Schizophrenic Patients, Healthy Relatives of Schizophrenic Patients, Patients at High Risk States for Psychosis, and Healthy Controls," *International Journal of Dream Research* 7 (2014): 9 – 13.

2. J. C. Skancke, I. Holsen, and M. Schredl, "Continuity between Waking Life and Dreams of Psychiatric Patients: A Review and Discussion of the Implications for Dream Research," *International Journal of Dream Research* 7 (2014): 39 – 53.

3. K. Dzirasa et al., "Dopaminergic Control of Sleep-Wake States," *Journal of Neuroscience* 26 (2006): 10577 – 89.

4. J. Lacan, *Anxiety, in The Seminar of Jacques Lacan*, trans. A. R. Price, vol. 10 (Cambridge: Polity, 2016).

5. S. Beckett, *Waiting for Godot* (London: Faber & Faber, 2006), 54.

6. C. G. Jung, *Symbols of Transformation*, in *The Collected Works of C. G. Jung*, vol. 5. (London: Routledge and K. Paul, 1966).

7. S. Freud, *Totem and Taboo*, in *The Standard Edition of the Complete Psychological Works of Sigmund Freud*, eds. J. Strachey et al., vol. 13 (London: Hogarth Press, 1953).

8. 같은 책Ibid., 89.

9. S. Freud, *Introductory Lectures on Psychoanalysis*, in *The Standard Edition of the Complete Psychological Works of Sigmund Freud*, eds. J. Strachey et al., vols. 15, 16 (London: Hogarth Press, 1953).

10. S. Freud, *The Future of an Illusion*, in *The Standard Edition of the Complete Psychological Works of Sigmund Freud*, eds. J. Strachey et al., vol. 21 (London: Hogarth Press, 1953), 53.

11. M. Klein, "Criminal Tendencies in Normal Children," *British Journal of Medical Psychology* 74 (1927); M. Klein, *Narrative of a Child Analysis; The Conduct of the Psychoanalysis of Children as Seen in the Treatment of a Ten Year Old Boy* (New York: Basic Books, 1961).

12. M. Klein, *The Psychoanalysis of Children; Authorized Translation by Alix Strachey* (New York: Grove Press, 1960).

13. M. Kramer, "Dream Differences in Psychiatric Patients," in *Sleep and Mental Illness*, eds. S. R. Pandi-Perumal and M. Kramer (Cambridge: Cambridge University Press, 2010): 375–382.

14. N. B. Mota et al., "Speech Graphs Provide a Quantitative Measure of Thought Disorder in Psychosis," *PLOS One* 7 (2012): e34928; N. B. Mota et al., "Graph Analysis of Dream Reports Is Especially Informative about Psychosis," *Scientific Reports* 4 (2014): 3691; N. B. Mota, M. Copelli, and S. Ribeiro, "Thought Disorder Measured as Random Speech Structure Classifies Negative Symptoms and Schizophrenia Diagnosis 6 Months in Advance," *npj Schizophrenia* 3 (2017): 1–10.

9장 수면과 기억

1. J. B. Jenkins and K. M. Dallenbach, "Oblivescence during Sleep and Waking," *The American Journal of Psychology* 35 (1924): 605–12.

2. C. A. Pearlman, "Effect of Rapid Eye Movement (Dreaming) Sleep Deprivation on Retention of Avoidance Learning in Rats," *Reports of the US Navy Submarine Medical Center* 563 (1969): 1–4; P. Leconte and V. Bloch, "Effect of Paradoxical Sleep Deprivation on the Acquisition and Retention of Conditioning in Rats," *Journal de Physiologie (Paris)* 62 (1970): 290; W. C. Stern, "Acquisition Impairments Following Rapid Eye Movement Sleep Deprivation in Rats," *Physiology and Behavior* 7 (1971): 345–52.

3. C. Smith and S. Butler, "Paradoxical Sleep at Selective Times Following Training is Necessary for Learning," *Physiology and Behavior* 29 (1982): 469–73; C. Smith and G. Kelly, "Paradoxical Sleep Deprivation Applied Two Days after End of Training Retards Learning," *Physiology and Behavior* 43 (1988): 213–16; C. Smith and G. M. Rose, "Evidence for a Paradoxical Sleep Window for Place Learning in the Morris Water Maze," *Physiology & Behavior* 59 (1996): 93–97; C. Smith and G. M. Rose, "Posttraining Paradoxical Sleep in Rats Is Increased after Spatial Learning in the Morris Water Maze," *Behavioral Neuroscience* 111 (1997): 1197–204.

4. R. Stickgold et al., "Replaying the Game: Hypnagogic Images in Normals and Amnesics," *Science* 290 (2000): 350–53.

5. R. Stickgold, L. James, and J. A. Hobson, "Visual Discrimination Learning Requires Sleep after Training," *Nature Neuroscience* 3 (2000): 1237–38.

6. S. C. Mednick et al., "The Restorative Effect of Naps on Perceptual Dete\-rioration," *Nature Neuroscience* 5 (2002): 677–81.

7. S. Mednick, K. Nakayama, and R. Stickgold, "Sleep-Dependent Learning: A Nap Is as Good as a Night," *Nature Neuroscience* 6 (2003): 697–98.

8. S. S. Yoo et al., "A Deficit in the Ability to Form New Human Memories without Sleep," *Nature Neuroscience* 10 (2007): 385–92.

9. W. Plihal and J. Born, "Effects of Early and Late Nocturnal Sleep on Declarative and Procedural Memory," *Journal of Cognitive Neuroscience* 9 (1997): 534–47; W. Plihal and J. Born, "Effects of Early and Late Nocturnal Sleep on Priming and Spatial Memory," *Psychophysiology* 36 (1999): 571–82.

10. L. J. Batterink, C. E. Westerberg, and K. A. Paller, "Vocabulary Learning Benefits from

REM after Slow-Wave Sleep," *Neurobiology of Learning and Memory* 144 (2017).

11. N. Lemos, J. Weissheimer, and S. Ribeiro, "Naps in School Can Enhance the Duration of Declarative Memories Learned by Adolescents," *Frontiers in Systems Neuroscience* 8 (2014): 103.

12. T. Cabral et al., "Post-Class Naps Boost Declarative Learning in a Naturalistic School Setting," *npj Science of Learning* 3 (2018): 14.

13. C. Beck, "Students Allowed to Nap at School With Sleep Pods," NBC News, Mar. 6, 2017, https://www.nbcnews.com/health/kids-health/students-allowed-nap-school-sleep-pods-n729881; S. Danzy, "High Schools Are Allowing Sleep-deprived Students to Take Midday Naps," People, Feb. 22, 2017, https://people.howstuffworks.com/high-schools-are-allowing-sleepdeprived-students-take-midday-naps.htm; D. Willis,"N. M. Schools Roll Out High-Tech Sleep Pods for Students," *USA Today*, Mar. 1, 2017, https://www.usatoday.com/story/tech/nation-now/2017/03/01/nm-schools-roll-out-high-tech-sleep-pods-students/98619548/; N. Borges, "Tempo integral: a experiência das escolas de Santa Cruz," GAZ, Jun. 15, 2018, http://www.gaz.com.br/conteudos/educacao/2018/06/15/122501-tempo_integral_a_experiencia_das_escolas_de_santa_cruz.html.php; G. Pin, "Quitar la Siesta al Niño cuando Llega al Colegio, ¡ Un Grave Error!" Serpadres, 2018, https://www.serpadres.es/3-6-anos/educacion-desarrollo/articulo/quitar-la-siesta-al-nino-cuando-llega-al-colegio-un-grave-error.

14. D. L . Hummer and T. M. Lee, "Daily Timing of the Adolescent Sleep Phase: Insights from a Cross-Species Comparison," *Neuroscience & Biobehavioral Reviews* 70 (2016): 171–81.

15. G. P. Dunster et al., "Sleepmore in Seattle: Later School Start Times Are Associated with More Sleep and Better Performance in High School Stu\-dents," *Science Advances* 4 (2018).

10장 기억의 반향

1. W. Penfield, "Some Mechanisms of Consciousness Discovered during Electrical Stimulation of the Brain," *Proceedings of the National Academy of Sciences USA* 44 (1958): 51–66.

2. D. Hebb, *The Organization of Behavior* (Hoboken: Wiley, 1949).

3. Ibid., F9.

4. C. Pavlides and J. Winson, "Influences of Hippocampal Place Cell Firing in the Awake State on the Activity of These Cells during Subsequent Sleep Episodes," *Journal of Neuroscience* 9 (1989): 2907–18.

5. S. Ribeiro et al., "Long-Lasting Novelty-Induced Neuronal Reverberation during Slow-Wave Sleep in Multiple Forebrain Areas," *PLOS Biology* 2 (2004): E24; J. O'Neill, T. Senior, and J. Csicsvari, "Place-Selective Firing of CA1 Pyramidal Cells during Sharp Wave/Ripple Network Patterns in Exploratory Behavior," *Neuron* 49 (2006): 143–55.

6. F. Niemtschek, *Leben des K.K. Kapellmeisters Wolfgang Gottlieb Mozart, nach Originalquellen beschrieben* (Praga: Herrlischen Buchhandlung, 1798).

7. T. Lomo, "Potentiation of Monosynaptic EPSPs in Cortical Cells by Single and Repetitive Afferent Volleys," Journal of Physiology 194 (1968): 84–85P; T. V. Bliss and T. Lomo, "Long-Lasting Potentiation of Synaptic Transmission in the Dentate Area of the Anaesthetized Rabbit Following Stimulation of the Perforant Path," *Journal of Physiology* 232

(1973): 331 – 56.

8. J. R. Whitlock, A. J. Heynen, M. G. Shuler, and M. F. Bear, "Learning Induces Long-Term Potentiation in the Hippocampus," *Science* 313 (2006): 1093 – 97.

9. C. Pavlides, Y. J. Greenstein, M. Grudman, and J. Winson, "Long-Term Potentiation in the Dentate Gyrus Is Induced Preferentially on the Positive Phase of Theta-Rhythm," *Brain Research* 439 (1988): 383 – 87.

10. C. Holscher, R. Anwyl, and M. J. Rowan, "Stimulation on the Positive Phase of Hippocampal Theta Rhythm Induces Long-Term Potentiation That Can Be Depotentiated by Stimulation on the Negative Phase in Area CA1 in Vivo," *Journal of Neuroscience* 17 (1997): 6470 – 77; J. Hyman et al., "Stimulation in Hippocampal Region CA1 in Behaving Rats Yields Long-Term Potentiation when Delivered to the Peak of Theta and Long-Term Depression when Delivered to the Trough," *Journal of Neuroscience* 23 (2003): 11725 – 31; P. T. Huerta and J. E. Lisman, "Bidirectional Synaptic Plasticity Induced by a Single Burst During Cholinergic Theta Oscillation in CA1 in Vitro," *Neuron* 15 (1995): 1053 – 63.

11. J. E. Lisman and O. Jensen, "The Theta-Gamma Neural Code," *Neuron* 77 (2013): 1002 – 16; V. Lopes-Dos-Santos et al., "Parsing Hippocampal Theta Oscillations by Nested Spectral Components during Spatial Exploration and Memory-Guided Behavior," *Neuron* 100 (2018): 950 – 52.

12. H. C. Heller and S. F. Glotzbach, "Thermoregulation during Sleep and Hibernation," *International Review of Physiology* 15 (1977): 147 – 88.

13. G. R. Poe, D. A. Nitz, B. L. McNaughton, and C. A. Barnes, "Experience-Dependent Phase-Reversal of Hippocampal Neuron Firing during REM Sleep," *Brain Research* 855 (2000): 176 – 80.

14. P. Maquet et al., "Experience-Dependent Changes in Cerebral Activation during Human REM Sleep," *Nature Neuroscience* 3 (2000): 831 – 36; P. Peigneux et al., "Learned Material Content and Acquisition Level Modulate Cerebral Reactivation during Posttraining Rapid-Eye-Movements Sleep," *Neuroimage* 20 (2003): 125 – 34.

15. R. Huber, M. F. Ghilardi, M. Massimini, and G. Tononi, "Local Sleep and Learning," *Nature* 430 (2004): 78 – 81.

16. R. Boyce, S. D. Glasgow, S. Williams, and A. Adamantidis, "Causal Evidence for the Role of REM Sleep Theta Rhythm in Contextual Memory Consolidation," *Science* 352 (2016): 812 – 16.

17. L. Marshall, H. Helgadottir, M. Molle, and J. Born, "Boosting Slow Oscil\-lations during Sleep Potentiates Memory," *Nature* 444 (2006): 610 – 13.

18. H. V. Ngo, T. Martinez, J. Born, and M. Molle, "Auditory Closed-Loop Stimulation of the Sleep Slow Oscillation Enhances Memory," *Neuron* 78 (2013): 545 – 53.

19. J. Seibt et al., "Cortical Dendritic Activity Correlates with Spindle-Rich Oscillations during Sleep in Rodents," *Nature Communications* 8 (2017): 684.

20. B. Rasch, C. Buchel, S. Gais, and J. Born, "Odor Cues During Slow-Wave Sleep Prompt Declarative Memory Consolidation," *Science* 315 (2007): 1426 – 29.

21. A. Bilkei-Gorzo et al., "A Chronic Low Dose of Delta9-tetrahydrocannabinol (THC) Restores Cognitive Function in Old Mice," *Nature Medicine* 23 (2017): 782 – 87.

22. A. Guerreiro, *Ancestrais e suas sombras: uma etnografia da chefia kalapao e seu ritual mortuário*

(Campinas: Unicamp, 2015).

11장 유전자와 밈

1. J. L. Borges, "Funes the Memorious," in *Labyrinths: Selected Stories and Other Writings* (London: Penguin Books, 1970).

2. M. Pompeiano, C. Cirelli, and G. Tononi, "Effects of Sleep Deprivation on Fos-Like Immunoreactivity in the Rat Brain," *Archives Italiennes de Biologie* 130 (1992): 325–35; C. Cirelli, M. Pompeiano, and G. Tononi,"Fos-Like Immunoreactivity in the Rat Brain in Spontaneous Wakefulness and Sleep," *Archives Italiennes de Biologie* 131 (1993): 327–30; M. Pompeiano, C. Cirelli, and G. Tononi, "Immediate-Early Genes in Spontaneous Wakefulness and Sleep: Expression of C-Fos and NGFI-A mRNA and Protein," *Journal of Sleep Research* 3 (1994): 80–96.

3. C. A. Pearlman, "Effect of Rapid Eye Movement (Dreaming) Sleep Deprivation on Retention of Avoidance Learning in Rats," *Reports of the US Navy Submarine Medical Center* 563 (1969): 1–4; P. Leconte and V. Bloch, "Effect of Paradoxical Sleep Deprivation on the Acquisition and Retention of Conditioning in Rats," *Journal de Physiologie (Paris)* 62 (1970): 290; W. C. Stern, "Acquisition Impairments Following Rapid Eye Movement Sleep Deprivation in Rats," *Physiology & Behavior* 7 (1971): 345–52.

4. A. Giuditta et al., "The Sequential Hypothesis of the Function of Sleep," *Behavioural Brain Research* 69 (1995): 157–66.

5. G. Tononi and C. Cirelli, "Modulation of Brain Gene Expression during Sleep and Wakefulness: A Review of Recent Findings," *Neuropsychopharmacology* 25 (2001): S28–35.

6. V. V. Vyazovskiy et al., "Cortical Firing and Sleep Homeostasis," *Neuron* 63 (2009): 865–78; Z. W. Liu et al., "Direct Evidence for Wake-Related Increases and Sleep-Related Decreases in Synaptic Strength in Rodent Cortex," *Journal of Neuroscience* 30 (2010): 8671–75.

7. D. Bushey, G. Tononi, and C. Cirelli, "Sleep and Synaptic Homeostasis: Structural Evidence in *Drosophila*," *Science* 332 (2011): 1576–81.

8. G. G. Turrigiano et al., "Activity-Dependent Scaling of Quantal Amplitude in Neocortical Neurons," *Nature* 391 (1998): 892–96.

9. G. Tononi and C. Cirelli,"Sleep and Synaptic Homeostasis: A Hypothesis," *Brain Research Bulletin* 62 (2003): 143–150.

10. S. Ribeiro and M. A. Nicolelis, "Reverberation, Storage, and Postsynaptic Propagation of Memories during Sleep," *Learning and Memory* 11 (2004): 686–96; S. Ribeiro et al., "Downscale or Emboss Synapses during Sleep?" *Frontiers in Neuroscience* 3 (2009); S. Ribeiro,"Sleep and Plasticity," *Pflugers Archiv* 463 (2012): 111–20.

11. M. G. Frank, N. P. Issa, and M. P. Stryker, "Sleep Enhances Plasticity in the Developing Visual Cortex," *Neuron* 30 (2001): 275–87; J. Ulloor and S. Datta, "Spatio-temporal Activation of Cyclic AMP Response Element-Binding Protein, Activity-Regulated Cytoskeletal-Associated Protein and Brain-Derived Nerve Growth Factor: A Mechanism for Pontine-Wave Generator Activation-Dependent Two-Way Active-Avoidance Memory Processing in the Rat," *Journal of Neurochemistry* 95 (2005): 418–28; I. Ganguly-Fitzgerald, J. Donlea, and P. J. Shaw, "Waking Experience Affects Sleep Need in *Drosophila*," *Science* 313 (2006): 1775–81; J. M. Donlea et al., "Inducing Sleep by Remote Control Facilitates

Memory Consolidation in *Drosophila*," *Science* 332 (2011): 1571–76; J. B. Calais et al., "Experience-Dependent Upregulation of Multiple Plasticity Factors in the Hippocampus during early REM Sleep," *Neurobiology of Learning and Memory* 122 (2015); C. G. Vecsey et al., "Sleep Deprivation Impairs cAMP Signalling in the Hippocampus," *Nature* 461 (2009): 1122–25; P. Ravassard et al., "REM Sleep-Dependent Bidirectional Regulation of Hippocampal-Based Emotional Memory and LTP," *Cerebral Cortex* 26 (2016): 1488–500.

12. G. Tononi and C. Cirelli, "Sleep and the Price of Plasticity: From Synaptic and Cellular Homeostasis to Memory Consolidation and Integration," *Neuron* 81 (2014): 12–34.

13. G. Yang et al., "Sleep Promotes Branch-Specific Formation of Dendritic Spines after Learning," *Science* 344 (2014): 1173–78.

14. W. Li, L. Ma, G. Yang, and W. B. Gan, "REM Sleep Selectively Prunes and Maintains New Synapses in Development and Learning," *Nature Neuroscience* 20 (2017): 427–37.

15. 같은 책.

12장 창조를 위한 수면

1. T. W.-M. Draper, *The Bemis History and Genealogy: Being an Account, in Greater Part of the Descendants of Joseph Bemis, of Watertown, Mass.* (San Francisco: Stanley-Taylor Co. Print., 1900), 160.

2. J. Essinger, *Jacquard's Web: How a Hand-Loom Led to the Birth of the Information Age* (Oxford: Oxford University Press, 2007); M. Tedre, *The Science of Computing: Shaping a Discipline* (Boca Raton: CRC Press, 2014).

3. J. J. L. F. Lalande, *Voyage en Italie, contenant l'histoire & les anecdotes les plus singulieres de l'Italie, & sa description; les usages, le gouvernement, le com\-merce, la littérature, les arts, l'histoire naturelle, & les antiquités* (Paris: Veuve Desaint, 1786), 293–94.

4. S. Turner, *A Hard Day's Write: The Stories behind Every Beatles Song* (New York: HarperPerennial, 1999), 83.

5. Albrecht Dürer, *Speis der maier knaben (Nourishment for Young Painters)*, "Dürer's Dream of 1525."

6. 같은 책.

7. A. A. T. Macrobius, *Commentary on the Dream of Scipio*, trans. W. H. Stahl (New York: Columbia University Press, 1990).

8. A. M. Peden, "Macrobius and Mediaeval Dream Literature," *Medium Ævum* 54 (1985): 59–73.

9. A. J. Kabir, *Paradise, Death and Doomsday in Anglo-Saxon Literature* (Cam-bridge: Cambridge University Press, 2001).

10. M. de Cervantes, *Don Quixote*, trans. E. Grossman (London: Vintage, 2005), 21.

11. F. Pessoa, *The Book of Disquiet: The Complete Edition*, trans. M. J. Costa (London: Serpent's Tail, 2018), 230.

12. F. Pessoa, *Poesia completa de Álvaro de Campos* (São Paulo: Companhia das Letras, 2007), 287.

13. J. E. Agualusa in interview with S. Ribeiro, *Limiar: Uma década entre o cérebro e a mente* (São Paulo: Vieira Lent, 2015), 29–31.

14. L. Trotsky, *Trotsky's Diary in Exile, 1935* (Cambridge: Harvard University Press, 1976), 145–46.

15. G. Orwell,"My Country Right or Left," in *The Collected Essays, Journalism and Letters, Vol. 1* (London: Penguin Books, 1970), 590 – 91.

16. A. Kekulé, "Sur la constitution des substances aromatiques," Bulletin de la Société Chimique de Paris 3 (1865): 98 – 110.

17. E. Hornung, *The Ancient Egyptian Books of the Afterlife* (Ithaca, NY: Cornell University Press, 1999).

18. S. F. Rudofsky and J. H. Wotiz,"Psychologists and the Dream Accounts of August Kekulé," *Ambix* 35 (1988): 31 – 38.

19. O. B. Ramsay and A. J. Rocke, "Kekulé's Dreams: Separating the Fiction from the Fact," *Chemistry in Britain* 20 (1984): 1093 – 94.

20. O. Loewi, "From the Workshop of Discoveries," *Perspectives in Biology and Medicine* 4 (1960): 1 – 25.

21. A. R. Wallace, *My Life: A Record of Events and Opinions,* vol. 1 (London: Chapman and Hall, 1905), 361.

22. J. Benton, "Descartes' Olympica," *Philosophy and Literature* 2 (1980): 163 – 66.

23. G. Leibniz, *Philosophical Papers and Letters,* ed. and trans. L. E. Loemker (Dordrecht: Kluwer Academic Publishers, 1989), 114.

24. H. Poincaré, "Mathematical Creation," in The Foundations of Science: Sci-ence and Hypothesis, *the Value of Science, Science and Method* (Amazon Digital Services, 2018), 389.

25. J. Hadamard, *The Psychology of Invention in the Mathematical Field* (Mineola: Dover, 1954).

26. S. Dehaene and L. Cohen, "The Unique Role of the Visual Word Form Area in Reading," *Trends in Cognitive Science* 15 (2011): 254 – 62.

27. P. Tholey, "Consciousness and Abilities of Dream Characters Observed during Lucid Dreaming," *Perceptual and Motor Skills* 68 (1989): 567 – 78; T. Stumbrys and M. Daniels,"An Exploratory Study of Creative Problem Solving in Lucid Dreams: Preliminary Findings and Methodological Considerations," *International Journal of Dream Research* 3 (2010): 121 – 29; T. Stumbrys, D. Erlacher, and S. Schmidt, "Lucid Dream Mathematics: An Explorative Online Study of Arithmetic Abilities of Dream Characters," *International Journal of Dream Research* 4 (2011): 35 – 40.

28. G. H. Hardy, *Ramanujan: Twelve Lectures on Subjects Suggested by His Life and Work* (Cambridge: AMS: Chelsea Publishing Co., 1940), 9.

29. G. H. Hardy, "Obituary, S. Ramanujan," Nature 105 (1920): 494 – 95.

30. S. Ramanujan, *Ramanujan: Letters and Reminiscences,* vol. 1, Memorial Number (Muthialpet High School, 1968); B. Krishnayya, *Ramanujan: The Man and the Mathematician* (New York: Thomas Nelson and Sons Ltd, 1967), 87.

31. B. Russell, *Human Knowledge: Its Scope and Limits* (New York: Simon & Schuster, 1948), 172.

32. A. Antunes, *Como é que chama o nome disso: Antologia* (São Paulo: Publi\-folha, 2006).

33. U. Wagner et al., "Sleep Inspires Insight," *Nature* 427 (2204): 352 – 55.

34. M. P. Walker, C. Liston, J. A. Hobson, and R. Stickgold, "Cognitive Flexibility Across the Sleep-Wake Cycle: REM-sleep Enhancement of Anagram Problem Solving," *Cognitive Brain Research* 14 (2002): 317 – 24.

35. D. J. Cai et al., "REM, not Incubation, Improves Creativity by Priming Associative Networks," *Proceedings of the National Academy of Sciences of the USA* 106 (2009): 10130 – 34.

36. S. Deregnaucourt et al., "How Sleep Affects the Developmental Learning of Bird Song," *Nature* 433 (2005): 710-16.

37. W. A. Liberti III et al., "Unstable Neurons Underlie a Stable Learned Be\-havior," *Nature Neuroscience* 19 (2016): 1665-71.

38. E. J. Wamsley et al., "Cognitive Replay of Visuomotor Learning at Sleep Onset: Temporal Dynamics and Relationship to Task Performance," *Sleep* 33 (2010): 59-68.

39. D. W. Singer, *Giordano Bruno: His Life and Thought, With Annotated Transla\-tion of His Work On the Infinite Universe and Worlds* (New York: Schuman, 1950).

40. A. Druyan and S. Soter, in *Cosmos: A Spacetime Odyssey,* ed. B. Braga (Santa Fe: Netflix, 2014).

Unfortunately, I have been unable to find the original source for this quotation, which allows me to use a lapidary phrase that is also attributed without evidence to Giordano: "Se non è vero, è molto ben trovato."

41. Singer, Giordano Bruno; G. Bruno, *On the Infinite, the Universe and the Worlds: Five Cosmological Dialogues,* vol. 2 (Scotts Valley, CA: CreateSpace Independent Publishing Platform, 2014).

42. I. A. Ahmad, "The Impact of the Qur'anic Conception of Astronomical Phenomena on Islamic Civilization," *Vistas in Astronomy* 39 (1995): 395-403.

43. J. Kepler, "Letter from Johannes Kepler to Galileo Galilei, 1610," *Johannes Kepler Gesammelte Werke,* vol. 4 (Bonn: Deutsche Forschungsgemeinschaft, 2009), 287-310.

44. D. O. Hebb,"The Effects of Early and Late Brain Injury upon Test Scores, and the Nature of Normal Adult Intelligence," *Proceedings of the American* Philosophical Society 85 (1942): 275-92.

45. W. B. Scoville and B. Milner, "Loss of Recent Memory after Bilateral Hip-pocampal Lesions," *Journal of Neurology, Neurosurgery and Psychiatry* 20 (1957): 11-21.

46. S. Ribeiro et al., "Induction of Hippocampal Long-Term Potentiation during Waking Leads to Increased Extrahippocampal Zif-268 Expression during Ensuing Rapid-Eye-Movement Sleep," *Journal of Neuroscience* 22 (2002): 10914-23.

47. S. Ribeiro et al., "Novel Experience Induces Persistent Sleep-Dependent Plasticity in the Cortex but Not in the Hippocampus," *Frontiers in Neuroscience* 1 (2007): 43-55.

13장 렘수면 중에는 꿈을 꾸고 있지 않다?

1. M. Solms, *The Neuropsychology of Dreams: A Clinico- Anatomical Study* (New Jersey, Lawrence Erlbaum Associates, 1997); M. Solms, "Dreaming and REM Sleep Are Controlled by Different Brain Mechanisms,"*Behavioral and Brain Sciences* 23 (2000): 843-50.

2. W. R. Adey, E. Bors, and R. W. Porter, "EEG Sleep Patterns after High Cervical Lesions in Man," *Archives of Neurology* 19 (1968): 377-83; T. N. Chase, L. Moretti, and A. L. Prensky, "Clinical and Electroencephalographic Manifestations of Vascular Lesions of the Pons," *Neurology* 18 (1968): 357-68; J. L. Cummings, and R. Greenberg, "Sleep Patterns in the 'Locked-In' Syndrome," Electroencephalography and Clinical Neurophysiology 43 (1977): 270-71; P. Lavie et al., "Localized Pontine Lesion: Nearly Total Absence of REM Sleep," *Neurology* 34 (1984): 118-20.

3. M. Solms, *The Neuropsychology of Dreams: A Clinico-Anatomical Study*(New Jersey: Lawrence

Erlbaum Associates, 1997), 186.

4. J.- M. Charcot,"Un Cas de suppression brusque et isolée de la vision mentale des signes et des objets (formes et couleurs)," *Le Progrès Médical* 11 (1883).

5. M. Bischof and C. L. Bassetti, "Total Dream Loss: A Distinct Neuropsychological Dysfunction after Bilateral PCA Stroke," *Annals of Neurology* 56 (2004): 583 – 86.

6. H. W. Lee et al., "Mapping of Functional Organization in Human Visual Cortex: Electrical Cortical Stimulation," *Neurology* 54 (2000): 849 – 54; H. Kimmig et al., "fMRI Evidence for Sensorimotor Transformations in Human Cortex during Smooth Pursuit Eye Movements," *Neuropsychologia* 46 (2008): 2203 – 13; P. Fattori, S. Pitzalis, and C. Galletti, "The Cortical Visual Area V6 in Macaque and Human Brains," *Journal of Physiology Paris* 103 (2009): 88 – 97; G. Handjaras et al., "How Concepts Are Encoded in the Human Brain: A Modality Independent, Category-Based Cortical Organization of Semantic Knowledge," *Neuroimage* 135 (2016): 232 – 42.

7. H. C. Tsai et al., "Phasic Firing in Dopaminergic Neurons Is Sufficient for Behavioral Conditioning," *Science* 324 (2009): 1080 – 84; A. H. Luo et al., "Linking Context with Reward: A Functional Circuit from Hippocampal CA3 to Ventral Tegmental Area," *Science* 333 (2011): 353 – 57; J. Y. Cohen et al., "Neuron-Type-Specific Signals for Reward and Punishment in the Ventral Tegmental Area," *Nature* 482 (2012): 85 – 88.

8. S. Fujisawa and G. Buzsaki, "A 4 Hz Oscillation Adaptively Synchronizes Prefrontal, VTA, and Hippocampal Activities," *Neuron* 72 (2011): 153 – 65; S. N. Gomperts, F. Kloosterman, and M. A. Wilson, "VTA Neurons Coordinate with the Hippocampal Reactivation of Spatial Experience," *eLife* 4 (2015): e05360.

9. J. L. Valdés, B. L. McNaughton, and J. M. Fellous, "Offline Reactivation of Experience-Dependent Neuronal Firing Patterns in the Rat Ventral Tegmental Area," *Journal of Neurophysiology* 114 (2015): 1183 – 95.

10. G. B. Feld et al., "Dopamine D_2-Like Receptor Activation Wipes Out Preferential Consolidation of High Over Low Reward Memories during Human Sleep," *Journal of Cognitive Neuroscience* 26 (2014): 2310 – 20.

11. C. C. Hong et al., "fMRI Evidence for Multisensory Recruitment Associated with Rapid Eye Movements during Sleep," *Human Brain Mapping* 30 (2009): 1705 – 22.

12. C. W. Wu et al., "Variations in Connectivity in the Sensorimotor and Default-Mode Networks during the First Nocturnal Sleep Cycle," *Brain Connect* 2 (2012): 177 – 90; H. M. Chow et al., "Rhythmic Alternating Patterns of Brain Activity Distinguish Rapid Eye Movement Sleep from Other States of Consciousness," *Proceedings of the National Academy of Sciences of the USA* 110 (2012): 10300 – 5; K. C. Fox et al., "Dreaming as Mind Wandering: Evidence from Functional Neuroimaging and First-Person Content Reports," *Frontiers in Human Neuroscience* 30 (2013).

13. M. Solms, *The Neuropsychology of Dreams: A Clinico-Anatomical Study* (New Jersey: Lawrence Erlbaum Associates, 1997).

14. M. E. Raichle et al., "A Default Mode of Brain Function," *Proceedings of the National Academy of Sciences of the USA* 98 (2001): 676 – 82.

15. Wu et al., "Variations in Connectivity in the Sensorimotor and Default-Mode Networks"; J. B. Eichenlaub et al., "Resting Brain Activity Varies with Dream Recall Frequency

between Subjects," *Neuropsychopharmacology* 39 (2014): 1594–602.

16. T. Koike, S. Kan, M. Misaki, and S. Miyauchi, "Connectivity Pattern Changes in Default-Mode Network with Deep Non-REM and REM Sleep," *Neuroscience Research* 69 (2011): 322–30.

17. K. C. Fox et al., "Dreaming as Mind Wandering: Evidence from Functional Neuroimaging and First-Person Content Reports," *Frontiers in Human Neuroscience* 7 (2013).

18. *The Bhagavad Gita,* trans. W. J. Johnson (Oxford: Oxford University Press, 2004), 12.

19. F. Palhano-Fontes et al., "The Psychedelic State Induced by Ayahuasca Modulates the Activity and Connectivity of the Default Mode Network," *PLOS One* 10 (2015): e0118143.

20. R. L. Carhart-Harris et al., "Neural Correlates of the Psychedelic State as Determined by fMRI Studies with Psilocybin," *Proceedings of the National Academy of Sciences of the USA* 109 (2012): 2138–43.

21. R. L. Carhart-Harris et al., "Neural Correlates of the LSD Experience Revealed by Multimodal Neuroimaging," *Proceedings of the National Academy of Sciences of the USA* 113 (2016): 4853–58.

22. J. Speth et al., "Decreased Mental Time Travel to the Past Correlates with Default-Mode Network Disintegration under Lysergic Acid Diethylamide," *Journal of Psychopharmacology* 30 (2016): 344–53.

23. J. A. Brefczynski-Lewis et al., "Neural Correlates of Attentional Expertise in Long-Term Meditation Practitioners," *Proceedings of the National Academy of Sciences of the USA* 104 (2007): 11483–88; J. A. Brewer et al., "Meditation Experience Is Associated with Differences in Default Mode Network Activity and Connectivity," *Proceedings of the National Academy of Sciences of the USA* 108 (2011): 20254–59; A. Sood and D. T. Jones, "On Mind Wandering, Attention, Brain Networks, and Meditation," *Explore* (ny) 9 (2013): 136–41.

24. W. James, *The Varieties of Religious Experience: A Study in Human Nature* (Scotts Valley, CA: CreateSpace Independent Publishing Platform, 2009); A. Watts, "Psychedelics and Religious Experience," *California Law Review* 56 (1968): 74–85; J. Riba et al., "Increased Frontal and Paralimbic Activation Following Ayahuasca, the Pan-Amazonian Inebriant," *Psychopharmacology (Berlin)* 186 (2006): 93–98.

25. Henry M. Vyner, *The Healthy Mind Interviews: The Dalai Lama, Lopon Tenzin Namdak, Lopon Thekchoke,* vol. 4 (Kathmandu, Nepal: Vajra Publications), 66.

26. Brewer et al., "Meditation Experience Is Associated with Differences."

27. Carhart-Harris, "Neural Correlates of the Psychedelic State."

28. W. Hasenkamp, C. D. Wilson-Mendenhall, E. Duncan, and L. W. Barsalou, "Mind Wandering and Attention during Focused Meditation: A Fine-Grained Temporal Analysis of Fluctuating Cognitive States," *Neuroimage* 59 (2012): 750–60.

29. C. Colace, "Drug Dreams in Cocaine Addiction," *Drug and Alcohol Review* 25 (2006): 177; C. Colace, "Are the Wish-Fulfillment Dreams of Children the Royal Road for Looking at the Functions of Dreams?" *Neuropsycho\-analysis* 15 (2013): 161–75.

30. E. Tulving, "Memory and Consciousness," *Canadian Psychology / Psychologie canadienne* 26 (1985): 1–12.

31. "Na Janela" online festival, May 24, 2020, https://www.youtube.com/watch?v=95tOtpk4Bnw.

32. E. J. Wamsley et al., "Dreaming of a Learning Task Is Associated with Enhanced Sleep-Dependent Memory Consolidation," *Current Biology* 20 (2010): 850 – 55.

33. B. M. A. Pritzker, *Native American Encyclopedia: History, Culture, and Peoples* (Oxford: Oxford University Press, 2000).

34. J. G. Neihardt, *Black Elk Speaks* (Lincoln: University of Nebraska Press, 2014), 53; J. G. Neihardt, *The Sixth Grandfather: Black Elk's Teachings Given to John G. Neihardt* (Lincoln: University of Nebraska Press, 1985), 53.

35. Plutarch, *Lives from Plutarch*, trans. J. W. McFarland (New York: Random House, 1967).

14장 욕망, 감정, 그리고 악몽

1. J. K. Boehnlein, J. D. Kinzie, R. Ben, and J. Fleck,"One-Year Follow-Up Study of Posttraumatic Stress Disorder among Survivors of Cambodian Concentration Camps," *American Journal of Psychiatry* 142 (1985): 956 – 59; A. Aron, "The Collective Nightmare of Central American Refugees," in *Trauma and Dreams*, ed. D. Barrett (Cambridge: Harvard University Press, 1996): 140 – 47; E. M. Menke and J. D. Wagner, "The Experience of Homeless Female-Headed Families," *Issues in Mental Health Nursing* 18 (1997): 315 – 30; T. C. Neylan et al., "Sleep Disturbances in the Vietnam Generation: Findings from a Nationally Representative Sample of Male Vietnam Veterans," *American Journal of Psychiatry* 155 (1998): 929 – 33; K. Esposito, A. Benitez, L. Barza, and T. Mellman, "Evaluation of Dream Content in Combat-Related PTSD," *Journal of Traumatic Stress* 12 (1999): 681 – 87; L. Wittmann, M. Schredl, and M. Kramer, "Dreaming in Posttraumatic Stress Disorder: A Critical Review of Phenomenology, Psychophysiology and Treatment," *Psychotherapy and Psychosomatics* 76 (2007): 25 – 39; J. Davis-Berman, "Older Women in the Homeless Shelter: Personal Perspectives and Practice Ideas," *Journal of Women & Aging* 23 (2011): 360 – 74; K. E. Miller, J. A. Brownlow, S. Woodward, and P. R. Gehrman,"Sleep and Dreaming in Posttraumatic Stress Disorder," *Current Psychiatry Reports* 19 (2017): 71.

2. R. Maor, T. Dayan, H. Ferguson-Gow, and K. E. Jones, "Temporal Niche Expansion in Mammals from a Nocturnal Ancestor after Dinosaur Extinction," *Nature Ecology and Evolution* 1 (2017): 1889 – 95.

3. A. Revonsuo, "The Reinterpretation of Dreams: An Evolutionary Hypothesis of the Function of Dreaming," *Behavioral and Brain Sciences* 23 (2000): 877 – 901; K. Valli et al., "The Threat Simulation Theory of the Evolutionary Function of Dreaming: Evidence from Dreams of Traumatized Children," *Consciousness and Cognition* 14 (2005): 188 – 218.

4. C. R. Marmar et al., "Course of Posttraumatic Stress Disorder 40 Years After the Vietnam War: Findings from the National Vietnam Veterans Longitudinal Study," *JAMA Psychiatry* 72 (2015): 875 – 81.

5. R. J. Ross et al., "Rapid Eye Movement Sleep Disturbance in Posttraumatic Stress Disorder," *Biological Psychiatry* 35 (1994): 195 – 202; R. J. Ross et al., "Rapid Eye Movement Sleep Changes during the Adaptation Night in Combat Veterans with Posttraumatic Stress Disorder," *Biological Psychiatry* 45 (1999): 938 – 41.

6. R. E. Brown et al., "Control of Sleep and Wakefulness," *Physiological Reviews* 92 (2012): 1087 – 187.

7. J. Froissart, *Chronicles*, trans. Geoffrey Brereton (London: Penguin Classics, 1978), 275.

8. Neylan et al., "Sleep Disturbances in the Vietnam Generation"; Esposito et al., "Evaluation of Dream Content"; B. J. Schreuder, M. van Egmond, W. C. Kleijn, and A. T. Visser, "Daily Reports of Posttraumatic Nightmares and Anxiety Dreams in Dutch War Victims," *Journal of Anxiety Disorders* 12 (1998): 511 – 24.

9. J. A. Meerloo,"Persecution Trauma and the Reconditioning of Emotional Life: A Brief Survey," *American Journal of Psychiatry* 125 (1969): 1187 – 91; R. F. Mollica, G. Wyshak, and J. Lavelle, "The Psychosocial Impact of War Trauma and Torture on Southeast Asian Refugees," *American Journal of Psychiatry* 144 (1987): 1567 – 72; U. H. Peters,"Psychological Sequelae of Persecution: The Survivor Syndrome," *Fortschritte der Neurologie-Psychiatrie* 57 (1989): 169 – 91; U. H. Peters, "The Stasi Persecution Syndrome," *Fortschritte der Neurologie-Psychiatrie* 59 (1991): 251 – 65; T. A. Roesler, D. Savin, and C. Grosz, "Family Therapy of Extrafamilial Sexual Abuse," *Journal of the American Academy of Child and Adolescent Psychiatry* 32 (1993): 967 – 70; I. M. Steine et al., "Cumulative Childhood Maltreatment and Its Dose-Response Relation with Adult Symptomatology: Findings in a Sample of Adult Survivors of Sexual Abuse," *Child Abuse & Neglect* 65 (2017): 99 – 111.

10. Anon., "The Dream of Dumuzid," in *The Electronic Text Corpus of Sume\-rian Literature*, vol. 1.4.3 (Oxford: Oxford University Press).

11. D. Kopenawa and B. Albert, *The Falling Sky: Words of a Yanomami Shaman*, trans. N. Elliott and A. Dundy (Cambridge: Belknap, Harvard University Press, 2013), 37.

12. M. Desseilles, T. T. Dang-Vu, V. Sterpenich, and S. Schwartz, "Cognitive and Emotional Processes during Dreaming: A Neuroimaging View," *Consciousness and Cognition* 20 (2011): 998 – 1008.

13. D. Brown, *Bury My Heart at Wounded Knee: An Indian History of the American West* (New York: Fall River Press, 2014).

14. B. Drury and T. Clavin, *The Heart of Everything That Is: The Untold Story of Red Cloud, An American Legend* (New York: Simon & Schuster, 2013).

15. D. Brown, *The Fetterman Massacre: Formerly Fort Phil Kearny, an American Saga* (Lincoln: University of Nebraska Press, 1984).

16. S. D. Smith, *Give Me Eighty Men: Women and the Myth of the Fetterman Fight* (Lincoln: University of Nebraska Press, 2010), xix.

17. F. C. Carrington, *My Army Life and the Fort Phil. Kearney Massacre: With an Account of the Celebration of "Wyoming Opened"* (Books for Libraries, 1971), 86.

18. Drury and Clavin, *The Heart of Everything That Is*.

19. G. E. Hyde, *Life of George Bent: Written from His Letters* (Norman: University of Oklahoma Press, 1968); M. Kenny, "Roman Nose, Cheyenne: A Brief Biography," *Wičazo Ša Review* 5 (1989): 9 – 30.

20. *Folha de São Paulo*, June, 22, 2009, https://www1.folha.uol.com.br/fsp/brasil/fc2206200911.htm.

21. G. J. Vermeij,"Unsuccessful Predation and Evolution," *The American Naturalist* 120 (1982): 701 – 20; G. B. Schaller, *The Deer and the Tiger: A Study of Wildlife in India* (Chicago: The University of Chicago Press, 1984); W. Hayward et al., "Prey Preferences of the Leopard (*Panthera pardus*)," *Journal of Zoology* 270 (2006): 298 – 313.

22. Aron, "The Collective Nightmare of Central American Refugees."

23. S. Pinker, *The Better Angels of Our Nature: A History of Violence and Inhumanity* (London: Allen Lane, Penguin Books, 2011).

24. O. Flanagan, "Deconstructing Dreams: The Spandrels of Sleep," *Journal of Philosophy* 92 (1995): 5 – 27.

25. P. Gay, *Freud: A Life for Our Time* (London: J. M. Dent & Sons, 1988).

15장 확률론적 예언

1. D. Brown, *Bury My Heart at Wounded Knee: An Indian History of the American West* (New York: Fall River, 2014), 289.

2. Ibid.

3. R. J. DeMallie, " 'These Have No Ears': Narrative and the Ethnohistorical Method," *Ethnohistory* 40, no. 4 (1993), 515 – 38.

4. Brown, *Bury My Heart at Wounded Knee*, 289.

5. R. M. Utley, *The Last Days of the Sioux Nation*, The Lamar Series in Western History (New Haven: Yale University Press, 2004).

6. W. K. Morehead, "The Death of Sitting Bull, and a Tragedy at Wounded Knee," *The American Indian in the United States Period: 1850-1914* (New York: Andover, 1914), 123 – 32.

7. Polybius, *The Histories*, trans. W. R. Paton., Loeb Classical Library 4 (Cambridge: Harvard University Press), 105: http://penelope.uchicago.edu/Thayer/E/Roman/Texts/Polybius/10*.html.

8. Plutarch, *Lives from Plutarch*, trans. J. W. McFarland (New York: Random House, 1967).

9. Suetonius, *The Twelve Caesars*, eds. R. Graves and M. Grant (London: Pen\-guin, 2003).

10. N. C. Rattenborg, S. L. Lima, and C. J. Amlaner, "Facultative Control of Avian Unihemispheric Sleep under the Risk of Predation," *Behavioral and Brain Research* 105 (1999): 163 – 72: N. C. Rattenborg, S. L. Lima, and C. J. Amlaner, "Half-Awake to the Risk of Predation," *Nature* 397 (1999): 397 – 98.

11. K. Semendeferi et al., "Prefrontal Cortex in Humans and Apes: A Comparative Study of Area 10," *American Journal of Physical Anthropology* 114 (2001): 224 – 41.

12. E. Koechlin and A. Hyafil, "Anterior Prefrontal Function and the Limits of Human Decision-Making," *Science* 318 (2007): 594 – 98.

13. L. W. Swanson, J. D. Hahn, and O. Sporns, "Organizing Principles for the Cerebral Cortex Network of Commissural and Association Connections," *Proceedings of the National Academy of Sciences of the USA* 114 (2017): E9692 – 701.

14. G. Edelman, *Neural Darwinism: The Theory of Neuronal Group Selection* (New York: Basic Books, 1987).

15. G. Edelman, *Bright Air, Brilliant Fire: On the Matter of the Mind* (New York: Basic Books, 1992).

16. S. Dehaene et al., "Cerebral Mechanisms of Word Masking and Unconscious Repetition Priming," *Nature Neuroscience* 4 (2001): 752 – 58: C. Sergent, S. Baillet, and S. Dehaene, "Timing of the Brain Events Underlying Access to Consciousness during the Attentional Blink," *Nature Neuroscience* 8 (2005): 1391 – 400.

17. A. Del Cul, S. Dehaene, and M. Leboyer, "Preserved Subliminal Processing and Impaired Conscious Access in Schizophrenia," *Archives of General Psychiatry* 63 (2006): 1313 – 23.

18. B. J. Baars, "How Does a Serial, Integrated and Very Limited Stream of Consciousness

Emerge from a Nervous System That Is Mostly Unconscious, Distributed, Parallel and of Enormous Capacity?" *Ciba Foundation Symposium* 174 (1993): 282–90.

19. S. Dehaene, C. Sergent, and J. P. Changeux, "A Neuronal Network Model Linking Subjective Reports and Objective Physiological Data during Conscious Perception," *Proceedings of the National Academy of Sciences of the USA* 100 (2003): 8520–25.

20. S. Dehaene et al., "A Neuronal Network Model"; S. Dehaene, M. Kerszberg, and J. P. Changeux, "A Neuronal Model of a Global Workspace in Effortful Cognitive Tasks," *Proceedings of the National Academy of Sciences of the USA* 95 (1998): 14529–34; S. Dehaene and J. P. Changeux, "Ongoing Spontaneous Activity Controls Access to Consciousness: A Neuronal Model for Inattentional Blindness," *PLOS Biology* 3 (2005): e141; S. Dehaene et al., "Conscious, Preconscious, and Subliminal Processing: A Testable Taxonomy," *Trends in Cognitive Sciences* 10 (2006): 204–11.

21. C. C. Hong et al., "fMRI Evidence for Multisensory Recruitment Associated with Rapid Eye Movements during Sleep," *Human Brain Mapping* 30 (2009): 1705–22.

22. S. Freud, *The Interpretation of Dreams*; "Formulations on Two Principles of Mental Functioning," "On the History of the Psychoanalytic Movement," and "Mourning and Melancholia," *The Ego and the Id*, in *The Standard Edition of the Complete Psychological Works of Sigmund Freud*, ed. J. Strachey et al., vols. 4, 5, 12, 14, 19 (London: Hogarth Press, 1953).

23. C. Darwin, *The Expression of the Emotions in Man and Animals* (London: Penguin Classics, 2009).

24. C. Darwin, *The Origin of Species* (Oxford: Oxford University Press, 1996).

25. C. Hobaiter, R. W. Byrne, and K. Zuberbühler, "Wild Chimpanzees' Use of Single and Combined Vocal and Gestural Signals," *Behavioral Ecology and Sociobiology* 71 (2017).

26. S. Savage-Rumbaugh et al., "Spontaneous Symbol Acquisition and Communicative Use by Pygmy Chimpanzees (*Pan paniscus*)," *Journal of Experimental Psychology: General* 115 (1986): 211–35; K. Gillespie-Lynch, P. M. Greenfield, H. Lyn, and S. Savage-Rumbaugh, "Gestural and Symbolic Development among Apes and Humans: Support for a Multimodal Theory of Language Evolution," *Frontiers in Psychology* 5 (2014).

27. M. S. Seidenberg and L. A. Petitto, "Communication, Symbolic Communication, and Language in Child and Chimpanzee: Comment on Savage-Rumbaugh, McDonald, Sevcik, Hopkins, and Rupert (1986)," *Journal of Experimental Psychology: General* 116 (1987): 279–87.

28. C. S. Peirce, *The Essential Peirce: Selected Philosophical Writings*, two vols. (Bloomington: Indiana University Press, 1992 & 1998).

29. R. M. Seyfarth, D. L. Cheney, and P. Marler, "Monkey Responses to Three Different Alarm Calls: Evidence of Predator Classification and Semantic Communication," *Science* 210 (1980): 801–3.

30. K. Zuberbühler, "Local Variation in Semantic Knowledge in Wild Diana Monkey Groups," *Animal Behavior* 59 (2000): 917–27; K. Zuberbühler, "Predator-Specific Alarm Calls in Campbell's Monkeys, *Cercopithecus campbelli*," *Behavioral Ecology and Sociobiology* 50 (2001): 414–22; A. M. Schel et al., "Chimpanzee Alarm Call Production Meets Key Criteria for Inten\-tionality," *PLOS One* 8 (2013): e76674; P. Beynon and O. A. E. Rasa, "Do Dwarf Mongooses Have a Language? Warning Vocalisations Transmit Complex Information," *Suid-Afrikaanse Tydskr vir Wet* 85 (1989): 447–50; C. N. Slobodchikoff, J. Kiriazis, C. Fischer,

and E. Creef, "Semantic Information Distinguishing Individual Predators in the Alarm Calls of Gunnison's Prairie Dogs," *Animal Behavior* 42 (1991): 713 – 19; E. Greene and T. Meagher,"Red Squirrels, *Tamiasciurus hudsonicus,* Produce Predator-Class Specific Alarm Calls," *Animal Behavior* 55 (1998): 511 – 18; C. Evans and L. Evans, "Chicken Food Calls Are Functionally Referential," *Animal Behavior* 58 (1999): 307 – 19; M. B. Manser, "The Acoustic Structure of Suricates' Alarm Calls Varies with Predator Type and the Level of Response Urgency," *Proceedings of the Royal Society B: Biological Sciences* 268 (2001): 2315 – 24; L. M. Herman et al., "The Bottlenosed Dolphin's (*Tursiops truncatus*) Understanding of Gestures as Symbolic Representations of Body Parts," *Animal Learning & Behavior* 29 (2001): 250 – 64.

31. J. Queiroz and S. Ribeiro, *The Biological Substrate of Icons, Indexes and Symbols in Animal Communication,* The Peirce Seminar Papers (New York: Berghahn Books, 2002), 69 – 78; S. Ribeiro et al., "Symbols Are Not Uniquely Human," *Biosystems* 90 (2007): 263 – 72.

32. Peirce, *The Essential Peirce.*

33. S. Engesser, A. R. Ridley, and S. W. Townsend, "Meaningful Call Combinations and Compositional Processing in the Southern Pied Babbler," *Proceedings of the National Academy of Sciences of the USA* 113 (2016): 5976 – 81; K. Arnold and K. Zuberbühler, "Language Evolution: Semantic Combinations in Primate Calls," *Nature* 441 (2006): 303; C. Coye, K. Ouattara, K. Zuberbühler, and A. Lemasson, "Suffixation Influences Receivers' Behaviour in Non-Human Primates," *Proceedings of the Royal Society B: Biological Sciences* 282 (2015): 20150265; K. Ouattara, A. Lemasson, and K. Zuberbühler, "Campbell's Monkeys Concatenate Vocalizations into Context-Specific Call Sequences," *Proceedings of the National Academy of Sciences of the USA* 106 (2009): 22026 – 31; K. Ouattara, A. Lemasson, and K. Zuberbühler, "Campbell's Monkeys Use Affixation to Alter Call Meaning," *PLOS One* 4 (2009): e7808; P. Fedurek, K. Zuberbühler, and C. D. Dahl, "Sequential Information in a Great Ape Utterance," *Scientific Reports* 6 (2016): 38226.

34. D. J. Povinelli and T. M. Preuss, "Theory of Mind: Evolutionary History of a Cognitive Specialization," *Trends in Neuroscience* 18 (1995): 418 – 24; J. Koster-Hale and R. Saxe, "Theory of Mind: A Neural Prediction Problem," *Neuron* 79 (2013): 836 – 48; H. Meunier, "Do Monkeys Have a Theory of Mind? How to Answer the Question?" *Neuroscience & Biobehavioral Review* 82 (2017): 110 – 23.

35. S. J. Waller, "Sound and Rock Art," *Nature* 363 (1993): 501; S. J. Waller, "The Divine Echo Twin Depicted at Echoing Rock Art Sites: Acoustic Testing to Substantiate Interpretations," in *American Indian Rock Art,* eds. A. Quinlan and A. McConnell, vol. 32 (2006): 63 – 74.

36. R. Q. Quiroga et al., "Invariant Visual Representation by Single Neurons in the Human Brain," *Nature* 435 (2005): 1102 – 7.

37. Ibid.; R. Q. Quiroga, "Concept Cells: The Building Blocks of Declarative Memory Functions," *Nature Reviews Neuroscience* 13 (2012): 587 – 97.

38. P. Ariès, *Western Attitudes Toward Death from the Middle Ages to the Present* (Baltimore: Johns Hopkins University Press, 1974); P. Metcalf and R. Huntington, *Celebrations of Death: The Anthropology of Mortuary Ritual* (Cambridge: Cambridge University Press, 1991); M. P. Pearson, *The Archaeology of Death and Burial* (College Station: Texas A&M University Press, 2000); B. A. Conklin, *Consuming Grief: Compassionate Cannibalism in an Amazonian Society* (Austin:

University of Texas Press, 2001); A. C. G. M. Robben, *Death, Mourning, and Burial: A Cross-Cultural Reader* (London: Wiley-Blackwell, 2005); V. Brown, *The Reaper's Garden: Death and Power in the World of Atlantic Slavery* (Cambridge: Harvard University Press, 2010).

39. B. J. King, *How Animals Grieve* (Chicago: The University of Chicago Press, 2013).

40. J. R. Anderson, A. Gillies, and L. C. Lock, "Pan Thanatology," *Current Biology* 20 (2010): R349–51.

41. P. J. Fashing et al., "Death among Geladas (*Theropithecus gelada*): A Broader Perspective on Mummified Infants and Primate Thanatology," *American Journal of Primatology* 73 (2011): 405–9.

42. E. Viveiros de Castro, "A floresta de cristal: notas sobre a ontologia dos espíritos amazônicos," *Cadernos de Campo* 14/15 (2006): 319–38.

43. E. Durkheim, *The Elementary Forms of Religious Life,* trans. C. Cosman (Oxford: Oxford University Press, 2001); L. Costa and C. Fausto, in *The International Encyclopedia of Anthropology,* ed. H. Callan (New York: John Wiley & Sons, 2018).

44. L. M. Rival, *Trekking Through History: The Huaorani of Amazonian Ecuador* (New York: Columbia University Press, 2002).

45. P. Descola and J. Lloyd, *Beyond Nature and Culture* (Chicago: The University of Chicago Press, 2013); L. Costa and C. Fausto, "The Return of the Animists: Recent Studies of Amazonian Ontologies," *Religion and Society: Advances in Research* 1 (2010): 89–109.

46. E. B. Tylor, *Primitive Culture* (London: John Murray, 1871).

47. E. Viveiros de Castro, "Cosmological Deixis and Amerindian Perspectivism," *Journal of the Royal Anthropological Institute* 4 (1998): 469–88.

48. C. Le vi-Strauss, *The Savage Mind* (Oxford: Oxford University Press, 1994).

49. E. B. Viveiros de Castro, "Perspectivism and Multinaturalism in Indigenous America," in *The Land Within: Indigenous Territory and the Perception of Environment,* eds. A. Surrallés and P. García Hierro (Copenhagen: IWGIA, 2005).

50. Viveiros de Castro, "Cosmological Deixis and Amerindian Perspectivism," 469–88.

51. D. Kopenawa and B. Albert, *The Falling Sky: Words of a Yanomami Shaman,* trans. N. Elliott and A. Dundy (Cambridge: Belknap, Harvard University Press, 2013), 140–41.

52. T. S. Lima, "Two and Its Many: Reflections on Perspectivism in a Tupi Cosmology," *Ethnos* 64 (1999): 107–31.

53. T. S. Lima, *Um peixe olhou para mim. O povo Yudjá e a perspectiva* (São Paulo: Unesp, 2005).

54. F. Boas, Contributions to the *Ethnology of the Kwakiutl,* vol. 3 (New York: Columbia University Contributions to Anthropology, 1925); C. F. Feest, "Dream of One of Twins: On Kwakiutl Dream Culture," *Studien zur Kul\-turkunde* 119 (2001): 138–53.

55. M. A. Gonçalves, *O mundo inacabado: Ação e criação em uma cosmologia amazônica* (Rio de Janeiro: UFRJ, 2001), 277.

16장 죽은 자에 대한 그리움

1. P. McNamara, *The Neuroscience of Religious Experience* (Cambridge: Cam\-bridge University Press, 2009).

2. A. K. Petersen et al., *Evolution, Cognition, and the History of Religion: A New Synthesis,*

Supplements to Method & Theory in the Study of Religion, vol. 13 (Leiden: Brill, 2018).

3. R. Bouckaert et al., "Mapping the Origins and Expansion of the Indo-European Language Family," *Science* 337 (2012): 957 – 60.

4. I. Mota, "Jogo do bicho é ilegal, mas mobiliza a paixão do povo," *O Liberal*, Belém, August 6, 2017.

5. C. G. Jung, *The Red Book*, trans. S. Shamdasani (New York: W. W. Norton & Co., 2009).

6. C. G. Jung, in *Psychology Audiobooks* (Kino, 1990).

7. *The World Within: C. G. Jung in His Own Words*, directed by Suzanne Wagner (Bosustow Video Productions, 1990).

8. C. Riches, "Man Strangled His Wife After Nightmare," *Express*, London, July 30, 2010.

9. C. K. Morewedge and M. I. Norton, "When Dreaming Is Believing: The (Motivated) Interpretation of Dreams," *Journal of Personality and Social Psychology* 96 (2009): 249 – 64.

10. Antonio Guerreiro, in personal interview with author, September 27, 2018.

11. M. Perrin, ed., *Antropología y experiencias del sueño* (Quito: MLAL/Abya-Yala, 1990).

12. E. Hartmann, "Making Connections in a Safe Place: Is Dreaming Psychotherapy?" *Dreaming* 5 (1995): 213 – 28.

13. B. O. Rothbaum, E. A. Meadows, P. Resick, and D. W. Foy, "Cognitive-behavioral Therapy," in *Effective Treatments for PTSD: Practice Guidelines from the International Society for Traumatic Stress Studies*, eds. T. M. Keane, E. B. Foa, and M. J. Friedman (New York: Guilford, 2000), 320 – 25.

14. J. M. Kane et al., "Comprehensive Versus Usual Community Care for First-Episode Psychosis: 2-Year Outcomes from the NIHM RAISE Early Treatment Program," *American Journal of Psychiatry* 173 (2016): 362 – 72.

15. J. Fuentes et al., "Enhanced Therapeutic Alliance Modulates Pain Intensity and Muscle Pain Sensitivity in Patients with Chronic Low Back Pain: An Experimental Controlled Study," *Physical Therapy* 94 (2014): 477 – 89.

16. K. Nader, G. E. Schafe, and J. E. Le Doux, "Fear Memories Require Protein Synthesis in the Amygdala for Reconsolidation after Retrieval," *Nature* 406 (2000): 722 – 26.

17. S. J. Sara, "Retrieval and Reconsolidation: Toward a Neurobiology of Remembering," *Learning & Memory* 7 (2000): 73 – 84; J. Graff et al., "Epigenetic Priming of Memory Updating during Reconsolidation to Attenuate Remote Fear Memories," *Cell* 156 (2014): 261 – 76.

18. M. Solms, "Reconsolidation: Turning Consciousness into Memory," *Behavioral and Brain Sciences* 38 (2015): e24.

17장 꿈에 미래가 있을까

1. A. Maury, *Le Sommeil et les rêves* (Paris: Didier, 1865).

2. N. Malcolm, "Dreaming and Skepticism," *The Philosophical Review* 65 (1956): 14 – 37.

3. D. C. Dennett, "Are Dreams Experiences?" *The Philosophical Review* 85 (1976): 151 – 71.

4. T. M. Mitchell et al., "Predicting Human Brain Activity Associated with the Meanings of Nouns," *Science* 320 (2008): 1191 – 95; K. N. Kay, T. Naselaris, R. J. Prenger, and J. L. Gallant, "Identifying Natural Images from Human Brain Activity," *Nature* 452 (2008): 352 – 55; T. Naselaris et al., "Bayesian Reconstruction of Natural Images from Human

Brain Activity," *Neuron*

63 (2009): 902 – 15; A. G. Huth et al., "Natural Speech Reveals the Semantic Maps that Tile Human Cerebral Cortex," *Nature* 532 (2016): 453 – 58.

5. T. Çukur, S. Nishimoto, A. G. Huth, and J. L. Gallant, "Attention during Natural Vision Warps Semantic Representation across the Human Brain," *Nature Neuroscience* 16 (2016): 763 – 70.

6. T. Horikawa, M. Tamaki, Y. Miyawaki, and Y. Kamitani, "Neural Decoding of Visual Imagery during Sleep," *Science* 340 (2013).

7. F. Siclari et al., "The Neural Correlates of Dreaming," *Nature Neuroscience* 20 (2017): 872 – 78.

8. E. Tagliazucchi et al., "Increased Global Functional Connectivity Correlates with LSD-Induced Ego Dissolution," *Current Biology* 26 (2016): 1043 – 50; R. Kraehenmann, "Dreams and Psychedelics: Neurophenomenological Comparison and Therapeutic Implications," *Current Neuropharmacology* 15 (2017): 1032 – 42; R. Kraehenmann et al., "Dreamlike Effects of LSD on Waking Imagery in Humans Depend on Serotonin 2A Receptor Activation," *Psychopharmacology (Berlin)* 234 (2017): 2031 – 46; C. Sanz et al., "The Experience Elicited by Hallucinogens Presents the Highest Similarity to Dreaming within a Large Database of Psychoactive Substance Reports," *Frontiers in Neuroscience* 12 (2018): 7.

9. R. Kraehenmann et al., "LSD Increases Primary Process Thinking via Serotonin 2A Receptor Activation," *Frontiers* in Pharmacology 8 (2017): 814; K. H. Preller et al., "Changes in Global and Thalamic Brain Connectivity in LSD-Induced Altered States of Consciousness Are Attributable to the 5-HT2A Receptor," *Elife* 7 (2018).

10. A. Cipriani et al., "Comparative Efficacy and Acceptability of 21 Antidepressant Drugs for the Acute Treatment of Adults with Major Depressive Disorder: A Systematic Review and Network Meta-Analysis," *The Lancet* 391 (2018): 1357 – 66.

11. R. S. El-Mallakh, Y. Gao, and R. Jeannie Roberts, "Tardive Dysphoria: The Role of Long Term Antidepressant Use in Inducing Chronic Depression," *Medical Hypotheses* 76 (2011): 769 – 73; R. S. El-Mallakh, Y. Gao, B. T. Briscoe, and R. J. Roberts, "Antidepressant-Induced Tardive Dysphoria," *Psychotherapy and Psychosomatics* 80 (2011): 57 – 59.

12. I. Kirsch, *The Emperor's New Drugs: Exploding the Antidepressant Myth* (New York: Basic Books, 2010).

13. R. R. Griffiths et al., "Psilocybin Produces Substantial and Sustained Decreases in Depression and Anxiety in Patients with Life-Threatening Cancer: A Randomized Double-Blind Trial," *Journal of Psychopharmacology* 30 (2016): 1181 – 97; R. L. Carhart-Harris et al., "Psilocybin with Psychological Support for Treatment-Resistant Depression: An Open-Label Feasibility Study," *The Lancet Psychiatry* 3 (2016): 619 – 27; S. Ross et al., "Rapid and Sustained Symptom Reduction Following Psilocybin Treatment for Anxiety and Depression in Patients with Life-Threatening Cancer: A Randomized Controlled Trial," *Journal of Psychopharmacology* 30 (2016): 1165 – 80; R. L. Carhart-Harris et al., "Psilocybin with Psychological Support for Treatment-Resistant Depression: Six-Month Follow-Up," *Psychopharmacol\-ogy (Berlin)* 235 (2018): 399 – 408.

14. T. Lyons and R. L. Carhart-Harris, "Increased Nature Relatedness and Decreased Authoritarian Political Views after Psilocybin for Treatment-Resistant Depression," *Journal of Psychopharmacology* 32 (2018): 811 – 19.

15. L. Roseman et al., "Increased Amygdala Responses to Emotional Faces after Psilocybin for Treatment-Resistant Depression," *Neuropharmacology* 142 (2017): 263 – 69; J. B. Stroud et al., "Psilocybin with Psychological Support Improves Emotional Face Recognition in Treatment-Resistant Depression," *Psychopharmacology (Berlin)* 235 (2018): 459 – 66.

16. L. Roseman, D. J. Nutt, and R. L. Carhart-Harris, "Quality of Acute Psychedelic Experience Predicts Therapeutic Efficacy of Psilocybin for Treatment-Resistant Depression," *Frontiers in Pharmacology* 8 (2017): 974.

17. J. C. Bouso et al.,"MDMA-Assisted Psychotherapy Using Low Doses in a Small Sample of Women with Chronic Posttraumatic Stress Disorder," *Journal of Psychoactive Drugs* 40 (2008): 225 – 36; M. C. Mithoefer, C. S. Grob, and T. D. Brewerton, "Novel Psychopharmacological Therapies for Psychiatric Disorders: Psilocybin and MDMA," *The Lancet Psychiatry* 3 (2016): 481 – 88; M. T. Wagner et al., "Therapeutic Effect of Increased Openness: Investigating Mechanism of Action in MDMA-Assisted Psychotherapy," *Journal of Psychopharmacology* 31 (2017): 967 – 74; M. C. Mithoefer et al., "3,4-Methylenedioxymet hamphetamine (MDMA)-Assisted Psychotherapy for Post-Traumatic Stress Disorder in Military Veterans, Firefighters, and Police Officers: A Randomised, Double-Blind, Dose-Response, Phase 2 Clinical Trial," *The Lancet Psychiatry* 5 (2018): 486 – 97.

18. D. J. Nutt, L. A. King, L. D. Phillips, on behalf of the Independent Scientific Committee on Drugs, "Drug Harms in the UK: A Multicriteria Decision Analysis," *The Lancet* 376 (2010): 1558 – 65.

19. Mithoefer et al., "3,4-Methylenedioxymethamphetamine (MDMA)-Assisted Psychotherapy."

20. L. Osório et al., "Antidepressant Effects of a Single Dose of Ayahuasca in Patients with Recurrent Depression: A Preliminary Report," *Revista Brasileira de Psiquiatria* 37 (2015): 13 – 20; R. F. Sanches et al., "Antidepressant Effects of a Single Dose of Ayahuasca in Patients With Recurrent Depression: A SPECT Study," *Journal of Clinical Psychopharmacology* 36 (2016): 77 – 81.

21. F. Palhano-Fontes et al., "Rapid Antidepressant Effects of the Psychedelic Ayahuasca in Treatment-Resistant Depression: A Randomized Placebo-Controlled Trial," *Psychological Medicine* (2018): 1 – 9.

22. F. Palhano-Fontes, *Os efeitos antidepressivos da ayahuasca, suas bases neurais e relação com a experiência psicodélica* (doctoral thesis, Universidade Federal do Rio Grande do Norte, 2017).

23. V. Dakic et al., "Harmine Stimulates Proliferation of Human Neural Pro\-genitors," *PeerJ* 4 (2016): e2727; V. Dakic et al., "Short Term Changes in the Proteome of Human Cerebral Organoids Induced by 5-Methoxy-N,N-Dimethyltryptamine," *BioRxiv*, 2017.

24. R. V. Lima da Cruz, T. C. Moulin, L. L. Petiz, and R. N. Leao, "A Single Dose of 5-MeO-DMT Stimulates Cell Proliferation, Neuronal Survivability, Morphological and Functional Changes in Adult Mice Ventral Dentate Gyrus," *Frontiers in Molecular Neuroscience* 11 (2018): 312.

25. C. Ly et al., "Psychedelics Promote Structural and Functional Neural Plas\-ticity," *Cell Reports* 23 (2018): 3170 – 82.

26. E. Labigalini Jr., L. R. Rodrigues, and D. X. Da Silveira, "Therapeutic Use of Cannabis by Crack Addicts in Brazil," *Journal of Psychoactive Drugs* 31 (1999): 451 – 55; G. Thomas et al.,

"Ayahuasca-Assisted Therapy for Addiction: Results from a Preliminary Observational Study in Canada," *Current Drug Abuse Reviews* 6 (2013): 30 – 42; B. C. Labate and C. Cavnar, eds., *The Therapeutic Use of Ayahuasca* (New York: Springer, 2014).

27. T. R. Insel and P. Summergrad, "Plenary Panel: Future of Psychedelic Psychiatry," https://www.youtube.com/embed/_oZ_v3QFQDE?list=PL4F0vNNTozFSw5gRe_zVTAvNIwjYD_AIU?ecver=2.

28. P. S. Goldman-Rakic, "The Prefrontal Landscape: Implications of Functional Architecture for Understanding Human Mentation and the Central Executive," *Philosophical Transactions of the Royal Society of London: Series B, Biological Sciences* 351 (1995): 1445 – 53; J. Panksepp, *Affective Neuroscience: The Foundations of Human and Animal Emotions* (Oxford: Oxford University Press, 1998); F. Barcelo, S. Suwazono, and R. T. Knight, "Prefrontal Modulation of Visual Processing in Humans," *Nature Neuroscience* 3 (2000): 399 – 403; B. Levine et al., "The Functional Neuroanatomy of Episodic and Semantic Autobiographical Remembering: A Prospective Functional MRI Study," *Journal of Cognitive Neuroscience* 16 (2004): 1633 – 46; R. Q. Quiroga, "Concept Cells: The Building Blocks of Declarative Memory Functions," *Nature Review of Neuroscience* 13 (2012): 587 – 97; P. Martinelli, M. Sperduti, and P. Piolino, "Neural Substrates of the Self-Memory System: New Insights from a Meta-Analysis," *Human Brain Mapping* 34 (2013): 1515 – 29; M. L. Andermann and B. B. Lowell, "Toward a Wiring Diagram Under\-standing of Appetite Control," *Neuron* 95 (2017): 757 – 78; W. Han et al., "A Neural Circuit for Gut-Induced Reward," *Cell* 175 (2018): 887 – 88.

29. M. Minsky, "Why Freud Was the First Good AI Theorist," in *The Transhumanist Reader: Classical and Contemporary Essays on the Science, Technology, and Philosophy of the Human Future,* eds. M. More and N. Vita-More (Chichester: John Wiley-Blackwell, 2013), 167 – 76.

30. A. A. Abbass, J. T. Hancock, J. Henderson, and S. Kisely, "Short-Term Psychodynamic Psychotherapies for Common Mental Disorders," *Cochrane Database of Systematic Reviews* 4 (2006): CD0046; J. Panksepp et al., "Affective Neuroscience Strategies for Understanding and Treating Depression: From Preclinical Models to Three Novel Therapeutics," *Clinical Psychological Science* 2 (2014): 472 – 94.

31. R. Stickgold et al., "Replaying the Game: Hypnagogic Images in Normals and Amnesics," *Science* 290 (2000): 350 – 53; E. J. Wamsley et al., "Cognitive Replay of Visuomotor Learning at Sleep Onset: Temporal Dynamics and Relationship to Task Performance," *Sleep* 33 (2010): 59 – 68; E. J. Wamsley et al., "Dreaming of a Learning Task Is Associated with Enhanced Sleep-Dependent Memory Consolidation," *Current Biology* 20 (2010): 850 – 55.

32. M. C. Anderson et al., "Neural Systems Underlying the Suppression of Unwanted Memories," *Science* 303 (2004): 232 – 35; B. E. Depue, T. Curran, and M. T. Banich, "Prefrontal Regions Orchestrate Suppression of Emotional Memories Via a Two-Phase Process," *Science* 317 (2007): 215 – 19.

33. M. Solms, "Dreaming and REM Sleep Are Controlled by Different Brain Mechanisms," *Behavioral and Brain Science* 23 (2000): 843 – 50, discussion, 904 – 1121; L. Perogamvros and S. Schwartz, "The Roles of the Reward Sys\-tem in Sleep and Dreaming," *Neuroscience Biobehavioral Review* 36 (2012): 1934 – 51.

34. N. B. Mota et al., "Speech Graphs Provide a Quantitative Measure of Thought Disorder in Psychosis," *PLOS One* 7 (2012): e34928; N. B. Mota et al., "Graph Analysis of Dream Reports Is Especially Informative about Psychosis," *Science Reports* 4 (2014): 3691; N. B. Mota, M. Copelli, and S. Ribeiro, "Thought Disorder Measured as Random Speech Structure Classifies Negative Symptoms and Schizophrenia Diagnosis 6 Months in Advance," *npj Schizophrenia* 3 (2017): 1–10.

35. J. Reinisch, *The Kinsey Institute New Report on Sex: What You Must Know to Be Sexually Literate* (New York: St. Martin's, 1991); G. Ryan, "Childhood Sexu\-ality: A Decade of Study. Part I: Research and Curriculum Development," Child Abuse & Neglect 24 (2000): 33–48; W. N. Friedrich et al., "Child Sexual Behavior Inventory: Normative, Psychiatric, and Sexual Abuse Comparisons," *Child Maltreatment* 6 (2001): 37–49.

36. P. O. McGowan et al., "Epigenetic Regulation of the Glucocorticoid Receptor in Human Brain Associates with Childhood Abuse," *Nature Neuroscience* 12 (2009): 342–48; T. Zhang et al., "Epigenetic Mechanisms for the Early Environmental Regulation of Hippocampal Glucocorticoid Receptor Gene Expression in Rodents and Humans," *Neuropsychopharmacology* 38 (2013): 111–23; C. J. Pena et al., "Early Life Stress Confers Lifelong Stress Susceptibility in Mice Via Ventral Tegmental Area OTX2," *Science* 356 (2017): 1185–88.

37. A. Huxley, *The Doors of Perception and Heaven and Hell* (London: Vintage Classics, 2004), 53–54.

38. C. G. Jung with A. Jaffé, *Memories, Dreams, Reflections* (London: William Collins, 1967), 183.

39. B. Drury and T. Clavin, *The Heart of Everything That Is: The Untold Story of Red Cloud, An American Legend* (New York: Simon & Schuster, 2013).

18장 꿈과 운명

1. J. L. Borges, "The Dream," in *Poems of the Night*, trans. A. Reid (New York: Penguin Books, 2010), 109.

2. C. G. Jung, "General Aspects of Dream Psychology," in *Collected Works of C. G. Jung: The Structure and Dynamics of the Psyche* (Princeton: Princeton University Press, 1916), 493.

3. F. Pessoa, *The Book of Disquiet: The Complete Edition*, trans. M. J. Costa (London: Serpent's Tail, 2018), 78.

4. H. Staden, *Primeiros registros escritos e ilustrados sobre o Brasil e seus habitantes* (São Paulo: Terceiro Nome, 1999).

5. A. F. C. Wallace and A. D'Agostino, "Dreams and the Wishes of the Soul: A Type of Psychoanalytic Theory among the Seventeenth Century Iroquois," *American Anthropologist* 60 (1958): 234–48.

6. P. Descola, *In the Society of Nature: A Native Ecology in Amazonia* (Cambridge: Cambridge University Press, 1994); P. Descola, *As lanças do crepúsculo: Relações jívaro na Alta Amazônia* (São Paulo: Cosac Naify, 2006).

7. M. Brown, "Ropes of Sand: Order and Imagery in Aguaruna Dreams," in *Dreaming: Anthropological and Psychological Interpretations*, ed. B. Tedlock (Santa Fé: School of American Research Press, 1992), 154–70.

8. M. A. Gonçalves, *O mundo inacabado: Ação e criação em uma cosmologia amazônica* (Rio de

Janeiro: UFRJ, 2001).

9. 같은 책Ibid, 289.

10. A. Barcelos Neto, *A arte dos sonhos: Uma iconografia ameríndia* (Lisboa: Assírio & Alvim, 2002); A. Barcelos Neto, *Apapaatai: Rituais de máscaras do Alto Xingu* (São Paulo: Edusp/Fapesp, 2008).

11. W. Kracke, "He Who Dreams. The Nocturnal Source of Transforming Power in Kagwahiv Shamanism," in *Portals of Power: Shamanism in South America,* eds. E. Jean Mattison Langdon and Gerhard Baer (Albuquerque: University of New Mexico Press, 1992), 127 - 48.

12. E. B. Basso, The Kalapalo Indians of Central Brazil (New York: Holt, 1973); E. B. Basso, A Musical View of the Universe: Kalapalo Myth and Ritual Per

formances (Philadelphia: University of Pennsylvania Press, 1985); E. Basso, "The Implications of a Progressive Theory of Dreaming," in Dreaming: Anthropological and Psychological Interpretation, ed. Barbara Tedlock (Cam\-bridge: Cambridge University Press, 1987), 86 - 104.

13. T. Gregor," 'Far, Far Away My Shadow Wandered . . .': The Dream Sym\-bolism and Dream Theories of the Mehinaku Indians of Brazil," *American Ethnologist* 8 (1981): 709 - 20; T. Gregor, *O Branco dos meus Sonhos*, Anuário Antropológico, vol. 82 (Rio de Janeiro: Tempo Brasileiro, 1984).

14. Siasi/Sesai, *Quadro geral dos povos indígenas no Brasil,* 2014; https://pib.socioambiental.org/pt/Quadro_Geral_dos_Povos.

15. J. N. Xavante, B. Giaccaria, and A. Heide, *Jerônimo Xavante sonha: Contos e sonhos* (Campo Grande: Casa da Cultura, 1975); *Etenhiririapá: Cantos da tradição Xavante*. CD. (Warner Music Brasil: Quilombo Music, Rio de Janeiro, 1994); A. S. F. Eid, *A'uwê anda pelo sonho: A espiritualidade indígena e os perigos da modernidade* (São Paulo: Instituto de Estudos Superiores do Dharma, 1998); L. R. Graham, *Performing Dreams: Discourses of Immortality among the Xavante of Central Brazil* (Tucson: Fenestra Books, 2003).

16. Eid, *A'uwê anda pelo sonho,* 13.

17. B. Giaccaria and A. Heide, Xavante: *Auwê Uptabi: Povo autêntico* (São Paulo: Dom Bosco, 1972), 271.

18. K. W. Jecupé, *A terra dos mil povos: História indígena brasileira contada por um índio* (São Paulo: Peirópolis, 1998), 68.

19. J. V. Neel et al., "Studies on the Xavante Indians of the Brazilian Mato Grosso," *American Journal of Human Genetics* 16 (1964): 52 - 140; A. L. Silva, "Dois séculos e meio de história Xavante," in *História dos Índios no Brasil*, ed. M. Carneiro da Cunha (São Paulo: Companhia das Letras, 1992), 357 - 78; J. M. Monteiro, *Tupis, tapuias e historiadores: Estudos de história indígena e do indigenismo,* Tese de livre docência (Campinas: Unicamp, 2001).

20. J. R. Welch, R. V. Santos, N. M. Flowers, and C. E. A. Coimbra Jr., *Na pri\-meira margem do rio: território e ecologia do povo xavante de Wedezé* (Brasília: FUNAI, 2013).

21. D. Tserewahoú, *Wai'á rini: O poder do sonho,* in Indigenous Video Makers (Video nas Aldeias, 2001), 48 mins; https://www.youtube.com/watch?v =t44ZPq0YyCU.

22. C. Aldunate, "Mapuche: Gente de la Tierra," in *Culturas de Chile etnografía: Sociedades indígenas contemporáneas y su ideología,* eds. V. Schiappacasse et al. (Santiago: Andrés Bello, 1996), 111 - 34.

23. S. Montecino, *Palabra dicha: estudios sobre género, identidades, mestizaje* (Santiago: Universidad

de Chile, Facultad de Ciencias Sociales, 1997).

24. J. Bengoa, *Historia del pueblo mapuche (siglos XIX y XX)* (Neuquén: Sur, 1987); R. Foerster and S. Montecino, *Organizaciones, líderes y contiendas mapuches: 1900-1970* (Santiago: Centro de Estudios de la Mujer, 1988).

25. R. Foerster, *Martín Painemal Huenchual: Vida de un dirigente mapuche* (Santiago: Academia de Humanismo Cristiano, 1983).

26. K. G. Shiratori, *O acontecimento onírico ameríndio: O tempo desarticulado e as veredas dos possíveis* (master's dissertation, Museu Nacional, Universidade Federal do Rio de Janeiro, 2013).

27. O. Villas Bôas and C. Villas-Bôas, *Xingu: Indians and Their Myths* (New York: Farrar, Straus and Giroux, 1973).

28. A. Assunção, "500 anos de desencontros," *IstoÉ*, São Paulo, n. 1555, July 21, 1999: 7 – 11.

29. H. Brody, *Maps and Dreams* (Madeira Park: Douglas & McIntyre, 1981), 267.

30. C. Dean, *The Australian Aboriginal 'Dreamtime': Its History, Cosmogenesis, Cosmology and Ontology* (Victoria: Gamahucher, 1996).

31. A. P. Elkin, "Elements of Australian Aboriginal Philosophy," *Oceania* 9 (1969): 85 – 98; W. E. H. Stanner, "Religion, Totemism and Symbolism," in *Religion in Aboriginal Australia*, ed. M. Charlesworth (Queensland: University of Queensland Press, 1989).

32. T. T. Rinpoche, "Ancient Tibetan Dream Wisdom," Tarab Institute International, 2013, http://www.tarab-institute.org/articles/ancient-tibetan-dream-wisdom.

33. B. Lee, *Bruce Lee Striking Thoughts: Bruce Lee's Wisdom for Daily Living* (Clarendon: Tuttle, 2015), 177.

34. H. Benson et al., "Body Temperature Changes during the Practice of G Tum-Mo Yoga," *Nature* 295 (1982): 234 – 36; J. Daubenmier et al., "Follow Your Breath: Respiratory Interoceptive Accuracy in Experienced Meditators," *Psychophysiology* 50 (2013): 777 – 89; B. Bornemann and T. Singer, "Taking Time to Feel Our Body: Steady Increases in Heartbeat Perception Accuracy and Decreases in Alexithymia over 9 Months of Contemplative Mental Training," *Psychophysiology* 54 (2017): 469 – 82.

35. G. S. Sparrow, *Lucid Dreaming: Dawning of the Clear Light* (Virginia Beach: A.R.E. Press, 1982); P. Garfield, *Pathway to Ecstasy: The Way of the Dream Mandala* (New Jersey: Prentice Hall, 1990).

36. L. D'Hervey de Saint-Denys, *Dreams and How to Guide Them* (London: Duckworth, 1982).

37. F. Van Eeden, "A Study of Dreams," *Proceedings of the Society for Psychical Research* 26 (1913): 431 – 61.

38. K. M. T. Hearne, *Lucid Dreams: An Electro-Physiological and Psychological Study* (doctoral thesis, University of Liverpool, 1978).

39. S. LaBerge, *Lucid Dreaming: An Exploratory Study of Consciousness during Sleep* (doctoral thesis, Stanford University, 1980).

40. S. P. LaBerge, L. E. Nagel, W. C. Dement, and V. P. J. Zarcone, "Lucid Dreaming Verified by Volitional Communication during REM Sleep," *Perceptual and Motor Skills* 52 (1981): 727 – 32; S. LaBerge, J. Owens, L. Nagel, and W. C. Dement, "This Is Dream: Induction of Lucid Dreams by Verbal Suggestion during REM Sleep," *Journal of Sleep Research* 10 (1981); S. LaBerge, "Lucid Dreaming as a Learnable Skill: A Case Study," *Perceptual and Motor Skills* 51 (1980): 1039 – 42; S. LaBerge, L. Levitan, R. Rich, and W. C. Dement, "Induction of Lucid Dreaming by Light Stimulation during REM Sleep," *Journal of Sleep Research* 17

(1988): 104; S. LaBerge and W. C. Dement, "Voluntary Control of Respiration during REM Sleep," *Journal of Sleep Research* (1982): 11; S. LaBerge, L. Levitan, and W. C. Dement, "Lucid Dreaming: Physiological Correlates of Consciousness during REM Sleep," *Journal of Mind and Behavior* 7 (1986): 251 – 58; A. Bry\-lowski, L. Levitan, and S. LaBerge, "H-Reflex Suppression and Autonomic Activation during Lucid REM Sleep: A Case Study," *Sleep* 12 (1898): 374 – 78.

41. R. Stepansky et al., "Austrian Dream Behavior: Results of a Representative Population Survey," *Dreaming* 8 (1998): 23 – 30; M. Schredl and D. Erlacher, "Lucid Dreaming Frequency and Personality," *Personality and Individual Differences* 37 (2004); C. K. C. Yu, "Dream Intensity Inventory and Chinese People's Dream Experience Frequencies," *Dreaming* 18 (2008): 94 – 111; M. Schredl and D. Erlacher, "Frequency of Lucid Dreaming in a Representative German Sample," *Perceptual and Motor Skills* 112 (2011): 104 – 8; S. A. Mota-Rolim et al., "Dream Characteristics in a Brazilian Sample: An Online Survey Focusing on Lucid Dreaming," *Frontiers in Human Neuroscience* 7 (2013): 836.

42. S. LaBerge, K. LaMarca, B. Baird, "Pre-Sleep Treatment with Galantamine Stimulates Lucid Dreaming: A Double-Blind, Placebo-Controlled, Crossover Study," *PLOS One* 13 (2018): e0201246; M. Dresler et al., "Volitional Components of Consciousness Vary across Wakefulness, Dreaming and Lucid Dreaming," *Frontiers in Psychology* 4 (2014): 987.

43. U. Voss, R. Holzmann, I. Tuin, and J. A. Hobson, "Lucid Dreaming: A State of Consciousness with Features of Both Waking and Non-Lucid Dreaming," *Sleep* 32 (2009): 1191 – 200.

44. M. Dresler et al., "Neural Correlates of Dream Lucidity Obtained from Contrasting Lucid versus Non-Lucid REM Sleep: A Combined EEG/fMRI Case Study," *Sleep* 35 (2012): 1017 – 20.

45. M. Dresler et al., "Dreamed Movement Elicits Activation in the Sensorimotor Cortex," *Current Biology* 21 (2011): 1833 – 37.

46. T. Stumbrys, D. Erlacher, and M. Schredl, "Testing the Involvement of the Prefrontal Cortex in Lucid Dreaming: A TDCS Study," *Consciousness and Cognition* 22 (2013): 1214 – 22.

47. U. Voss et al., "Induction of Self Awareness in Dreams through Frontal Low Current Stimulation of Gamma Activity," *Nature Neuroscience* 17 (2014): 810 – 12.

48. D. Brown, *Bury My Heart at Wounded Knee: An Indian History of the American West* (New York: Fall River Press, 2014).

49. E. Erlacher, T. Stumbrys, and M. Schredl, "Frequency of Lucid Dreams and Lucid Dream Practice in German Athletes," *Imagination, Cognition and Personality* 31 (2012): 237 – 46; D. Erlacher and M. Schredl, "Practicing a Motor Task in a Lucid Dream Enhances Subsequent Performance: A Pilot Study," *The Sport Psychologist* 24 (2010): 157 – 67; M. Schädlich, D. Erlacher, and M. Schredl, "Improvement of Darts Performance Following Lucid Dream Practice Depends on the Number of Distractions while Rehearsing within the Dream: A Sleep Laboratory Pilot Study," *Journal of Sports Sciences* 35 (2017): 2365 – 72.

50. D. Erlacher, M. Schädlich, T. Stumbrys, and M. Schredl, "Time for Actions in Lucid Dreams: Effects of Task Modality, Length, and Complexity," *Frontiers in Psychology* 4 (2013): 1013; S. LaBerge, B. Baird, and P. G. Zimbardo, "Smooth Tracking of Visual Targets Distinguishes Lucid REM Sleep Dreaming and Waking Perception from Imagination,"

Nature Communications 9 (2018): 3298.

51. P. Tholey,"Consciousness and Abilities of Dream Characters Observed during Lucid Dreaming," *Perceptual and Motor Skills* 68 (2018): 567 – 78; T. Stumbrys and M. Daniels, "An Exploratory Study of Creative Problem Solving in Lucid Dreams: Preliminary Findings and Methodological Considerations," *International Journal of Dream Research* 3 (2010): 121 – 29; T. Stumbrys, D. Erlacher, and S. Schmidt, "Lucid Dream Mathematics: An Explorative Online Study of Arithmetic Abilities of Dream Characters," *International Journal of Dream Research* 4 (2011): 35 – 40.

52. S. LaBerge, "Lucid Dreaming and the Yoga of the Dream State: A Psychophysiological Perspective," in *Buddhism and Science: Breaking New Ground,* ed. B. A. Wallace (New York: Columbia University Press, 2003), 233 – 58.

53. A. L. Zadra and R. O. Pihl, "Lucid Dreaming as a Treatment for Recurrent Nightmares," *Psychotherapy and Psychosomatics* 66 (1997): 50 – 55; M. Zappaterra, L. Jim, and S. Pangarkar, "Chronic Pain Resolution after a Lucid Dream: A Case for Neural Plasticity?" *Medical Hypotheses* 82 (2014): 286 – 90; N. B. Mota et al.,"Psychosis and the Control of Lucid Dreaming," *Frontiers in Psychology* 7 (2016): 294.

54. M. Sigman, *The Secret Life of the Mind: How Your Brain Thinks, Feels, and Decides* (Boston: Little, Brown and Company, 2017), 288.

55. IPCC, "Global Warming of 1.5°C," IPCC Report, 2018, https://wwwipcc.ch/sr15/; R. S. Nerem et al., "Climate-Change-Driven Accelerated Sea-Level Rise Detected in the Altimeter Era," *Proceedings of the National Academy of Sciences of the USA* 115 (2018): 2022 – 25.

56. D. Kopenawa and B. Albert, *The Falling Sky: Words of a Yanomami Shaman,* trans. N. Elliott and A. Dundy (Cambridge: Belknap, Harvard University Press, 2013), 406 – 407.

57. 같은책 Ibid., 275.

58. N. Obradovich, R. Migliorini, S. C. Mednick, and J. H. Fowler, "Night-time Temperature and Human Sleep Loss in a Changing Climate," *Science Advances* 3 (2017): e1601555.

삽화

52쪽 (위) Published in *The Cave Artists*, by Ann Sieveking. London: Thames & Hudson, 1979; (아래) Granger, NYC/Alamy/Fotoarena.

73쪽 *Queen Ragnhild's Dream* (1899), illustration by Erik Werenskiold.

95쪽 Adapted from Diuk, C. G., et al. "A Quantitative Philology of Introspection" in Frontiers in Integrative Neuroscience 6, p. 80, 2012.

145, 166, 185쪽 Adapted from Bear, M. F., et al. *Neuroscience: Exploring the Brain.* Philadelphia: Lippincott Williams & Wilkins, 2007.

223쪽 Adapted from Hartmann, E. *The Biology of Dreaming.* Boston State Hospital monograph series. Boston: C. C. Thomas, 1967.

256쪽 Adapted from Mota, N. B., et al. "Graph Analysis of Dream Reports Is Especially Informative About Psychosis" in *Scientific Reports* 4, p. 3,691, 2014. Woodcut by Vera Tollendal Ribeiro.

259쪽 Adapted from Winson, J. "The Meaning of Dreams" in *Scientific American* 263, pp. 86 – 96, 1990. By permission of Patricia J. Wynne.

261쪽 Adapted from Pavlides, C., and Winson, J. "Influences of Hippocampal Place Cell Firing in the Awake State on the Activity of These Cells During Subsequent Sleep Episodes" in *Journal of Neuroscience* 9, pp. 2,907 – 18, 1989.

267쪽 Adapted from Wilson, M. A., and McNaughton, B. L. "Reactivation of Hippocampal Ensemble Memories During Sleep" in *Science* 265, pp. 676 – 69, 1994.

354쪽 Adapted from Hyman, J. M., et al. "Stimulation in Hippocampal Region CA1 in Behaving Rats Yields Long-Term Potentiation When Delivered to the Peak of Theta and Long-Term Depression When Delivered to the Trough" in *Journal of Neuroscience* 23, pp. 11,725 – 31, 2003.

468쪽 Reproduced from Horikawa, T., et al. "Neural Decoding of Visual Imagery during Sleep" in *Science* 340, 2013.

화보

그림 A, B Travel Pix/Alamy/Fotoarena.

그림 C mdsharma/Shutterstock.

그림 D Alamy/Fotoarena.

그림 E TheBiblePeople/Alamy/Fotoarena.

그림 F Adapted from Ribeiro, S., Goyal, V., Mello, C.V., and Pavlides, C. "Brain Gene Expression During REM Sleep Depends on Prior Waking Experience" in *Learning & Memory* 6, pp. 500 – 508, 1999.

그림 G Albrecht Dürer, *Dream Vision*, June 1525, watercolor, 300 x 425 mm. Vienna, Graphische Sammlung Albertina. Album/akg- images/ Fotoarena.

그림 H Marc Chagall, *Le Songe de Jacob*, 1960 – 6, oil on canvas, 195 x 278 cm. Nice, Musée National Marc Chagall. © Chagall, Marc/AUTVIS, Brazil, 2019. Album/akg- images/ Fotoarena.

그림 I Salvador Dalí, *Sueño causado por el vuelo de una abeja alrededor de una granada un segundo antes del despertar*, 1944, oil on canvas, 51 x 41 cm. Madrid, Museo Nacional Thyssen- Bornemisza. © Salvador Dalí Fun-dación Gala- Salvador Dali/AUTVIS, Brazil, 2019. Album/Joseph Martin/ Fotoarena.

그림 J Granger/Fotoarena.

그림 K Reproduced from Quiroga, R.Q. "Concept Cells: The Building Blocks of Declarative Memory Functions" in *Nature Reviews Neuroscience* 13, pp. 587 – 97, 2012

그림 L Granger/Fotoarena.

꿈의 인문학

초판 1쇄 발행 2024년 3월 29일
초판 3쇄 발행 2024년 5월 22일

지은이 싯다르타 히베이루
옮긴이 조은아
펴낸이 유정연

이사 김귀분
책임편집 황서연 **기획편집** 신성식 조현주 유리슬아 서옥수 정유진 **디자인** 안수진 기경란
마케팅 반지영 박중혁 하유정 **제작** 임정호 **경영지원** 박소영

펴낸곳 흐름출판(주) **출판등록** 제313-2003-199호(2003년 5월 28일)
주소 서울시 마포구 월드컵북로5길 48-9(서교동)
전화 (02)325-4944 **팩스** (02)325-4945 **이메일** book@hbooks.co.kr
홈페이지 http://www.hbooks.co.kr **블로그** blog.naver.com/nextwave7
출력·인쇄·제본 (주)삼광프린팅 **용지** 월드페이퍼(주) **후가공** (주)이지앤비(특허 제10-1081185호)

ISBN 978-89-6596-586-2 03470